Arrangement of bar. Details

건축정보센터 편

철근배근상세도집

현대를 특징지우는 몇개의 우수한 건축물에 대한 평가는 주로 용도, 기능, 의장면에 치중하지만 그에 반해 시공기술에 대한 평가도 마감공사에 중점을 두는 것이 압도적이다. 확실한 구체공사, 특히 철근 콘크리트 구조물의 배근 시공기술에 대해서는 예나 지금이나 평가외에 두지않고 있다.

철근 콘크리트조의 건축물은 일반적으로 규모도 크고, 또한 건물높이도 높이(4~6층)가 많은 만큼, 배근상의 시공실수는 구조내력의 불안, 심지어는 생명의 불안까지 느끼게 한다. 건축의 목적은 인명 및 재산의 보호가 첫째이다. 어떠한 의장설계, 구조설계가 우수한 것이라 할지라도 그것이 시공면에 반영되지 않으면 실현되지 못한다.

철근 콘크리트 구조는 철근과 콘크리트를 일체화시켜 성형하는 구조로서 기둥, 보, 바닥, 벽 등의 부재의 크기와 철근의 개수, 콘크리트의 강도 등은 구조계산에 필요한 수치산정을 하고, 그 수치를 가지고 구조설계도서를 작성한다. 공사는 그 설계도서에 따라 진행되는바 그 설계도서에는 수치적인 지시는 있어도 시공적인 지시는 매우 드물다. 그리고 배근시공의 실태는 현장 작업자에게 맡기는 일이 비일비재하다. 그러나 철근콘크리트조는 소요되는 크기의 구조부재에 필요한 개수의 철근이 들어갔는가가 꼭 확인되어야 한다. 지진시의 복잡한 응력의 작용도 감안하여 올바르게 가공한 철근을 정확한 위치에 배근하고, 바른 조립 등으로 구조내력이 떨어지지 않도록 하고, 시공관리자는 처음부터 설계감리자, 구조설계자도 배근에 관하여 올바른 지식을 익히고, 현장작업자에게 정확한 작업지시를 할 필요가 있다.

또한 건축공사의 시공관리 조건을 근본으로 삼아 공사검사·감리나 시험결과를 품질관리를 유효하게 적용시킬 수 있는 대책이 있어야 한다. 따라서 각 단계에서 요구되는 검사·감리 기준을 설정하고, 그에 따라 검사·감리를 실시함으로써 고품질의 건축을 기대할 수 있다.

끝으로 철저한 시공관리로 다시는「삼풍」사고 같은 일은 없어야 한다. 도와주신 여러분에게 감사드리며, 이 책으로 인해 독자 여러분에게 미약하나마 도움이 되었으면 하는 바램이다.

―建築情報센터―

Arrangement of bar. Details

철근배근상세도집

1-1 철근콘크리트구조

철근콘크리트 구조는 철근과 콘크리트의 장점을 이론적으로 이용한 剛節架構의 구조이다. 즉, 철근은 인장력에는 강하고 압축력에는 약하며, 반대로 콘크리트 인장력에는 약하나 압축력에는 강한 특성이 있다. 또한 철근은 내부식성, 내열성이 약하지만 콘크리트는 뛰어나다. 또 서로 부착력도 높다. 그밖에 콘크리트의 알칼리가 철근의 산화를 방지하는 등 두 재료의 장점을 이용할 수 있으며, 또한 그 단점을 보충함으로써 내진, 내화, 내구성이 뛰어난 구조물을 만들 수 있다.

실제의 구축에 대하여는 건물 규모, 형상, 용도 등에 따라 기둥, 보, 바닥, 벽 등 각 부재의 크기나 형상이 달라진다. 이것은 구조 계산에 의하여 수치를 정하고 구조설계 도서를 작성하여 지시한다. 배근시공도 이 설계도서에 의해 진행되지만, 이것은 수치적인 지시는 있어도 시공적인 지시는 적다. 따라서 현장 시공상의 문제는 배근 방법을 포함하여 항상 현장의 책임으로 처리되는 실정이다.

철근콘크리트 공사에 종사할 때 가장 불안감을 주는 것은 상기와 같은 구조설계도서에 시공상의 주의사항이 지시되어 있지 않은 것(지식 부족), 또는 공사시공 담당자도 공정 관리에 중점을 두고 구조역학적인 지식이나 판단, 시공 기술 등에 대하여 지도 부족이라는 점이다. 이것은 상호의 업무에 대한 인식부족이 원인이라 생각된다. 아무리 소요량 이상의 철근을 넣어도 올바른 배근을 하지 않으면 구조내력은 격감하므로 경우에 따라 파괴의 원인이 될 때도 있다.

철근콘크리트조 건물

철근콘크리트조의 건축물은 보통 규모가 크고, 중층, 고층인 것이 많은 만큼 설계, 시공상의 실수는 그대로 구조내력의 불안에 연결되고 큰 사고로 발전될 우려가 있다. 또 콘크리트가 경화한 후에는 실수를 알아내기 어렵고, 발견해도 보수가 곤란하다. 콘크리트에 대해서는 다음에 기술하기로 하고 본서에서는 주로 철근의 배근에 대하여 각부마다(기초, 기둥, 보, 바닥 등)의 기본적인 배근 요령을 기술하기로 한다.

또한, 공통사항에서 논할 것은 사용하는 철근의 규격, 정착, 이음 길이, 배근 간격, 철근의 가공과 조립, 유지결속 등 설계, 시공상의 공통적 기본 항목에 한하고, 기초, 기둥, 보, 바닥, 벽 등 각부의 배근 마무리는 각장마다 정리하여 요점을 도해하기로 한다.

배근 그 자체는 소정의 형상으로 가공한 것을 소정의 위치에, 소정의 개수만큼 넣으면 되지만, 철근의 역할을 인식한 후 배근을 하면, 구조내력상의 실수는 없앨 수 있다. 다음에 배근의 요점을 기술함과 동시에 설계 예를 들어 참고가 되도록 한다.

1-2 철근의 종류와 형상, 치수

국산 철근은 KS D 3504(1968.9.12)에 의한 원형 및 이형 철근을 쓰며 그 종류는 표 1과 같다.

표 1 철근의 종류

종 류		기 호
원 형 철 근	1 종	SBC 24
	2 종	SBC 30
	3 종	SBC 35
	4 종	SBC 40
이 형 철 근	1 종	SBD 24
	2 종	SBD 30
	3 종	SBD 35
	4 종	SBD 40

(주) 표 1의 기호란의 숫자는 항복점 응력을 kg/㎟로 표시한 것.

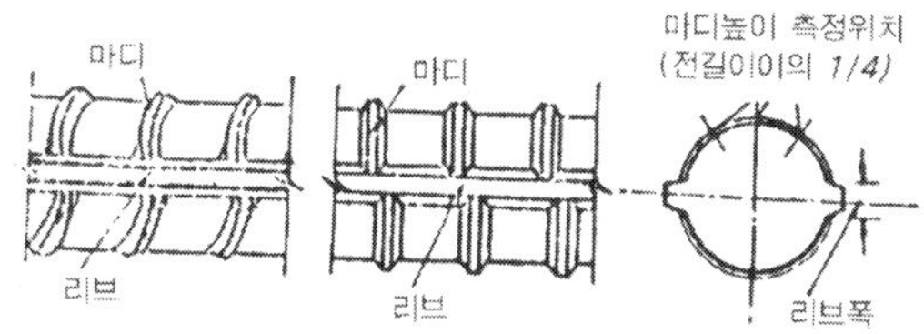

이형철근의 마디와 리브

가. 主철근(主鐵筋) 또는 직경 12㎜ 이상의 철근에 원칙적으로 이형 철근을 사용한다. 이형 철근은 그림 1에 표시한 바와 같이 마디와 리브가 있어야 한다.

표 2 이 형 철 근

호칭	단위중량 (kg/m)	공칭지름 (㎜)	공칭단면적 (㎠)	공칭둘레 (周長)(cm)	마디 및 리브의 치수		
					마디 간격의 평균 최대값(㎜)	마디 높이의 평균 최소값(㎜)	양쪽 리브의 합계의 최대값(㎜)
D 6	0.249	6.35	0.3167	2.0	4.4	0.3	5.0
D 10	0.560	9.53	0.7133	3.0	6.7	0.4	7.5
D 13	0.995	12.7	1.267	4.0	8.9	0.5	10.0
D 16	1.56	15.9	1.986	5.0	11.1	0.7	12.5
D 19	2.25	19.1	2.865	6.0	13.4	1.0	15.0
D 22	3.04	22.2	3.871	7.0	15.5	1.1	17.5
D 25	3.98	25.4	50.67	8.0	17.8	1.3	20.0
D 29	5.04	28.6	6.424	9.0	20.0	1.4	22.5
D 32	6.23	31.8	7.942	10.0	22.3	1.6	25.0
D 35	7.51	34.9	9.566	11.0	24.4	1.7	27.5
D 38	8.95	38.1	11.40	12.0	26.7	1.9	30.0
D 41	10.50	41.3	13.40	13.0	28.9	2.1	32.5

나. 이형 철근의 단면적과 주장은 표 3, 표 4와 같다.

표 3 이형 철근의 단면적(㎠)

호칭	공칭직경 (㎜)	1개	2개	3개	4개	5개	6개	7개	8개	9개	10개
D 10	9.53	0.713	1.43	2.14	2.85	3.57	4.28	4.99	5.71	6.42	7.13
D 13	12.7	1.27	2.53	3.80	5.07	6.33	7.60	8.87	10.14	11.40	12.67
D 16	15.9	1.99	3.97	5.96	7.94	9.93	11.92	13.90	15.89	17.87	19.86
D 19	19.1	2.87	5.73	8.60	11.46	14.33	17.19	20.10	22.92	25.79	28.65
D 22	22.2	3.87	7.74	11.61	15.48	19.35	23.23	27.10	30.97	34.84	38.71
D 25	25.4	5.07	10.13	15.20	20.27	25.34	30.40	35.47	40.54	45.60	50.67
D 29	25.4	5.07	10.13	15.20	20.27	25.34	30.40	35.47	40.54	45.60	50.67
D 32	31.8	7.94	15.88	23.83	31.77	39.71	47.65	55.59	53.54	71.48	79.42
D 35	34.9	9.57	19.13	28.70	38.26	47.83	57.40	66.96	76.53	86.09	95.66
D 38	38.1	11.40	22.80	34.20	45.60	57.00	68.40	79.80	91.20	102.60	114.00
D 41	41.3	13.40	26.80	40.20	53.60	67.00	80.40	93.80	107.20	120.60	134.00

표 4 이형 철근의 주장(cm)

호칭	1개	2개	3개	4개	5개	6개	7개	8개	9개	10개
D 10	3.0	6.0	9.0	12.0	15.0	18.0	21.0	24.0	27.0	30.0
D 13	4.0	8.0	12.0	16.0	20.0	24.0	28.0	32.0	36.0	40.0
D 16	5.0	10.0	15.0	20.0	25.0	30.0	35.0	40.0	45.0	50.0
D 19	6.0	12.0	18.0	24.0	30.0	36.0	42.0	48.0	54.0	60.0
D 22	7.0	14.0	21.0	28.0	35.0	42.0	49.0	56.0	63.0	70.0
D 25	8.0	16.0	24.0	32.0	40.0	48.0	56.0	64.0	72.0	80.0
D 29	9.0	18.0	27.0	36.0	45.0	54.0	63.0	72.0	81.0	90.0
D 32	10.0	20.0	30.0	40.0	50.0	60.0	70.0	80.0	90.0	100.0
D 35	10.0	22.0	33.0	44.0	55.0	66.0	77.0	88.0	99.0	100.0
D 38	12.0	24.0	36.0	48.0	60.0	72.0	84.0	96.0	108.0	120.0
D 41	13.0	26.0	39.0	52.0	65.0	78.0	91.0	104.0	117.0	130.0

표 5 이형 철근의 정척(定尺) 길이의 무게

호칭	표준길이 1개당 무게(kg)				
	6m	7m	8m	9m	10m
D 10	3.36	3.92	4.48	5.04	5.60
D 13	5.97	6.97	7.96	8.96	9.95
D 16	9.36	10.9	12.5	14.0	15.6
D 19	13.5	15.8	18.0	20.3	22.5
D 22	18.2	21.3	24.3	27.4	30.4
D 25	23.9	27.9	31.8	35.8	39.8
D 29	30.2	35.3	40.3	45.4	50.4
D 32	37.3	43.6	49.8	56.1	62.3
D 35	45.1	52.6	60.1	67.6	75.1
D 38	53.7	62.7	71.6	80.6	89.5
D 41	63.0	73.5	84.0	94.5	105.0

표 6 원형 철근의 단면적(cm²)

직경 (mm)	단위중량 (kg/m)	1개	2개	3개	4개	5개	6개	7개	8개	9개	10개
6	0.222	0.283	0.57	0.85	1.13	1.44	1.70	1.98	2.26	2.54	2.83
9	0.499	0.636	1.27	1.91	2.54	3.18	3.82	4.45	5.09	5.73	6.36
12	0.888	1.131	2.26	3.39	4.52	5.65	6.79	7.92	9.05	10.18	11.31
16	1.58	2.01	4.02	6.03	8.04	10.05	12.07	14.08	16.09	18.10	20.11
19	2.23	2.83	5.67	8.50	11.34	14.17	17.01	19.84	22.68	25.51	28.35
22	2.98	3.80	7.60	11.40	15.20	19.00	22.81	26.61	30.41	34.21	38.01
25	3.85	4.91	9.82	14.73	19.64	24.54	29.45	34.36	39.27	44.18	49.09
28	4.83	6.16	13.32	18.47	24.63	30.79	36.95	43.11	49.26	55.42	61.58
32	6.31	8.04	16.08	24.13	32.17	40.21	48.25	56.29	64.34	72.38	80.42
36	7.99	10.18	20.36	30.54	40.72	50.90	61.08	71.26	81.44	91.62	101.80
40	9.87	12.57	25.14	37.71	50.28	62.82	75.42	87.99	100.56	113.13	125.70

표 7 원형 철근의 주장(cm)

호칭	1개	2개	3개	4개	5개	6개	7개	8개	9개	10개
6	1.885	3.77	5.66	7.54	9.43	11.31	13.20	15.08	16.97	18.85
9	2.827	5.65	8.48	11.31	14.14	16.96	19.79	22.62	25.44	28.27
12	3.770	7.54	1.31	15.08	18.85	22.62	26.39	30.16	33.93	37.70
16	5.027	10.05	15.08	20.11	25.14	30.16	35.19	40.22	45.24	50.27
19	5.969	11.94	17.91	23.88	29.85	35.81	41.78	47.75	53.72	59.69
22	6.912	13.82	20.74	27.65	34.56	41.47	48.38	55.30	62.21	69.12
25	7.854	15.71	23.56	31.42	39.27	47.12	54.98	62.83	70.69	78.54
28	8.796	17.59	26.39	35.18	43.98	52.78	61.57	70.37	79.16	87.96
32	10.053	20.11	30.16	40.21	50.27	60.32	70.37	80.42	90.48	100.53
36	11.310	22.62	33.93	45.24	56.55	67.86	79.17	90.48	101.79	113.10
40	12.566	25.13	37.70	50.26	62.83	75.40	87.96	100.53	113.09	125.66

1-3 철근의 명칭

공사 현장에서 볼 수 있는 철근의 조립 배근은 크고 작은 여러 가지 형의 철근이 조립되어 있어 무척 복잡한 인상을 준다. 그러나 그 철근 한개가 사용 목적에 적합하도록 정위치에 확실히 배근 조립되지 않으면 소요 강도의 건축물은 구축되지 않는다. 철근은 구조의 작용 목적별, 즉 사용목적별로 아래 표와 같이 주근, 보강근, 배력근, 보조근 등으로 분류되나, 설계도서 및 철근 공사 현장에서 사용되는 용어는 우측 그림 및 다음 페이지의 그림과 같이 기초, 기둥, 보, 바닥, 벽, 계단 등 각부의 구성 철근마다 호칭명을 만들어, 이것을 관용어로서 상용되고 있다. 다음에 주요 철근명을 기술하지만, 상세한 것은 각부의 배근항에서 취급하기로 하고 순차, 용어를 익혀서 그 목적을 이해하여 주기 바란다.

〔1〕 기둥의 철근

주근 … 기둥 주근의 총칭, 기둥에 작용하는 휨응력, 축방향력을 부담한다.

hoop … 띠끈이라고도 한다. 기둥에 미치는 전단력을 부담하는 보강근.

다이어hoop … 기둥 구석 주근의 위치 유지를 위한 보조근.

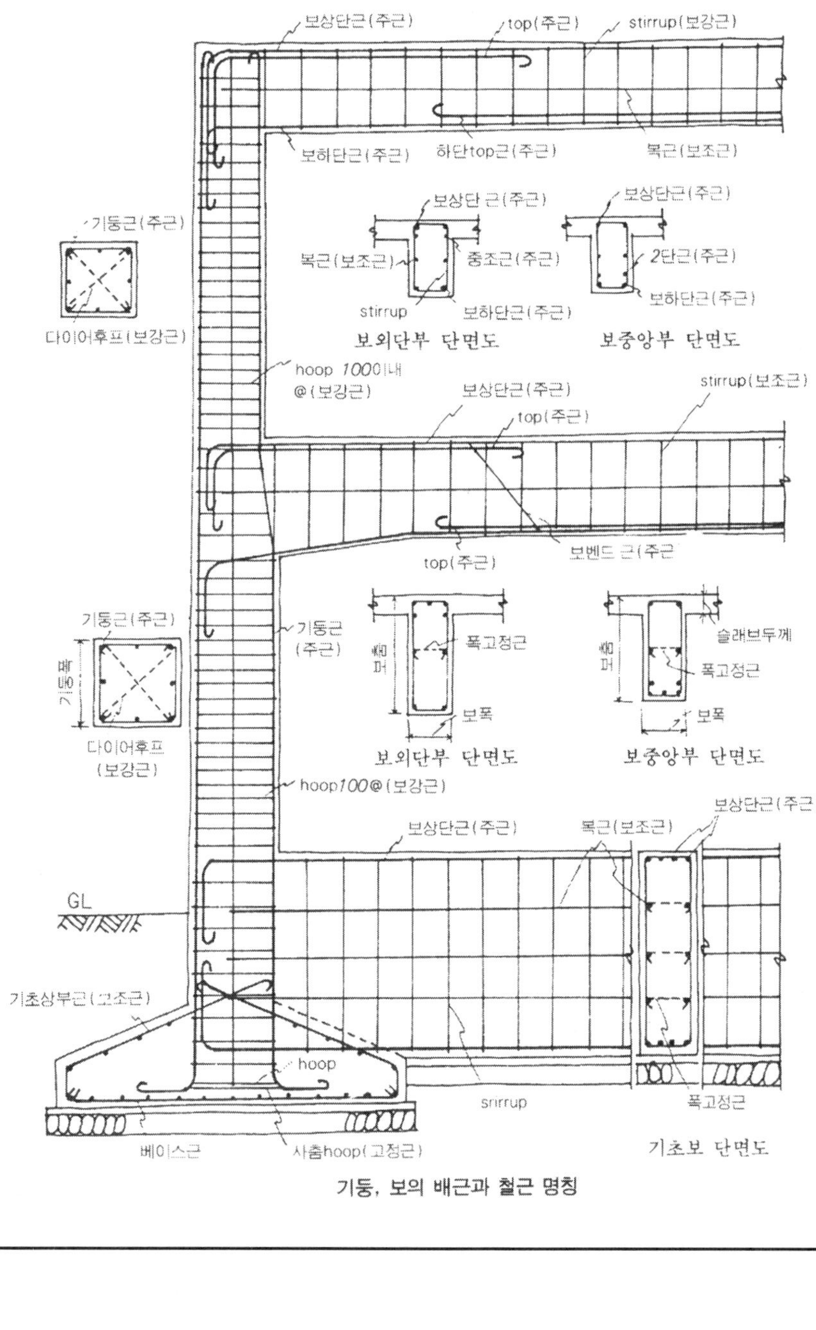

기둥, 보의 배근과 철근 명칭

구조 내력상 작용 방법에 의한 철근 명칭

철근명칭	구조 내력상의 역할
주 근	기둥, 보, 바닥 등 구조 내력상 가장 중요한 구조부에 넣는 철근으로 휨응력, 축방향력을 부담하는 것도 있다.
보 강 근	기둥의 후프, 보의 스터럽 등과 같이 전단력을 부담하는 철근으로, 콘크리트의 균열 방지를 목적으로 한다.
배 력 근	주근을 정확히 배치하고, 주근에 균등한 응력을 전달하는 철근이며, 슬래브인 경우는 장변방향의 인장 철근(주근)을 말한다.
보 조 근	철근의 조립된 위치를 정확히 하고, 또한 조립된 철근이 정확히 유지하게 하는 철근이다.

〔2〕 보의 철근

상단근, 하단근 … 보에 작용하는 휨응력, 축방 항력을 부담하는 주근.

bend筋, top筋 … 보에 작용하는 응력을 고려하여 구부려 배근하는 주근을 밴드근이라 하고, 짧은 철근으로 주근 효과를 내는 주근을 톱근이라고 한다.

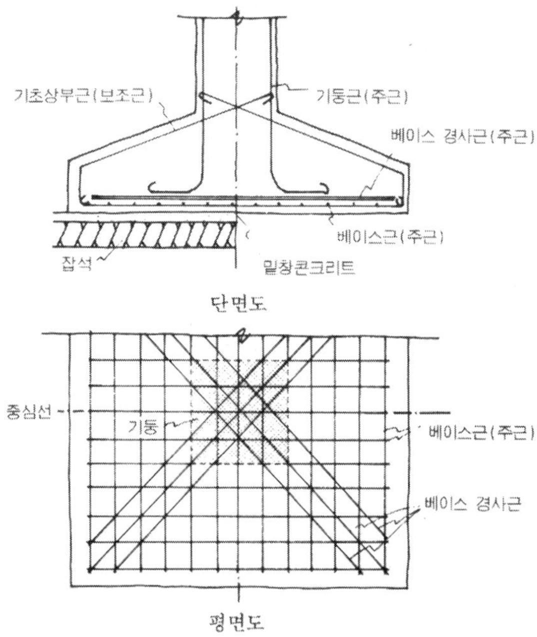

[註] 기타는 각부 배근의 항을 참조할 것.

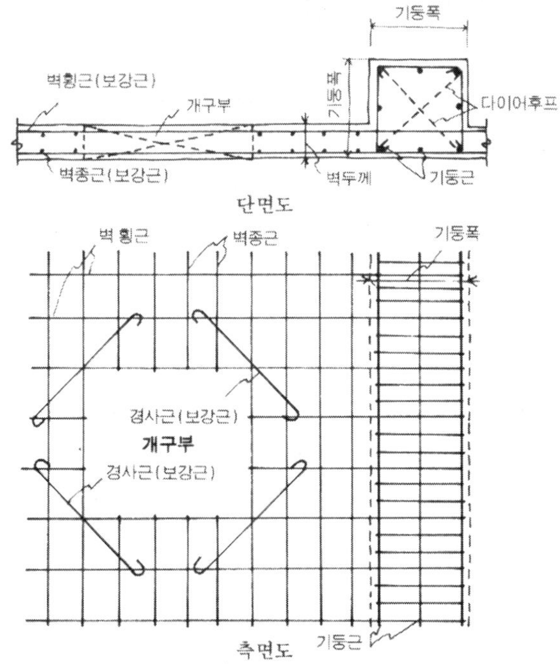

벽의 배근과 철근 명칭

stirrup … 늑근이라고도 하며, 보에 작용하는 전단력을 부담하는 보조근.

〔3〕 기초의 철근

베이스근 … 망상으로 넣은 종, 횡의 주근.

베이스 경사근 … 왼쪽 그림과 같이 넣는 보강근.

기초 상부근 … 기초와 기둥의 접합부에 넣는 보조근.

〔4〕 바닥의 철근

배력근 … 장변 방향에 배근하는 주근.

bend근, top근 … 응력의 작용방식을 고려하여 넣는 철근으로서 모두 주근.

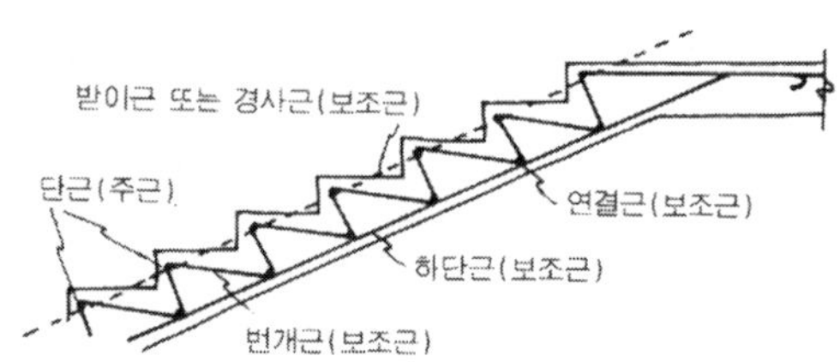

계단(캔틸레버식)의 배근과 철근 명칭

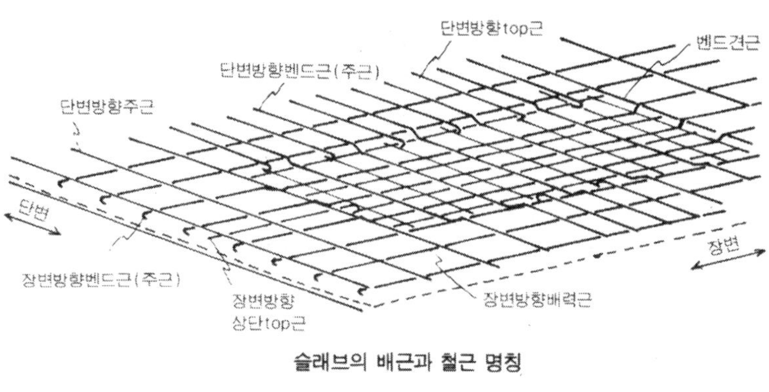

슬래브의 배근과 철근 명칭

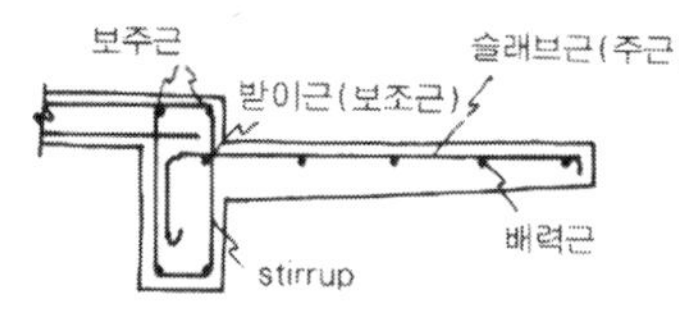

캔틸레버 슬래브의 배근과 철근 명칭

1-4 철근의 이음과 정착

철근의 길이에는 규격(定尺)이 있으므로 장대한 건축물을 구축할 경우, 철근을 이어서 사용하여야 한다. 또 철근은 빠지지 않도록 콘크리트 내에 정착시키고 이음, 정착은 건축학회의 규준에 따라 정확히 시공해야 한다.

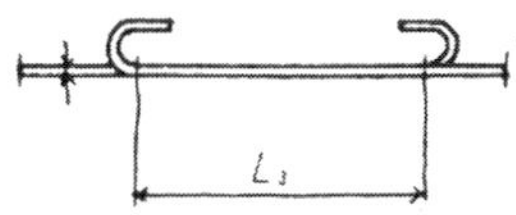

겹침이음

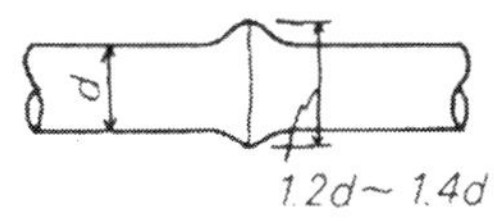

압접이음

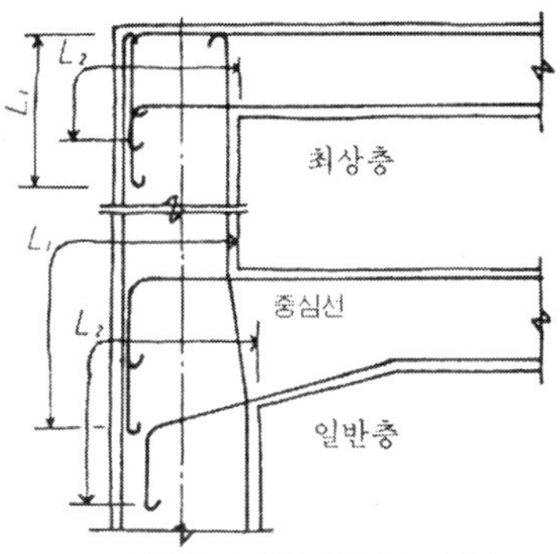

보주근의 정착 (환강인 경우)

철근의 정착 및 겹이음의 길이

철근의 종류	콘크리트의 설계기준강도의 범위(kg/cm²)	정착의 길이 일 반 L_1	정착의 길이 하단근 L_2 작은보	정착의 길이 하단근 L_2 바닥슬래브 지붕슬래브	겹이음의 길이 L_3
SBC 24	210 이상 270(240) 이하	35d 훅	25d 훅	150㎜ 훅	35d 훅
	135 이상 210 미만	45d 훅			45d 훅
SBD 30 SBD 35	210 이상 270(240) 이하	35d 또는 25d 훅	25d 또는 15d 훅	10d 또는 150㎜ 이상	40d 또는 30d 훅
	135 이상 210 미만	40d 또는 30d 훅			45d 또는 35d 훅

[註] 1. 상기의 정착 길이, 겹침 길이에는 말단 훅의 길이를 포함치 않음(상도 참조).
2. 표중의 d는 사용 철근의 공칭 직경임. 또, 직경이 다른 철근의 겹이음인 경우는 가는쪽 철근의 공칭 직경으로 함.

〔1〕 이음, 정착 길이를 정하는 방법

최근 콘크리트의 강도가 높아졌기 때문에 철근의 이음 겹침 길이나 정착 길이가 짧아지고 있으며, 위 표에 규준의 일례를 나타낸다. 겹침 길이 및 정착 치수를 정하는 방법은 위의 그림 및 우측 표와 같이 단말hook은 포함하지 않는 치수로 하고, 측정 방법에 기점도 정해져 있으므로, 실제의 철근 가공에서는 정착 부족이 생기지 않도록 주의해야만 한다.

또한, 공칭 직경 25.4㎜ 이상의 철근 이음은 겹침 이음으로 하지 않고, 위 그림에 있는 압접 이음으로 해야만 한다.

또, 정착은 우측 표와 같이 상대부재(여기서는 기둥)의 중심선을 넘는 위치에서 휘어 정착하는 것이 원칙이다. 상세한 것은 각각의 배근항에서 기술하도록 한다.

정착 치수를 정하는 법

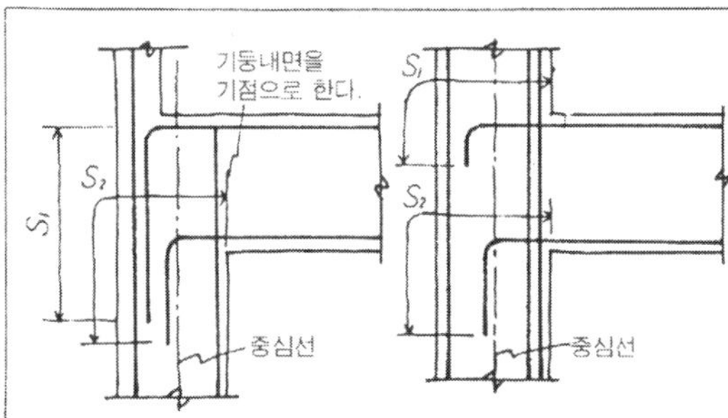

최상층의 보단부　　일반층보단부

[註] 정착, 이음 길이 S_1, S_2는 S_1=인장 응력이 큰 철근, S_2=압축 응력이 작용하는 측의 철근 정착 길이라 함. S_1, S_2의 실장은 부위별에 따라, 또한 다음 페이지 표와 같이 사용하는 철근의 종류, 콘크리트 강도 등에 따라 다르므로 주의할 것. 또한, 정착, 이음 길이를 정하는 법의 상세는 각부의 배근항에 기술한다.

〔2〕 이음, 정착의 상용 치수

이음, 정착의 요령(위치, 방법)을 구조설계도에 명시되지만, 시공할 경우, 이 설계도 및 특기 시방서의 지시에 따라야 한다. 아래표는 규정에 따른 철근의 종류별, 콘크리트의 강도별, 철근 응력의 대소별에 따른 이음, 정착의 일반적인 길이를 표시한다. 또한 이음은 丸鋼, 이형 철근이라도 지금 25㎜까지의 것은 겹침 이음이 되지만, 그 이상 지름의 철근에서는 압접 이음이 아니면 안된다.

환강의 정착 및 이음의 상용 길이 l ($l=nd$, d=공칭직경)

철근의 종 류	응력의 상태	콘크리트의 설계기준강도 F_c(kg/㎠)					
		120	150	180	210	240	270
SBC 24	A S_1	55d	45d	37d	32d	30d	30d
SBC 24	B S_2	37d	30d	25d(30d)	25d(30d)	25d(30d)	20d(24d)
SBC 30	A S_1	–	56d	46d	40d	37d	37d
SBC 40	B S_2	–	37d	31d(35d)	30d(35d)	30d(35d)	25d(30d)

이형 철근의 정착 및 이음의 상용 길이 ($l=nd$, d=공칭직경)

철근의 종류	훅의 유무	응력의 상 태	콘크리트의 설계기준강도 F_c(kg/㎠)					
			120	150	180	210	240	270
SBD 24	없다	A S_1	50d	40d	33d	29d(30d)	26d(30d)	25d
		B S_2	33d	27d(30d)	25d(30d)	25d(30d)	25d(30d)	20d(24d)
	있다	A S_3	33d	27d	22d	19d	17d(18d)	17d(18d)
		B S_4	22d	18d	15d(18d)	15d(18d)	15d(18d)	15d(18d)
SBD 30	없다	A S_1	–	50d	42d	36d	33d(35d)	31d
		B S_2	–	33d(35d)	30d(35d)	30d(35d)	30d(35d)	25d(30d)
	있다	A S_3	–	33d	28d	24d	22d(24d)	21d
		B S_4	–	22d(24d)	20d(24d)	20d(24d)	20d(24d)	15d(18d)
SBD 35	없다	A S_1	–	–	49d	42d	38d(40d)	36d
		B S_2	–	–	35d(40d)	35d(40d)	35d(40d)	30d(35d)
	있다	A S_3	–	–	22d	28d(30d)	25d(30d)	24d
		B S_4	–	–	25d(30d)	25d(30d)	25d(30d)	20d(24d)
SBD 40	없다	A S_1	–	–	56d	48d	43d	41d
		B S_2	–	–	37d(40d)	35d(40d)	35d(40d)	30d(35d)
	있다	A S_3	–	–	37d	32d	29d(30d)	27d
		B S_4	–	–	25d(30d)	25d(30d)	25d(30d)	20d(24d)

[註] 1. 상태 A … 철근 응력이 큰 인장 응력이고, 또한 B가 아닌 상태.
2. 상태 B … 균열의 염려가 없는 부분의 정착, 또는 이음과 철근 응력이 압축 응력 또는 철근 응력이 작은 인장 응력 등 상기중 1개 이상의 조건을 가진 상태.
3. ( ) 안은 경량 콘크리트 사용인 경우의 상용 길이를 나타낸 것.

〔3〕 이음 위치와 이음 상호의 간격

철근의 이음은 우측 그림과 같이 응력이 작은 부분에서 잇는 것이 바람직하지만, 부득이한 경우는 아래 그림과 같이 이음의 겹침 길이를 크게 하여 이을 수 있다. 그러므로 시공도에 나타난 이음 위치에 의하여 그 겹침 길이를 알아둘 필요가 있다. 또한 철근 상호의 이음위치는 구조내력상에서 서로 이음 위치를 분산시켜 잇는 것이 바람직하다. 또 겹침 이음의 경우는 이음 위치가 집중되면 hook이 걸려서 콘크리트가 고루 퍼지지 않고 철근과 콘크리트의 일체화에 지장을 가져오므로 집중을 피한다.

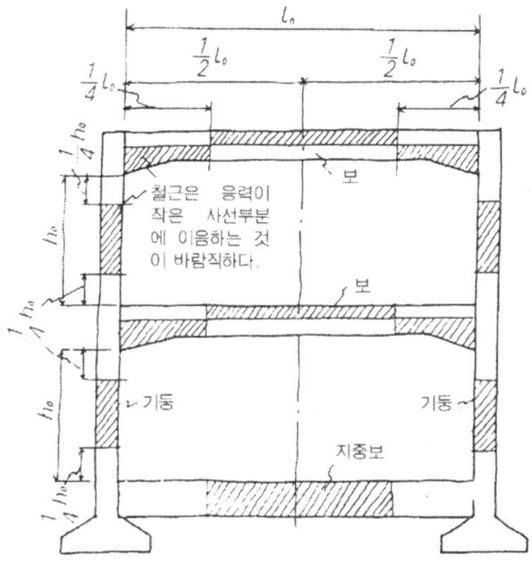

철근의 이음 위치 도

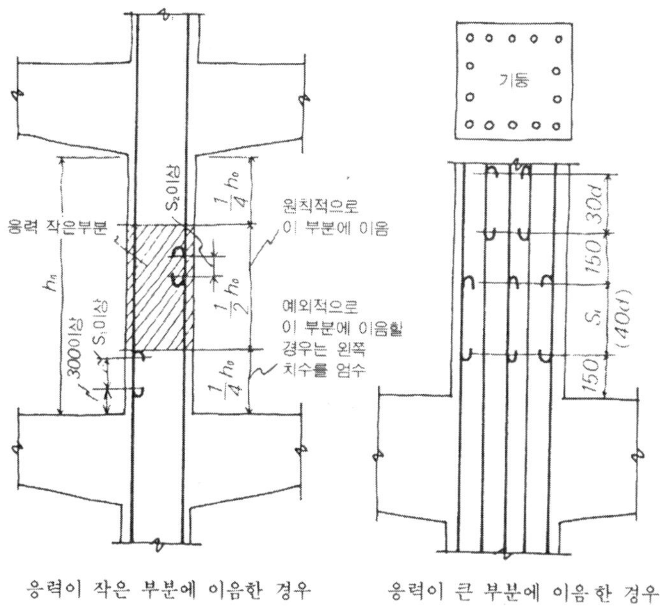

응력이 작은 부분에 이음한 경우　　응력이 큰 부분에 이음한 경우

기둥의 이음 위치와 이음 길이

철근 상호의 이음 위치 관계

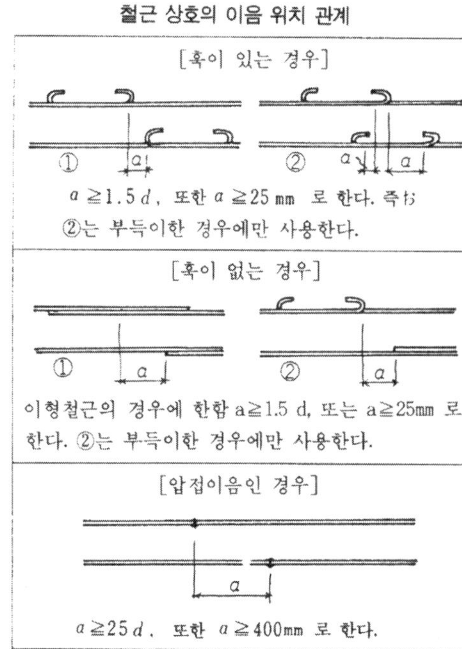

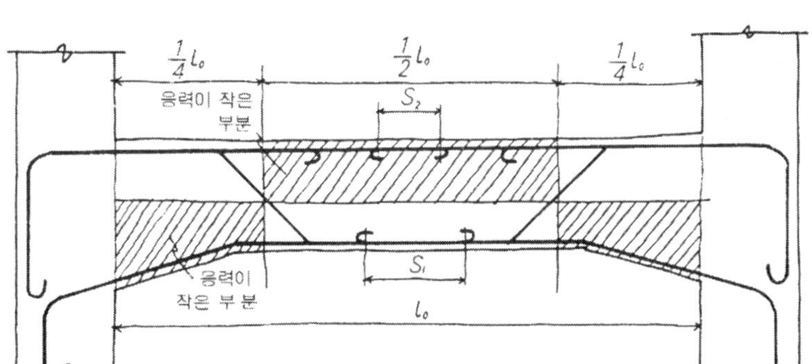

보의 이음 위치와 이음 길이

[註] 부득이 응력이 큰 부분에서 이를 경우에는 겹침 길이를 S_1으로 한다.

〔4〕 이음 정착의 hook

철근의 말단부는 아래에 기재된 요령으로 hook을 만들어야 한다.

① 보통 丸鋼의 경우…말단에는 모두 hook을 만든다.

② 이형 철근의 경우…기둥, 보, 굴뚝의 주근은 그림에 나타난 요령으로 hook을 만든다.

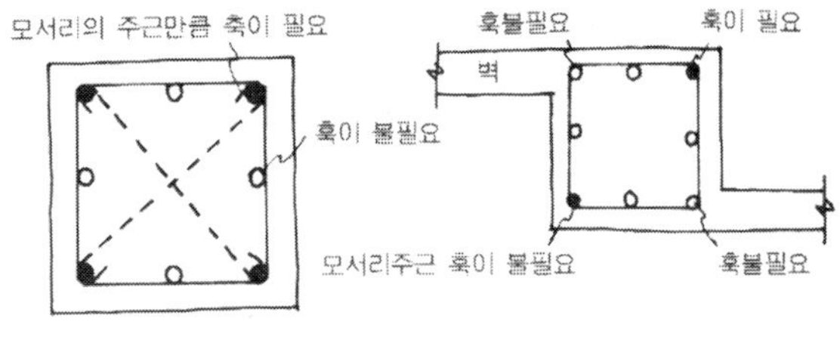

부득이 벽이 있는 경우

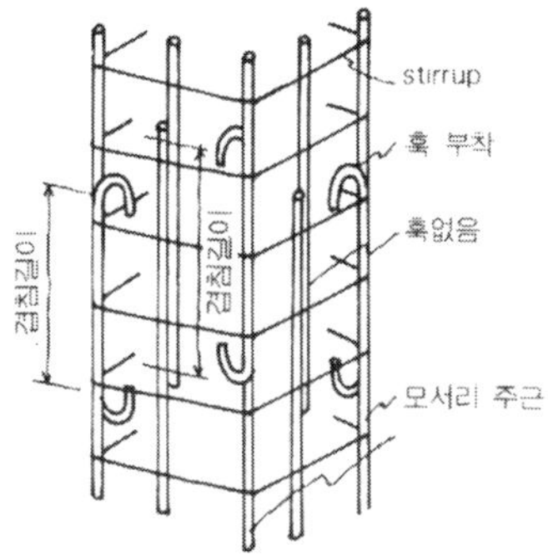

각기둥의 경우

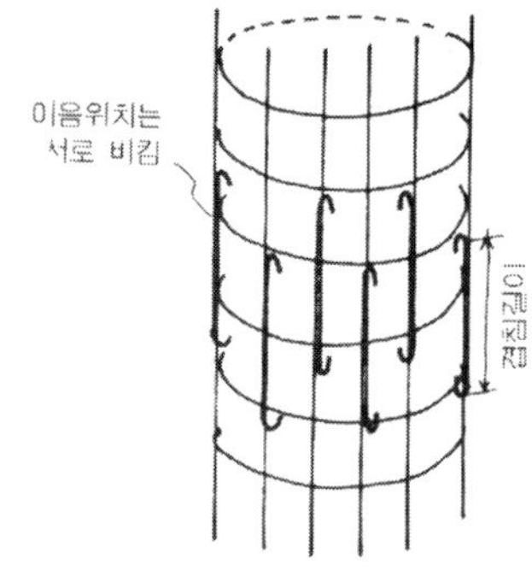

둥근기둥의 경우

〔주〕 위의 그림처럼 기둥의 내민구석부에 벽이 연결된 경우는 내민구석에는 해야하므로 기둥의 구석근에 있어서도 훅은 불필요

기둥근의 hook(이형 철근인 경우)

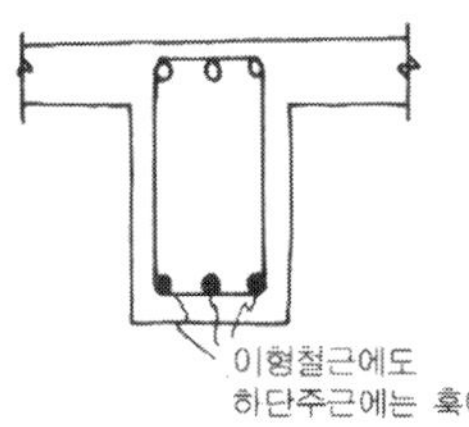

〔註〕 보의 모서리부 주근은 피복이 균열되기 쉽고 화재시에 열을 받으면 콘크리트 부착력이 저하될 우려가 있으므로 이음에는 반드시 훅을 둔다.

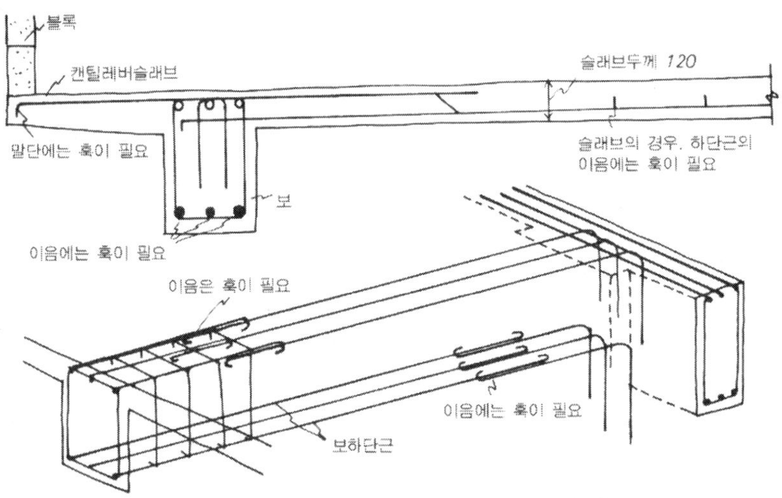

보근, 슬래브 근의 hook(이형 철근의 경우)

이형 철근은 丸鋼에 비해서 콘크리트의 부착력이 강하므로, 보통 hook을 만들 필요가 없다고 생각하기 쉽지만 기둥, 보의 나온 구석부가 굴뚝 등 주근의 이음에는 반드시 hook을 두어야 한다고 규정되어 있다. 이런 것은 더욱 火害(화열에 의한 콘크리트 부착력의 저하)에 대한 배려도 가미된 것이며, 다음페이지(철근의 조립)에 기술한 hook의 방향에도 관련이 있다. 또한 이음을 설치하는 위치는 응력이 작은 부분이며, 앞페이지를 참조하면 된다.

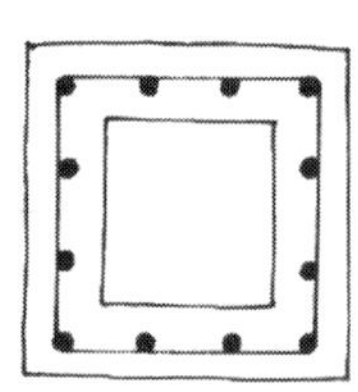

각진 굴뚝

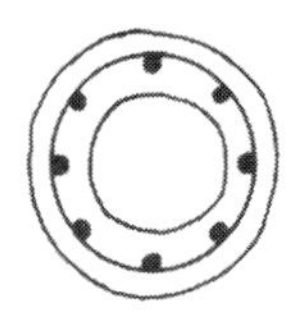

둥근굴뚝

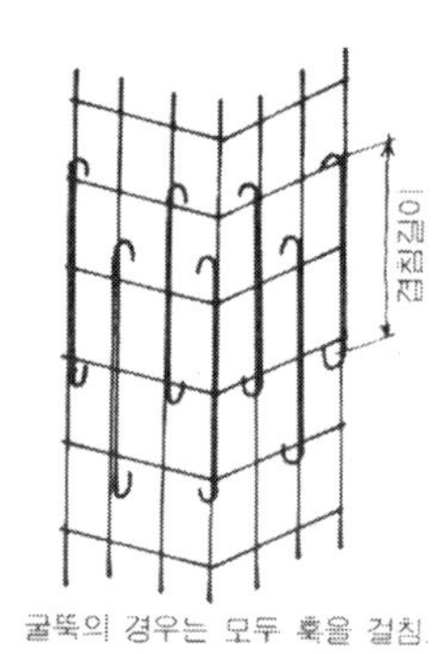

굴뚝의 철근 이음(이형 철근의 경우)

〔5〕 이음hook의 방향

철근의 이음hook은 우측 그림과 같이 서로 마주 보도록 배치하며, 또한 기둥, 보, 벽, 슬래브 등 아래 그림에 나타난 것처럼 각각 단면의 중심으로 향하도록 배치하는 것이 원칙이다.

또한, 겹침 이음은 가능하다면 겹치는 부분은 결속하지 않는 것이 좋고 hoop나 늑근에 결속해서 조금 떼어 콘크리트의 부착 강도를 높이도록 한다. 이것은 철근의 緊縛보다 콘크리트의 부착 강도가 인장력에 대하여 유리하다는 판단에 의한 것이다. 아래 그림에서 톱근의 이음은 그 예를 나타낸다.

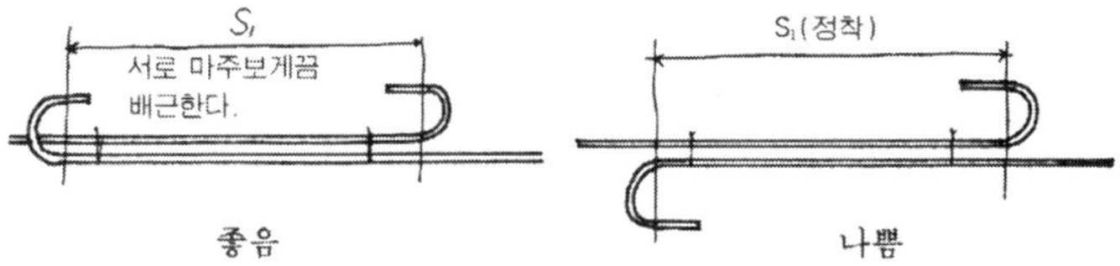

겹침 이음의 hook방향

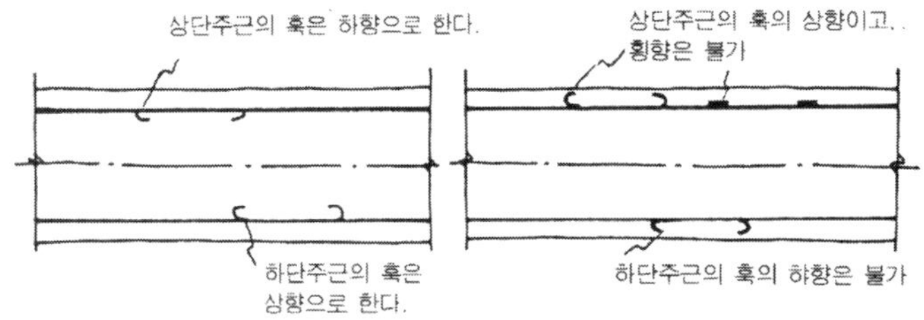

바닥 슬래브 주근의 이음

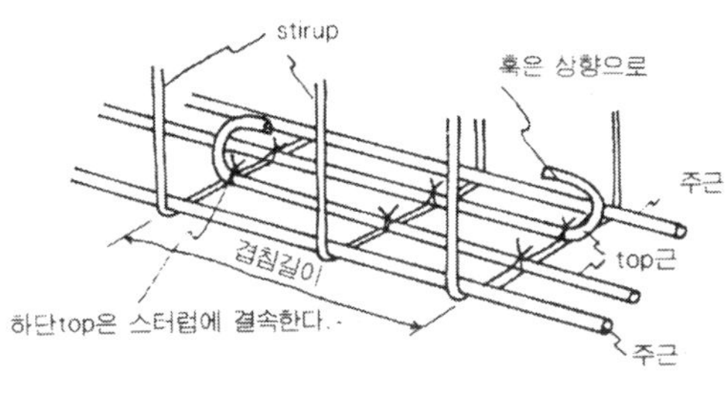

모양도

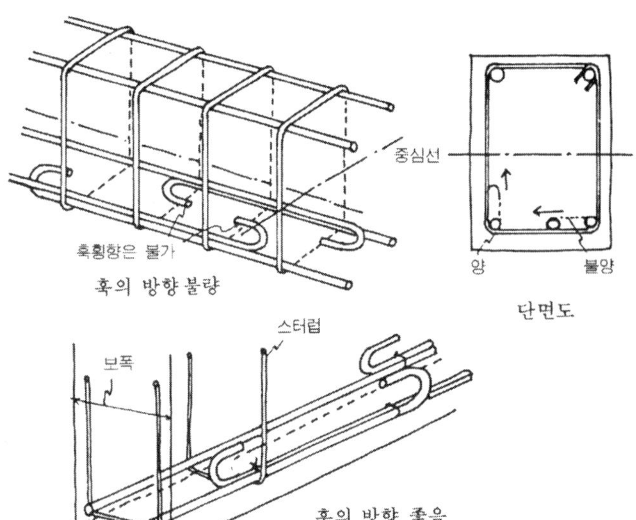

보하단주근의 이음(hook의 방향)

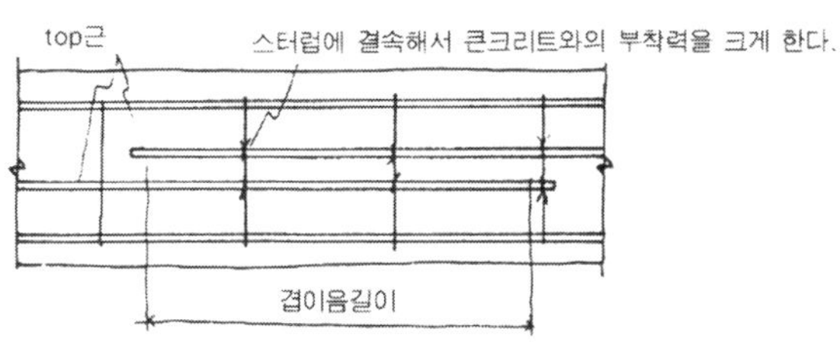

예 1

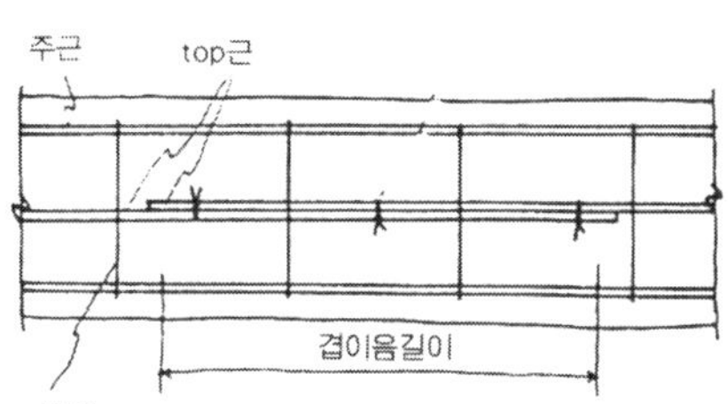

예 2

보 top근의 이음

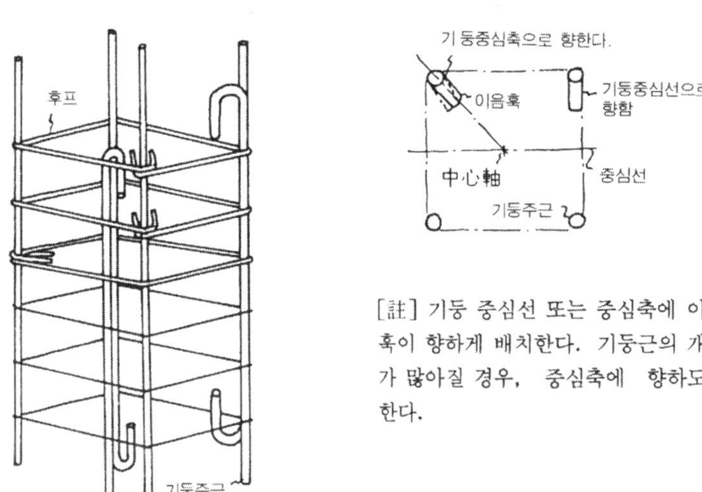

[註] 기둥 중심선 또는 중심축에 이음훅이 향하게 배치한다. 기둥근의 개수가 많아질 경우, 중심축에 향하도록 한다.

기둥 주근의 이음(hook의 방향)

1-5 기둥, 보폭과 철근 개수

기둥, 보는 의장상이나 경제성의 면에서 볼 때 크기(기둥, 보 단면적)가 작은 편이 좋다. 이 단면 산정은 주어진 부재 응력에 의하여 부재의 크기, 사용 철근량이 구해지지만, 철근량(단면적)과 보폭(크기)과의 관계는 보통 다음 페이지와 같은 관계표를 이용하며, 또 이음이나 hoop 등의 hook처리 등, 시공상의 문제점을 생각하여 정하는 것이 통례이다.

〔1〕 철근 상호의 간격 (1)

철근 간격(P)은 우선 다음 조건을 만족시켜야만 한다.

① 주근의 간격은 25㎜ 이상이고, 또한 주근 지름의 1.5배 이상으로 할 것.

② 콘크리트 조골재의 최대 치수(25㎜가 최대)의 1.25배 이상이어야 한다.

[例] 지름 25㎜의 주근, 25㎜의 조골재 사용시의 간격은

25㎜×1.5=37.5㎜ ································ ①

25㎜×1.25=31.25㎜ ···························· ②

모두 25㎜ 이상으로 하면 좋지만, 이 경우의 최대치 37.5㎜를 잡는다.

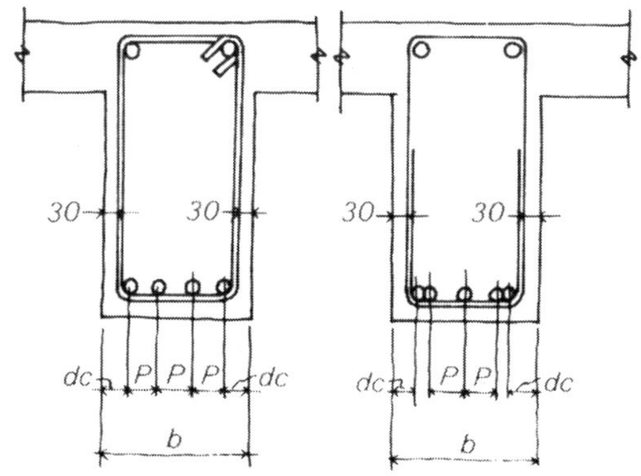

[註] b … 보폭, P … 철근간격,
dc … 철근과 콘크리프 표면의 간격

보폭과 철근 개수(일반예)

단, 이상의 간격 규정은 어디까지나 기본적인 것이며, 실제 철근 조립에서는 이음을 만들거나 hoop, 늑근의 hook과의 관계, 기둥, 보교차부의 배근 처리 등을 고려하여 철근 간격을 넓게 잡는 것이 보통이다. 위 그림은 이음이 없을 때와 있을 때의 철근 간격과 보폭의 관계를 표시한 것이다. 이음부는 주근이 가로로 2개 나란히 있게 되므로, 이음이 없을 때보다 주근 지름이 치수만큼 간격이 좁아지고, 이 치수만큼 철근 간격을 넓게 잡아 보폭도 넓어진다.

또 후술(주근 간격과 늑근, hook와의 관계)한 바와 같이 hoop나 늑근의 hook도 철근 간격에 관련된다. 아래 그림은 주근(지름 22㎜) 4개, 늑근(지름 9㎜)의 경우의 보폭을 다음 페이지의 관계표에 의해 산출한 예이다.

[註] 주근의 이음 부분은 주근이 횡으로 2개 나란하면 이에 따라 피치(P)가 커진다.

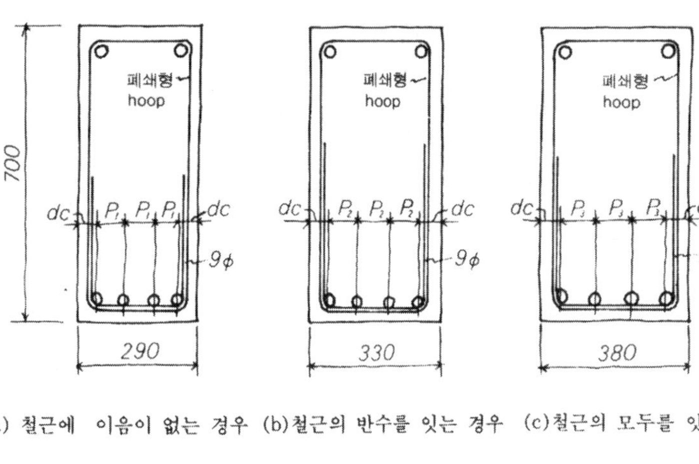

(a) 철근에 이음이 없는 경우 (b)철근의 반수를 잇는 경우 (c)철근의 모두를 잇는 경우

철근 간격과 이음 폭

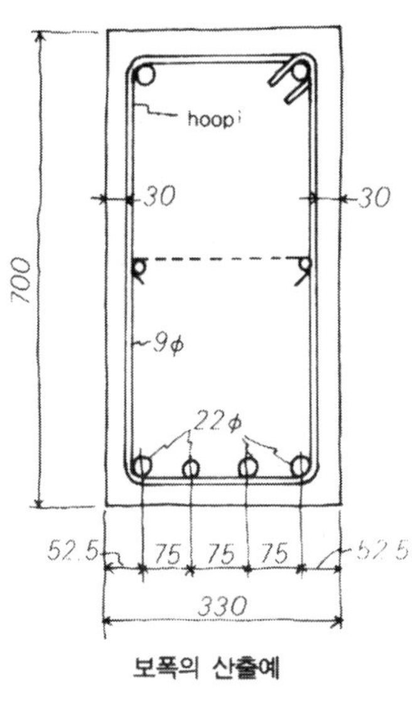

보폭의 산출예

〔2〕 철근 상호의 간격(2)

hoop(대근), stirrup(늑근)의 hook은 뒤로 또는 앞으로 구부리는 것에 따라서 철근 간격이 달라진다. 우측 그림은 stirrup의 hook과 주근 간격과의 관계를 표시한 것이다. 보에는 슬래브근이 앵커되어 보상단에 좌우의 인장력이 작용하므로 stirrup은 폐쇄형으로 하고, hook위치는 상하좌우 교대로 배치하는 것이 바람직하나, 시공상의 문제나 철골이 들어가 있을 경우처럼 폐쇄형이 불가능할 때가 있다. 따라서 현재는 U자형의 배근도 인정하게 되었다.

U자형의 경우는 폭고정을 나중에 하므로 stirrup의 hook은 상부를 열면서 쉽게 끼우지만, 폐쇄형의 경우는 한끝의 hook을 뒤로 구부리기 때문에 그림에서와 같이 인접 주근의 간격을 충분하게 잡지 않으면 배근을 할 수 없다.

〔3〕 주근 개수와 기둥, 보폭의 관계표(丸鋼의 경우… 1)

아래표에 나타난 (a), (b)표는 상기 시공상의 문제점을 고려하여 주근 개수와 기둥, 보폭의 관계를 상용일람표로 정리한 것이다.

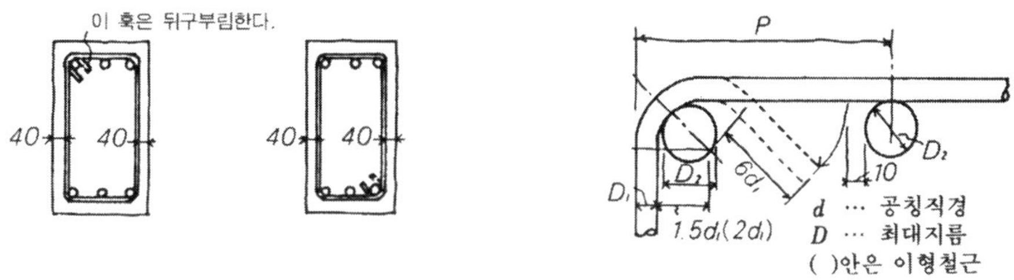

폐쇄형 스터럽의 경우

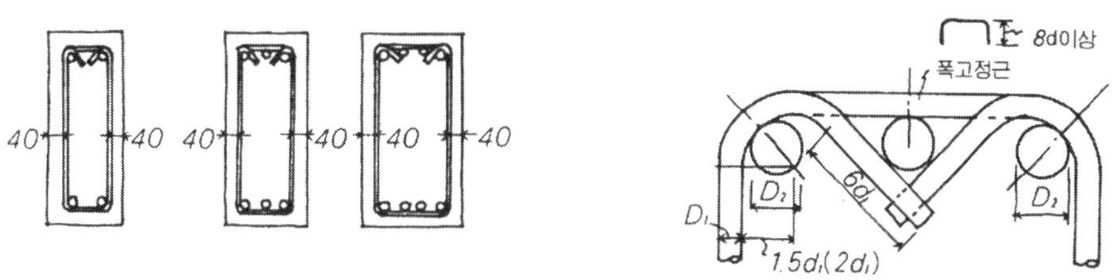

U자형 스터럽의 경우

stirrup의 hook과 주근간격

주근 개수와 기둥, 보폭의 관계표(환강의 경우)

(a) 폐쇄형인 경우 (단위 : cm)

주근개수 / 후프 / 주근 스터럽		2	3	4	5	6	7	8	9	10
16φ	9φ	22	26	31	36	41	46	50	55	60
	13φ	26	31	36	41	46	50	55	60	65
19φ	9φ	22	27	32	37	42	47	52	58	63
	13φ	27	32	37	42	47	52	57	62	67
22φ	9φ	22	28	33	39	44	50	55	61	66
	13φ	27	32	38	43	49	54	60	65	71
25φ	9φ	22	29	35	41	48	54	60	66	73
	13φ	27	33	40	46	52	59	65	71	78

[註] 스터럽, 후프의 형상은 그림과 같이 하고, 말단부휨은 1모서리로 한다.

(b) U자형인 경우 (단위 : cm)

주근개수 / 후프 / 주근 스터럽		2	3	4	5	6	7	8	9	10
16φ	9φ	20	23	27	31	36	41	46	51	55
	13φ	24	25	29	34	39	43	48	53	58
19φ	9φ	20	24	28	33	38	43	48	53	58
	13φ	24	26	30	35	40	45	50	55	61
22φ	9φ	20	25	29	35	40	46	51	57	62
	13φ	24	27	31	37	42	48	53	59	64
25φ	9φ	21	26	32	38	44	51	57	63	70
	13φ	25	28	33	39	46	52	58	64	71

〔4〕 주근 개수와 기둥, 보의 관계표(丸鋼의 경우 …2)

앞에서 말했듯이 stirrup을 폐쇄형으로 하여 hook을 뒷휨으로 할 때와 U자형으로 배근할 때는 인접하는 주근의 간격이 다르므로, 보폭도 달라진다.

또한 실제의 기둥, 보폭은 다음에 기술하는(각부 배근의 항 참조)것처럼 50mm 단위로 폭을 크게 하는 것이 보통이며, 예를 들면 주근(지름 22mm) 4개, stirrup(지름 9mm) 폐쇄형의 보폭은 앞페이지(a)표에 의해 330mm 되지만, 실제로는 350mm 폭을 택하게 된다.

주근 개수와 기둥, 보폭의 관계표(이형 철근의 경우)

(a) 폐쇄형인 경우 (단위 : cm)

주근	후프 스터럽 \ 주근개수	2	3	4	5	6	7	8	9	10
D 16	D 10	24	29	34	39	44	49	54	58	64
	D 13	28	33	38	43	48	53	58	63	68
D 19	D 10	24	29	35	40	45	51	56	61	66
	D 13	28	33	39	44	49	55	60	65	71
D 22	D 10	24	30	36	42	48	54	60	66	72
	D 13	29	35	41	47	53	59	65	71	77
D 25	D 10	25	32	39	45	52	59	66	73	80
	D 13	29	36	43	49	56	63	70	77	84
	D 16	33	40	47	54	61	68	75	81	88
D 29	D 13	29	37	45	53	60	68	76	84	92
	D 16	34	41	49	57	65	73	80	88	96
D 32	D 13	29	38	47	55	64	72	81	90	98
	D 16	34	42	51	60	68	77	85	94	103
D 35	D 13	30	39	49	58	68	77	87	96	106
	D 16	34	44	53	63	72	82	91	101	110

[註] 스터럽, 후프의 형상은 앞페이지의 그림과 같이 하며, 말단부 휨은 1모서리로 한다. 스터럽, 후프가 9, 13, 16ϕ인 경우에는 각각 D 10, D 13, D 16의 표를 준용한다.

(b) U자형인 경우 (단위 : cm)

주근	후프 스터럽 \ 주근개수	2	3	4	5	6	7	8	9	10
D 16	D 10	22	25	29	34	39	44	49	54	59
	D 13	25	28	32	37	42	47	52	57	62
D 19	D 10	22	25	30	35	40	45	51	56	61
	D 13	26	29	33	38	44	49	54	59	65
D 22	D 10	23	27	32	38	44	50	56	62	68
	D 13	26	29	34	40	46	52	58	64	70
D 25	D 10	23	29	35	41	48	55	62	69	76
	D 13	26	30	36	43	50	57	64	71	78
	D 16	30	34	40	47	54	61	68	74	81
D 29	D 13	27	32	39	46	54	62	70	78	85
	D 16	30	35	42	50	58	65	73	81	89
D 32	D 13	27	34	41	50	58	67	76	84	93
	D 16	31	36	43	52	61	69	78	86	95
D 35	D 13	27	36	44	54	63	73	82	92	101
	D 16	31	37	45	55	64	74	83	93	102

[註] 스터럽이 9, 13, 16ϕ인 경우에는 각각 D 10, D 13, D 16의 표를 공용한다.

〔5〕 주근 개수와 기둥, 보폭의 관계표(이형 철근의 경우)

이형 철근 사용의 경우도 丸鋼과 같으나, 아래 표와 같이 이형 철근은 공칭 직경 그대로 계산할 수 없다. 우측 표(a), (b)는 최대 지름을 토대로 한 상용일람표로 종합한 것이다.

공칭직경과 최대경 (단위 : mm)

호칭	공칭직경 (d)	최대경 (D)
D 16	15.9	18
D 19	19.1	21
D 22	22.2	25
D 25	25.4	28

d … 공칭직경

D … 최대경

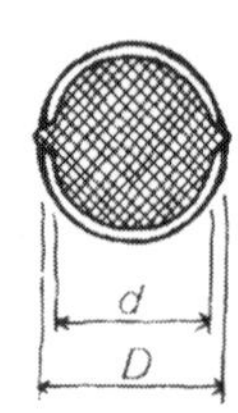

1-6 철근의 가공

철근의 휨가공은 주근시공도에 따라서 가공하지만, 철근의 휨형상 및 치수 정하는 방법에 따른 아래 표와 아래 그림과 같은 규정이 있다.

휨가공에 있어서는 철근 지름 25㎜ 이하는 보통 온도에서 가공하나, 지름 28㎜ 이상은 적당한 온도로 가열해서 손상되지 않도록 휘어야만 된다.

최근에는 굵은 철근을 사용하는 경우가 많아졌기 때문에 철근의 휨가공도 공장 가공할 때가 많아졌고, 굵은 철근은 가공후의 수정이 곤란하므로 가공중의 검사에 주의를 기울여야 한다.

철근은 휨이 나쁘거나 손상된 것을 사용해서는 안 된다.

또 가공 중에 손상을 입게 되면 필요 強度를 얻지 못하므로 특별한 주의가 필요하다. 절단작업에는 톱 또는 커터를 사용하여 자른다.

가공후의 전장 측정법

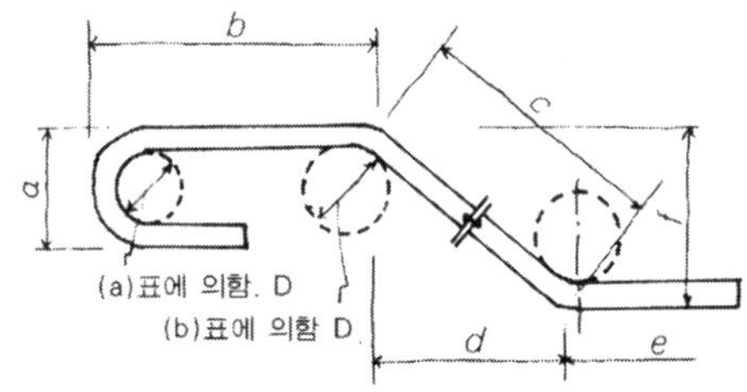

철근가공 치수를 정하는 법.

철근의 휨형상

(a) 철근말단부의 휨형상

철근의 휨각도	그 림	철근의 종류	철근의 휨내측의 치수(D)	철근의 여장(d는 공칭직경)	비 고
180°	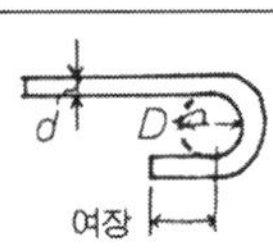	SBC 24 SBD 24	$3d$ 이상	$4d$ 이상	–
		SBC 24, SBC 24 SBD 35	$4d$ 이상		
135°	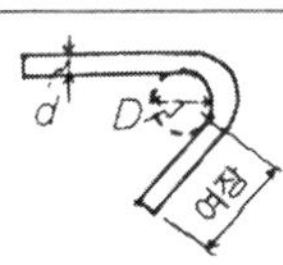	SBC 24 SBD 24	$3d$ 이상	$6d$ 이상	–
		SBC 30, SBC 30 SBD 35	$4d$ 이상		
90°	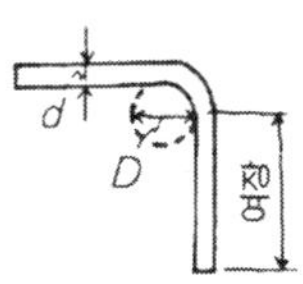	SBC 24 SBC 24	$3d$ 이상	$8d$ 이상	슬래브근, 벽근의 말단부 또는 슬래브와 동시에 끼움한 T형 L형 보에 쓰는 U자형 스터럽의 경우에만 쓴다. 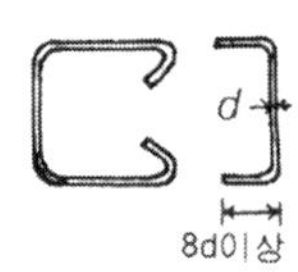
		SBC 24, SBD 30 SBD 35	$4d$ 이상		

(b) 철근중간부의 휨형상

철근의 휨각도	그 림	철근의 사용개소에 따른 호칭	철근의 공칭 직경 (d)	철근의 종류	철근의 휨내측의 치수(D)
90° 이하	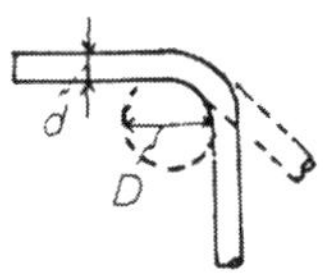	(i) 스터럽후프 나선근	각 종	SBC 24 SBD 24	$2d$ 이상
				SBC 30 SBD 30 SBD 35	
		(ii) 슬래브근 벽근	16㎜ 이하		$5d$ 이상
			19㎜ 이상		(iii)에 의함
		(iii) (i), (ii) 이외의 철근	환강은 28㎜ 이하, 이형철근은 D 25 이하	SBC 24 SBC 30 SBD 24 SBD 30 SBD 35	$6d$ 이상
			환강은 82㎜ 이하, 이형철근은 D 29 이상, D 41 이하		$8d$ 이상

1-7 구조도와 철근시공도

구조설계도(p.22～32 참조)나 시방서에 지시되는 내용에는 실제 시공시에 명확하지 않은 점이 상당히 많다. 또한 도면에서도 알 수 있듯이 상세한 지시를 써넣기는 힘든 일이다. 그러므로 시공에 있어서는 철근시공도, 거푸집 시공도 등과 같이 공사 종류별로 시공도를 작성하고, 하나하나의 공사를 완전히 수행할 수 있는 요령이 필요하다.

최근의 건설 공사는 작업 능률의 향상, 품질의 균일화를 목표로 하기 위해 현장 작업을 적게 하고, 공장의 가공 작업을 많이 한다. 그렇게 하기 위해 보다 면밀한 시공도가 요구되고 있다.

철근시공도는 33～37페이지에 예시하는 요령으로 작성하나, 이것에 의해 철근의 절단 치수, 휨위치, 종별, 지름, 수량 등을 정확히 알 수 있으므로 현장 반입 후 조립할 때 수량이나 치수 부족, 휨가공의 불량 등 문제가 생기지 않는다.

다음은 구조도로서 작성되는 도면의 종류이다. 또한 구조설계도 예에 이어서 시공도의 작성 예를 나타내고, 동시에 철근 소요 치수의 산출 예를 기술하고자 한다.

① 평면상세도… 23페이지와 같이 기초 평면상세도, 각층 보평면상세도를 그린다. 기둥중심 치수와 이것에 대한 기둥, 보, 벽슬래브의 위치를 명시하고 기호를 기입한다.

② 軸組圖… 이것은 평면적인 평면상세도에 대한 입면적이며, 각 라멘의 입면을 그리고 주로 높이관계의 위치를 명시한다.

③ 기둥배근상세도… 기둥 배근의 대표적인 부분을 그려 특기 사항을 포함한 요점을 상세하게 명시한다.

④ 기둥단면 리스트… 각층 기둥의 단면배근도를 일람표에 정리한다.

⑤ 보배근상세도… 보배근의 대표적인 부분을 그려 특기 사항을 포함한 요점을 상세하게 명시한다.

철근조립의 예

⑥ 보단면 리스트… 각층의 보를 단부와 중앙부로 나눠 그 단면배근도를 일람표 형식으로 그린다.

⑦ 기초배근상세도… 기초 배근 리스트로서 일람표로 정리한다. 또한 말뚝의 지름과 개수, 시방서 등을 명시한다.

⑧ 상판배근도… 슬래브 리스트 및 슬래브 배근 상세를 나타낸다.

⑨ 벽배근도… 벽리스트 및 벽배근을 상세하게 나타낸다.

⑩ 계단, 기초 배근상세도… 계단이나 기타 개구부 주위, 관통구 주위 등을 보강 배근, 난간, 굴뚝 등의 배근 상세를 명시한다.

또한, 구조도로서는 이상의 도면을 건축학회가 규정한 구조 기준에 따라 작성하나, 실제 시공에 있어서는 시공의 용이도 설계 강도에 대한 안전률의 예상을 어떻게 하는가 등을 고려하여야 하는 점이 상당히 많다.

다음의 23～32페이지에 구조도의 예를 들었으나, 이 그림에서 알 수 있듯이 이것으로는 철근의 수량이나 지름, 종별은 알 수 있어도 정착, 이음의 위치나 철근의 소요 치수, 기타 복잡한 점은 이해할 수가 없다. 이것들은 시공도에 기입되며, 아래 순서로 요점을 기술하기로 한다.

1-8 구조설계도의 예

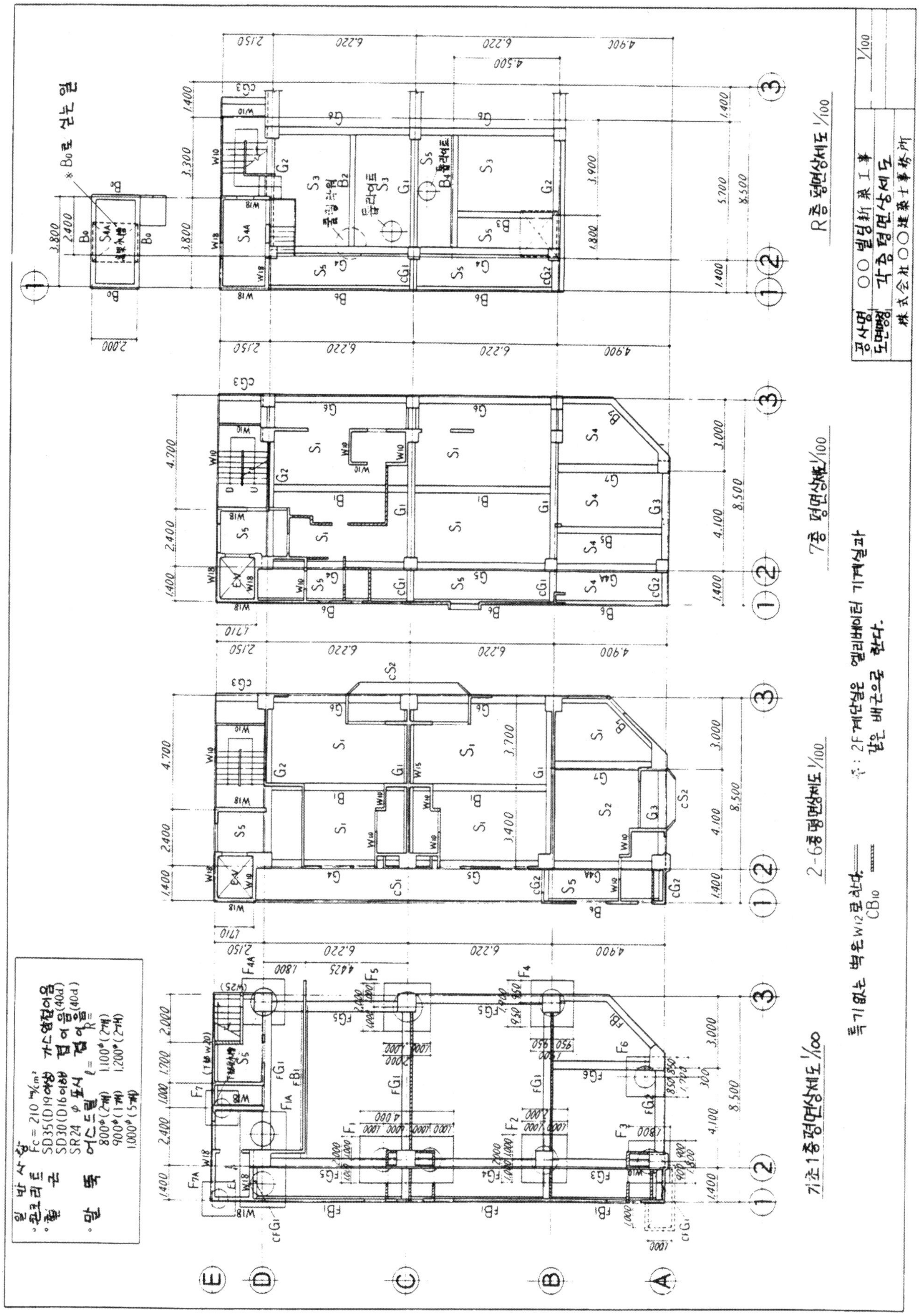

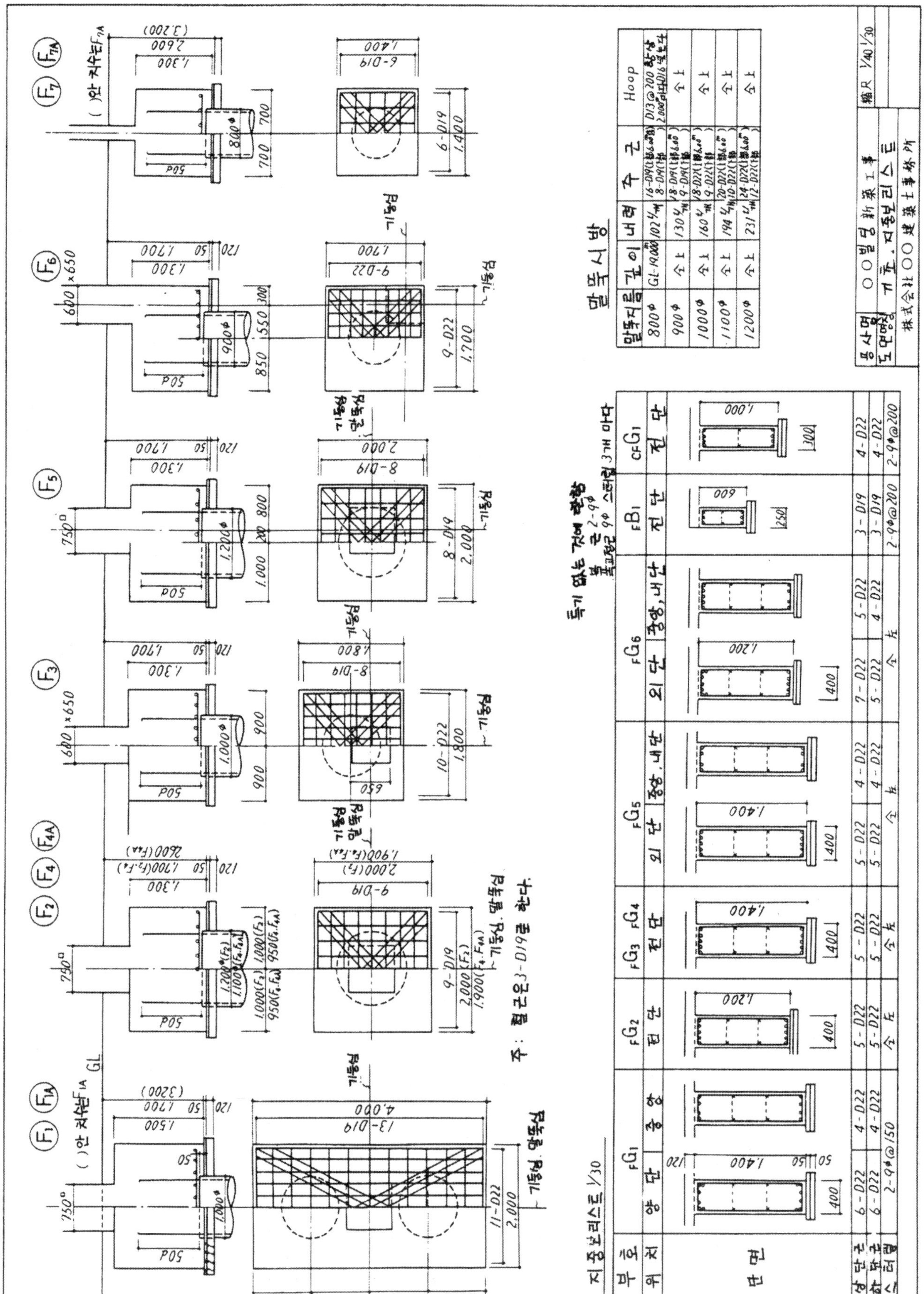

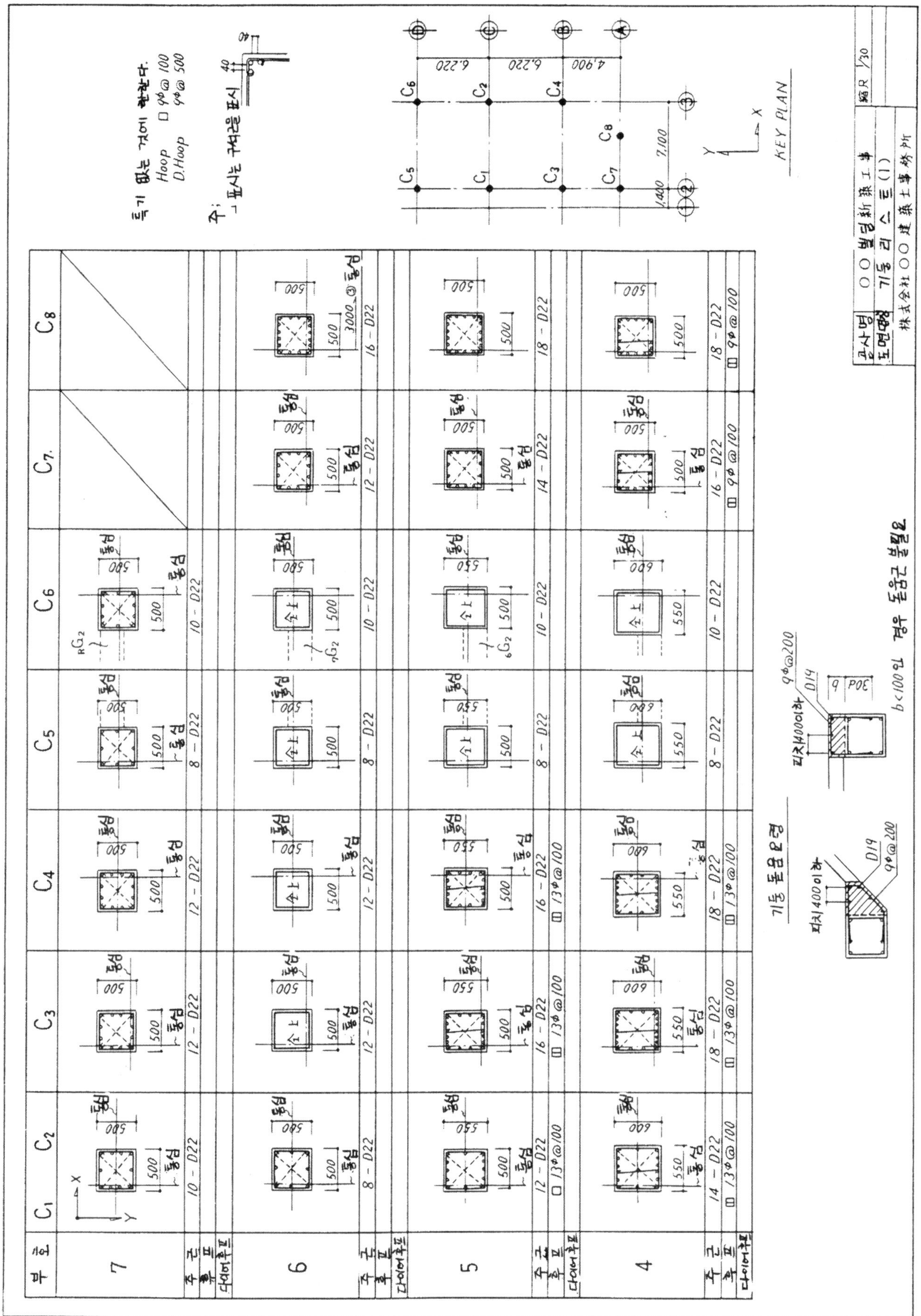

특기 없는 것에 한한다.
Hoop □ 9φ@100
D.Hoop 9φ@500
주; 표시는 구부림을 표시
KEY PLAN
기둥 도움 요령
피치 400이하
D19
9φ@200
기둥 도움근 분할요령
b<100인 경우
공사명 ○○ 빌딩 新築 工事
도면명 기둥 리스트 (1)
株式会社 ○○ 建築士事務所
縮尺 1/30
부호
C1
C2
C3
C4
C5
C6
C7
C8
주근
후프
다이어후프
7
6
5
4
10 - D22
12 - D22
8 - D22
10 - D22
8 - D22
12 - D22
8 - D22
10 - D22
12 - D22
16 - D22
12 - D22
□ 13φ@100
16 - D22
□ 13φ@100
14 - D22
18 - D22
14 - D22
□ 13φ@100
18 - D22
□ 13φ@100
16 - D22
□ 9φ@100
18 - D22
□ 9φ@100

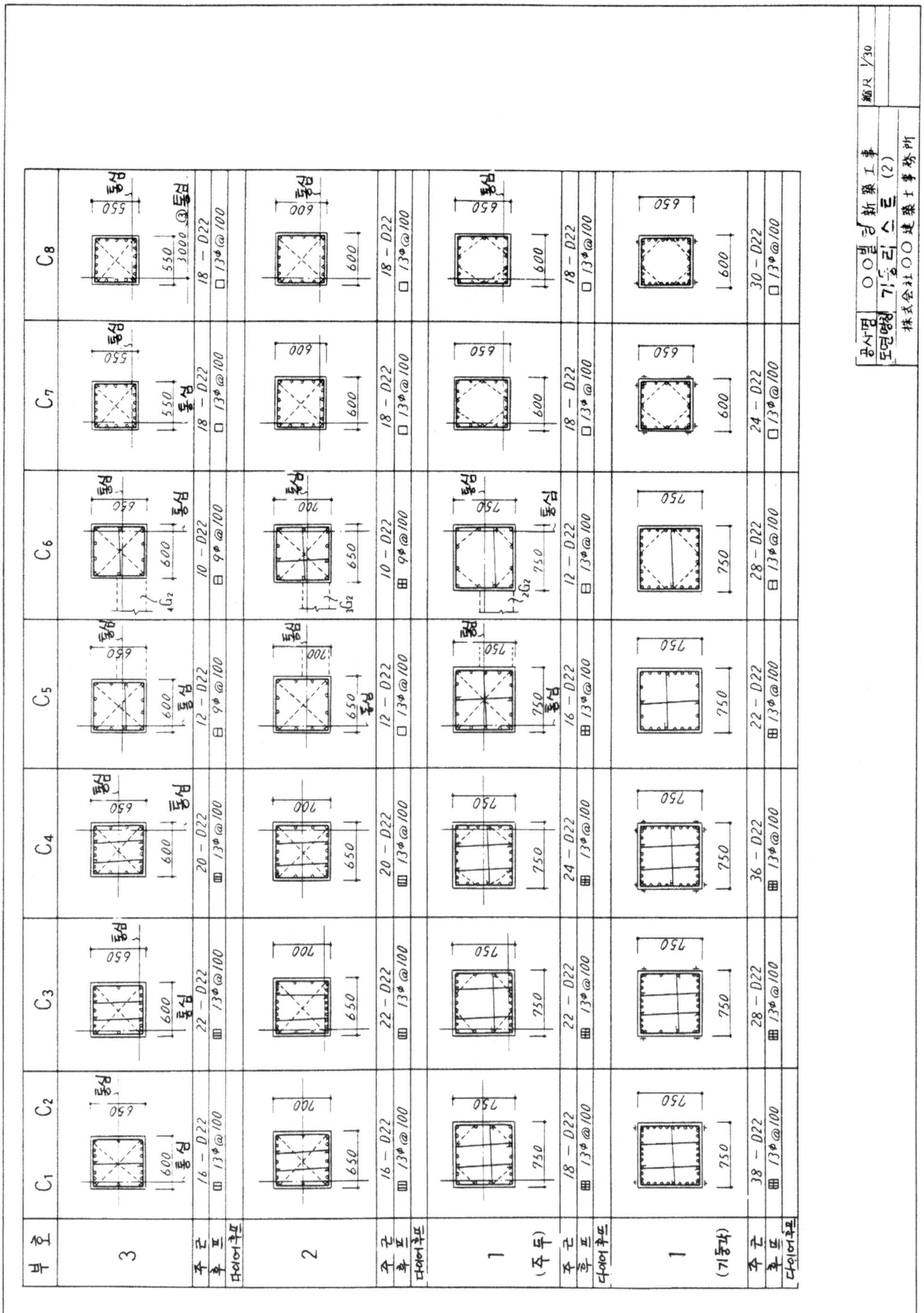
공사명 ○○빌딩 新築工事
도면명 기둥리스트 (2)
縮尺 1/30
株式会社○○建築士事務所
부호
C1 C2
C3
C4
C5
C6
C7
C8
3
주근
후프
다이어후프
16 - D22
13φ@100
22 - D22
13φ@100
20 - D22
13φ@100
12 - D22
9φ@100
10 - D22
9φ@100
18 - D22
13φ@100
18 - D22
13φ@100
2
16 - D22
13φ@100
22 - D22
13φ@100
20 - D22
13φ@100
12 - D22
13φ@100
10 - D22
9φ@100
18 - D22
13φ@100
18 - D22
13φ@100
1 (주두)
18 - D22
13φ@100
22 - D22
13φ@100
24 - D22
13φ@100
16 - D22
13φ@100
12 - D22
13φ@100
18 - D22
13φ@100
18 - D22
13φ@100
1 (기둥각)
38 - D22
13φ@100
28 - D22
13φ@100
36 - D22
13φ@100
22 - D22
13φ@100
28 - D22
13φ@100
24 - D22
13φ@100
30 - D22
13φ@100
통심

부호	G1		G2		G3		G4 G5 G6		G4A			G7	
위치	양단	중앙	양단	중앙	양단	중앙	양단	중앙	양단	중앙	내단	양단	중앙
R	350, 500		300, 500				300, 500						
상단근	6-D22	3-D22	4-D22	2-D22			5-D22	2-D22					
하단근	5-D22	3-D22	3-D22	3-D22			3-D22	3-D22					
스터럽	2-9φ@150						2-9φ@150						
7	300, 500		300, 500		300, 500		300, 500		300, 500			350, 500	
상단근	4-D22	3-D22	4-D22	2-D22	4-D22	2-D22	5-D22	2-D22	3-D22	2-D22	4-D22	5-D22	3-D22
하단근	4-D22	3-D22	3-D22	3-D22	4-D22	3-D22	3-D22	3-D22	2-D22	3-D22	4-D22	4-D22	4-D22
스터럽					2-13φ@150							2-9φ@150	
6	300, 500		300, 500		300, 500		400, 500		400, 500			350, 500	
상단근	5-D22	3-D22	5-D22	2-D22	6-D22	3-D22	8-D22	3-D22	8-D22	3-D22	7-D22	7-D22	3-D22
하단근	5-D22	3-D22	5-D22	3-D22	6-D22	3-D22	6-D22	3-D22	8-D22	3-D22	5-D22	6-D22	4-D22
스터럽			2-9φ@125		3-13φ@125		2-13φ@150		2-13φ@125			2-9φ@150	
5	300, 550		300, 550		350, 500		400, 550		400, 550			350, 550	
상단근	7-D22	3-D22	6-D22	2-D22	8-D22	3-D22	8-D22	3-D22	8-D22	3-D22	8-D22	7-D22	3-D22
하단근	7-D22	3-D22	6-D22	3-D22	8-D22	3-D22	8-D22	3-D22	8-D22	3-D22	8-D22	5-D22	4-D22
스터럽			2-9φ@100		3-13φ@100		2-13φ@125		3-13φ@150			2-9φ@150	
4	350, 550		350, 550		400, 500		400, 550		400, 550			400, 550	
상단근	8-D22	3-D22	7-D22	2-D22	8-D22	3-D22	8-D22	3-D22	8-D25	3-D25	8-D25	9-D25	3-D25
하단근	8-D22	3-D22	5-D22	3-D22	8-D22	3-D22	8-D22	3-D22	8-D25	3-D25	8-D25	9-D25	5-D25
스터럽	2-9φ@150		2-9φ@100		3-13φ@125		3-13φ@150		3-13φ@100			2-9φ@100	

돋움요령

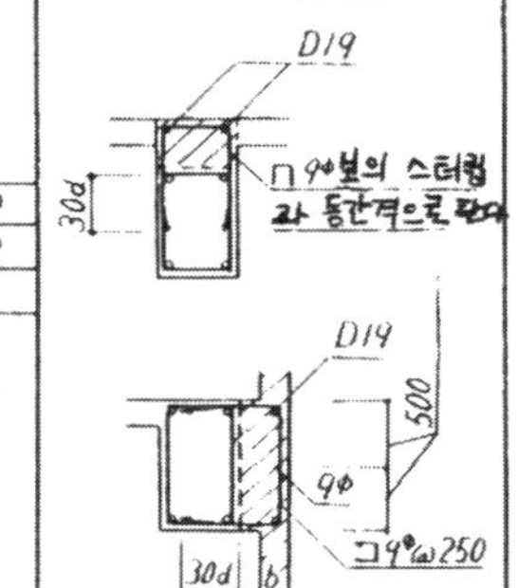

b<100인 경우는 돋움근 불필요.

공사명	○○빌딩新築工事	縮尺 1/30
도면명칭	큰보 리스트(1)	
株式會社○○建築士事務所		

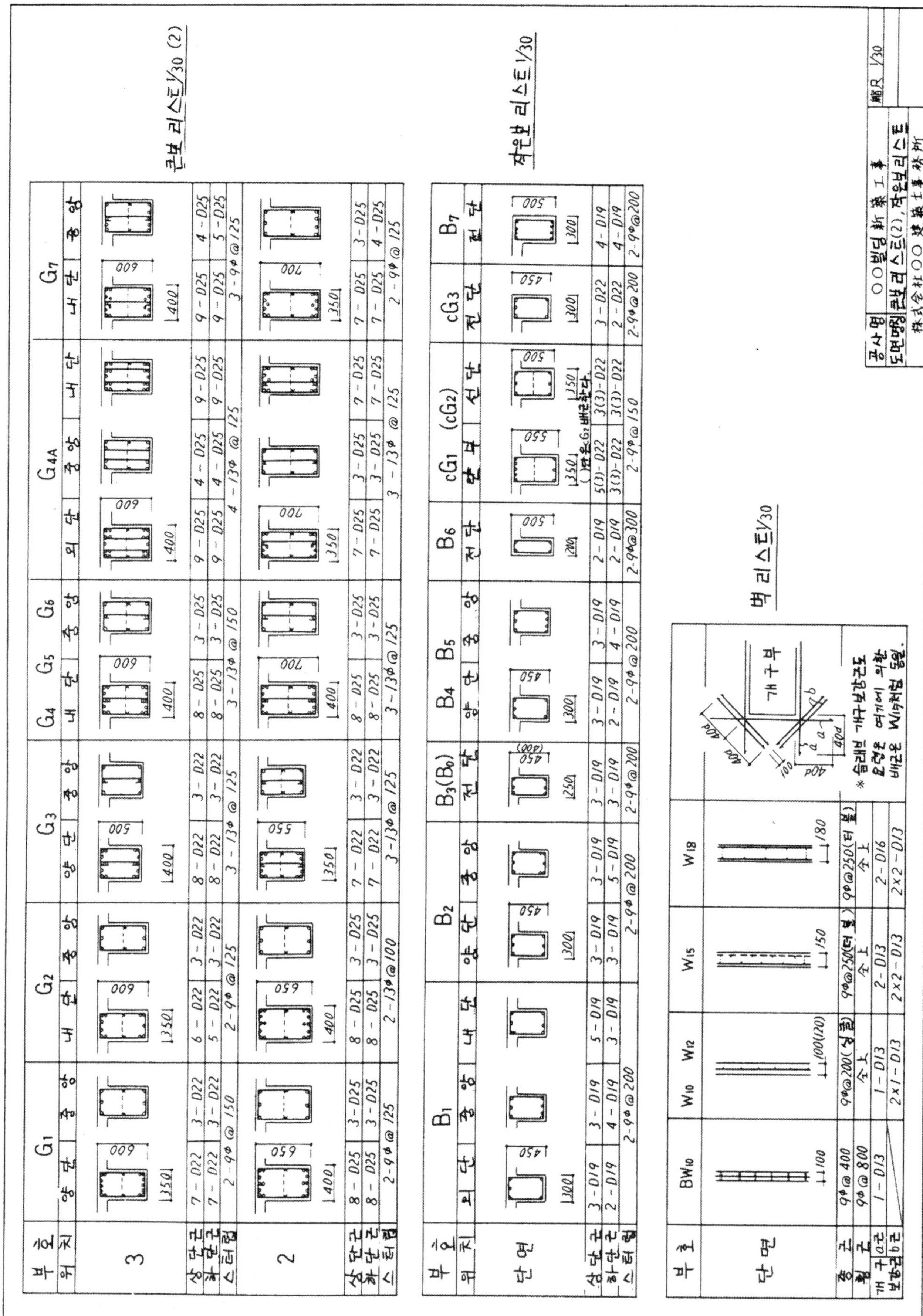
큰보 리스트 1/30 (2)
부호 | G1 | G2 | G3 | G4 G5 G6 | G4A | G7
위치 | 양단 중앙 | 내단 중앙 | 양단 중앙 | 내단 중앙 | 외단 중앙 내단 | 내단 중앙
3 | 350 600 | 350 600 | 400 500 | 400 600 | 400 600 | 400 600
상단근 | 7-D22 3-D22 | 6-D22 3-D22 | 8-D22 3-D22 | 8-D25 3-D25 | 9-D25 4-D25 9-D25 | 9-D25 4-D25
하단근 | 7-D22 3-D22 | 5-D22 3-D22 | 8-D22 3-D22 | 8-D25 3-D25 | 9-D25 4-D25 9-D25 | 9-D25 5-D25
스터럽 | 2-9φ@150 | 2-9φ@125 | 3-13φ@125 | 3-13φ@150 | 4-13φ@125 | 3-9φ@125
2 | 400 650 | 400 650 | 350 550 | 400 700 | 350 700 | 350 700
상단근 | 8-D25 3-D25 | 8-D25 3-D25 | 7-D22 3-D22 | 8-D25 3-D25 | 7-D25 3-D25 7-D25 | 7-D25 3-D25
하단근 | 8-D25 3-D25 | 8-D25 3-D25 | 7-D22 3-D22 | 8-D25 3-D25 | 7-D25 3-D25 7-D25 | 7-D25 4-D25
스터럽 | 2-9φ@125 | 2-13φ@100 | 3-13φ@125 | 3-13φ@125 | 3-13φ@125 | 2-9φ@125
작은보 리스트 1/30
부호 | B1 | B2 | B3(B0) | B4 B5 | B6 | cG1 (cG2) | cG3 | B7
위치 | 외단 중앙 내단 | 양단 중앙 | 전단 | 양단 중앙 | 전단 | 단부 선단 | 전단 | 전단
단면 | 300 450 | 300 450 | 250 450(400) | 300 450 | 200 500 | 350 550, 350 500 | 300 450 | 300 500
( )단은 cG2 배근한다.
상단근 | 3-D19 3-D19 5-D19 | 3-D19 3-D19 | 3-D19 | 3-D19 3-D19 | 2-D19 | 5(3)-D22 3(3)-D22 | 3-D22 | 4-D19
하단근 | 2-D19 4-D19 3-D19 | 3-D19 5-D19 | 3-D19 | 2-D19 4-D19 | 2-D19 | 3(3)-D22 3(3)-D22 | 2-D22 | 4-D19
스터럽 | 2-9φ@200 | 2-9φ@200 | 2-9φ@200 | 2-9φ@200 | 2-9φ@300 | 2-9φ@150 | 2-9φ@200 | 2-9φ@200
벽 리스트 1/30
부호 | BW10 | W10 W12 | W15 | W18
단면 | 100 | 100(120) | 150 | 180
종근 | 9φ@400 | 9φ@200(싱글) | 9φ@250(더블) | 9φ@250(더블)
횡근 | 9φ@800 | 仝上 | 仝上 | 仝上
개구 보강근 a근 | 1-D13 | 1-D13 | 2-D13 | 2-D16
b근 | | 2×1-D13 | 2×2-D13 | 2×2-D13
개구부
40d
100
a
b
※ 슬래브 개구보강근도 요령은 여기에 의한 배근은 W17처럼 동일.
공사명 ○○빌딩 新築工事
도면명칭 큰보 리스트(2), 작은보 리스트
縮尺 1/30
株式会社○○ 建築士事務所

슬래브리스트

부호	판두께	위치	단변방향 A 단부	단변방향 A 중앙	단변방향 B부 단부, 중앙부	장변방향 C 단부	장변방향 C 중앙	장변방향 D부 단부, 중앙부
S_1	120	상단근	9φ13φ@150		9φ@250	9φ@200		9φ@250
		하단근	9φ@300	9φ@150	仝上	9φ@400	9φ@200	仝上
S_2	120	상단근	9φ13φ@200		仝上	9φ13φ@250		仝上
		하단근	9φ@400	9φ@200	仝上	9φ@500	9φ@250	仝上
S_3	120	상단근	9φ13φ@150	13φ@300	仝上	9φ13φ@200		仝上
		하단근	9φ@300	9φ@150	仝上	9φ@400	9φ@200	仝上
$S_{4(4A)}$	120 (150)	상단근	9φ13φ@150			9φ13φ@200		
		하단근	9φ@150			9φ@200		
S_5	120	상단근	9φ13φ@200			9φ@250		
		하단근	9φ@200			仝上		

A부 B부는 아래 그림으로, ℓ_x, ℓ_y는 각각 안치수 스팬으로 한다.

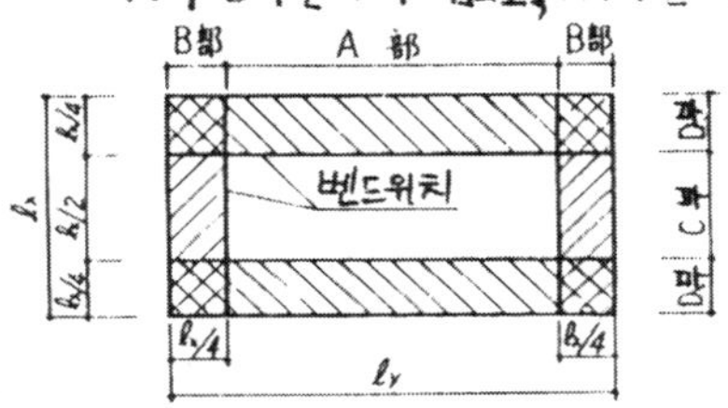

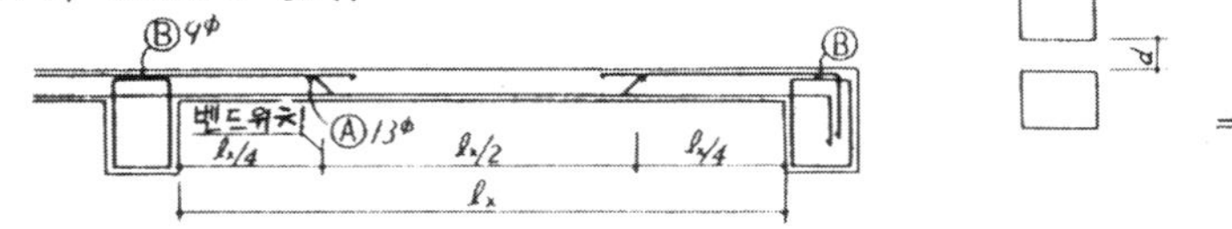

Ⓐ 벤드의 근은 13φ를 #도리로 넣는다.
Ⓑ 보의 스터럽 위에 9φ를 흘림슬래브 상단근이 밑의 것을 막는다.

다짐슬래브

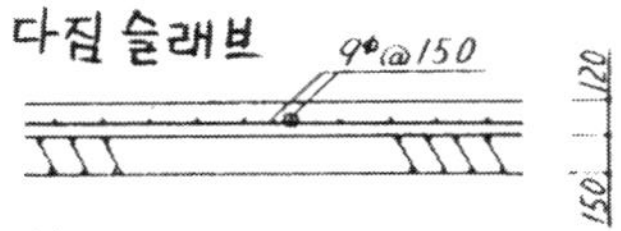

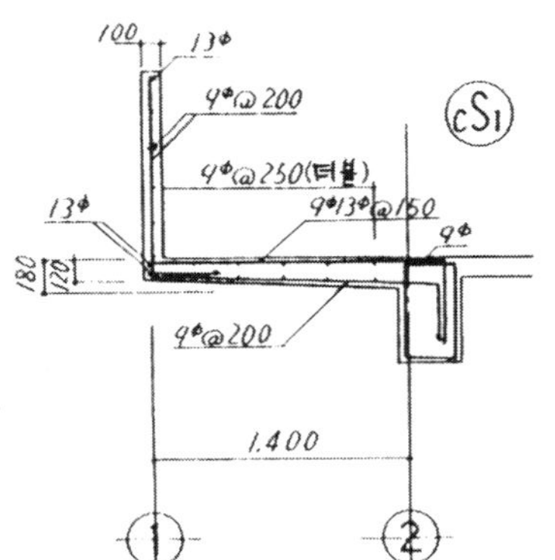

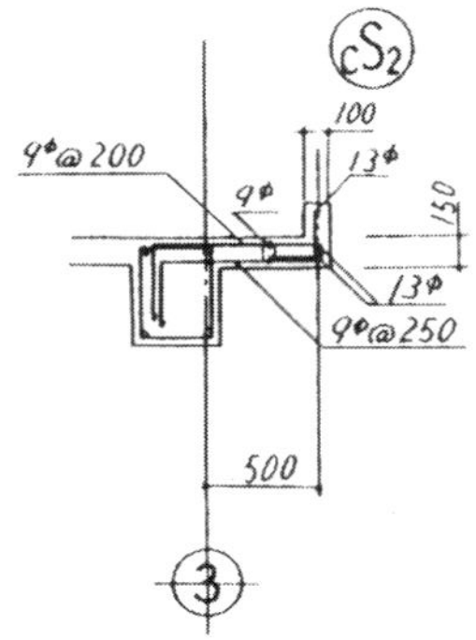

슬래브와 벽의 접합

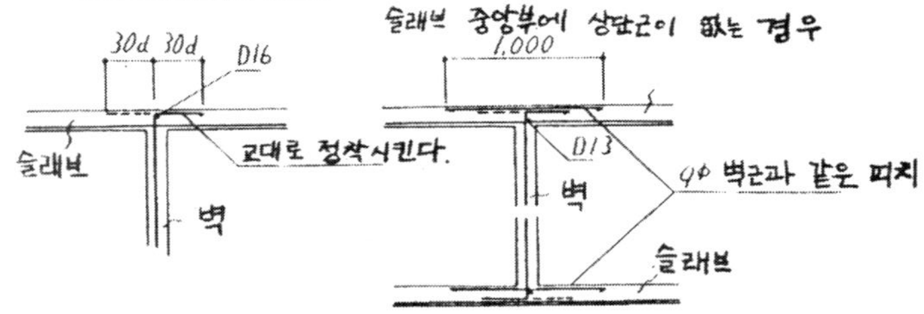

관통구멍부 보강요령

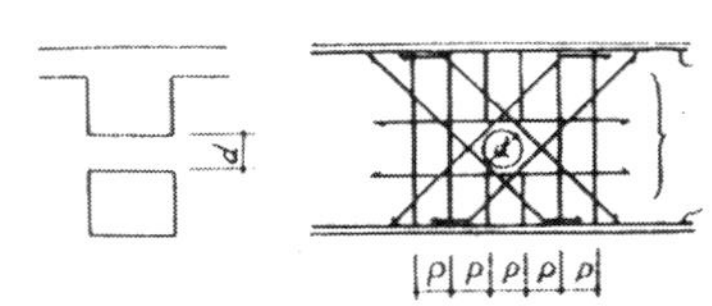

1) P는 스터럽의 단위로 그림의 범위는 13φ@150으로 한다.
2) d ≦ 200로 한다.
3) 보강근은 2-D13 정착길이는 S_1으로 한다.
4) 2개 이상의 관통구멍이 있는 경우는 구멍간격은 구멍지름의 3배이상 띈다.
5) 관통구멍지름이 보춤의 1/4이 되면 설계자의 지시에 따른다.

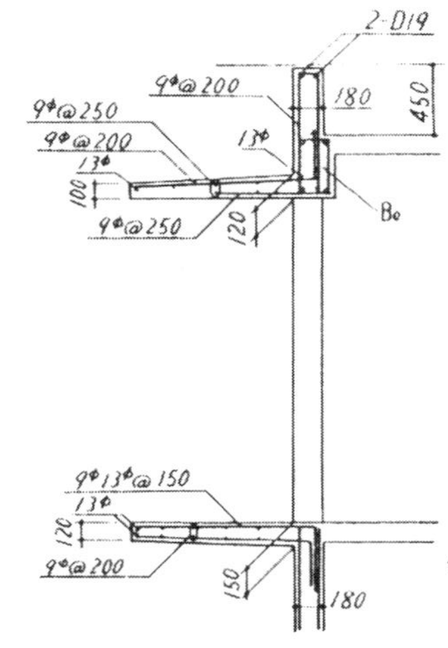

엘리베이터 기계실 입구

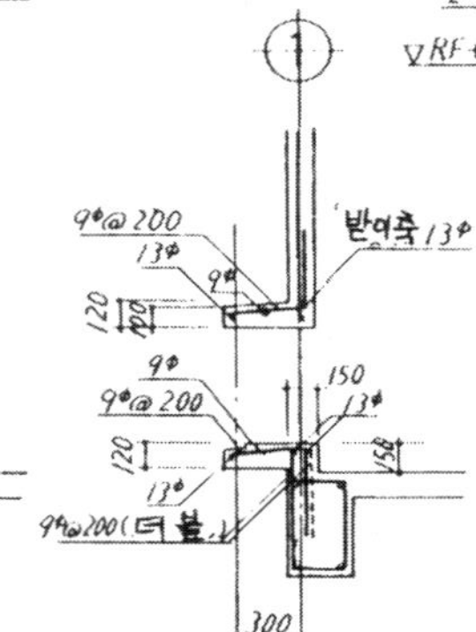

7층 (6층세실) 내민창

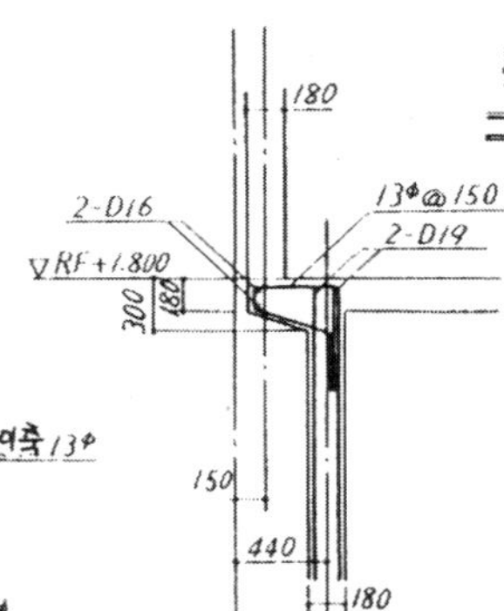

D 엘리베이터 기계실 바닥

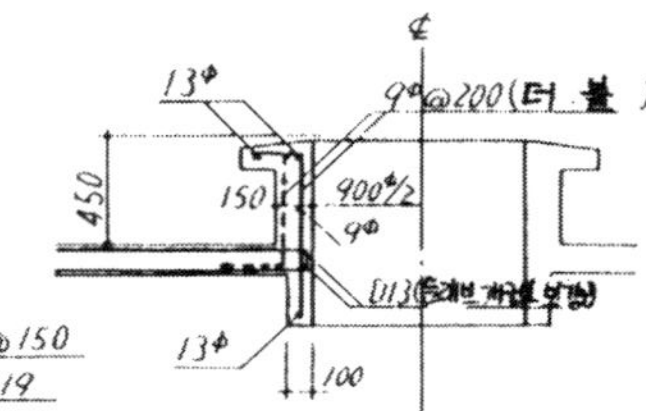

톱라이트

공사명	○○빌딩 新築工事	縮尺 1/30
도면명칭	슬래브리스트, 기타	
	株式會社○○建築士事務所	

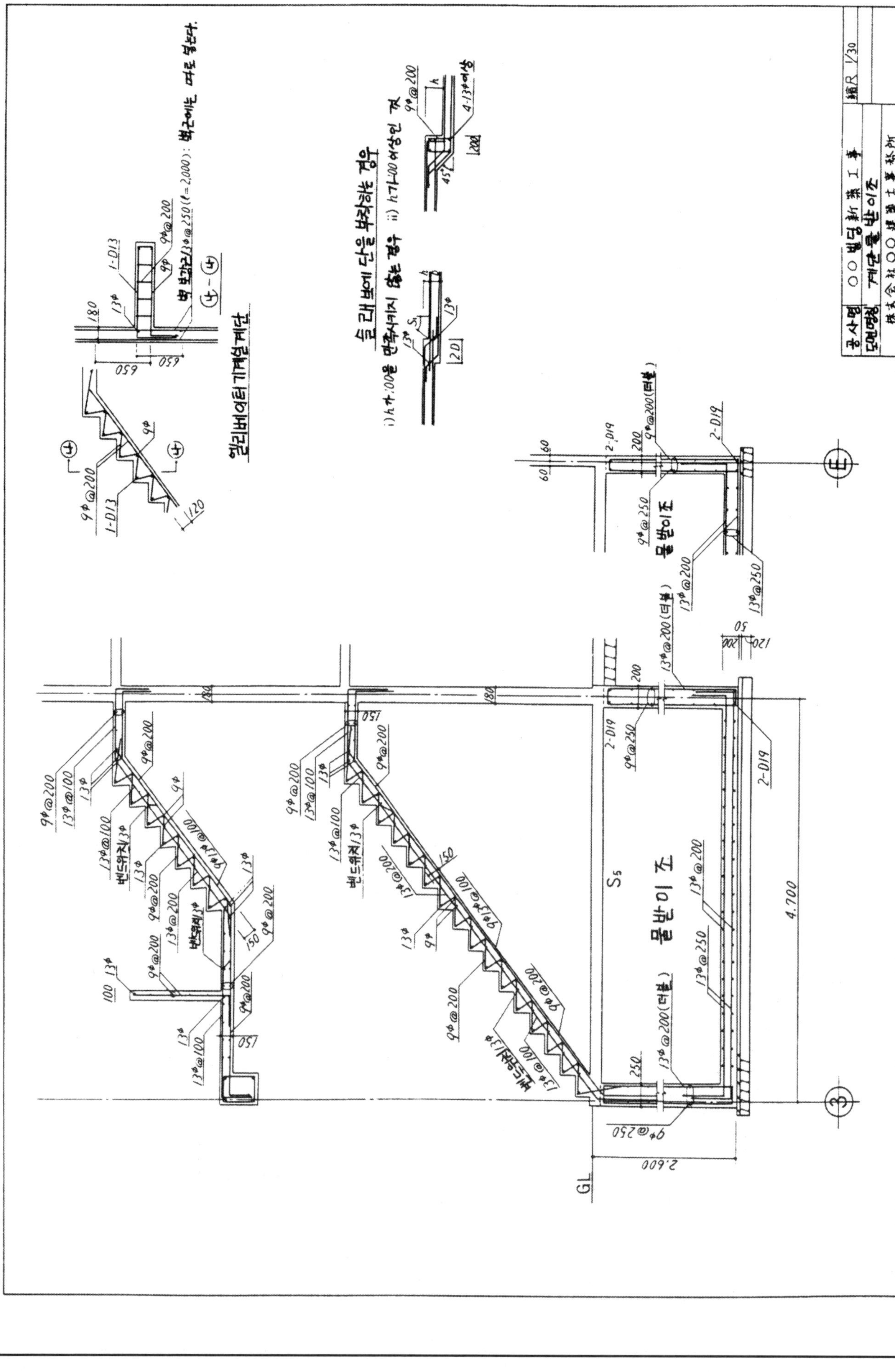
엘리베이터 기계실 계단
물받이 조
공사명 ○○ 빌딩 新築工事
도면명 계단 물받이조
縮R 1/30

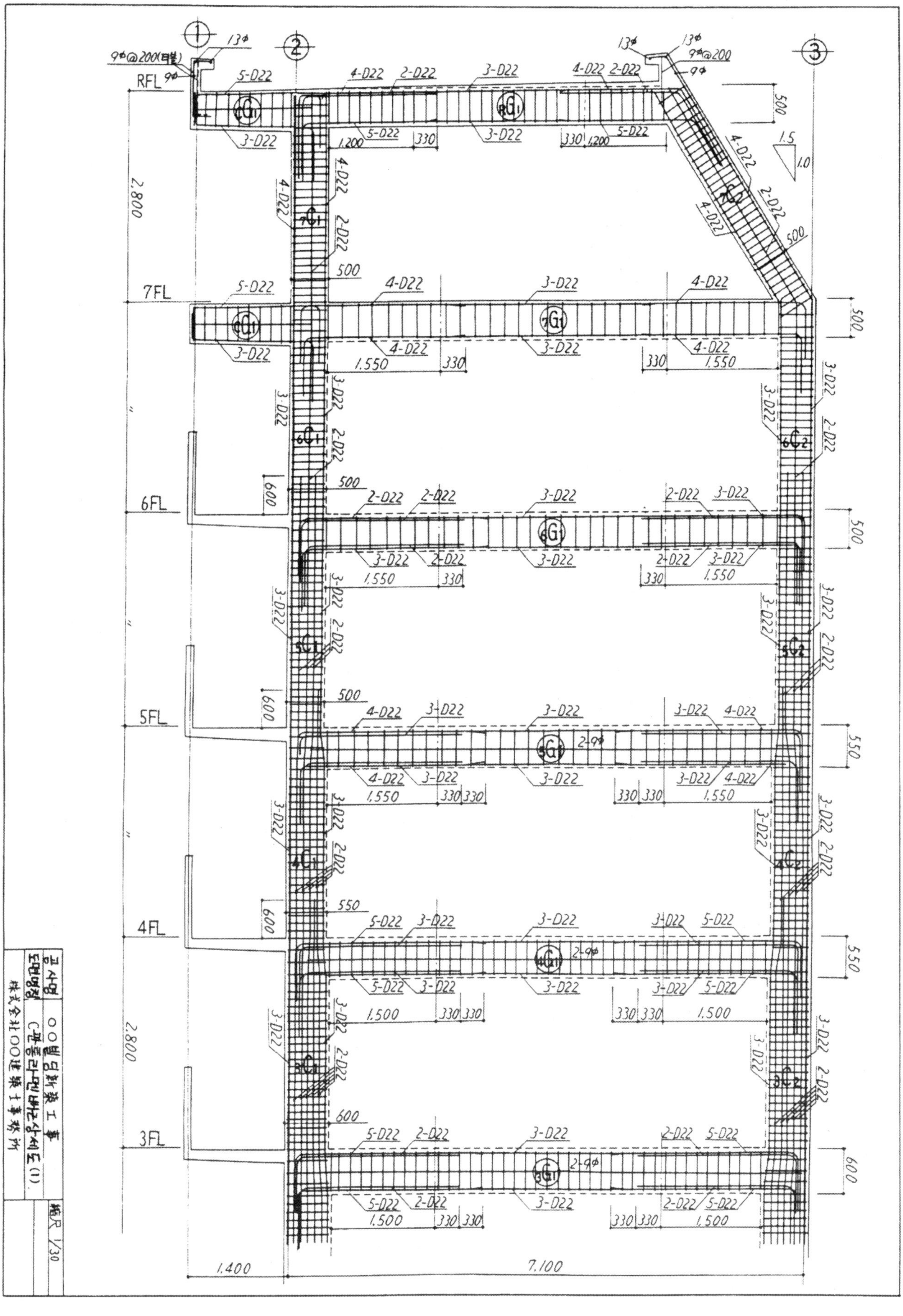

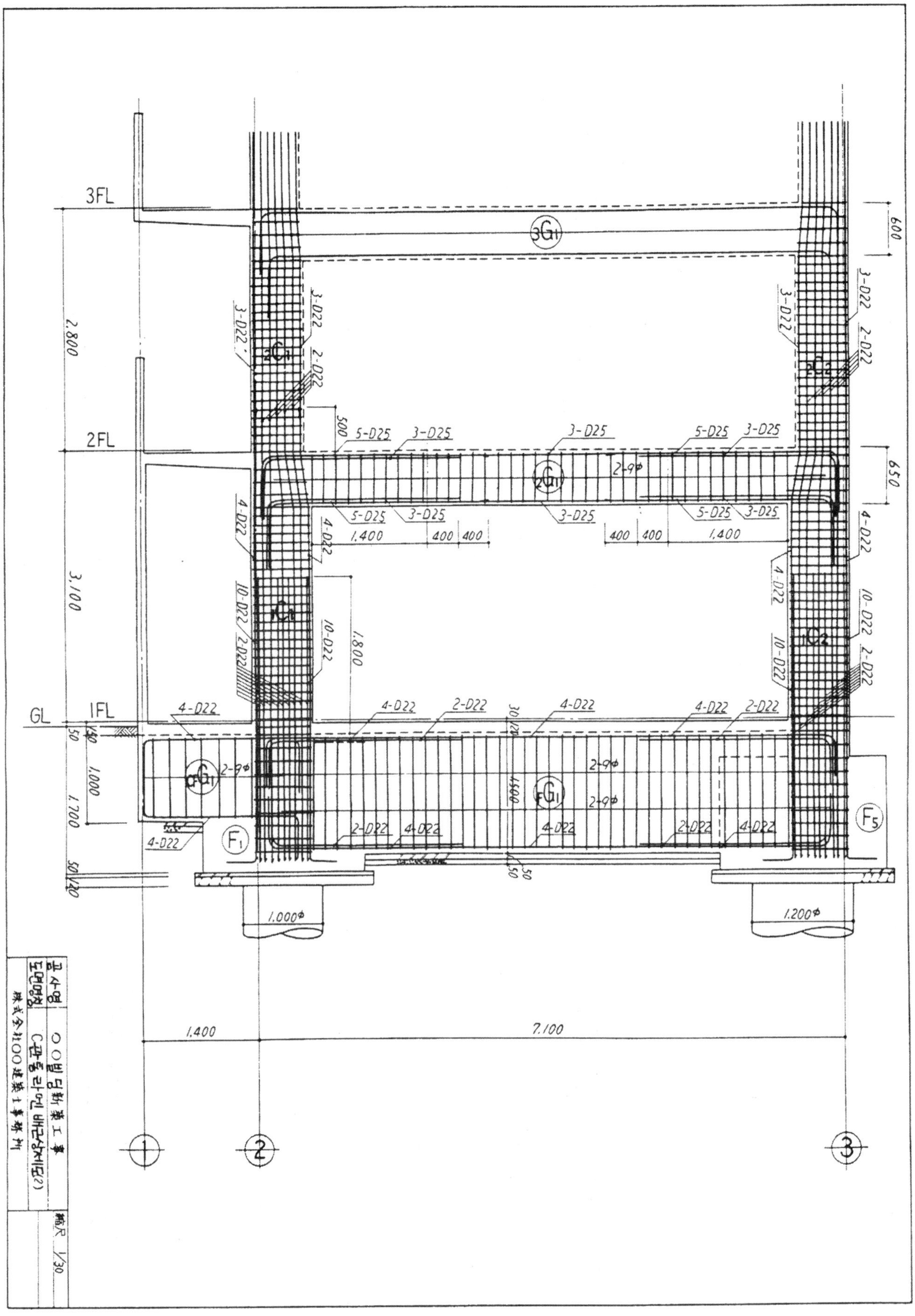

1-9 철근시공도의 작성

철근시공도는 풍부한 시공 지식과 경험뿐 아니라, 구조의 지식을 잘 알지 못하면 그릴 수가 없다. 여기에서는 요점만을 기술하기로 한다.

〔1〕 부재명, 치수의 현장 용어

현장에서는 아래 그림과 같은 용어가 많이 쓰이고 있다. 이외에도 기둥, 기초, 계단, 벽 등 각부에 적합한 현장 용어가 사용되고 있다.

특히 치수 호칭의 경우, 시공도에도 유효 치수, 가공외단치수, 절단 치수가 명시되어 있으므로, 치수 잡는 방법을 틀리지 않도록 해야 한다.

〔2〕 철근의 소요 길이

철근은 소요 지름의 것이 소요 개수만큼 들어가면 되는 것이 아니다. 배근의 위치가 어긋나거나 약간의 치수 부족이 구조 강도를 크게 손상시키게 되므로, 정확한 치수로 올바르게 배근해야만 한다.

그러나 건축물의 구축은 mm 단위의 정밀도를 원할 수 없으며 특히 가공외단치수로 표시된 철근의 소요 길이를 정하는 방법은 이음, 정착의 hook치수를 규정과 같이 정하는 외에 약간의 여유 치수를 두는 것이 상식으로 되어 있다.

아래 그림은 가공외단치수로 표시된 보주근의 소요 길이와 유효 치수이며, 보주근의 소요 길이 산출식을 예시한 것이다.

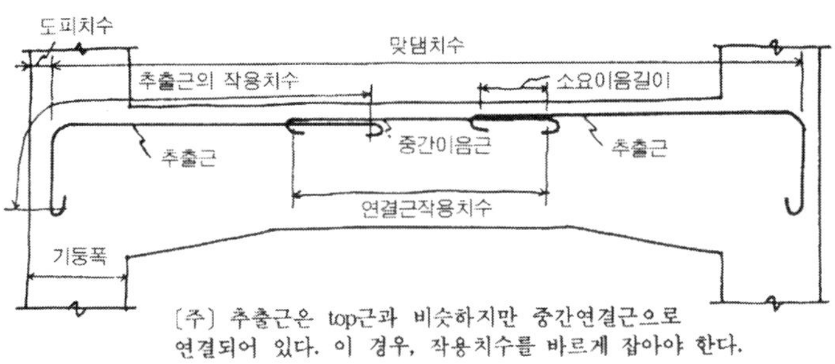

부재 명에 관한 현장 용어

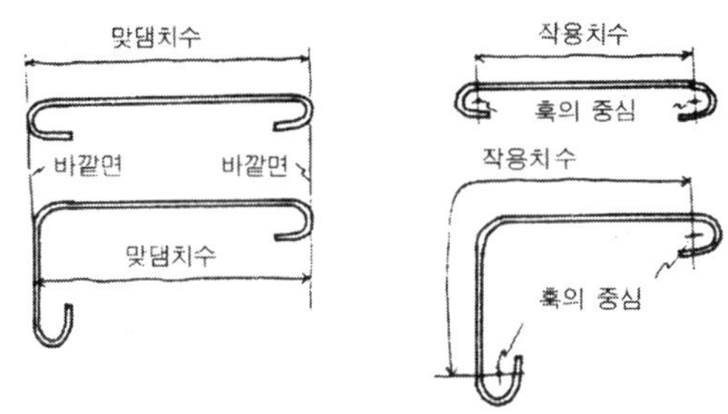

치수에 관한 현장용어

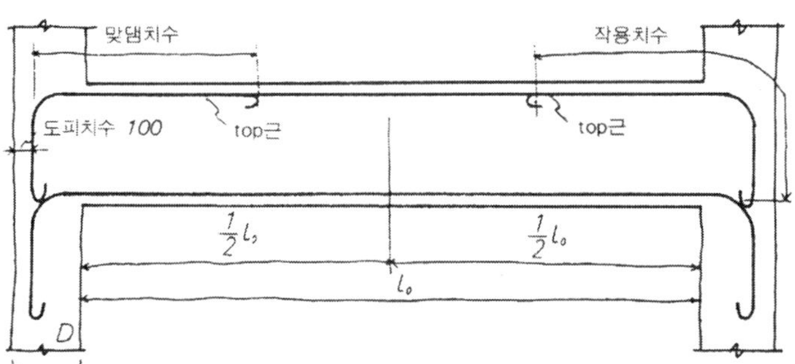

가공외 단치수와 유효 치수(보배근의 예)

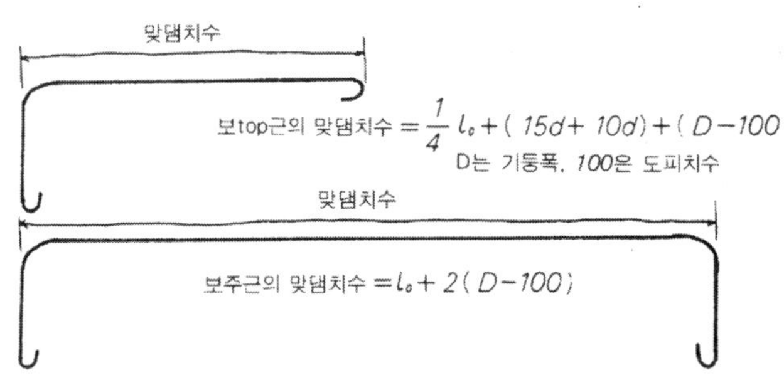

유효 치수의 산출예

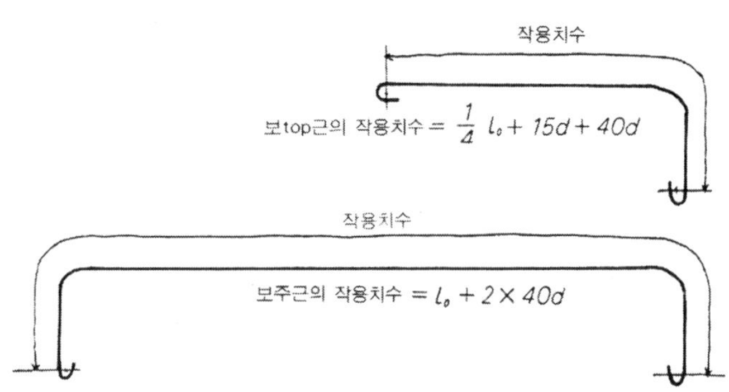

〔주〕 top근의 길이는 기둥내의 길이의 $\frac{1}{4}$로 한다.

작용치수의 산출예

〔3〕 기둥시공도의 예

기둥의 배근시공도를 작성하는데 있어서 하기 ①~⑦에 주의한다.

① 기둥 단면 리스트의 단면도 방향(x축, y축 방향)에 착오가 없는지를 체크할 것.

② 기둥근의 형상, 치수, 수량 및 이음, 정착의 위치나 길이를 체크할 것.

③ 기둥근의 기초 footing 내의 정착 길이는 통상 $40d$ 이상으로 하고, 수평 구부림 길이는 $15\sim20d$ 또는 300㎜ 이상으로 할 것.

④ 기둥 주근은 하부에서는 밑창 콘크리트에서 150㎜, 상부에서는 R층의 슬래브 천단에서 100㎜의 여유 치수를 잡을 것.

⑤ 기둥 주근을 가스 압접 이음으로 하는 경우, 이음 1개소마다 $1d$ 정도의 수축 여유를 예산할 것.

⑥ 이형 철근을 사용할 경우에도 기둥 돌출부의 주근은 주두와 이음(겹침 이음의 경우만)에 필히 hook을 설치한다.

⑦ hoop는 철근 지름과 배근 간격을 확인할 것. diahoop는 특기 시방서에 지시된다.

〔주〕 그림처럼 후프 간격은 건축법시행령규정에 따라 기둥각부는 보상단에서 1m범위, 부는 보하단에서 1m 범위를 각각 100㎜ 간격으로 배근한다. 그림의 pitch는 간략히 표현했지만 실제의 수는 아니다.

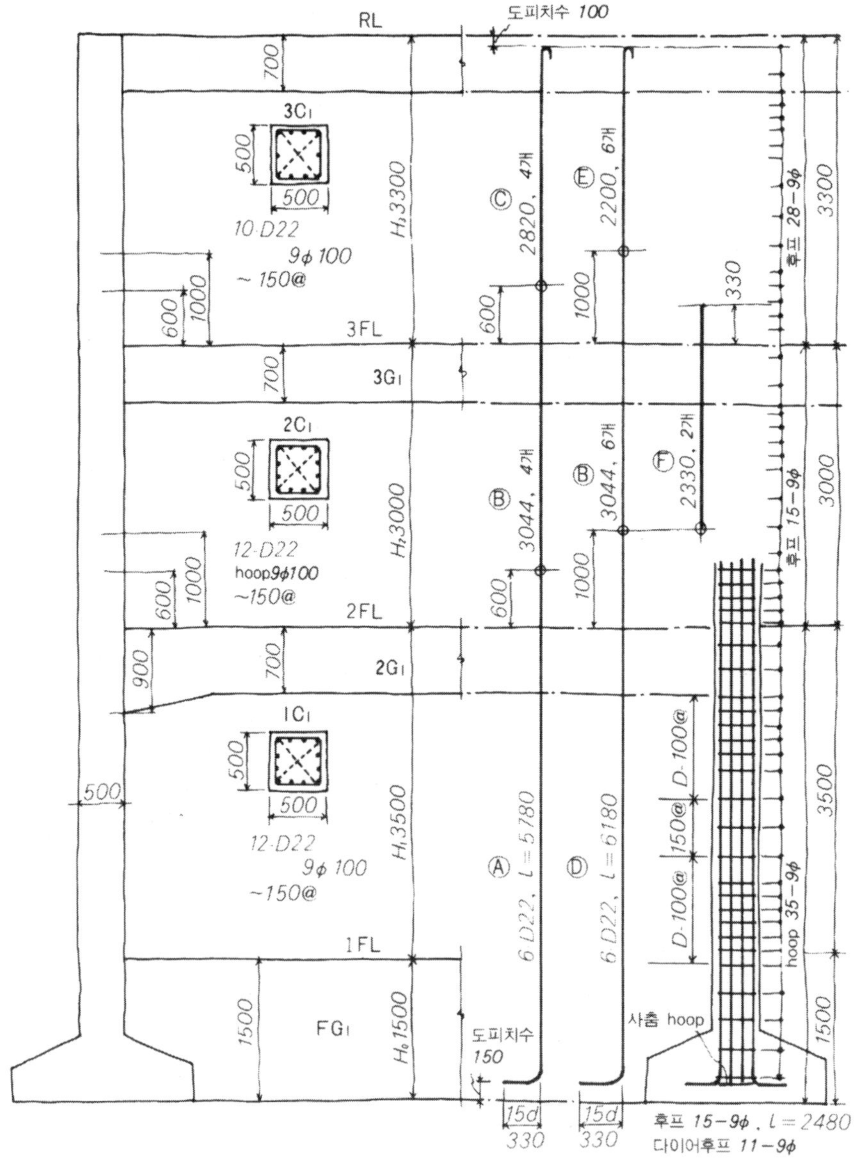

〔4〕 **보시공도의 예**

보의 배근 시공도를 작성하는데 있어서 하기 ①~⑦에 주의한다.

① 각층 보평면상세도와 보단면 리스트의 단면 축 방향(x축, y축 방향)을 체크하고, 다음에 보 부호, 보 리스트의 외단부, 내단부, 중앙부 등의 형상, 치수, 철근 개수 등을 체크할 것.

② 각층의 큰보, 작은보의 정착 길이, 이음 위치, 이음 길이 등을 체크하여 결정할 것.

③ 보주근은 기둥내에 정착시키는지, 관통으로 하는지를 명시할 것.

④ haunch 부분의 주근휨은 위치, 반경, 각도, 방향을 명시할 것.

⑤ 보톱근(상단근)은 15~20d의 여유 길이를 생각할 것. 또한, 중간에 매다는 근의 여유 길이는 15d로 한다.

⑥ 보춤이 보폭의 2배 이상일 경우에는 필히 腹筋을 넣는다. 복근의 정착 길이는 25d로 한다.

⑦ stirrup의 가공 형상은 특기시방서의 지시에 따르나, 94페이지와 같이 폐쇄형인가, U자형인가는 시공상의 문제에도 관계되므로, 검토 전후에 책임자와 의논하여 결정한다.

〔주〕 배근시공도는 예시한 기둥배근시공도, 보시공도와 같은 방법이므로 슬래브배근시공도, 벽배근시공도, 기초배근시공도 등을 작성한다. 동시에 다음 페이지처럼 철근의 절단계산분 위에 철근수량내역서를 작성한다.

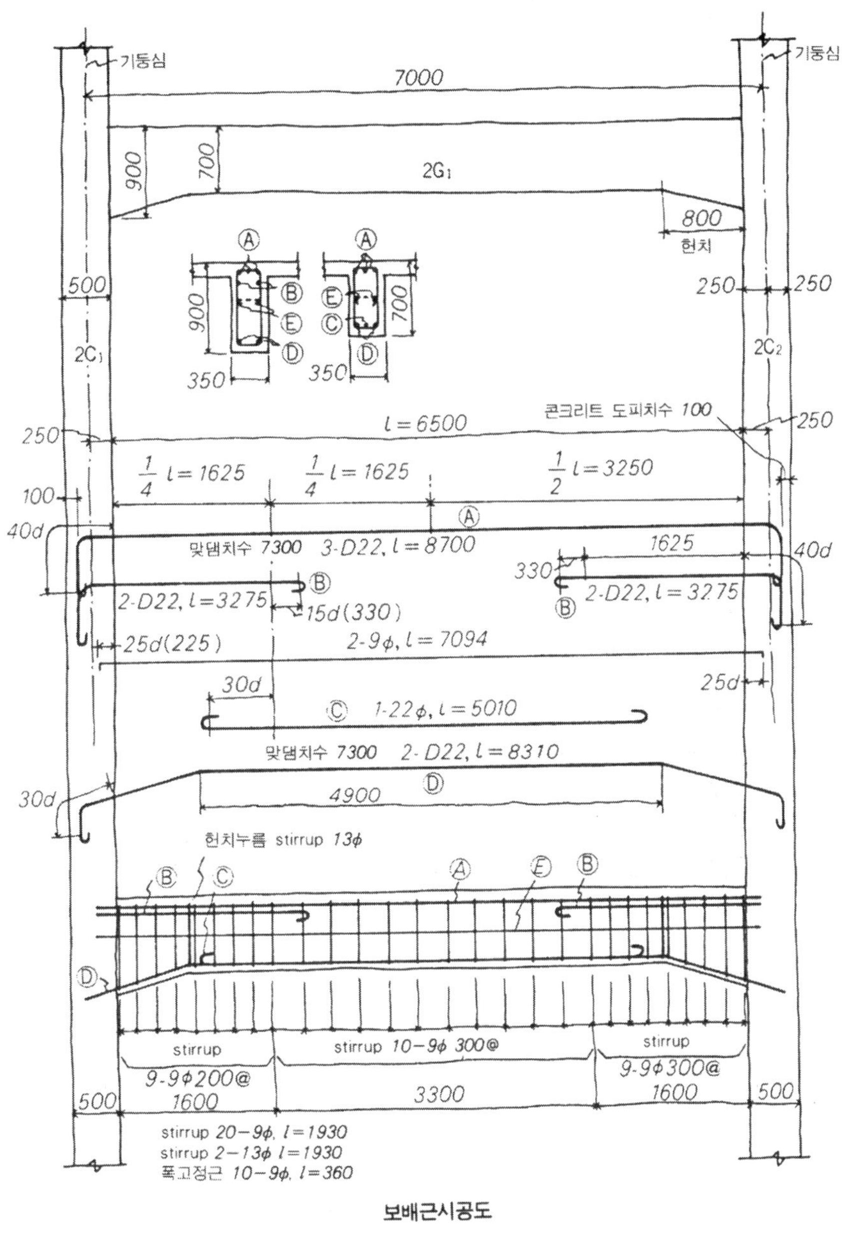

보배근시공도

〔5〕 철근의 절단 치수

34페이지에 있는 기둥, 보 시공도에 따라 철근의 소요 길이를 구하는 방법을 기술한다.

기둥 철근 절단 치수의 계산예

명칭 및 부호		철근경(mm)	가공형상	절단 치수의 산출계산예	소요길이(mm)	소요개수(개)
$1C_1$ ~ $3C_1$ (기둥)	A	22		$h_0+h_1+60+15-150=$ 길이 $1500+3500+600+330-150=5780$	5780	6
	B	22		$h_2-600+600+2d=$ 길이 $3000-600+600+44=3044$	3044	10
	C	22		$h_3-600-100+10d=$ 길이 $3300-600-100+220=2820$	2820	4
	D	22	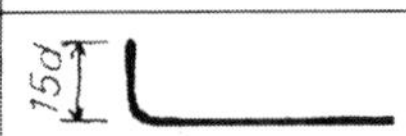	$h_0+h_1+1000+15d-150=$ 길이 $1500+3500+1000+330-150=6180$	6180	6
	E	22		$h_3-1000-100+10d=$ 길이 $3300-1000-100+220=2420$	2420	6
	F	22		$h_2-1000+15d=$ 길이 $3000-1000+330=2330$	2330	2
	후 프	9		$(440+440)\times2+8d=$ 길이 $1760+72=1832$	1832	78
	다이어 후 프	9		$(500-60)\times14+8d=$ 길이 $610+72=682$	682	11
[註] 다이어후프는 후프 5개당 1개의 비율로 넣는 것이 좋다.						

보철근의 절단 치수 계산예

명칭 및 부호		철근경(mm)	가공형상	절단 치수의 산출계산예	소요길이(mm)	소요개수(개)
$2G_1$ (보)	A	22		$l+(40d+10d)\times2=$ 길이 $6500+200=8700$	8700	3
	B	22	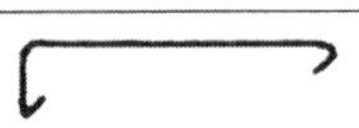	$1/4l+(40d+10d+15d+10d)=$ 길이 $1625+75\times22=3275$	3275	4
	C	22		$1/2l+(30d+10d)\times2=$ 길이 $3250+1760=5010$	5010	1
	D	22	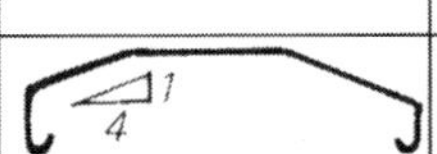	$l+[(30d+10d)\times2]+(8{,}246\times2)=$ 길이 $4900\times1760+1649.2=8309.2\fallingdotseq8310$	8392	2
	E	9		$l+(25d+8d)\times2=$ 길이 $6500+594=7094$	7094	2
	스터럽	9	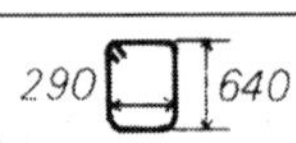	$(290+640)\times2+8d=$ 길이 $1860+72=1932$	1930	20
	스터럽	13	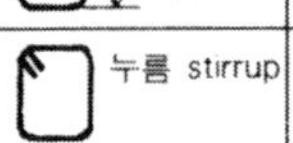	$(290+640)\times2+8d=$ 길이 $1860+72=1932$	1930	2
	폭고정	9		$290+8d=$ 길이 $290+72=362$	360	10
	헌치부분 후 프	9	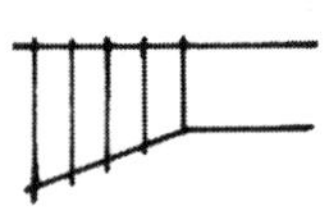	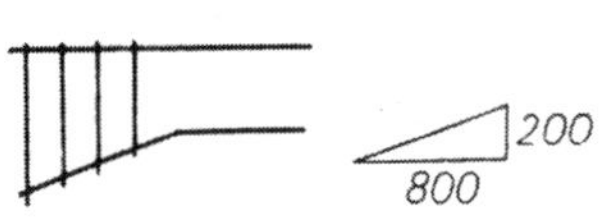	2330 2325 2320 2310	2 2 2 2

〔6〕 철근내역명세서의 작성

앞에서 말한 요령으로 배근시공도를 작성하고 주기한 여유길이 등을 정확히 잡아 절단 치수를 결정한 다음 철근의 절단, 휨가공을 하게 되며, 동시에 그림처럼 내역명세서를 각부마다 작성하고 필요 사항을 기입한다.

보철근수내역 명세서의 서식예

사용개소 및 명칭		철근의 종별	철근 지름 (mm)	加工形状	소요 길이	주문 길이	개소수	소요 개수	1개의 중량	합계 중량
G1	上端	SD	22					2本		
	上端	SD	22							

〔7〕 철근수량조서의 작성

상기의 내역명세서가 완성되면 이것을 기본으로 하여 그림과 같은 수량조서를 작성한다.

이것은 그림에 나타낸 것처럼 기초, 기둥, 보, 바닥, 벽, 계단, 기타 부분으로 분류하여 각각의 사용철근을 철근 지름별로 집계하여 적산자료로 한다.

철근수량 조서의 서식예

	철근 지름과 중량 및 길이										소계		누계	
	25		22		19		13		9					
	길이	중량	길이	중량	길이	중량	길이	중량	길이	중량	길이	중량	길이	중량
기초보														
기둥														
1층 보														

〔8〕 철근 수량의 적산 체크

철근의 수량 적산은 앞에서 기술한 가공 치수, 명세서 등을 토대로 상기와 같은 조서를 작성하여 산출하지만, 여기에는 풍부한 시공 경험과 과거의 시공 실적에 의한 자료가 필요하다.

아래 표는 과거 실적에 의한 건물 용도별의 단위면적당 철근 소요량 및 1톤당의 철근 가공 조립 소요인수를 나타낸 것이다.

건물용도별 철근소요개요(t)

건물 용도별	사용철근량 t/3.3㎡	비 고
일반 빌딩, 관청, 은행	0.25～0.37	어느 경우도 절단시의 손실량을 5%로 본다.
학교, 창고, 아파트	0.19～0.25	
아파트(벽식)	0.11～0.14	
공장, 상점	0.21～0.23	

톤(t)당 철근의 가공 조립 소요인수

명 칭	수 량			비 고
	내 역		합 계	
철근공	가공	1.7～2.8인	3.8～6.3인	인 부 0.3～0.5인
	조립	2.1～3.5인		
결속선	3.8～5kg(평균 4.5kg)			−

1-10 철근의 조립

철근의 조립은 앞에서의 휨가공한 것을 설계도, 구조규준도에 따라 정확히 배근하면 된다. 거기에 나타나 있지 않은 정확치 못한 곳도 많다. 또한 실제의 배근에 있어서는 철근이 서로 섞이고 뒤엉켜진 부분은 콘크리트치기가 불량해지는 원인도 되므로 구조 내력상 지장이 없는 범위내에서 임기응변의 처리를 할 때도 있다.

배근의 상세에 있어서는 46페이지 이후의 기초, 기둥, 보, 바닥 등 각부의 배근 마무리에서 기술하나, 배근은 아래 그림의 예와 같이 약간의 치수 차이나 배근 위치의 변경, 가공의 불량 등이 있으면 구조 강도를 많이 손상시키므로 안이한 배근은 허용되지 않는다. 또 철근의 耐火被覆(콘크리트의 피복 두께)의 문제, 콘크리트 타설과 철근 간격, 철근의 유지 방법, 결속의 방법 등 여러가지 규제가 관련되지만, 여기서는 그 요점만을 기술한다.

〔1〕 **배근의 요점**(상세한 것은 각부에서 기술함)

① 정착 길이를 충분히 하고 힘의 전달(응력의 작용 방법)을 고려하여 정착의 효과를 높인다(그림 참조).

② 인장주근의 배근은 정확히 한다. 아래 그림과 같이 잘못된 배근, 조잡한 배근을 하면 구조적으로 위험을 초래한다.

③ 철근의 휨가공에서 불량한 곳은 없는가를 체크한다.

철근의 조립(지중보의 예)

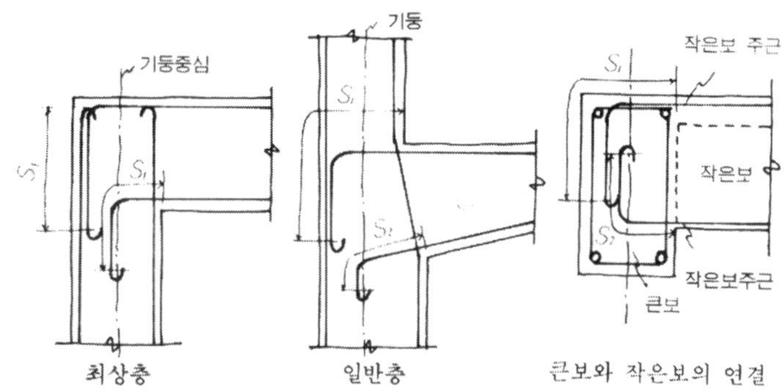

[註] S_1 … 인장 응력이 큰 철근의 정착
S_2 … 인장 응력이 작은 철근의 정착

응력의 작용 방법과 철근의 조사(예)

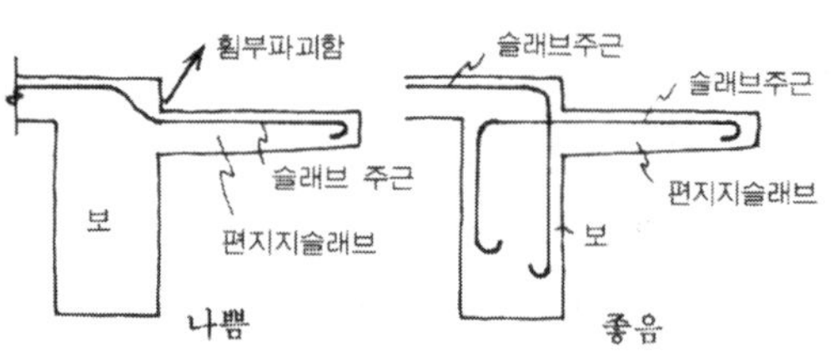

구조강도에 지장은 없는가

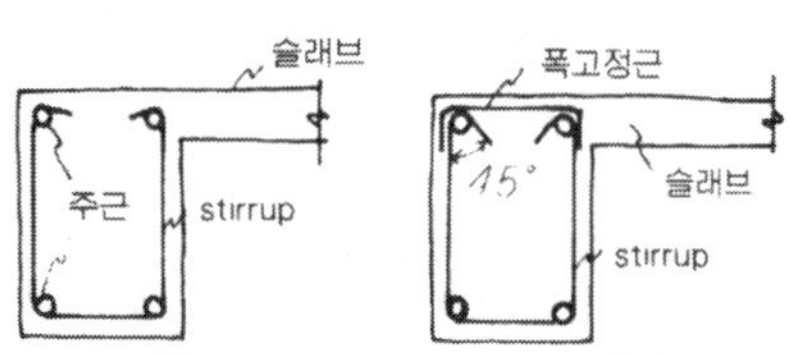

구부림가공은 올바른가

잘못된 배근, 휨가공의 조사(예)

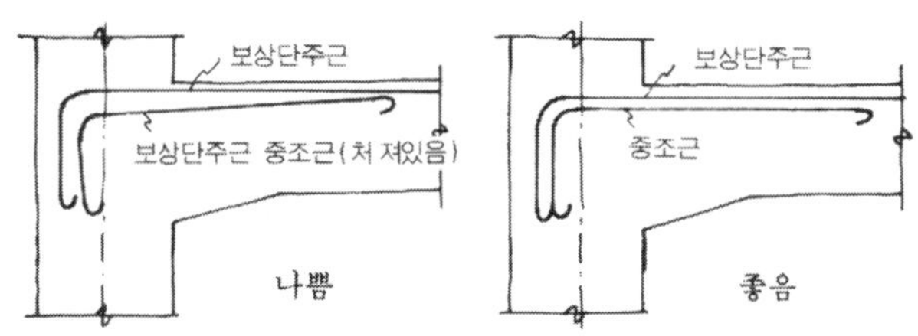

[註] 상단 주근과 중간근의 사이는 지름의 1.5배 또는 25 이내로 한다.

[註] 중간근의 처짐은 2단근의 효력을 상실한다.

보주근의 기둥 정착 예

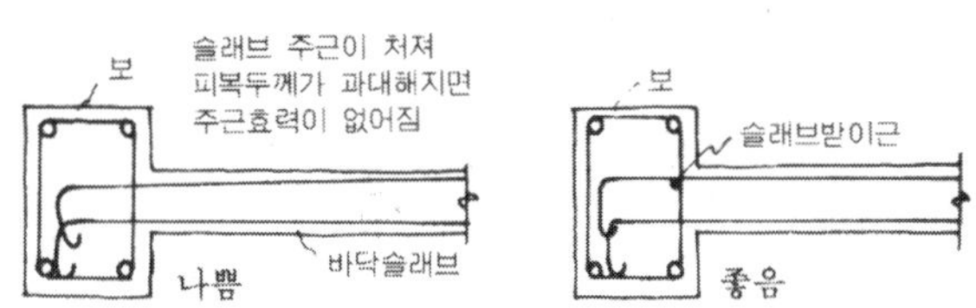

슬래브 주근의 보정착 예

배근위치의 주의(예)

철근의 내화력, 내구력, 부착력을 확보하기 위하여 일정한 두께의 콘크리트로 피복한다. 화재가 날때 열을 받으면 철근의 인장 강도는 대폭 저하되고, 또한 콘크리트도 장기간 지나면 노화(콘크리트의 알칼리성이 중성화된다)되어 철근을 부식시키게 된다. 또 철근에 커다란 인장 응력을 가해지는 경우, 콘크리트와의 부착 파괴가 생겨 철근과 콘크리트의 일체화가 파손되어 부분적인 파괴가 생기게 된다. 이것을 고려하여 건축법 시행령에는 콘크리트의 피복 두께에 대하여 규정되어 있다.

또 건축학회에서는 **옆표와** 같은 기준을 만들어 있으므로 이것에 따라 피복 두께를 확보한다.

또한 피복 두께는 기둥, 보, 벽, 바닥 등 각각의 마무리 치수가 정해져 있으므로 피복 두께를 규정치 이상으로 크게 하면, 철근이 내부에 치우쳐 배근되므로 인장 강도를 크게 저하시킨다. 따라서 피복 두께는 규정 치수를 엄수하는 것이 중요하다.

철근에 대한 콘크리트 피복 두께의 최소치[3]

<table>
<tr><td colspan="4">콘크리트의 종류 / 구조부의 종별</td><td>보 통 콘크리트 (플레인)</td><td>경 량 콘크리트 (AE제 사용)</td></tr>
<tr><td rowspan="2"></td><td rowspan="2">상, 내력벽 이외의 벽</td><td colspan="2">마무리를 한 것</td><td>20</td><td>20</td></tr>
<tr><td colspan="2">마무리를 하지 않은 것</td><td>30</td><td>30</td></tr>
<tr><td rowspan="4">흙에 접하지 않는 부분</td><td rowspan="4">내력벽 기둥 보</td><td rowspan="2">옥내의 것</td><td>마무리있음</td><td>30</td><td>30</td></tr>
<tr><td>마무리없음</td><td>30</td><td>40</td></tr>
<tr><td rowspan="2">옥외의 것</td><td>마무리있음</td><td>30</td><td>30</td></tr>
<tr><td>마무리없음</td><td>40[1]</td><td>40</td></tr>
<tr><td rowspan="2">흙에 접하는 부분</td><td colspan="3">내력벽, 주, 보, 바닥슬래브</td><td>40</td><td>50[2]</td></tr>
<tr><td colspan="3">기초 및 벽</td><td>60</td><td>70[2]</td></tr>
</table>

[註] (1) 콘크리트의 품질 및 시공 방법에 응하고, 승인을 얻어 30㎜로 한다.
(2) 1종 및 2종 경량콘크리트에만 적용한다.
(3) 고로 시멘트 C종, 실리카 시멘트 C종 및 플라이애시 시멘트 C종을 쓰는 경우는 조합, 부재의 크기 등에 따라 정하며, 전문가의 승인을 얻는다.
(4) 굽벽으로 흙에 접하지 않는 부분에서는 40㎜ 이상으로 한다.

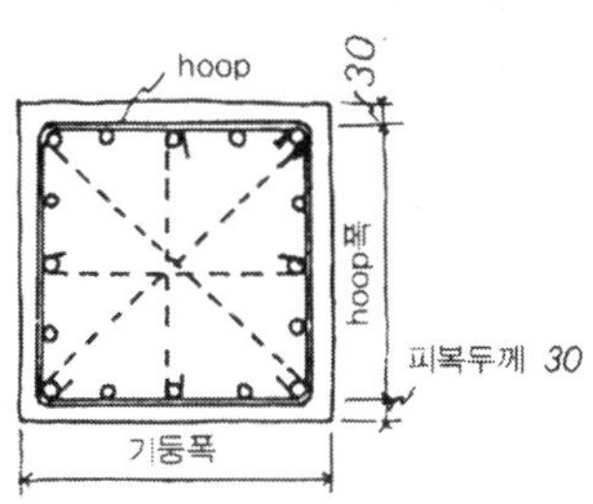

기둥근의 피복두께

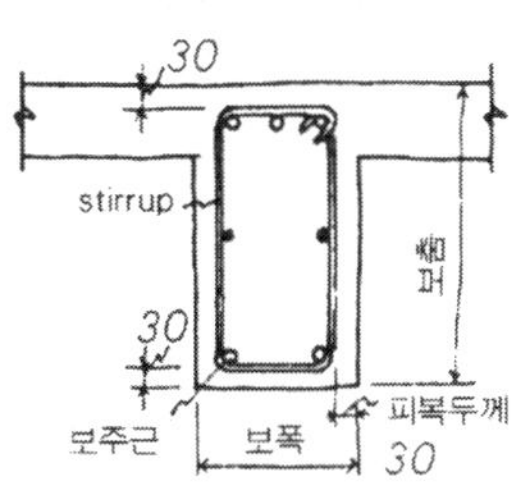

보근의 피복두께

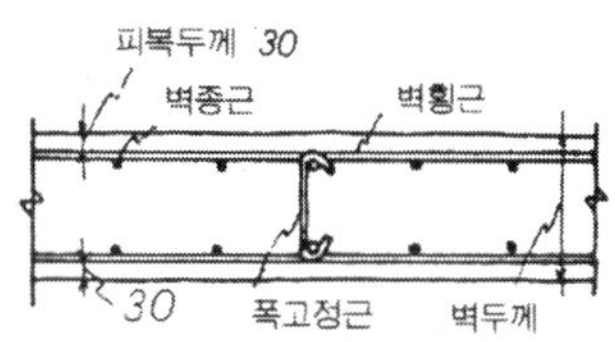

내력벽 근의 피복 두께

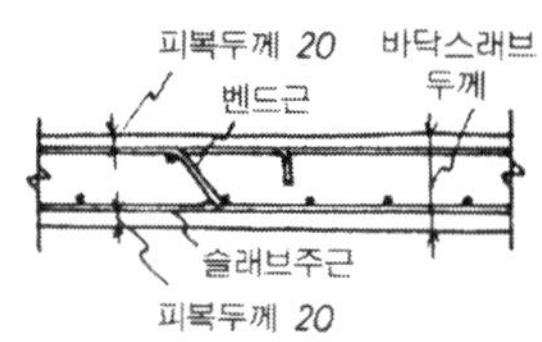

바닥 슬래브근의 피복 두께

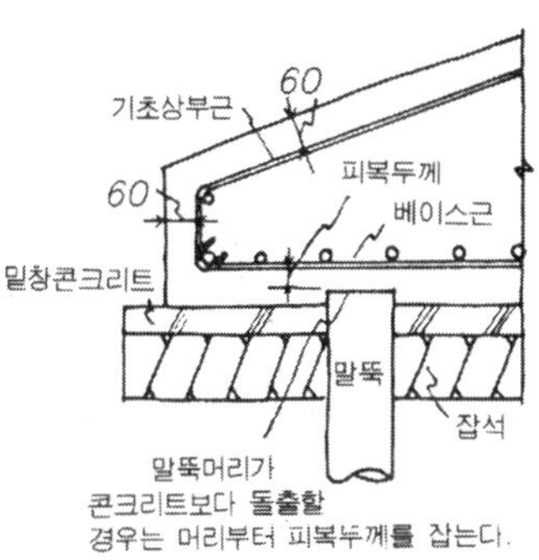

말뚝머리 돌출의 경우

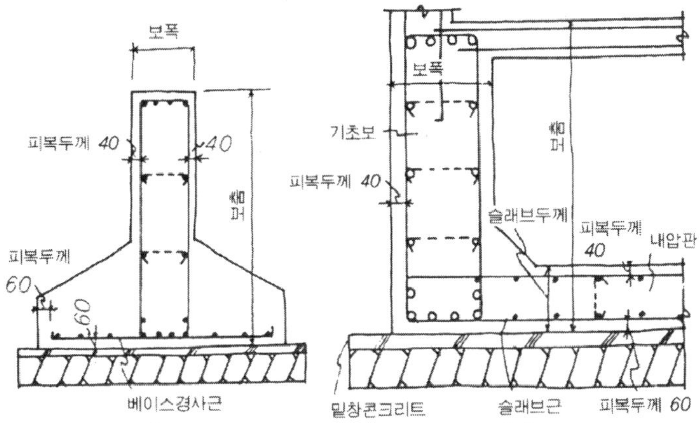

예 1 예 2

흙에 접하는 기초 보근의 피복 두께

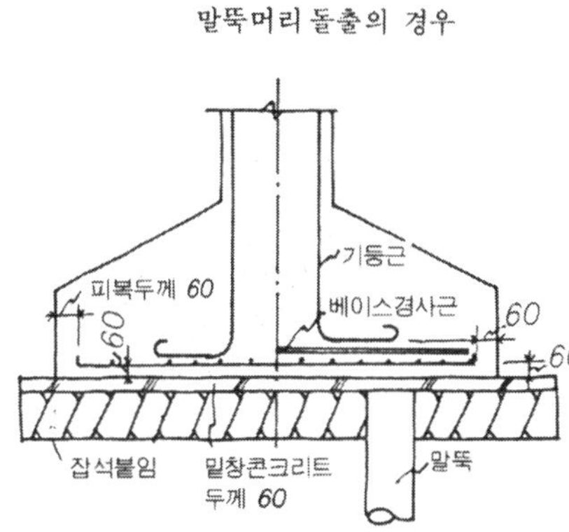

일반 예

기초 베이스근의 피복 두께

〔2〕 철근조립의 검사

철근은 시공도에 따라 정확히 배근하지만 우측 그림과 같이 필히 배근 간격을 검사, 확인해야 한다. 또한 이음hook의 여부와 방향에 대한 것은 17~18 페이지를 참조한다.

〔3〕 철근의 유지와 결속

철근의 조립은 달군 철선을 사용하여 결속하면서 조립해 가지만, 철근과 거푸집 사이에는 소요 피복 치수만큼 간격을 두어야 한다. 그러기 위해서는 오른쪽 그림(사진)과 같은 스페이스나 금속 간격재를 사용하여 위치 간격을 유지해야 한다. 간격재는 일반적으로 모르타르제가 많이 사용되지만 플라스틱제, steel제도 있다.

철근의 결속에는 보통 지름 0.8~0.85㎜ 정도의 달군 철선을 쓰고, 콘크리트 타설시에 위치 변동이 생기지 않도록 견고하게 결속한다. 따라서 기둥 주근에 hoop를 돌릴 경우 등은 걸쳐 감기로, 굵은 철선은 2~3개 겹친 것으로 결속한다.

모르타르제 스페이서 블록의 예

명 칭	형상치수	사용개수
각 형 (주사위)	20×20×20 각 30~40 각 60×60×60 각	1변 20㎜ … 바닥 슬래브용 1변 30~40㎜ … 보용 1변 60㎜ … 기초용
말굽형	d=20~40	벽, 기둥용 조립한 후 사용하면 편리
도너츠형	d=20~40 두께=10~15 (두께)	벽, 기둥용
의자형블록	높이=120~150 (120.150, 상단주근의 지지높이)	바닥 슬래브의 두께 유지와 겸용 스페이서 … 바닥 슬래브용

스페이서에 의한 철근의 유지

기둥철근의 조립

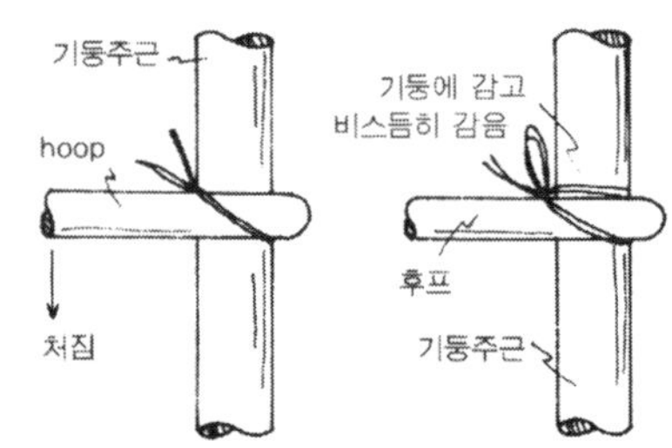

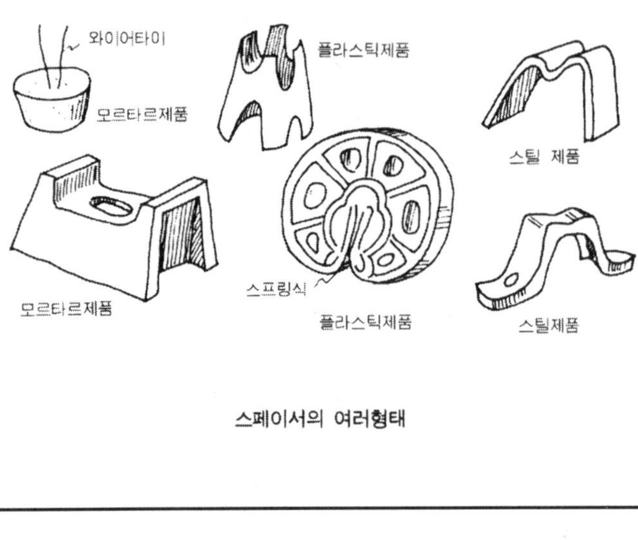

스페이서의 여러형태

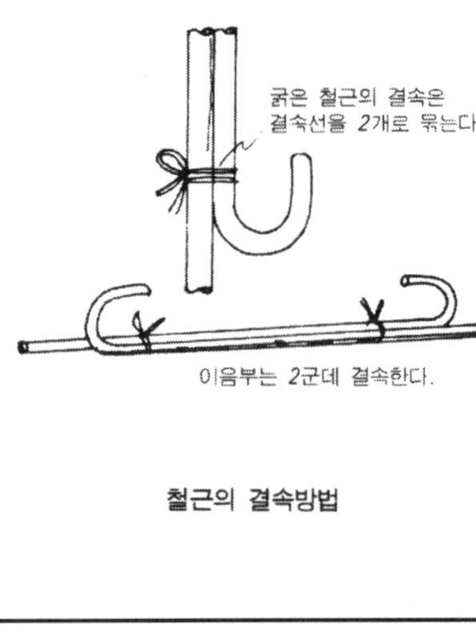

철근의 결속방법

1-11 가스 압접작업

가스 압접 이음은 지름 16㎜ 이상의 굵은 철근을 사용하는 경우는 겹이음에 비하여 경제적이고, 또한 hook이 없으므로 콘크리트 타설이 용이한 장점이 있는 반면, 우천, 풍설시의 작업을 할 수 없다는 것, 조립에 시간이 걸린다는 것, 거푸집의 소실방지조치가 필요하다는 것 등의 단점도 있다. 또 접합부의 강도도 파괴 시험 이외에는 확인할 방법이 없다. 따라서 압접공(유자격자가 아니면 시공할 수 없다)의 기능을 전적으로 신뢰할 수 밖에 없지만 검사가 이루어지지 않아 불안하다.

〔1〕 압접 작업량과 시공 계획

상기와 같이 압접 이음은 시공의 양부가 직접 구조강도에 영향을 주므로 한치의 잘못도 허용이 안된다. 따라서 하루 작업량을 늘리려는 시공 일정을 계획해서는 안된다. 우측 표는 참고로서 하루의 압접 작업량과 가열 소요 시간을 나타낸 것이다.

〔2〕 압접 작업상의 주의

① 압접면은 우측 그림과 같은 형상으로 톱절단(커터를 사용하지 않음)을 하고 그라인더, 줄로 가공한다. 개선각이 작으면 휨 강도가 저하되고, 넓으면 과열로 재질이 변화된다.

② 이음 장소는 한 곳에 집중되지 않도록 하고 지름이 다른 철근의 압접은 지름차 7㎜ 이하를 한도로 한다. 또 철근은 냉간압연봉강과 열간압연봉강으로 구별하면, 다른 메이커 제품을 압접해도 된다.

③ 지름 16㎜ 이상의 철근을 압접하는 경우는, 4구식 화구의 화구취관을 쓴다.

④ 비, 눈, 바람이 불때는 옥외에서의 압접 작업은 불가능하다. 또한, 기온이 0℃ 이하일 경우는 압접부가 급냉하여 강도가 저하될 우려가 있으므로 압접부의 보온이 필요하게 된다.

⑤ 압접부의 검사는 우측 그림의 요령으로 판정한다. 접합면은 녹이나 부착물이 발생하지 않도록 청소한다.

가스압접작업 이음

1일(8시간)의 압접작업량(개소수)

철근지름(㎜)	16	19	22	25	28	32
압접개소수 (개소)	120 ~200	100 ~160	80 ~130	60 ~100	45 ~80	30 ~60
평균개소수 (개소)	170	140	110	90	70	50

가스압접의 가열소요 시간(철근지름별)

철근경 (㎜)	소요가열시간	철근경 (㎜)	소요가열시간
16	40초~50초	25	1분 15초~1분 45초
19	50초~60초	28	1분 45초~2분 15초
22	1분 05초~1분 20초	32	2분 30초~2분 55초

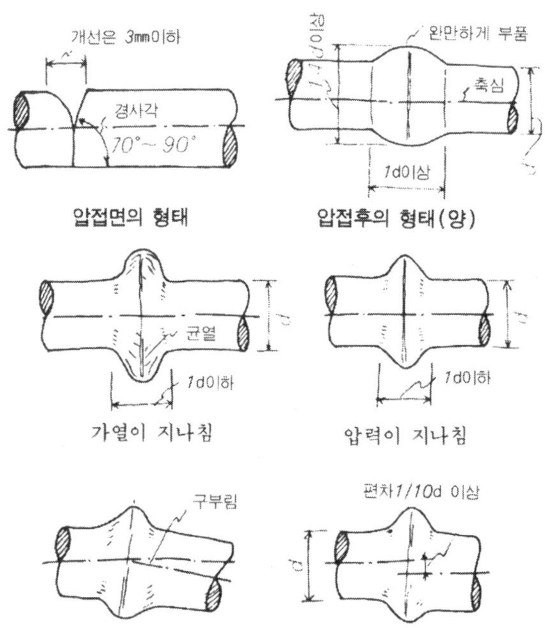

압접면의 형태 / 압접후의 형태(양)

가열이 지나침 / 압력이 지나침

축심 구부리기 / 축심편차 1/10d이상

불량압접부(재압접필요)

2-1 일반사항

기초는 건축물의 모든 하중을 지지하고, 이것을 견고한 지반에 전달하여 건축물 전체를 안전하게 유지하기 위한 것이다. 그러나 기초는 지중에 매설하는 것이며, 후에 결함을 발견된다고 하더라도 보수나 보강이 불가능하므로, 설계 시공시에 신중한 배려가 필요하다.

즉, 지반의 상태를 정확히 파악한 후 지지지반을 정하고 기초 형식을 결정하게 되지만, 기초 형식은 지반의 상태뿐 아니라 구조종별 등도 고려하고, 또 시공성(시공의 용이성, 부지 주변의 상황과 시공 대책 등)의 문제도 포함하여 검토한 후에 결정한다. 다음에 기초의 설계, 시공에 관한 개요를 기술한다.

〔1〕 기초의 종류(1)

기초는 아래 그림과 같이 보통 지정을 포함하여 기초구조라 부르기 때문에 그 분류가 확실하지 않고 복잡한 느낌이다.

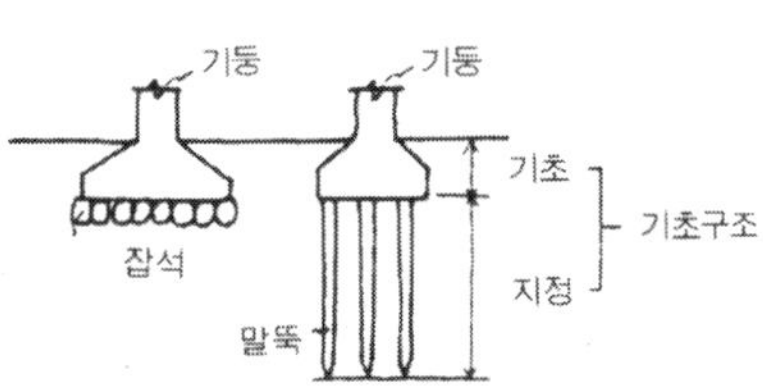

기초의 정의

기초의 종류를 형식별로 분류하면 우측 그림처럼 footing 기초와 다음 페이지의 온통 기초로 분류된다. 일반적으로 지반의 상태가 약하거나 매우 큰 규모의 건축을 할 경우 이외에는 푸팅 기초(독립 기초, 수평 기초, 복합 기초)가 사용된다.

또한, 지정별로 분류하면 다음 페이지의 표와 같이 직접 기초(잡석 지정만으로 말뚝은 사용치 않음), 말뚝 기초, 잠함(케이슨) 기초로 크게 분류되며, 공법의 차이에 따라 각각 아래 표와 같이 세별하여 칭한다.

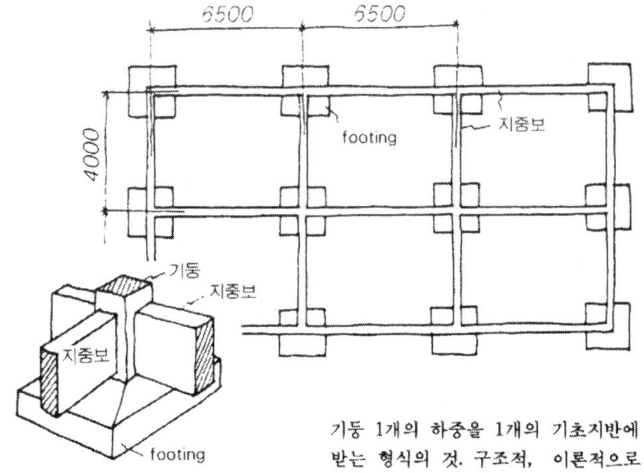

기둥 1개의 하중을 1개의 기초지반에 받는 형식의 것. 구조적, 이론적으로 가장 단순한 기초이므로 지반이 비교적 양호한 경우에 채용한다.

독립기초

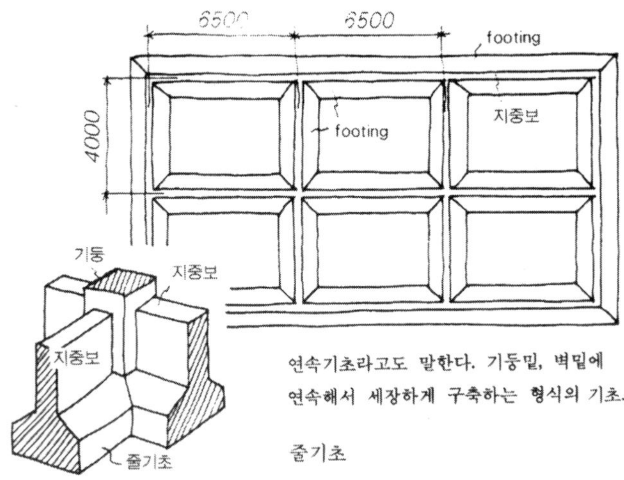

연속기초라고도 말한다. 기둥밑, 벽밑에 연속해서 세장하게 구축하는 형식의 기초.

줄기초

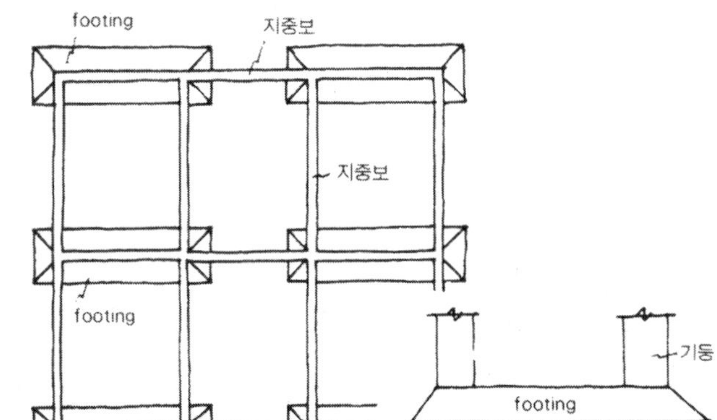

결합기초라고도 한다. 2개의 기둥밑 기초지반을 1개로 한 것.
대지경계선과의 관계이므로 footing을 외측에 붙여내지 않는 경우에는 바깥기둥과 안기둥을 하나로 한 형식을 채용한다.

복합기초

기초의 형식(footing 기초)

〔2〕 기초의 종류 (2)

본서에서는 이들 각종 기초 중에서 가장 많이 사용하는 푸팅 기초(독립 기초, 수평 기초, 복합 기초)에 대하여 그 배근 요령을 기술하고, 또한 필요에 따라 직접 기초(말뚝을 박지 않는 형식으로, 지반에 직접 기반을 구축하는 형식)와 말뚝 기초로 분류하여 설명하기로 한다.

또한, 본장에서 말뚝 기초 구조에 있어서는 기초지반과 말뚝 머리와의 정착 상태(철근의 기초지반내의 정착)에 대해서만 설명한다. 말뚝의 시공 요령에 대한 것은 163~167페이지에 상술한 것을 참고로 하는 것이 좋다.

기초내압판의 배근

기초의 종류(공법예)

- 말뚝 기초
  - 제작말뚝 공법
    - 타격공법
      - 드롭 해머
      - 디젤 파일 해머
      - 기동 해머
    - 제트 압입 병용 공법
    - 압입병용공법
    - 진동응력공법
    - 프레보링 응용 공법
  - 현장박기 말뚝공법
    - 기계굴삭 공법
      - 베노트 공법
      - 리버스 공법
      - 어스드릴 공법
    - 인력굴삭공법(심초공법)
    - 관입공법
    - 치환공법
- 케이슨 기초
  - 우물통공법
  - 오픈 케이슨
    - 우물통공법
    - 특수우물통 공법
      - 현장박기 말뚝과의 조합
      - 대구경 PC 웰
      - 현장박기 케이슨
  - 잠함공법 뉴매틱 케이슨
    - 보통공법
    - 특수 케이슨 공법
    - 무인 케이슨 공법
- 직접기초 – 잡석 깔기 푸팅 기초
- 기타 – 앤더빙 공법, 지하 연속벽 공법, 지반 개량

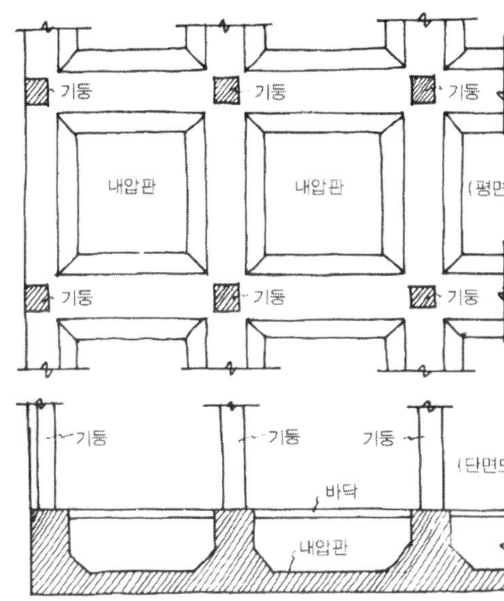

일반적인 온통기초

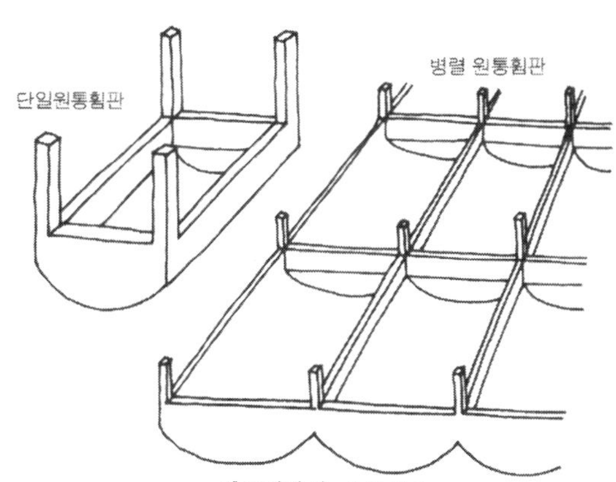

원통휨판식 온통기초

온통기초는 건축물의 밑면 전체를 내압판으로 한 것이므로 연약지반인 경우에 채용한다.

기초의 형식(온통 기초)

〔3〕 기초 형식 선정의 요점

기초 구조는 보통 건축물의 중량(건축 규모, 구조 종별, 용도 등을 포함하여 검토)과 지반의 상태를 고려하여 그 형식을 결정한다. 아래 표는 일반적으로 사용하는 지반과 건축물(규모, 구조 종별)과 기초 구조와의 관계를 나타낸 것으로, 참고하기 바란다.

① 건물의 평면 형상 · 평면형이 좁고 긴 건물은 정방형의 건물에 비하여 건물 전체가 변형되기 쉽고, 지반의 부동 침하에 대한 저항력이 작아진다. 더우기 우측 그림과 같은 복잡한 형상이 되면, 지중응력분포의 불균형이 커지고, 응력의 집중 등의 문제도 생기게 되므로 보다 견고한 기초로 해야만 된다.

② 구조 종별 … 철골 구조는 철근콘크리트조에 비하여 유연성이 있기 때문에 다소의 부동 침하에는 적응된다. 그러나 철근콘크리트조는 약간의 부동 침하에도 균열 등의 장해가 생기므로, 기초보 등의 부재를 크게 하거나, 상부구조의 벽량을 증가시켜 구조부의 강성을 높인다.

③ 건물의 용도 … 공장, 창고 등은 설치하는 기계 등의 중량을 계산하여 기초 구조를 결정한다.

기제콘크리트 말뚝(말뚝박기검사)

현장박기 콘크리트 말뚝

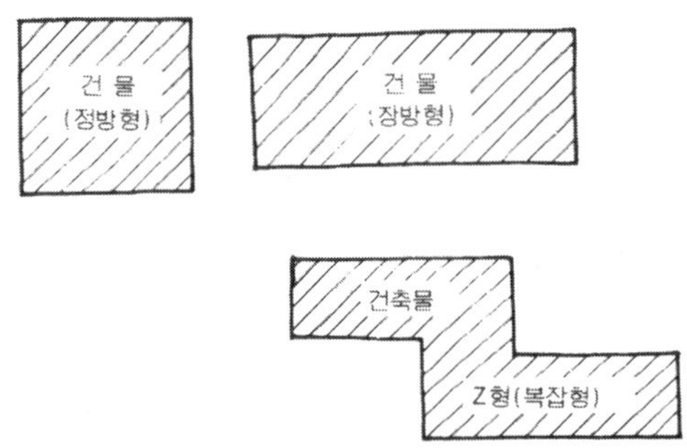

건물 평면형상과 기초형식의 선정

각 건물 지지지반과 기초구조의 관계

건물지지지반	구조종별과 건물높이	기초구조	허용지내력도	허용말뚝내력	비 고	
롬토	라멘 구조 4층건물	직접기초 독립푸팅	장기 10t/㎡	—	—	[註] 표 중 기초 구조의 난간은 하기와 같이 한다. 직접기초 … 말뚝이 없는 것을 의미. 단, 잡석지정을 함. 말뚝기초 … 기제말뚝치기, 제자리치기 등 공법에는 관계없다. 온통기초 … 기초슬래브(내압판이라고도 함)을 설치하는 형식인 것
롬토	벽식구조 4층건물	직접기초 연속푸팅	장기 10t/㎡	—	—	
2차퇴적 롬토	라멘 구조 2층건물	직접기초 온통기초	장기 5t/㎡	—	—	
모래	라멘 구조 4층건물	말뚝기초 독립푸팅	—	장기 20t/㎡	원심력 철근콘크리트 지지 말뚝	
롬토	철골조고 가수층	말뚝기초 독립푸팅	—	장기 3t/㎡	빼냄으로 저항시킨다.	
실트	RC조 오수처리층	직접기초 온통기초	—	—	플로팅 기초	

〔4〕 푸팅의 형상

푸팅의 설계는 접지압(contact pressure)에 의해 결정된다. 접지압이란 건물전중량(기초의 자중이나 기초상의 흙중량도 포함)을 기초반저면적으로 나눈 값을 말하며, 이 값이 지지지반의 허용 지내력 이하로 되도록 해야 한다. 또한 푸팅에는 축방향에 대한 전단력과 휨모멘트가 가해지나, 일반적으로 휨모멘트는 지중보에 부담시켜 축방향에 대한 내력만을 고려하고 있다. 따라서 푸팅의 크기는 서로 다르며, 그 형상도 일정치 않고, 오른쪽 그림과 같은 규정이 있다.

또 형상은 기둥의 평면형과 상이형(닮은 형)의 푸팅이 이상적이고, 또한 기둥 중심과 기초지반중심이 같은 것이 좋다. 편심기초는 부득이한 경우에만 사용되고 있다.

또한, 푸팅 경사 부분에는 철근을 넣어서 보강하는 동시에, 콘크리트도 기초반과 동시에 타설해야 한다.

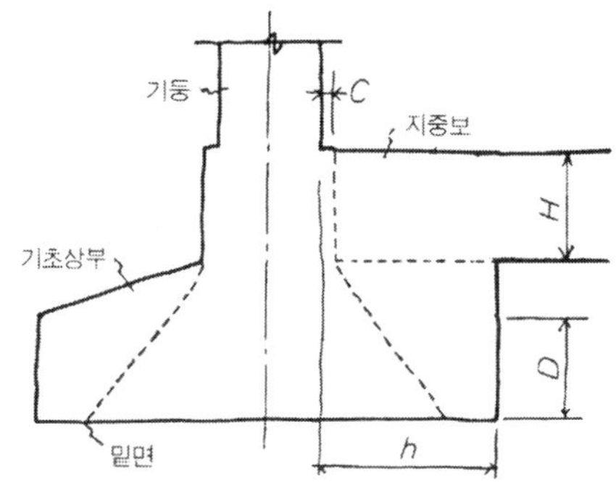

$H>C$, $H<0.3h$, $D \geqq 250$

기초반의 형상

〔5〕 기초 철근의 콘크리트 피복 두께

건축학회 규준에서는 흙에 접하는 부분(기초, 굽벽 등)의 철근은 콘크리트 피복 두께를 60mm 이상이 되도록 규정하고 있다.

실제의 시공에 있어서 가끔 빠뜨리기 쉬운 점은 오른쪽 그림과 같이 주각부의 피복 부족과 말뚝 머리와 베이스근과의 간격(60mm)을 버림 콘크리트에서의 간격으로 오인하는 예 등이다.

흙에 접하는 주각부는 그림과 같이 기둥틀을 크게 하여 소요 피복 두께를 유지해야 한다.

베이스근(하단근)의 피복 두께는 말뚝의 정부에서 60mm 이상으로 한다. 이것은 그림과 같이 지하수가 말뚝을 따라 흘러 들어가 철근 부식의 원인이 되는 것을 피하기 위해서이다.

베이스근의 피복 두께를 보유하기 위해서는 60mm 각의 스페이서 블록을 사용하여 베이스근이 안정되도록 위치 간격을 정확히 본 다음 박는다.

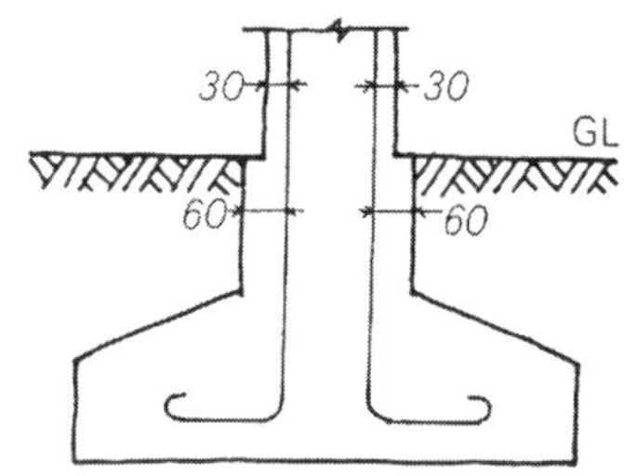

〔주〕 그림처럼 흙에 접하는 부분의 기둥틀을 크게 해서 소요 피복두께를 유지하고 있다.

지중보의 피복두께 (좋음)

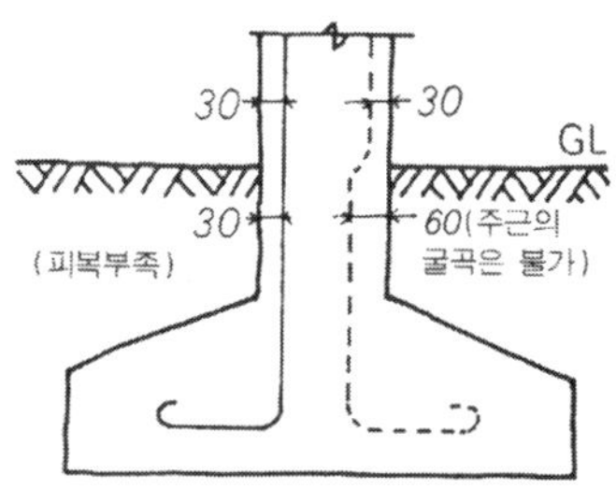

〔주〕 기둥주근의 피복두께가 부족한 경우, 기둥주근을 절곡해야 한다. 필히 위 그림처럼 늘여치기 한다.

지중부의 피복두께(불가)

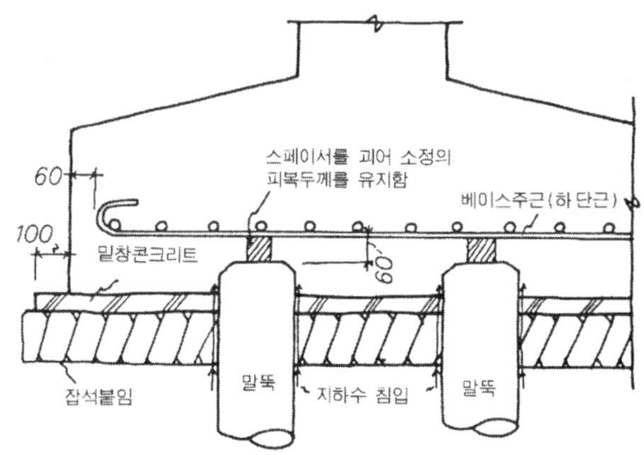

베이드근과 말뚝머리와의 간격

기초 철근의 콘크리트 피복 두께

2-2 독립 기초의 배근(직접 기초)

〔1〕 직접 기초의 푸팅

직접 기초는 양호한 지반에 저층, 중층의 건물을 건축할 경우에만 사용된다(44페이지 참조). 직접 기초의 공법은 일반적으로 잡석 깔기 위에 버림 콘크리트를 치고 그 위에 스페이서 블록을 배치하고(철근의 소요 피복 두께를 유지하기 위함), 베이스근, 배력근, 보조 빗철근의 순으로 배근하는 것이 보통이다. 토질에 따라서는 잡석을 깔면 오히려 지지반면을 못쓰게 만들기 쉬우므로 지지반상에 직접 밑창 콘크리트 치기를 하여 잡석 지정을 생략하는 것이 좋다.

〔2〕 정방형 기초지반의 배근 요령 (1)

베이스근은 13mm 이상의 철근을 사용하고 우측 그림의 ①과 같이 주측면에의 각도로 내린 선과 기초 저면선과의 교점 위치 이상으로 배치해야 한다. 배력근은 이것에 직교하는 모양으로 배근하고, 그 위에 보조 빗철근(한 방향 3개씩)을 배치해서 아래 그림처럼 요소를 철선으로 결속한다.

정확한 위치에서 배근하기 위해서는 버림 콘크리트의 표면에 건물의 통과 중심을 먹줄 치기하고, 이것을 기준으로 하여 치수를 바르게 배근하지만, 철근 간격은 간격 막대기(소정의 피치를 기재한 자막대)를 사용하면 오류가 방지된다. 또한 보조 빗철근의 교점이 베이스 중심이 되고, 주심도 되므로 통과 중심먹줄과 맞춰 위치에 잘못이 없는가를 확인해야만 한다.

베이스근, 배력근, 보조 빗철근은 이상의 요령으로 정확하게 배근하고, 결속선(달군 철선 0.8mm 이상)을 써서 얽어 맨다. 이 경우에는 hook(丸鋼 사용의 경우)은 모두 위로 향하도록 고정한다. 또한 철근의 피복두께 유지 때문에 스페이서 블록은 60mm 각의 기성품을 사용한다.

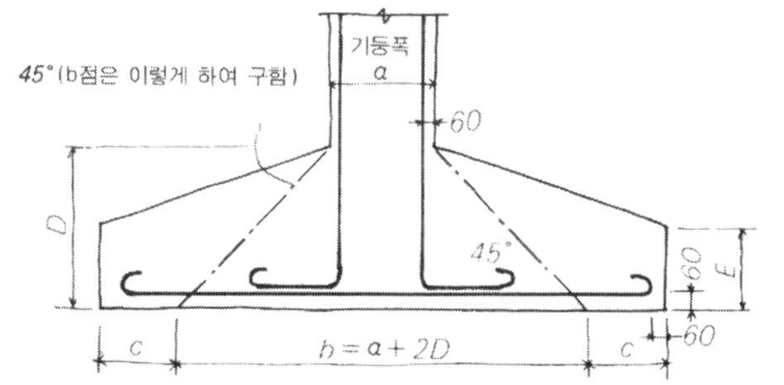

[註] 1. a=기둥폭, E=250mm 이상으로 한다.
2. 베이스근은 b 범위 이상으로 배치한다. $b=a+2D$
3. c 범위는 베이스 주근 간격의 2배 또는 300mm 이하로 한다.
4. 베이스 주근의 이음은 겹침 길이, $S_1(40d)$ 이상으로 한다.

기초배근의 요점① .

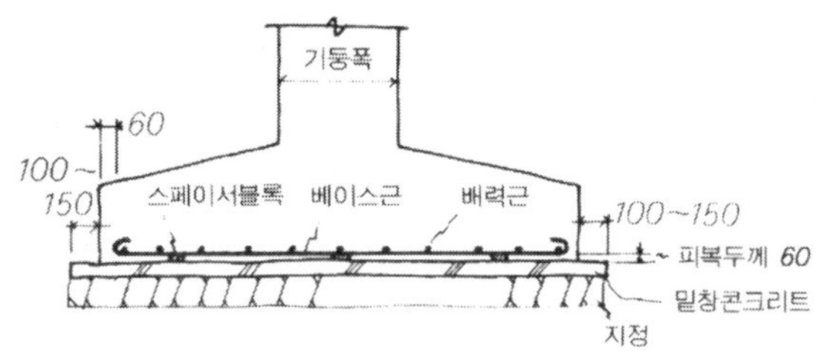

[註] 베이스 중심은 밑창 콘크리트 위에 친먹줄 중심과 기둥먹줄 중심이 합치하고, 간격 막대기를 사용하여 정확한 간격으로 배근한다. 보조 경사근의 교점이 베이스심이 되고, 기둥심도 되므로 철근을 조립하여 위치가 정확한지 확인한다.

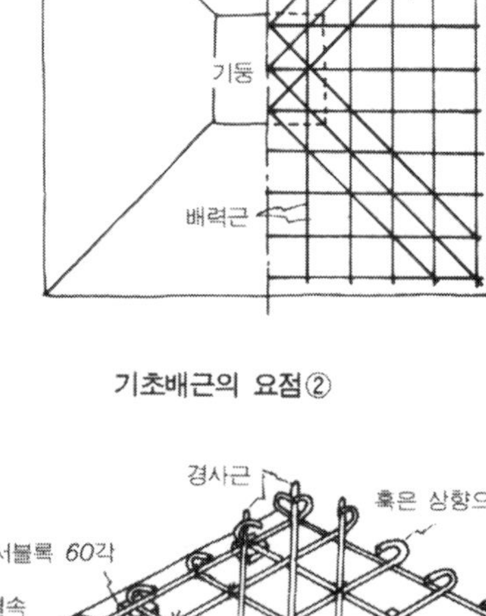

기초배근의 요점②

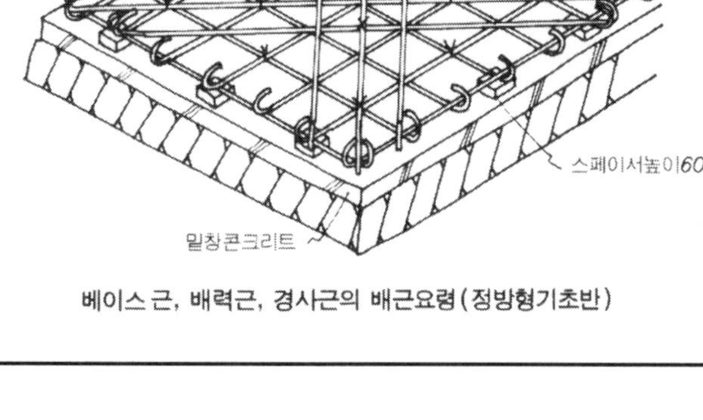

베이스 근, 배력근, 경사근의 배근요령(정방형기초반)

〔3〕 정방형 기초지반의 배근 요령 (2)

오른쪽 사진은 독립 기초의 베이스근의 배근 요령을 나타낸 것이다.

베이스근은 주근의 아래가 되므로, 나중의 수정은 불가능하다. 그러므로 정확한 위치에 배근하고 선단의 hook(오른쪽 사진은 이형 철근을 사용했으므로 hook이 없음)은 반드시 상향으로 배근한다.

베이스근은 이음을 만들지 않는 것을 원칙으로 하나, 부득이한 경우는 2개 이음(이음 길이 S_1)까지 허용된다. 또 베이스근의 아래에는 60㎜ 각의 스페이서 블록을 넣으나, 이것은 주근의 조립전에 위치를 정확히 맞춰야 한다. 주근의 조립이 완료되면 사진 ②와 같이 다시 한번 배근이 올바른가를 확인한다.

시공을 할 때는 버림 콘크리트 위에 흙이 무너져 내려올 때가 많고 이것은 필히 제거해야만 한다.

〔4〕 장방형 기초지반의 배근 요령

장방형 기초지반인 경우도 배근 요령은 정방형 기초지반의 경우와 같으나, 그림과 같이 베이스근은 장변방향(x축 방향)으로 배근하고, 그 위에 배근력을 단변방향(y축 방향)으로 배근한다.

베이스근과 배력근의 결속, 스페이서 블록의 사용 방법 등은 모두 정방형 기초지반의 경우와 같다.

기초 베이스근의 배근①

기초 베이스근의 배근②

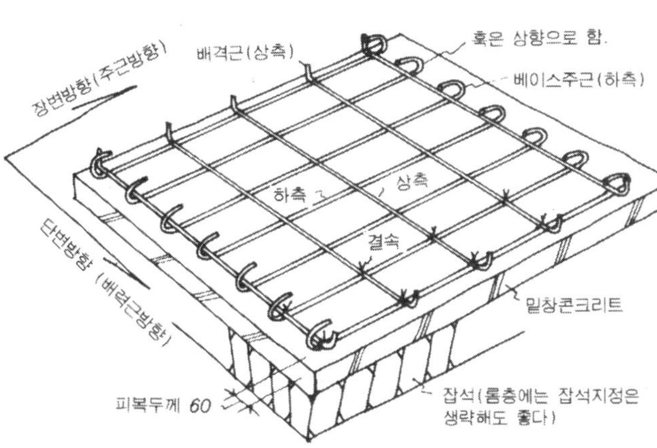

베이스근, 배력근의 배력요령(장방형기초반)

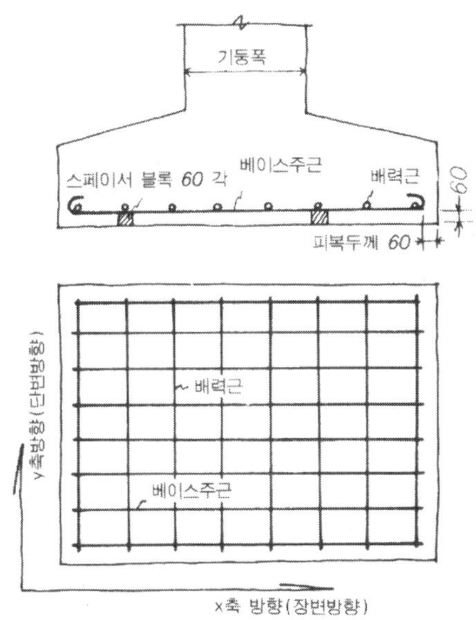

〔註〕 x축 방향…그림과 같이 장변 방향에 베이스근을 배근한다.
y축 방향…그림과 같이 단변 방향에 배력근을 배근한다.

기초배근 의 요점(장방형기초반)

〔5〕 **직접기초의 설계 예**(RC 기둥인 경우)

연약지반일 때의 독립 기초의 배근 예이다. 단면도에서와 같이 기초 반단부의 주변에 매립상의 벽을 세우고, 건물의 중량에 의하여 지지지반의 토양이 밀려나지 않게 한 것이다.

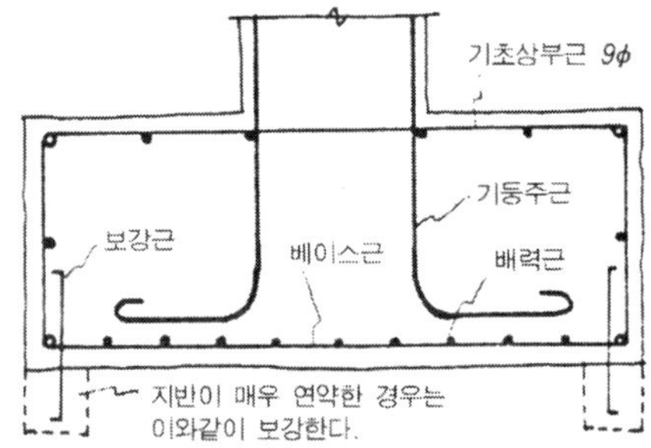

단면도

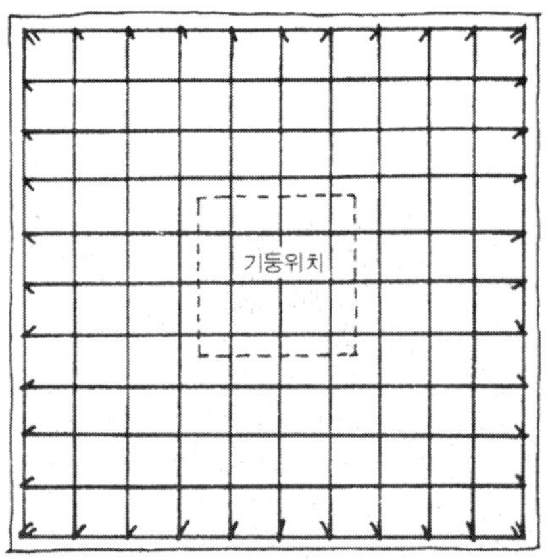

베이스근, 배력근의 배근(평면도)

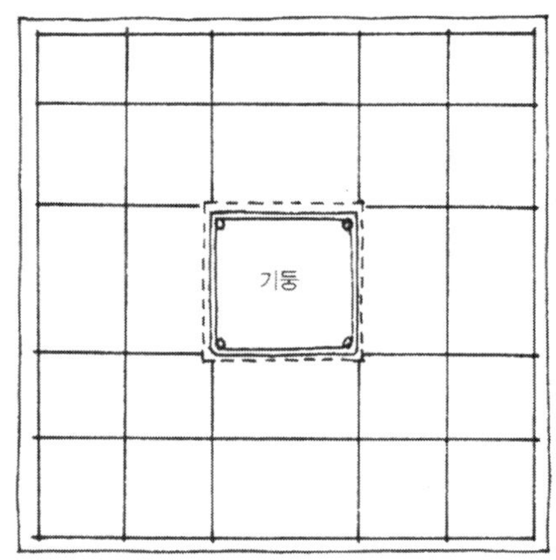

보조 상부근 배근(평면도)

〔6〕 **직접 기초의 설계 예**(SRC 기둥인 경우)

철골 철근콘크리트조에서는 일반적으로 지중보(기초보)위에 철골기둥을 세우는 예가 많지만, 여기서는 기초에 직접 철골기둥을 세우는 경우의 예를 표시한다.

이 경우는 철골기둥을 세우는 위치에 콘크리트를 타설하여 이은 다음 단면도에서와 같이 잇기 보강근을 넣어야만 한다.

[註] 잇기 보강근은 콘크리트 잇기부의 전단 보강근으로서, 평면도의 위치에 9㎜ 철근(길이 300㎜)을 앵커한다.

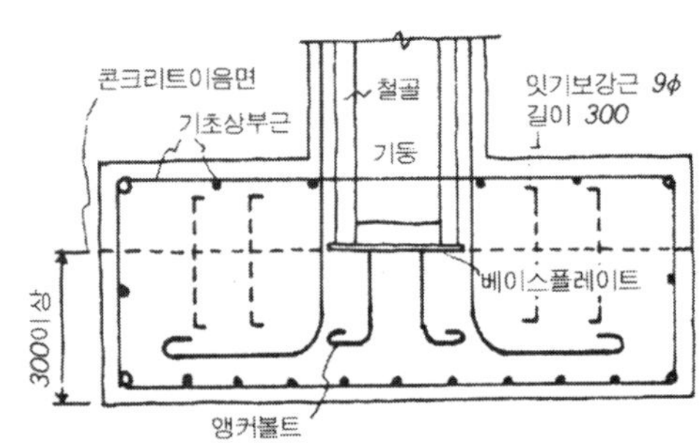

단면도

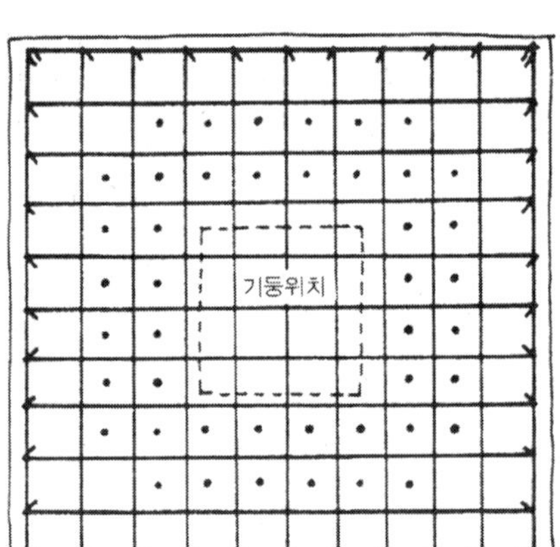

베이스근, 배력근의 배근(평면도)

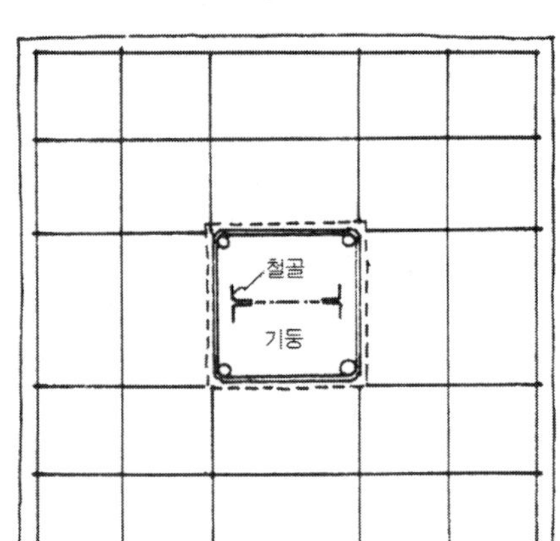

보조 상부근의 배근(평면도)

2-3 독립 기초의 배근(말뚝 기초)

〔1〕 말뚝 기초의 푸팅

말뚝의 종류에는 나무 말뚝, 기성 콘크리트 말뚝, PC 말뚝, 강말뚝, 현장 타설 콘크리트 말뚝 등이 있으나, 여기서는 가장 많이 사용하는 콘크리트 말뚝과 기초반(푸팅)과의 정착예를 기술한다. 또한 기타 말뚝의 경우도 이 정착을 응용하면 좋다.

〔2〕 말뚝 머리와 기초지반과의 결합(1)

오른쪽 그림과 같이 말뚝 머리를 똑같이 잘라서 그 위에 기초지반을 놓는(정착 않음) 경우와 아래 그림과 같이 깨낸 말뚝 철근을 기초지반내에 정착시킬 때

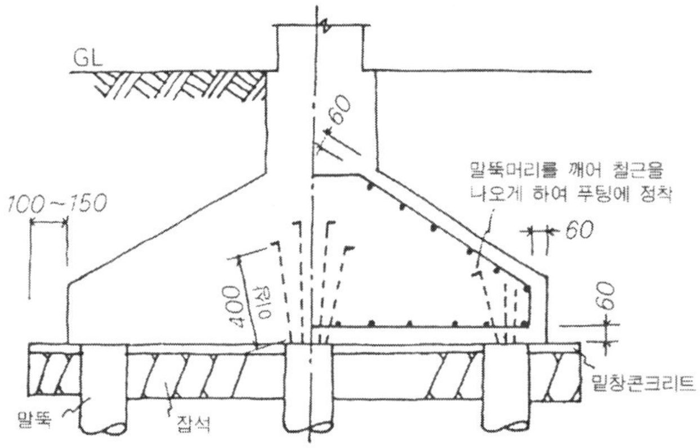

말뚝과 footing의 접합(기초내정착의 예)

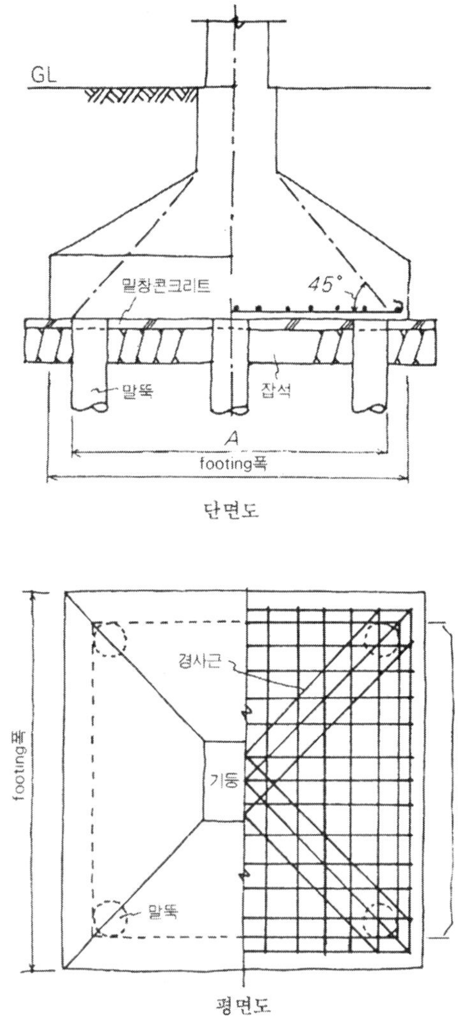

말뚝과 footing의 접합(정착않는 예)

가 있으나, 이것은 설계도서의 지식에 의해 시공한다.

정착시키지 않을 경우, 위 그림과 같이 말뚝 머리를 일정한 높이로 일치되게 자르고, 말뚝 위치 위에는 보조 빗철근을 배치하여 마무리한다. 정착시킬 경우는 다음 페이지의 그림과 같이 깨낸 말뚝 철근을 S_1(300~500㎜)의 길이만큼 푸팅 내에 정착시킨다. 이때, 구부린 말뚝철근은 그림과 같이 윗방향으로 늘려서 마무리한다.

실제의 말뚝 박기 공사의 결과는 지지지반의 높낮이나 시공상의 제약 등의 이유로 말뚝을 박은 높이 위치가 일치하지 않는 실정이다. 말뚝 머리가 높을 경우는 말뚝 머리를 일정한 높이까지 잘라내지만, 말뚝 길이가 부족될 경우는 다음 페이지에서처럼 기초지반면을 내려서 마무리하거나 기초지반을 부분적으로 보강한다.

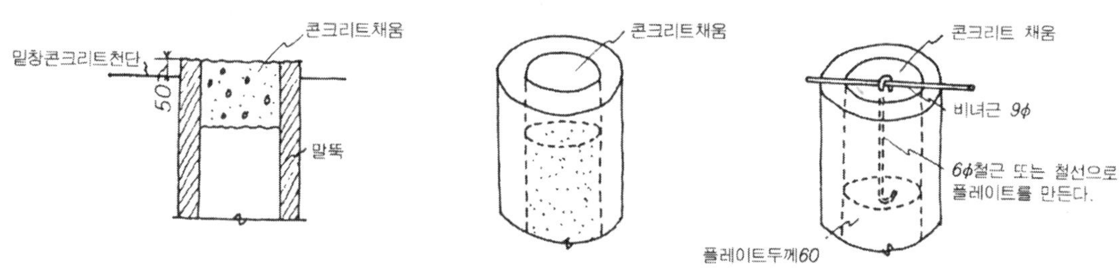

(말뚝구멍을 막는다.) (모래를 채운다.) (플레이트로 마개를 한다)

[註] 말뚝 머리의 처리로는 깎아내기 외에 PC 말뚝의 구멍막기를 한다. 이것은 두부의 부동침하를 막기 위한 것이다.

말뚝 머리의 처리법

〔3〕 **말뚝 머리와 기초지반과의 결합**(2)

아래 그림은 말뚝 철근을 기초지반에 정착시키는 경우의 요령이다. 말뚝 철근은 깬 면에서 소요의 정착 길이를 취할 수 없는 경우에는 용접하여 덧이음하며, 말뚝 철근이 손상될 경우에도 그와 똑같이 용접하여 정확하게 정착시킨다.

다음에 말뚝 머리가 낮을 경우 마무리 방법의 요령을 설명한다.

과반수의 말뚝 머리가 설계기초면보다 낮을 때는 아래 그림과 같이 기초지반면의 전체를 내려서 마무리하거나, 아래 그림과 같이 기초지반의 일부만을 보강하여 마무리하는 등의 방법이 사용된다.

기초지반 전체를 내리는 경우는 기초지반의 두께를 늘리는 방법과 기초지반 위의 기둥 길이로 조정하는 방법이 사용된다.

기초지반의 부분 보강으로 마무리의 경우는 오른쪽 그림처럼 말뚝 구멍에 철근을 앵커하고, 이 철근을 기초지반내에 정착시켜 일체화한다. 이 경우, 말뚝 구멍의 콘크리트 충전 방법은 앞페이지에서 말한 모래 채우기 또는 플레이트 사용과 같다.

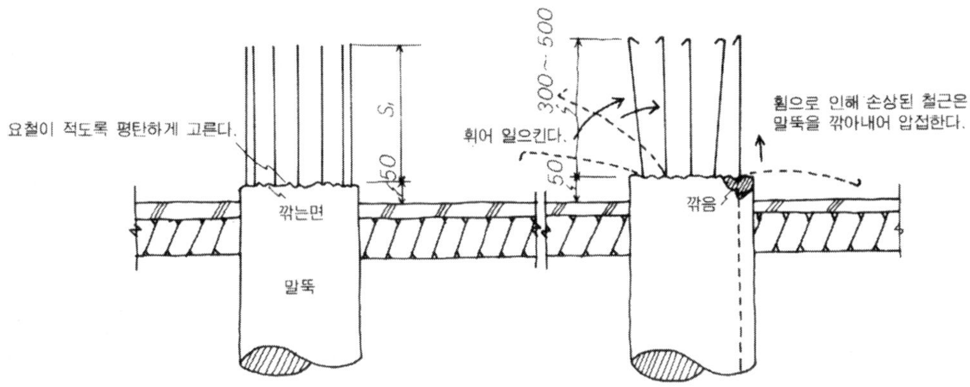

말뚝 철근의 기초반내로에 정착요령

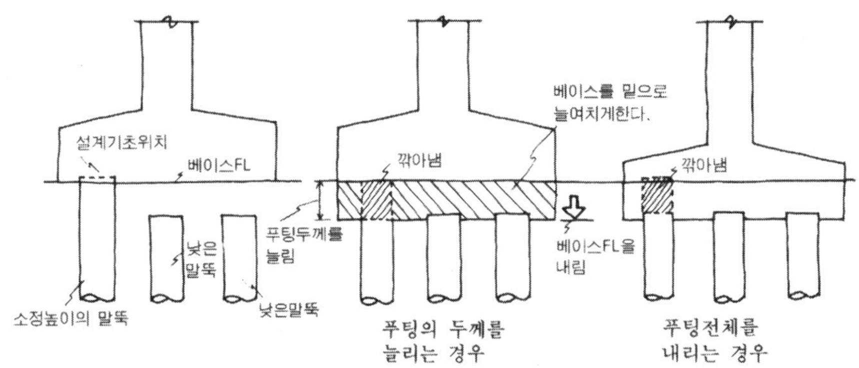

말뚝의 위치가 소정높이보다 낮은 경우의 처리

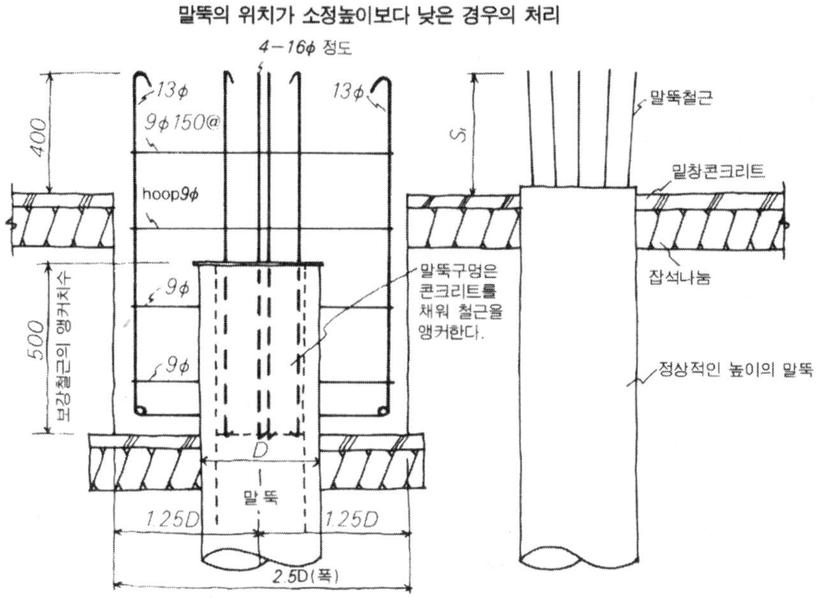

기초반을 부분보강하여 낮은 말뚝에 대처하는 방법

〔4〕 말뚝 기초의 설계 예(1)

지하 1층, 지상 9층의 건축물(철골 철근 콘크리트조)에서 기초 구조부의 설계도이다.

말뚝은 현장 타설 콘크리트 말뚝으로 하고, 말뚝 지름은 1~1.3m로 하며, 말뚝 내력은 장기로 200t/개, 단기로 400t/개로 하여 설계하고, 기초는 푸팅 구조, 지중보춤은 1.8m, 지하 바닥은 이중 슬래브 구조로 한 것이다.

말뚝과 푸팅과의 정착은 예 1이 일반 예, 예 3이 외벽면 밑(편심 구조)의 예이며, 모두 기둥밑에 3개의 말뚝을 배치한 것이다.

말뚝 철근은 단면도와 같이 기초내정착(정착 길이 1m)으로 한다. 기초 베이스근의 배근은 각 평면도에서와 같이 기초의 형상에 따라 다르지만, 어쨌거나 기초의 형상에 대하여 베이스근을 효과적으로 배근하는 것이 중요하다. 또한 푸팅 상단근의 배근도 평면도에 표시했으므로 참고하기 바란다.

시공을 할 때 정착용의 말뚝근에 베이스근이 닿는 경우에는 말뚝근을 휘어도 베이스근은 원칙적으로 일정한 간격을 유지하도록 배근해야 한다.

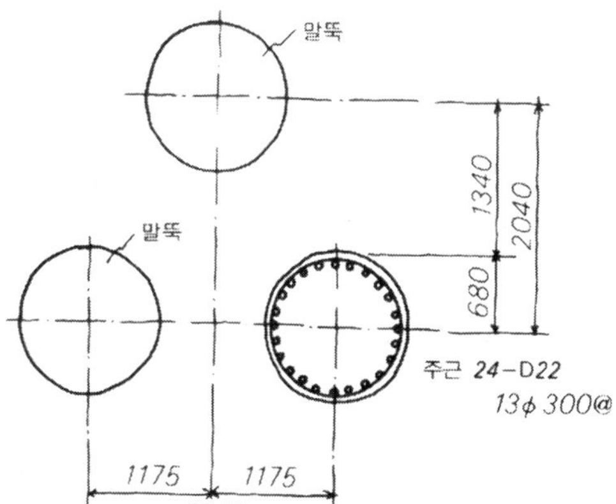

말뚝배치도

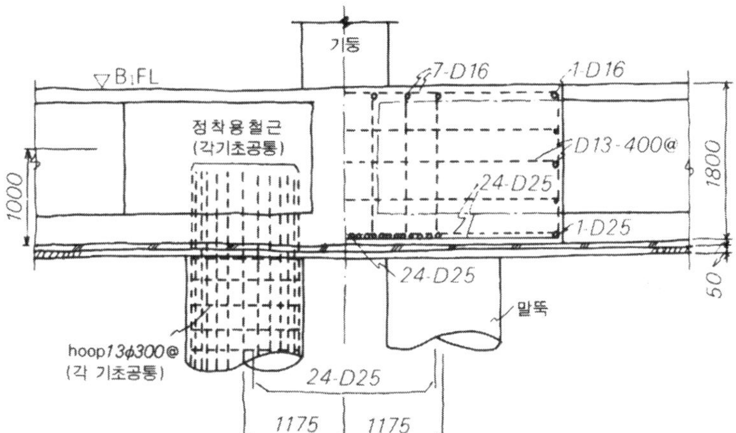

단면도

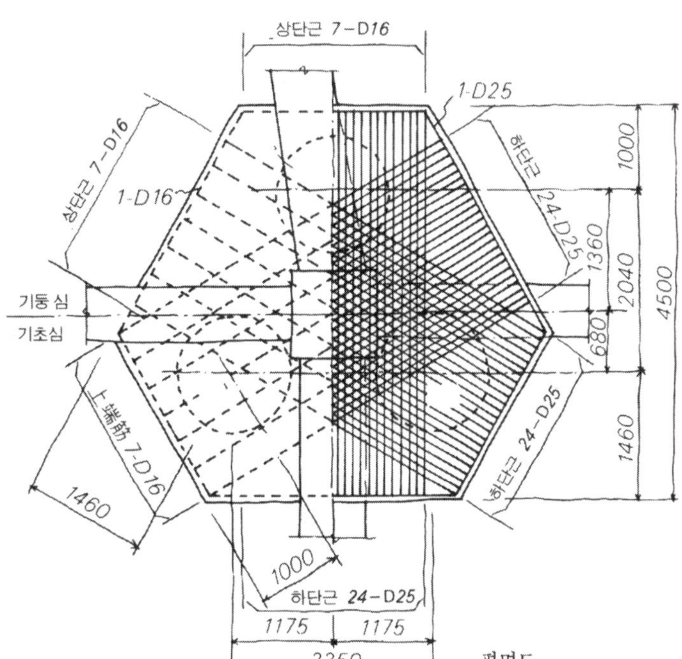

평면도

예 1

〔5〕 말뚝 기초의 설계 예(2)

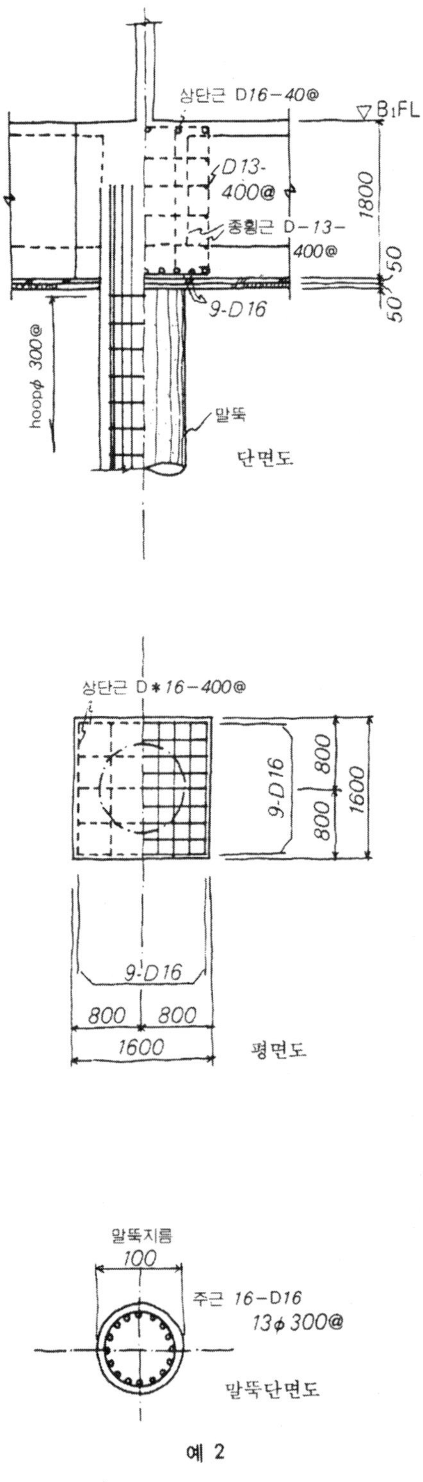

예 2

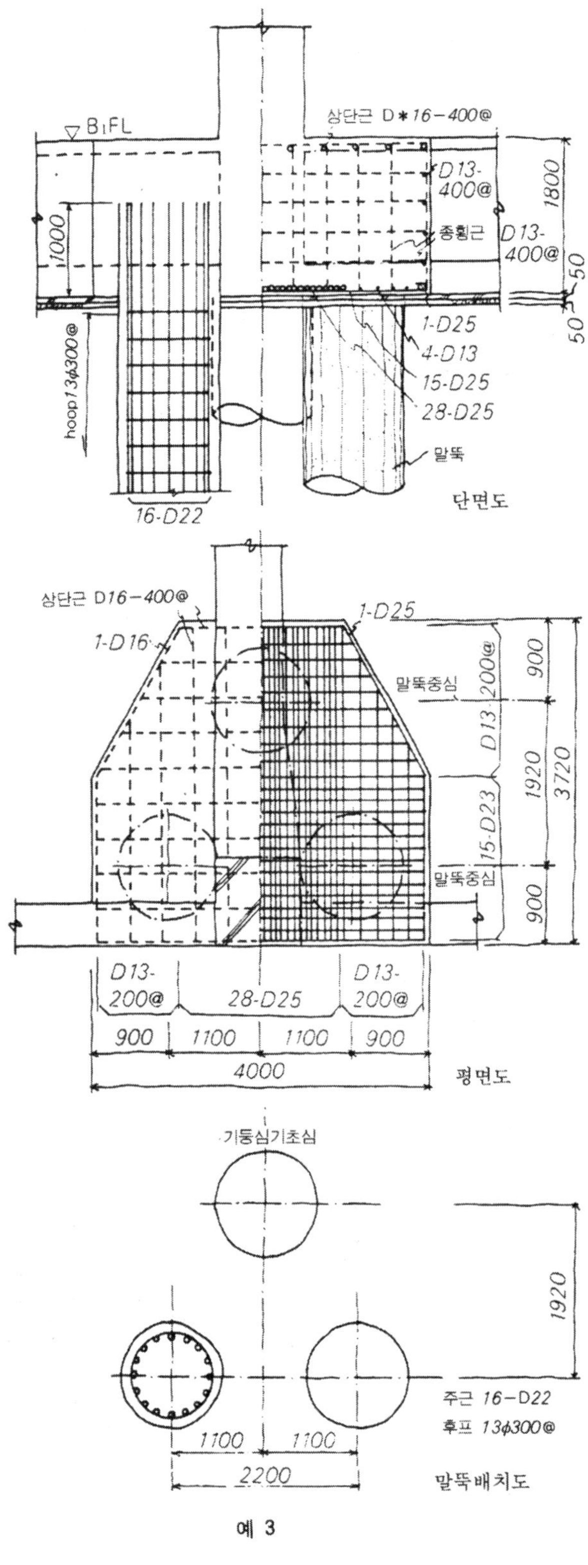

예 3

〔6〕 **말뚝 기초의 설계 예**(3)

예 4~7은 지하실의 이중 슬래브와 현장 타설 말뚝(earth drill 공법)과의 취합, 상세를 나타낸 것이다.

예 4는 말뚝 지름 900㎜ 경우의 기초 배근 예이며, 기초폭은 1.8m 각으로 하고 베이스근, 배력근이 16㎜의 이형 철근을 8개씩 배치하며, 또한 보강근으로 16㎜의 이형 철근을 3개씩 경사로 배치한 것이다.

예 5는 이와 같이 말뚝 지름 1m인 경우의 예이지만, 배근 요령은 예 1에 준한다.

예 6, 7은 기둥밑의 말뚝 2개 타설 경우의 예이다. 베이스근은 25㎜의 이형 철근을 장변방향에 배치하며, 배력근은 22㎜의 이형 철근을 단변방향에 배치한다. 보강 빗철근은 16㎜의 이형 철근을 3개, 그림에 표시된 요령으로 배근한다.

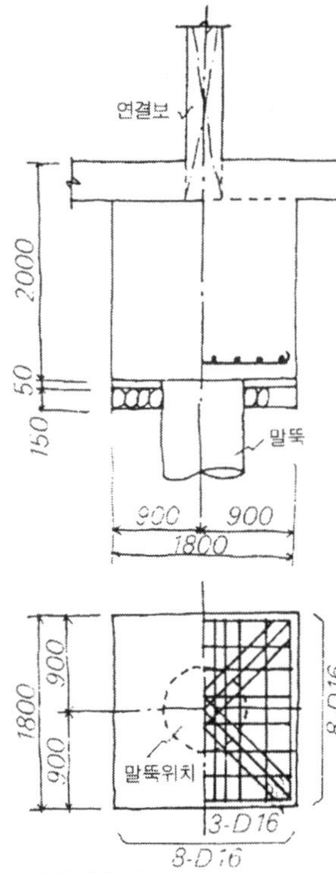

말뚝지름 900㎜, 1 개

예 4

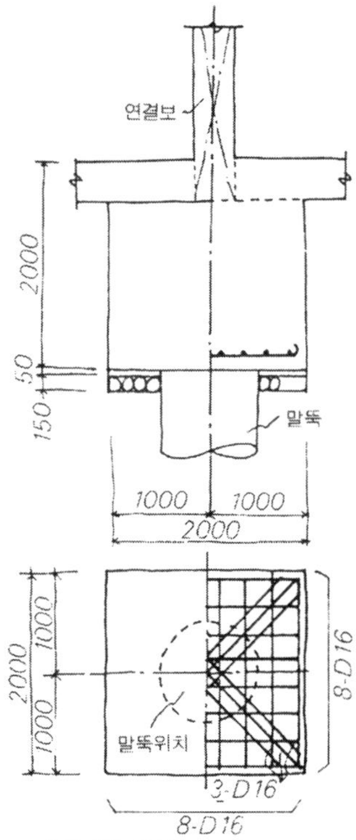

말뚝지름 1000㎜ 1개

예 5

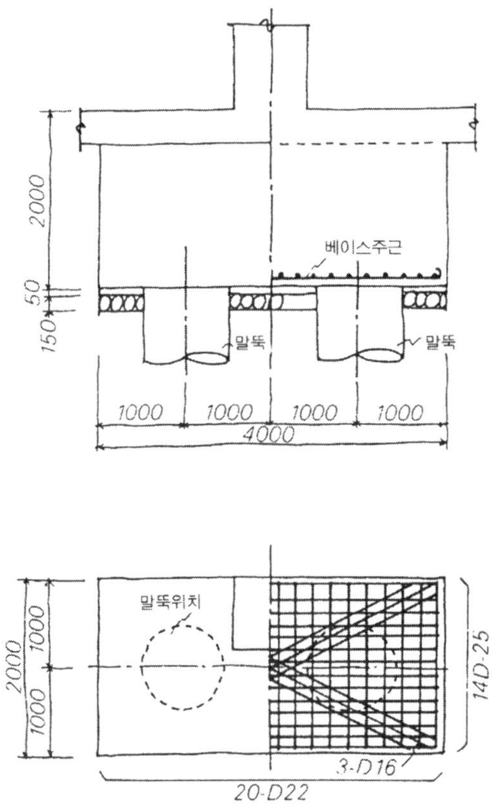

말뚝머리 1000㎜, 2개

예 6

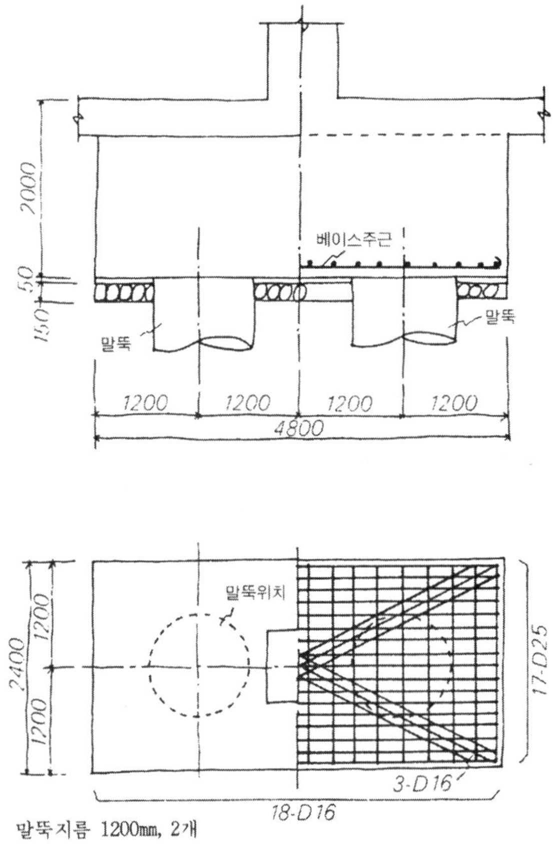

말뚝지름 1200㎜, 2개

예 7

2-4 독립 기초와 지중보와의 접속

〔1〕 접속 형식과 배근의 기본

독립 기초의 경우 지중보는 지지지반력을 받지 않는 것으로 설계하므로, 수평기초나 온통 기초때의 지중보와는 성질이 다르다.

독립 기초와 지중보의 접속 형식으로는 우측 그림과 같이 기초지반밑면과 지중보 밑면을 가지런히 하는 형식과 단차를 만드는 형식이 있지만, 지중보 주근은 어느 것이나 기둥 또는 푸팅 내에 세워 정착한다. 또한 단차의 크기에 따라 정착한다. 또한 단차의 크기에 따라 접속부의 보강 요령이 다르므로 아래 그림에 그 예를 표시한다.

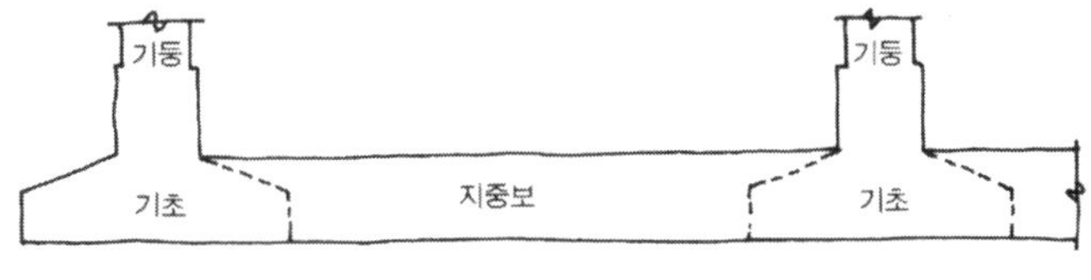

독립 기초와 지붕보와의 접합 형식①

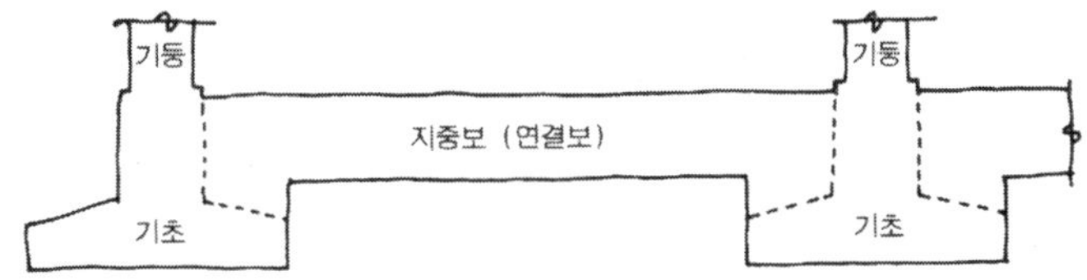

독립 기초와 지중보와의 접합 형식②

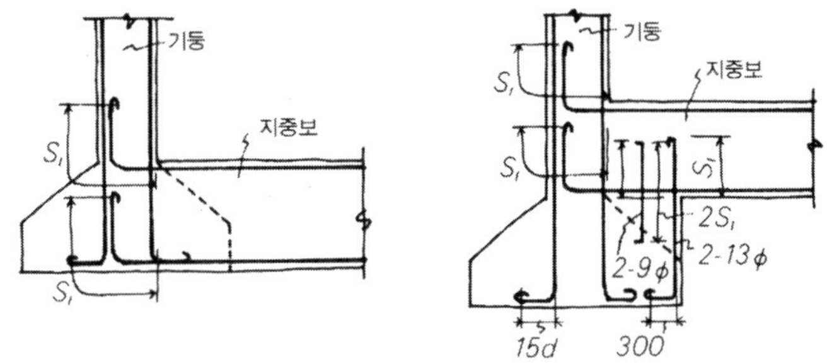

윗그림 ①의 경우 윗그림 ②의 경우

지중보 주근의 마무리법 예

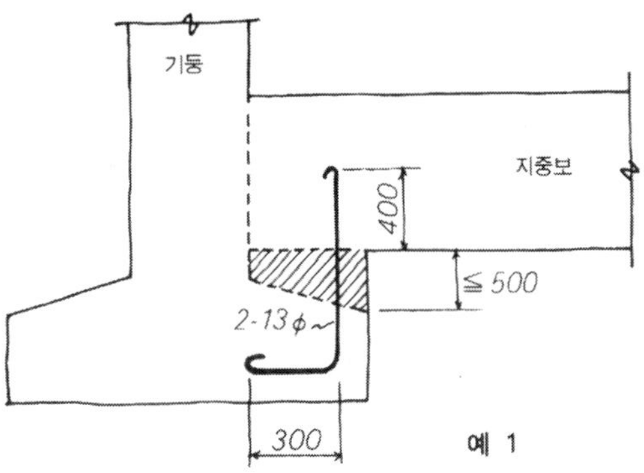

예 1

〔2〕 기초와 지중보 접합부의 보강 요령(1)

예 1, 2는 기초 푸팅과 지중보의 접속을 나타낸 것이다. 그림에서처럼 푸팅 윗면과 지중보 하단과의 간격의 크기에 따라 보강근을 넣는 방법이 다르다. 예 3은 피트와 지중보의 접합부에 haunch를 설치하여 보강하는 예이다. 어떤 경우에도 보강부의 콘크리트 타설은 지중보와 동시에 한다.

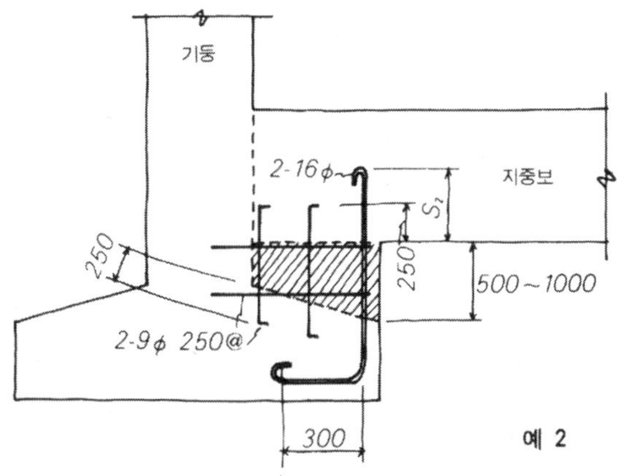

예 2

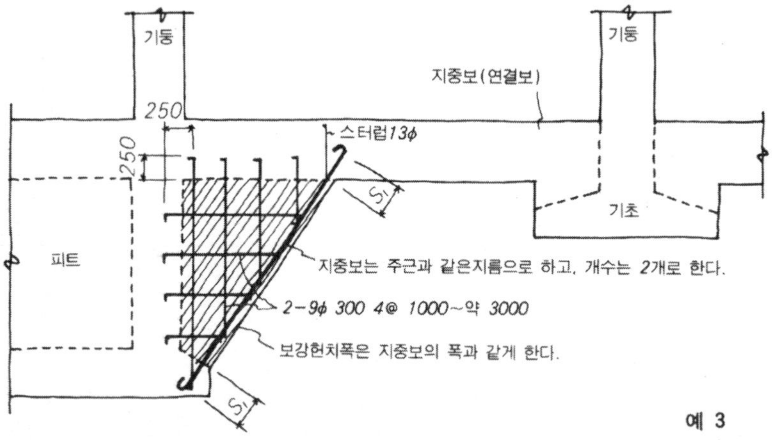

예 3

〔3〕 기초와 지중보 접합부의 보강 요령 (2)

예 4는 앞서 기술한 예 2보다 지중보와 푸팅 윗면의 간격이 더욱 더 클 때의 보강 요령이다.

haunch는 그림과 같이 푸팅 단부에서 45° 각도로 지중보에 접합시킨다. 또 haunch의 벽두께는 120㎜에서 지중보 폭까지의 간격으로 하며, 설계자의 지시에 따른다.

보강근의 배근 요령은 그림과 같이 푸팅내 정착, 지중보내 정착 모두 S_1의 정착 길이로 하고, 또한 요소에는 폭을 고정시켜 넣고, 콘크리트 피복 두께는 흙속이므로 60㎜를 확보한다.

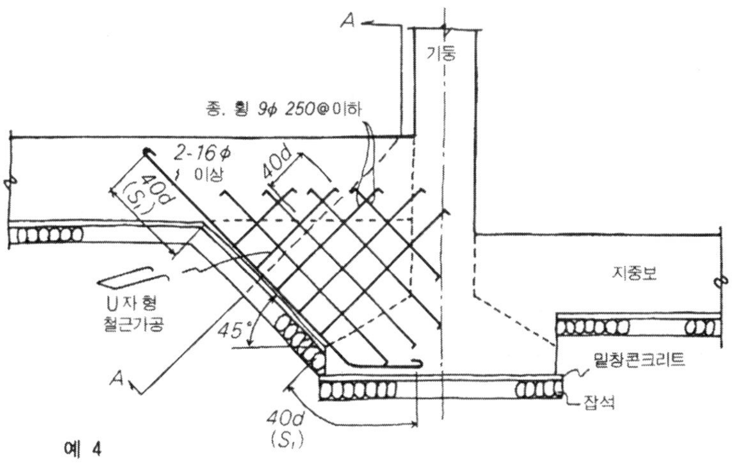

예 4

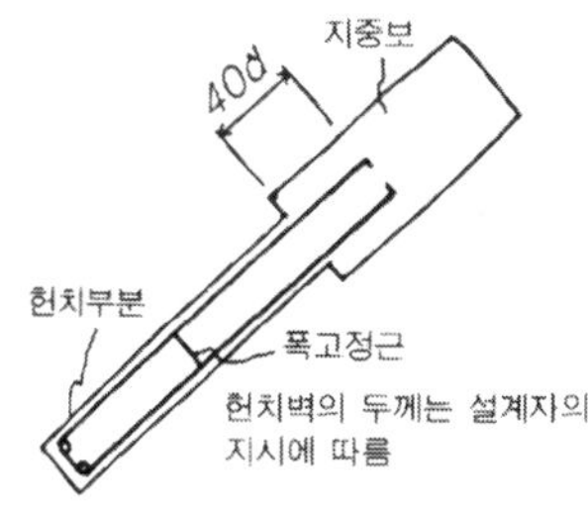

A－A단면도

2-5 지중보의 배근 요령

〔1〕 지중보 주근의 배근

예 1은 지중보와 기초지반이 같은 높이가 되는 경우의 예이며, 가장 많이 사용되는 배치 방법이다. 주근의 정착은 상향정착으로 한다. top근은 상, 하단 모두 그림과 같이 $l/4$의 길이로 $15d$의 여유 길이로 하고, 이음은 중앙부에서 상하주근 모두 S_1의 겹침길이로 한다.

예 2는 보통 연결보(tie beam)이라고 불리는 지중보의 주근배근 예이다. 주근은 상향 정착으로 하고, 중앙부의 겹이음 길이는 S_2만큼 하면 된다.

[註] 기초반 내는 철근이 복잡하여 지중보 주근은 상향으로 정착시키는 것이 보통이다. 단, 여유가 충분하면 예 2의 파선과 같이 하향으로 정착시켜도 좋다.

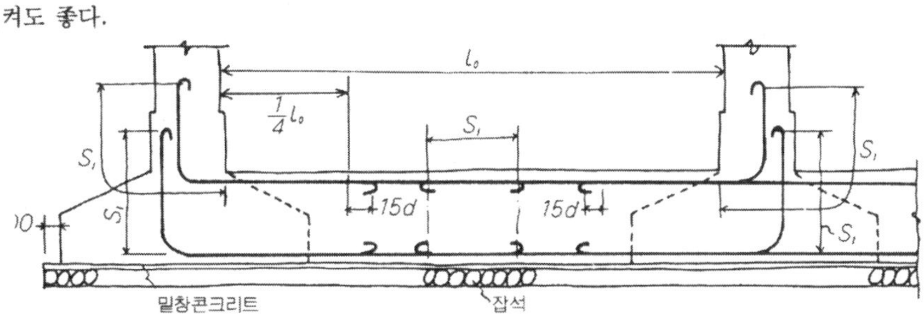

지중보가 기초반과 같은 높이인 경우의 배근예

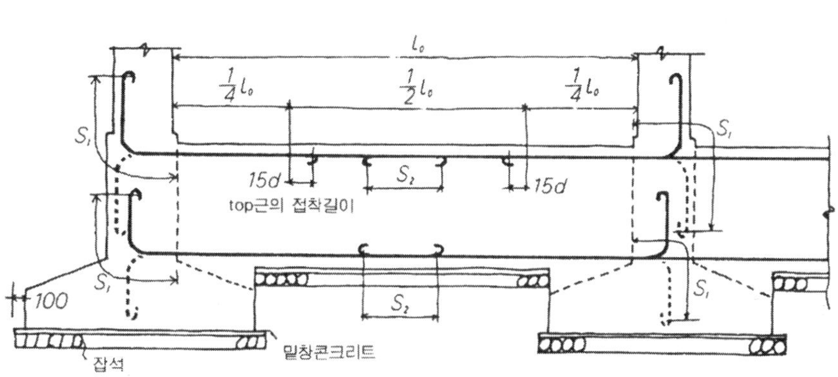

지중보가 기초반보다 높은 경우의 배근예

〔2〕 지중보의 가공과 조립

철근의 가공, 조립은 시공도 및 가공도에 따라 정확히 가공, 배근하나, 배근 검사의 요점은 아래와 같다.

① 사용하는 철근의 종별, 지름, 가공의 양부에 대하여 확인할 것.

② 철근의 개수, 지름, 배근 간격(pitch)이 정확한지를 확인할 것.

③ 이음 위치와 겹침길이는 정확한지를 확인할 것.

④ 기둥, 기초 내에 정착하는 주근의 정착길이를 확인할 것.

⑤ 주근의 hook방향이 올바른지 또는 중간 철근의 위치가 정확한지를 확인할 것.

⑥ 복근은 설계도와 같이 배근이 되어 있는지를 확인할 것, 복근의 기둥내 정착 길이는 S_2 이상으로 할 것.

⑦ 폭 고정근(복근, stirrup이 변형되는 것을 방지하기 위해 넣는 보조근)이 윗그림에서 표시하는 위치에 정확하게 들어가 있는지를 확인할 것.

⑧ 수평 haunch와의 배치부에는 우측 그림처럼 필히 13㎜ 이상의 굵은 stirrup을 넣을 것.

⑨ 수평 haunch 부분에는 우측 그림처럼 첨가 보강근을 넣으며, 정착 길이는 S_1으로 할 것.

⑩ stirrup은 정확히 가공되어 있는지 또는 hook의 길이는 충분한지를 확인할 것.

⑪ 지중보 관통구 부분의 보강은 설계도의 지시에 따라 충분히 행해져 있는지를 확인할 것(관통구의 보강에 대해서는 131~132페이지를 참조).

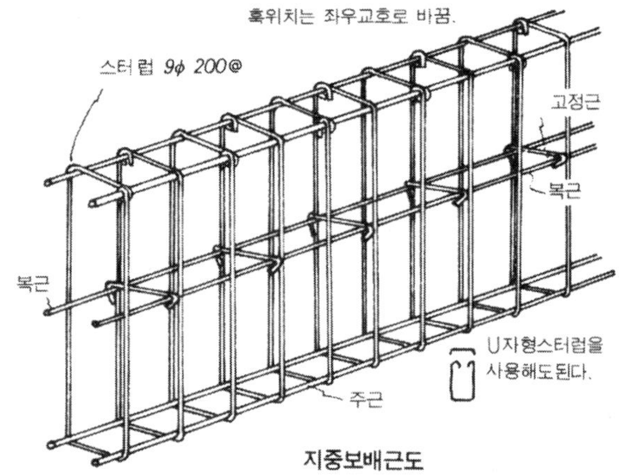

지중보배근도

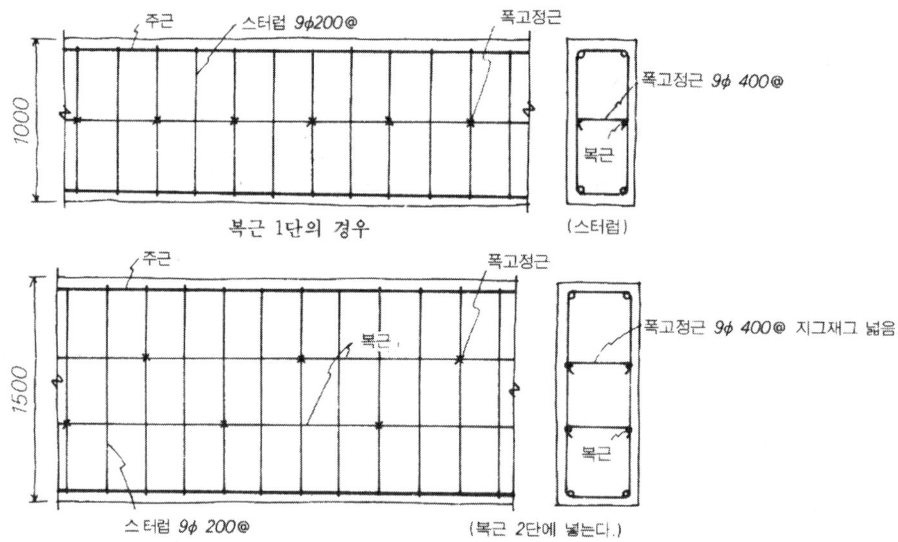

복근 2단의 경우

폭고정근을 넣는법

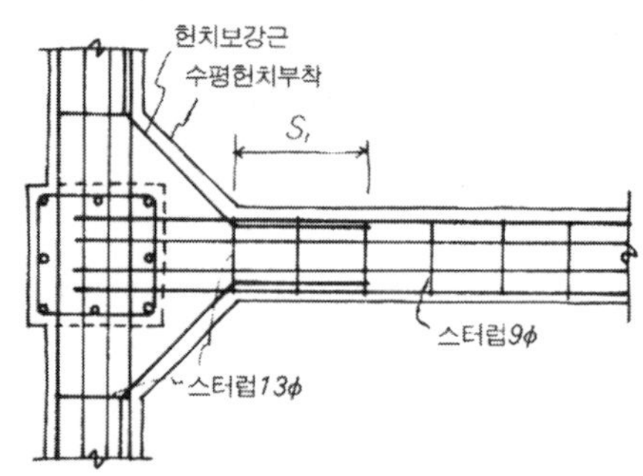

지중보 단부(수평 haunch)의 평면도

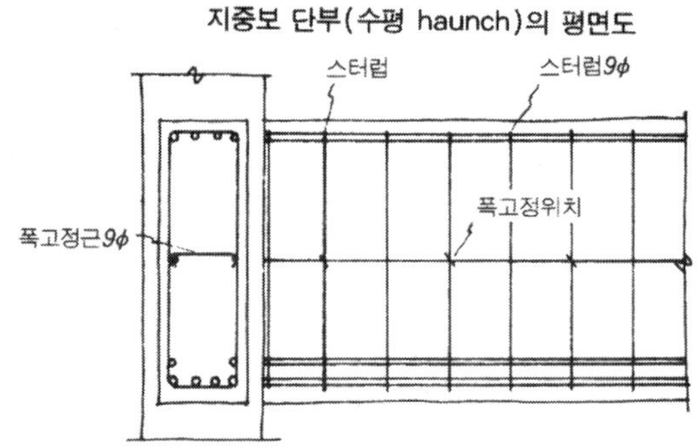

지중보 측면의 배근요령

〔3〕 지중보의 설계 예

예 1은 가장 일반적인 지중보의 배근 요령이다. 기초지반과 똑같은 높이이므로, 지중보의 하단주근은 footing 내에 연장시켜 정착시키나, 정착 치수가 충분하지 않을 때에는 그림과 같이 기둥 내에 세워 정착시킨다.

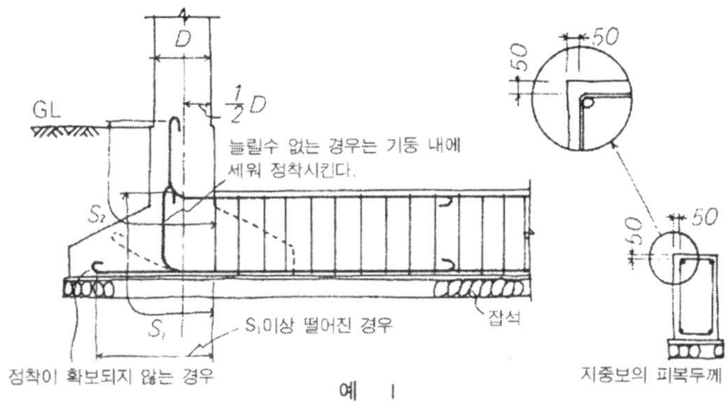

예 1

예 2는 지중보를 기초지반보다 위에서 접속하는 경우의 예이다. 보주근은 기둥 내에 세워 정착하나, 보주근이 3개 이상 또는 top근, 중간근이 있을 때에는 정착hook의 위치를 이동시켜 정착한다.

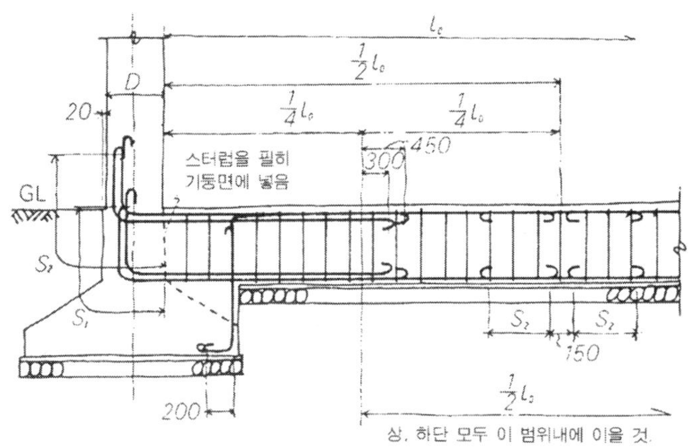

예 2

예 3은 지중보의 폭이 넓고 내압판과 접속시킨 형식의 예이다. 이 형식의 지중보는 뒤에 기술하는 보, 슬래브와 반대의 응력이 작용하므로, 배근 요령도 반대로 생각하면 된다.

그림과 같이 벤드(bend)근의 구부리는 위치, 상단근이나 하단근의 이음 위치 등에 주의할 것.

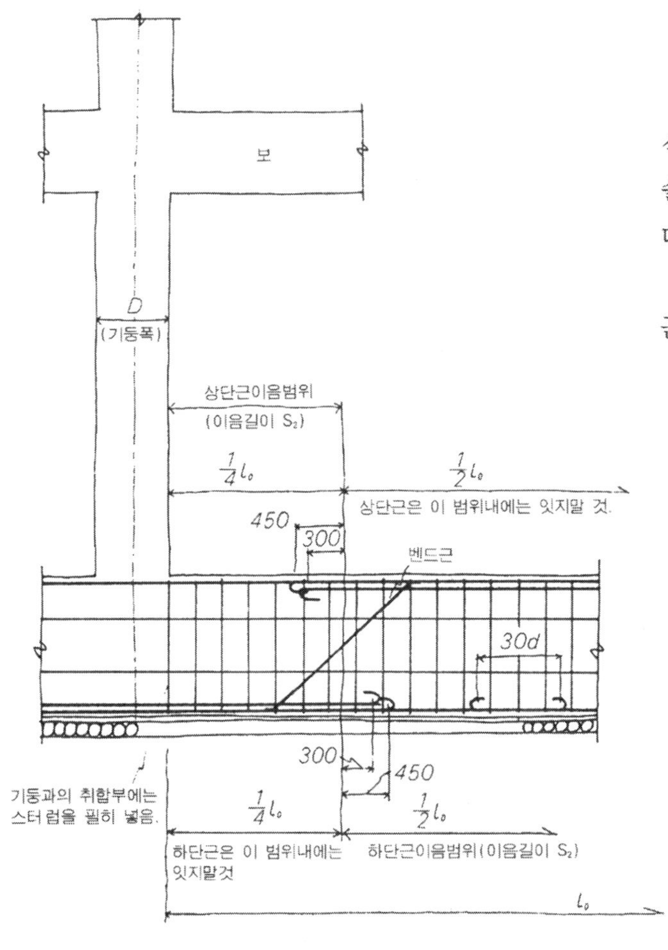

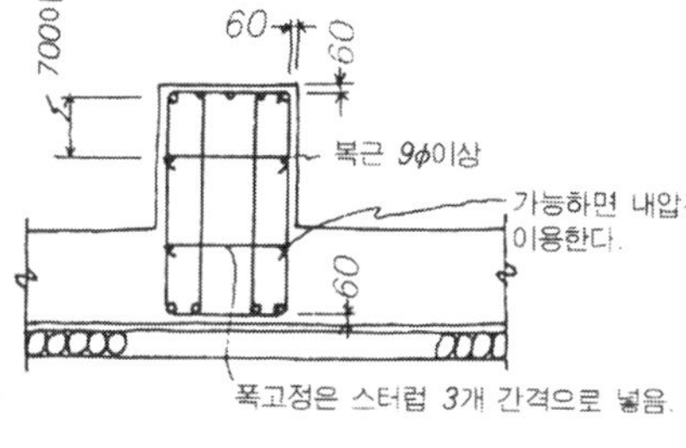

예 3

2-6 온통 기초의 배근

〔1〕 온통 기초

온통 기초의 슬래브는 지반력을 받기 때문에 기초 슬래브, 지중보 모두 일반층의 바닥 슬래브, 보와는 반대 방향의 응력이 생기므로, 배근에 있어서는 주근의 넣는 법, 보강 방법 등 일반층의 바닥 슬래브, 보의 배근과의 상하를 반대로 한 형태로 배근한다.

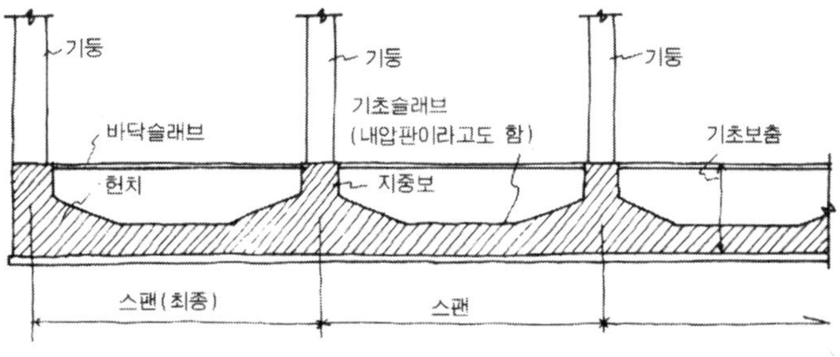

온통 기초의 개요단면

〔2〕 시공상의 요점

배근시공에 있어서는 다음과 같은 점에 유의한다.

① 단변, 장변방향 모두 슬래브근의 지름, 간격(pitch)이 도면과 같게 배근되어 있는가.

② 슬래브근의 단부정착은 충분한가, 특히 인장근(하단근)의 정착은 충분히 했는가.

③ 슬래브 중앙부의 상단근이 내려 쳐지지 않게 고정장치를 충분히 하고 있는가.

이상이 요점이지만, 온통 기초의 기초 슬래브는 일반층의 바닥 슬래브 보다도 슬래브 두께도 두껍고 사용 철근의 지름도 크므로 고정물이나 결속을 충분히 한다.

〔3〕 haunch 부분의 배근

기초 슬래브의 haumch는 일반 바닥의 경우와는 반대로 슬래브 위에 설치하나, 주근 말단의 정착은 그림과 같이 haunch 각도에 따라 다르다. 또 일반적으로 다음 설계 예와 같이 지중보 내에 정착하며, 필요에 따라 보강한다.

〔4〕 온통 기초의 설계 예 (1)

예 1은 내압판의 배근 요령을 나타낸 것이다. 주근은 상단, 하단 모두 지중보 내에 상향 정착으로 하지만, 하단top근의 길이는 그림과 같이 $l_0/4$으로 300㎜($15d$)의 여장을 취한다. 또한 벤드근의 휘는 위치는 그림처럼 $l_0/4$의 위치로 한다.

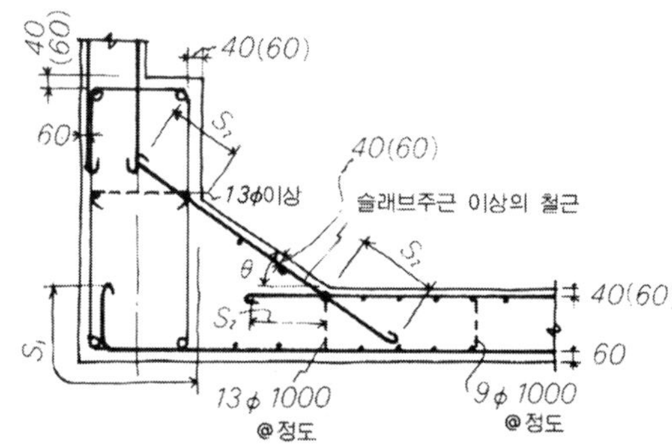

바닥슬래브헌치 각도가 급한 경우(헌치각도 $\tan\theta < \frac{2}{3}$)

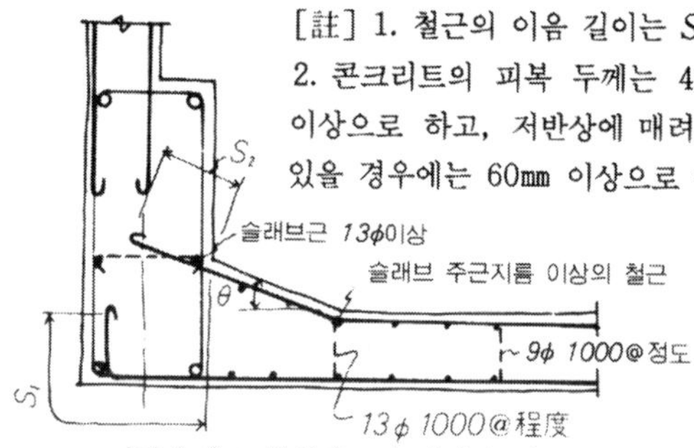

[註] 1. 철근의 이음 길이는 S_1
2. 콘크리트의 피복 두께는 40㎜ 이상으로 하고, 저반상에 매려토가 있을 경우에는 60㎜ 이상으로 한다.

바닥슬래브 헌치각도가 완만한 경우
(헌치각도 $\tan\theta \geq \frac{2}{3}$)

지붕보와 슬래브와의 연결

〔5〕 온통 기초의 설계 예 (2)

예 2는 예 1과 같이 내압판의 배근 요령을 나타낸 것이다. 상단 주근, 하단 주근의 정착 요령, 이음 위치와 이음 길이를 참고 하면 된다. haunch 보강근은 13㎜ 이상의 것을 사용하며, 양끝은 모두 $30d$ 이상의 정착 길이를 두어야 한다.

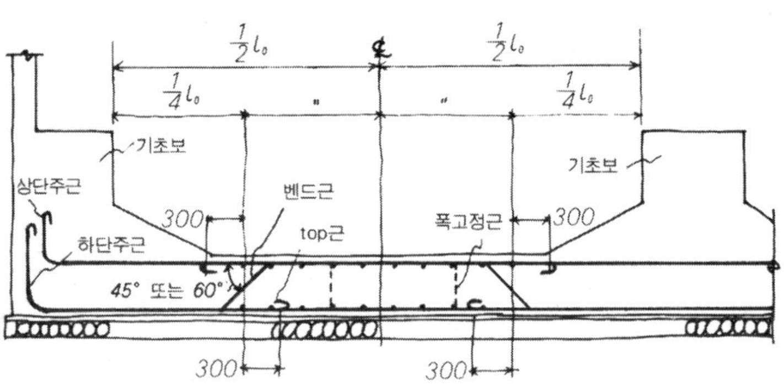

예 1

예 3은 지중보(기초보)의 주근에 대한 배근예이다. 주근의 정착 방향, 정착 길이를 잡는 방법, top근을 넣는 방법과 여장을 잡는 방법, 이음 위치와 이음 길이 등을 참고로 하면 좋다. 또한, 잡석 지정은 그림과 같이 기둥면에서 100㎜ 정도 여유 길이를 둔다.

예 4도 지중보의 배근열을 나타낸 것이다. 보주근은 하단 주근을 상향에 정착하고, 상단 주근을 하향에 정착시킨 예이다.

이 정착 방법은 철골 철근 콘크리트조의 건축에서는 지중보(기초보) 위에 철골의 기둥을 세우므로, 기둥내 정착을 하지 못할 때도 있지만 많이 사용된다.

또한, 이 예는 연속 스팬에서 최종 스팬 지중보의 배근예이므로, 앞에서 기술한 지중보와는 top근 등의 정착 여장이 다르므로 주의해야 한다.

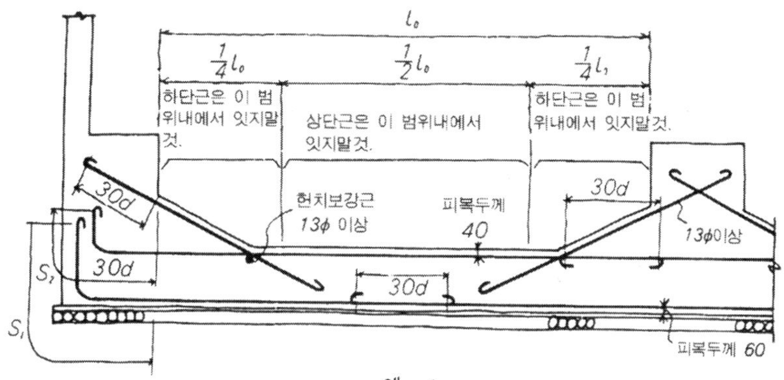

예 2

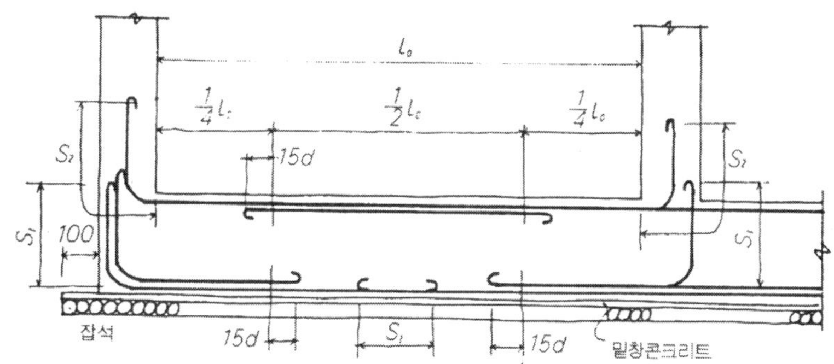

예 3

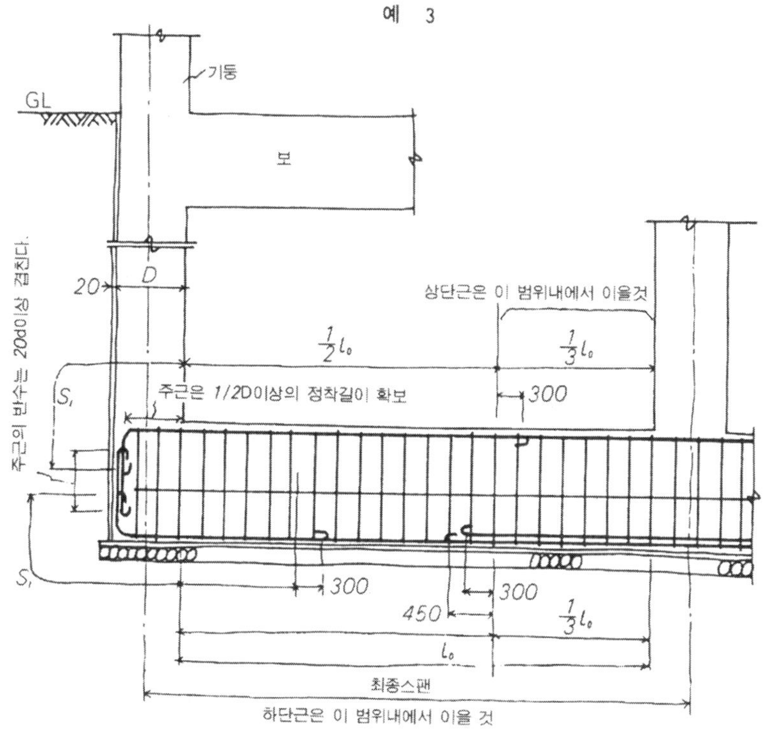

3-1 일반사항

기둥은 주근과 hoop(띠근)로 구성하나, 기둥의 크기나 형상에 따라 diahoop 등의 보조근을 넣을 때도 있다. 기둥의 단면 형상은 일반적으로 정방형, 장방형이 많다.

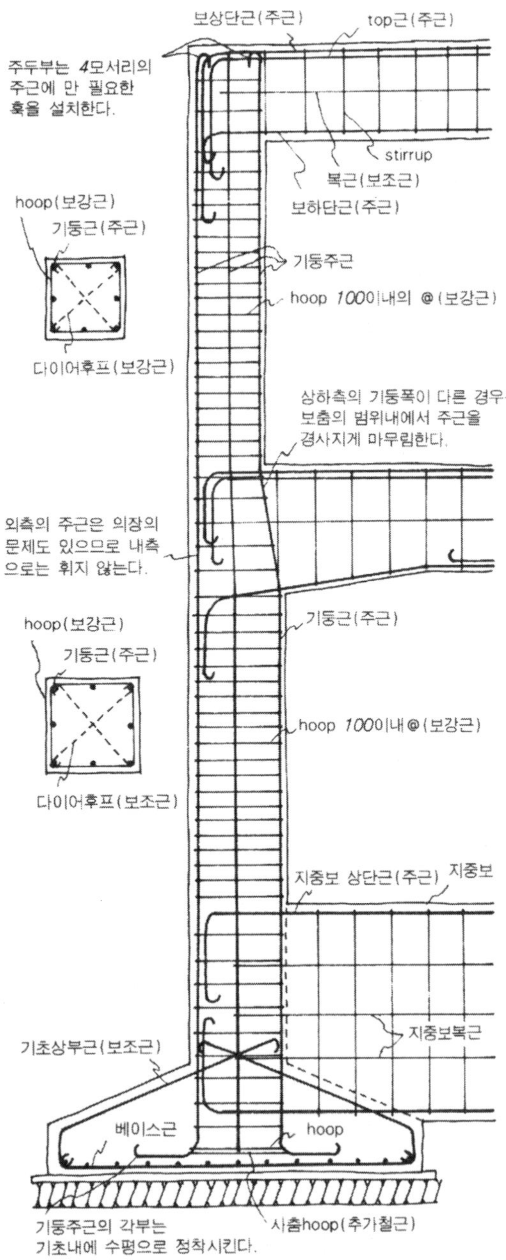

기둥의 배근참고도

주근압접후, hoop를 규정 간격으로 배근한다.

〔1〕 기둥 배근의 요점

① 기둥은 4개 이상의 주근을 hoop로 연결하여 구성하나, 주근은 직접 13㎜ 이상의 丸鋼 또는 이형철근을 사용한다. 또한, 주근의 배근 간격은 25㎜ 이상, 공칭 직경의 1.5배 이상으로 한다.

② 기둥의 크기(폭), 주근 지름과 개수는 구조 계산에 의해 구하지만, 기둥 주근의 전단면적이 콘크리트 부분 전단면적의 0.8% 이상이 되도록 하는 것이 원칙이다. 또한 기둥폭에 대한 주근의 배근 요령은 다음 페이지에 그림으로 나타낸다.

③ 기둥 단면은 상층으로 갈수록 작아지나, 이때의 기둥 주근 처리 방법 우측 그림과 같이 기둥과 접촉하는 보춤의 범위 내에서 정확히 휘어야 한다.

④ hoop는 기둥의 전단 보강을 목적으로 넣는 철근이며, 지름 6㎜ 이상의 철근을 사용한다. hoop배근 간격은 150㎜ 이하로 하고, 주각부, 주두부에는 기둥폭 2배 거리의 부분을 100㎜ 이내에 배근하며, 건축법 시행령에 따른다. 또, 지름 9㎜의 hoop를 사용할 경우는 hoop 간격 100㎜ 이내로 등간격으로 배근하며, 건축학회 규정에 따른다.

⑤ 기둥폭이 큰 경우에는 주근의 변형 방지와 전단보강을 겸하여 subhoop(diahoop)를 넣지만, 이 배근 간격은 400~600㎜로 한다.

이하 상세한 것에 대하여 기술하기로 한다.

〔2〕 기둥폭과 주근개수

기둥의 크기는 구조 계산에 의해 결정되지만, 실무상 그림과 같이 50㎜ 단위로 기둥폭을 크게 하고 있다.

그림은 기둥폭에 대한 주근 개수의 최다, 최소를 표시했으나, 주근은 같은 지름의 것을 사용한다. 또한 기둥 주근을 홀수로 했을 경우, 보주근은 짝수로 하는 등 현장 시공이 용이하도록 고려한다.

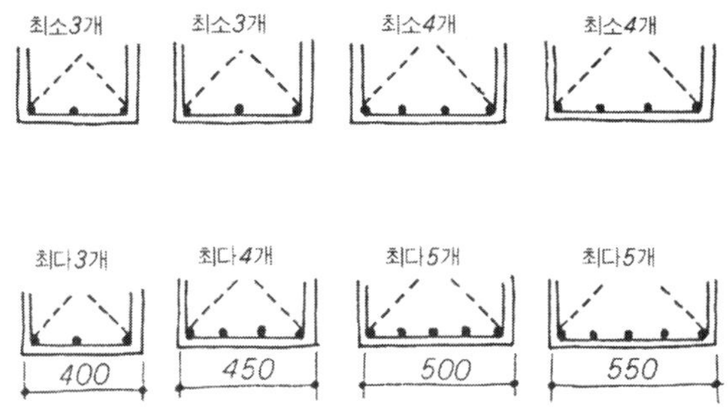

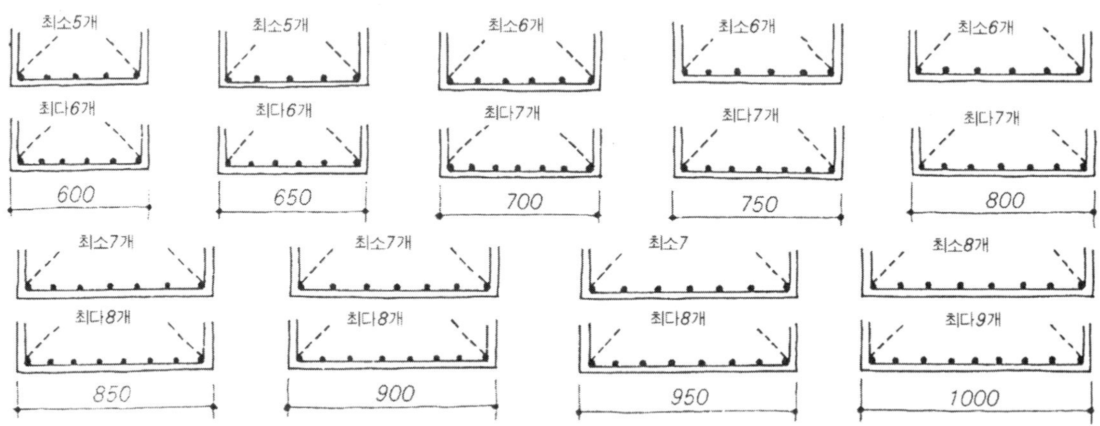

기둥의 폭과 주근 개수

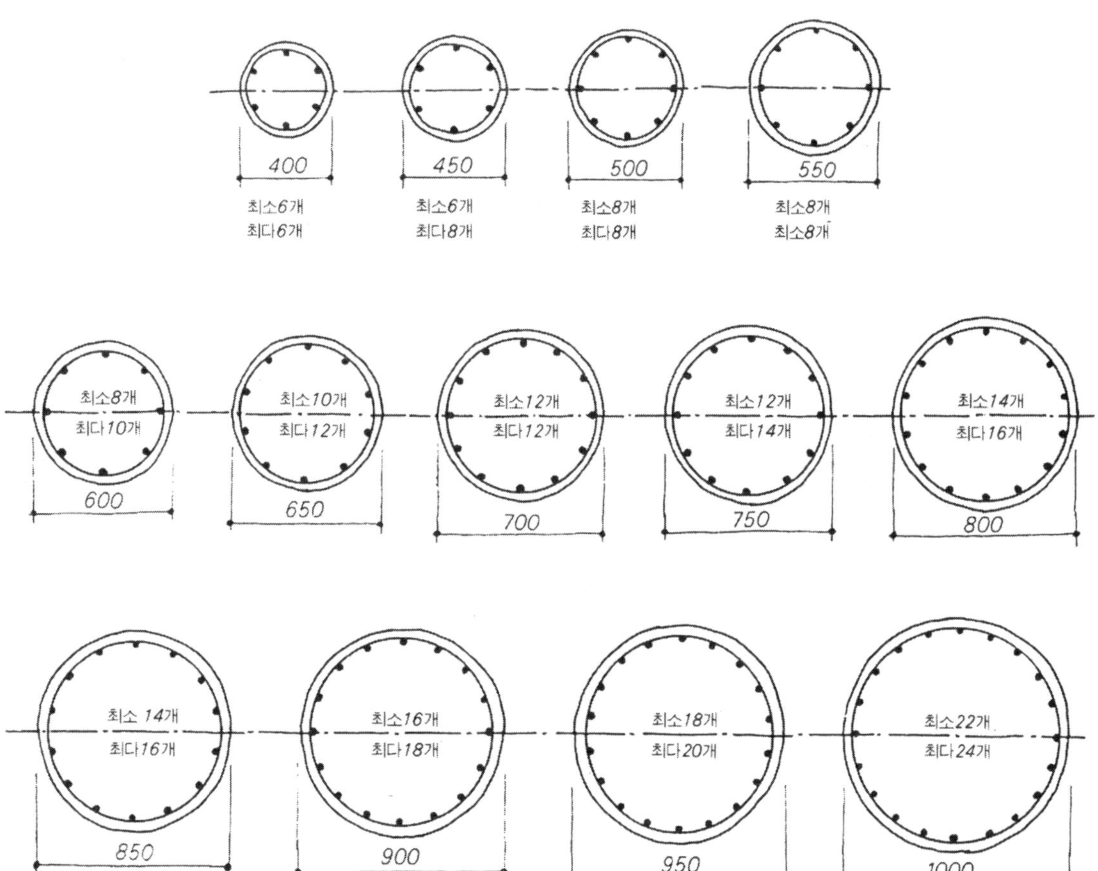

원형 기둥의 폭과 주근 개수

[註] 주근은 지름 6㎜ 이상의 것을 사용하고 전주근의 단면적은 콘크리트 단면적(기둥 단면적－주근 단면적)의 0.8% 이상으로 한다.

〔3〕 기둥 주근의 배치와 방향성

건축물의 구조 설계에 있어서, 오른쪽 그림과 같이 평면도를 기준으로 하여 x축, y축의 방향축을 정하여, 각각 축방향으로 분류하여 응력 계산을 한다. 이 계산에는 내력벽량이나 스팬의 크기, 기둥의 수 등도 관련되나, 기둥의 주근 배치 방향성도 틀리지 않게 주의해야 한다. 오른쪽 그림은 기둥 주근의 배치 방향을 나타낸 것이다. 이 방향성을 잘못 고려하여 배근하면 소요량의 철근을 넣어도 기둥내력이 극도로 저하된다. 철근의 배근 실수는 콘크리트의 경화 후에는 보수할 수 없으므로 배근시에 충분한 주의가 필요하다.

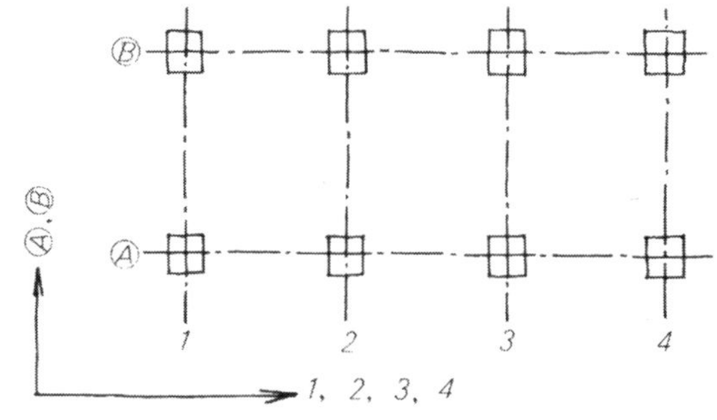

건축물의 구조설계방향축

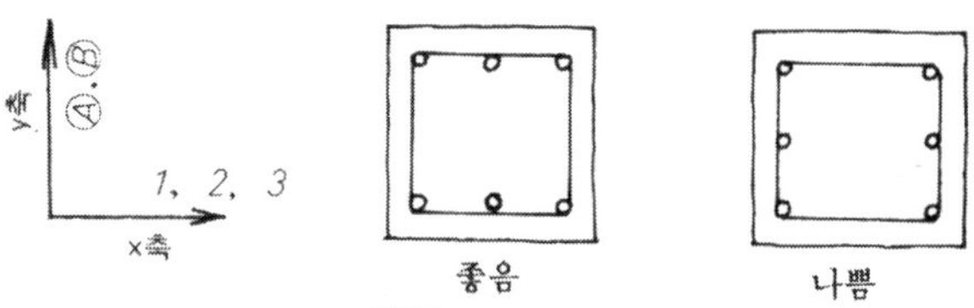

기둥주근의 배근방향축

〔4〕 2단근과 유지

2단근이란, 예를들어 그림처럼 의장상의 요구 등으로 y축 방향의 기둥폭을 좁게 하고 싶을 경우, 소요 개수의 기둥 주근이 삽입될 수 없는 경우가 있으나, 기둥 주근은 같은 지름의 것을 사용하므로 굵은 철근을 쓸 수 없다. 따라서, 그림과 같이 x축 방향에 1단 내리기 배근을 하고, y축 방향 주근을 작동시킨다. 이 주근을 2단근이라 한다. x축 방향에 단근을 넣을 경우도 똑같다. 이 2단근의 배근은 기둥보다도 보의 경우(중간근이라 칭함)에 많이 쓰인다.

이때 잘못된 배근열에 나타낸 것같이 구석 주근과 2단근의 간격이 너무 벌어지면 2단근이 2단근으로서의 역할을 할 수 없게 되므로 주의해야 한다.

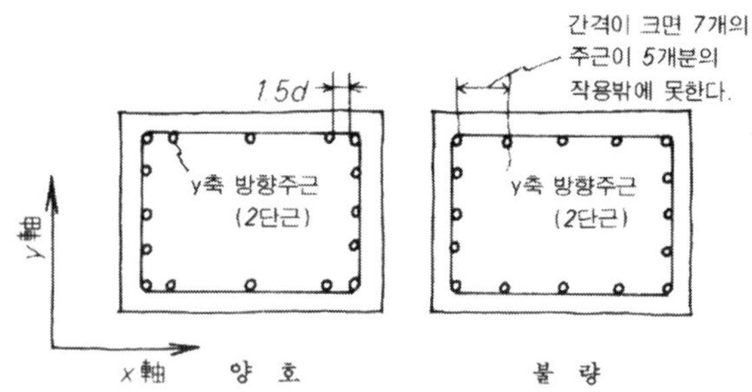

2단근을 넣는 방법

〔5〕 2단근의 위치확보

구석 주근과 2단근과의 간격은 1.5d 이상 또는 25 mm 이상으로 한다. 이것은 콘크리트 치기를 고려한 것이며, 간격이 너무 벌어져도 안된다. 구석 주근과 2단근의 간격 유지는 오른쪽 그림과 같이 한다.

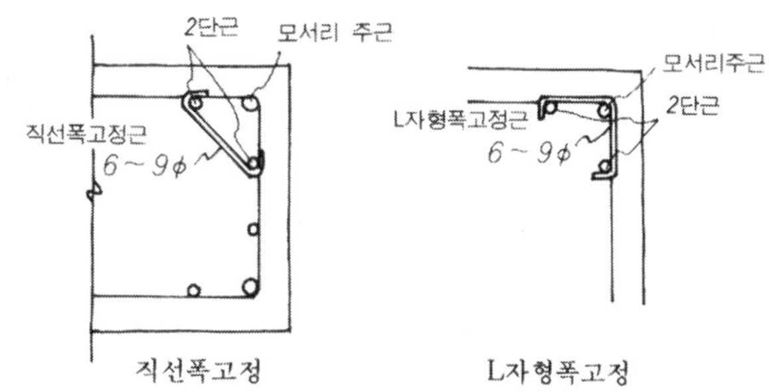

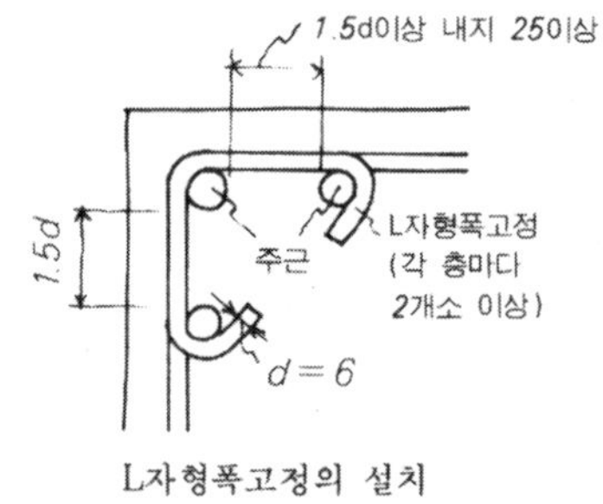

[註] 그림과 같이 폭고정유지(보조근)을 넣으면, 철근의 이탈이 불가능하다. 확보 위치는 최저 각층 2개소 이상으로 한다.

2단근의 위치확보 요령

〔6〕 기둥 주근의 이음 위치와 이음 간격

기둥 주근의 이음 위치는 인장 응력이 가장 작은 부분(그림 B부)에서 이음하는 것을 원칙으로 하나, B부 이외의 위치에서 이을 경우에는 이음의 겹친 길이를 S_1(40d) 이상으로 해야 한다. 또한 철근의 이음 위치가 한 곳에 집중되면 콘크리트의 타설에 지장을 줄 뿐 아니라, 겹침 이음의 경우 이음hook의 휨 내부에 콘크리트의 국부 압축응력이 작용하여 이 응력이 한곳에 몰입되어 집중되므로 적당한 간격을 두어야만 한다. 다음 표는 인접한 이음의 위치 간격을 나타낸 것이다.

〔7〕 기둥 주근의 수정

철근 콘크리트조에서는 이음, 정착 이외에는 주근을 휘지 않는 것을 원칙으로 하지만, 거푸집 공사 중에 건물 중심의 기울어짐이 생기는 등의 이유로 아래 그림과 같은 기둥심오차의 수정을 하는 현장을 볼 때가 많다. 이 경우, 불량한 예에 나타낸 것처럼 주근을 급히 구부리면 지진시에 주근의 인장이 작용하지 않아 외측으로 튀어나와 파괴의 원인이 된다. 그러므로 허용되는 수정으로서 그림과 같이 콘크리트를 깎아내어, 주근의 휨각도가 6d 이상의 완만한 구부림이 되도록 한다.

또한, 주근의 보정(수정) 구부리기 때문에 가열하는 경우에는 급속히 가열하거나 지나친 가열을 하지 않도록 주의해야 한다.

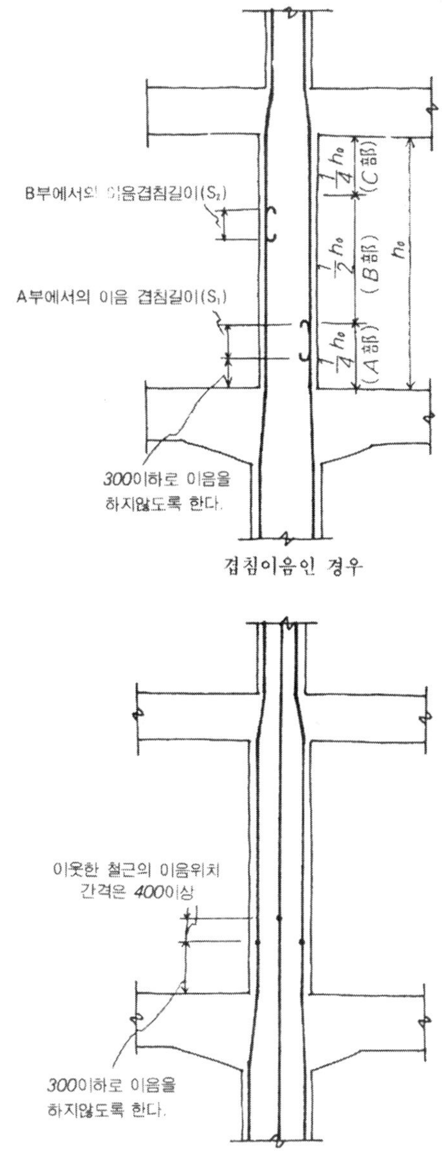

기둥 주근의 이음 위치

인접 이음의 위치 간격

훅이 달린 이유	압접이음	
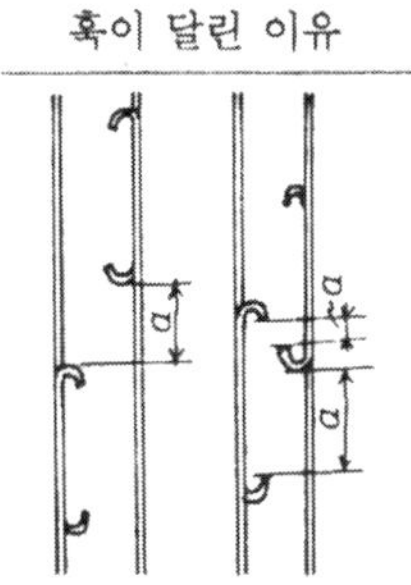 원칙 예외	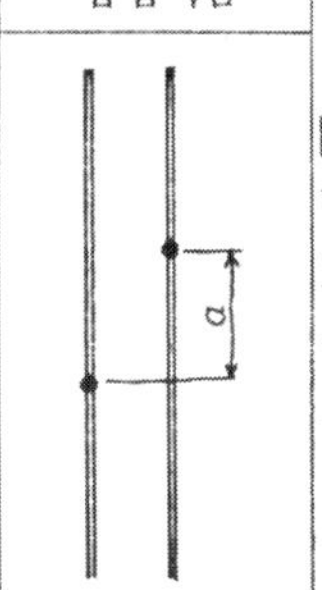	[註] 그림 중에서 a는 훅이 달린 경우에는 15d 이상 또는 250㎜ 이상, 압접 이음의 경우에는 400㎜ 이상으로 한다.

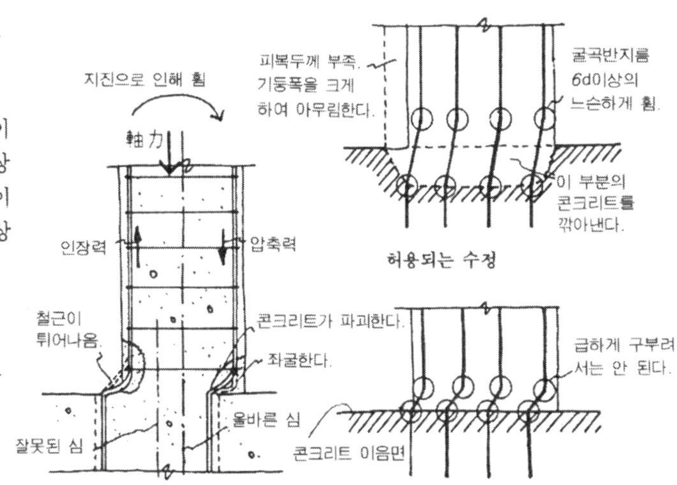

기둥심 변동과 수정　　나쁨

수정하는 경우의 주근을 휘는 방법

3-2 기둥 주근의 마무리

〔1〕 주각부의 주근 정착

철근 콘크리트 구조의 기둥은 밑층일 수록 기둥의 단면이 커지고 주근의 개수도 많아진다. 즉, 상층까지 이음을 만들어서 관통하는 주근 이외에 톱근(중단주근)을 많이 삽입하게 되지만, 이런 기둥 주근은 모두 말단을 기초 내에 정착해야 한다.

기둥 주근의 기초에의 정착은 원칙적으로 아래 그림의 일반예와 같이 수평 앵커로 하고, 丸鋼 사용의 경우는 말단에 hook을 설치한다. 수평 앵커의 치수는 그림과 같이 15d 이상 또는 300㎜ 이상으로 한다.

수평 앵커의 방법은 아래 그림(평면도)과 같이 방사상으로 규칙에 맞게 배치한다.

주각은 위와 같이 주근의 개수가 많아진다. top근을 많이 넣을 경우, 상단은 hook의 집중에 의하여 콘크리트의 타설이 나쁘게 되므로, top근의 반수만큼은 일정한 길이보다도 정착 치수를 15d 길게 하여 배근하는 고려가 필요하다.

주각부의 주근정착

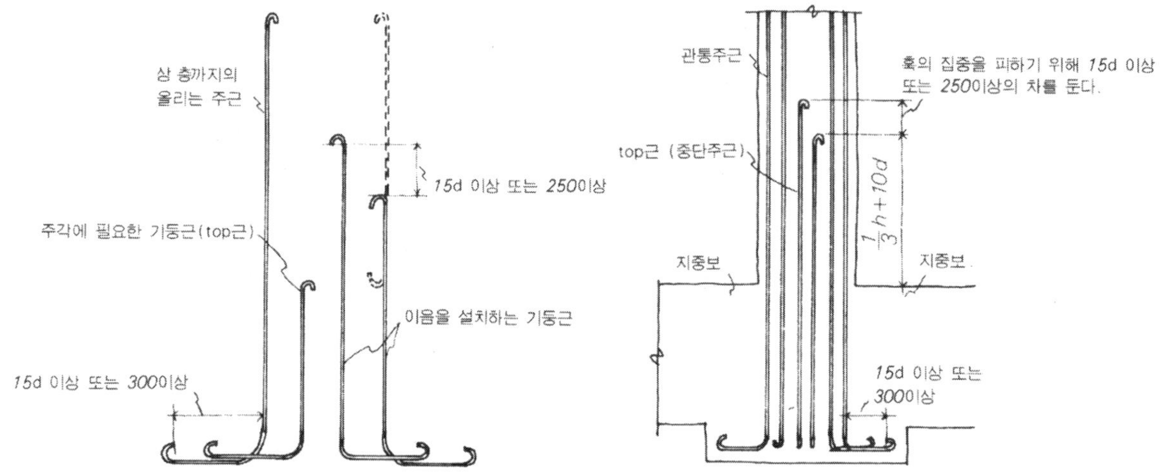

일반예(기둥근의 이음위치와 훅과 집중되지 않도록 배근한다.)

주각철근이 많은 경우

기둥주근의 기초내 정착요령

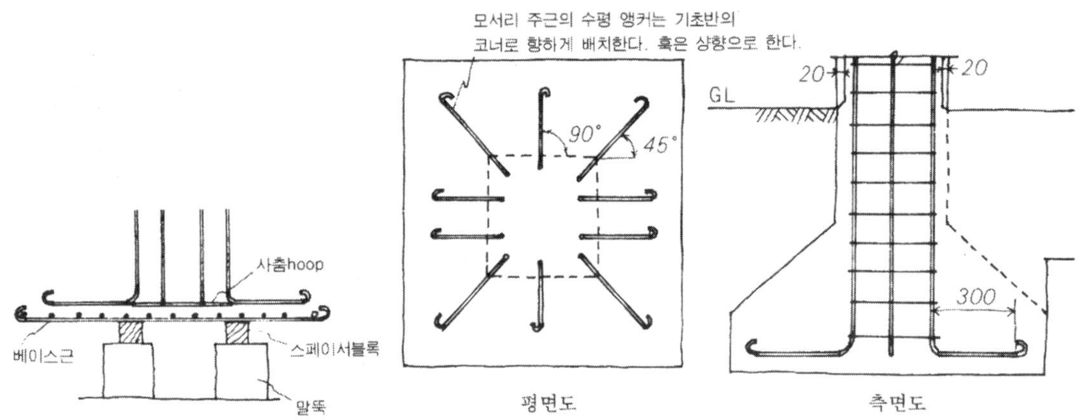

평면도

측면도

기둥주근의 기초내 정착예 (일반 예)

〔2〕 주두부의 주근 정착

기둥 주근의 주두부 정착은 그림과 같이 丸鋼 이형 철근에 상관없이 모두 주근에 hook을 설치하여 정착을 확실히 해야 한다.

옥상에 패러핏(parapet)을 설치하는 경우에는 丸鋼의 경우, 예와 같이 패러핏 내에 기둥 주근을 세워 올려 정착시키는 방법이 패러핏과의 접합이 좋으므로, 기둥의 구석 주근만을 그림에 표시된 것같이 세워올려 정착시키는 것이 좋다.

기둥 주근은 가공도에 따라 가공 절단하지만, 특히 겹침 이음의 경우는 철근의 중량으로 변형 겹침이 생기거나 주두부의 소요 길이가 부족해지는 예가 많다. 따라서 배근 검사를 할 때 일정한 길이인가, 또는 말단hook의 일정한 피복 두께를 확보하고 있는가를 주의하여 검사할 필요가 있다.

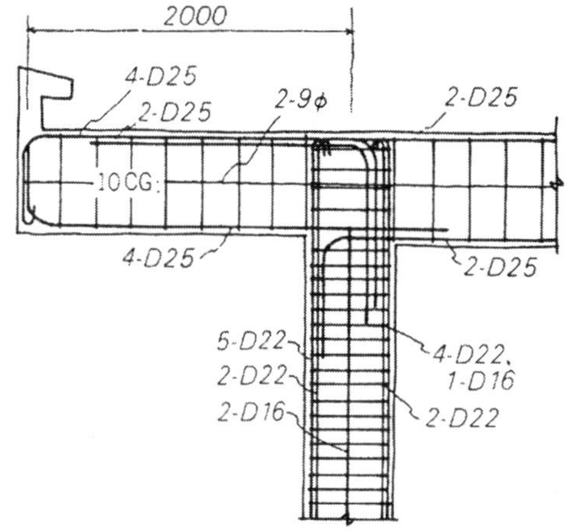

주두를 캔틸레버으로 접촉하는 경우

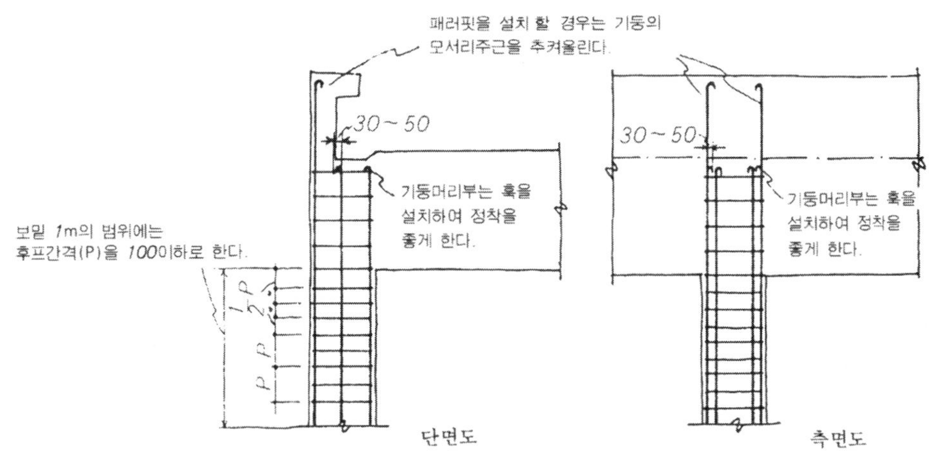

주두부 주근의 마무리(환강인 경우)

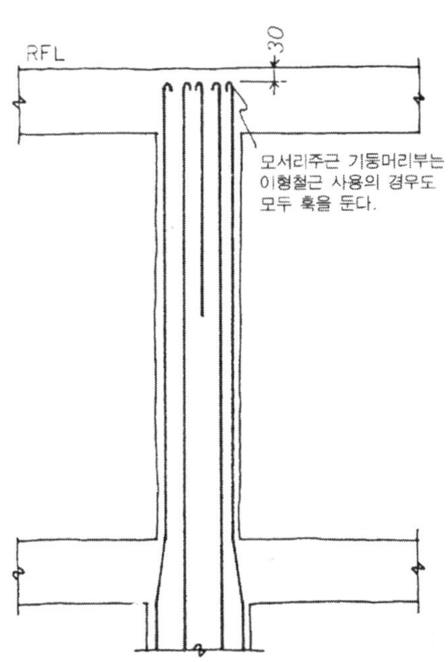

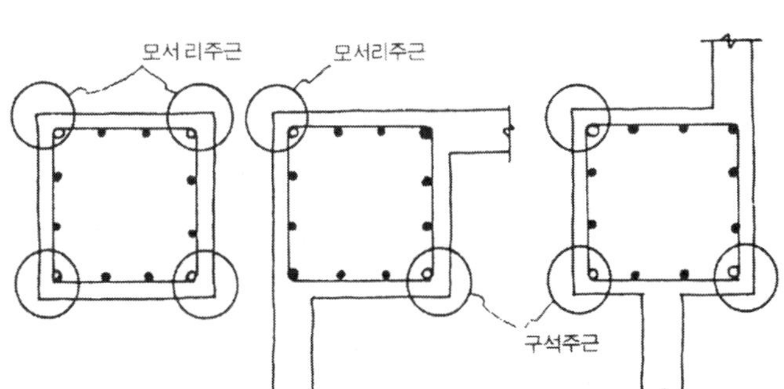

〔註〕 1. 이형 철근의 이음 정착은 특별한 지시가 없는 경우에는 모두 환강에 준하여 배근한다.

2. 주두부의 주근 마무리는 톱근(중단주근)을 포함하여 모두 선단에 훅을 설치한다.

3. 기둥 주근으로 이형 철근을 사용하는 이음은 압접인 경우를 제외하고, 상단 ○표의 구석 주근에는 모두 훅을 만들어야 한다.

주두부 주근의 마무리(이형철근인 경우)

〔3〕 기둥, 보 교차부의 마무리

기둥과 보의 접촉 형식에는 ㅏ자형, 十자형외에 복잡한 형상의 접촉이 있지만, 기본적으로는 ㅏ자형 접촉의 변형이라고 생각해도 된다. 또, 기둥은 윗층일수록 가늘어지므로 주각에서 주두까지 통하는 기둥 주근은 소정의 위치(보와의 접촉부분)에서 굽혀 상층의 가느다란 기둥폭에 맞추어 세워 올려서 배근한다.

이 경우, 기둥 주근은 급각도로 구부려서는 안 된다. 그림에 표시된 휨규정에 따라 $a/D \leq 1/5$ 범위내의 휨은 허용되나, 그 이상의 급각도 휨이 될 때는 그림처럼 상하층의 기둥 주근을 각각 정착시켜서 넣어야 한다.

기둥 주근의 좁히는 위치는 우측 그림(ㅏ자형 접촉)의 휨위치에 표시한 것같이 보의 상단 및 하단에서 100㎜ 정도 보 내에 들어간 위치로 한다.

또한, 상하층의 기둥폭이 극도로 다를 경우도 그림에 나타냈으므로 참조하기 바란다.

아래 그림은 기둥에 대하여 좌우 양측에서 보가 접촉할 때의 기둥과 보주근의 마무리를 나타낸 것이다.

기둥에 대하여 좌우의 보가 같은 크기, 같은 지름의 주근을 사용할 경우에는 일반 예의 표시와 같이 보 주근은 관통으로 한다. 또한, 기둥 주근은 기둥 중심에 대하여 같은 각도로 굽혀 배근하지만, 휨위치는 보의 상하단에서 100㎜ 내측의 위치로 한다.

보가 단이 틀리게 접할 경우에는 보주근을 기둥 내에 정착시키고, 기둥 주근의 좁히는 위치는 그림과 같이 좌우 각각의 보와 접촉하는 위치로 한다.

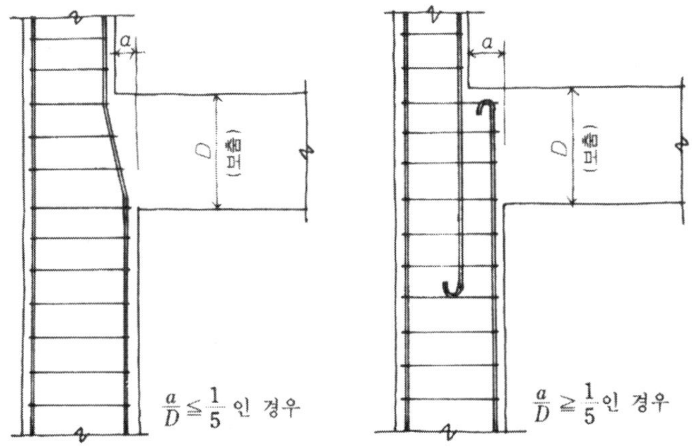

[주] a＝좁힘폭, D＝보춤으로 한다.

기둥 주근의 휨규정

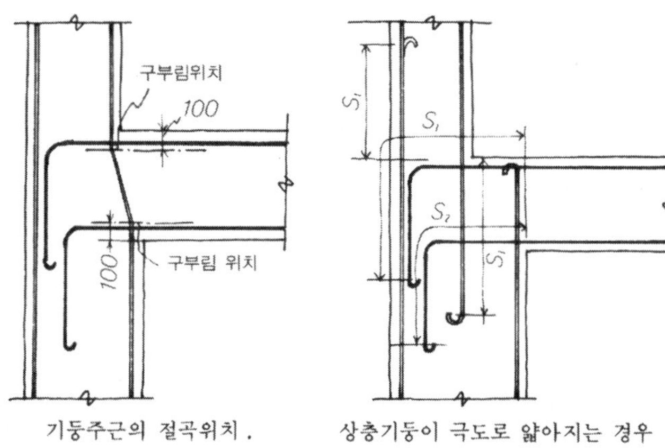

편측에 보가 있을 때의 기둥근과 보근의 접촉(ㅏ자형)

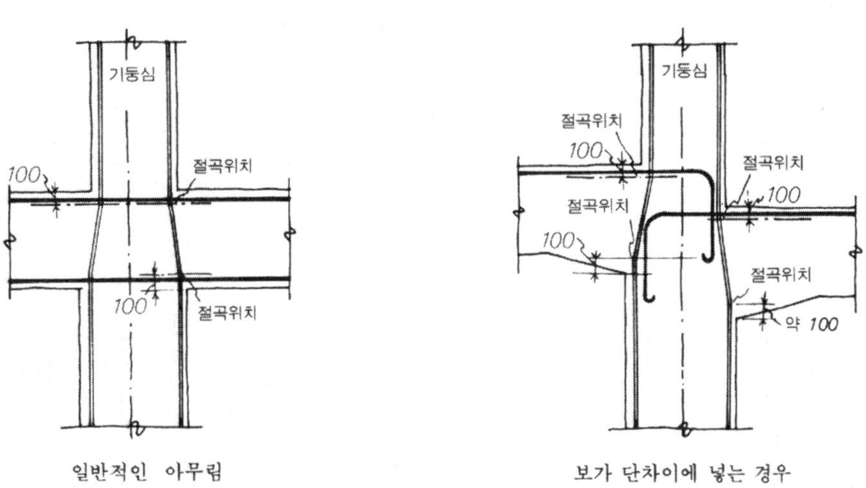

양측에 보가 있을 경우의 기둥근과 보근의 접촉(十자형)

3-3 기둥 주근의 배근 요령

〔1〕 이음, 정착상세도 예(환강인 경우)

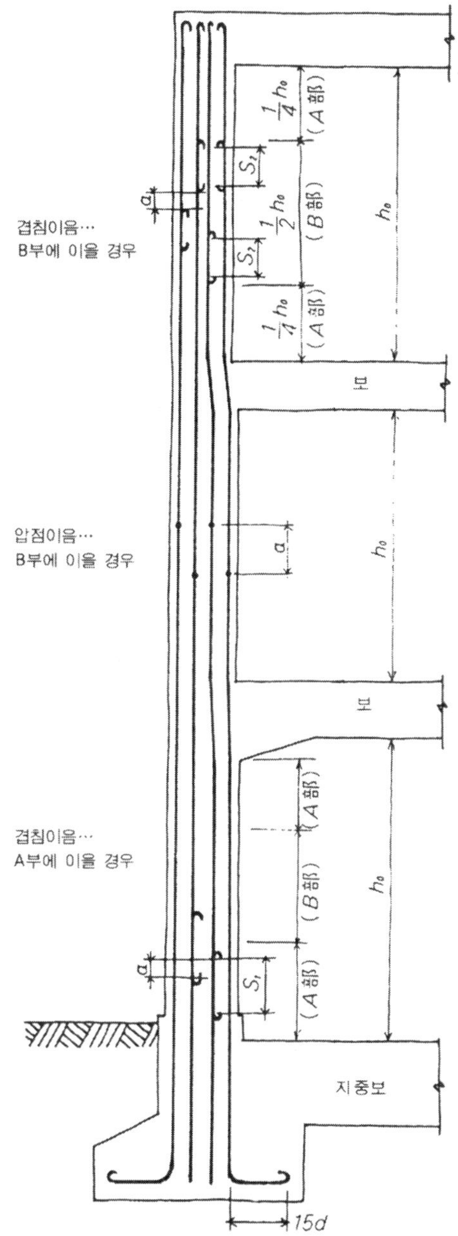

기둥 주근의 이음

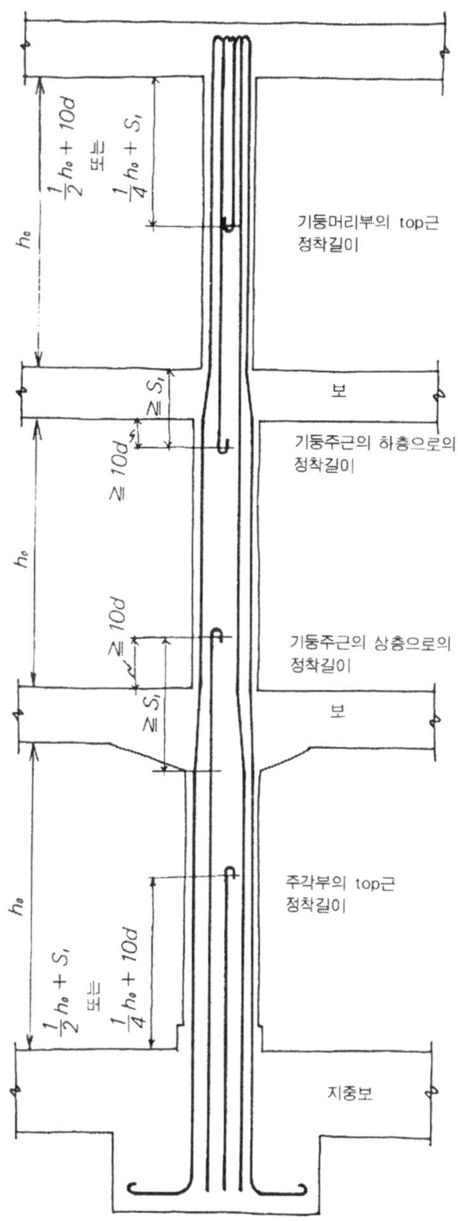

기둥 주근의 정착

[註] 1. 기둥 주근의 이음 위치는 층고의 중앙(B부)을 원칙으로 한다.
2. 이음의 겹침 길이는 B부(S_2), A부(S_1)으로 한다.
3. 인접 이음의 위치 간격(그림중 a)은 겹침 이음은 15d 이상 또는 250㎜ 이상으로 한다. 그리고 압접 이음은 400㎜ 이상으로 한다.

〔2〕 이음, 정착상세도 예(이형철근인 경우)

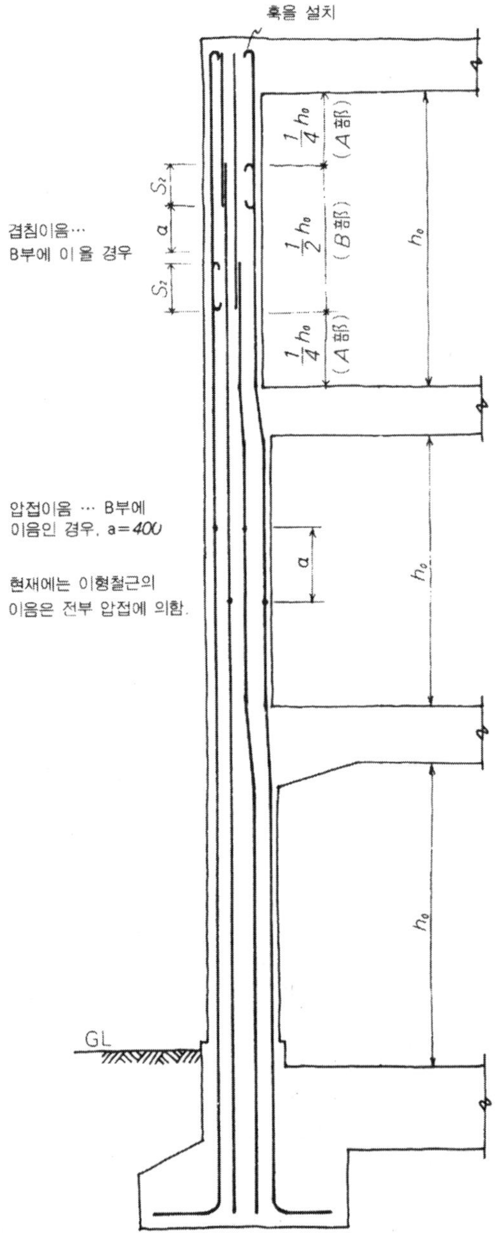

기둥 주근의 이음

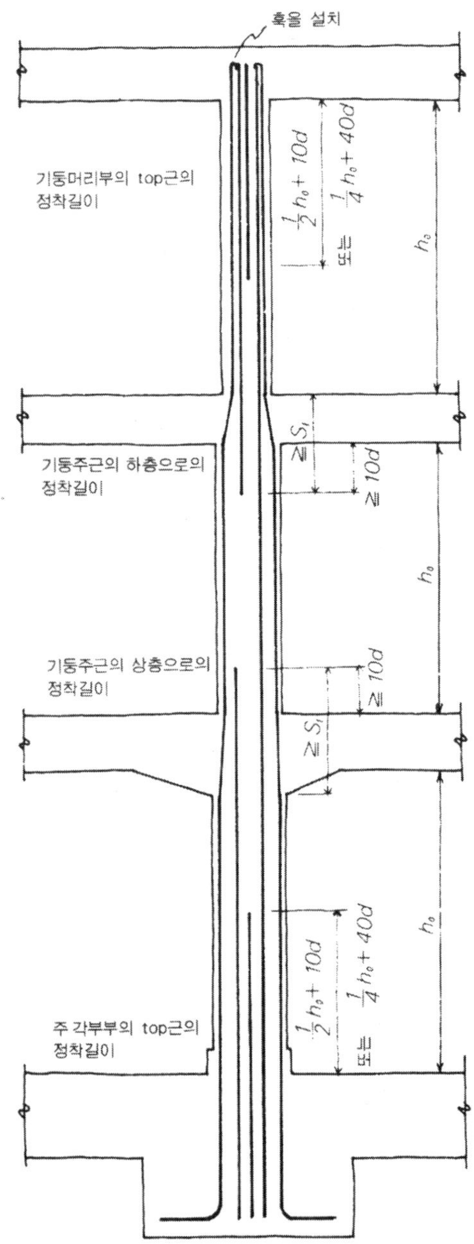

기둥 주근의 정착

[註] 1. 기둥 주근의 이음 위치는 층고의 중앙(B부)을 원칙으로 한다.
2. 겹침 이음의 경우에는 일반적으로 이형 철근은 훅이 불필요하지만, 모서리 주근의 이음부 및 주두부 정착부에는 훅을 설치한다.
3. 겹침 길이, 이음 위치 간격, 기타 특별한 지시가 없는 경우에는 환강에 준한다.

3-4 hoop, subhoop의 배근

기둥은 건물 중량에 따른 압축력과 보에서 오는 휨 응력, 지진시의 전단력에 견딜 수 있는 부재이지만, hoop, subhoop는 이 기둥 주근이 받는 전단력에 대한 보강의 역할을 하는 것이다. 이 hoop의 배근은 건축 기준법 시행령과 건축학회기준의 규정에 따라 정확히 하지 않으면 안된다.

〔1〕 hoop의 배근 간격

hoop 간격은 기둥의 응력(장기하중시, 단기하중시로 계산하고 불리한 값을 사용)에 의해서 결정되지만, 기둥의 전단 보강 계산은 건축학회 규준을 참조한다. hoop의 간격은 이 계산을 근거로 결정하나, 학회에서는 최저한의 규준으로서 아래의 그림과 같이 직경 9㎜의 hoop 사용으로 帶筋非(P_w)가 0.2%인 경우, 100㎜의 등간격으로 hoop를 배근하도록 정해져 있다. 따라서 일반적으로 기둥의 최대 지름이 600㎜ 이상인 경우 지름 13㎜ 근을 100㎜ 간격으로 하고, 기둥의 최대 지름이 600㎜ 이하인 경우에는 지름 9㎜ 근을 100㎜ 간격으로 하고 있다.

건축법 시행령에서는 아래의 그림과 같이 주각부와 주두부는 주폭(D)의 2배가 되는 범위는 hoop를 100㎜ 간격으로 배치하고, 중앙부는 150㎜ 간격으로 하도록 규정하고 있다.

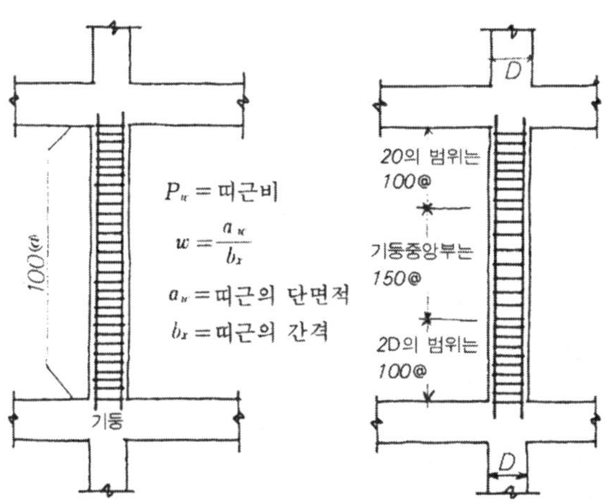

hoop의 간격

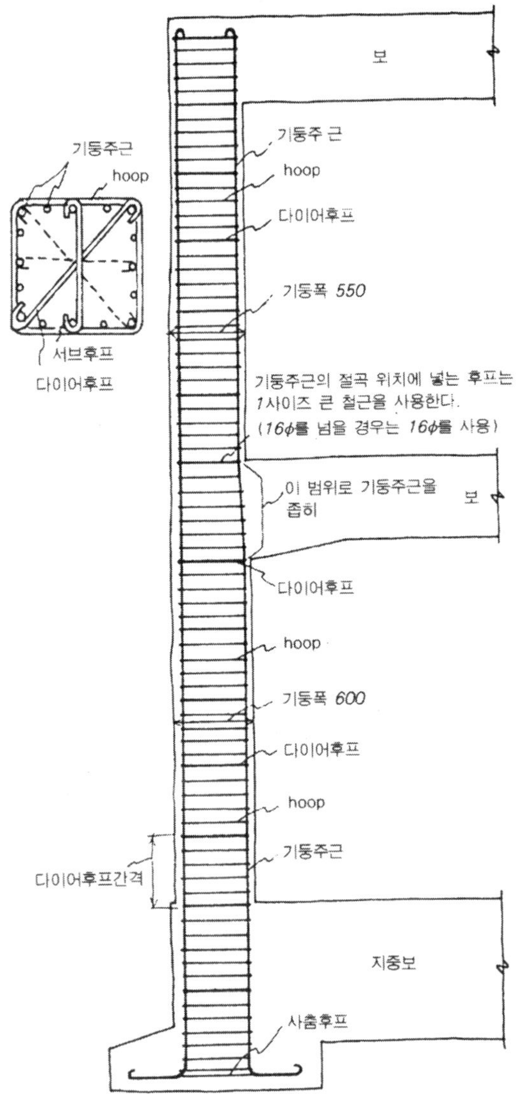

[註] 1. 후프에는 지름 9㎜ 이상의 철근을 사용하며, 그 말단은 135° 이상 휘어서 기둥 내부에 정착 또는 용접시킨다.
2. 다이어후프 및 서브후프의 배근 간격은 300~600㎜ 정도로 한다.

hoop, 다이어hoop의 배근 요령

후프 및 다이어후프의 최대 간격

콘크리트 종별 / 후프 종별	보통콘크리트
후프 (직경 9㎜ 이상)	300㎜ 이하 재의 최소지름 이하 주근직경의 15배 이하
다이어후프 (직경 9㎜ 이상)	후프 간격의 5배로 하고, 후프 부분에 교호로 넣는다.

〔2〕 hoop의 가공과 설치 요령

hoop는 원칙적으로 그림처럼 하나의 철근(지름 9㎜ 이상을 사용)의 양단을 구부려서 정착하지만, 이 휨각도와 hook의 길이를 애매하게 하면 지진시에 hoop가 빠져 주좌굴의 원인이 된다. 더우기 기둥과 보의 교차 부등, 배근이 복잡한 부분은 hoop의 설치가 어려우므로 72페이지에 표시된 것같은 삽입식 hoop를 사용할 때도 있다. hoop의 설치 요령은 그림과 같이 각 단마다 hook의 위치를 반대 위치로 해서 만일의 경우, 파괴에 대비하는 것이 바람직하다.

또한, 주주근과 hoop와의 결합은 그림에 표시된 P점(4개의 구석 주근)으로 철사를(결속선) 써서 결속하거나, 또는 용접해서 고정한다. 더우기 기둥의 콘크리트 두께를 확보하기 위해서 미리 hoop에 스페이서 블록을 설치하여야 한다.

〔3〕 diahoop의 가공과 설치 요령

diahoop(대각근이라고도 한다)는 기둥주근의 전단력 보강과 함께 기둥의 전성을 증대할 목적으로 사용하는 것이며, 또한 주근이 비틀림을 방지하는 보강근이기도 한다.

사용 철근을 hoop와 같은 지름의 것을 쓰며, 그 선단은 45°로 구부린다. hook의 길이를 $4d$ 이상으로 하는 것은 hoop와 같다. diahoop의 설치 간격은 앞에서 기술한 바와 같이 600~900㎜ 간격으로 하는 것이 가장 좋다. 일반적으로 오른쪽 그림과 같이 hoop의 3단마다 한방향의 diahoop를 넣고 있다. 즉, hoop 3단마다 크로스(cross)하는 형태도 넣어지고, hook부를 주근으로 고정해서 놓고 있다.

고정 방법은 hoop와 같이 철선을 써서 주근에 묶거나 점용접해서 고정한다.

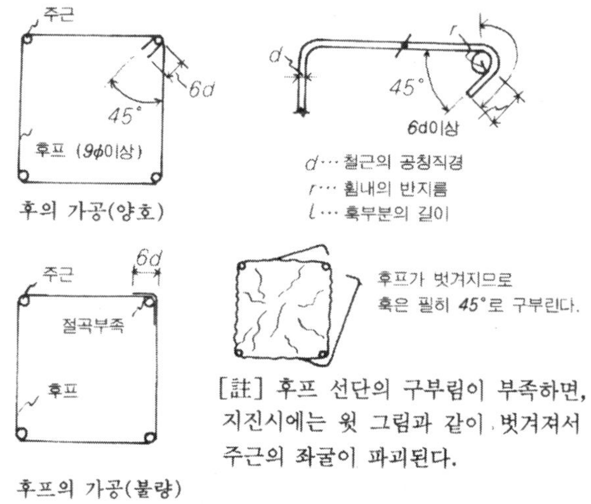

hoop의 가공 요령

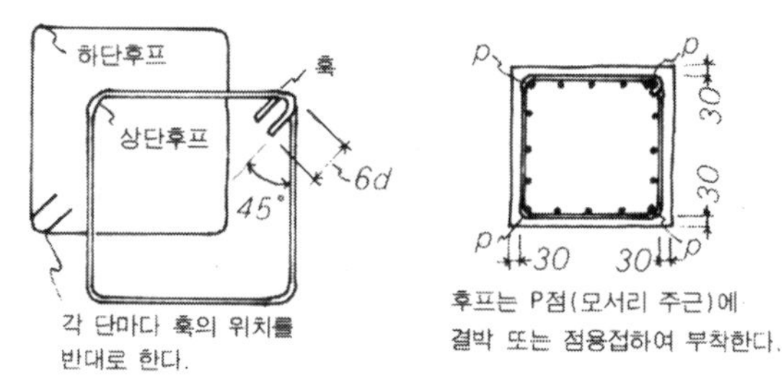

hoop의 설치 요령

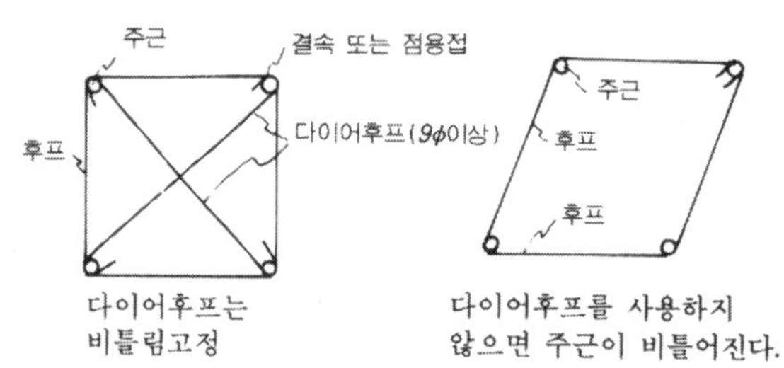

다이어hoop의 작용

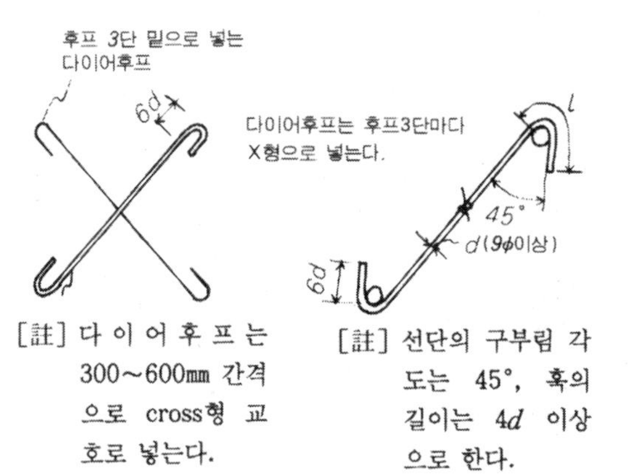

다이어hoop의 가공과 설치 요령

〔4〕 subhoop의 가공과 설치 요령

기둥주근의 보장은 hoop, diahoop만으로는 그림과 같이 중간부의 주근이 외부로 뛰어나올 염려가 있다. 특히 단면이 큰 기둥이나 직사각형기둥에서는 이 주근이 변형이나 튀어나오는 것을 방지하고, 기둥의 전성을 증강하기 위해 subhoop를 넣는 것이 상식으로 되어 있다.

또한 subhoop는 건물의 방향축(x축, y축 방향)에서 본다면 계산상으로 불필요하다고 생각되지만, 그렇게 생각되는 방향의 subhoop도 기둥의 강인성을 더하기 위해 생략하지 않는 것이 보통이다.

subhoop의 배근 간격은 필요 방향의 subhoop를 200～400㎜ 간격으로 넣고 그 중간에 불필요한 방향의 subhoop를 배근한다.

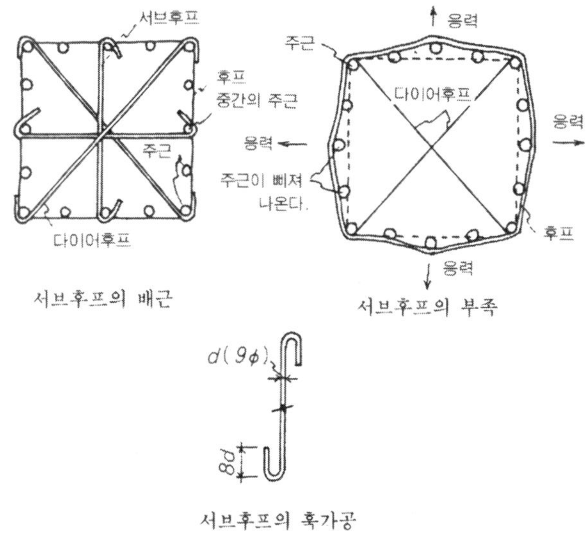

[註] 다이어후프는 변의 응력에 의하여 중간의 주근이 외측으로 휜다. 서브후프는 이 중간 주근의 휘어나옴을 방지한다.

서브hoop의 역할

〔5〕 subhoop의 배근 형식 예

subhoop는 반드시 十자형으로 배근하지 않아도 된다. 기둥의 크기나 형상에 따라서 한 방향으로만 배근하는 것이 있는가 하면, 다음 그림에 나타낸 것같은 복잡한 배근을 하는 경우도 있다. 이 경우, subhoop가 網의 目狀의 진동으로 콘크리트 타설에 지장이 없도록 주의해서 배근하여야 한다. 따라서 網의 目狀에 배근하는 경우에는 방향별로 段着(hoop의 단을 변경한다)를 둔다.

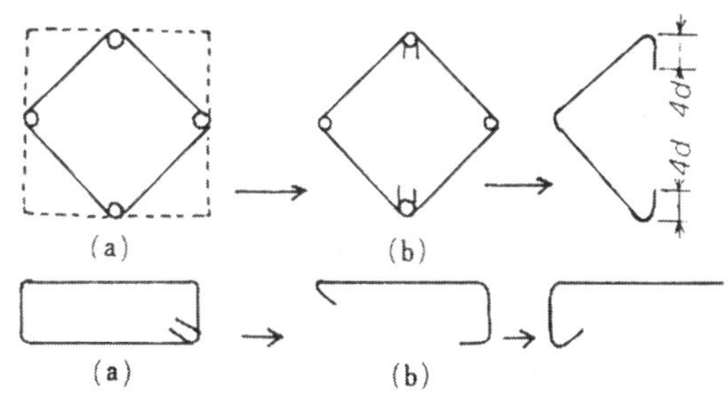

서브hoop의 가공 형상

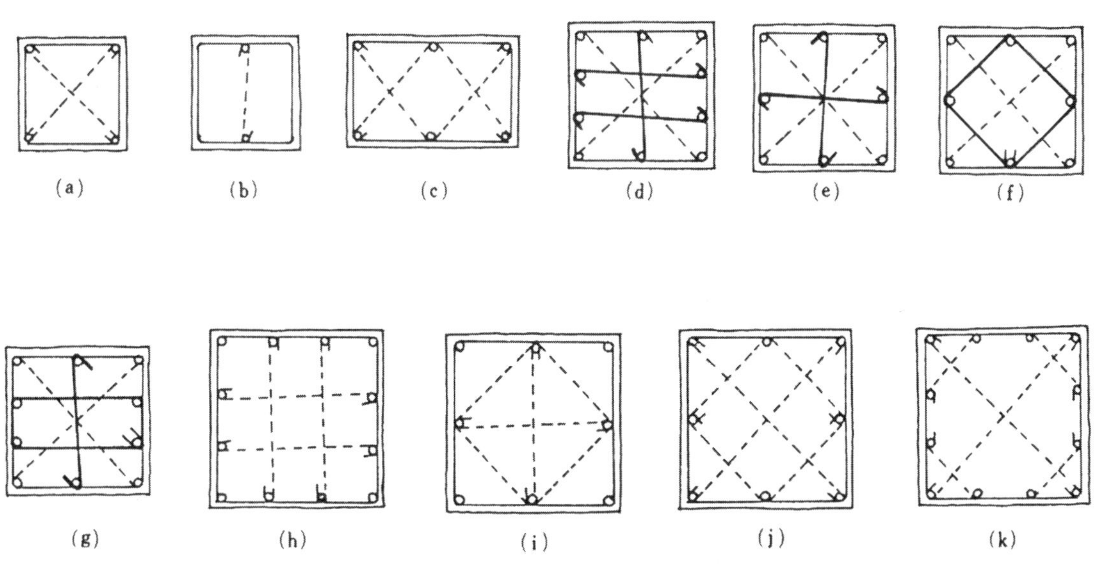

서브hoop 배근 형식의 예

〔6〕 주각부의 hoop 설치 방법

주각부의 hoop는 오른쪽 그림에 표시한 바와 같이 우선 기초 베이스근 상에 하부hoop를 설치, 이에 기둥주근을 정확한 위치에 설치해서 결속하여 고정한다. 즉, 하부hoop는 기둥주근 각부의 고정과 함께 배근위치를 정하는 것이다.

더우기 1단째의 hoop는 정해진 hoop 간격이 2분의 1(hoop 간격 100㎜의 경우는 50㎜ 이내)의 위치에 부착하고, 그밖의 hoop는 순서대로 정해진 간격으로 배근하는 것이 보통이다.

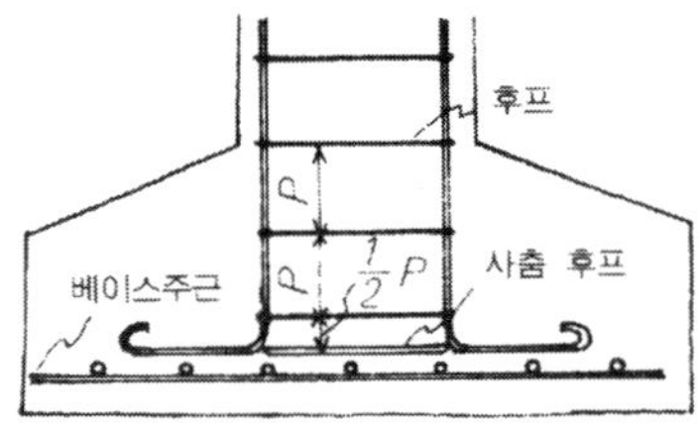

〔註〕 하부 후프는 베이스 근상에 설치하며, 이 경우 밑창 콘크리트 상에 표시한 기둥 위치에 합치되도록 한다.

주각부hoop의 마무리방법

〔7〕 기둥, 보 교차부 hoop의 설치 방법

철근 콘크리트조인 경우, 보의 철근을 슬래브 거푸집 위에 조립된 것을 보 거푸집 속에 밀어넣어 배근하는 공법이 많이 사용된다. 따라서 기둥, 보의 교차부 hoop는 나중에 설치하기 위해서 배근을 잊는 경우가 많으며, 그 점이 구조의 결함이 되므로 주의해야 한다. 또한, hoop의 배근을 잊지 않기 위해 보 상단근과 하단근 사이에 넣는 hoop를 미리 기둥에 두고, 보의 철근을 설치한 후 소정의 위치에 배치해서 고정하는 것도 하나의 방법이다.

hoop는 철근하나를 사용하는 것이 원칙이지만, 단면이 크고 기둥, 보의 설치가 복잡한 경우에는 철근이 복잡하고 hoop의 부착이 어려워지는 예도 많다. 그런 경우에는 오른쪽 그림의 설치 방법과 같이 삽입 hoop를 사용하면 좋다. hook의 위치는 각 단마다 서로 변경되도록 한다. 오른쪽 그림은 보근을 관통할 경우, hoop의 설치 방법을 나타낸 것이다.

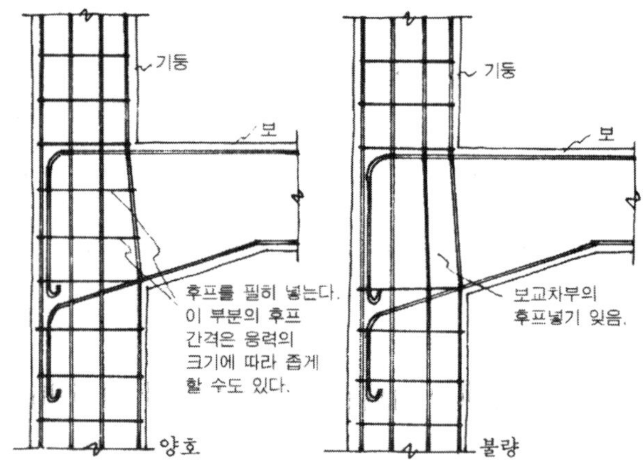

교차부에도 후프를 넣음

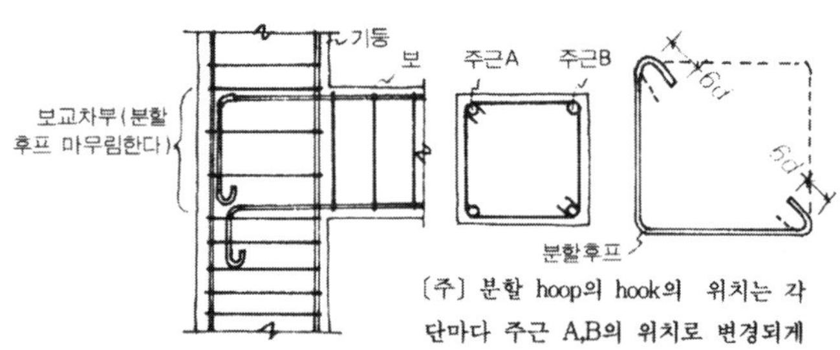

〔주〕 분할 hoop의 hook의 위치는 각 단마다 주근 A,B의 위치로 변경되게 한다.

분할후프로서 뒤로부터 아무림하는 경우

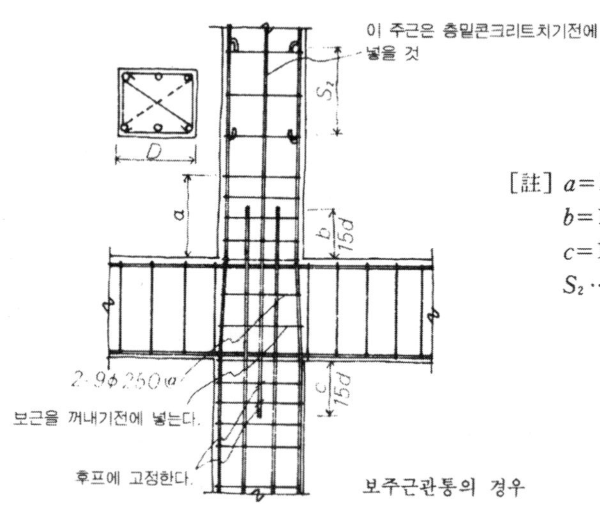

〔註〕 a=1m … 이 범위에는 후프 간격을 100㎜로 한다.
b=15d … 하층 기둥 주근의 정착 치수.
c=15d … 상층 기둥 주근의 정착 치수.
S_2 … 이음의 겹침 길이.

보교착부의 hoop 마무리 방법

3-5 기둥의 配筋詳細例

〔1〕 diahoop의 배근 간격

일반적으로 subhoop(부대근)라고 불리우는 철근을 diahoop를 포함한 호칭이다. 오른쪽 그림과 같은 기둥폭 500～600㎜ 정도의 직사각형 기둥의 경우는 diahoop를 넣는 것이 보통이다.

diahoop의 간격은 400～600㎜가 이상적이며 층높이에 의한 hoop 분할 간격에도 좌우되나, 900㎜ 이상의 피치로 하는 것은 피하는 것이 좋다.

subhoop는 기둥의 단면형이 직4각형인 경우나 기둥폭이 큰 경우에도 병용하는 것으로, 형식은 일반적으로 구조도나 특별 시방서에 따른다.

〔2〕 hoop의 배근 간격

hoop의 사용 철근 직경 및 배근 간격은 구조도나 특기 시방서에 지시한다. 단, 지시가 없는 경우에는 다음 요령으로 배근한다.

기둥폭≧600의 경우 …… 13ϕ 100@

기둥폭＜600의 경우 …… 9ϕ 100@

〔3〕 주각부의 고정

기초 베이스근 상의 기둥 위치에 하부 hoop를 넣어 위치를 정하고, 여기에 기둥주근을 결속해서 정확하게 고정한다. 이 경우 밑창 콘크리트 상에 먹줄 표시한 기둥 위치에 정확히 맞추도록 주위한다.

〔4〕 주근조립요점

주각부의 기둥주근조립에 있어서 주근이 넘어지는 것을 방지하기 위해 x축, y축 방향 모두 작은 끼움재 등을 써서 흔들림 막이를 가설하며 조립한다. 이것은 동시에 주근의 위치에서 벗어나는 것을 방지한다.

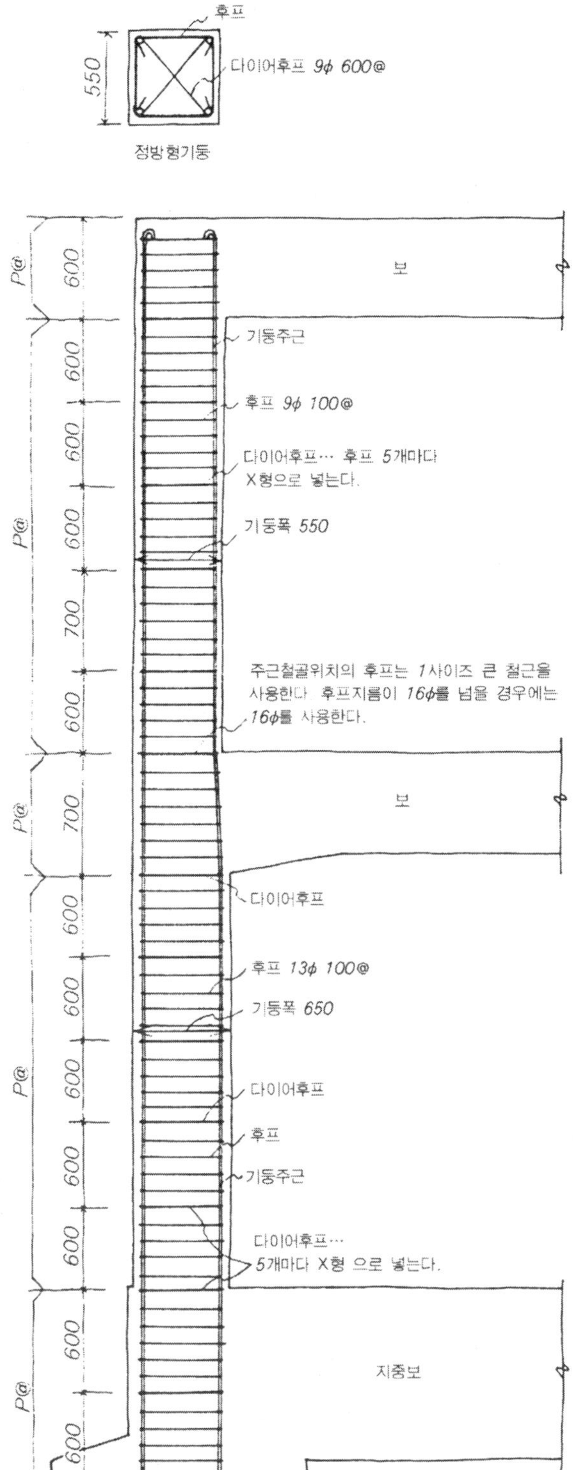

〔5〕 주근의 가공 조립 시공 기준의 예

어떤 구조 설계 사무소의 시공 기준 지시예를 나타낸 것이다. 배근의 요점을 참고하면 좋다.

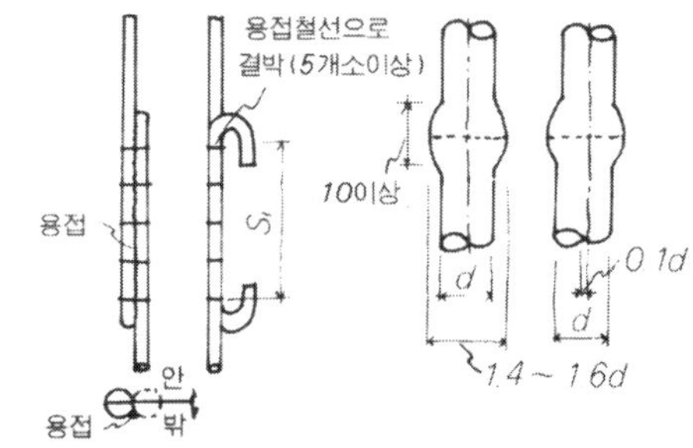

겹침 이음 압접 이음

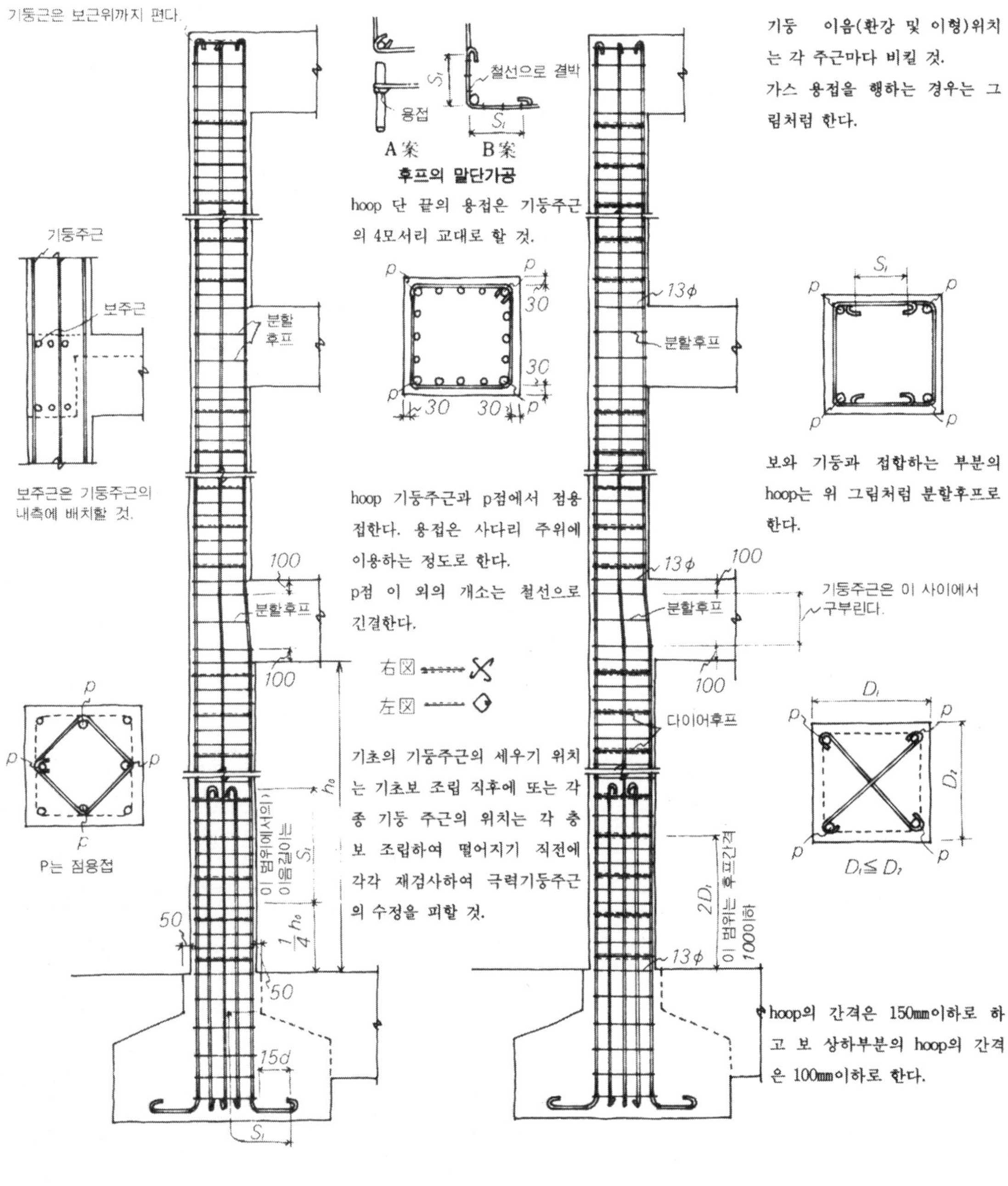

3-6 기둥, 보의 배근상세도예(보통 철근인 경우)

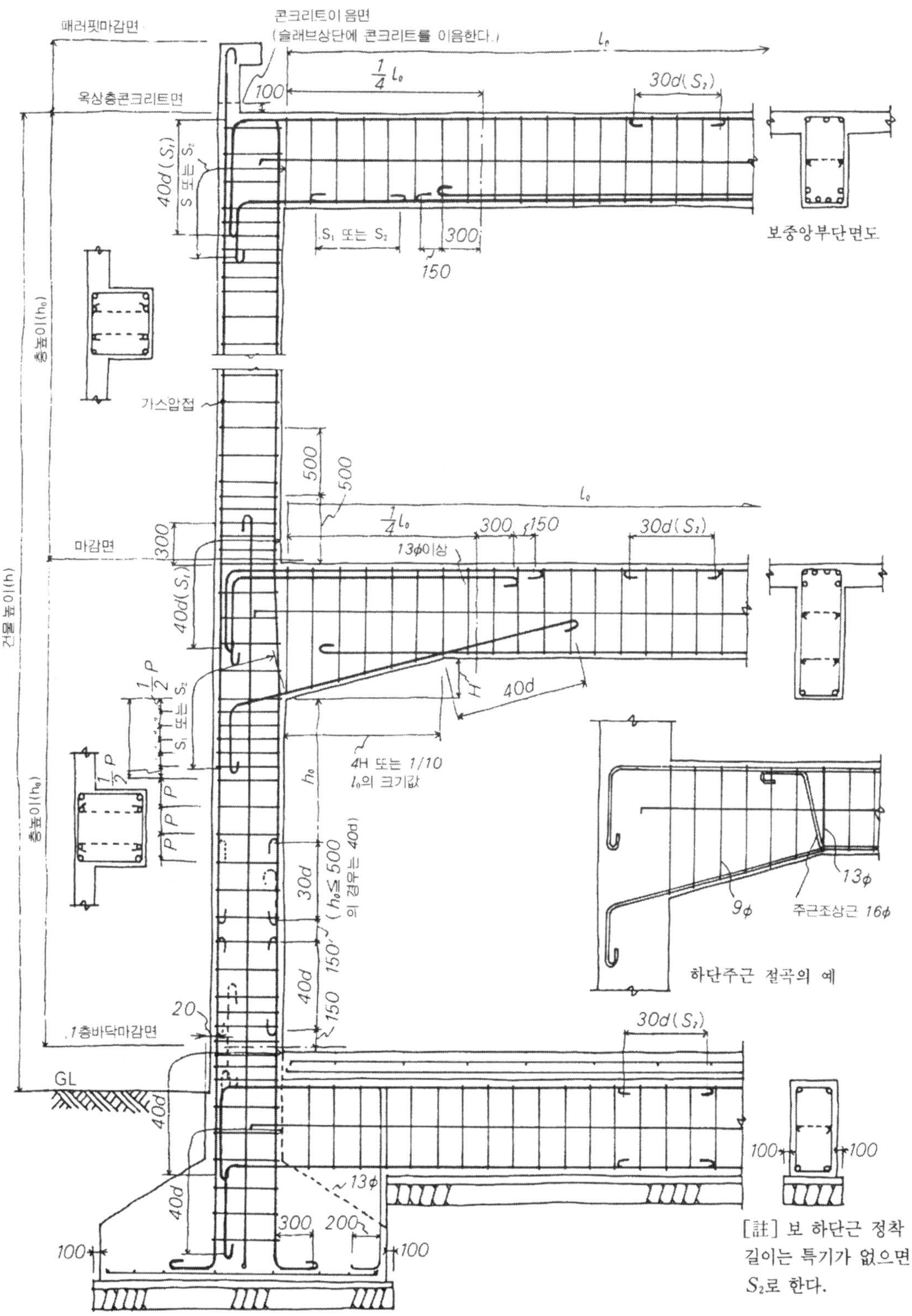

보통 철근 콘크리트조 배근상세참고도

3-7 기둥, 보의 배근상세도예(이형 철근인 경우)

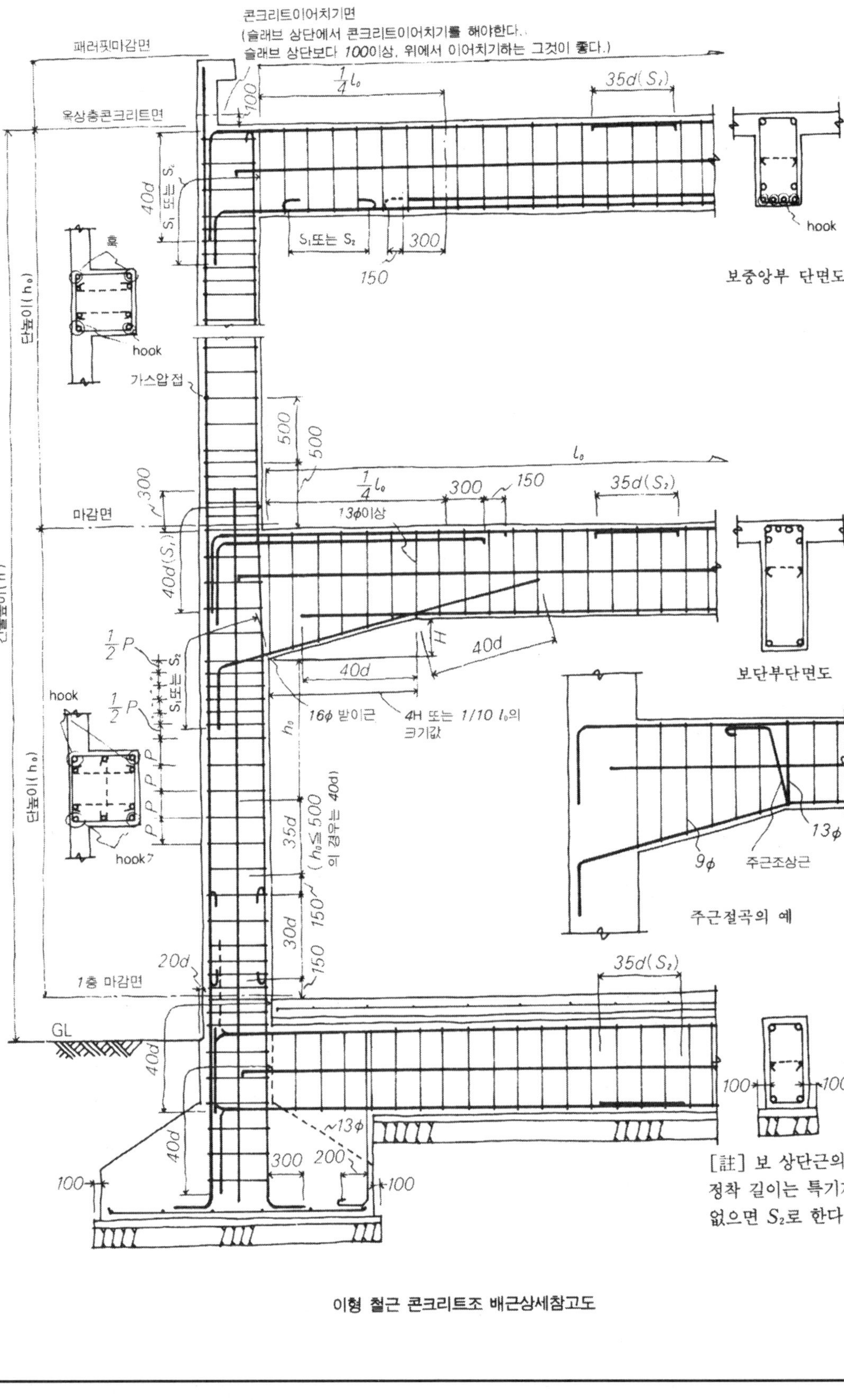

이형 철근 콘크리트조 배근상세참고도

4-1 일반사항

보의 배근예

보는 슬래브의 하중응력을 받아 지탱하며, 그 받은 응력을 기둥으로 전달하는 역할의 구조부재이다. 따라서 보 주근을 기둥에 정착시키는 것이 가장 중요하게 된다. 보의 크기와 형상, 보주근의 개수 등은 구조 계산에 의해 구하고, 구조 설계도(보단면 리스트 등)에 지시되지만, 정착 방법, 기타 배근 요령에 대해서는 특별한 지시가 없다. 다음에 배근 요령에 대해서 요점을 기술한다.

〔1〕 보 배근의 요점

① 보는 각 부분에 따라서 응력의 크기가 다르다. 따라서 구조도의 보단면 리스트를 볼 때에 다음 그림과 같이 단부(외단이 있다)와 중앙부에서는 배근의 차이가 있으므로 주의한다.

② 보에 작용하는 인장력은 단부로는 상단, 중앙부에서는 하단에 크게 작용하기 때문에 절곡근(bend근)이나 top근을 유효하게 배근한다.

③ 보폭이 좁으며 상단주근, 하단주근을 요소의 수만큼 배근할 수 없는 경우에는 2단근을 넣어서 설치한다. 또한, 주근과(중간근) 주근과의 간격은 주근 직경의 1.5배 이상, 또는 25mm 이상으로 하고, 콘크리트 타설에 지장이 없도록 한다.

④ 보주근은 되도록 도중에서 이어지지 않도록 한다. 부득이한 경우는 응력이 작은(인장력이 아니라 압축력이 작용하는 부분) 장소에서 이음한다.

⑤ 복근 및 폭고정근은 주근의 무게로 stirrup에 휘는 일이 없도록 방지하는 것이며, 보춤이 보폭의 2배 이상 되는 경우에 배근한다.

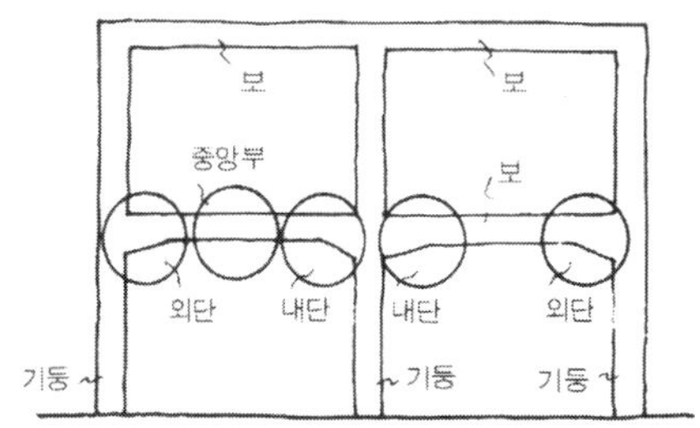

단부와 중앙부

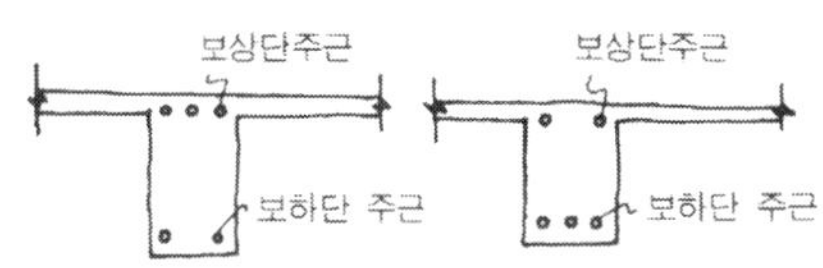

단부단면도 중앙부단면도

보구조 리스트의 명칭

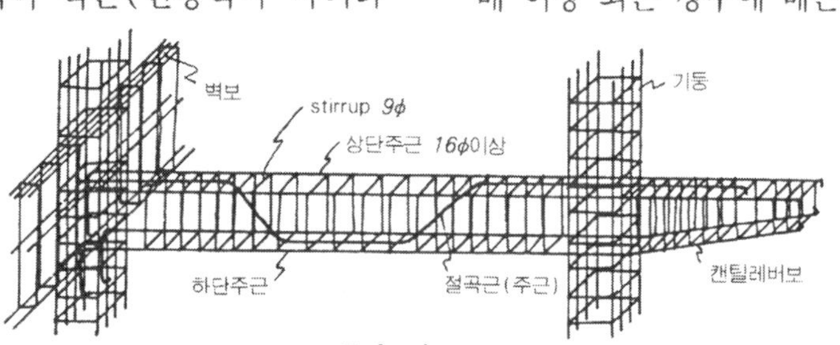

조립모양도

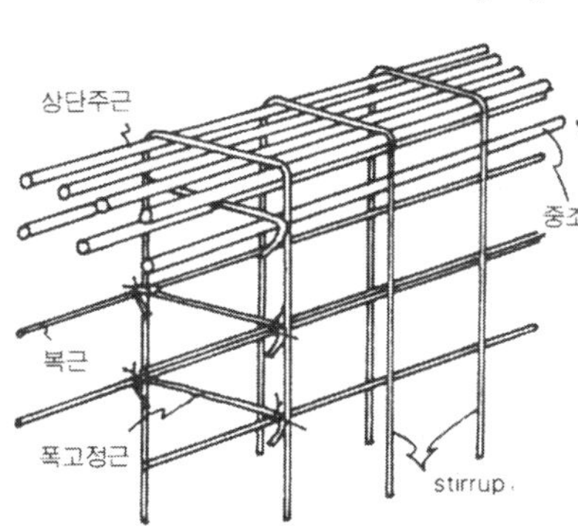

부분모양도

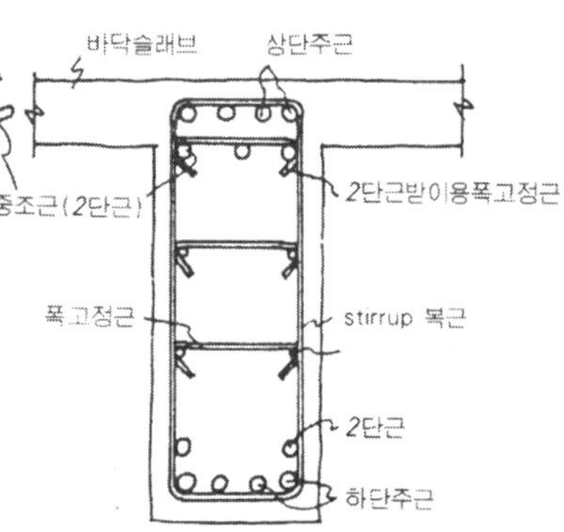

단면도

보철근의 명칭

〔2〕 사용 철근과 소요 개수

다른 그림과 같이 우선 기초 베이스근 보조근은 건축학회 규준에서 丸鋼은 지름 12㎜ 이상, 이형철근은 지름 13㎜ 이상을 사용하도록 정해져 있다.

주근은 사용법에 따라 상단근, 하단근, top근, bend근, 2단근 등의 명칭이 있지만 이들 주근은 원칙적으로 같은 지름의 것을 사용하고 있다.

보조 철근으로서는 stirrup, 복근, 폭고정근 등이 있지만, 일반적으로는 지름 9~13㎜의 丸鋼을 사용한다. 소요 개수는 구조 계산의 결과로 정하나, 개요는 18페이지를 참조하기 바란다.

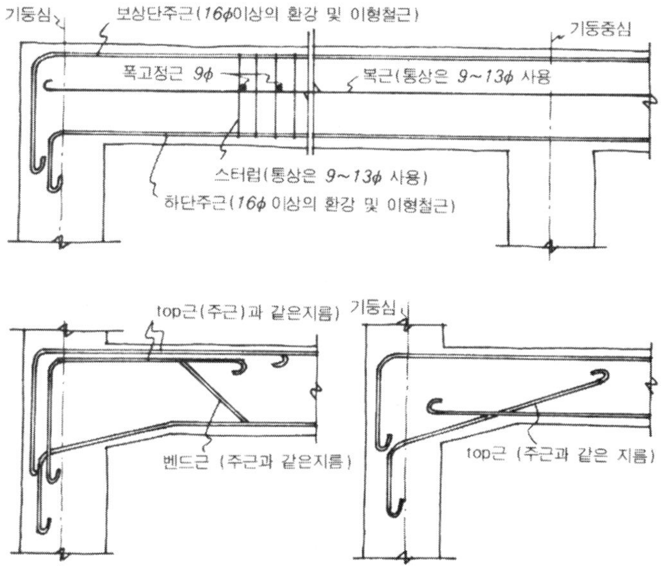

[註] 철근의 크기, 개수는 계산에 의하여 구조 설계도서에 지시한다. 또 보폭에 대한 주근의 개수는 22페이지를 참조한다.

보에 사용하는 철근의 크기

〔3〕 보근의 콘크리트 피복 두께

보 철근의 콘크리트 타설에 있어서 일반적인 경우, 콘크리트면 위에 마무리재를 쓰므로 피복 두께는 30㎜로 하고 있다. 마무리재를 쓰지 않는 경우(콘크리트타설 마무리의 경우를 포함)는 실내쪽의 두께는 40㎜, 옥외쪽의 피복 두께는 50㎜로 한다. 땅에 접하는 경우, 보통 콘크리트는 40㎜, 경량 콘크리트 50㎜의 피복 두께로 한다.

〔4〕 보 철근의 유지

적정한 콘크리트 피복 두께를 유지하기 위해 스페이서 블록을 써서 철근과 거푸집의 간격을 일정하게 유지하여야만 된다.

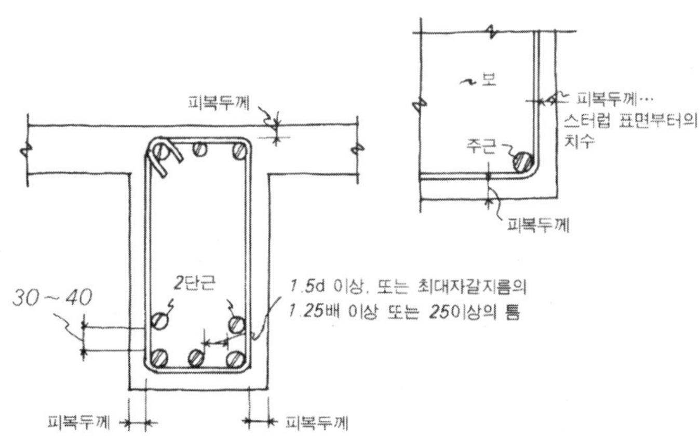

종　별	피복 두께
일반의 경우	30㎜
치기의 경우	실내 40㎜ 옥외 50㎜
흙에 접하는 경우	40㎜(보통) 50㎜(경량)
기　타	시방서에 있음

[註] 보 철근의 피복 두께는 위 표와 같은 치수를 사용한다. 특수한 경우는 반드시 시방서에 명시한다.

보 철근의 콘크리트 피복 두께

오른쪽 그림은 하단 블록의 사용법을 표시한 것이지만, 블록은 stirrup 밑에 정확히 사용하지 않으면, 그림에서 표시된 것같이 위치가 빗나가고 경사 등의 불량 배근원인이 되므로 주위할 것.

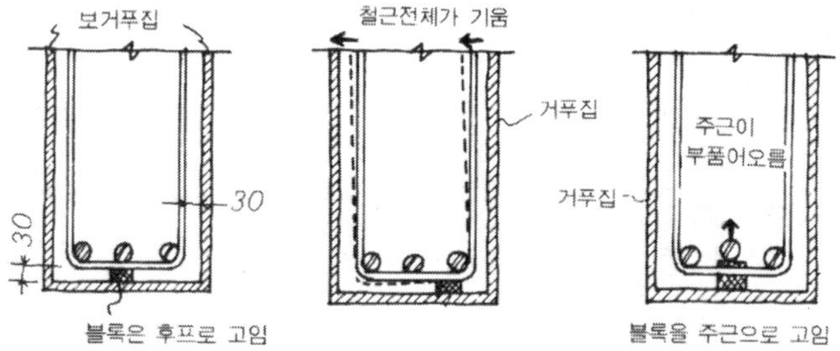

양호　　불량

콘크리트 피복 두께의 유지 방법

〔5〕 haunch 길이를 정하는 방법

haunch는 보와 기둥과의 접속부 등 강한 응력이 작용하는 부분에 설치하지만, 이것은 보춤을 증가시킴으로서 강성을 높이고 변형을 방지하여 구조물의 강도를 증가시키기 위한 것이다.

haunch의 크기는 높이(H) : 길이(L)를 오른쪽 그림의 효율로 한다.

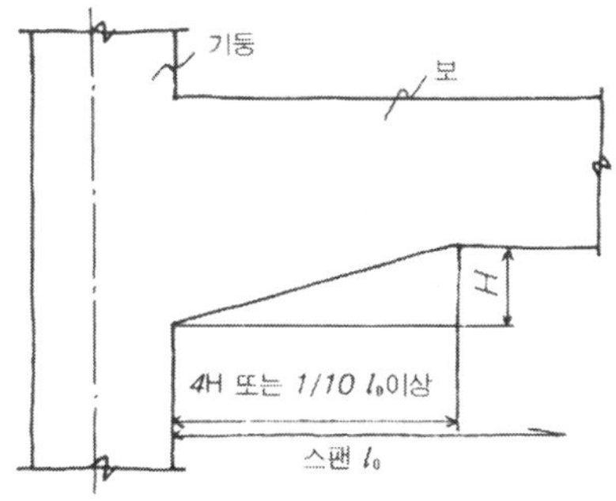

haunch 길이를 정하는 방법

〔6〕 보 주근의 이음, 정착

큰 보주근의 정착은 최상층과 일반층과는 요령이 다르다. 다음에 우선 기본 사항을 말하겠다.

① 정착근은 반드시 기둥중심선을 넣어서 수직으로 구부려 정착할 것.

② 보 주근은 기둥에 정착하거나 또는 연속으로 관통하며, 그런 경우에도 아래 표와 같은 원칙을 지킬 것.

최상		상단근의 2개 이상은 기둥 내에 정착	단, D는 기둥폭, S_1은 $40d$로 한다.
일반	$D \geq S_1$	전부 관통	
	$D \leq S_1$	주근수의 1/3은 기둥 내에 정착	

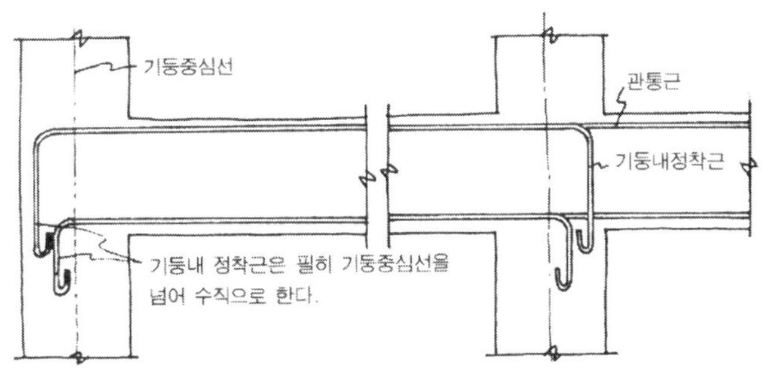

보주근의 정착 위치　　정착근과 관통 철근

③ 보 주근의 정착 길이를 정하는 방법은 오른쪽 그림과 같이 기둥 내를 기점으로 하여 $S_1(40d)$ 이상으로 정착시키지만, 최상층의 경우에는 그림과 같이 기점을 정하는 방법이 다르다.

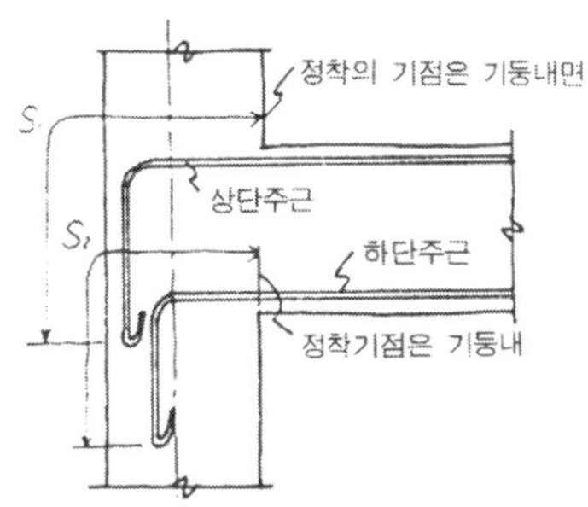

정착 치수를 정하는 법(일반층)

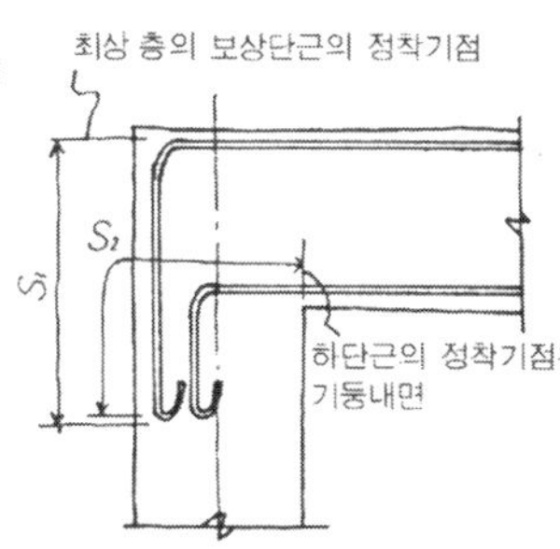

정착 치수를 정하는 법(최상층)

④ 보 주근은 원칙적으로 구부려 배근하면 안되지만, 오른쪽 그림과 같이 편차가 기둥폭(d)의 1/10 이하인 경우에는 허용된다. 휨 위치에서는 반드시 stirrup을 배근한다.

⑤ 보 주근은 잇지 않는 것을 원칙으로 한다. 부득이 잇는 경우에는 표(그림, 보주근의 이음 위치 참조)의 범위 내에 이음 위치를 설치할 것. 또한 압접 이음인 경우에도 이에 준한다.

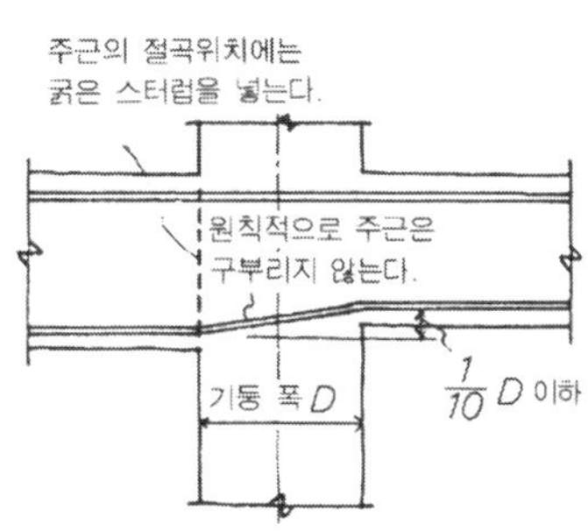

구부려 관통하는 한계

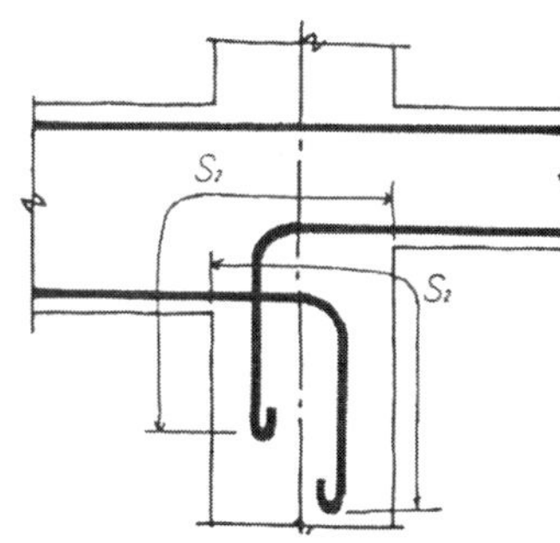

관통이 안될 때의 배근

상 단 근	중앙(l_0/2의 범위)
하 단 근	양단(l_0/4의 범위)

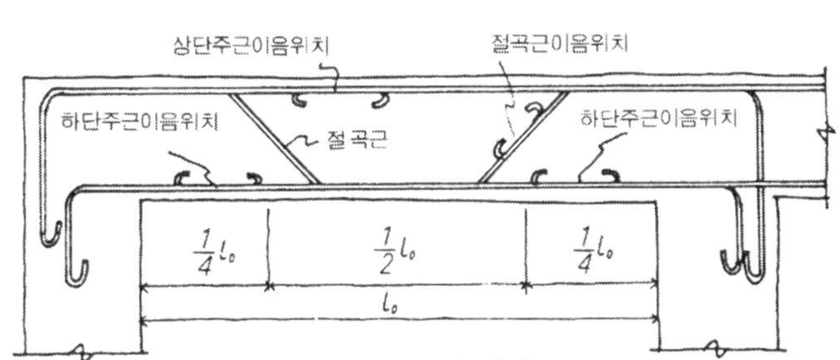

보 주근의 이음 위치

4-2 보 주근의 배근 요령

〔1〕 보 주근의 정착(丸鋼 haunch 없음)

보의 구조 형상으로서 haunch를 설치하는 것과 안 하는 것이 있다. 그림은 haunch가 없는 경우, 보 주근의 배근 요령을 나타낸 것이다. 보 주근의 배근 원칙은 관통근외에는 모두 기둥내 정착으로 하지만, 이 경우의 정착은 기둥의 중심축을 지난 위치에서 수직으로 구부려서 앵커한다. 더우기 이 경우의 정착 치수를 정하는 방법을 그림으로 나타냈으므로 참고로 하면 좋다. 또한 일반층과 최상층은 정착 치수를 정하는 방법이 다르므로 주의한다. 일반층 배근 예와 같이 보 주근의 배근방법으로서는 절곡근(벤드근)을 넣는 경우와 그대신 top근을 유효하게 배근하는 경우가 있지만, 각기의 배근요령을 참고하면 좋다.

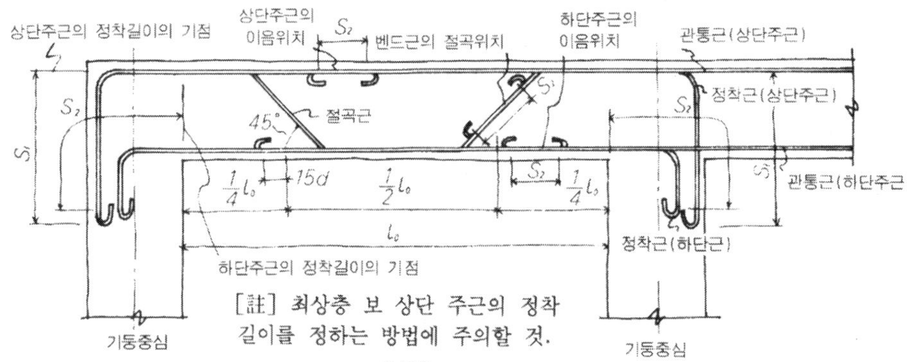

최상층

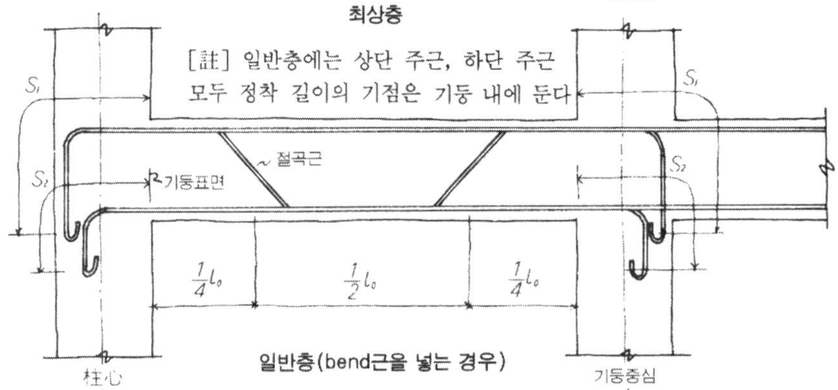

일반층(bend근을 넣는 경우)

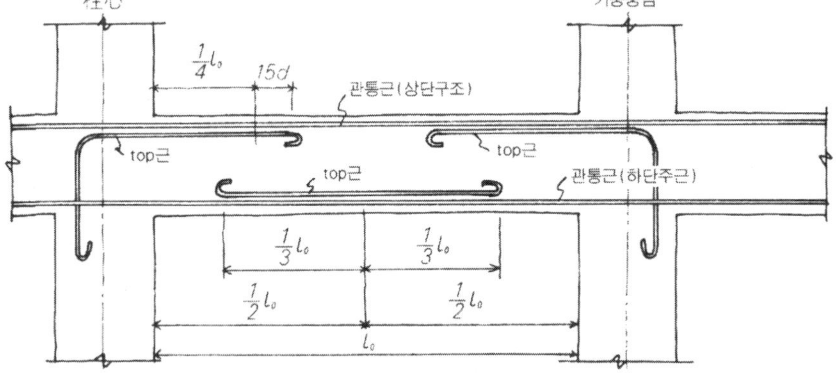

일반층(bend 근을 넣지 않는 경우)

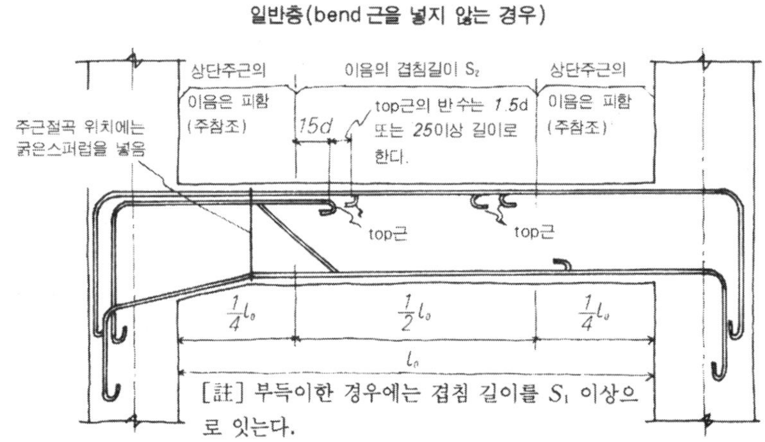

일반층(캔틸레버 haunch의 경우)

〔2〕 보 주근의 정착(丸鋼 haunch 있음)

다음 그림은 haunch가 있는 경우, 보 주근의 배근 요령을 나타낸 것이다.

haunch 부분의 주근은 그림 (a)와 같이 하단기둥근을 절곡해서 haunch를 따라 배근하고 단부를 기둥내에 정착시키거나, 그림 (b)와 같이 하단기둥근을 기둥내에 직선형으로 정착시켜서 haunch를 따라 top근을 넣는 두가지 방법이 있다.

haunch의 경사는 그림과 같이 1 : 3의 비율보다는 완만하게 하고, haunch의 시점(정확히는 주근의 철곡 위치 또는 교차위치)에는 반드시 지름 13㎜ 이상의 굵은 stirrup을 넣어서 보강한다.

정착 치수를 정하는 방법은 그림을 참고로 하면 좋다. 이음 위치, 이음 길이 등은 전페이지에서 기술한 haunch가 없는 경우와 같다.

그림 (b)에서 보는 바와 같이 하단주근이 근접하는 경우에는 관통해서 배근하는 것이 좋다.

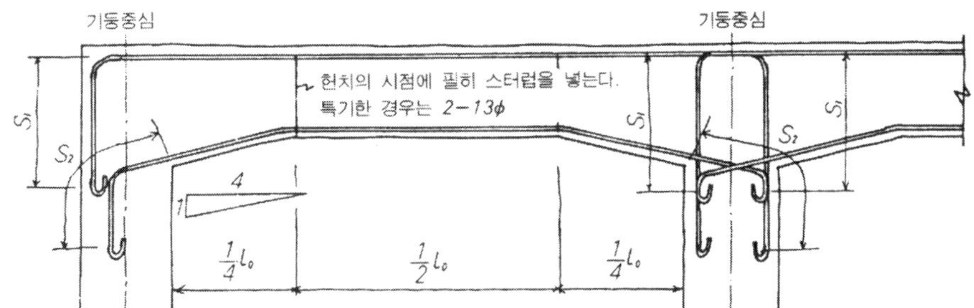

최상층(a)

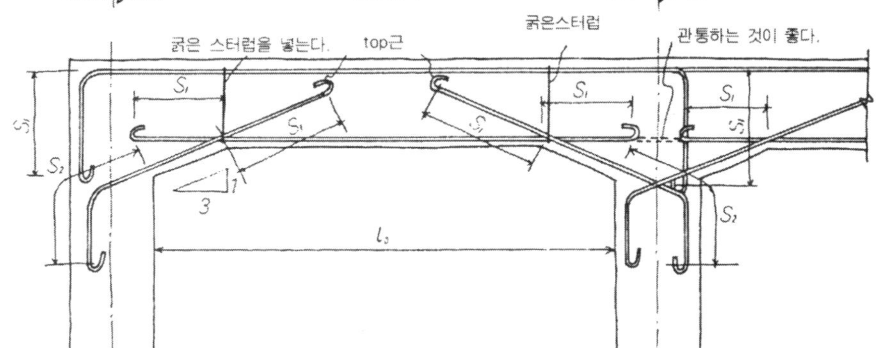

최상층(b)

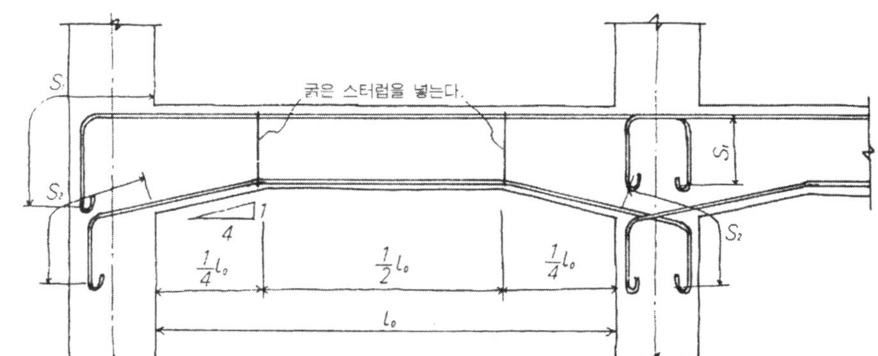

일반층(a)

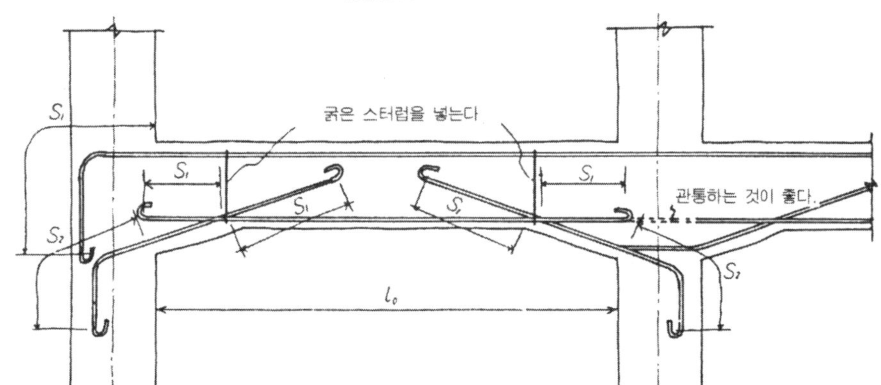

일반층(b)

〔3〕 보 주근의 정착(이형 철근인 경우)

그림은 이형 철근을 사용하는 경우, 보 주근의 배근 요령을 나타낸 것이다.

이형 철근의 경우는 정착, 이음 철근말단에 hook을 설치하지 않아도 좋다고 되어 있지만, 참고도에 표시된 위치의 주근, 즉 돌출부의 주근 및 보 하단주근을 겹쳐서 잇는 경우, 반드시 hook을 설치하고 연결시켜야 한다.

haunch 유무에 대한 배근 요령은 丸鋼인 경우와 같다. 또한, 최상층과 일반층의 배근 요령의 차이는 상단주근, 하단주근, 벤드 주근의 이음 위치나 정착 길이를 정하는 방법 등 모두 丸鋼의 경우에 준해서 배근하면 좋다.

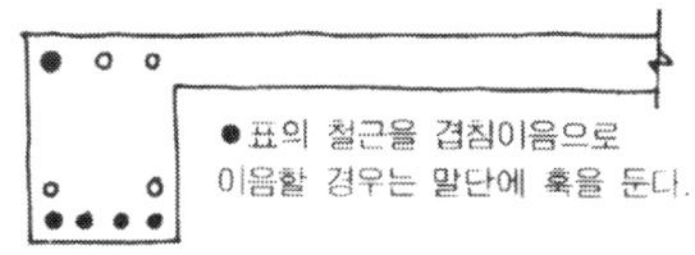

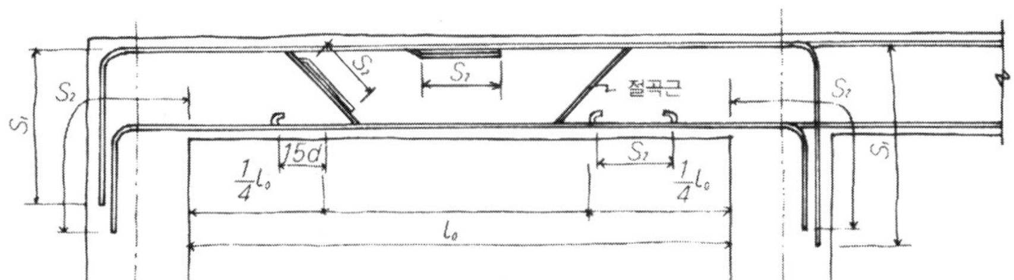

최상층

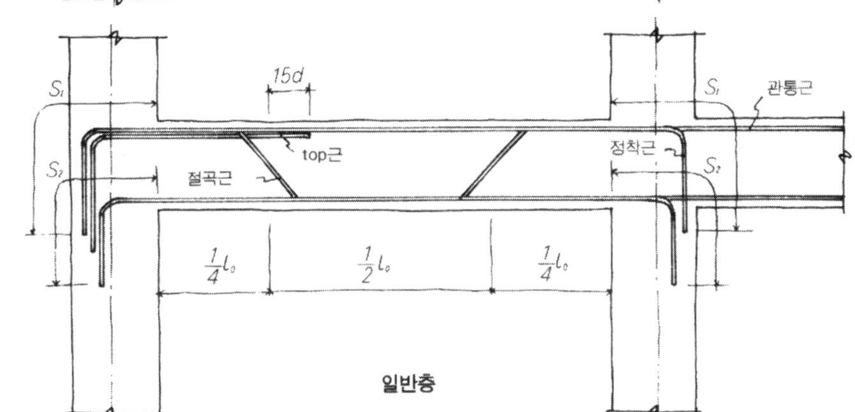

일반층

(haunch가 없는 경우)

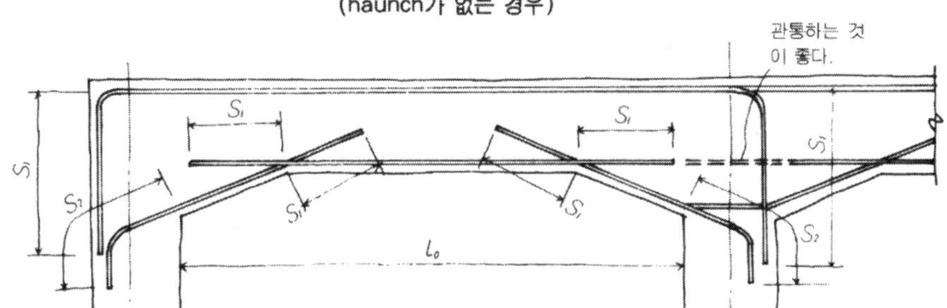

최상층

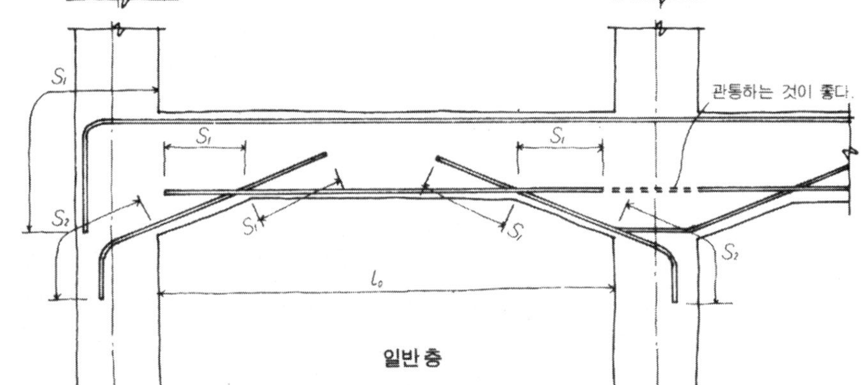

일반층

(haunch가 있는 경우)

[註] 톱근의 소요 길이 및 여장을 잡는 법에 대해서는 공통 사항 (p.33)에 기술했으므로 참조할 것.

〔4〕 고저차가 있는 보의 접속

기둥에 대해서 보를 단이 다르게 하거나 춤이 다른 보를 사용하는 경우는 오른쪽 그림 (a), (b)에 나타낸 것같이 편차치 a가 기둥폭의 1/10 이하이면 주근을 절곡해서 배근해도 좋지만, 1/10 이상의 경우는 반드시 주내에 정착하지 않으면 안 된다.

그림 (c)는 주내 관통의 경우의 배근 요령으로, 주근절곡부에는 반드시 지름 13㎜ 이상의 굵은 stirrup을 놓는다.

그림 (d)는 기둥내 정착의 경우의 예이다.

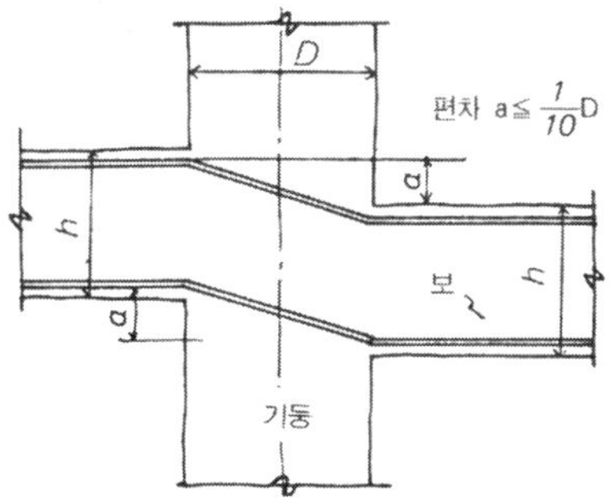

(a) 보가단차이인 경우

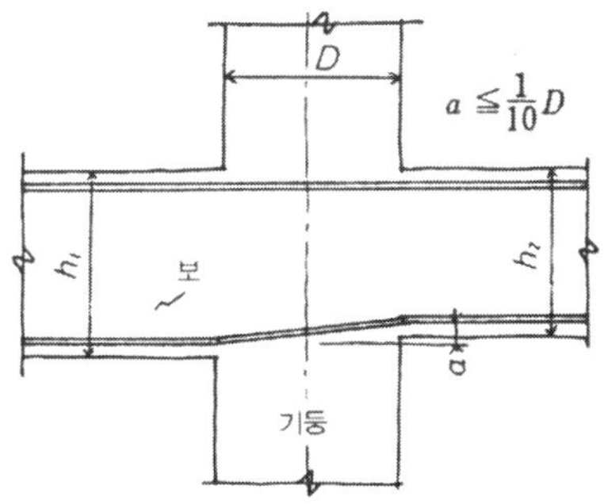

(b) 보춤이 다른 경우

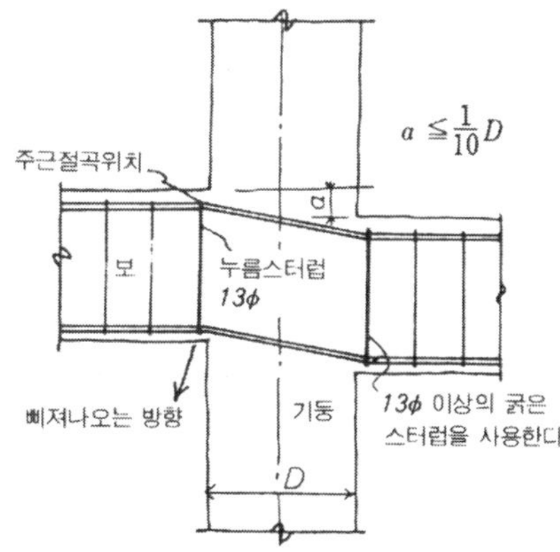

(c) 고저차가 작은 경우

〔5〕 보의 중심이 굽혀질 경우의 주근 처리

보가 지나는 중심이 다르거나 휘어지는 경우의 주근 처리도 요점은 위 그림의 고저차가 있는 경우와 같다. 편차값 a/D가 1/5 이하인 경우에는 주근을 절곡, 관통해서 배근하는 것이 좋지만, 그 이상인 경우에는 각기의 주근을 기둥내 일정한 정착 상태를 확보해서 설치한다.

그림 (a), (b)는 주근의 휨 가능 범위를 나타낸 것이다. 또한, 그림 (c)는 휨각도가 커서 기둥내에 정착시킬 경우 설치 방법의 요령을 나타낸 것이다.

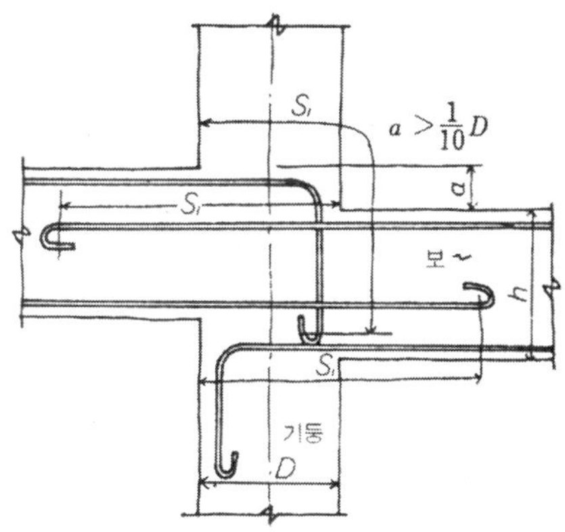

(d) 기둥폭의 1/10이상의 단차가 있는 경우

고저차가 있는 보주근의 접촉

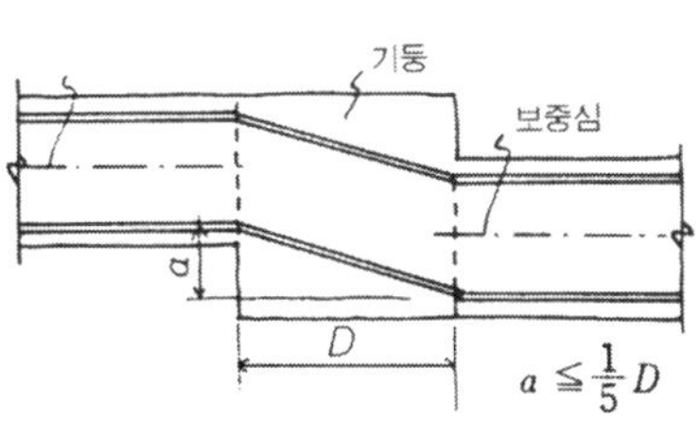

(a) 보중심이 다른 경우

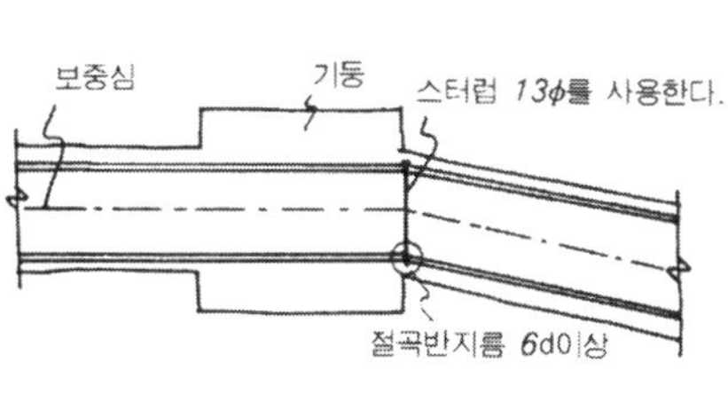

(b) 보중심이 구부려져 있는 경우

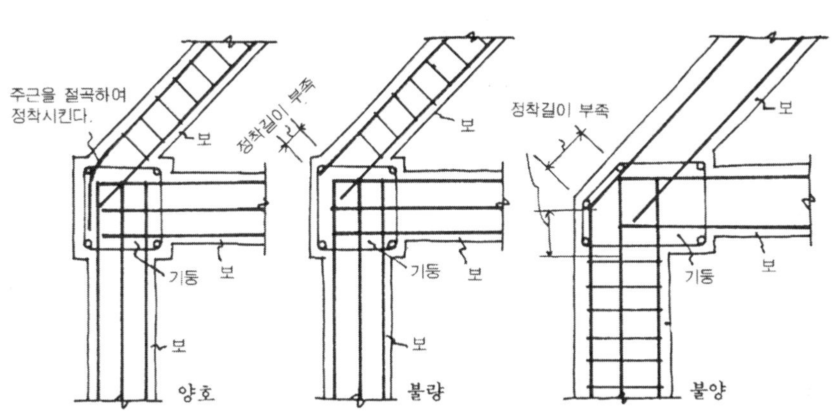

(c) 기둥에 경사지게 설치된 보주근의 정착

통상이 굽히는 보 주근의 접촉

〔6〕 캔틸레버보의 주근정착

캔틸레버보의 가구형식으로도 선단에 작은보가 있는 경우와 없는 경우가 있어서 주근선단의 처리도 각각 형식에 따라서 다르다. 정착의 요점을 다음에 기술한다.

① 상단주근이 기둥에 정착하는 것은 그림과 같이 $S_1(40d)$의 정착 치수를 잡고 하단주근은 $S_2(25d)$의 정착 치수를 잡는다. 단, 상단근에 이형 철근을 쓰는 경우, 정착 치수(S_1)에 hook을 붙임으로서 S_2로 할 수가 있다.

② top근의 길이는 일단 고정보의 길이 l의 1/2 치수에 15d를 더해서 다시 $S_2(40d)$의 정착 치수를 더한 길이로 한다.

③ 캔틸레버보의 단부는 그림과 같이 기둥에 정착하지만 캔틸레버보가 큰보의 연장으로서 주근배근량(지름, 개수)이 같은 경우에는 관통해서 배근해도 좋다.

④ 캔틸레버보 선단의 이음, 정착은 보춤(보 선단춤)에서 콘크리트의 피복 두께를 감한 길이로 한다.

⑤ 캔틸레버보 선단에 작은보를 설치할 경우, 보주근의 선단을 작은보 안에 정착하지만, 상기 ④에 의하면 앵커 부족이 된다. 따라서 이 경우 그림에 표시된 것같이 수직 앵커로 하지 않고 수평 앵커의 방법을 취해 충분한 정착 치수 $S_1(40d)$ 이상을 확보하는 것이 필요하다.

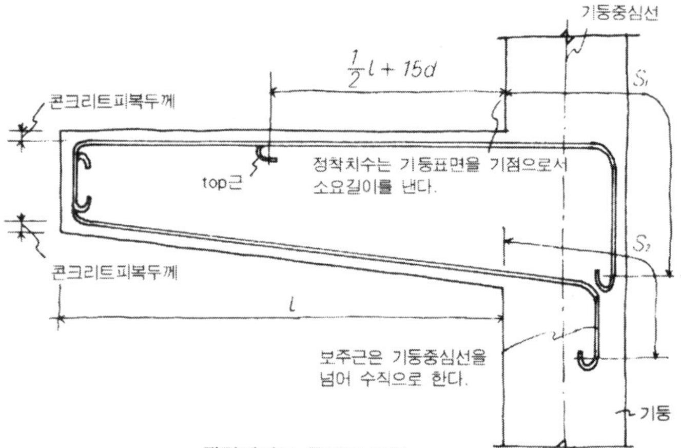

캔틸레버보 주근의 정착.

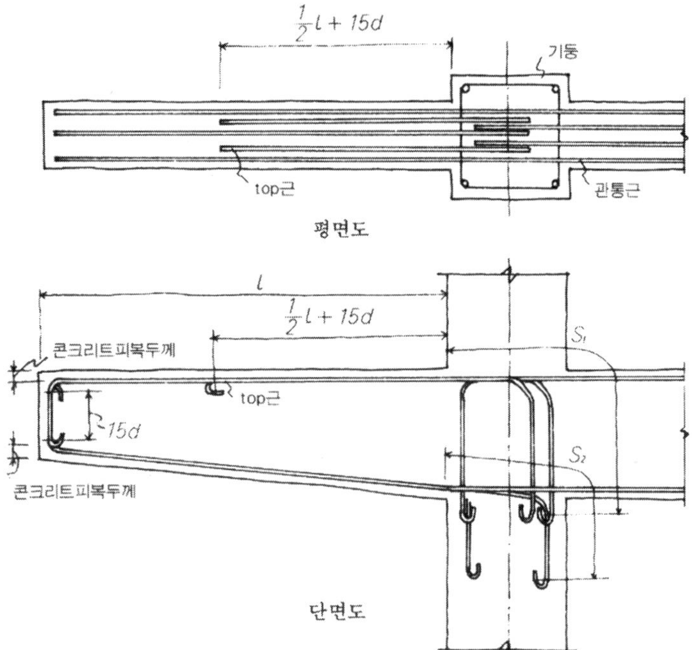

기둥정착주근과 관통주근

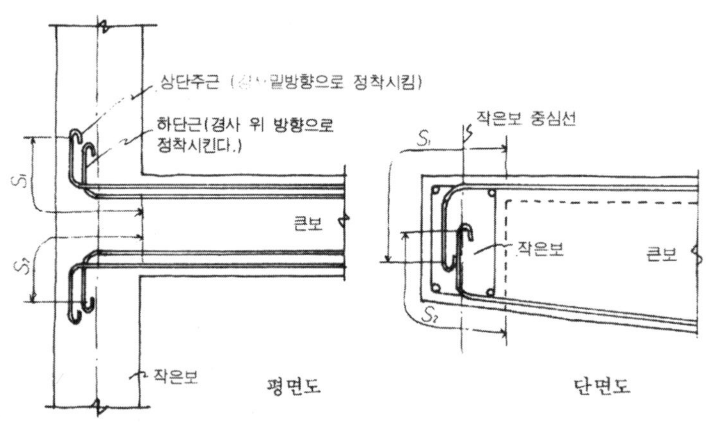

선단에 작은 보가 있는 경우의 큰보 주근의 정착

〔7〕 **큰보, 작은보의 연결**

작은보의 배근은 원칙적으로는 큰보의 배근과 같으나, 작은보 주근의 정착은 그림과 같이 기둥 내가 아니라 큰보 내에 정착시키는 점이 다르다. 이 경우, 정착의 요점은 다음과 같다.

① 상단주근의 정착 치수는 $S_1(40d)$으로 하고 하단주근의 정착 치수는 $S_2(25d)$로 한다. 이 경우, 정착의 기점은 큰보 내면으로 한다.

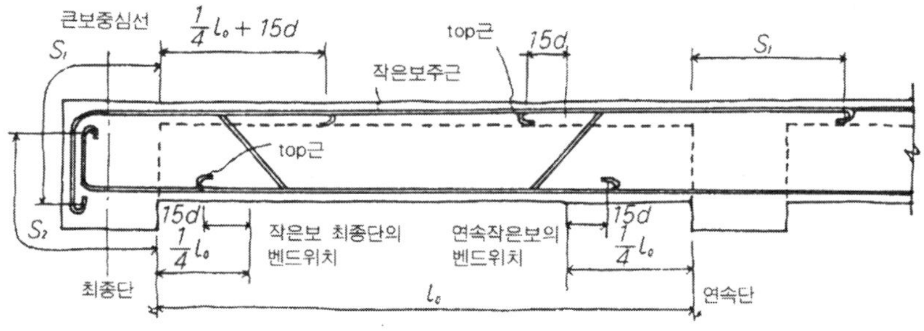

작은보와 큰보의 접촉부 배근

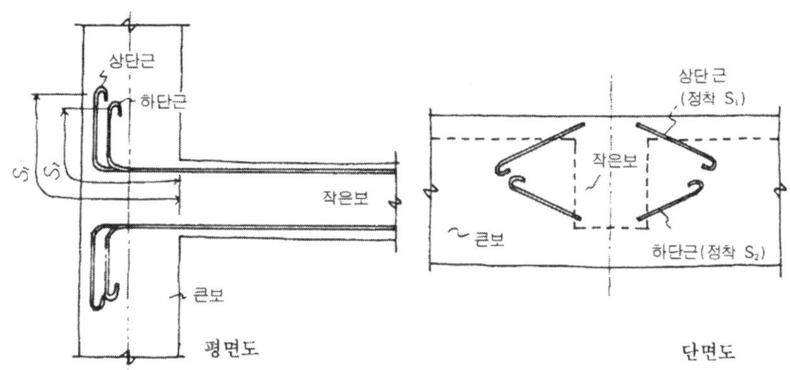

작은보 주근을 경사 방향으로 정착시키는 경우

② 정착의 절곡 위치는 큰보의 중심선을 지난 위치로 하면 상단주근은 수직으로 하향 앵커로 하지만, 하단주근은 보춤 관계로 하향으로는 할 수 없으므로 하향 앵커로 하는 것이 보통이다.

③ 큰보 춤이 작고, 작은보 주근의 정착이 상하방향으로 안되는 경우에는 그림과 같이 경사로 정착하여야 한다. 이 경우의 정착 지름을 정하는 법도 같다.

④ 작은보의 주근도 큰보와 같이 상단근, 하단근, 절곡근(bend근), top근 등으로 배근한다. 이 경우 연속단은 상단, 하단, 주근 모두 관통해서 배근하지만 최종단만은 큰보 내에 정착시킨다.

⑤ 연속 작은보가 큰보와 직교하는 경우 큰보 내에 정착시키지 않고, 관통해서 배근한다.

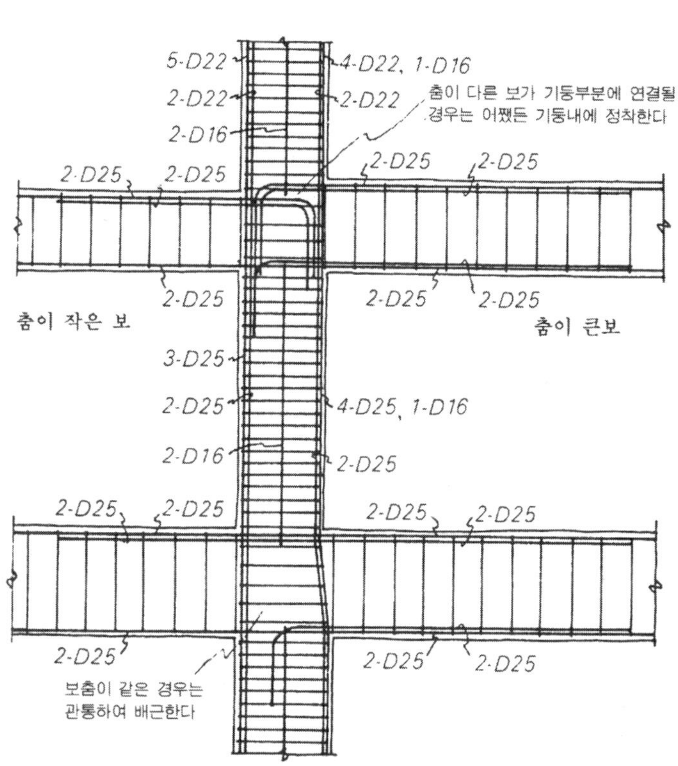

기둥을 경과하여 춤이 다른보의 접합 경우

〔8〕 **中吊筋의 配筋 간격**

보 주근의 배근 간격은 아래 표와 같이 1.5d 이상으로 25㎜ 이상으로 하며, 콘크리트 타설을 잘 하여야 한다.

일반적으로 보배근 설계에서 보의 폭을 제한하고 그 폭내에 소요 개수의 주근을 할당할 때가 많다. 따라서 보폭과 철근 간격의 관계로 소요 개수의 주근을 배근할 수 없을 때가 있으며 이 경우, 오른쪽 그림과 같이 top근(中吊筋)을 효과적으로 배근하는 수법이 사용된다. 이 中吊筋의 배근 간격이 너무 넓거나 좁으면 효력이 상실되므로 주의해야 한다.

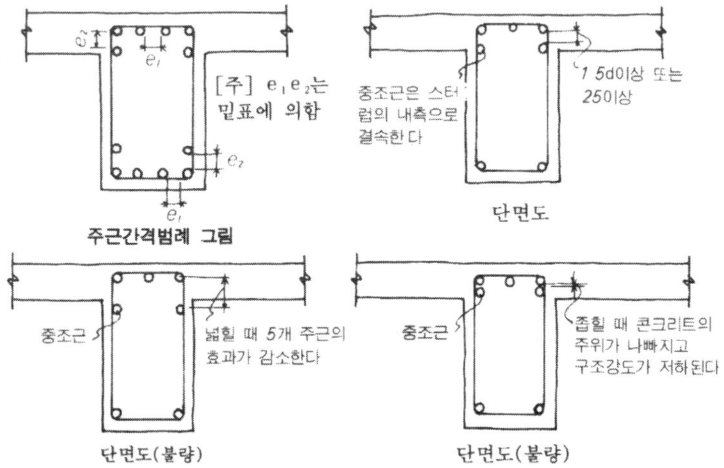

top근(중간근)의 배근간격

〔9〕 **中吊筋의 설치 방법과 결속**

中吊筋의 부착 결속이 불완전하면 철근의 자중이나 콘크리트 타설시의 충격으로 아래 그림과 같은 불량 배근이 된다.

中吊筋의 결속은 다음 그림과 같이 일정한 간격으로 주근과 평행이 되도록 배근하며 stirrup 2~3개마다 결속선으로 단단히 고정시켜야 한다.

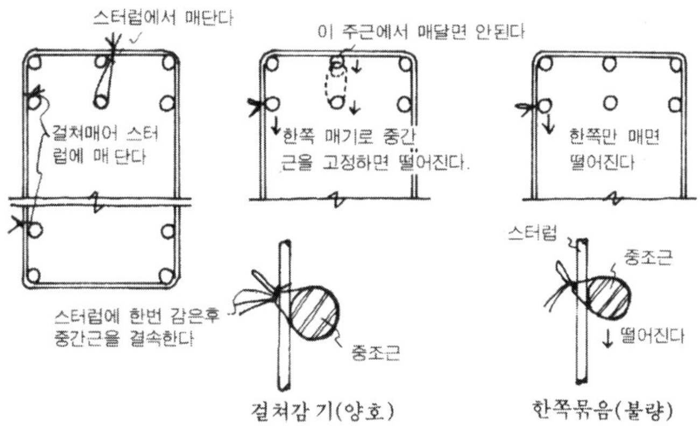

top근(중간근)의 고정 결속

주근의 배근 간격

	13ϕ	16ϕ	19ϕ	22ϕ	25ϕ
e_1	25㎜ 이상	25㎜ 이상	28㎜ 이상	33㎜ 이상	38㎜ 이상
e_2	25㎜	25㎜	28㎜	33㎜	38㎜
[註] e는 철근 간격을 표시함. 1.5d 이상 또는 25㎜ 이상을 원칙으로 함. 상단(주근간격 범예도) 참조					

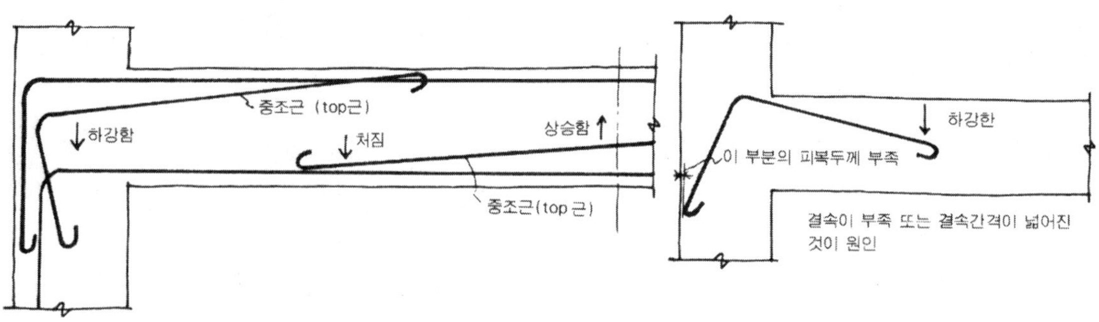

top근(중간근)의 불량 배근

〔10〕 보 주근배근 상세도 예(丸鋼인 경우) ①

이하 89페이지까지의 그림은 어떤 구조 설계 사무소의 보 배근 설계도의 예이다. 이미 기술한 배근 요령과 대조하여 참고하길 바란다.

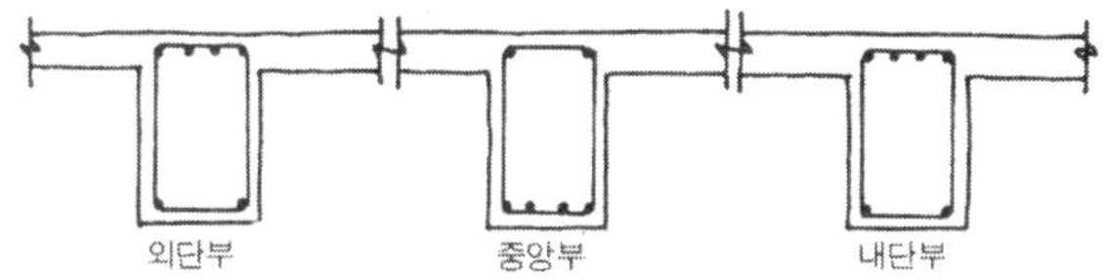

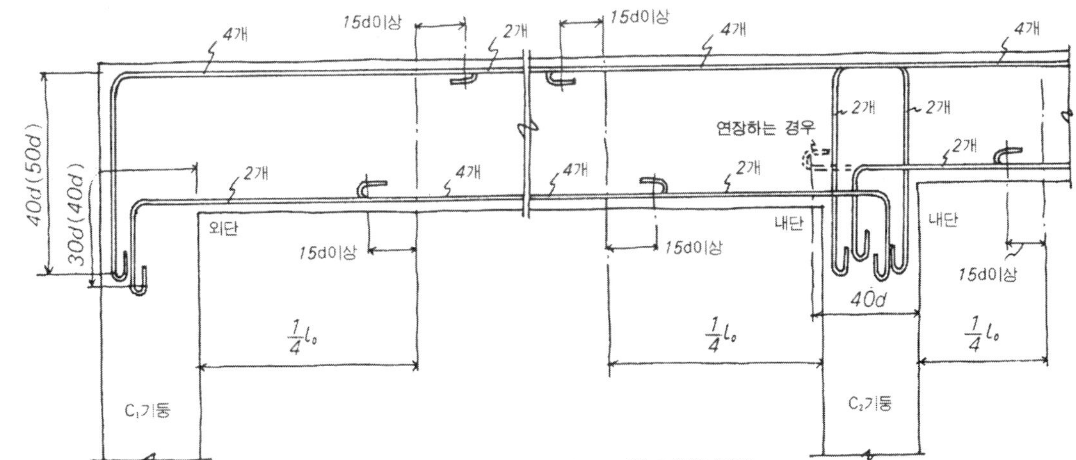

최상층(기둥 C_1~C_2간)의 보주근배근상세도

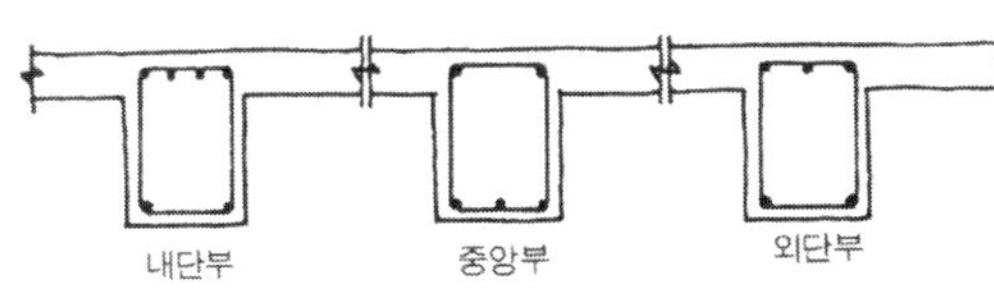

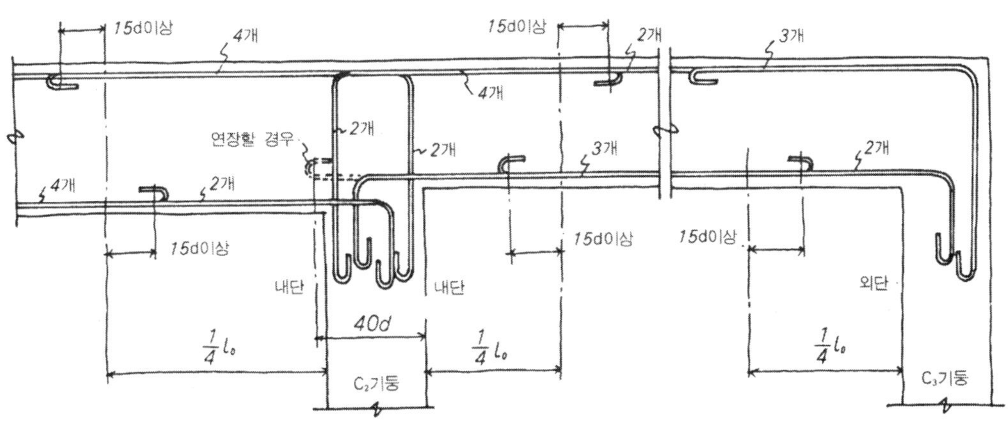

최상층(기둥 C_2~C_3간)의 보주근배근상세도

[註] 그림에서 ( )내의 정착치수는 $F_c \leq 180$kg/㎠일 때의 치수임.

〔11〕 보 주근배근 상세도 예(丸鋼인 경우) ②

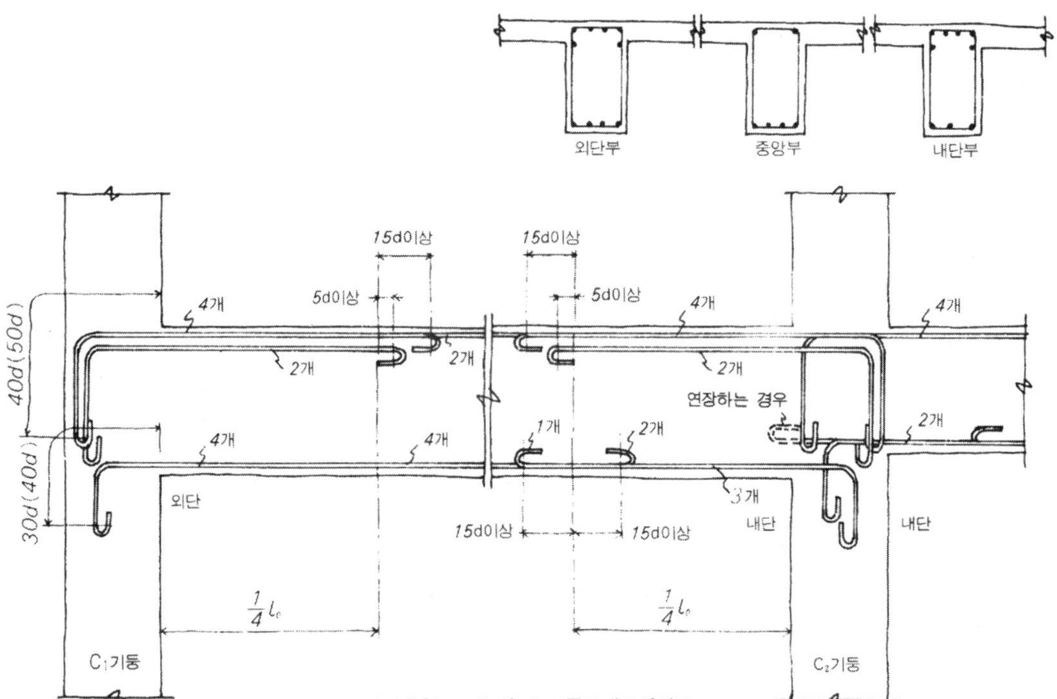

일반층(C_1~C_2간)의 보주근배근상세도

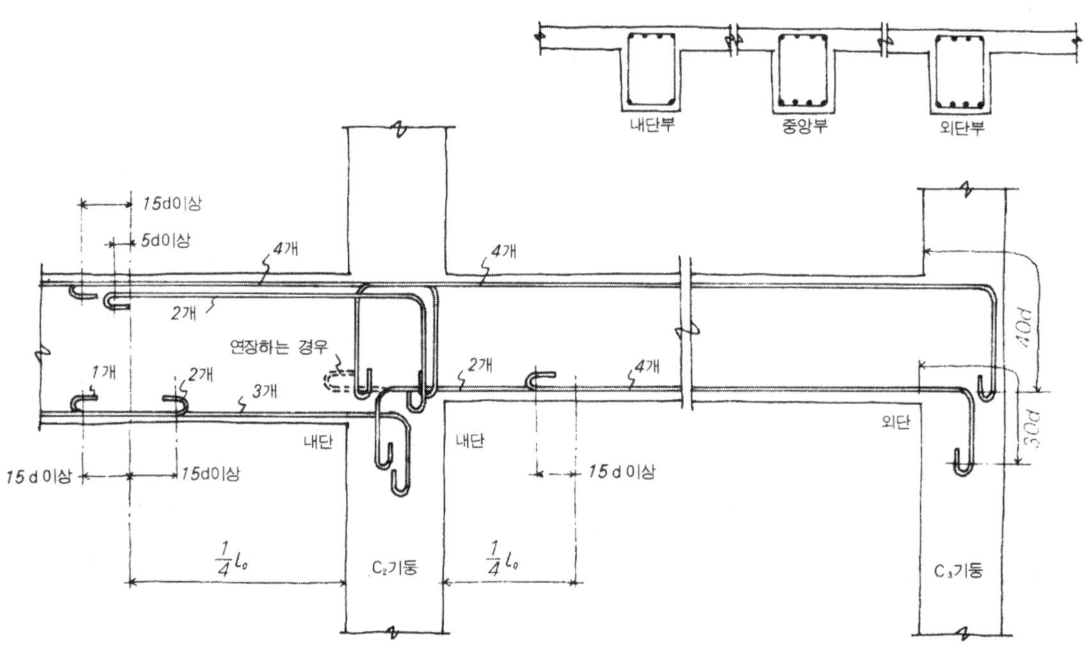

일반층(C_2~C_3간)의 보주근배근상세도

[註] 그림에서 ( )내의 정착치수는 $F_c \leq 180\text{kg/cm}^2$일 때의 치수임.

〔12〕 보 주근배근 상세도 예(丸鋼인 경우) ③

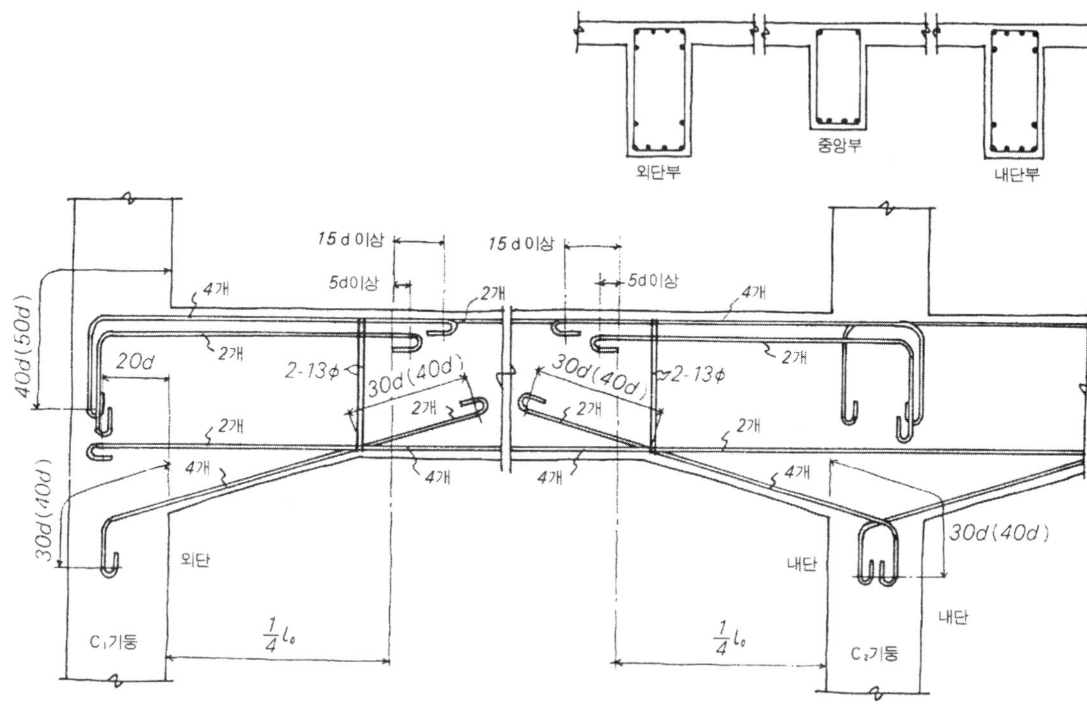

일반층(haunch 있음)의 보 주근배근 상세도

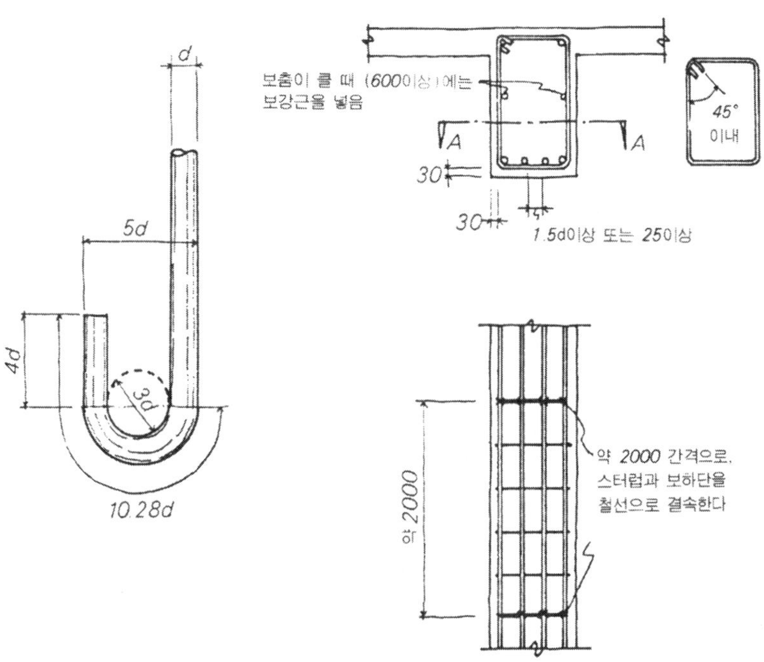

참고도

[註] 그림에서 ( )내의 정착치수는 $F_c \leq 180$kg/㎠일 때의 치수임.

〔13〕 보 주근배근 상세도 예(이형 철근인 경우) ①

이하 92페이지까지의 그림은 어떤 구조 설계 사무소의 보 배근 설계도의 예이다. 이미 기술한 배근 요령과 대조하여 참고하길 바란다.

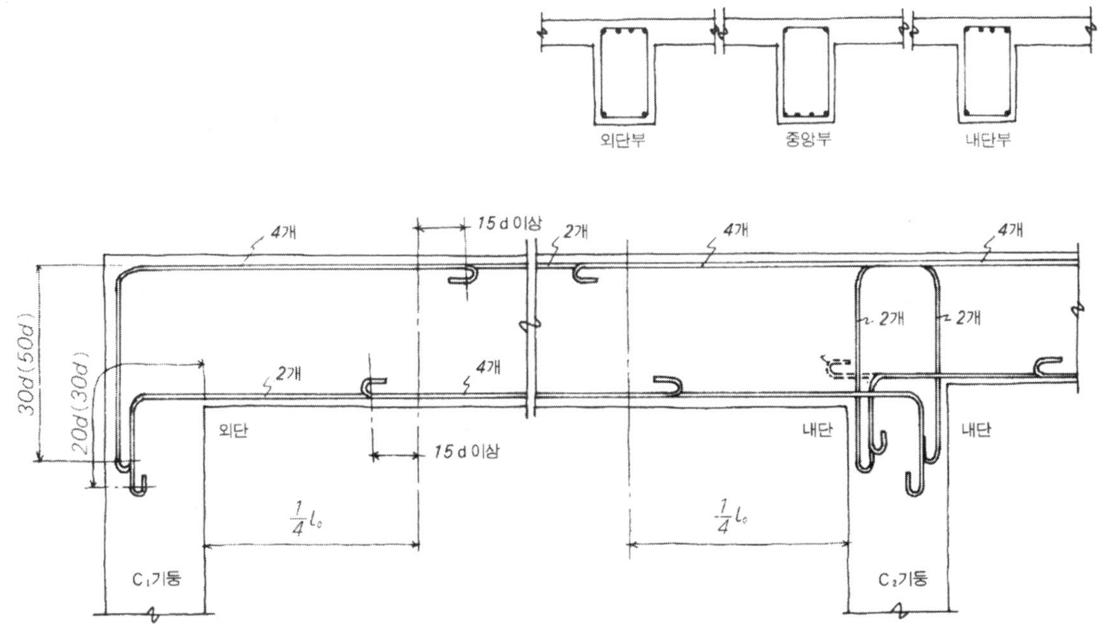

최상층(기둥 C_1~C_2간)의 보주근배근상세도

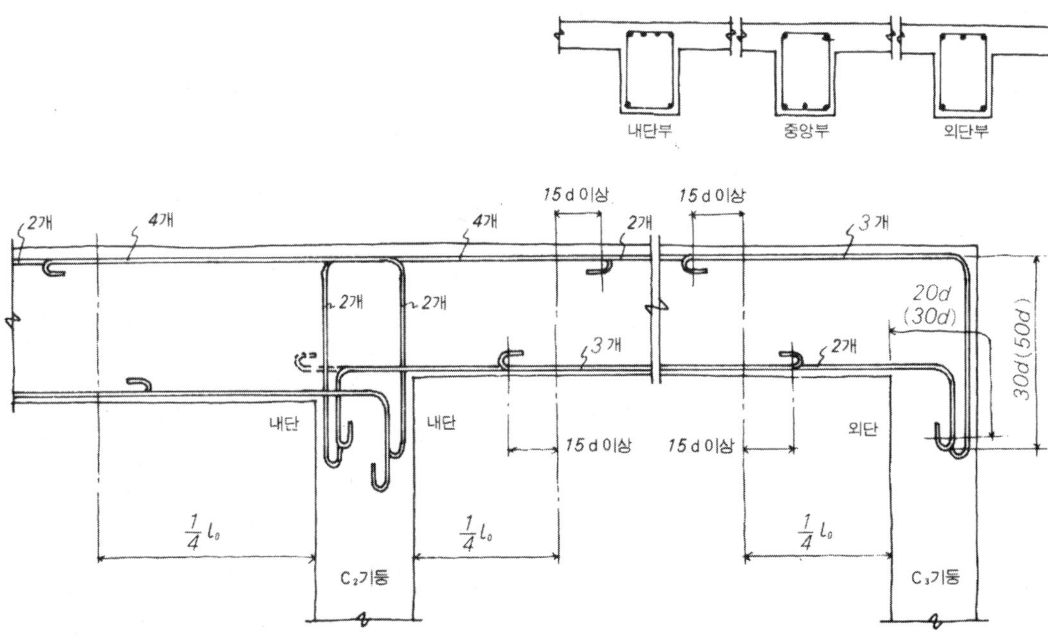

최상층(기둥 C_2~C_3간)의 보주근배근상세도

[註] 그림에서 ( )안의 정착치수는 훅이 없는 SD 30일 때의 치수임. 단, 훅이 없는 정착보다 훅이 있는 쪽이 유효. 재단훅의 가공은 92페이지 참조.

〔14〕 보 주근배근 상세도 예(이형 철근인 경우) ②

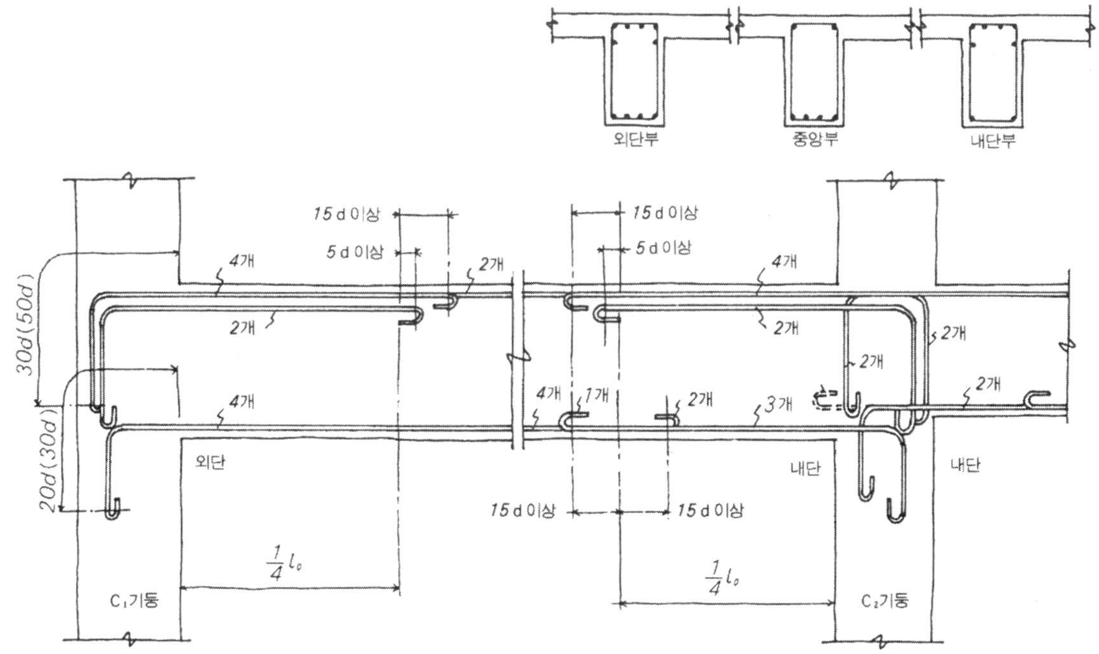

일반계(주 C_1~C_2간)의 보주근배근상세도

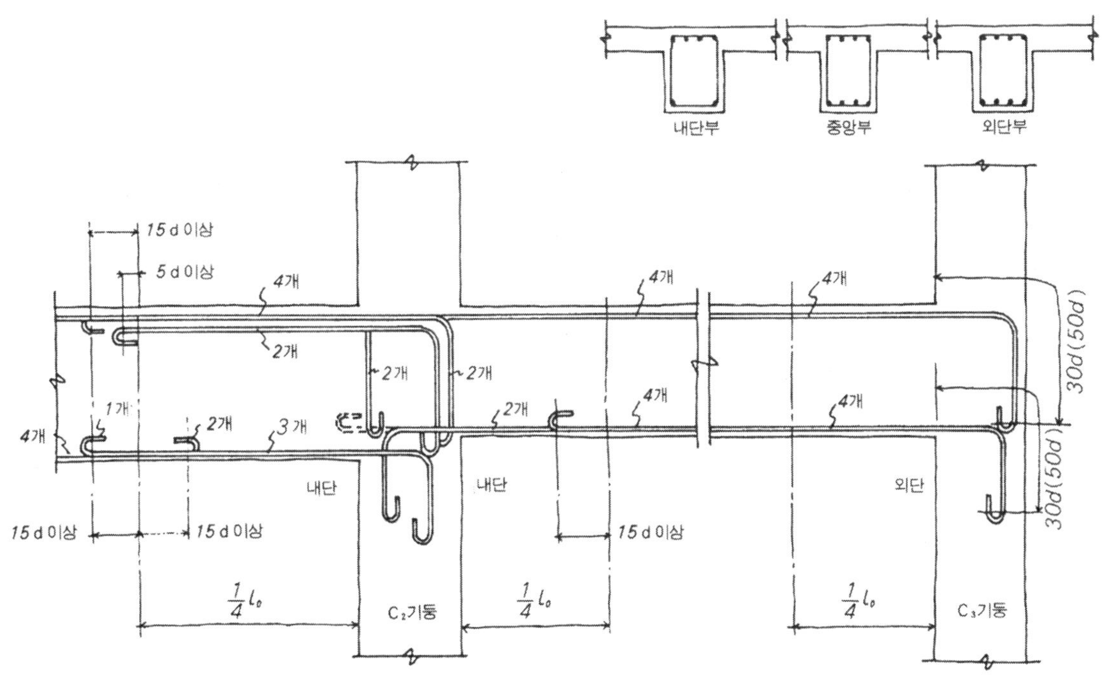

최상 (주 C_2~C_3간)의 보주근배근상세도

[註] 그림에서 ( )안의 정착치수는 훅이 없는 SD 30일 때의 치수임.

〔15〕 보 주근배근 상세도 예(이형 철근인 경우) ③

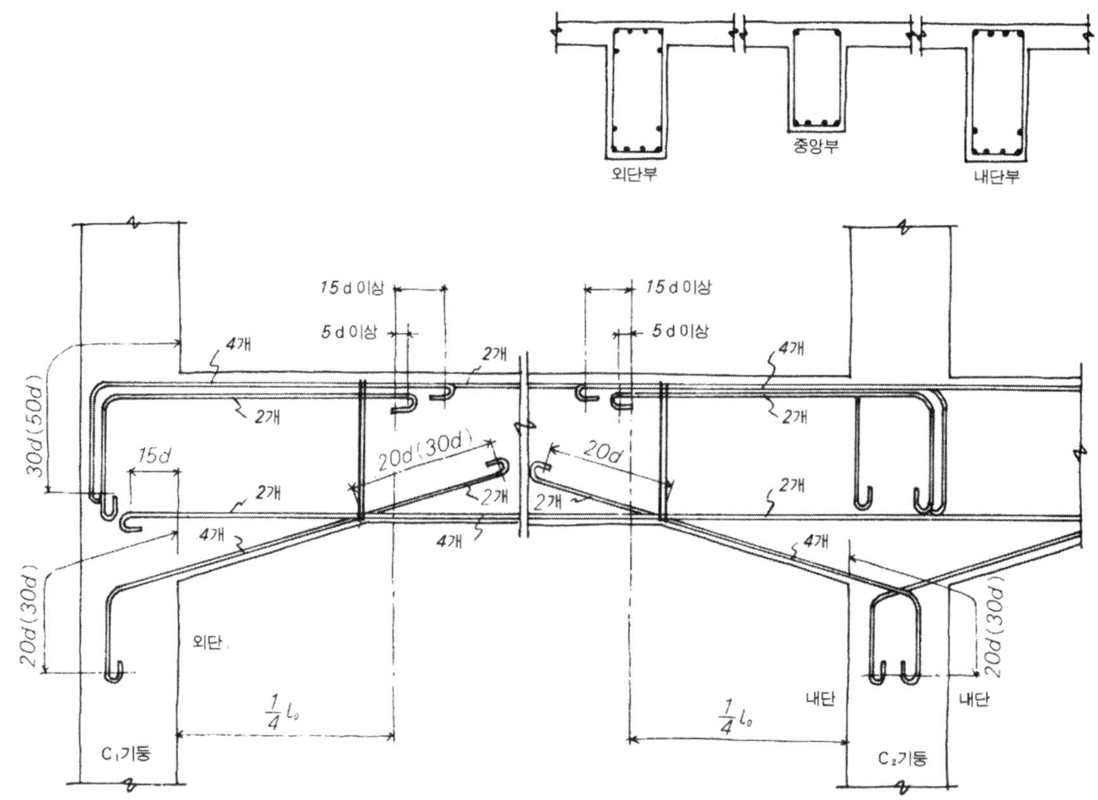

일반층(haunch 있음)의 보주근배근상세도

위 그림은 haunch가 있을 경우의 배근 상세도 예이다. 상단 top근은 그림과 같이 $l_0/4$의 위치보다 15 d 이상의 여장을 예상하여야 한다. 이 경우, haunch 시점에서 여장을 계산하는 잘못된 예를 종종 볼 수 있으므로 주의해야 한다.

다음 그림은 참고로 異形鐵筋의 材端hook 절곡부의 가공(hook 余長을 잡지 않은 경우의 예)의 요령을 표시한 것이다.

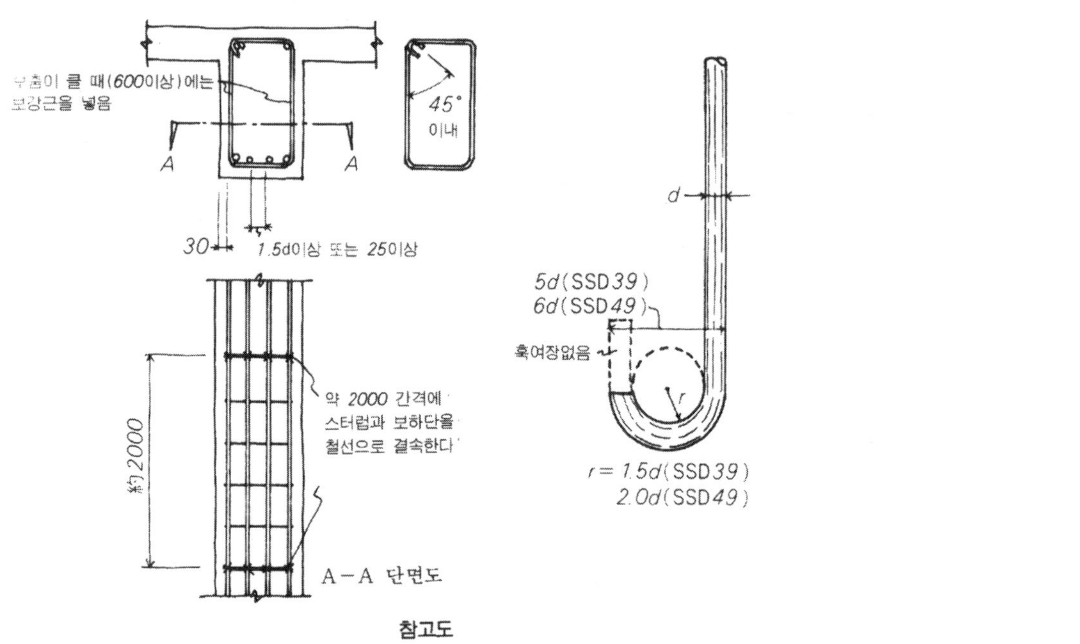

참고도

4-3 stirrup의 배근 요령

[1] stirrup 거는 법(閉鎖形)

stirrup의 가공형으로서는 폐쇄형과 U자형이 있다.

어느 것이든 stirrup은 보에 작용하는 전단력에 대해 보강의 역할외에 보의 절곡주근(haunch 부분)의 튀어나오는 것을 방지하고, 슬래브의 휨응력에 의한 인장력에 견디게 하는 등(응력참고도 참조)의 역할을 하므로 정확한 위치에 배근해야 한다.

stirrup에는 일반적으로 지름 9~13㎜의 철근이 사용된다. 단, haunch가 달린 경우는 haunch 시점의 주근절곡부(또는 교차부)만은 13㎜ 이상되는 굵은 철근을 사용한다.

폐쇄형 stirrup의 가공 형상은 여장을 정하는 방법을 포함해서 그림으로 표시했지만, 이 곡각도와 여장을 정하는 방법은 건축학회의 규준으로서 정해진 것이다.

폐쇄형 stirrup의 배근 요령은 다음 표와 아래 그림에서 그 원칙을 나타낸다.

일반보인 경우, 보 양단부는 이미 말한 바와 같이 상단에 큰 응력이 작용하며 중앙부는 반대로 하단에 큰 응력이 작용하게 된다. 따라서 stirrup의 이음(hook) 위치는 응력이 작은 부분에 배치하는 것을 원칙으로 하고 있다. 또한 그림과 같이 좌우 교대가 되도록 배근한다. 인접한 주근이 방해가 되어 정확한 hook 가공이 될 수 없는 경우에는 그림과 같은 방법이 쓰여진다.

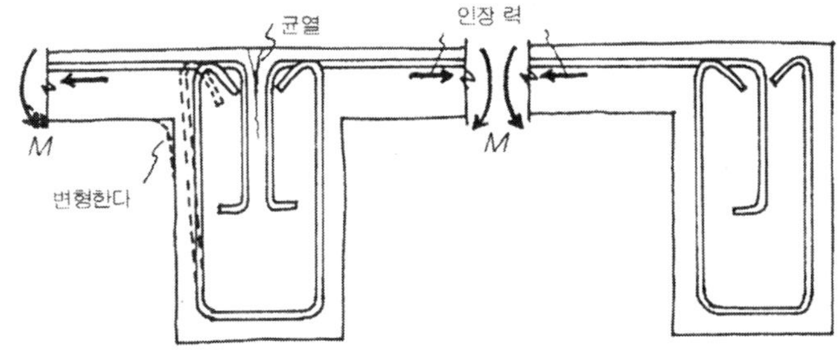

보에 가해지는 슬래브의 응력 참고도

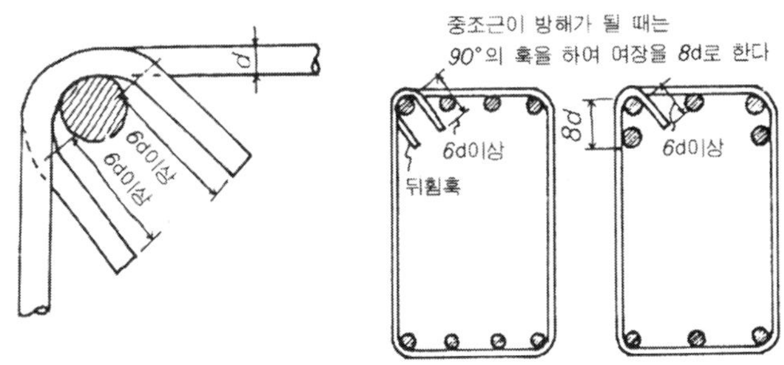

폐쇄형 stiruup의 hook여장을 잡는 방법

폐쇄형 스터럽의 이음 위치

	양단부	중앙부	
일반보 독립 기초의 지중보	훅이 하단에 오도록 배근	훅이 상단에 오도록 배근	[註] 스터럽은 벽과 기둥면에 있어서 좌우 이음 위치를 변경시켜 배근한다(하단참조). 또한 이음 위치는 표와 같이 단부와 중앙부는 상하역으로 배근한다.
수평 기초의 기초보 타이빔	훅이 상단에 오도록 배근	훅이 하단에 오도록 배근	

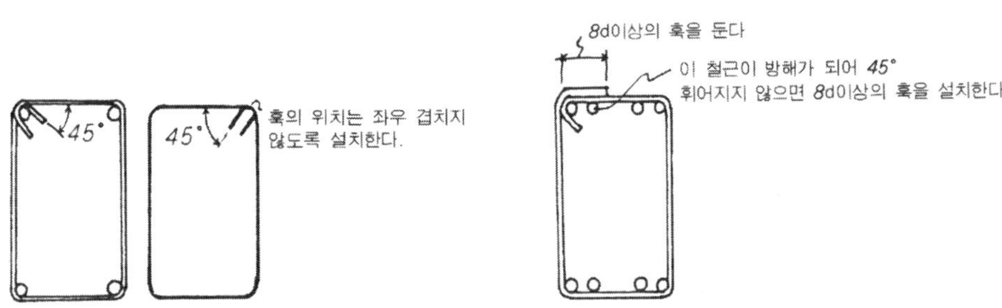

기본형　　부득이한 경우

폐쇄형 stiruup의 배근 요령

〔2〕 stirrup 거는 방법(U자형)

U자형 stirrup은 오른쪽 그림과 같이 U자형으로 가공된 철근과 폭고정을 조합해서 하나의 stirrup으로 하는 형식으로, 이것은 철근의 조립순서상 폐쇄형 stirrup으로는 부착이 어려울 때 사용되는 방법이다.

U자형 stirrup의 가공 형상은 여장을 정하는 방법을 포함해서 위 그림에 나타낸 것과 같다. U자형 철근단부의 절곡각도는 45°로 하고 hook의 여장은 $6d$ 이상으로 한다. 폭고정근은 hook의 절곡각도를 90°로 하므로 hook의 여장은 $8d$ 이상으로 해야 한다.

설치에 대해서는 이 폭고정근은 U자형 철근에 결속선으로 단단히 결속해서 고정시킨다. 배근의 요령으로서 그림처럼 폭고정근이 상하 교차되도록 배근한다. 또한 haunch 부착인 경우에는 haunch 시점의 보 주근 절곡 위치(또는 교차 위치)에 배치하는 stirrup은 지름 13㎜ 이상의 굵은 철근을 사용하여야 한다.

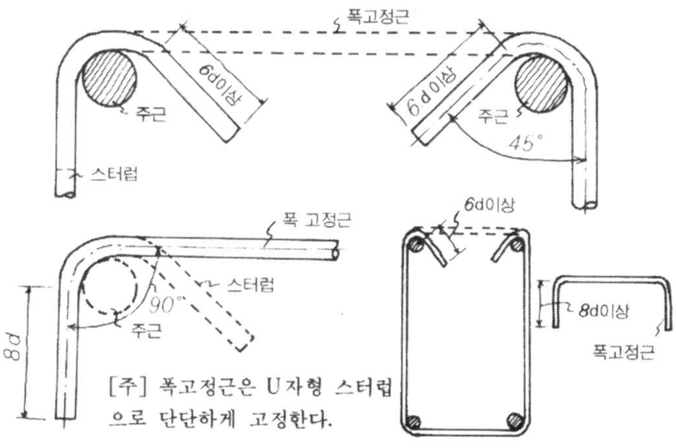

U자형 stiruup의 hook여장

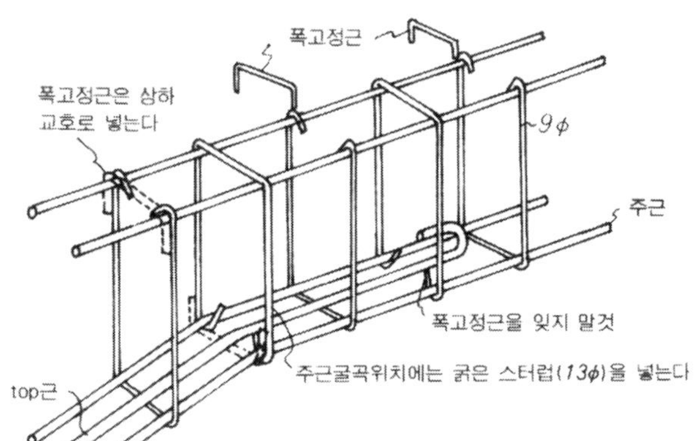

모양도

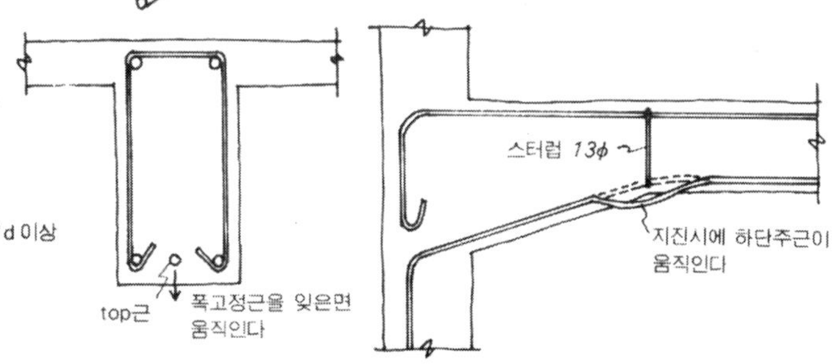

폭고정을 잊은 경우

U자형 stiruup의 배근 요령

〔3〕 보강 stirrup을 거는 법

보폭이 큰 경우에는 오른쪽 그림과 같이 폐쇄형 stirrup에 보강 stirrup을 넣지만 4개 길이의 경우는 그림과 같이 폐쇄형과 U자형의 조합형식이 바람직하다. 배근 요령을 참고로 예시해 놓는다.

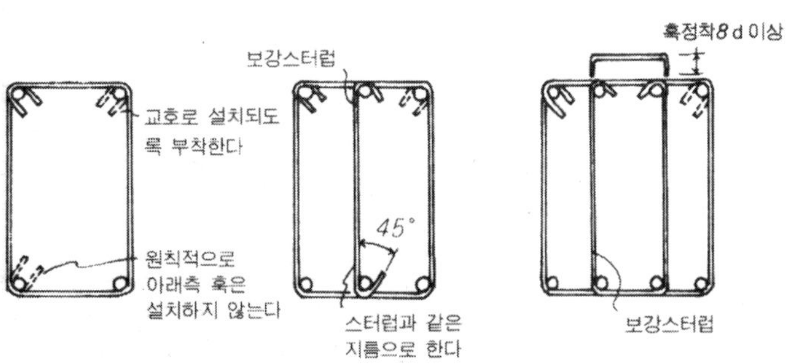

2겹침인 경우 3겹침인 경우 4겹침인 경우

보강 stiruup을 거는 방법

〔4〕 stirrup의 配筋詳細圖

그림은 stirrup의 배근 요령을 나타낸 것이다.

stirrup의 분할 간격은 전부 등간격으로 배근하는 경우와 단부를 조밀하게 하고 중앙부를 거칠게 배근하는 경우가 있다. 이 배근 간격은 구조도에서 지시하지만, 분할에 대해서는 지시를 안할 때가 많으므로 요점을 다음과 같이 기술한다.

stirrup은 단부에서 걸기 시작하지만, 분할은 중앙에서 하고 단부에서 조정한다. 이 경우, 걸기 시작하는 stirrup의 위치는 기둥主筋에서 50㎜ 이상 떨어지고 stirrup 간격(단부 간격)의 1/2 이하의 범위 내에 배근하는 것으로 pitch 조정에 좋다.

haunch가 달린 경우는 haunch 시점(주근절곡위치)에 13㎜ 이상의 굵은 stirrup을 배근해야 하지만 하단주근 개수가 많은 경우에는 吊上筋을 넣어서 보강한다.

보춤이 큰 경우에는 복근을 넣지만, 이것은 stirrup에 결속하고, 단부는 주내에 정착(S_2)시킨다.

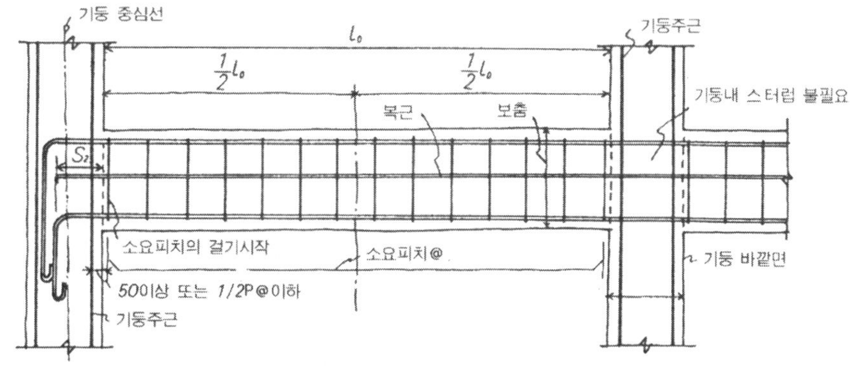

피치가 일정한 경우

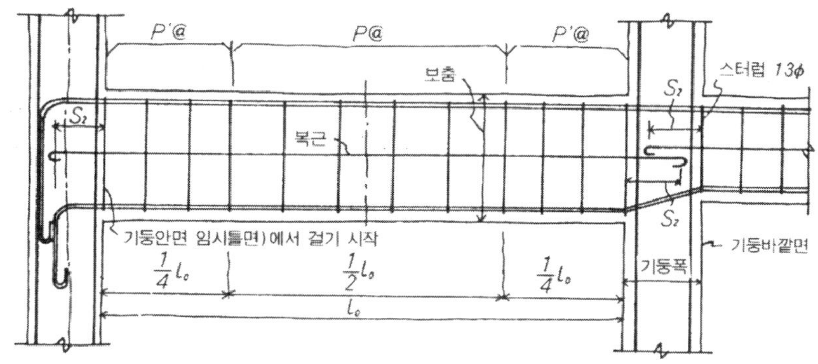

보단부에 피치가 다른 경우

haunch가 없을 경우의 stiruup 나누기

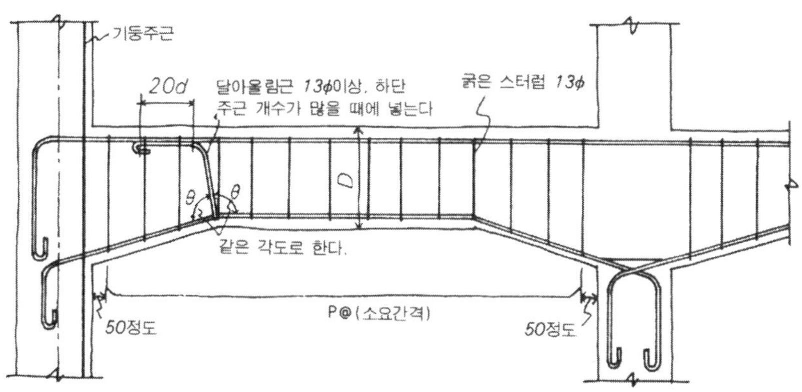

피치가 일정한 경우

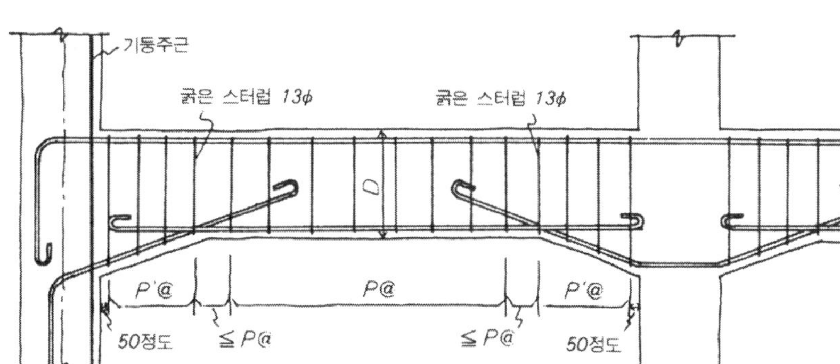

보단부에 피치가 다른 경우

haunch가 있을 경우의 stiruup 나누기

〔5〕 stirrup의 분할

stirrup의 분할 요점은 앞페이지에서 그 개요를 말했지만, 특히 걸기 시작하는 stirrup의 위치는 기둥 주근의 간격임에도 불구하고 기둥 마무리면과 착각해서 위치를 정하는 예도 많으므로 주의한다. 즉, 기둥주근에서 $a/2(a=\text{pitch})$까지의 범위 내로, 또는 주주근에서 50㎜ 이상 떨어진 위치로 한다.

pitch가 다른 배근의 경우는 보간(l_0)에 대하여 양단부의 $l_0/4$의 범위는 pitch를 좁게 하고, 중앙부 $l_0/2$의 범위는 pitch를 넓게 배근하는 것이 보통이다.

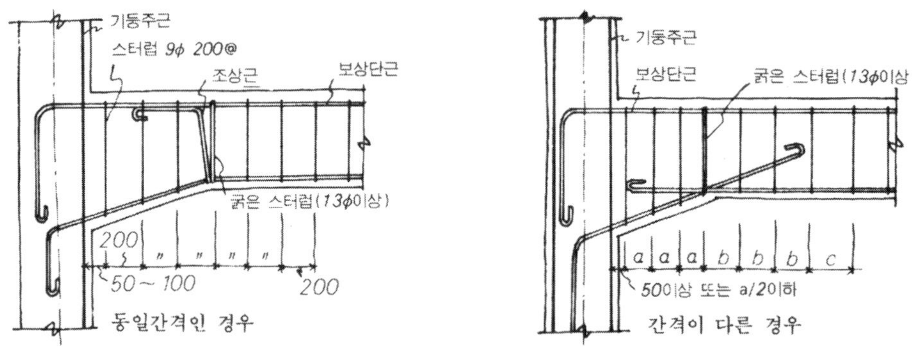

haunch가 있는 경우

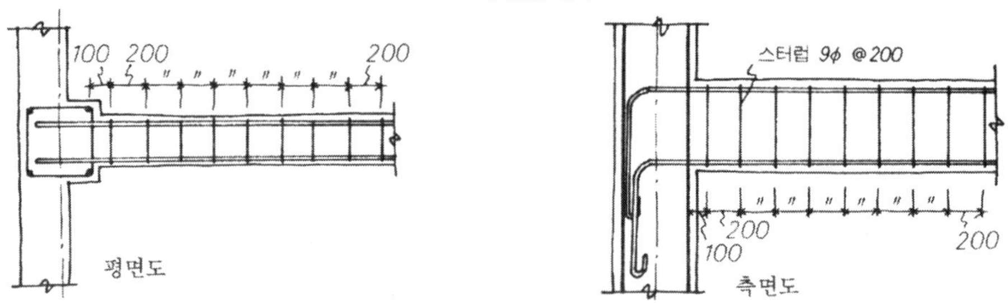

haunch가 없는 경우

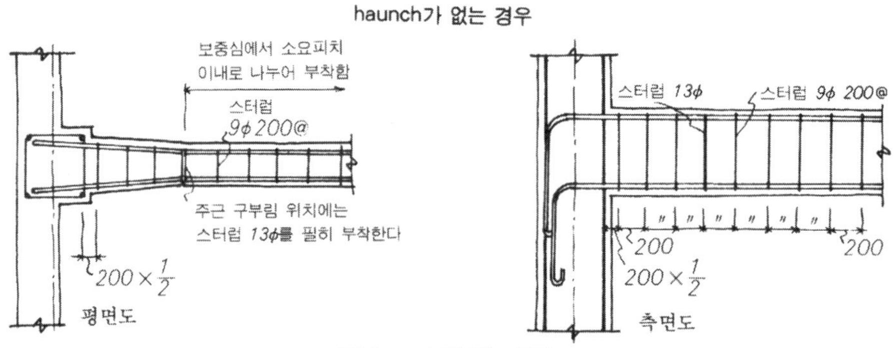

수평 haunch가 있는 경우

〔6〕 主筋折曲部의 stirrup 보강

아래 그림(haunch 있음)과 같이 정착 이외의 장소에서 보 주근을 절곡하는 경우는 반드시 지름 13㎜ 이상의 굵은 stirrup을 넣는다(수평 haunch의 경우도 같음). 이 경우 가느다란 stirrup을 사용하거나 위치가 정확하지 않으면 아래 그림과 같이 주근이 튕겨나와서 파괴의 원인이 된다.

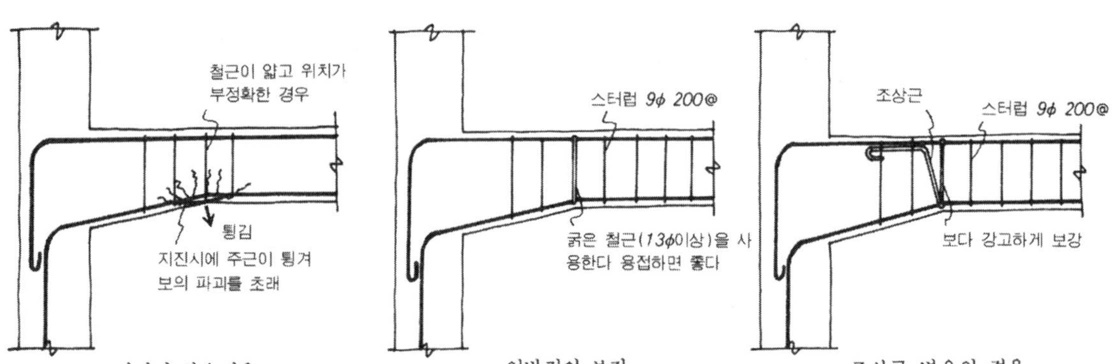

haunch 가 있는 하단주근 휨부의 보강예

〔7〕 조상근의 배근 요령

haunch 부분의 주근절곡 위치에는 지진으로 주근이 튕기는 것을 방지하기 위해 반드시 굵은 stirrup을 걸지만 하단주근의 철근량이 많아지게 되면 stirrup만으로는 주근의 튕김을 방지할 수 없다.

吊上筋은 이 인장력에 대항하기 위하여 배근하는 것으로서 투시도에 나타낸 것 같이 하단주근의 절곡부에 stirrup과 나란히 넣고 상부는 $20d$ 이상의 정착 치수를 정해서 상단주근에 매단다. 또한, 이 보 상단에 2단근이 들어갈 경우에는 그림과 같이 stirrup에 매달리게 하는 것이 좋다. 吊上筋의 넣는 방법은 그림에서 표시된 θ의 각도를 정확히 유지하지 않으면 그 효력이 감소되므로 주의해야 한다. 보 하단주근과 吊上筋 시방과의 관계를 아래 표에 나타냈다.

보주근지름	매달기근
16ϕ	9ϕ 사용, 13ϕ 스터럽 병용
19ϕ	13ϕ 사용, 13ϕ 스터럽 병용
22ϕ	주근 3개인 경우 1~13ϕ, 주근 4개인 경우 2~13ϕ
25ϕ	2~13ϕ 사용

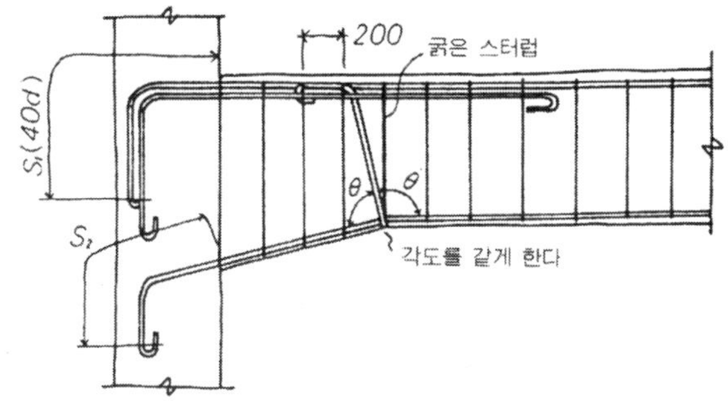

매달기 철근의 배근예

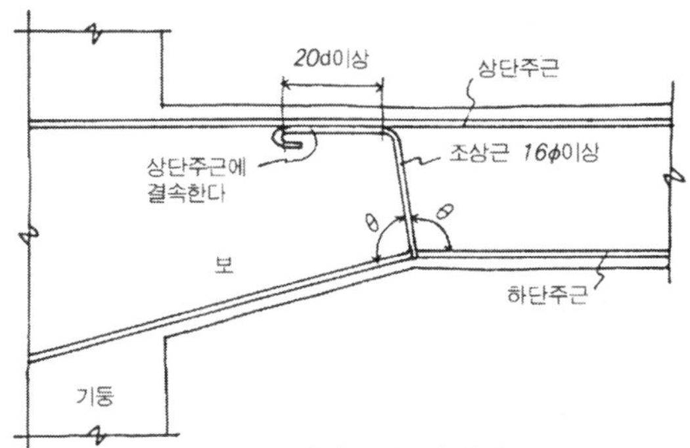

매달기 철근의 휨각도

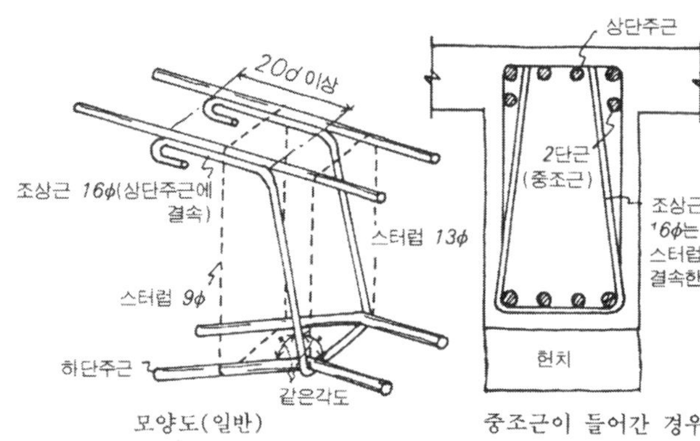

매달기 철근의 배근 요령

〔8〕 콘크리트 단면 증가부분의 철근 보강

보나 기둥은 의장이나 마무리 단계에서 콘크리트 때문에 단면이 증가하는 예가 많다. 이와 같은 경우에는 아래 그림과 같이 주근을 넣고 stirrup(또는 hoop)을 넣어서 보강한다.

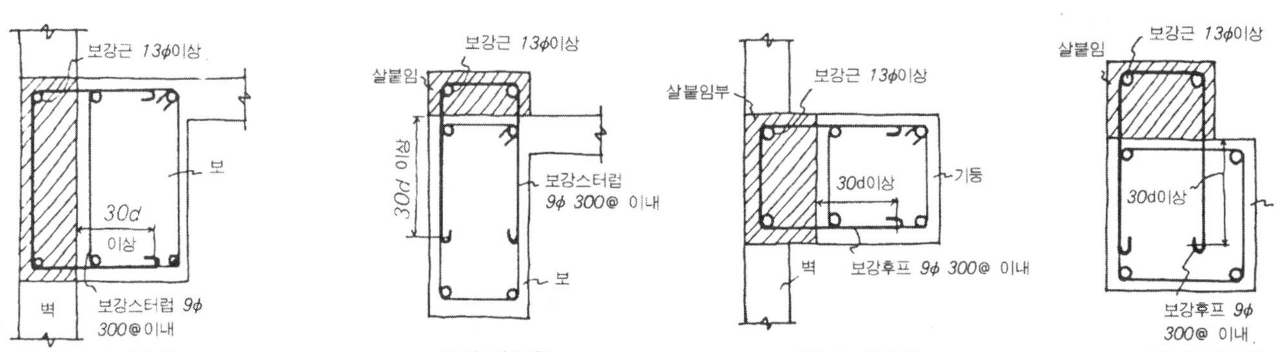

[註] 증가부 스터럽의 정착 길이는 증가부에서 기둥내 또는 보 내에 $30d$ 이상 길이로 정착시킴.

콘크리트 단면 증가부의 철근 보강예

〔9〕 **복근, 폭 고정근의 배근**

복근 및 폭 고정근은 보춤이 커지면 보 주근의 무게때문에 stirrup이 휘어질 염려가 있으므로 이를 방지하기 위해서 배근하는 補助筋이다.

복근은 보춤이 보폭의 2배 이상이 되면 넣는 것을 원칙으로 하고 있지만, 보춤과 복근의 개수 관계를 다음 그림에서 표시했으므로 참고바란다. 더우기 복근은 일반적으로 9㎜ 근을 사용하나, 벽보인 경우는 13㎜ 근을 사용한다.

복근의 정착은 아래 그림과 같이 재단을 90° hook 가공(여장 $4d$)하고 기둥내에 넣어서 정착(정착 길이 $S_2=25d$)한다. 이음을 설치할 경우에는 겹친 길이는 $S_2(25d)$, hook은 90° 절곡(여장 $4d$)으로 한다.

폭 고정근은 stirrup에 복근을 부착시킨 후 걸치지만, 배근 간격은 1m 이내, stirrup 3~4개의 간격으로 설치한다.

더우기 中吊筋을 쓰는 경우 위 그림과 같이 이 中吊筋을 받기 위해 폭 고정근을 사용하면 좋다. 이것은 中吊筋이 미끄러져 떨어지는 것을 방지하며 보다 효과적인 배근도 된다. 이 배근 간격도 stirrup 3~4개 간격으로 한다.

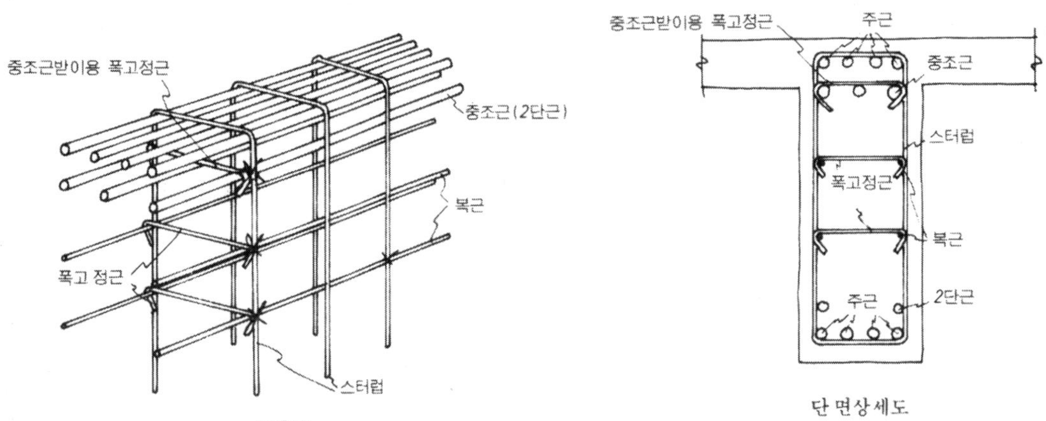

모양도

단면상세도

보근, 폭고정근의 배근 요령

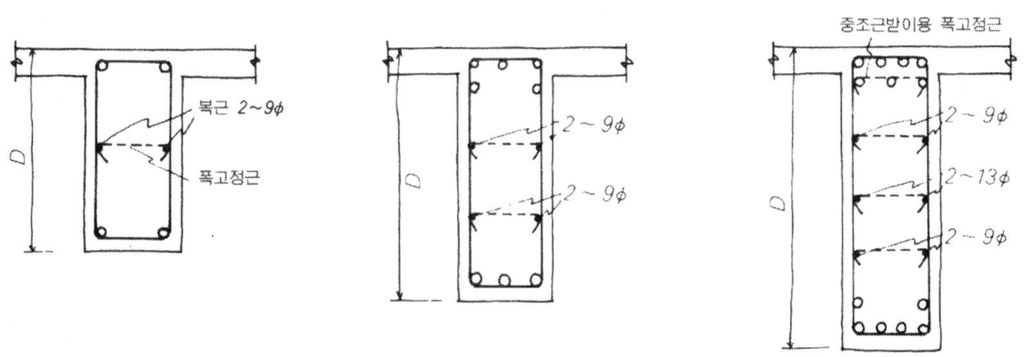

700≦D<1000인 경우

1000≦D<1300인 경우

1300≦D<1600인 경우

보춤과 복근과의 관계

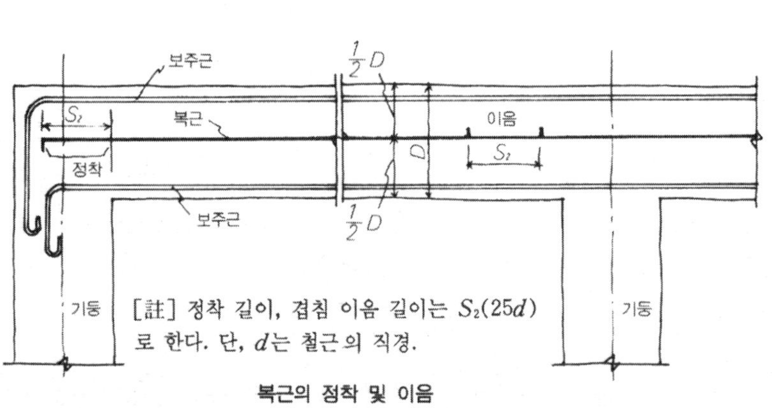

[註] 정착 길이, 겹침 이음 길이는 $S_2(25d)$로 한다. 단, d는 철근의 직경.

복근의 정착 및 이음

4-4 큰보와 작은보의 연결부 配筋

그림에서 보는 바와 같이 큰보 측면에 작은보가 설치되는 경우, 예 1의 단면도에서 볼 수 있듯이 작은보 주근을 큰보 내에 정착시킨다. 이 경우, 그림과 같은 위치에 지름 16㎜ 이상의 보조근을 넣는다. 이것은 주근의 위치를 정확히 유지할 뿐만 아니라, stirrup을 보강하고 응력을 분산시키는 역할을 하므로 반드시 배근해야 한다. 더우기 stirrup은 평면도, 측면도에 나타낸 위치에 지름 13㎜ 근 2개를 넣어서 보강하는 것이 바람직하다.

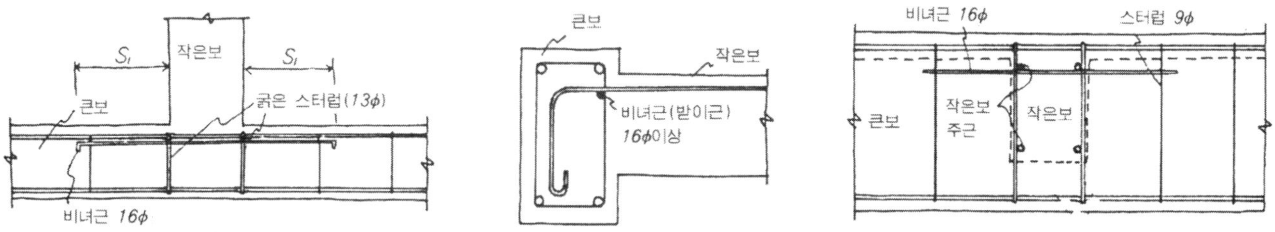

평면도 단면도 측면도

[註] 작은보의 주근은 큰보 내에 정착시키지만, 이때 단면도와 같이 큰보에 보조수근을 넣어 작은보 주근 위치를 바르게 유지한다. 하단 주근을 예 3과 같이 수평 앵커로 한다.

예 1

예 2는 큰보에 걸리는 작은보 상단에 큰보 상단과 같은 높이인 경우에 stirrup의 거는 방법을 나타낸 것이다. 이와 같은 분할하는 경우, 접촉부의 stirrup 배근을 빠뜨릴 염려가 있으므로 주의해야 한다. 작은보 주근에 정착 앵커가공이 되어 있어서 큰보 stirrup의 부착이 어려울 경우에는 작은보 조립 후에 이 stirrup을 부착해도 좋다.

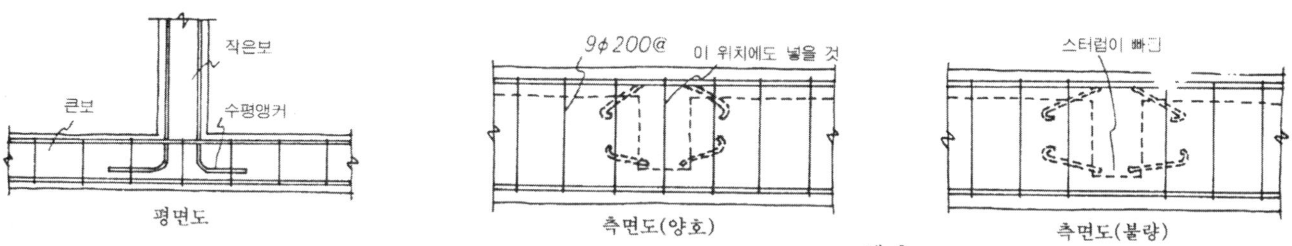

평면도 측면도(양호) 측면도(불량)

예 2

[註] 큰보, 작은보의 접촉부 스터럽 배근은 원칙으로 예 1과 같은 배근이 좋지만, 배근 분할상 지장이 있으면 측면도와 같은 배근을 한다.

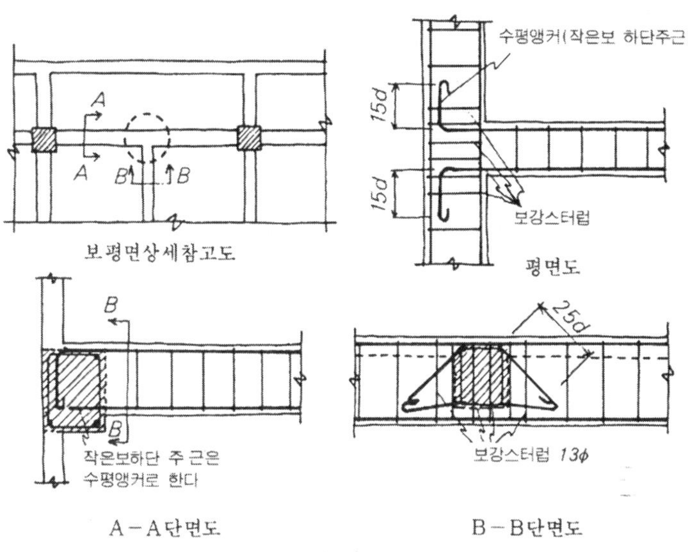

예 3

예 3은 큰보에 걸리는 작은보의 하중이 큰 경우의 예로서, 보강stirrup을 넣은 예이다.

상기 어느 경우에도 작은보의 주근은 큰보 내에 수직으로 정착시키는 것을 원칙으로 하지만, 실제적으로 작은보의 하단주근은 상향이나 하향 모두 수직 앵커가 안되는 경우가 많다.

이 경우, 그림과 같이 경사지게 정착시킨다.

4-5 보배근의 요점

보의 배근에 대해서는 구조 설계상으로 여러 가지 방법이 고려된다. 예를 들면, 어떤 설계 사무소에서는 배근 요령의 규준을 다음과 같이 정하고 있다.

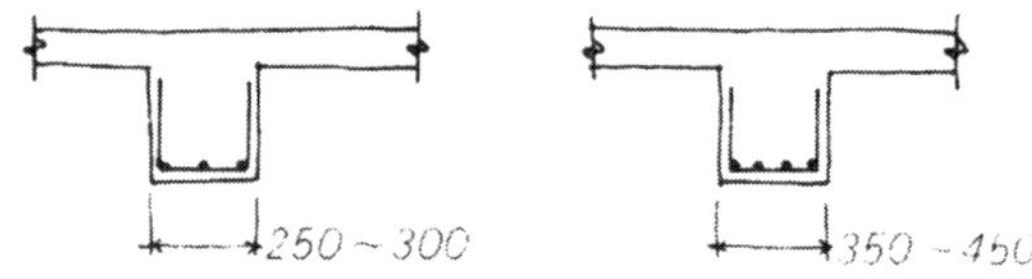

보폭에 대한 하단주근의 적정 개수(중간부)

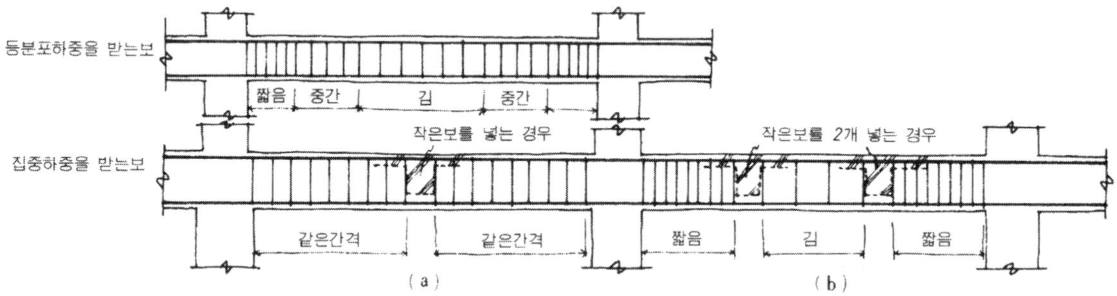

stiruup의 배열

① 보 중간부의 하단주근의 배근은 보폭이 250~300㎜인 경우 주근 3개, 보폭 350~450㎜인 경우에는 주근 4개가 된다. 단, 보 하단에 철근 콘크리트벽이 있는 경우에는 각각 1개씩을 줄여도 좋다.

② stirrup의 배열은 등분포하중을 받는 보인 경우에는 그림과 같이 단부는 간격을 좁혀서 배근하는 것이 보통이다. 시공 착오를 막기 위해 등간격으로 배근한다. 이 경우 간격은 좁은 간격에 맞추어 stirrup의 개수를 늘리도록 한다. 집중하중을 받는 경우, (a) 그림에 나타낸 것같이 중간에 작은보를 넣는다. 이 경우 소정의 pitch로 등간격으로 stirrup을 배근한다. 장스팬인 경우에는 (b) 그림과 같이 작은보를 2개 넣지만, 이 경우 작은보와 작은보의 사이에는 stirrup 간격을 넓혀도 된다.

③ 기둥, 보의 주근은 되도록 관통되게 한다. haunch가 있는 경우는 수직 haunch, 수평 haunch 모두 절곡 위치에 지름 13㎜의 stirrup을 2개 넣는다.

④ 逆보인 경우에는 그림과 같이 바닥 슬래브면 타설 잇기가 되므로 보강근을 넣는다.

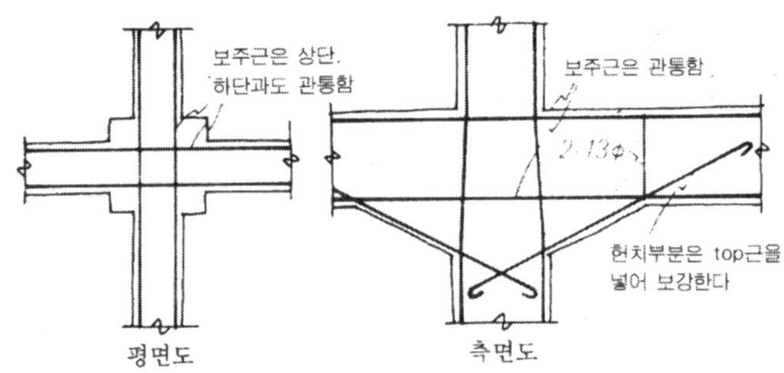

수직 haunch인 경우의 기둥, 보 주근의 접속

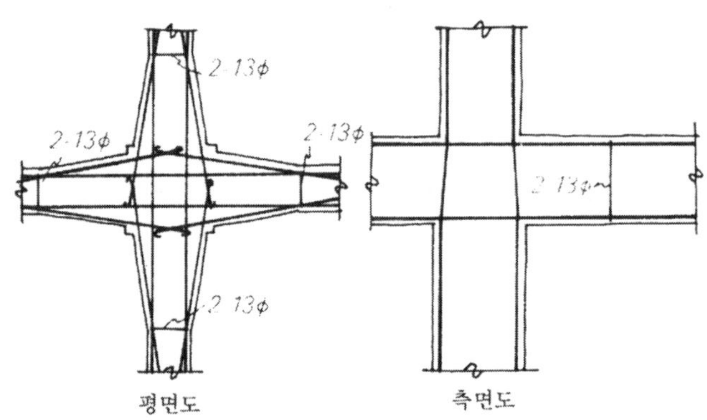

수평 haunch인 경우의 기둥, 보 주근의 접속

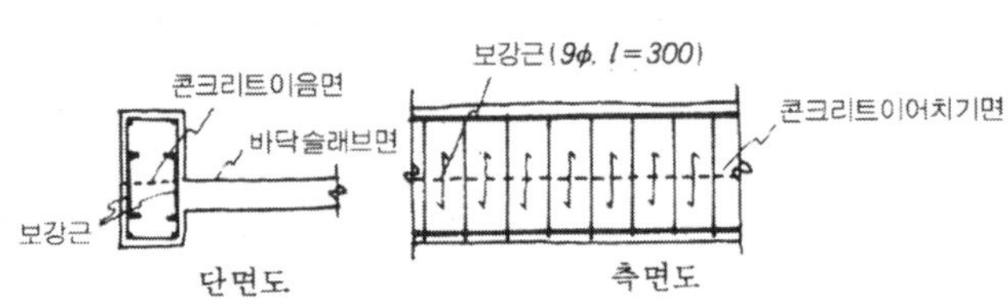

역보의 stiruup 보강

4-6 보 主筋의 배근상세도 예

예 1은 일반층 보 주근의 정착 기본형을 나타낸 것이다. 주근은 상단, 하단 모두 기둥 중심선을 넘어선 위치에서 구부리고 그 정착 길이는 상단근 S_1(40d), 하단근 S_2(25d)로 하는 것이 기본이다. 그러나 보 단부에서 하단에 걸리는 응력이 커지는 경우, 그 정착 길이는 설계자의 지시에 따라 다를 때도 있다.

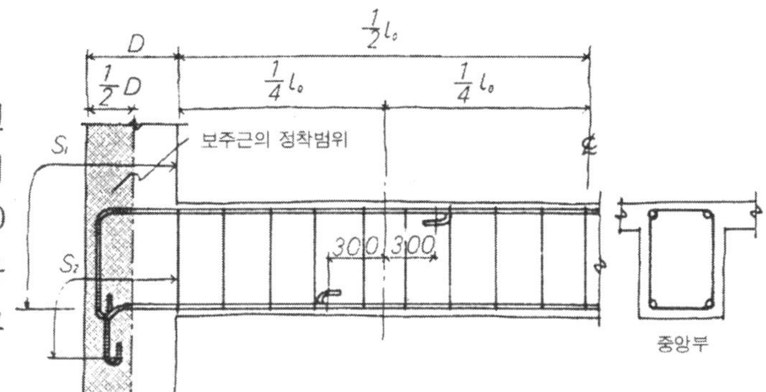

예 1

예 2, 예 3은 haunch가 있는 보 주근의 配筋 예를 나타낸 것이다. 모든 하단근은 직선형으로 늘여서 장착시키고, haunch 부분에는 top근을 넣어서 보강한 것이지만, 이와 같이 하단근과 top근과를 교차시켜서 배근하는 경우에는 각각 주근선단의 정착은 그림과 같이 교차부에서의 길이를 S_1으로 해서 설치해야 한다.

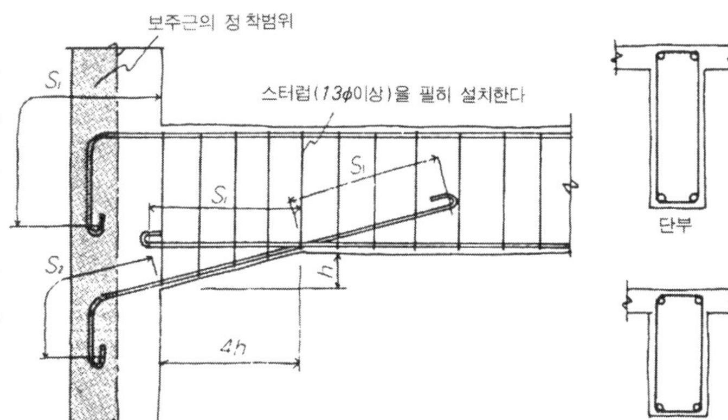

예 2

예 3은 haunch가 큰 경우의 예이며 이 경우, 하단 주근선단은 기둥까지는 닿지 않지만, 이 경우에도 정착 치수를 S_1으로 해도 좋다.

더우기 교차부에는 반드시 stirrup을 넣지만 그 상세에 대해서는 96페이지를 참고로 한다.

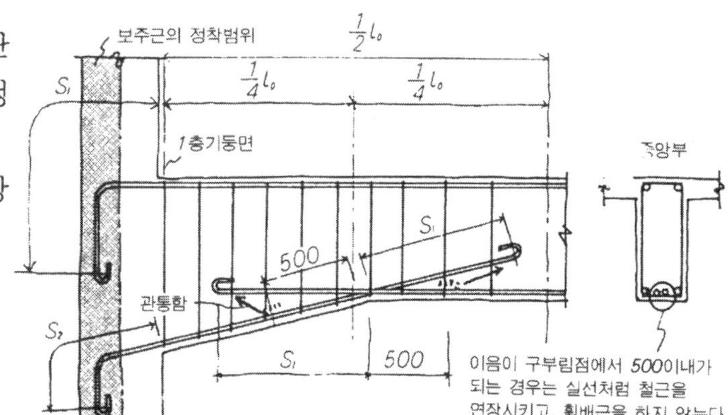

예 3

예 4는 보 주근의 기둥내 정착인 경우, 보조근의 배근 요령을 나타낸 것이다. 이 보조는 보 주근을 받는 위치에 미리 부착(기둥主筋에 결속)하지만, hoop 위치와 겹치는 경우에는 hoop로 대용해도 좋다.

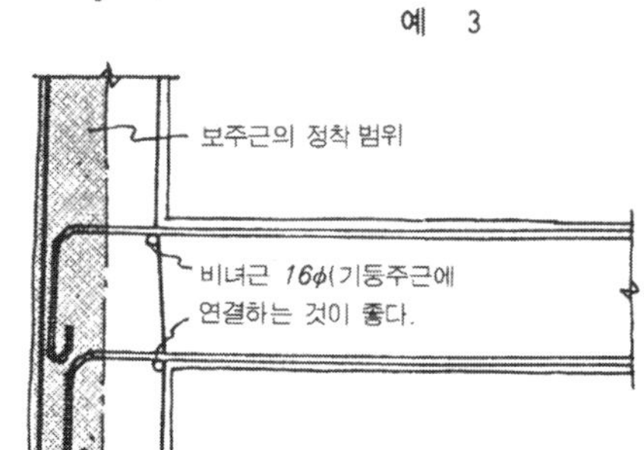

예 4

[註] 보조수근의 배근 위치가 기둥의 후프와 겹치는 경우는 후프로 대용해도 된다. 단, 보 주근의 개수가 많을 경우에는 반드시 보조수근을 넣는다.

예 5는 최상층의 보 배근 상세를 나타낸 것이다. 보 주근의 기둥내 정착은 기둥중심선을 지난 점에서 수직으로 세워 정착시키며, 이 경우 상단주근 정착 치수를 정하는 법에 주의해야 한다. 하단주근은 인장력이 생기지 않는 보인 경우에는 정착 치수를 S_2로 해도 좋다.

예 6은 물매를 만든 지붕의 슬래브와 보의 접촉을 나타낸 것이다. 슬래브 받이 보강근의 처리법, U자형 stirrup의 보강 방법 등을 참고하기 바란다.

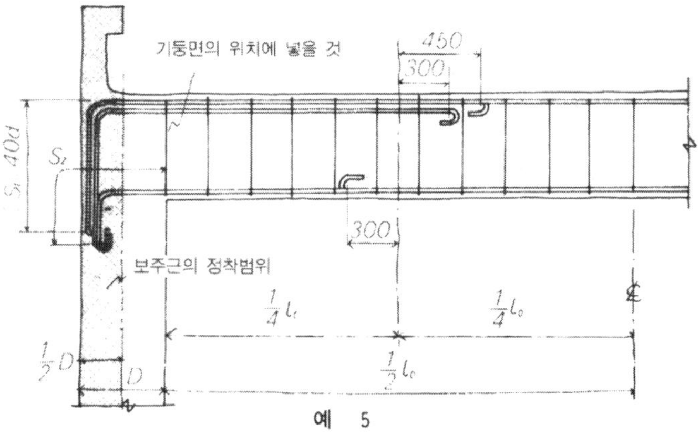

예 5

[註] 좌우 관통된 것외에는 원칙적으로 기둥 내에 앵커한다.

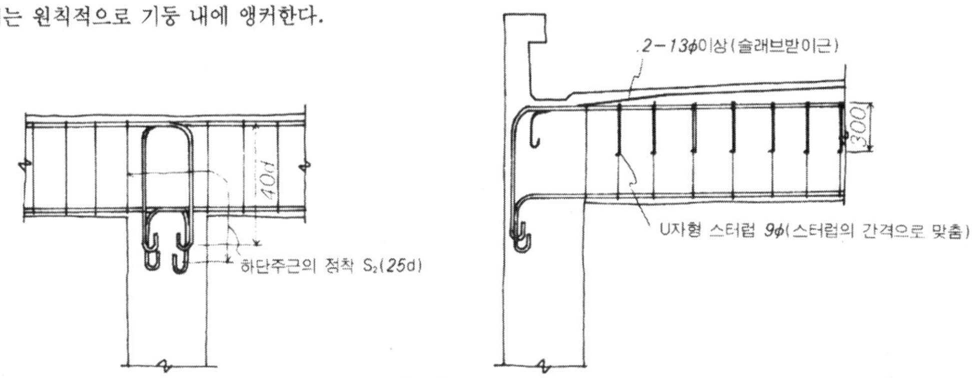

예 6

예 7은 중조근(2단근)의 여장을 정하는 방법을 나타낸 것이다. 여장은 기둥사이 스팬(l_0)의 1/4의 위치에서의 치수로, top근의 여장을 정하는 방법과 같다. 그림은 중조근의 여장 300mm, top근의 여장 450 mm의 예이다.

예 8은 중조근(2단근)의 유지 요령을 나타낸 것이다. 지름 6mm의 조상근을 그림과 같이 2개소 이상에 부착시키고 철근 간격이 정확히 되도록 유지한다.

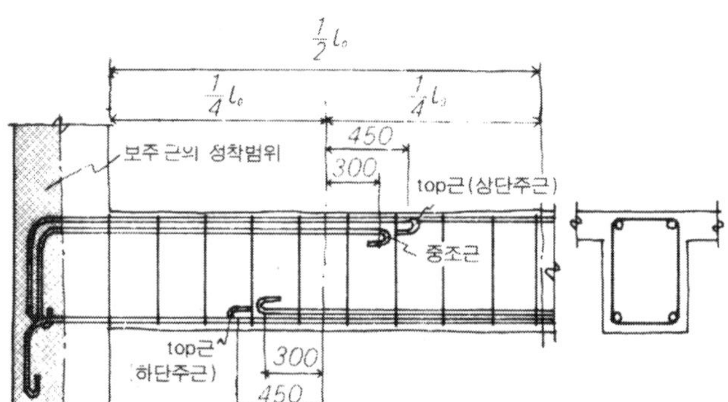

예 7

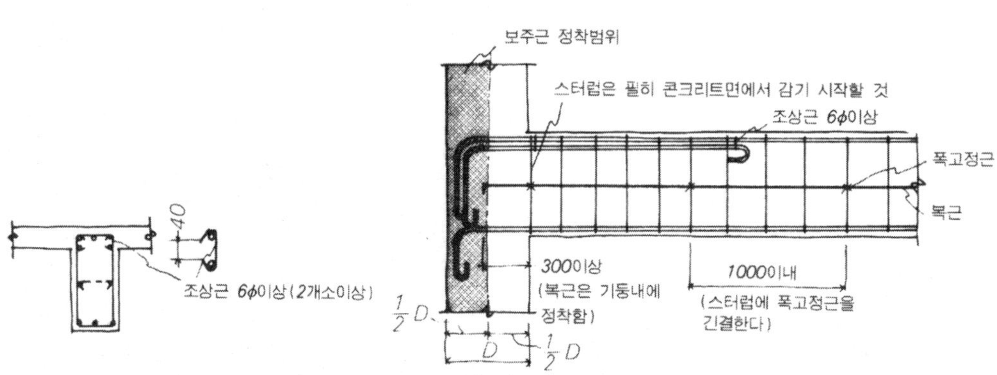

예 8

예 9는 보주근 이음 위치의 기본형을 나타낸 것이다. 보에 작용하는 응력은 이미 기술한 바와 같이 단부에서는 상단, 중간부에서는 하단에 크게 작용하므로, 이음 위치는 되도록 응력이 작은 위치, 즉 상단근은 중간부, 하단근은 단부에서 잇는 것이 원칙이다.

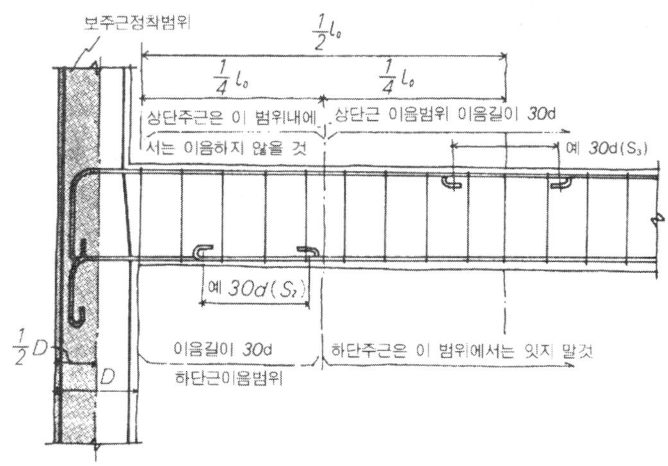

예 9

예 10은 haunch가 달린 보인 경우의 예로, 이음 위치가 하단근의 절곡부로 왔을 경우의 처리 방법을 나타낸 것이다. 이음 부분을 절곡하는 것은 좋지 않기 때문에 이 경우에는 이음을 만든 하단근은 직선으로 늘여서 정착시키고, top근을 경사지게 넣어서 처리해야 한다. 이 경우 하단근, top근 선단의 정착 길이는 교차부에서 S_1의 길이로 한다.

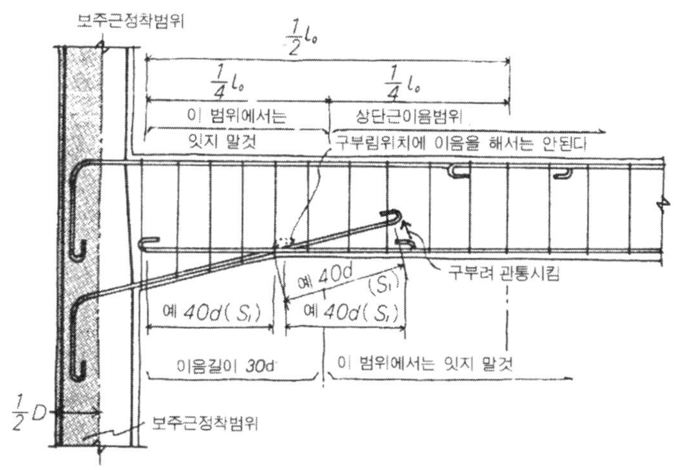

예 10

예 11은 bend근의 이음 위치를 나타낸 것이다. bend 주근은 인장응력 부분에 효과적으로 배근하는 철근으로 양단부는 상단, 중앙부는 하단의 주근으로 인장응력을 받는 것이므로 상단, 하단의 인장응력부로 이어질 수는 없다. 주근의 이음은 응력이 작은 부분에서 이어지는 것이 원칙이므로 기둥간 스팬(l_0의 1/4) 위치, 즉 bend 위치에 설치하게 된다. 이음 요령은 그림과 같이 bend 각도를 45°로 하고, 소요 겹침 길이를 잡지만, 이음hook이 각각 상단근, 하단근에 정착할 수 있도록 충분히 겹침 길이를 잡아야 한다.

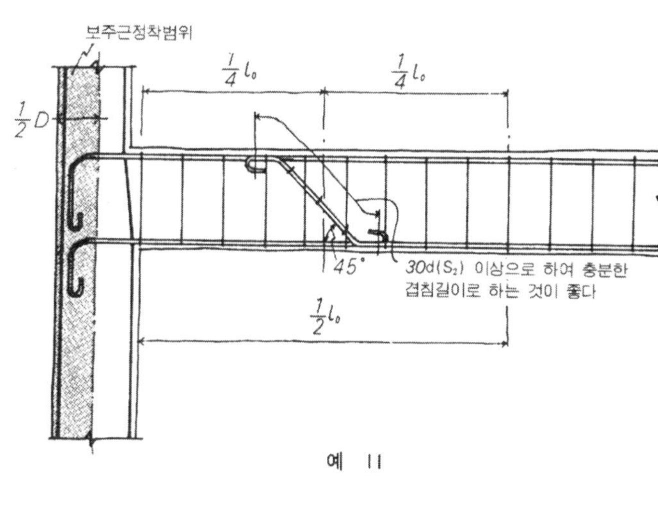

예 11

5-1 一般事項

바닥 슬래브의 형식에는 가장 일반적인 4변고정(사변이 보로 둘러싸인 것) 외에 3변고정, 2변고정, 1변고정(캔틸레버상판)이 있다. 또한 일반층의 바닥 슬래브와 지붕 슬래브, 캔틸레버 슬래브로는 배근의 요점이 약간 다르지만, 여기서는 공통사항을 모아서 말하겠다.

바닥 슬래브의 배근예

〔1〕 배근의 개요

① 4변이 보로 둘러싸인 바닥인 경우, 주변부에 응력이 강하게 작용한다. 따라서 그림의 단면도에서 볼 수 있듯이 단부(1/4스팬)에는 상하양쪽에 주근을 넣고, 중앙부는 하단근과 절곡근(bend근이라고도 함)으로 지탱하는 것이 보통이다.

② 바닥 슬래브에 장변과 단변이 있을 경우, 단변방향 쪽이 강한 인장력을 받게 되므로 단변방향의 철근을 주근이라 하고, 장변방향의 철근을 배력근(부근)이라고 하지만, 최근에는 모두 주근이라고 하며, 단변방향주근, 장변방향주근이라고 부를 때가 많다.

③ 절곡근(bend근)은 단변, 장변방향 모두 1/4 l_x의 위치에서 절곡한다(다음 페이지 참조).

④ 단변방향(x축방향)과 장변방향(y축방향)의 주근이 교차하는 경우, 단변방향의 주근이 외부(단부에서는 위쪽, 중앙부에서는 아래쪽)가 되도록 배근한다.

⑤ 배근 간격은 단변방향이 200㎜ 이하, 장변방향이 300㎜ 이하가 되게 배근한다.

⑥ 바닥 슬래브에 작용하는 전단력은 작으므로 일반적으로 전단보강근은 필요하지 않다.

⑦ 슬래브근은 지름 9㎜ 철근이 이용되나, 그 위에서 설비 배관 작업이나 콘크리트 타설 작업을 하기 때문에 지름 10~13㎜의 이형 철근을 사용하면 좋다. 이형 철근의 사용으로 배근조립 후에 철근이 휘거나 위치가 변동되는 것을 방지하며, hook의 가공이 불필요하게 되고, 배근도 용이하므로 좋다.

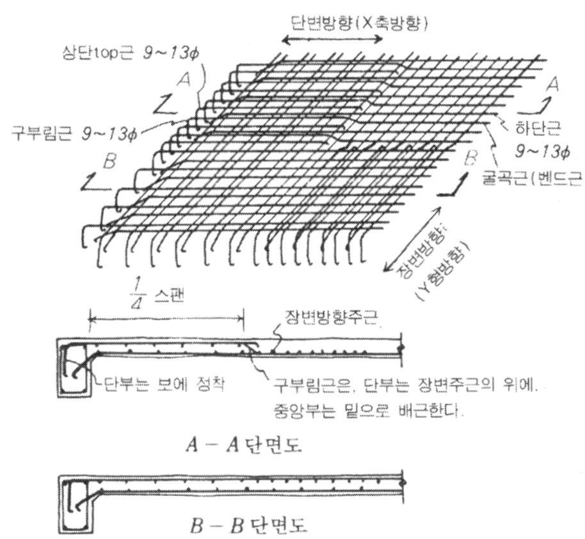

[註] 바닥 슬래브의 스팬폭에 장변과 단변이 있을 경우, 단변 방향 스팬의 1/4 위치에 밴드한다.

바닥슬래브배근의 요점

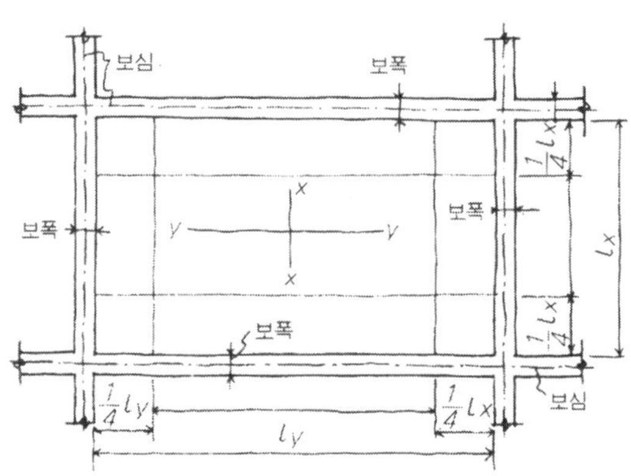

[註] 1. 슬래브의 스팬폭은 보내의 치수로 한다.
2. 장변 방향의 휨근의 벤드 위치는 단변 방향의 $l_x/4$의 위치로 한다.

바닥 슬래브의 스팬폭과 bend 위치

〔2〕 절곡근의 bend 위치

① 4변고정 슬래브인 경우

앞의 ③에서 말한 바와 같이 절곡근은 단변방향(x축방향), 장변방향(y축방향) 모두 1/4 l_x의 길이로 절곡한다. 이 위치가 빗나가면 그림(모멘트그림)에서와 같이 최대의 응력이 작용하는 위치에서는 하단주근이 부족하게 된다. 따라서 소요 인장내력이 부족한 결과가 된다.

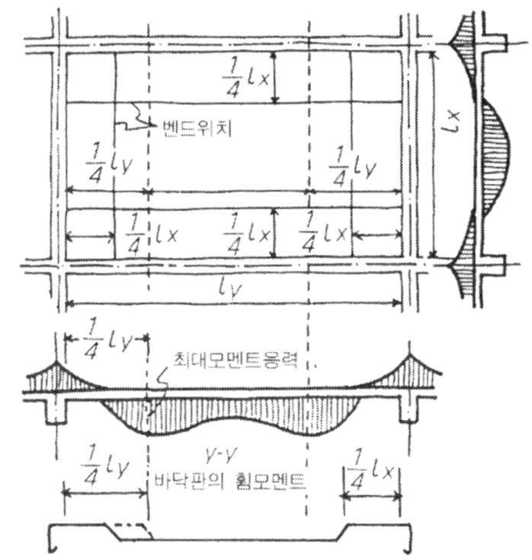

[註] l_x/4의 위치에서 휘면 모멘트도와 같이 최대 응력의 위치에서 하단근이 부족된다.

4변 고정 슬래브의 모멘트그림

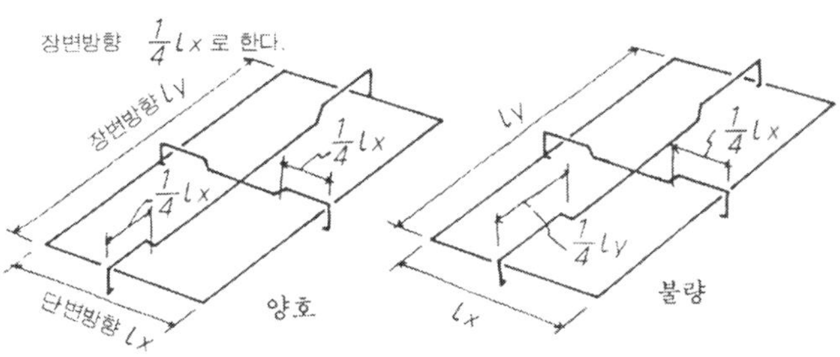

슬래브 bend근의 휨위치

② 3변고정 슬래브인 경우

다음 그림은 3변고정, 1변자유단 슬래브의 주근 bend 위치를 나타낸 것이다.

단변(x축방향)이 자유단인 경우, 일반 슬래브인 경우와 같이 스팬(l_f) 1/4의 l_1의 위치가 bend 위치가 된다. 이 경우 y축방향의 주근은 고정단측이 x축방향주근과 같이 l_1 위치에서 bend하고, 그대로 슬래브 하단근으로서 자유단까지 연장한다.

장변(y축방향)이 자유단인 경우, 일반 슬래브인 경우와는 달리 장변방향 스팬(l_f)의 1/4 위치(l_1)를 bend 위치로 한다. x축방향의 주근도 똑같이 (l_1)의 위치에서 bend하며 그대로 하단근으로서 자유단까지 연장한다.

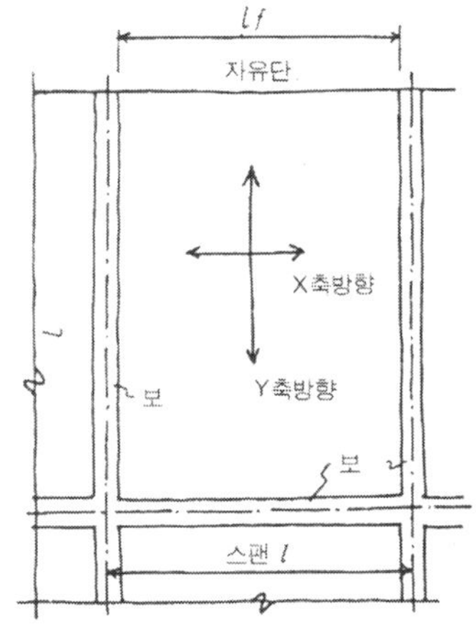

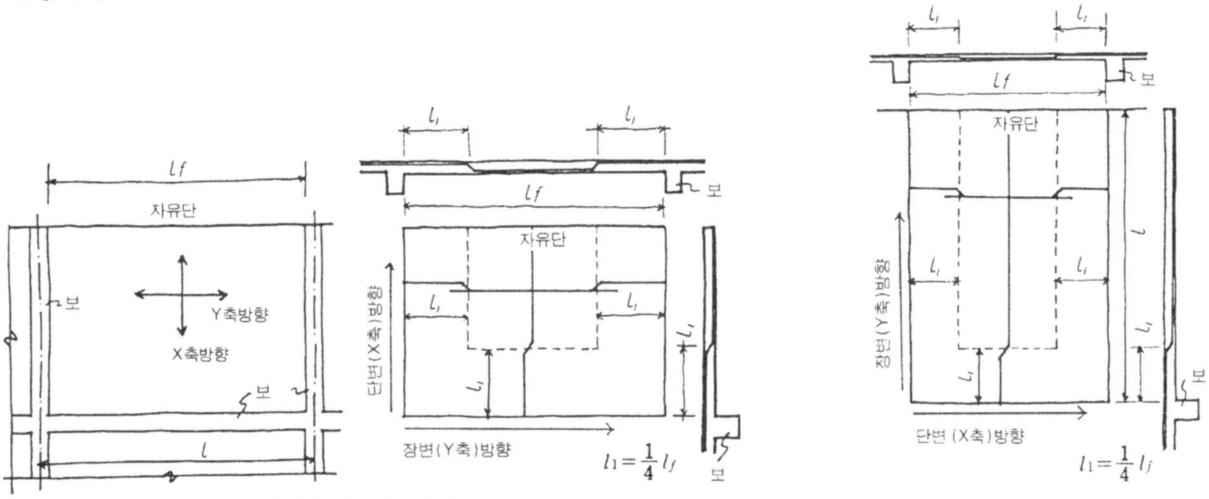

장변이 자유단인 경우

단변이 자유단인 경우

삼변 고정, 일반자유단 슬래브의 bend 위치

〔3〕 슬래브근의 이음 위치

슬래브근의 가공으로서, 앞서 기술한 bend근의 절곡 가공 외에 이음, 정착부에는 hook을 설치해야 한다. 이 절곡 가공에 대해서는 21페이지를 참고하기 바란다.

또한, 이형 철근이나 상단근 등으로 hook을 설치하지 않아도 좋을 경우에는 특기시방서에 명시된다.

이음 위치에 대해서는 슬래브 주변부와 중앙부와는 응력의 작용이 다르며 배근요령도 상단근과 하단근, 단변방향과 장변방향으로 다르게 되지만, 어쨌든 응력이 작은 부분으로 연결하는 것이 원칙이다.

그림과 도표는 슬래브 배근의 이음 위치를 표시한 것이다. 상단근과 하단근, 또는 장변방향의 배근과 단변방향의 배근으로는 소요 이음 길이가 다르므로 주의해야 한다.

또한, 단면도에 하단근의 이음 위치를 표시했다. 표준 위치의 철근에는 인장력보다는 오히려 압축력이 작용하므로 철근 본래의 사명인 인장력에 견디게 한다는 것과는 그다지 관계가 없다고 할 수 있다. 단, 지진시에는 복잡한 응력이 작용하므로 이 부분 하단근을 생략할 수는 없다.

〔4〕 슬래브근의 가공

일반적으로 슬래브근을 지름 13mm 이하인 철근을 사용하므로 이음이나 정착을 위한 말단hook은 다음 그림과 같이 한다.

bend근의 가공은 그림과 같이 피복 두께를 정하고, h=100mm(일반적으로 슬래브 두께는 120mm가 표준)가 되도록 한다.

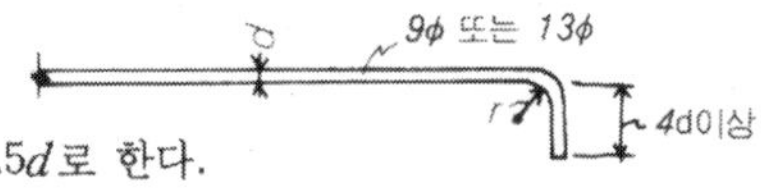

[註] $r=1.5d$로 한다.

슬래브 주근단부의 hook가공

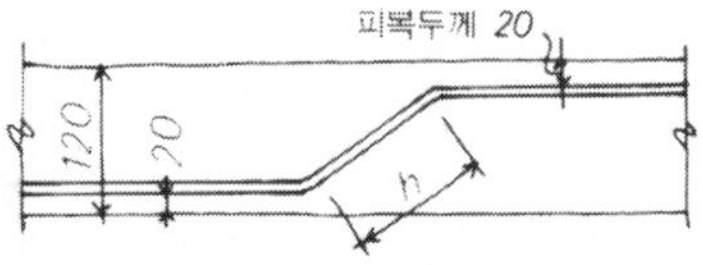

[註] 슬래브 두께는 120mm 일 때 h=100mm

슬래브 bend근의 가공

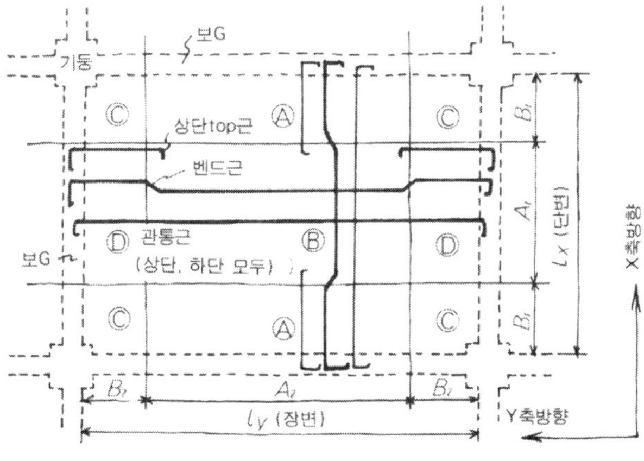

평면도

[註] 1. 그림중 $B_1=B_2=l_x/4$=벤드 위치.
2. 그림중 Ⓐ~Ⓓ는 슬래브 주근의 이음 위치와 이음 길이의 관계이며, 아래 표를 참조할 것.

개 소 \ 위 치		표준이음위치 (길이 S_2)	부득이한 경우의 이음 위치(장 S_1)
상단근	단변방향	Ⓑ Ⓓ	Ⓐ Ⓒ
	장변방향	Ⓐ Ⓑ	Ⓒ Ⓓ
하단근	양방향 모두	Ⓐ Ⓒ Ⓓ	Ⓑ

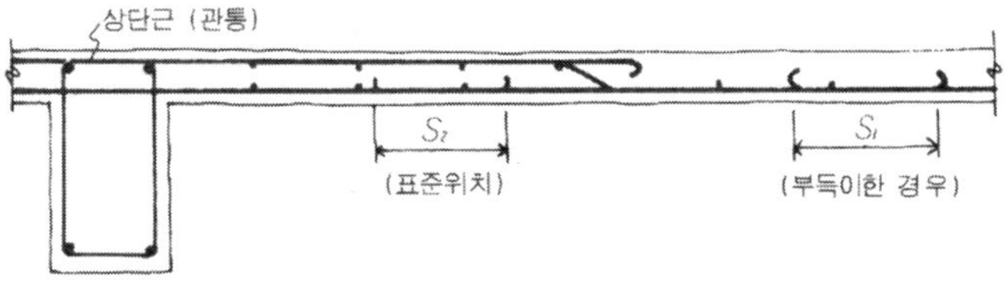

[註] 1. 이음 길이 S_1=인장 철근, S_2=압축 철근.
2. 상표중 Ⓐ~Ⓓ는, 상도의 위치를 나타냄.
3. 슬래브 주근의 정착, 연장은 다음 페이지를 참조.

단면도

슬래브근의 이음 위치

〔5〕 슬래브근의 정착과 관통

슬래브근은 원칙적으로 보에 정착하지만 밑에 설명한 요점 2에 표시된 경우(그림 참조)에는 관통해서 배근해도 좋다.

실제의 배근은 보 좌우 슬래브의 배근이 다른 설계가 많으며, 불규칙적인 스팬 분할인 경우, 배근 착오를 방지하기 위해서도 원칙은 어디까지나 보 정착으로 하고 있다.

그림은 슬래브근을 전부 보에 정착하는 일반적인 배근을 표시한 것이다. 평면도에서 알 수 있듯이 좌우 슬래브의 배근 간격(pitch)이 다르기 때문에 이음을 둘 수 없다. 따라서 원칙적으로 보에 정착한다.

아래 그림은 좌우 슬래브의 배근 간격이 같은 경우의 예를 나타낸 것이다. 상단근, 하단근 모두 이음으로 관통해서 배근한다.

또한 평면도에 표시된 것같이 상단근(top근, bend근)의 겹침 이음의 길이는 $S_1(40d)$으로 하고, 하단근은 보 근처에서 이어지도록 한다.

이 경우의 이음은 소정의 이음 길이를 확보하고, 결속선을 써서 2개소를 결속한다. 하단근의 hook은 상향으로, 상단근의 hook은 하향이 되도록 배근한다.

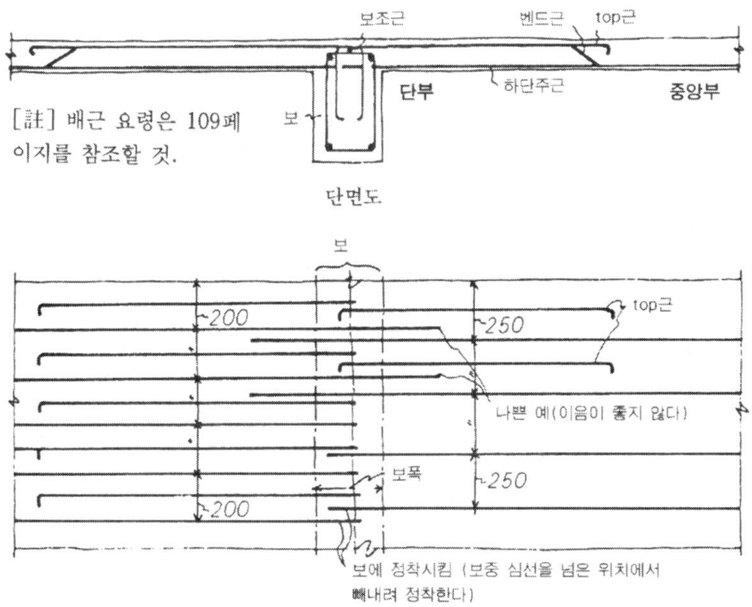

슬래브 근의 보 정착(좌우 슬래브의 배근 pitch가 다른 경우)

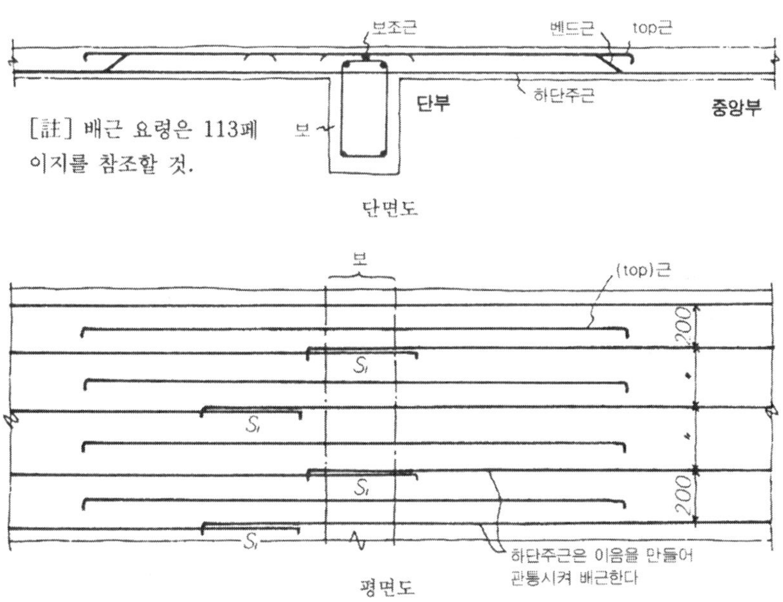

슬래브 근의 보 연장(좌우 슬래브의 배근 pitch가 같은 경우)

[요점] 1. 보의 좌우 슬래브 배근이 이종, 이경의 철근인 경우에 배근 간격이 다른 경우에는 반드시 보에 정착한다.
2. 보의 좌우 슬래브 배근이 동종, 동경, 동피치인 경우에는 이음을 만들어 연결하여 배근한다.

5-2 배근의 요령

〔1〕 배근 위치와 배근 순서

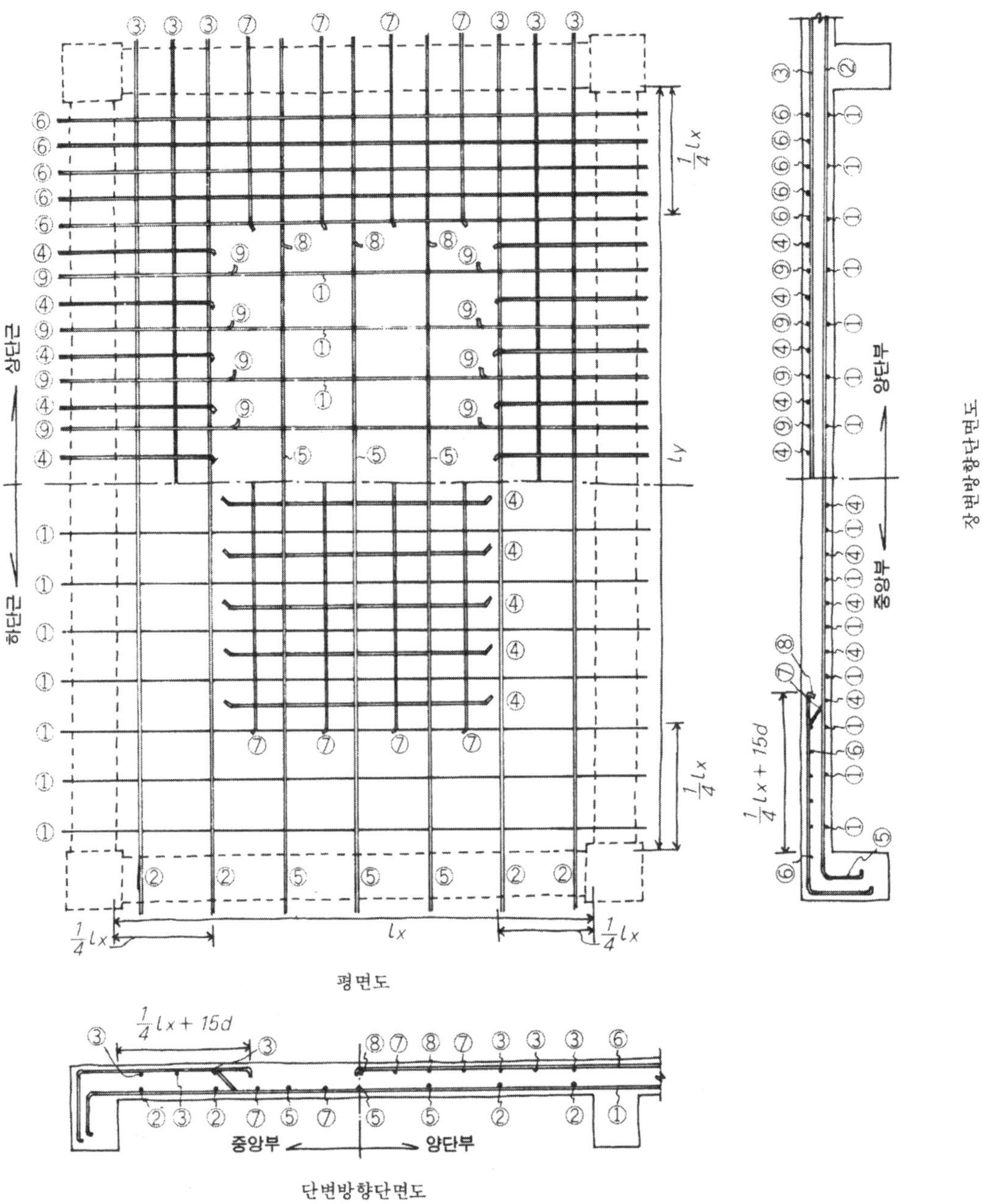

바닥 슬래브 근의 배근 순서

[註] 그림에서 ○숫자는 상기의 철근 및 조립 순서를 표시한다.

① 단변방향의 하단주근
② 장변방향의 단부하단근
③ 장변방향의 단부상단근
④ 단변방향의 벤드 주근
⑤ 장변방향의 중앙하단근
⑥ 단변방향의 단부상단근
⑦ 장변방향의 벤드근
⑧ 장변방향의 톱근
⑨ 단변방향의 톱근

바닥 슬래브근의 배근에 있어서는 슬래브형 틀위에 소정의 pitch(간격)를 분필로 표시하고 정확한 치수 분할을 확인한 후, 그림의 순서대로 배근하여 조립해 간다. 조립 요령은 112페이지를 참조.

〔2〕 슬래브근의 정착 요령

① 보에 정착하는 경우

슬래브근을 보에 정착할 때의 형식으로는 그림과 같은 것이 있다. 일반적으로 보와 슬래브의 콘크리트 피복 두께의 관계로 stirrup 위에 보조근을 넣고, 여기에 걸쳐서 정착시킨다. 보中腹에 넣는 경우나 역보인 경우에 슬래브 주근의 받는 위치에 보조근을 설치하여 배근해야 한다. 보조근은 13㎜ 철근을 쓰고 보의 hoop에 結束하여 위치에서 벗어나지 않도록 하고, 그 材端은 기둥에 정착시킨다.

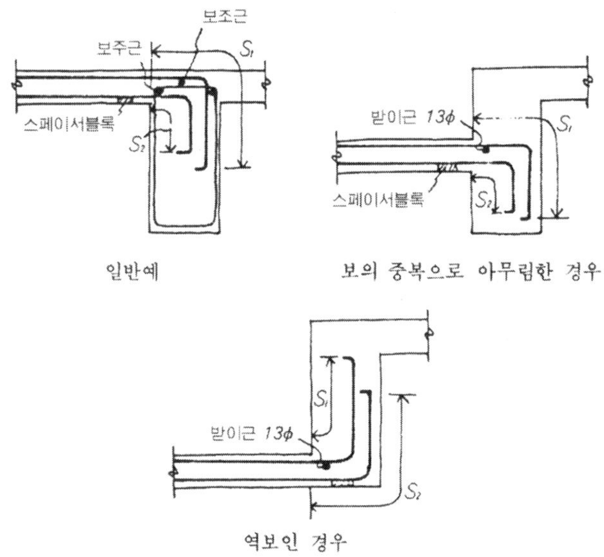

[註] 받침근은 13㎜ 철근을 사용하며, 그 끝은 기둥에 정착시킨다.
또한 받침근은 반드시 슬래브근의 하단에 넣는다.

슬래브 근을 보에 정착시키는 경우

② 싱글배근벽에 정착하는 경우

그림은 굽벽, 낮은 벽, 계단참, 엘리베이터벽 등과 슬래브와의 접촉부의 배근 요령이다.

이 경우 슬래브근은 벽 중심선을 지나서 외측에 정착시켜야 한다. 또한, 슬래브 주근의 배근 위치에 보조근을 넣어 벽의 횡주근과 같이 벽의 종주근에 결속하여 위치 이동이 없고 정확하게 정착될 수 있게 한다. 또한 보조근의 말단은 기둥 내에 정착한다.

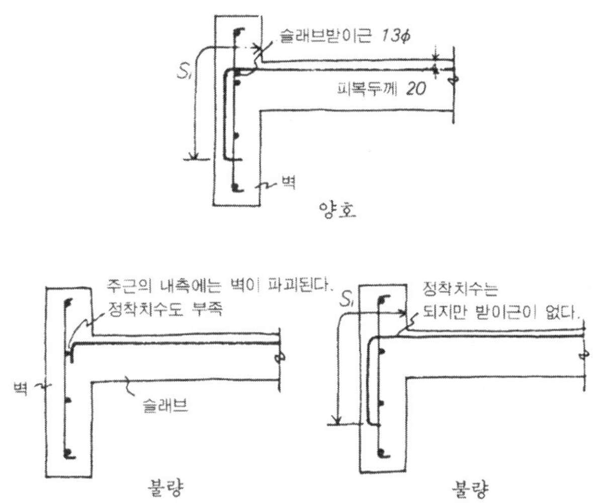

[註] 받침근(13㎜ 철근)은 스터럽 또는 벽 종근에 부착시키며, 이 경우 슬래브근이 소정의 피복 두께를 갖는 위치에 넣는다.

단배근의 벽에 정착시키는 경우

③ 더블배근벽에 정착하는 경우

현장에서는 때때로 아래 그림에서 볼 수 있는 불량예와 같은 배근을 볼 수 있지만, 이것은 정착 부족으로 슬래브를 안전하게 지탱할 수가 없다.

이 경우, 벽 내부의 세로 주근에 보조근을 부착, 좋은 예의 요령으로 정착한다. 정착 치수 S_1을 정하는 법은 내벽면의 위치를 기준으로 하고, 세로로 된 위치는 벽 중심선을 넘은 위치로 해야 한다.

슬래브 하단근의 보조근은 불필요하지만, 콘크리트 피복 두께를 정확히 유지하기 위해 좋은 예로서 나타낸 것처럼 스페이서 블록을 넣는다.

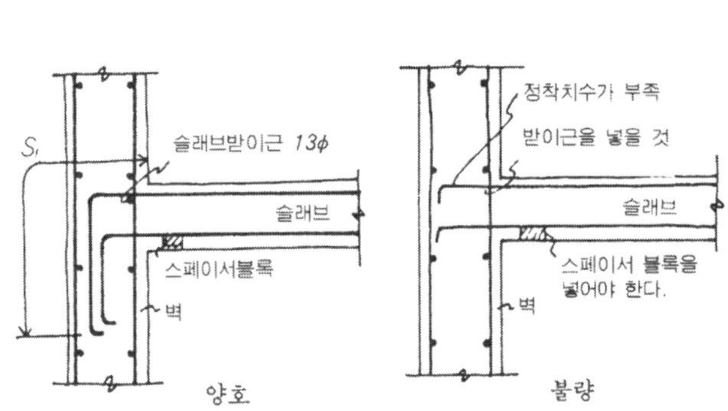

복배근의 벽에 정착시키는 경우

〔3〕 바닥에 단차가 있는 경우의 배근

① 같은 슬래브에 단차를 만드는 경우

같은 슬래브에 마무리 방수 처리 등의 관계로 단차를 설치하여야 하는 경우가 많다. 이 경우, 슬래브 배근은 여러 가지이며, 설계도서에는 배근 요령의 지시가 없는 경우가 많다. 이러한 경우의 실무적인 처리는 다음과 같이 하면 좋다.

① 단차를 설치할 위치가 슬래브의 단부인가 중앙부인가에 따라서 보강의 방법이 다르다. 즉 인장력은 단부(l_x/4 이내)에 있어서는 상단근에, 중앙부에 있어서는 하단부에 크게 작용하므로 이미 말한 바와 같은 배근이 되고 있다. 따라서 보강근은 넣는 방법도 단차의 위치가 단부이냐, 중앙부이냐에 따라서 그림과 같이 달라진다.

② 단차의 크기에 따라서도 배근 요령이 달라진다. 원칙적으로는 단차가 슬래브 두께보다 크게 되는 경우에는 그림과 같이 보틀을 설치해서 처리한다.

③ 설계도에 지시되어 있는 경우에는 그 지시에 따라야만 한다.

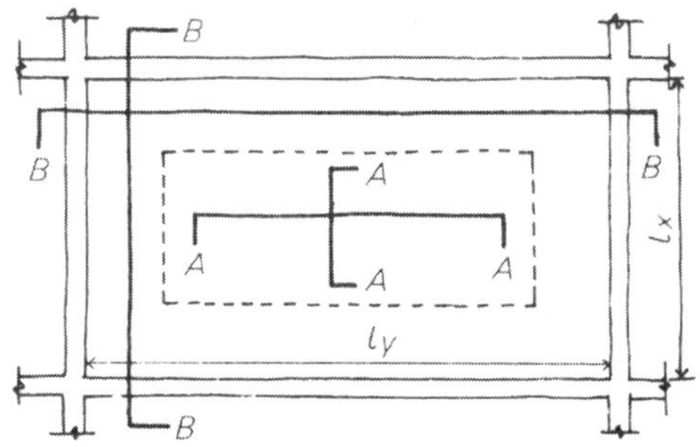

A－A… 중앙부 B－B… 단부

참고도

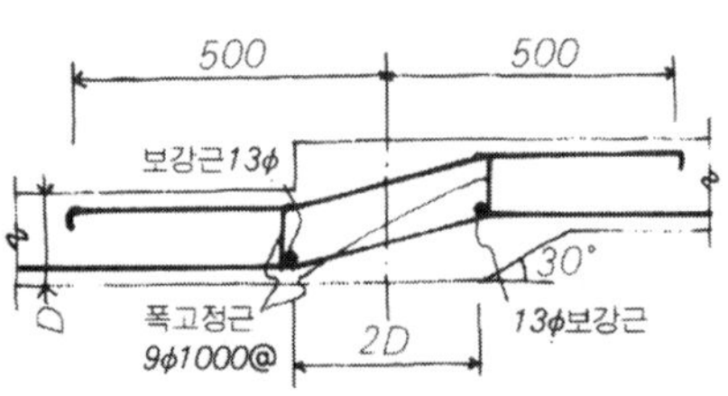

단차가 작은 경우

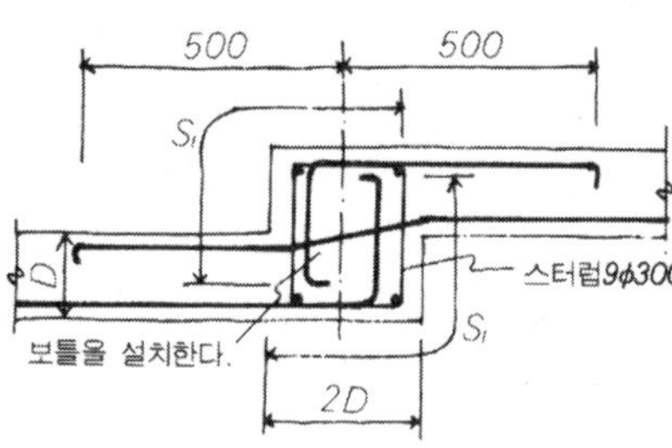

단차가 큰 경우

중앙부(A－A부근)에 단차가 있는 경우

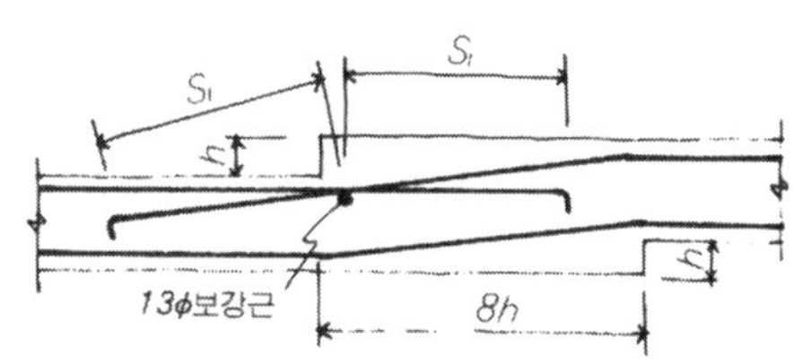

단차가 작은 경우①

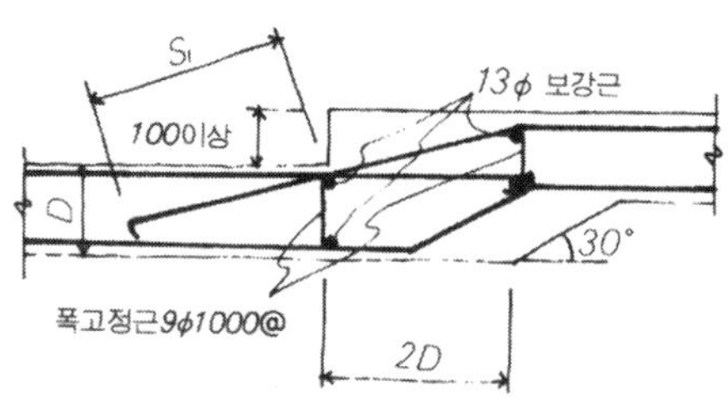

단차가 작은 경우②

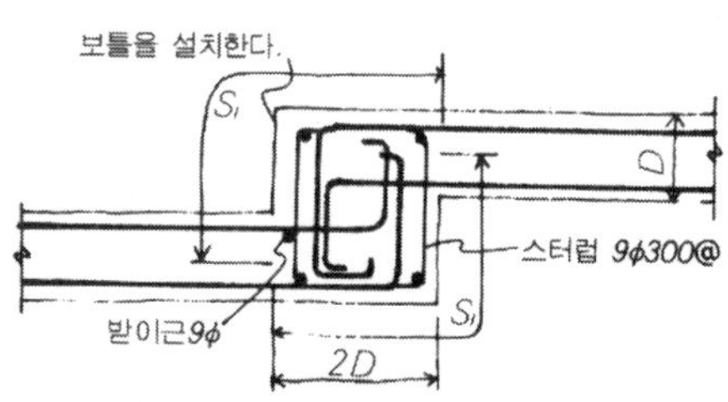

단차가 큰 경우①

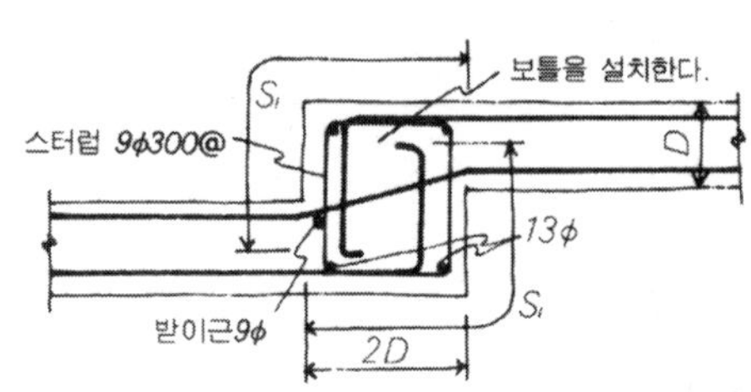

단차가 큰 경우②

단부(B－B부근)에 단차가 있는 경우

② 보 위에서 단차를 만드는 경우

그림 예 1～예 3은 보 위에 단면 증가를 해서 슬래브를 부착시키는 경우는 배근 요령을 나타낸 것이다.

예 1, 예 2는 단면 증가 부분을 보강하지 않을 경우의 정착 요령이다. 좋은 예와 나쁜 예를 비교그림으로 나타낸 것이지만, 현장에서는 예 2에서 보는 바와 같이 잘못된 정착 치수를 정하는 방법으로 하는 예가 많다. 이 경우 정착 치수를 정하는 방법으로 하는 예가 많다. 이 경우 정착 치수를 정하는 방법은 보 상단 위치를 기점으로 해서 거기에서부터 S_1(40 d)의 길이를 잡고, 보 내에 정확히 정착하여야 한다.

이 경우에는 슬래브의 상단근을 받는 보조근(13㎜ 철근)은 반드시 배근하고, 그 단말은 기둥 내에 정착해야 한다.

예 3은 단면 증가 부분을 보강한 경우의 슬래브근의 정착 요령을 나타낸 것이다. 이 경우, 일반적인 보 정착의 요령과 같이 보 내부면을 기점으로 해서 정착 치수 S_1을 정해도 좋다.

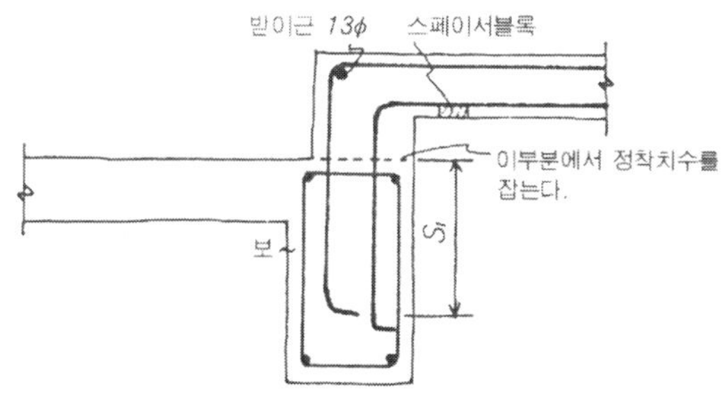

예1(양호)

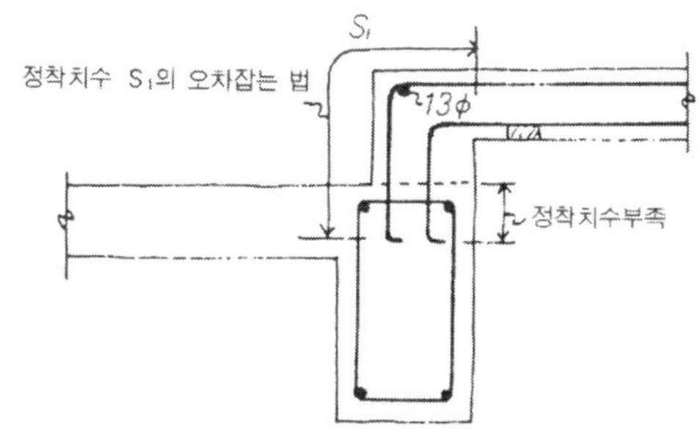

예2(불량)

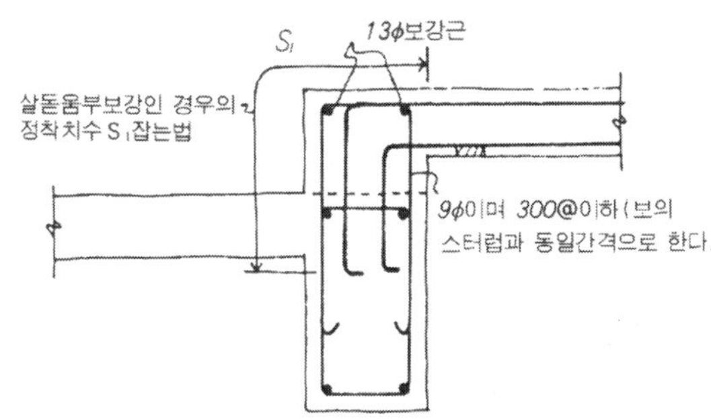

예3(양호)

단차가 크고, 보위에 살붙임하는 경우

③ 보 위에 단차 또는 물매를 만드는 경우

다음 그림은 슬래브에 물매나 작은 단차를 설치하기 위해 슬래브 주근을 절곡해서 배근하는 예를 나타낸 것이다. 이 경우, 슬래브 주근 절곡부에는 그림과 같이 보조근(13㎜ 철근)을 넣어서 상단근을 보강한다.

또한 물매를 설치할 경우나 슬래브 haunch를 설치할 경우, 그림과 같이 고저차 B에 대해 길이 $4B$ 이상의 완만한 물매를 잡아야 한다.

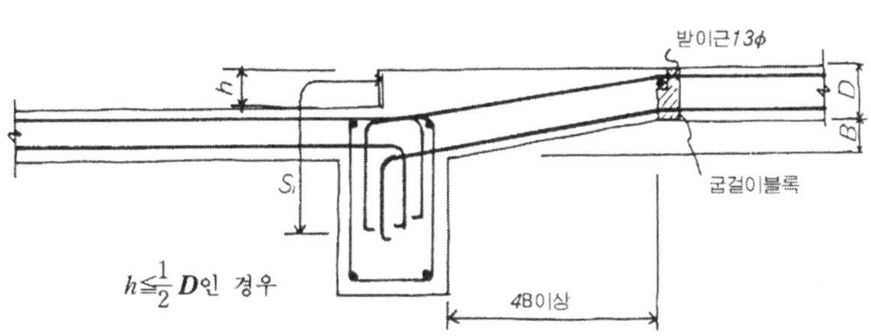

구배 또는 적은 단차를 만드는 경우

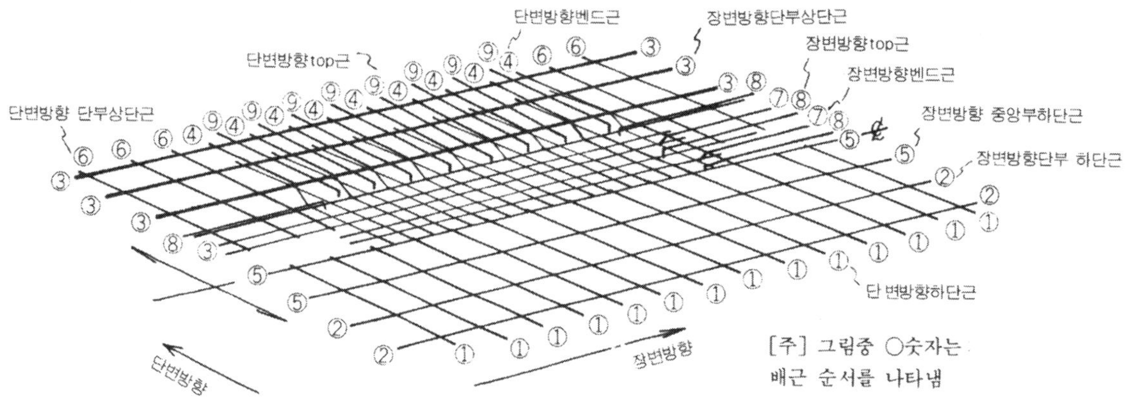

슬래브 근의 조립 요령

〔4〕 슬래브筋의 組立 요령

조립 순서는 이미 기술했지만 우선 슬래브 거푸집 면에 분필로 배근 pitch를 표시하고 다음 요령으로 조립해 간다. ① 단변방향의 하단근을 배근한다. ② 장변방향의 단부하단근(配力筋)을 배치해서 ①과 결속한다. ③ 장변방향의 단부근을 배치한다. ④ 단변방향 bend근을 배치하고 ③과 결속, ⑤ 장변방향 중앙부하단근(배력근)을 배치하고 ①과 결속한다. ⑥ 단변방향 상단근(양단부)을 배치한다. ⑦ 장변bend근을 배치하고 ⑥과 결속한다. ⑧ 장변방향의 top근, ⑨ 단변방향의 top근을 배치해서 ③ 및 ⑥에 각각 결속한다.

[註] 슬래브 배근의 요점은 어떤 경우에도 단변 방향의 주근이 가장 외측에 오도록 배근해야 한다는 것이다. 즉, 슬래브 하면은 우선 단면 방향 하단근의 배근하고, 최후에 상면의 단변 방향상단근을 배근해야 한다.

〔5〕 슬래브근의 유지

슬래브근은 장변방향의 철근과 단변방향의 철근이 교차하는 곳에서는 반드시 철사를 사용해서 결속하지만, 배근 유지를 위한 블록은 슬래브의 콘크리트 피복 두께(20㎜)를 고려해서 그림과 같이 상단근, 하단근 모두 교차부 밑에 가도록 한다.

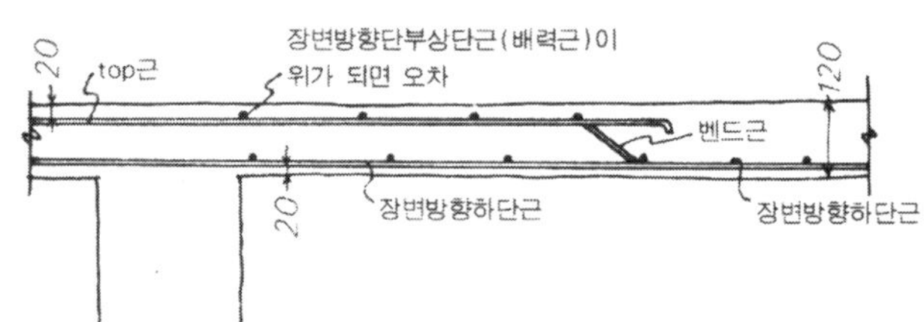

잘못된 배근

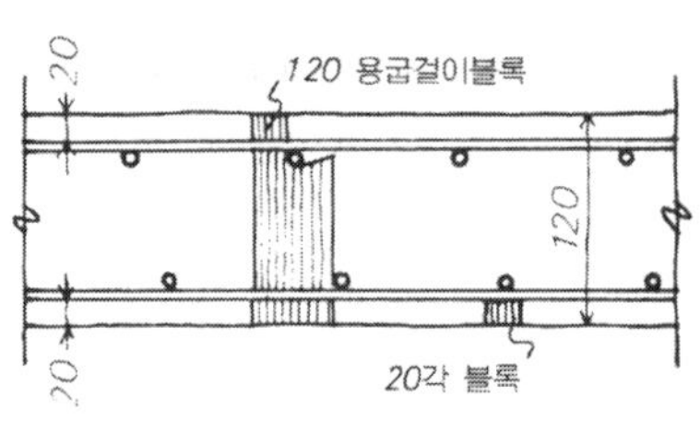

단면도

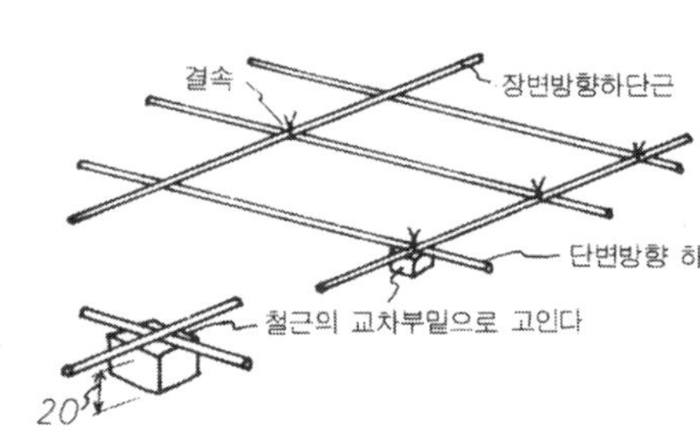

하단근의 유지

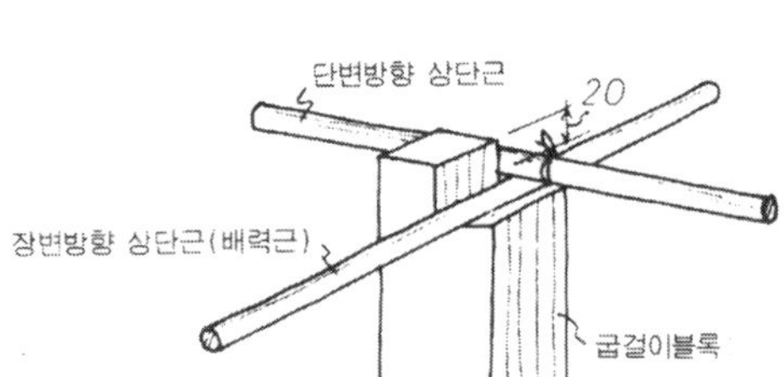

상단근의 유지(양호)

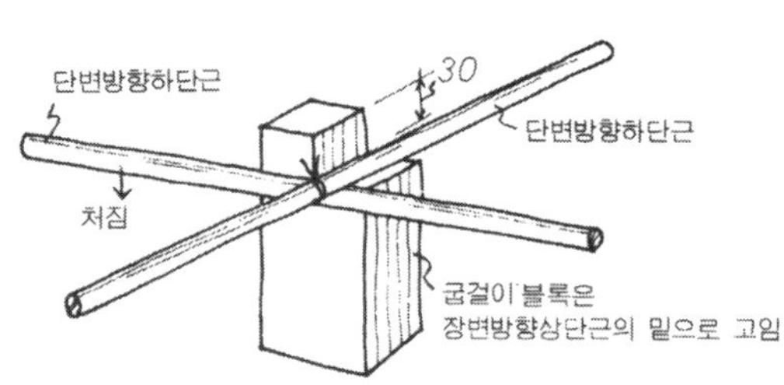

상단근의 유지(불가)

슬래브 근의 유지, 고정

〔6〕 보 위의 슬래브 配筋

앞서 기술한 바와 같이 보를 낀 좌우 슬래브의 배근이 같은 종류, 같은 지름, 같은 pitch인 경우, 슬래브 주근은 다음 그림처럼 보의 stirrup 위에 보조근(9㎜)을 넣어서 굄 블록 등으로 지탱하여 정확히 배근해야 한다.

예 1은 보의 stirrup 위에 9㎜ 철근(보조근이라고 한다)을 걸쳐서 정확한 위치에 결속하고 그 위에 슬래브 상단근을 배근한 올바른 배근 요령을 나타낸 것이다.

슬래브의 콘크리트 피복 두께는 건축법 시행령의 규정에 의하여 통상은 20㎜로 하고 그위에 마무리를 하도록 되어 있다. 이에 대해 보의 콘크리트 피복 두께는 규정에서 30㎜가 필요하므로 보주근 위에 슬래브근을 직접 올려놓듯이 관통하면 예 2에서 보는 바와 같이 보 위의 슬래브근 콘크리트 피복 두께가 보와 같이 30㎜가 되어 슬래브 주근의 효력이 감퇴하게 된다. 따라서 예 1과 같이 보조근을 넣으면 stirrup(직경 9㎜) 보조근(직경 9㎜)=18㎜≒20㎜가 되어 소요의 피복 두께를 확보할 수 있다.

예 2는 잘못된 배근 예이지만, 이 경우 슬래브근의 위치 유지를 생각해서 슬래브근과 보 주근을 결속하는 예를 볼 수 있다. 이것은 상기 이유에서 이중의 잘못을 하게 되는 것이므로 피하여야 한다.

예 3은 굄 블록으로 슬래브근을 지탱하는 방법을 나타낸 것이다. 보조근을 사용하지 않을 경우에는 그림과 같이 굄 블록을 보 가까이 넣어서 지탱하지만, 이 경우 슬래브근과 보 주근을 결속해서는 안 된다. 더우기 슬래브근의 bend 위치에도 굄 블록을 넣어서 철근이 늘어지지 않도록 하는 것을 잊어서는 안 된다.

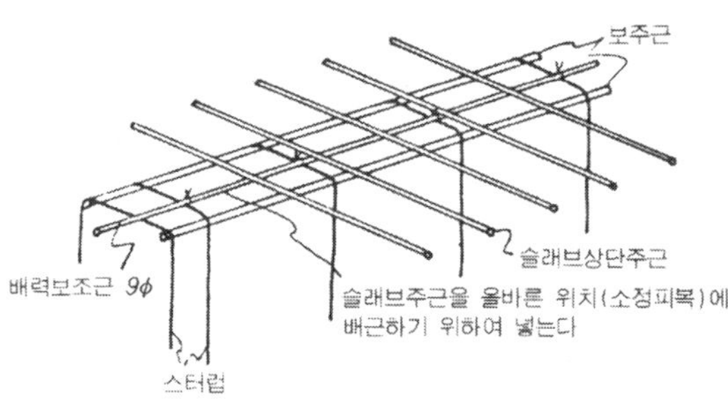

외관도

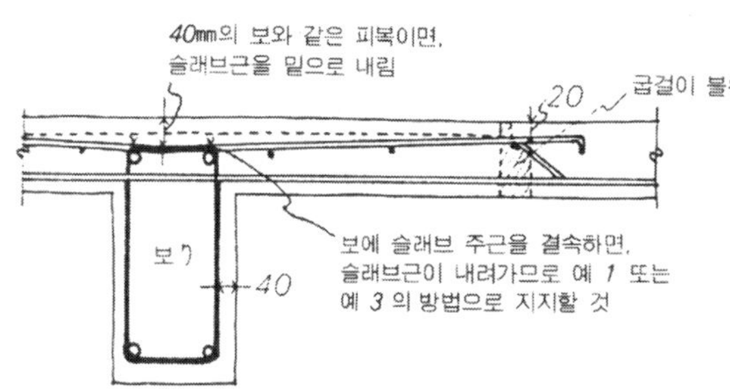

예 2 잘못된 배근예

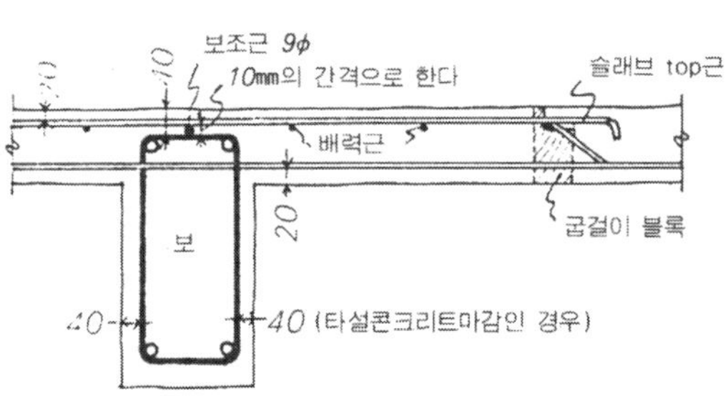

예 1 보조근을 넣어 처리하는 경우(좋은 예)

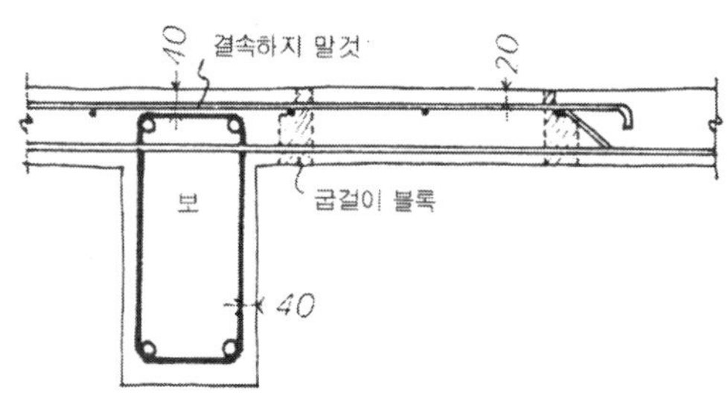

예 3 요괘 블록으로 지지된 경우(좋은 예)

[註] 예 1~3에 표시된 보는 타설 콘크리트 마무리의 경우는 피복 두께(30㎜)의 예이지만, 마무리를 할 경우는 보의 피복 두께는 30㎜로 한다.

5-3 캔틸레버 슬래브의 配筋 요령

〔1〕 배근의 요점

싱글 배근과 더블 배근이 있으며, 배근의 요점은 다음과 같다.

① 싱글 배근은 돌출 길이 1m 미만의 채양 정도에 한하며 그 외는 더블 배근으로 한다.

② 주근은 보로부터 자유단방향으로 향해서 배근하며, 보에 평행이 되도록 배력근을 배치한다(그림 참조).

③ 인접 슬래브의 단차가 있는 경우, 캔틸레버 슬래브의 주근은 반드시 보에 정착시켜야 한다. 또 단차가 없을 경우라도 인접 슬래브의 철근과 종별, 지름, pitch가 다를 경우에는 반드시 보에 정착시킨다.

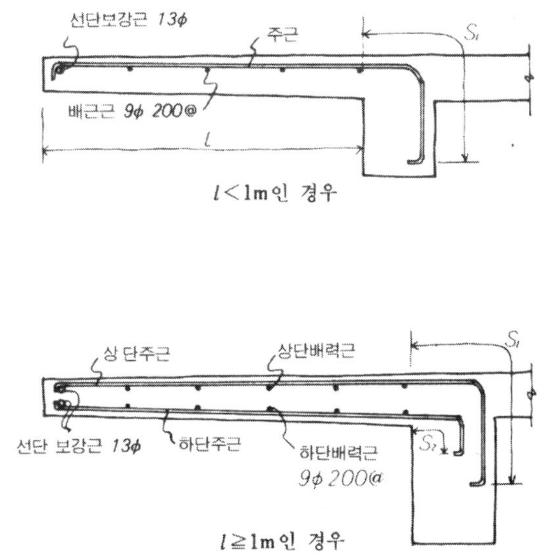

싱글배근과 더블배근

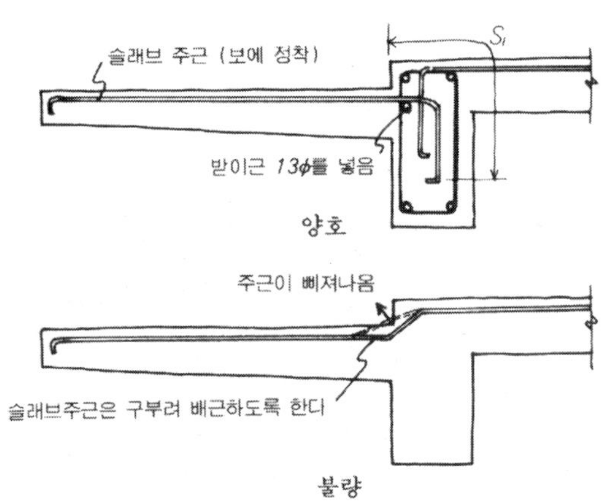

단차가 있는 경우의 배근 요령

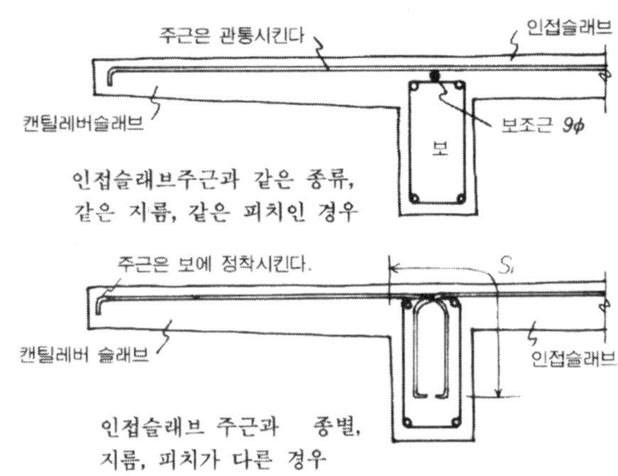

단차가 없는 경우의 배근 요령

〔2〕 자유단부의 배근 요령

캔틸레버 슬래브뿐만 아니라 2변고정, 3변고정의 경우라도 자유단부에는 반드시 보강근(異形 철근이 좋다)을 넣는다. 다음 그림은 돌출 길이와 슬래브 幅과의 관계를 고려해서 가장 일반적인 보강근을 넣는 방법의 예를 나타낸 것이다.

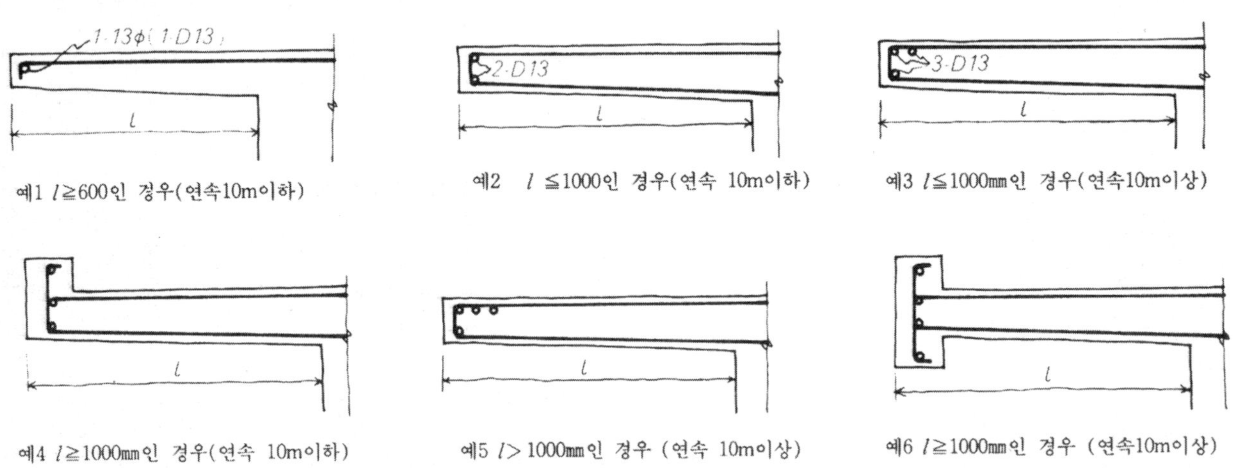

자유단부의 배근예

〔3〕 돌출 모서리부의 보강

캔틸레버 슬래브의 돌출 모서리부의 보강은 슬래브 돌출 길이에 따라서 상단보강근만의 경우(예 1, 예 2를 참조)와 상단, 하단 모두 보조근을 넣는 경우(예 3, 예 4를 참조)가 있다. 이는 구조계산 결과에 따라 지시되지만, 동시에 보강근의 지름, 개수 등에 대해서도 설계지시되는 경우가 있으므로 주의해야 한다.

배근의 방법은 그림과 같이 부채형으로 배근(예 1, 예 3을 참조)하거나 평행으로 배근(예 2, 예 4를 참조)해도 좋다. 단, 어느 쪽이든 기둥, 보에 정확히 정착해야 한다.

정착 치수를 정하는 법은 상단근이 그림과 같이 $S_1(40d)$ 이상이며, 하단근은 $15d$ 이상으로 한다. 하단근의 길이는 슬래브 돌출(l)의 1/2에 $15d$를 더한 길이 이상으로 한다.

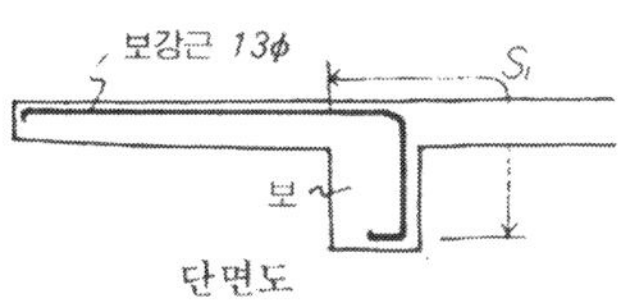

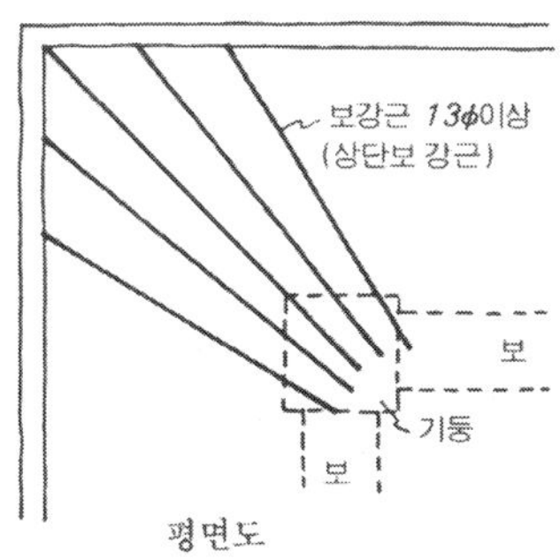

예 1

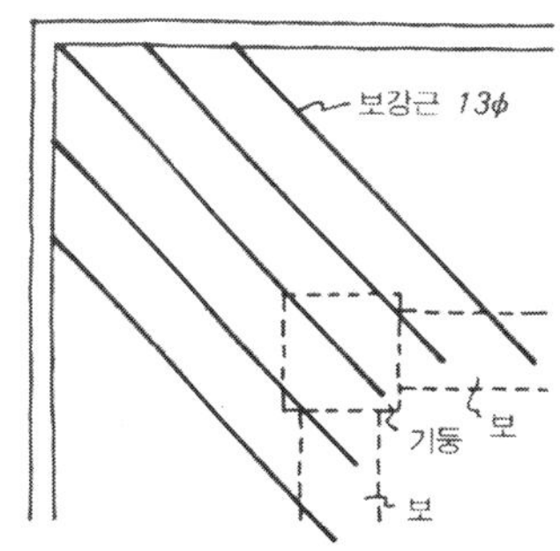

[註] 보강근의 정착은 예 1과 같이 기둥, 보에 $S_1(40d)$의 길이로 정착시킴.

예 2

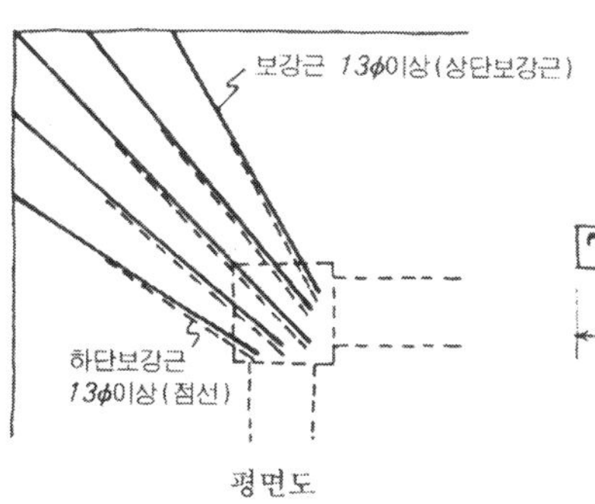

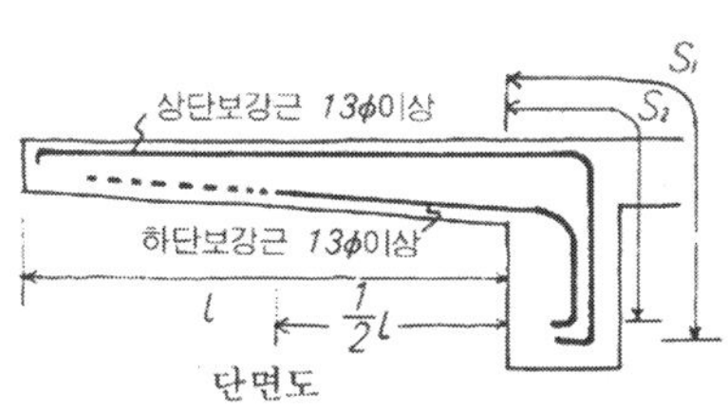

예 3

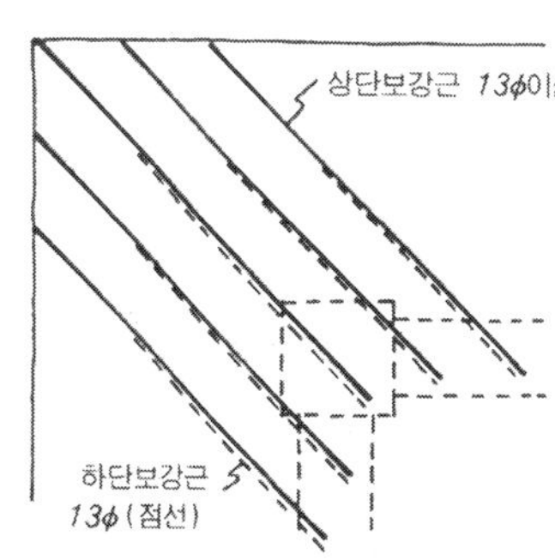

[註] 예 3과 같이 상단근의 정착은 $S_1(40d)$, 하단근의 길이는 $l/2$에 정착 길이 $S_2(15d)$를 가한 것으로 한다.

예 4

5-4 지붕 슬래브의 보강 요령

지붕 슬래브의 배근 요령은 일반 바닥과 같지만, 다음 그림에서 보듯이 건물의 평면형의 돌출 모서리, 들어간 모서리부에는 보강근을 넣는 것이 좋은 방법이다. 이것은 구조의 보강보다도 콘크리트 신축에 의한 균열 방지와 나아가서는 방수층의 보호를 목적으로, 철근대신 wire mesh lath를 치는 예도 많다.

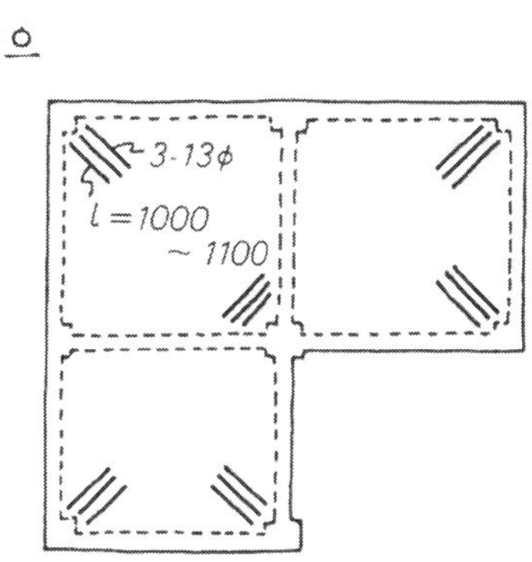

철근에 의한 지붕 슬래브의 보강

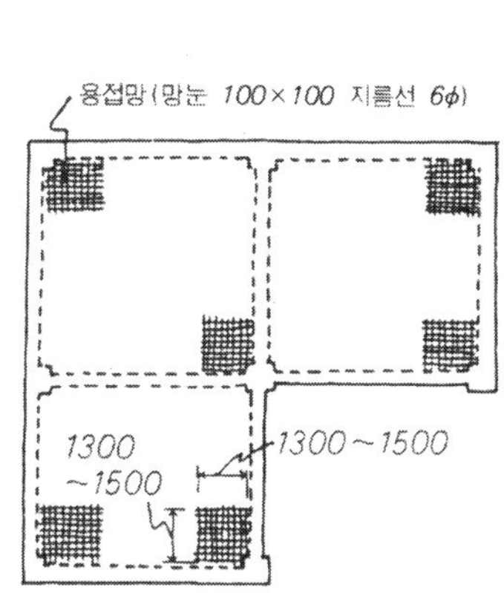

와이어메시에 의한 지붕 슬래브의 보강

5-5 슬래브 배근상세도 예

어느 구조 설계 사무소의 설계 시공기준의 지시 예를 나타낸 것이다. 특히 옥상층 슬래브의 중앙부 배근은 콘크리트 신축에 의한 균열 방지를 고려한 것으로 참고하는 것이 좋다.

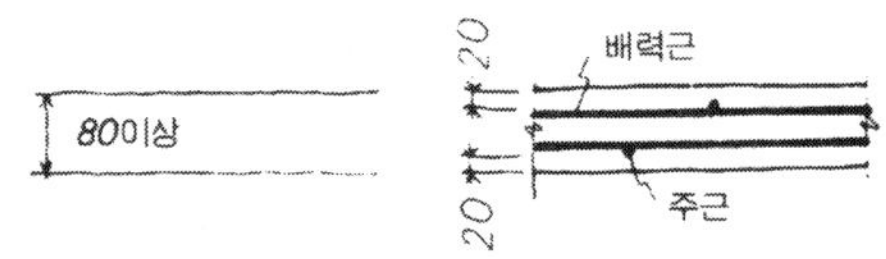

슬래브 피복 두께

슬래브근의 이음 길이

슬래브 배근		SS 39	SSD 39
정착 응력이 큰 이음	인장 S_1	$40d$	$30d$
	압축 S_2	$30d$	$20d$
응력이 작은 이음 S_3		$25d$	$15d$

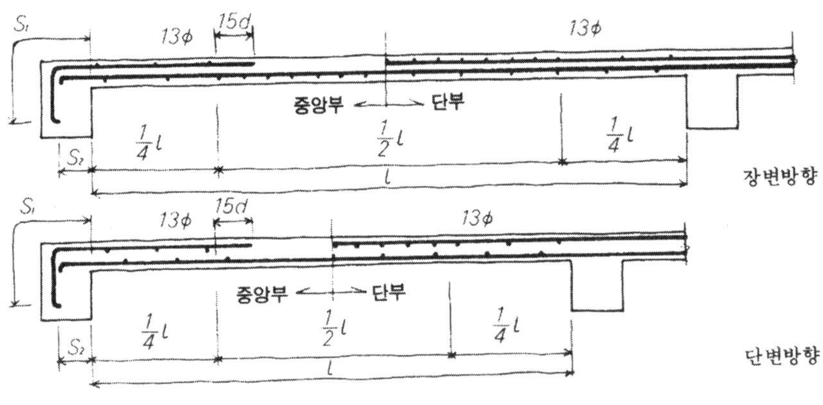

일반층 바닥

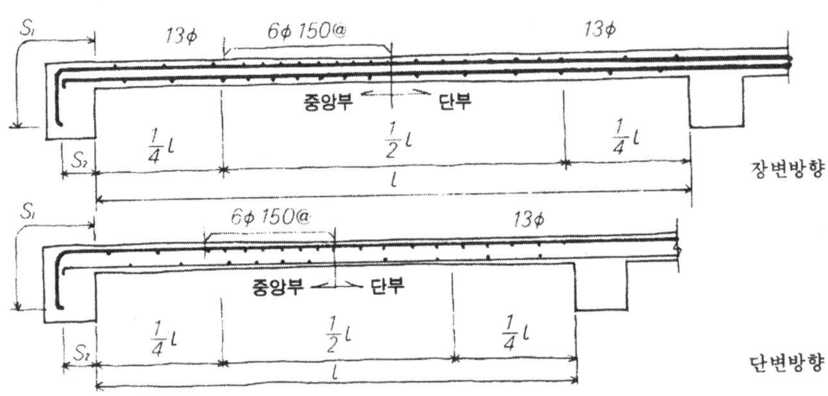

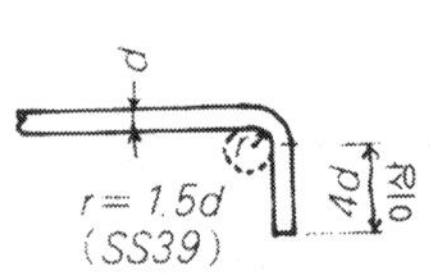

[註] 1. 단변 스팬이 5m 이상인 경우에는 단부에 지지를 만들어 보강할 것. 또한, 큰 스팬 슬래브는 지진의 상하동을 가산할 것.
2. 이음, 정착 길이는 설계도 및 시방서의 지시에 의할 것.

옥상층 슬래브(중앙부의 균열 방지)

6-1 일반사항

계단의 배근예

철근 콘크리트 구조의 계단을 형상이 여러 가지 있다. 구조배근적으로는 아래 그림에서 보듯이 캔틸레버보 형식과 슬래브 형식의 계단으로 大別할 수 있다.

캔틸레버보 형식의 계단은 $B-B$ 단면도와 같이 벽에서 캔틸레버보가 단상으로 돌출되는 것을 가정해서 구조계산을 한 것이다. 따라서 주근은 같은 그림에서 보여주듯이 계단의 상하방향에 대해서 가로(橫) 방향으로 배근하며, 末端은 벽내에 정착하는 것이므로 벽에는 受筋外에 벽보강근을 넣어야 한다. 보조근으로는 $A-A$ 단면도에서 보듯이 하단근, Z자형 보조근, 연결근을 넣어서 구조상 안전한 배근 구성을 한다.

이에 대해 슬래브 형식의 계단은 계단 상하 방향에 주근을 배치하고 그 말단을 보 또는 슬래브에 정착하는 형식이다. 이것은 구조적으로 그림과 같이 경사 슬래브 위에 디딤판이 있는 것으로 구조계산을 한다. 형상적으로는 아래 그림과 같이 계단참 슬래브의 유무에 따라서 갖가지 형상이 고려되지만 요점은 계단참 슬래브와의 접촉부 이음과 정착 및 삽입근을 넣는 방법을 적정하게 하는 것이다.

다음에 캔틸레버보 형식과 슬래브 형식의 계단으로 대별해서 각각 배근 요령을 설명하겠다.

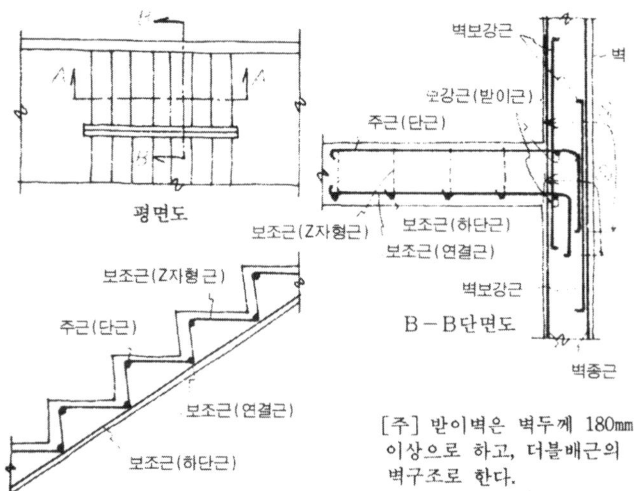

캔틸레버보 형식의 계단

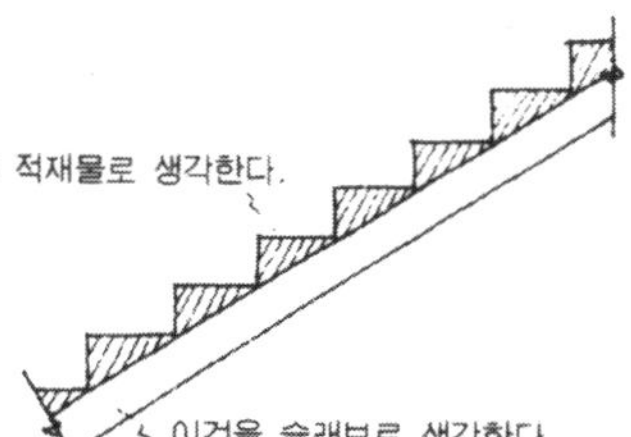

구조계산의 고려

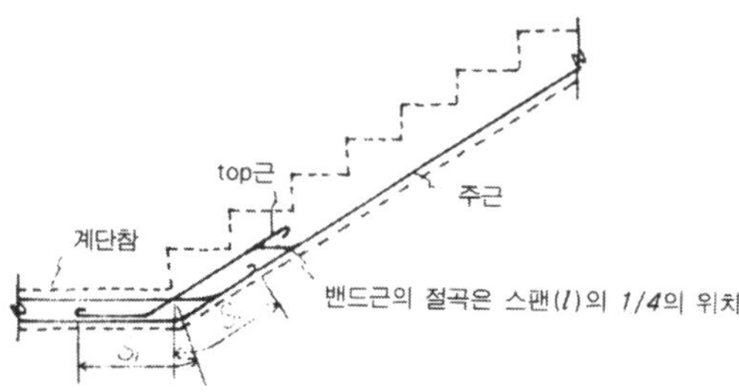

굴곡부의 정착

슬래브 형식의 계단

(받이근+슬래브+단+슬래브+받이보) (받이보+슬래브+단+받이보) (받이보+단+슬래브+받이보)

슬래브 형식의 계단 형상예

6-2 캔틸레버보 형식의 계단

〔1〕 主筋의 정착과 支持壁의 보강

캔틸레버보 형식의 계단은 그림과 같이 한단 한단을 캔틸레버보로 생각해서 구조계산을 하지만, 이를 위해서는 계단 주근을 벽에 충분히 정착시킴과 동시에 응력을 받는 벽에는 보강근을 넣어서 구조적으로 견고하게 해야 한다.

캔틸레버보식 계단의 계단폭은 일반적으로 1.2m(한도는 1.5m)가 사용되고 있지만, 이 경우에는 모멘트도와 같이 이 단부(벽과의 접촉부)는 0.19~0.2t · m의 응력이 더해진다.

따라서 주근은 S_1 이상 벽에 정착시키고 수근(경사근)을 넣어서 위치를 정확히 배근하며 계단을 지탱하는 내력벽도 충분히 보강할 필요가 있다.

일반적으로 이 내력벽은 벽두께를 180㎜ 이상으로 하며 벽근을 더블 배근으로 하지만, 계단응력을 받는 부분의 배근 보강으로는 아래 그림(모멘트도)과 같이 계단을 경계로 상부와 하부에서는 인장력이 반대(벽의 외부, 내부)가 되므로 단부배근 상세도와 같이 벽보강근 넣는 방법을 내부와 외부가 중복되지 않도록 배근한다.

사용철근은 주근, 보강근은 지름 13~16㎜, 그 외의 보조근은 지름 9㎜를 사용한다. 더우기 배근은 1단마다 캔틸레버보로 해서 응력계산으로 정하지만 일반적으로 계단의 돌출폭을 1.2m로 해서 상세도에 나타낸 배근이 상용된다.

돌출폭의 한도는 1.5m로, 그 이상으로 하는 경우에는 슬래브 형식을 사용하는 편이 좋다. 지지벽에는 개구부를 설치하지 않도록 주의해야 한다.

〔2〕 支持壁의 보강

지지벽의 보강 배근도 응력 계산으로 정하지만, 배근 간격은 壁縱筋의 배근 간격과 같은 간격으로 하는 것이 원칙이다.

그러나 피난 계단과 같이 계단의 내민폭이 작으며 적재하중이 작은 경우에는 그림과 같이 지름 13㎜의 벽 보강근을 벽 내부와 외부에 겹치지 않게 배근하는 방법이 많이 사용된다. 단, 이 경우도 보강근의 여장을 충분히 잡는 것을 잊어서는 안 된다.

더우기 벽 보강근은 그림과 같이 계단의 물매에 맞추어 배근하지만 이 벽 보강근의 길이는 지름 1.2~

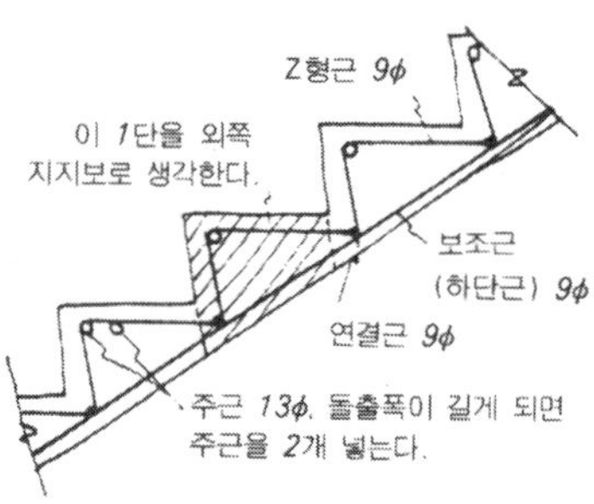

1단의 캔틸레버보로 고려

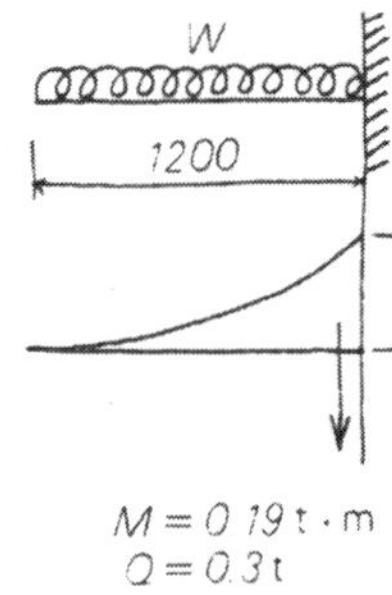

모멘트그림

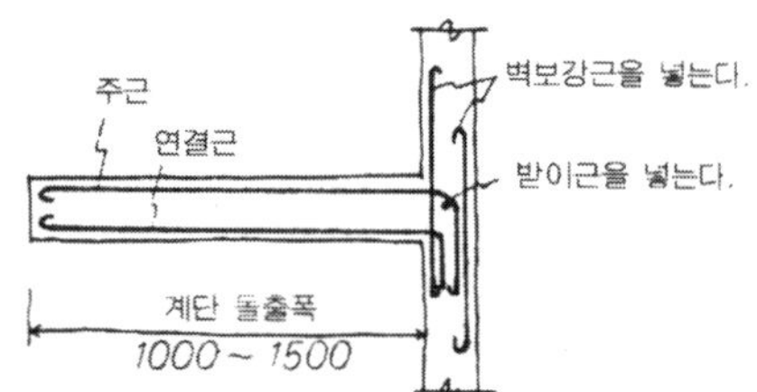

주근배치의 요점

[註] 캔틸레버보 형식의 계단 돌출폭을 보통 1.2m의 치수로 하며, 돌출폭의 한도는 1.5m.

캔틸레버보식 계단의 기본적인 사고법

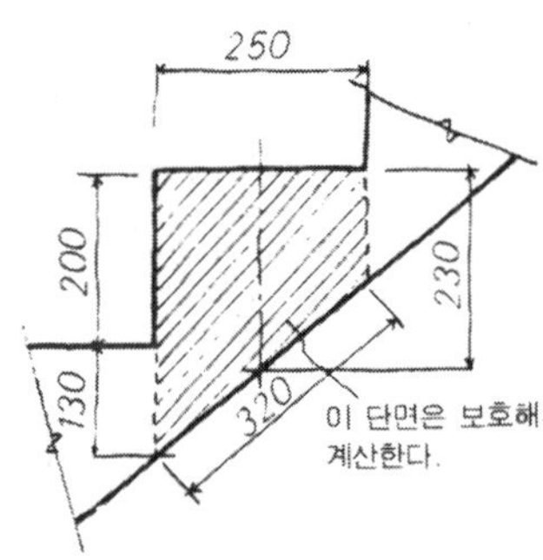

계단형식

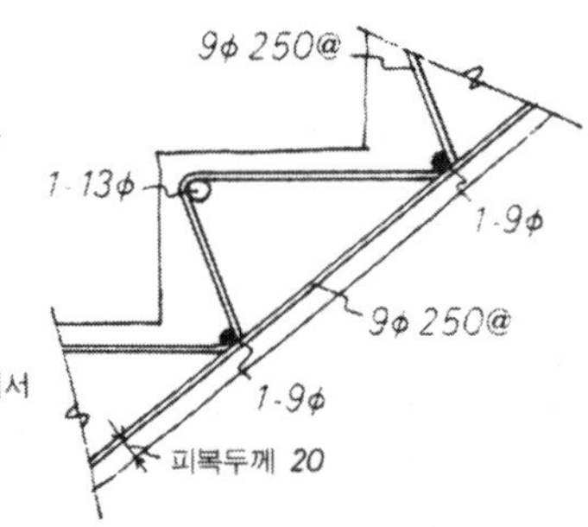

계단의 배근요령도

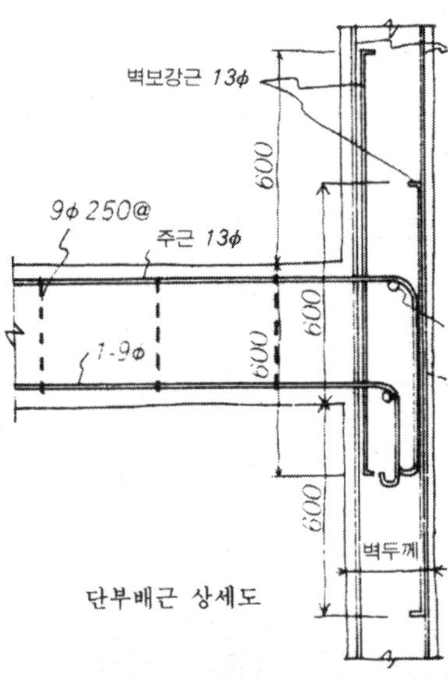

단부배근 상세도

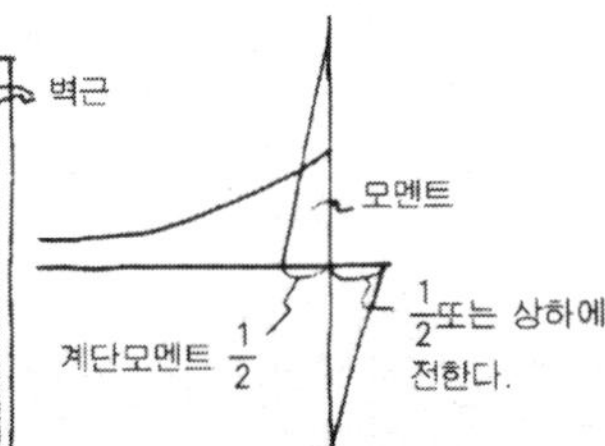

계단단부의 모멘트그림

[註] 단부 모멘트도에서 알 수 있는 것같이 응력의 1/2씩 상하에 작용하므로, 벽의 보강근도 좌도와 같이 벽의 내측과 외측에 넣는 것을 원칙으로 한다.

캔틸레버보식 계단의 배근 요령

1.5m로 하고 그 말단부에는 hook을 설치한다. 보강근은 壁縱筋 사이에 정확히 위치를 정하고 壁縱筋에 결속해서 부착한다. 이 경우, 보강근의 hook방향은 壁心쪽으로 한다. 또한, 受筋의 배근을 잇어서는 안 된다.

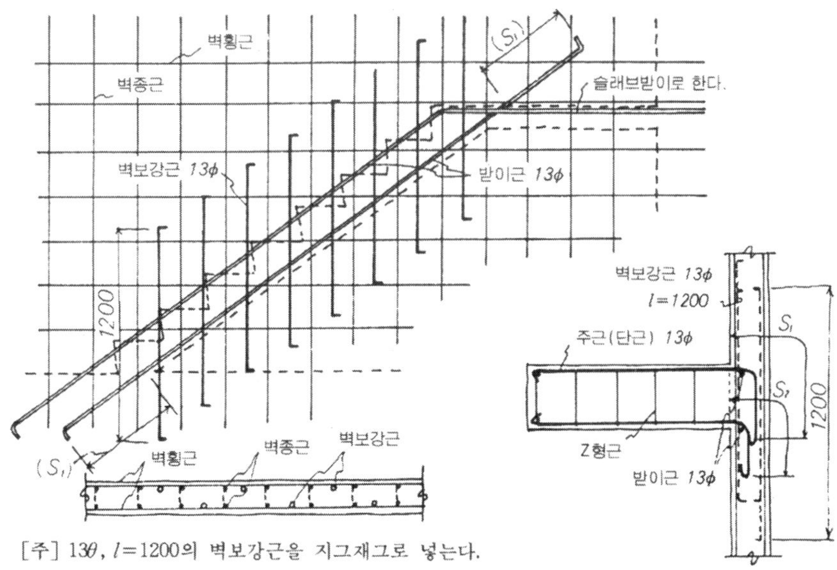

[주] 13θ, l=1200의 벽보강근을 지그재그로 넣는다.

벽보강근을 넣는 방법

(3) 단근의 배근 요령

예 1, 예 2는, 가장 일반적인 캔틸레버보식 계단의 단근배근 요령을 나타낸 것이다. 계단의 내민幅과 난간의 구조에 따라서 그림에서 보는 바와 같이 배근량은 다르지만 시공은 항상 설계도서에 따라서 배근한다.

예 3, 예 4는 캔틸레버보식으로 의장 계단으로 하는 경우의 배근예를 나타낸 것이다. 계단의 하단을 단형으로 표현하는 경우의 예이다. 배근시에는 설계도서에 따라서 정확한 시공을 하여야 한다.

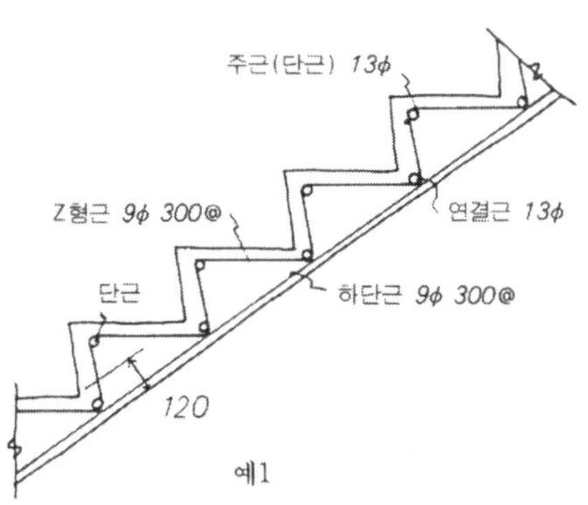

예1

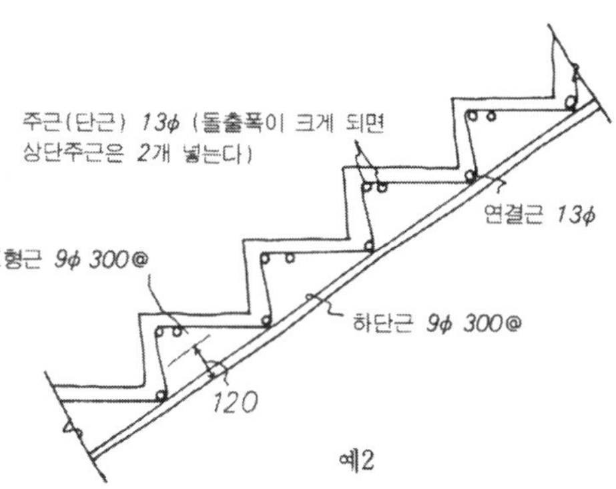

예2

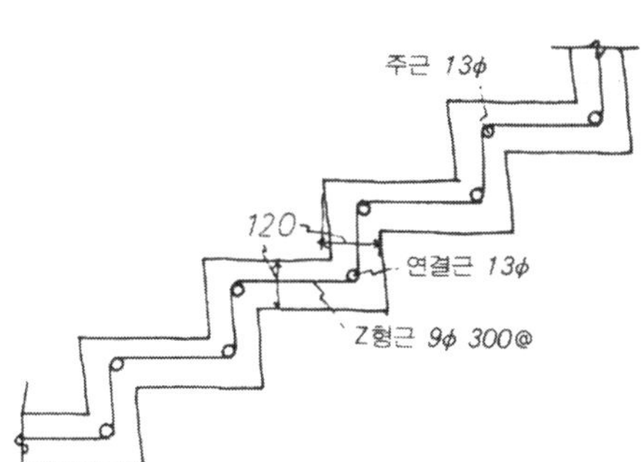

예3

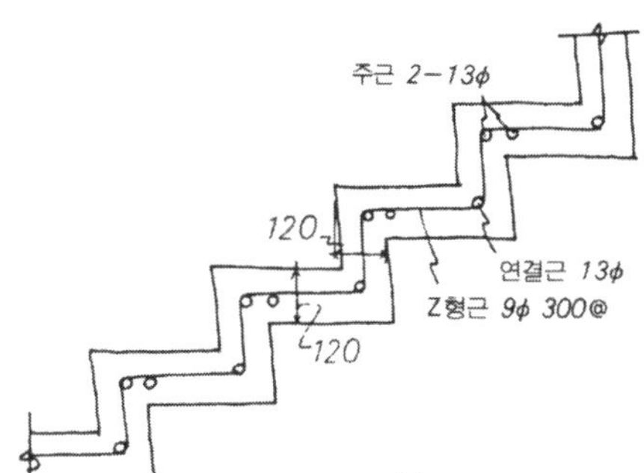

예4

계단의 배근예 예

〔4〕 Z자형 보조근의 배근 요령

캔틸레버보식 계단의 돌출폭이 커지면 상단주근은 2개를 넣게 되지만, Z자형 조근의 가공과 배근이 틀리면 예 1과 같이 주근이 밑으로 치지거나 바른 위치에서 벗어나게 된다. 이것은 참고도와 같이 주근의 효력(캔틸레버보로서의 효력)을 감퇴시키므로 예 2와 같이 계단의 물매에 적당한 Z자형 보조근을 가공 및 조립해야 한다.

또한, 배근에 있어서는 예 2와 같이 상단주근 위를 돌린 Z자형 보조근은 연결근 밑을 돌리고 요소를 철사로 결속 고정시킨다.

〔5〕 배근의 요점

배근은, 주근, 보조근 모두 도면에서 지시한대로 배근하지만, 이 경우의 요점은 다음과 같다.

① 단부분을 캔틸레버보로 해서 계산하므로 주근(단근이라고도 한다)의 벽정착 길이는 S_1 이상으로 한다.

② 주근 및 연결근의 벽정착부에는 반드시 수근(경사근이라고도 함)을 넣어서 주근 위치를 정확히 유지한다. 이것은 주근에서 전해지는 휨응력을 벽에 분사해서 전달하는 역할을 한다.

③ 벽에는 길이 1.2~1.5m, 지름 13㎜의 벽 보강근을 넣는다.

④ Z자형 보조근은 주근(단근)을 정확한 위치에 배근하기 위해 정확히 가공해서 정확한 위치에 넣는다.

〔註〕 Z자형근의 가공은 계단 물매, 단나비 치수에 맞도록 휜다.

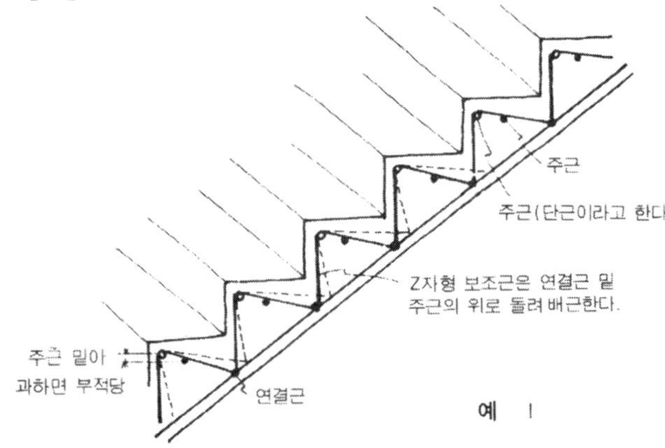

예 1

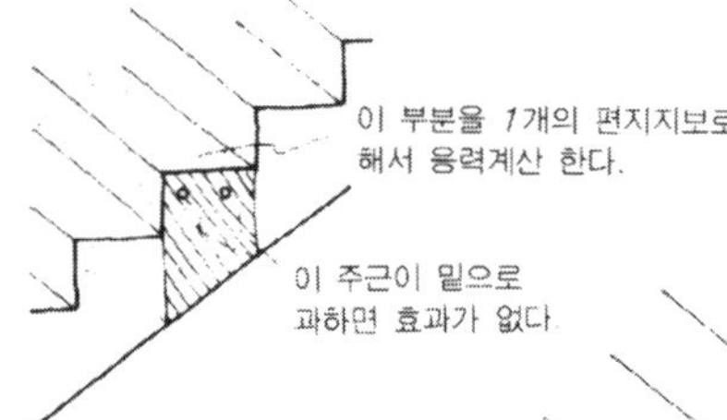

참고도

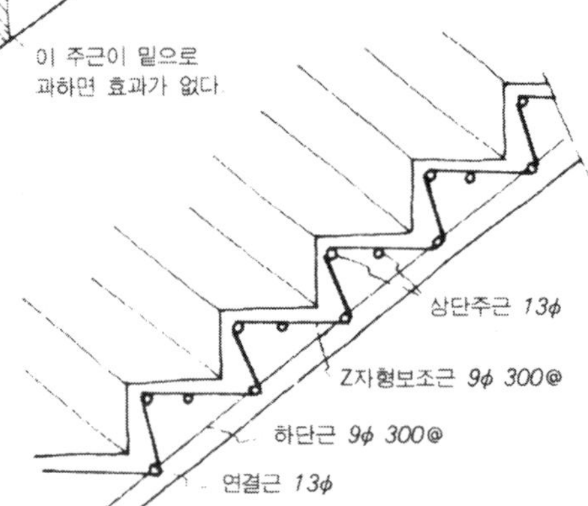

예 2

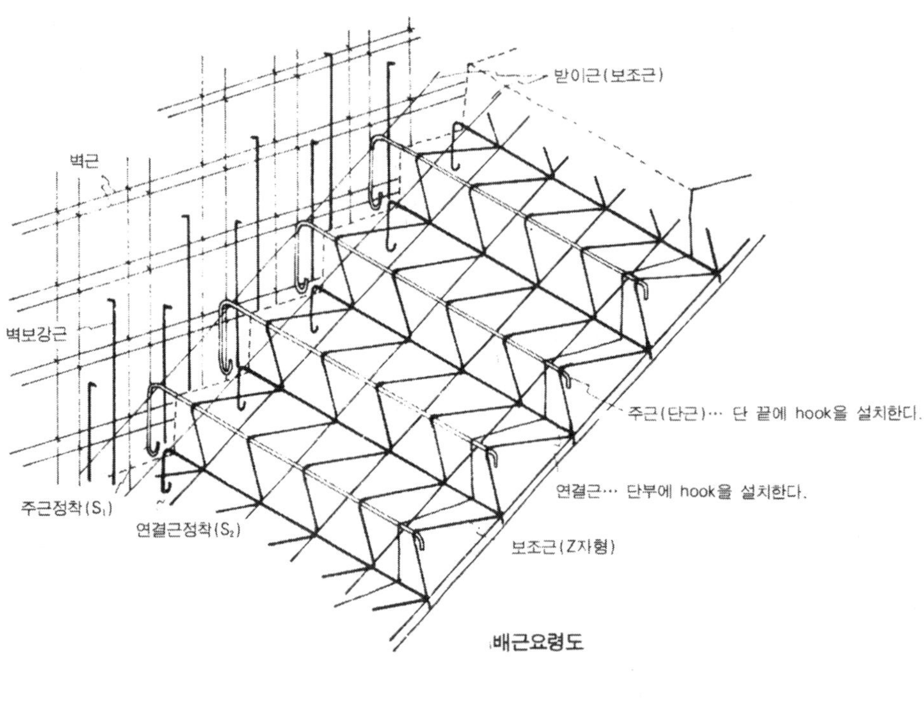

배근요령도

〔6〕 배근상세도 예

참고 평면도와 같이 캔틸레버보 형식의 돌음 계단의 배근 상세예이지만, $A-A$ 단면에서 알 수 있듯이 段端上下에 보를 설치할 경우의 예이다. 단부배근 요령은 이미 말한 요점과 같이 경사근, Z자형 보조근의 상하단은 반드시 절곡해서 보 내에 정착한다. 현장에서는 이 철근末端에 hook을 설치하지 않는 예를 볼 수 있으나 정착의 경우에는 반드시 端末에 hook을 설치하여야 한다.

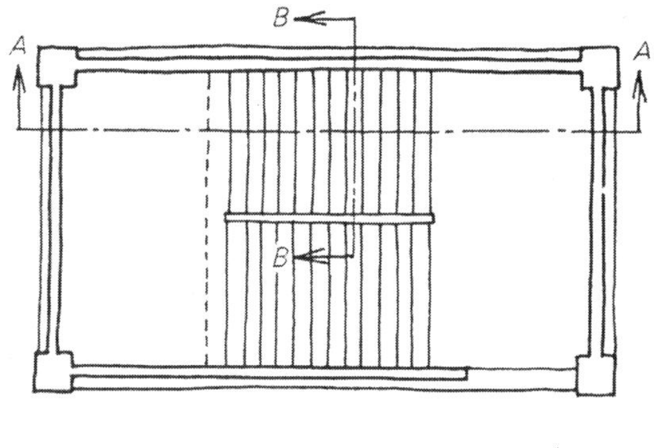

참고평면도

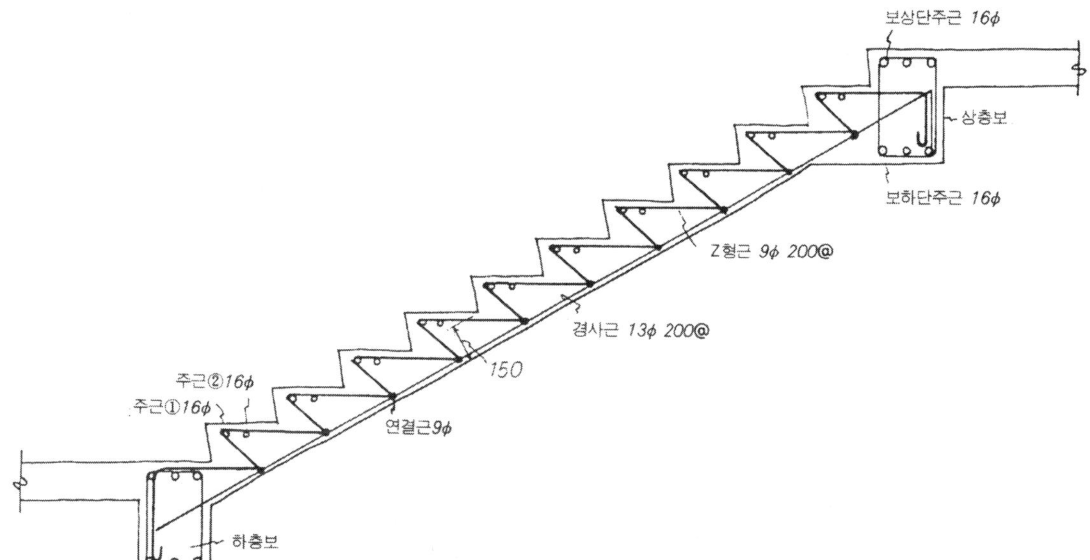

A－A단면도

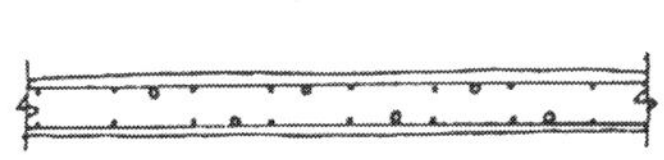
수평단면도

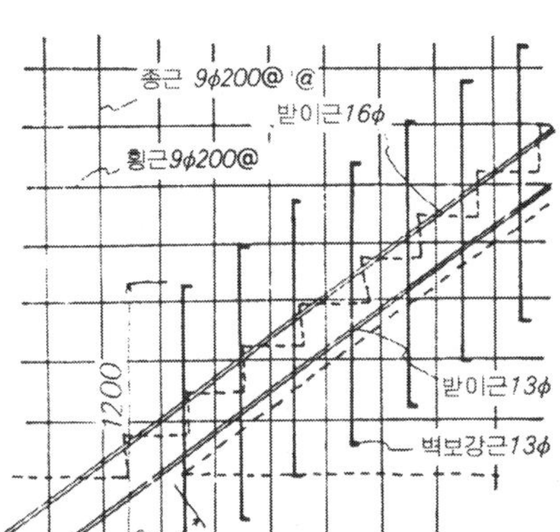

측면도

벽의 보강 상세

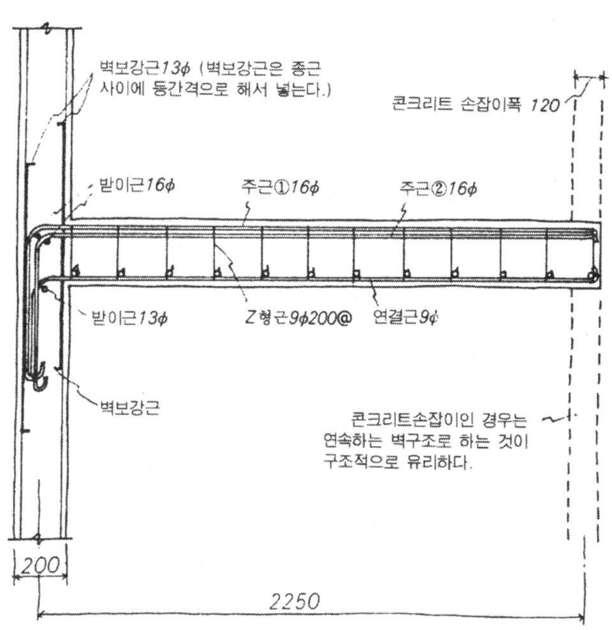

B－B단면도

6-3 슬래브 형식의 계단

슬래브 형식 계단은 그림과 같은 2변고정(上下층의 계단 받이보나 슬래브에 주근을 정착) 형식의 것이 대부분이다.

〔1〕 折曲 슬래브식 계단

슬래브식 계단은 주근을 계단 상하방향에 넣고 그 선단을 슬래브나 보에 정착하지만, 예 1은 계단 주근을 계단참 슬래브에 정착하는 경우의 예를 나타낸 것이다.

이 형식을 사용할 경우, 특히 절곡부 정착에 주의해야 한다. 일반적으로 콘크리트 치기는 각층 바닥 위에서 하지만, 돌음 계단인 경우에는 계단참과 단형

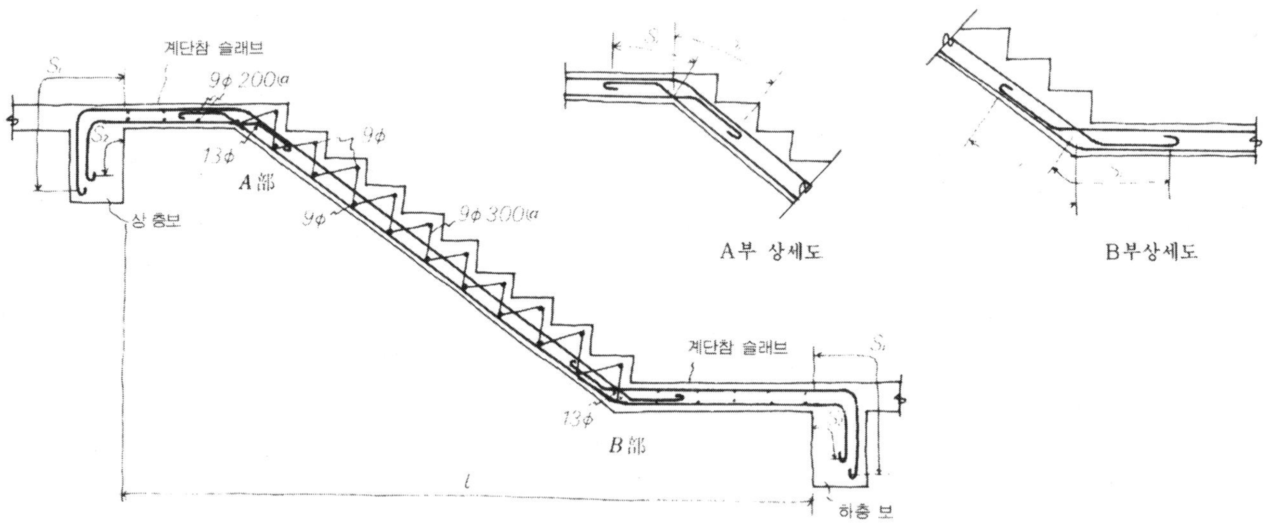

예 1 휘어진 슬래브식(계단참+단+계단참) 계단

의 접속부에 콘크리트 타설을 하므로 단과 계단참의 접촉부의 정착에 충분히 주의를 해야 하며, 시공시에는 삽입근(다음 페이지 참조)을 확실히 삽입하는 등의 배려가 중요하다.

〔2〕 계단참이 없는 슬래브식 계단

이 형식의 계단의 주근 정착은 바닥 주근의 보 정착과 같이 생각해도 좋다. 그림의 上층보와 같이 계단 主筋을 보 主筋 위에 올려놓고 정착할 수 있는 경우에는 받침 보조근이 필요하지 않으면 下층보와 같이 보춤 中腹에 계단 주근이 처리되는 경우에는 그림에 나타낸 위치에 반드시 받침 보조근을 넣어야 한다.

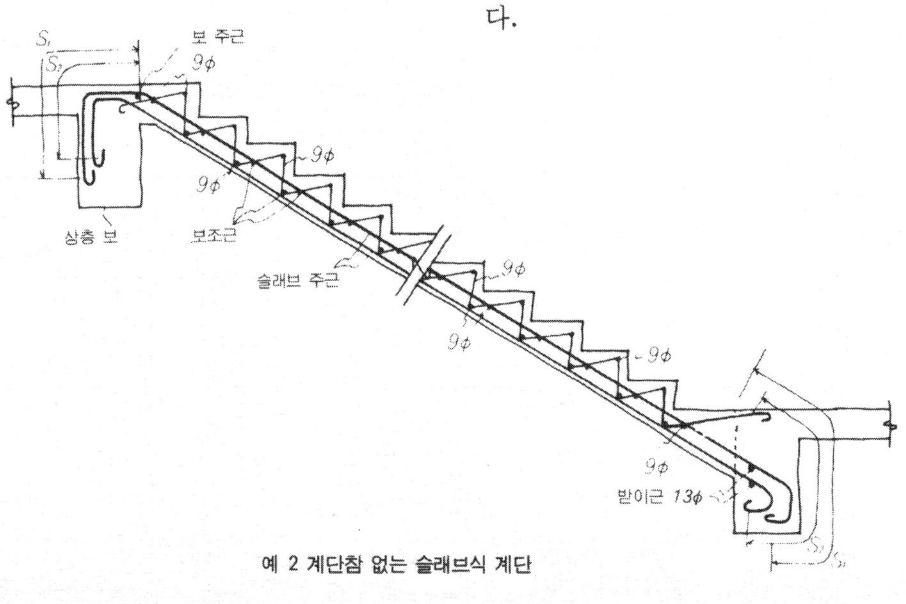

예 2 계단참 없는 슬래브식 계단

〔3〕 配筋의 요점

사용 철근(지름) 및 배근 간격(pitch)은 설계도 지시에 따르지만, 주근은 그림과 같이 슬래브 부분 밑면에 계단 상하방향을 향해서 배근하며, 바닥 배근과 같이 bend근(주근), top근(주근)을 배근한다. bend근의 bend 위치는 바닥의 경우와 같이 단부(정착부)에서 $l/4$(단, l은 슬래브 길이)의 위치로 한다.

슬래브 부분의 배근은 그 밖에도 모두 바닥인 경우처럼 생각하면 되지만, 단형을 구성하는 Z자형 근도 보조근이라고 하고 조립 작업의 비계로 사용하므로 도면의 지시대로 pitch를 정확히 배근해야 한다.

시공시 콘크리트 타설부의 삽입근 넣는 방법에 주의해야 하며, 그 요령은 다음과 같다.

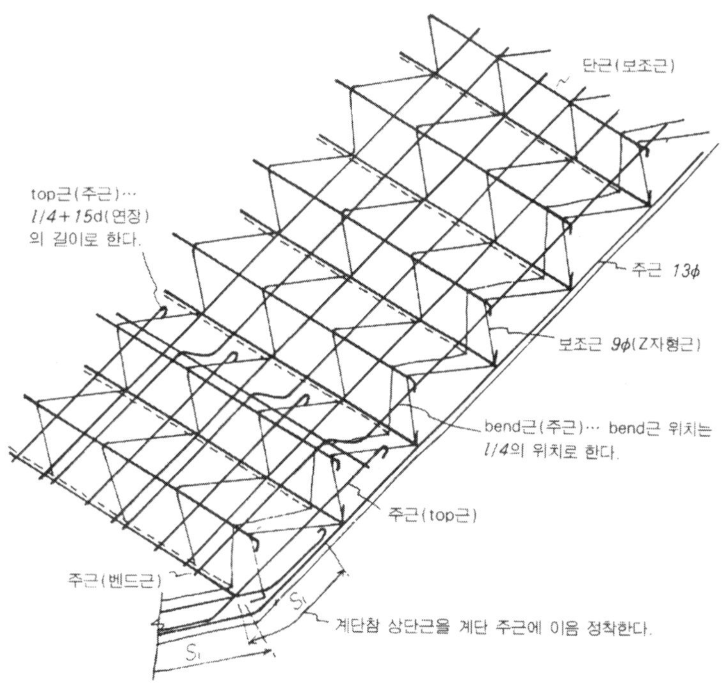

슬래브식 계단의 배근도

〔4〕 Joint bar의 넣는 방법

그림과 같이 계단참의 콘크리트 치기 전이나 치기 직후에 필요한 길이의 조인트바를 우선 계단참 슬래브에 수평으로 삽입한다. 이 경우, 미리 조인트바를 휘거나 방치하면 콘크리트가 硬化 전에 늘어져서 위치를 벗어날 때가 있으므로 아래 그림과 같이 계단참 슬래브 거푸집의 여장을 이용해서 블록을 굄으로써 정확한 위치를 유지하면 좋다.

조인트바의 길이는 아래 그림에서 표시된 길이 이상으로 하고 개수는 계단참 슬래브 주근과 같으며, 위치 간격도 계단참 슬래브의 주근과 같게 해서 상단근, 하단근의 위치를 정확히 배근하고 유지한다.

이 조인트바는 계단의 배근조립시 소정의 각도로 휘어두지만 계단 슬래브에 대해서도 소정의 정착 길이가 충분히 확보될 수 있도록 정확하게 배근하여야 한다.

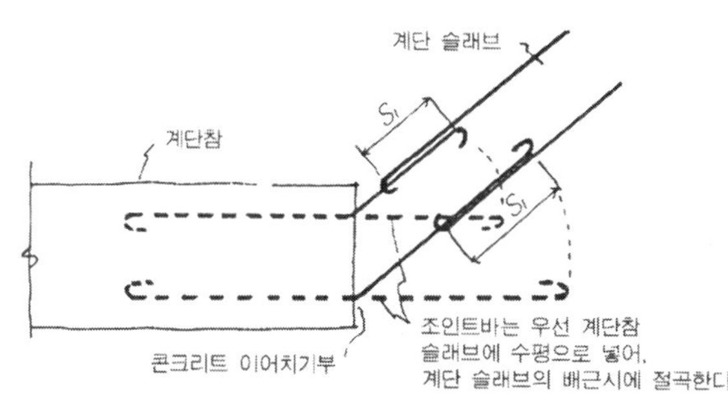

연결삽입근을 넣는 방법

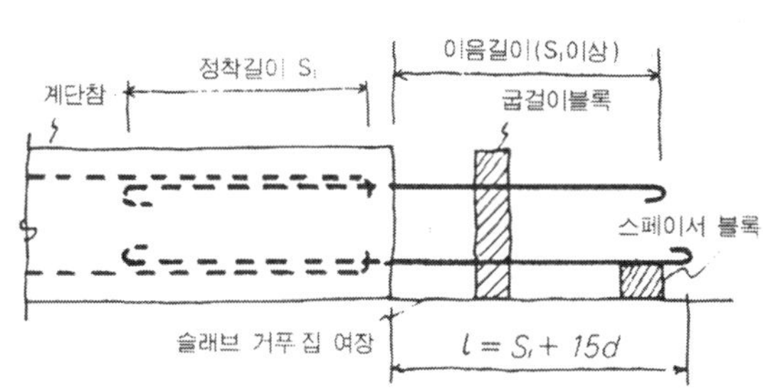

연결 삽입근의 정착 이음 길이와 유지 방법

〔5〕 배근상세도 예

계단폭이 넓은 돌림 계단의 배근 상세 예이다. 단부와 계단참의 접합부에는 지지보를 설치하고, 계단 주근, 계단참 슬래브 주근을 정착 고정하는 구성이다.

계단참 슬래브의 배근은 일반적으로 슬래브와 같다. 또한 계단 슬래브도 주근의 배근은 일반 슬래브와 같아서 주근 bend 위치는 $A-A$ 단면에서 표시된 것처럼 斜面 슬래브의 $l/4$ 위치로 하고, 하단주근은 13ϕ 200@, 상단주근(bend근, top근을 교대로 넣는다)은 13ϕ 100@로 배근한다. Z자형 보조근은 9ϕ 200@로 해서 배근하며 下端配力筋(지름 9㎜)은 그 折曲 위치에 둔다. 上端配力筋은 9ϕ 300@로 배근한다.

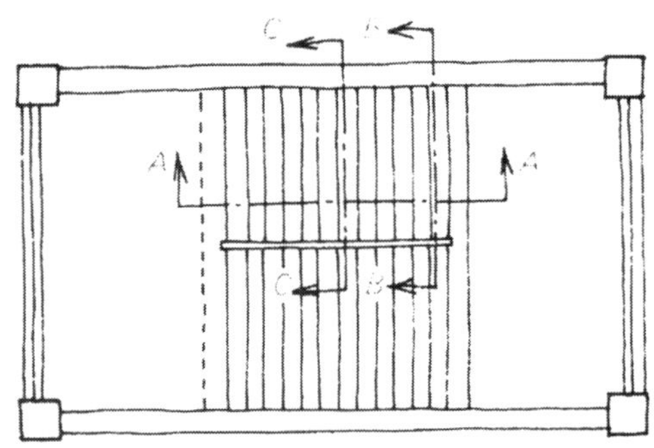

참고평면도

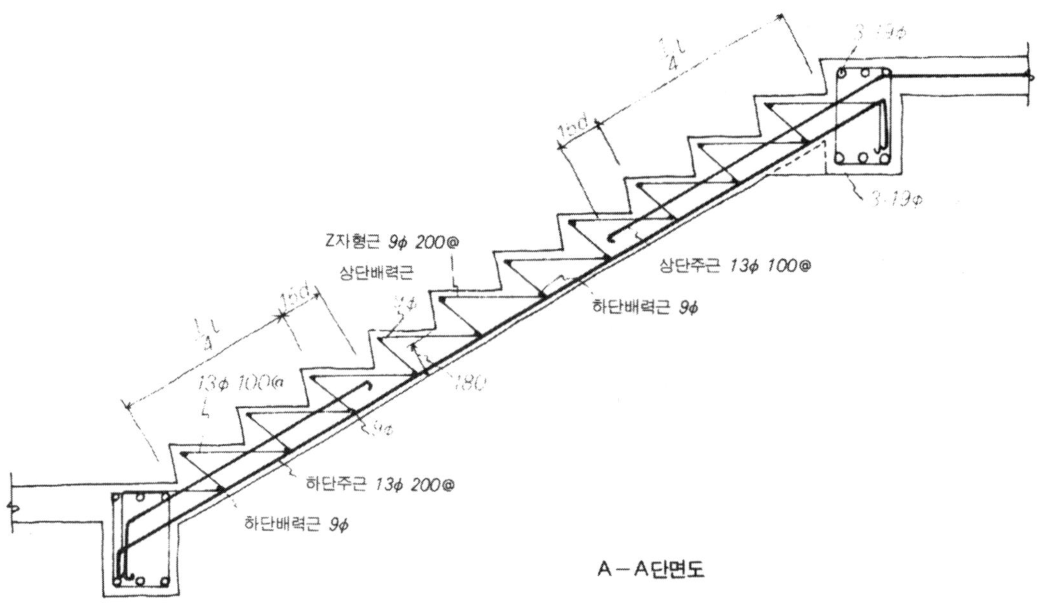

A－A단면도

조립 배근에 있어서는 소요 피복 두께를 확보하기 위해 스페이서 블록(2㎝ 각)을 넣는 것이 바람직하다. 실제 시공시에는 계단참 슬래브면에는 넣어도 계단부 斜面에는 넣는 것을 잊을 때가 많으므로 주의할 필요가 있다.

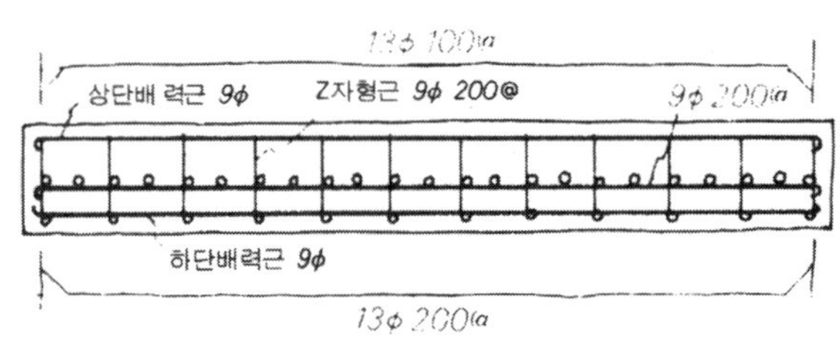

B－B단면도(단부)

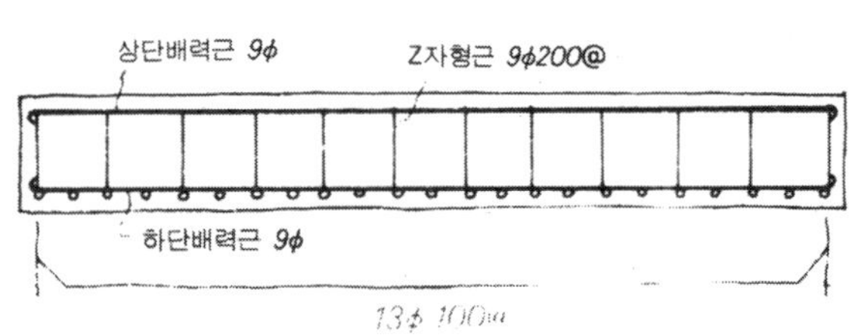

C－C단면도(중앙부)

7-1 일반사항

〔1〕 耐震壁과 일반壁

철근 콘크리트造 벽은 구조적으로는 내진벽과 일반벽으로 大別되며, 내진벽은 벽 두께를 150㎜ 이상으로 하도록 규정되어 있으나, 일반벽에 대해서는 특별한 규정이 없다.

그러나 일반벽도 구조상으로는 建物 전체의 強度를 높이고 耐性을 갖게 하는데 효과가 있으므로 설계, 시공시에 구조적인 배려를 소홀히 해서는 안 된다. 외부로 면한 벽은 구조 강도 문제뿐만 아니라 누수방지란 의미에서도 벽두께를 150㎜ 이상으로 하며 더블 배근으로 하는 것이 바람직하다.

벽의 배근(더블배근)

〔2〕 벽두께와 배근

내진벽인 경우, 그림의 배근 요령과 같이 종근, 횡근을 배치하고 종, 횡 모두 1m 이내의 간격으로 폭고정근(9㎜ 철근)을 부착시킨다. 벽종근의 정착 요령 및 콘크리트 이어치기부의 조인트바에 대해서는 뒤에 기술한다. 벽배근에 종근, 횡근 모두 일반적으로 지름 9㎜의 환강을 사용한다.

그림과 같이 벽의 개구부(창, 出入口 등)에 면한 종근, 횡근은 13㎜ 근 2개를 넣어서 보강함과 동시에, 코너에는 13㎜ 보강근을 넣는다. 내력벽의 가새筋에는 지름 13㎜의 철근을 사용한다.

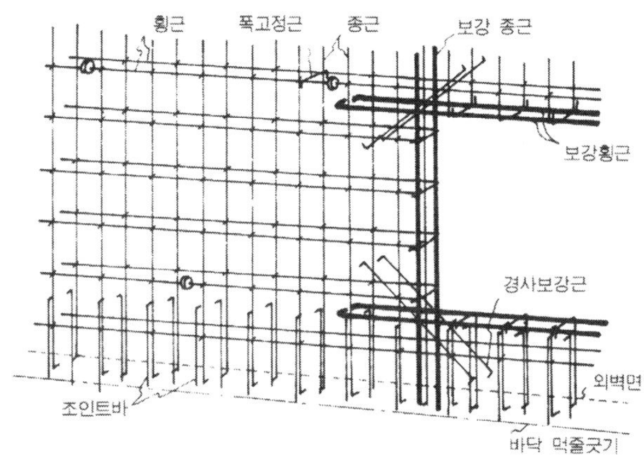

벽의 배근요령

벽두께와 배근과의 관계

벽두께(㎜)	벽배근단면	철근의 배근기준 (종근 및 횡근)	
100	100	9φ 250@	[註] 1. 굽벽의 배근은 보통 아래와 같다. 벽두께 120㎜ 종근 9φ 200@ 싱글배근
120	120	9φ 220@	횡근 9φ 100@ 싱글배근
150	150	9φ 150@	벽두께 150㎜ 종근 9φ 150@ 싱글배근
150	150	9φ 250@ 지그재그	횡근 9φ 100@ 싱글배근
180	180	9φ 200@	2. 더블배근일 경우에는 종, 횡 모두 1m 이내에 폭 고정근(지름 9㎜)을 설치한다.
200	180	9φ 200@	3. 싱글배근일 경우에도 콘크리트 치기를 고려하여 벽두께는 120㎜ 이상이 좋다.

7-2 벽근과 기둥, 보와의 연결

〔1〕 벽 종근의 정착

벽 종근이 보에 정착하는 것은 그림과 같이 脚部, 頭部 모두 내력벽인 경우에는 $S_1(40d)$, 일반벽인 경우에는 $S_2(25d)$로 하여야 한다. 오히려 각부에서는 콘크리트 이어치기의 관계도 있으므로 일반적으로 조인트바를 보에 정착시켜 여기에 종근을 잇는 것이 보통이다.

콘크리트 이어치기인 경우에 조인트바의 정착 및 이음의 요령을 나타낸 것이다. 이음 길이에도 정착 치수와 같이 내력벽인 경우는 $S_1(40d)$, 일반벽인 경우는 $S_2(25d)$로 하지만, 1개 건너 $15d$의 길이만큼 긴 조인트바를 정착시켜서 이음부를 견고하게 하는 방법을 취하면 좋다. 또, 이 조인트바와 벽종근과의 이음은 모두 선단에 hook을 달고 소정의 정착 치수를 확보해서 결속하여야만 된다. 단, 보의 stirrup 위치가 방해가 되어 조인트바 위치가 빗나간 곳은 결속하지 않은채로 정착시킨다.

〔2〕 벽 횡근의 정착

횡근이 기둥으로 정착하는 것은 기본적으로 종근의 경우와 같다. 내력벽인 경우는 $S_1(40d)$, 일반벽인 경우는 $S_2(25d)$의 정착 길이로 한다. 모서리 기둥의 정착 경우도 마찬가지다.

예 4는 기둥면과 외벽면이 동일하게 평면이 되었을 경우의 벽 횡근의 배근 요령을 나타낸 것으로서 이 경우는 기둥 hoop 내에 벽 횡근을 정착할 수가 없으므로 그림과 같이 관통해서 배근한다. 내부의 벽 횡근은 기둥 hoop 내에 정착이 되므로 원칙대로 정착시킨다.

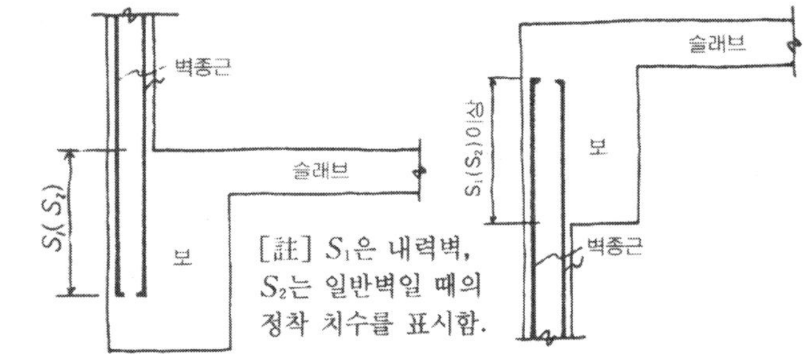

벽각부의 정착　　벽두부의 정착

벽종근의 정착

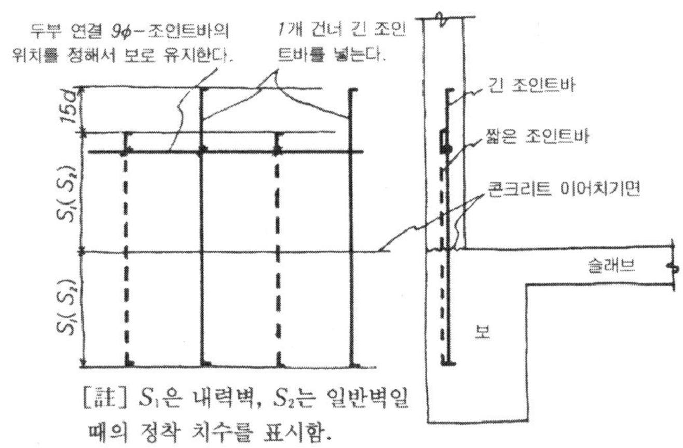

콘크리트 이음부의 삽입근 요령

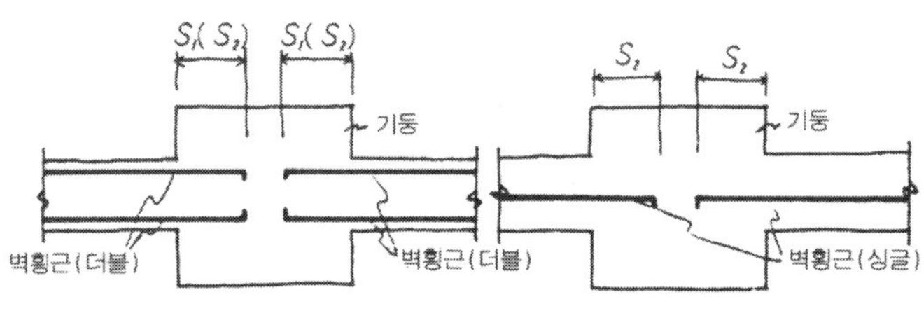

예1 더블배근의 경우　　예2 싱글배근의 경우

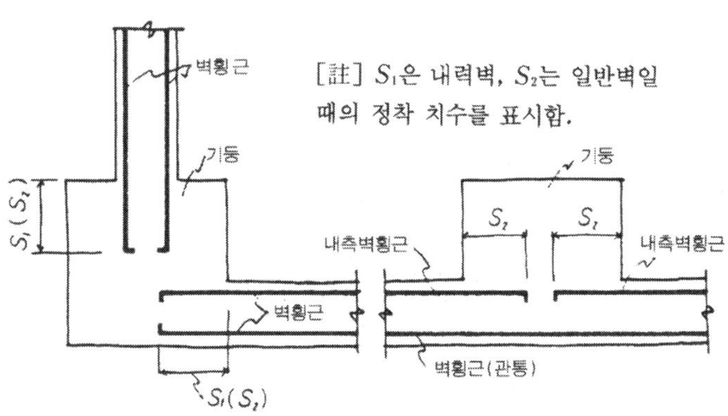

예3 모서리부의 정착　　예4 관통배근의 예

벽횡근의 정착

〔3〕 기둥, 보에 관통시키는 경우

그림은 일반적인 더블 배근벽의 배근 요령을 나타낸 것으로 내력벽인 경우도 배근 요령은 같다. 단, 이음, 정착 치수 정하는 방법이 일반벽인 $S_2(25d)$에 비하여 내력벽은 $S_1(40d)$이 되므로 주의해야 한다.

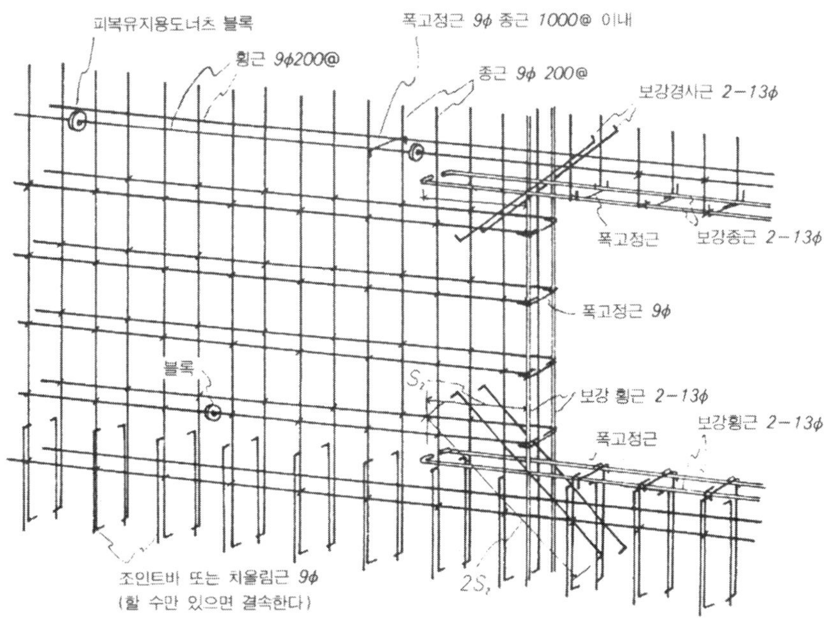

[註] 벽근의 이음은 내력벽외에는 S_2로 한다.

벽의 배근 요령(복배근의 예)

아래 그림의 예 1～예 6은 내력벽인 경우, 관통된 벽근과 기둥, 보와의 접촉을 나타낸 것이다. 예 1 및 예 4는 지하실벽인 경우의 배근 예이지만, 땅에 접하는 쪽(외부)의 종근, 횡근 모두 그림과 같이 보, 기둥의 주근 외부에 관통시켜 배근하고, 정착, 이음은 $S_1(40d)$로 한다. 예 2, 예 3, 예 5, 예 6은 일반층 벽인 경우의 배근 예이다. 지하실의 경우와는 달라서 벽근은 모두 기둥, 보 주근 내부에 관통시켜서 처리한다. 예 3, 예 6은 벽근을 휘어서 관통시키는데 대하여, 예 2, 예 5는 이음근을 첨부해서 배근한 예이다.

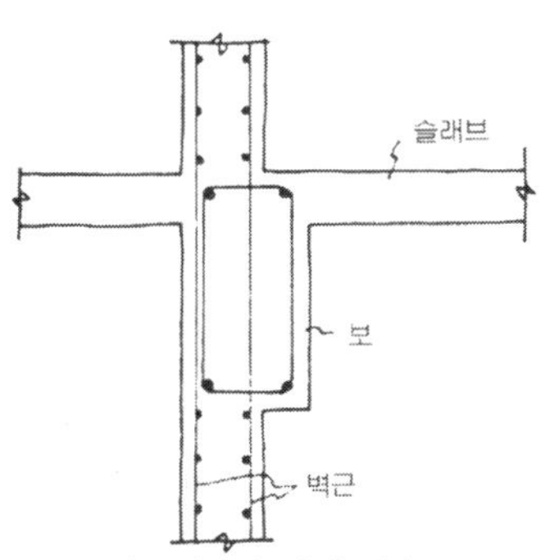

예1 지하실 벽의 경우

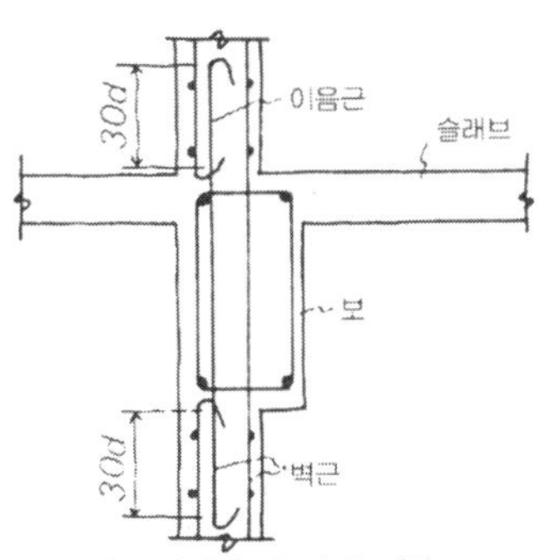

예2 일반층의 벽인 경우

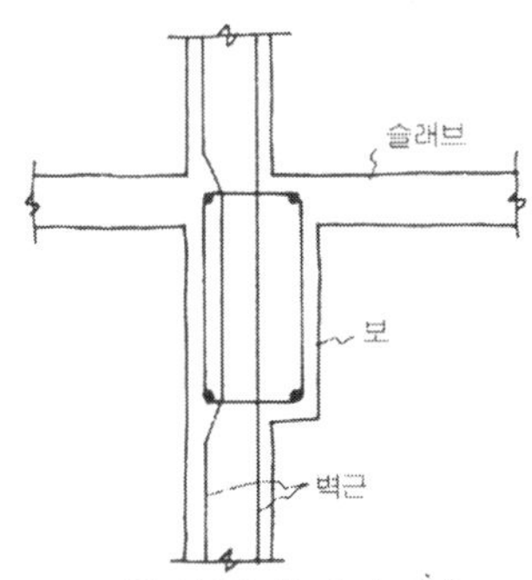

예3 일반층의 벽인 경우

벽과 종근과 보와의 연결

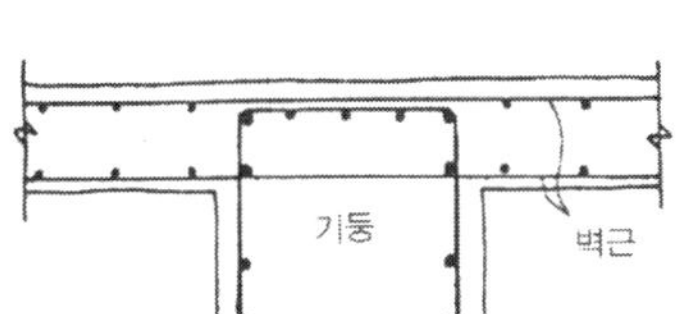

예4 지하실의 벽인 경우

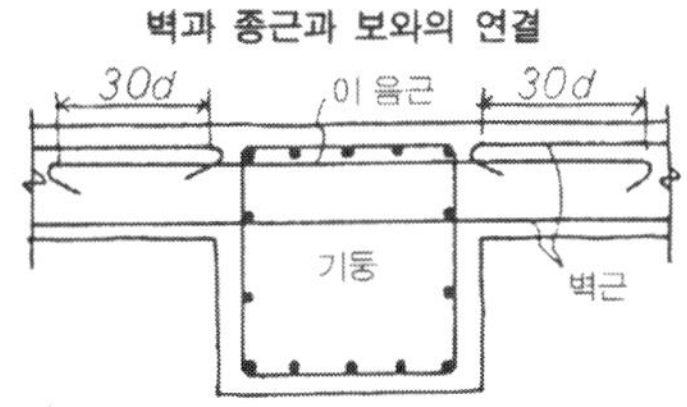

예5 일반층의 벽인 경우

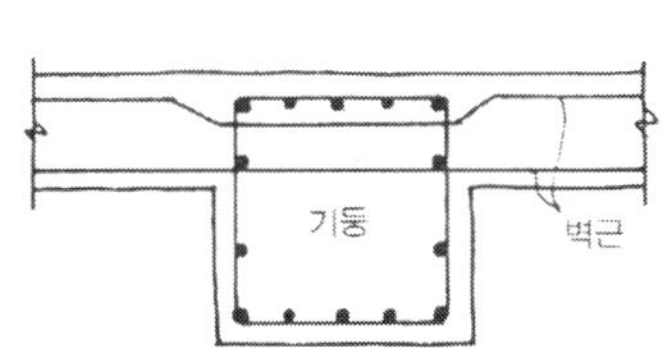

예 6 일반층의 벽인 경우

벽횡근과 기둥의 접합

7-3 벽과 벽 연결부의 배근 요령

[1] L자형 연결부의 배근

벽 서로가 L자형 또는 T자형으로 접촉되는 경우, 벽에는 반드시 보강 종근을 넣고 여기에서 벽 횡근을 받도록 배근하는 것이 원칙이다. 그림은 L자형 접촉부의 기본적인 배근 요령을 나타낸 것이다.

예 1은 복배근벽 서로간의 접촉 예이다. 횡근은 전부 보강 종근을 외부에서 감는 것같이 절곡배근해서 상대벽 속에 정착시킨다. 이때의 정착 치수는 S_1(40 d)으로 한다. 또한, 횡근이 교차하는 곳에서 보조 횡근을 넣는다.

예 2는 단배근벽의 L자형 연결부 배근 요령이다. 코너에 보강 종근을 1개 넣고 횡근은 각 단마다 번갈아 상대벽 속에 넣어서 이음 정착시킨다.

예 3은 복배근 벽과 단배근 벽의 L자형 연결부 배근 요령을 나타낸 것이다. 보강 종근을 넣는 법, 각 횡근의 정착 요령을 참고하면 좋다.

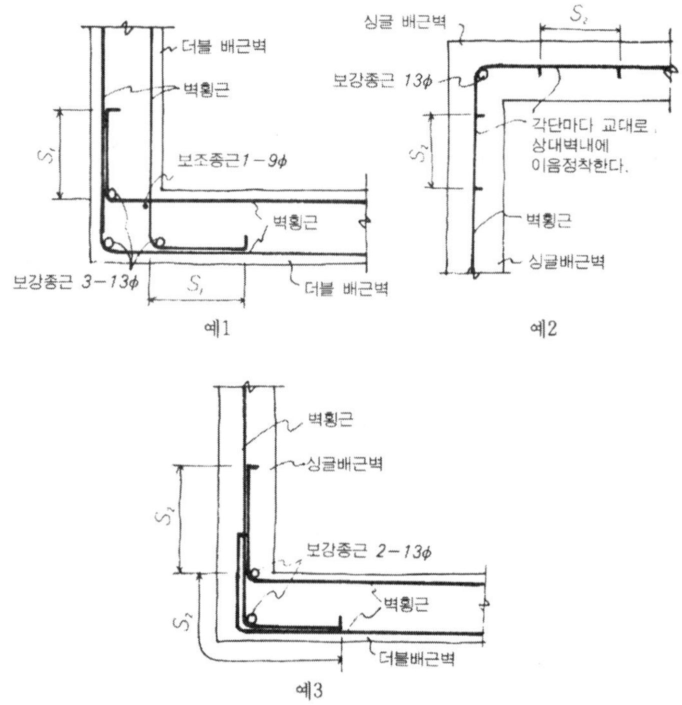

[註] 1. 상호 벽 배근을 이을 경우는 모서리에서 떨어진 위치로 하며, 이음 길이는 내력벽을 S_1, 일반벽을 S_2로 한다.
2. 벽 횡근의 휨 위치에는 반드시 보강 종근을 넣는다.
3. 벽 횡근이 교차하는 위치에는 반드시 보강 종근(9φ)을 넣는다.

L자형 접합부의 벽횡근 마무리

[2] T자형 연결부의 배근

T자형 연결부의 배근 요령도 기본적으로 L자형과 같다.

예 4는 복배근 벽의 T자형 연결부의 배근예이다. 절곡횡근은 그림과 같이 보강근(13㎜)의 위치에서 외부로 열리도록 정착시키지만, 이 경우에도 철근의 교차 위치에는 보조근(9㎜)을 넣는다.

예 5는 단배근벽 서로의 연결을, 그리고 예 6, 예 7은 복배근 벽과 단배근 벽의 연결을 나타낸 것이다.

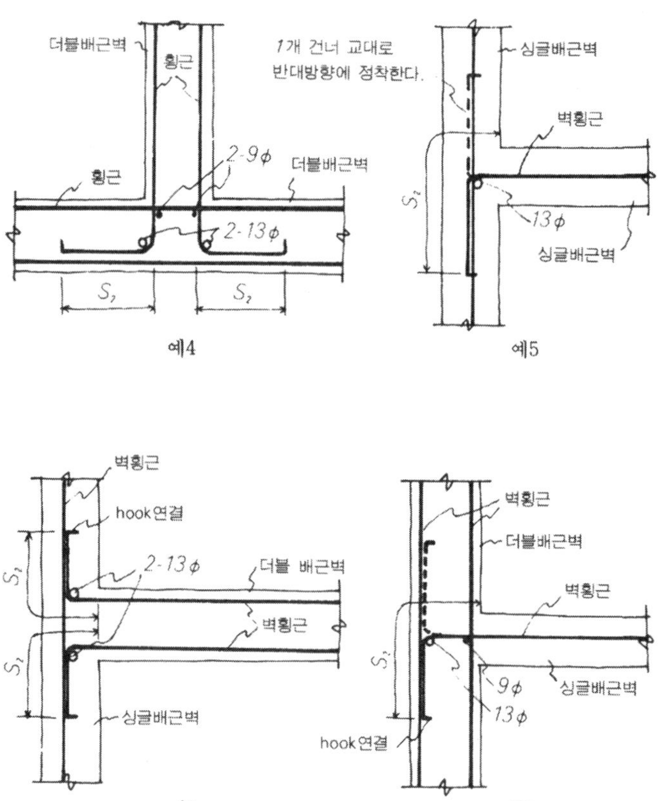

T자형 접합부의 벽횡근 마무리

〔3〕 十자형 연결부 횡근의 마무리

예 1은 복배근 벽에 十자로 교차되는 경우, 벽횡근의 배근 요령을 나타낸 것이다. 이 경우에는 그림과 같이 각기의 횡근을 관통해서 배근하며, 철근이 교차되는 위치에는 보조 종근을 넣는다.

예 2는 단배근벽이 十자로 교차되는 경우의 배근예와, 예 3은 단 배근벽과 복배근벽이 교차되는 경우의 배근예를 나타낸 것으로서 전부 벽횡근을 관통하여 배근하며 횡근의 교차 위치에는 보조 종근을 넣는다.

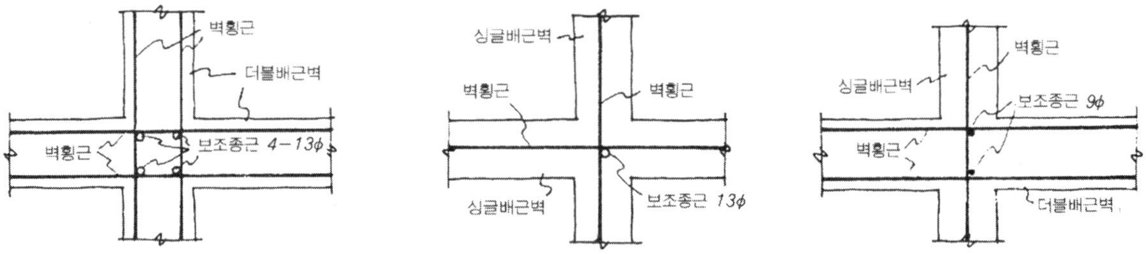

예1 예2 예3

[註] 십자형 접합부에도 꼭 종으로 보조 보강근(13㎜)을 넣고, 횡근은 보강근의 외측으로 관통시킨다.

+자형 연결부의 벽횡근의 아무립

〔4〕 벽단부의 철근 마무리법

벽횡근의 단부 마무리법은 예 4~6과 같이 모두 선단에 hook을 만들어 보강종근에 걸치는 형으로 넣으나, 복배근인 경우는 hoop 배근의 요령으로 넣는 예가 많다. 단부의 보강 개수는 특기 시방서의 지시에 따른다.

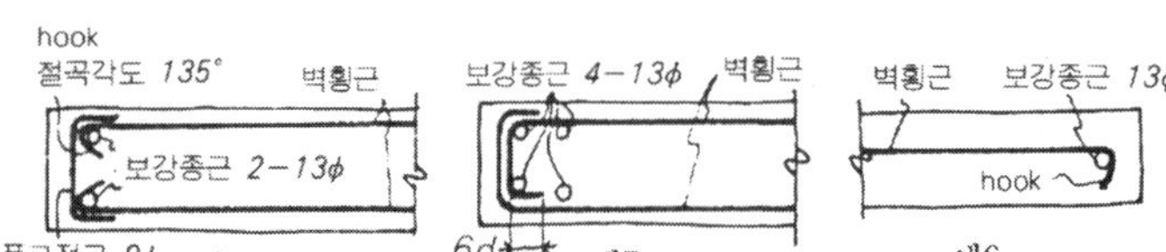

예4 예5 예6

[註] 벽끝도 보강 종근(13φ)에 횡근을 걸어서 마무리한다.

벽단부 철근의 마무리

〔5〕 지하실 벽의 배근 요령

지하실 벽의 배근은 계산에 따라 응력을 구하여 이것에 따른 배근을 해야 한다.

그림은 그 일례이며, 하부의 큰 응력(토압 등)이 작용하는 부분에 중단종근(외측만)을 배근하여 넣은 것이다.

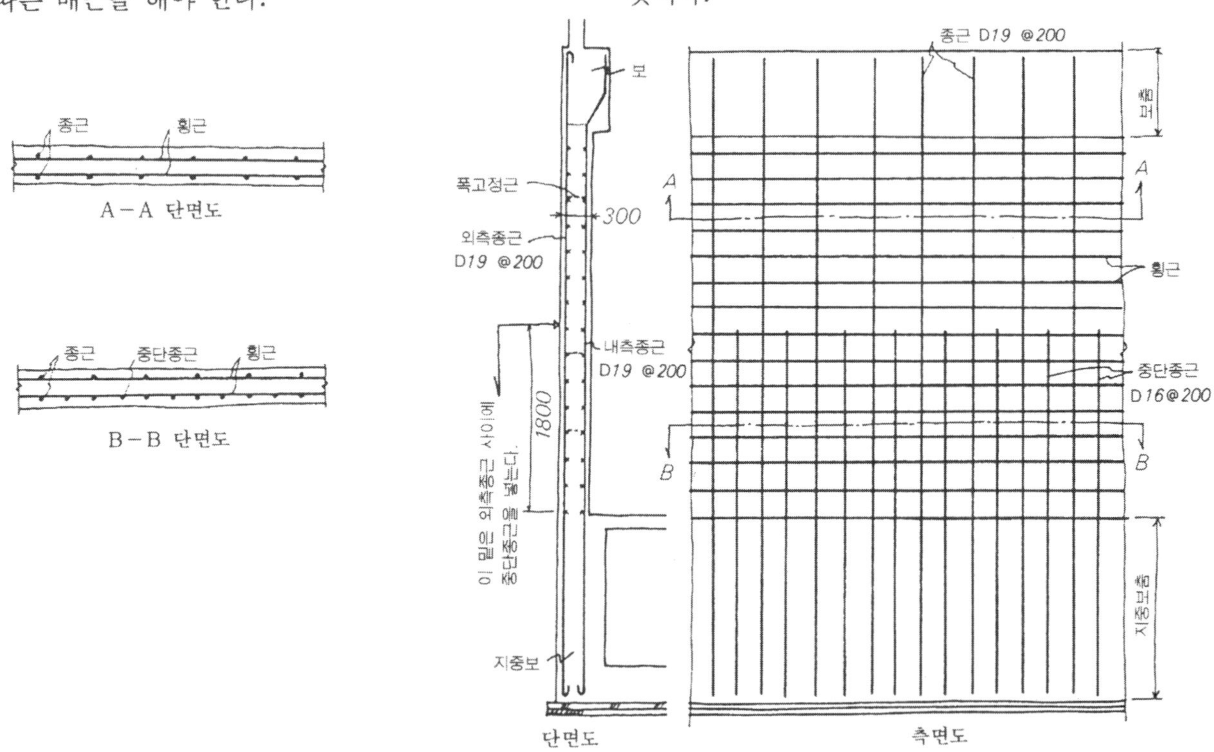

지하실벽의 배근예

7-4 패러핏 벽의 배근 요령

패러핏의 배근은 그림과 같이 단배근의 경우와 복배근의 경우가 있고, 또한 우수 처리를 고려하여 비막이를 설치할 경우가 있다.

단배근, 복배근은 앞에서 기술한 벽단부의 마무리 요령과 같이 상단에는 횡보강근을 넣고 여기에 벽종근의 선단을 걸치도록 하여 배근한다. 비막이가 있을 때에는 비막이의 형상에 맞추어 그 부분의 배근도 충분하게 해야 한다.

여기에 표시한 배근상세 예는 모두 비막이가 달린 패러핏의 배근 예이다.

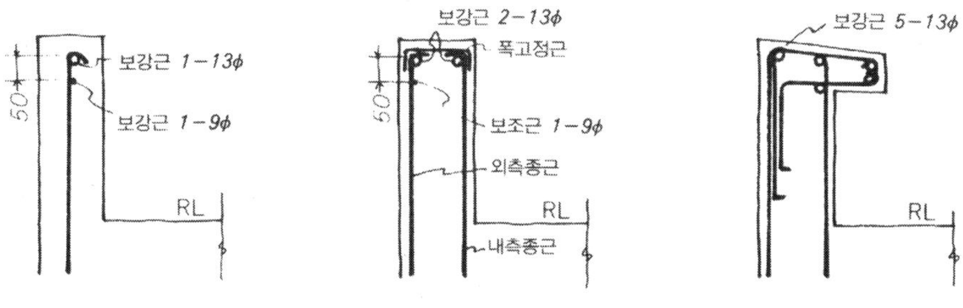

싱글배근의 예　　더블배근의 예　　비막이 예

패러핏 정부의 배근 요령

예 1, 2는 비막이 형상은 다르지만, 어느 것이든 9㎜ 철근을 사용했을 때의 패러핏 배근 예이다. 단, 보강횡근은 모두 13㎜ 철근을 사용한다.

패러핏의 벽두께는 150㎜ 이상으로 하고, 종근은 우선 보 내에 정착시켜서 외측과 내측 종근 사이에는 폭 고정근을 넣어 간격을 일정하게 유지하도록 한다. 또, 패러핏은 지붕 슬래브의 방수 막이재의 신축에 의한 영향을 받으므로, 내측 종근을 외측의 종근보다도 간격을 좁혀 배근하면 좋다.

예 3은 지붕 슬래브 방수 막이재의 신축에 의해 패러핏 굽벽에 응력이 가해지는 것을 대비하여 패러핏 굽벽의 내측 종근에 13㎜ 철근을 사용한 예이다.

비막이 부분은 배근은 형상에 따라서 배근도 다르지만, 예 1~3은 일반적으로 많이 사용되는 배근예이므로 참고하면 좋다.

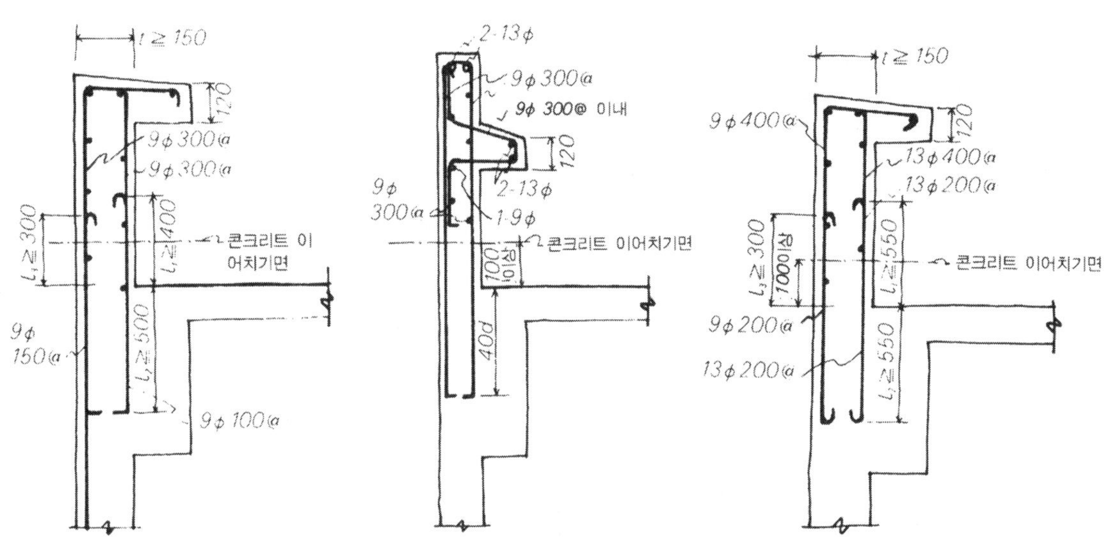

예1 9㎜근 사용의 예　　예2 9㎜근 사용의 예　　예3 13㎜근 사용의 예

[註] 보행용 옥상 슬래브의 경우에는 방수층 위에 누름 콘크리트(신더 콘크리트) 치기를 하나, 이 신더 콘크리트의 신축에 의해 패러핏 굽벽이 눌리게 되므로, 패러핏 굽벽의 배근에 있어서는 내측의 종근 개수를 늘리거나 굵은 철근(13㎜)을 사용한다.

패러핏 요벽의 배근상세도예

8-1 보 관통구의 보강

〔1〕 보 관통구의 설치 위치

보는 가장 중요한 구조부재이므로, 설비 배관 등의 이유로 관통구를 설치할 경우는 다음과 같은 점에 유의해야 한다.

① 관통구는 보 단부(외단, 내단 모두)를 피할 것.

② 보춤에 대한 관통구의 위치는 아래의 기본도에서처럼 보춤 중심 부근으로 한다. 또한, 그림에 표시된 d의 치수는 D가 500~700인 경우는 $d \geq 150$㎜, D가 700~900㎜인 경우는 $d \geq 200$㎜, D가 900㎜ 이상인 경우는 $d \geq 250$㎜로 한다.

③ 관통구를 병렬되게 설치하지 않는다. 부득이한 때는 아래 그림과 같이 구경의 3배 이상 간격을 둬야 한다.

④ 관통구의 지름이 보춤의 1/10 이하인 경우는 보강하지 않아도 된다.

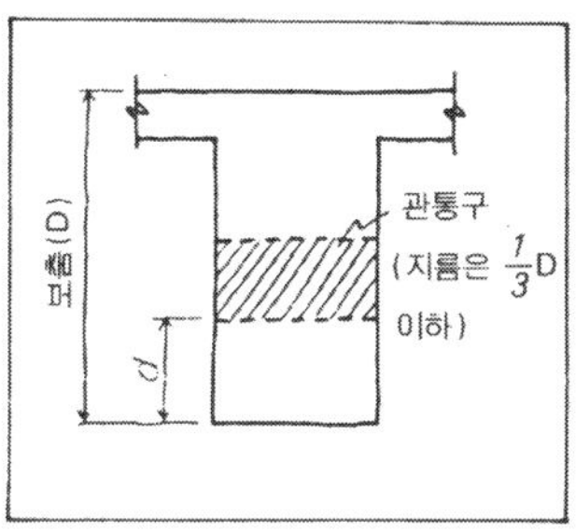

기본도

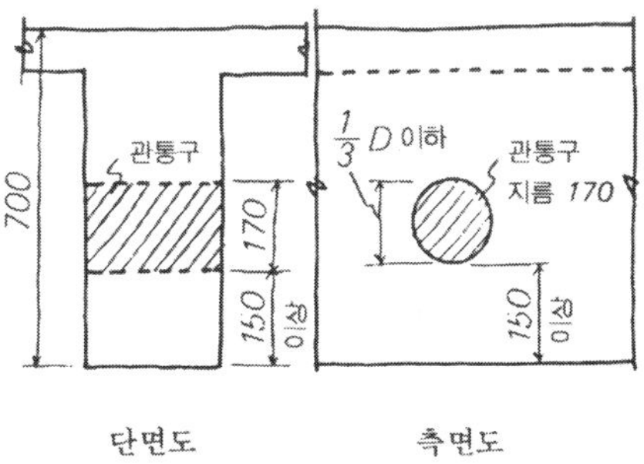

관통구의 위치와 구경 D=700㎜의 예

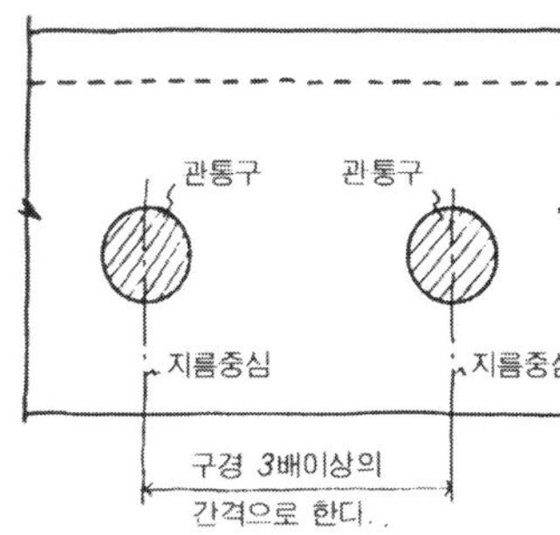

관통구병렬인 경우의 위치

〔2〕 보 관통구의 보강 요령

다음 그림은 환형 관통구의 보강근을 넣는 방법이다. 배근 요령은 공통이지만, 정착 치수를 잡는 법이 다르기 때문에 주의해야 한다.

보강근은 횡근, 경사근도 지름이 13㎜ 이상의 것을 쓰지만, 이형 철근을 쓰는 것이 바람직하다. 보강근에는 모두 hook을 설치하고, 경사근은 45° 각도로 배근한다. 또한 stirrup은 그림과 같이 상하로 분류하여 배근한다.

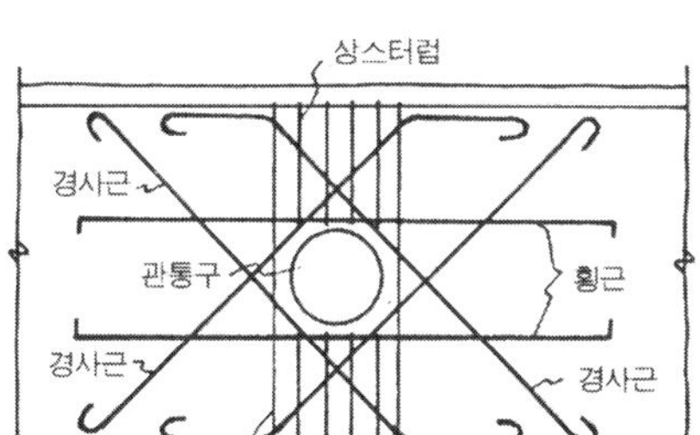

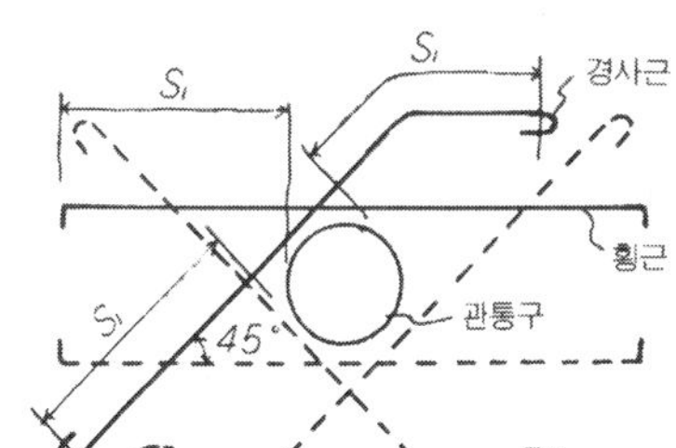

환형관통구의 보강 요령

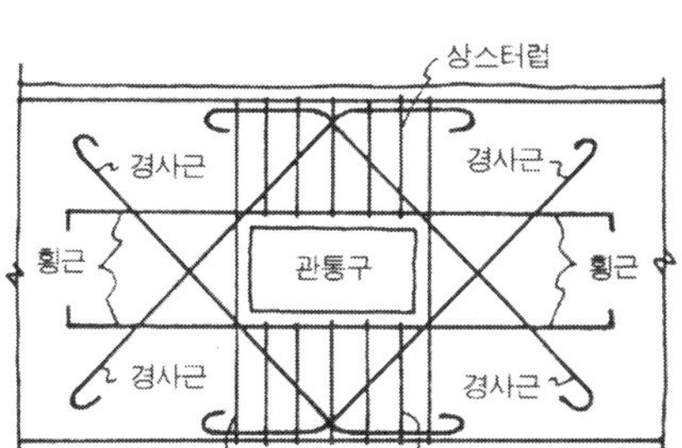

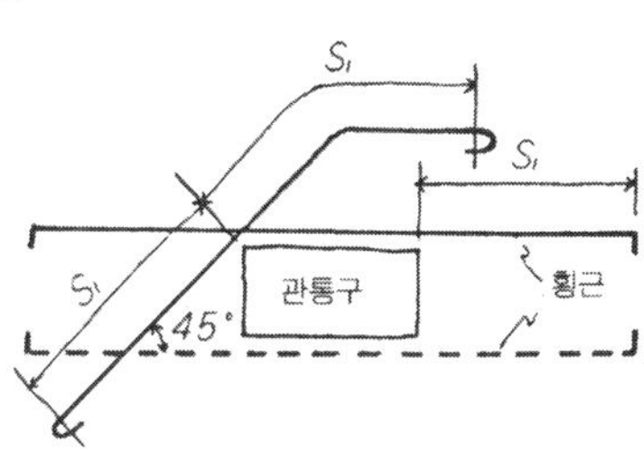

각형관통구의 보강 요령

〔3〕 관통구의 보강 예

예 1~4는 보 관통구의 크기별 보강 배근 요령을 나타낸 것이다. 보강 요령을 나타낸 것이다. 보강 요령은 보통 구조설계도, 특기시방서에 지시되나, 여기에 소개된 설계 예를 참고로 하면 좋다.

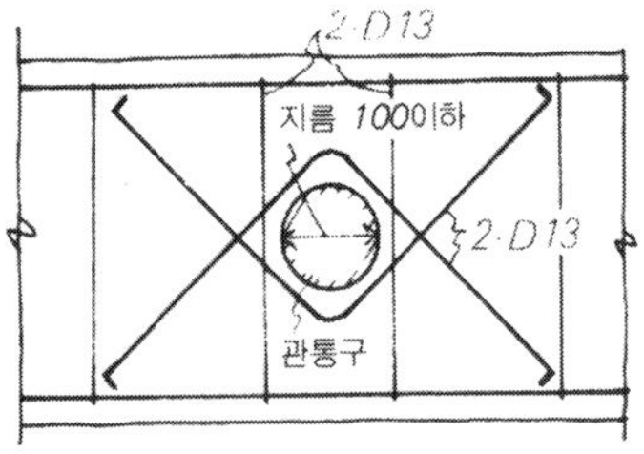

경사근=2-2-D 13
스터럽=2-D 13
횡근=불필요(단, 관통구 병렬의 경우는 2-2-D 13)

예 1 구경 100mm 미만의 경우

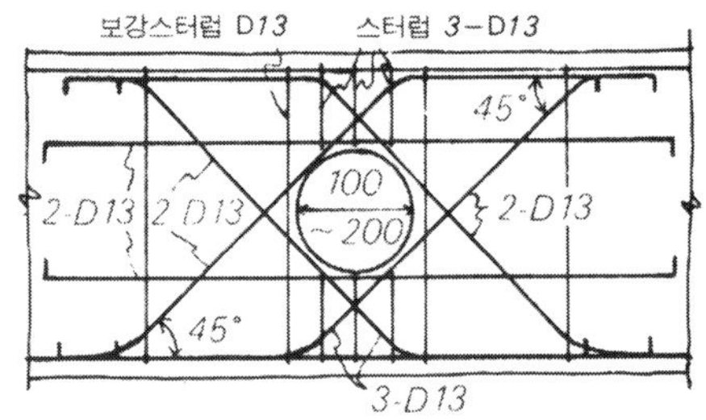

경사근=4-2-D 13
스터럽=2-D 13
상하 스터럽=3-D 13
횡근=2-2-D 13

예 2 구경 100mm 이상, 200mm 미만의 경우

경사근=4-2-D 16
보강 스터럽
=2-D 16
횡 근=2-2-D 16
상하 스터럽
=4-D 13

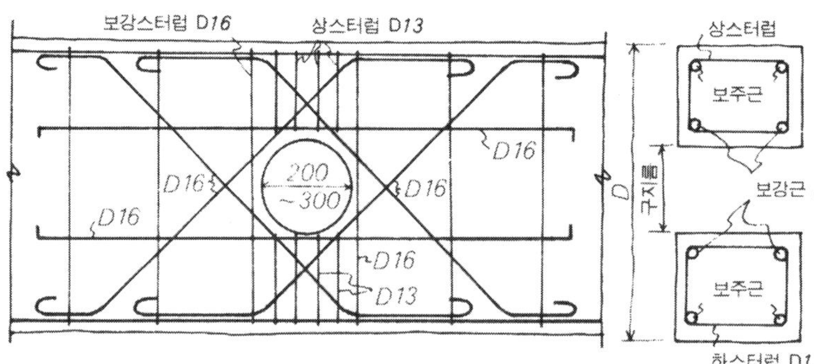

예 3 구경 200mm 이상, 300mm 미만의 경우

경사근=4-2-D 19
보강 스터럽
=2-D 19
횡 근=2-2-D 19
상하 스터럽
=6-D 13

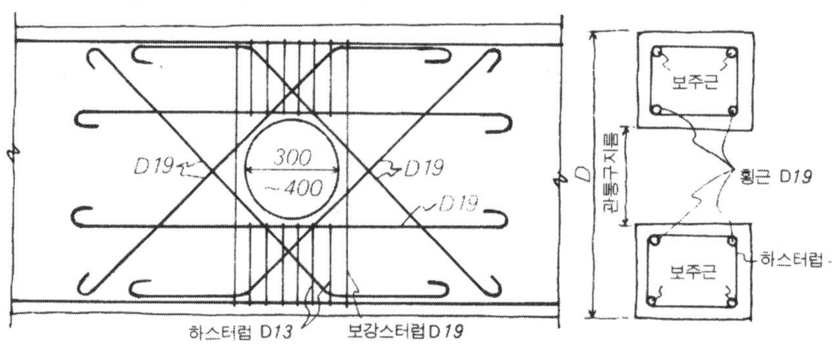

예 4 구경 300mm 이상, 400mm 미만의 경우

예 5는 보에 관통구를 병렬로 설치할 경우의 보강 배근 예이다. 이 경우 관통구의 간격은 구경 평균치의 3배 이상이라고 되어 있지만, 그림에서는 큰 구경(L_1)의 3배 이상으로 되어 있다.

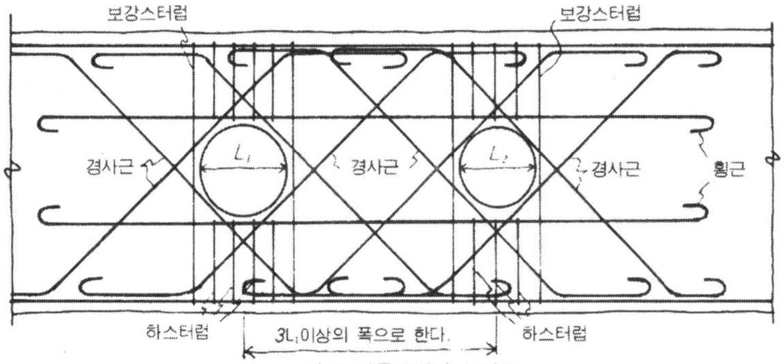

예 5 관통구병렬의 경우

8-2 슬래브 개구부의 보강 배근

슬래브에는 건축 설비(배관)때문에 관통구나 피난구로 개구부를 설치하는 때가 있다. 이 개구부 둘레의 철근 처리, 보강 방법은 개구부의 크기에 따라 다르며, 다음에 그 개요를 기술한다.

〔1〕 작은 개구부인 경우

슬래브에 100~200㎜ 정도의 작은 개구부를 설치하는 경우는 다음 그림과 같이 슬래브근을 휘어서 배근한다. 개구부가 100㎜ 정도로 작을 경우에는 보강근이 필요하지 않지만 200㎜ 정도가 되면 그림 중 B의 보강근을 넣는다. 이 경우 보강근의 정착 치수(S_1)를 잡는 방법에 주의해야 한다.

개구부의 장변이 200~300㎜ 정도인 경우에는 다이어 보강근(지름 9㎜)을 정자형으로 넣어 보강한다. 또는 슬래브근의 휘기는 그림과 같이 $B:6B$ 이상으로 한다.

〔2〕 큰 개구부인 경우

개구부가 커지게 되면 슬래브근을 휘어서 배근하지 못하므로, 개구부에 걸리는 슬래브근은 절단하고 아래 그림처럼 종근에 보강근을 넣는 동시에 경사 보강근을 넣어서 배근한다. 경사 보강근을 넣는 방법은 개구부의 형상(방형, 원형)에 따라 다르므로 주의한다. 또한, 보강근에 이형 철근을 사용할 경우에는 hook이 없어도 된다.

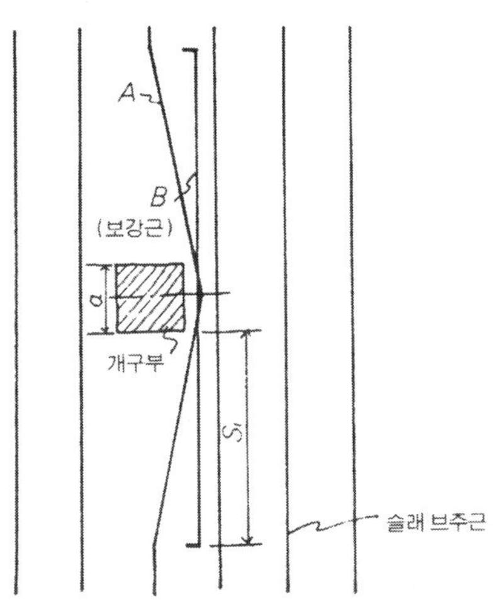

[註] 배근 요령은 개구부변의 길이에 따라 다르다. 즉, $a \leq 100$㎜의 경우는 A처럼 휜다. $a > 100$㎜인 경우는 A처럼 휜 후에 보강근 B를 넣는다.

작은 개구부인 경우(1변의 길이 100~200㎜)

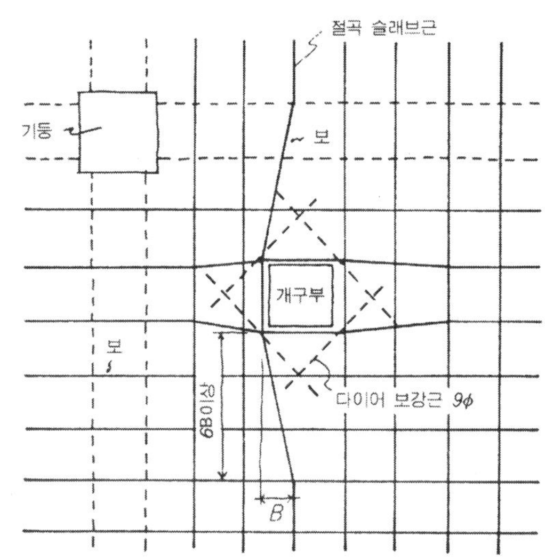

작은 개구부인 경우(1변의 길이 200~300㎜)

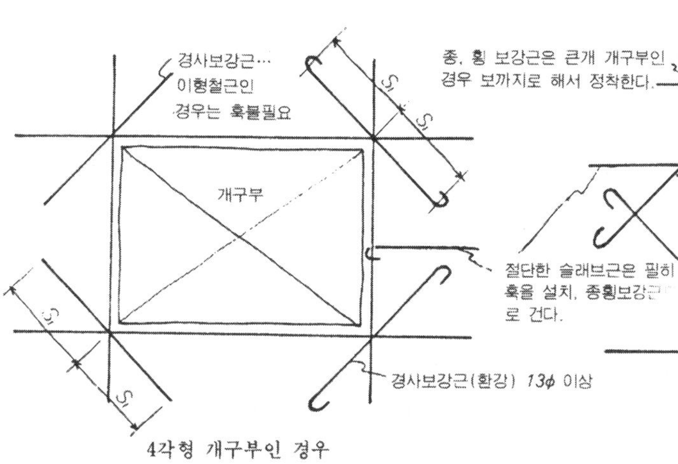

4각형 개구부인 경우

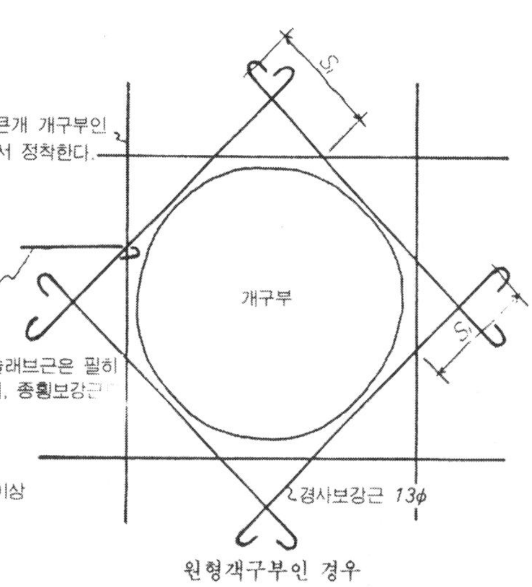

원형개구부인 경우

큰 개구부인 경우(슬래브 근을 절단할 경우)

8-3 전선관 box 둘레의 보강 배근

이것은 개구부는 아니지만 참고가 될 배근 예이다. 콘크리트에 매설하는 전선은 모두 전선관에 넣어서 배선을 하나, 전선이나 전기 기구와의 접속점에서는 전선관에서 노출 접속시킨다. 이 접속점을 보호하기 위하여 아우트렛 박스(outlet box)를 부착하나, box 위치가 슬래브근 위치에 걸리는 경우는 보통 슬래브근을 옮겨서 배근하고 있다. 슬래브근을 구부려서 배근을 할 경우, 그림과 같이 필히 보강근을 井자형으로 배근해야 한다.

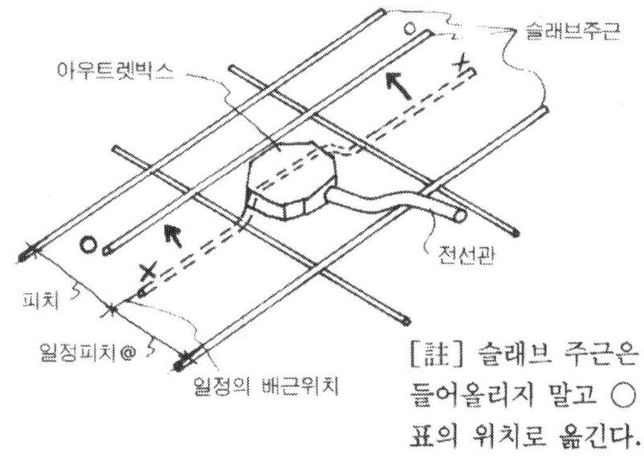

일반적인 배근예

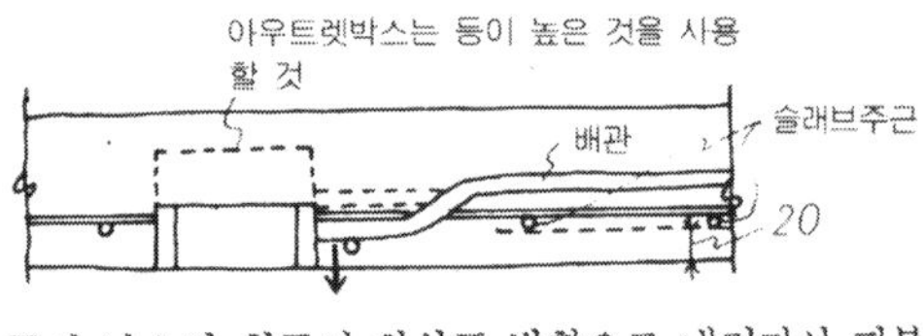

[註] 등이 낮으면 철근이 화살표 방향으로 내려가서 피복이 부족하게 된다.

아웃레트 박스의 설치

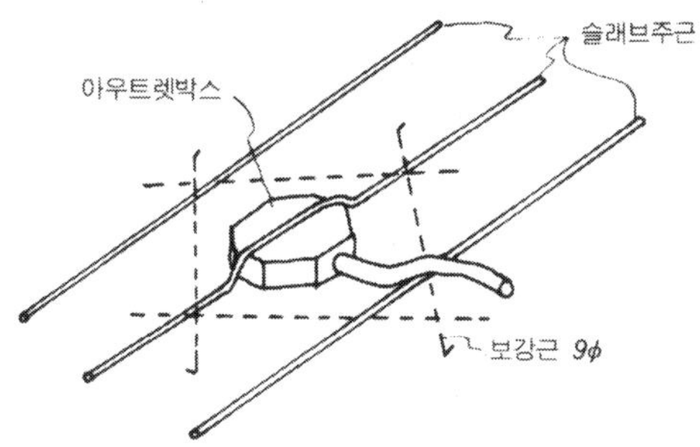

보강 배근을 하는 경우

8-4 벽개구부의 보강 배근

벽개구부는 기둥, 보에 접하는 것, 1변의 길이 250㎜ 이하의 것 이외에는 보강을 필요로 한다. 출입구, 창 등의 개구부 보강은 그림과 같이 종횡, 경사의 보강근을 넣는다. 또한 벽두께 150㎜ 이상의 복배근인 경우는 보강근도 모두 복배근으로 한다. 경사근은 벽근에 결속하여 위치 변동이 없도록 부착한다.

개구부의 보강

벽두께 (㎜)	보 강 근		비 고
	종, 횡근	경사근	
100	1−13φ	1−13φ	벽근 싱글
120	1−13φ	1−13φ	벽근 싱글
150	1−13φ	1−13φ	벽근 싱글
150	2−13φ	2−13φ	벽근 더블
180	2−13φ	2−13φ	벽근 더블
200	2−13φ	2−13φ	벽근 더블
[註] 지시가 있는 경우는 특기에 의한다.			

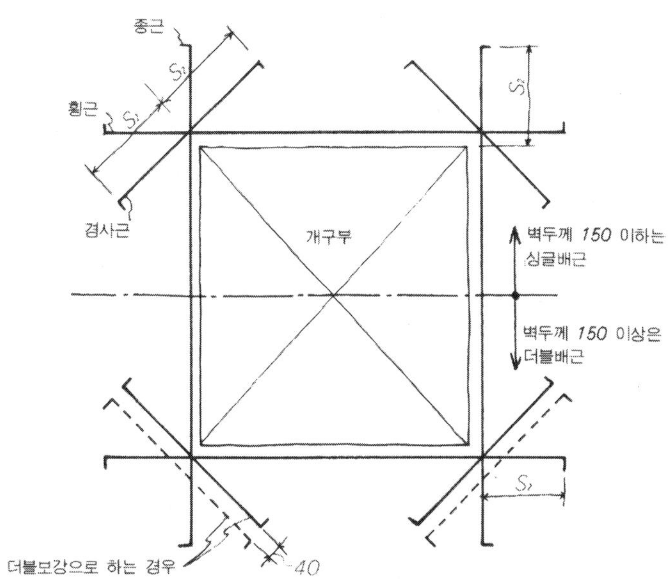

벽개구부의 보강

9-1 증축예정부의 각주근의 여장과 마무리 방법

그림 참고도와 같이 철근 콘크리트조의 건축물을 증축할 경우 기둥, 보, 슬래브 등 증축시의 정착을 고려하여 각각 여장을 잡고, 증축시의 주근의 정착이 용이하게 되도록 배근하는 것이 통례이다.

그러나 형상적으로 여러 가지 경우가 있으므로 다음에 각부 주근의 마무리법을 예시한다.

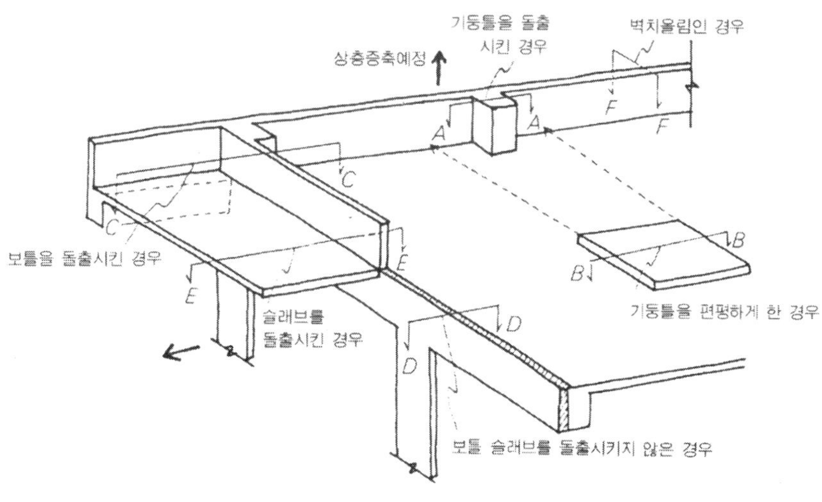

참고도

$A-A$ 상세 및 $B-B$ 상세는 상층에 증축할 경우, 기둥 주근의 정착 여장 마무리법을 나타낸 것이다. 즉, 주근의 정착 여장을 기둥형을 돌출시켜서 넣을 경우와 편평하게 구부려서 정착시켜 넣은 경우의 예이지만, 어떤 경우라도 슬래브의 콘크리트 이어치기면에 hoop를 넣어서 주근의 위치 변동이 생기지 않게 해야 한다. 이 경우의 hoop는 주근에 점용접으로 부착시킨다.

$C-C$ 상세는 보 방향으로 증축할 경우, 보 주근의 정착 여장 마무리 방법의 예이며, 마무리 방법은 기둥의 경우($A-A$ 상세)와 같다.

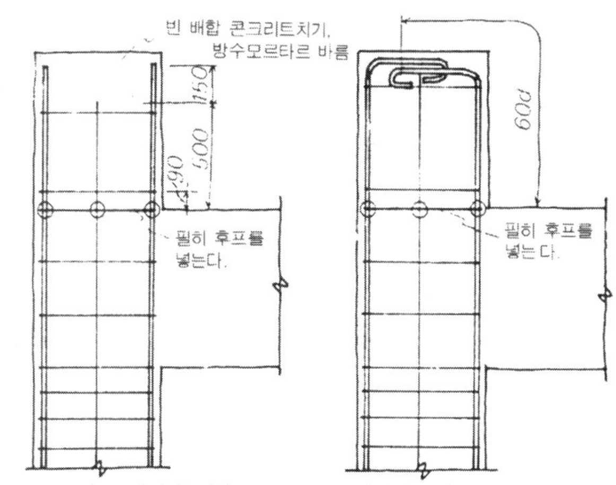

[註] ○표 부분은 가능하면 점용접으로 하여 주근의 위치를 확보한다.

A－A 상세도(기둥틀을 돌출시킨 경우)

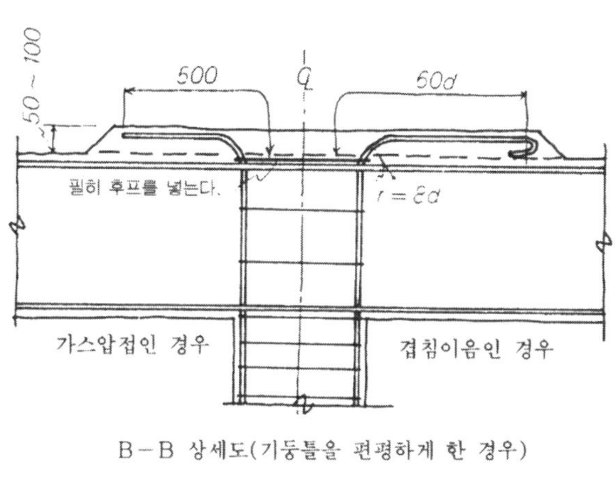

B－B 상세도(기둥틀을 편평하게 한 경우)

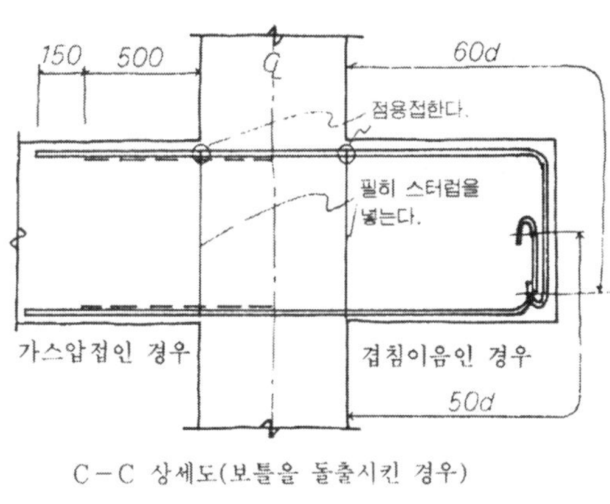

C－C 상세도(보틀을 돌출시킨 경우)

증축할 경우의 각 주근의 여장과 마무리법

$D-D$ 상세는 보, 슬래브를 돌출시키지 않고, 주근의 정착 여장을 마무리하는 예이다. 보의 경우에는 상단 주근, 하단 주근의 정착 여장을 $60d$, $50d$로 하고, 또한 주근 휨 반경이 $8d$, 말단hook의 폭이 $7d$ 필요하다. 따라서, 이 정착 주근의 콘크리트 피복 두께를 확보하기 위해서는 그림과 같이 100㎜ 이상의 콘크리트 여분을 필요로 한다. 슬래브의 경우도 같은 마무리법으로 한다.

$E-E$ 상세는 슬래브를 돌출시켰을 경우 슬래브근 정착 여장의 마무리 방법이다.

$F-F$ 상세는 상층에 증축할 경우의 벽종근 정착 여장의 마무리 방법이다. 선단에 hook을 설치하여 횡근을 넣는다.

이상 어느 것이나 증축 콘크리트는 앞으로 제거할 경우의 작업을 용이하게 하기 위하여 약한 배합인 것을 사용하며, 또한 방수 모르타르 바름 마무리로 한다.

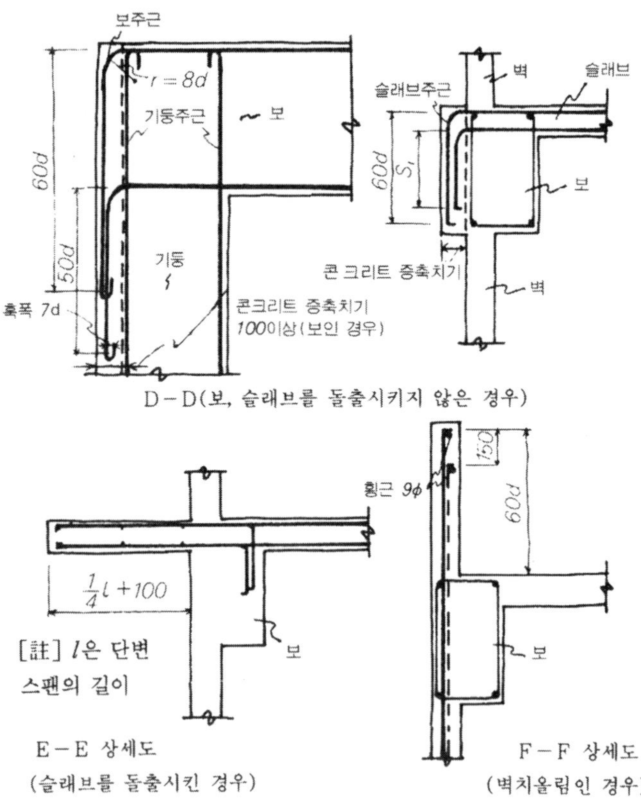

증축할 경우의 각 주근의 여장과 마무리 방법

9-2 증축 예정부의 배근지시 예

그림은 장래의 증축에 대비하여 기둥, 보, 지중보 주근의 정착 여장을 각각 돌출시켜 마무리하는 예이다.

기둥, 보 주근의 마무리 방법은 위해서 기술한 요령으로 하지만, 보의 돌출에 맞추어 슬래브도 돌출시키는 것이 보통이다.

지중보 주근의 정착 여장 방법은 그림과 같이 footing 외면에서 S_1+5d의 길이로 한다.

또한 장래에 깎아내는 부분이라도 그림과 같이 stirrup을 넣고, 복근도 관통시켜 두면 좋다.

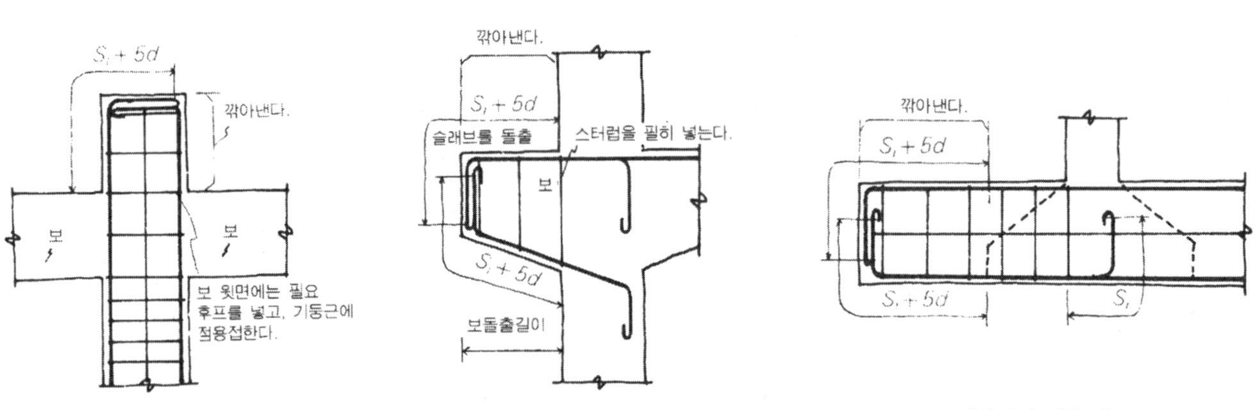

증축할 경우의 주근 정착 여장 마무리 방법(설계, 시공지시서의 예)

10-1 일반사항

라멘식 구조의 경우는 기둥, 보가 구조내력상 중요한 부재가 되고, 벽은 대개의 경우 계산외의 여력으로 보아 구조 계산에서 제외되는 때도 있으나, 벽식 구조는 철근 콘크리트조의 벽판과 바닥으로 구성되는 상자 구조형이다. 이 벽식 구조는 중고층 이하(4~5층)의 비교적 벽량이 많은 공동 주택(아파트) 등에 많이 사용된다. 구조적으로는 기둥 형태를 설치하지 않고 벽이 구조체가 되므로, 벽 상호의 접합부(L자형, T자형의 접축부 등)의 배근 요령이 중요하다. 특히 종방향 접합부의 배근보다도 횡근의 조인트 마무리에 문제가 있으므로 L자형, T자형 접축부의 횡근 이음, 정착에는 충분한 배려가 필요하다.

다음에 배근시공상의 요점을 기술한다.

〔1〕 사용 철근과 가공

벽식 구조에 사용되는 철근은 지름 9~25mm의 보통 철근이 사용되나, 많이 쓰고 있는 것은 9, 13, 16, 19mm의 것이 있다. 말단hook은 위의 표와 같은 각도로 휩가공을 하지만, 벽가공, 벽보에 설치하는 hoop, stirrup은 9mm 근을 사용해도 휩각도를 그림에서처럼 135°로 한다.

〔2〕 철근의 정착 및 이음 길이

정착 및 이음 길이는 표와 같으나, 이음 위치는 응력이 작은 위치에 설치하는 것을 원칙으로 한다. 또한 倍數표는 사용 철근의 지름마다 실제 길이를 나타낸 것이다.

〔3〕 철근의 콘크리트 피복 두께

피복 두께는 기초, 벽, 보, 바닥, 기둥 등 각부재에 따라 다르며, 그림의 요점을 참고하기 바란다.

철근 지름별 훅의 형상

철근지름	훅형상	휩각도
9φ		90°
13φ		135°
16φ 이상		180°

[註] 위 표에서는 벽식 구조의 일반 개념을 표시함.

벽기둥

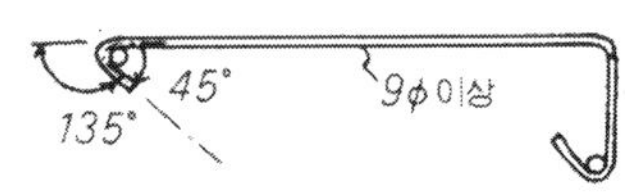

후프가공요령도

각 부의 철근정착 및 이음길이

각부 철근의 정착 및 이음 길이

	배근장소	배근위치	정착 및 이음	소요길이
벽식구조	내력벽	종	정착, 이음	25d
		횡	정착, 이음	40d
	내력벽 이외의 벽	종, 횡	정착, 이음	25d
	휨 보강근	벽, 보 주근	정착, 이음	40d
	경사 보강근	일반	정착	40d
	경사 보강근	상	정착	40d
	경사 보강근	하	정착	25d
	경사 보강근	상, 하	이음	25d

[註] 1. 각부의 정착 및 이음 길이는 위 표의 수치 이상으로 한다.
2. 이음 수치는 응력이 작은 곳을 기준한다.

철근 지름과 정착, 이음의 소요 길이 배수표

정착 및 이음 수치 \ 철근경	9φ	13φ	16φ	19φ	22φ	25φ
25d	250	350	400	500	550	650
40d	400	550	650	800	900	1000

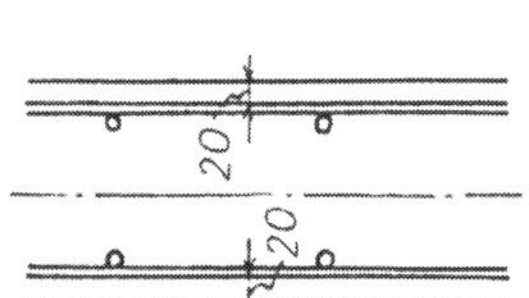

[註] 지붕 슬래브 방수 콘크리트 마무리면의 상단근의 피복 두께는 30mm.

슬래브

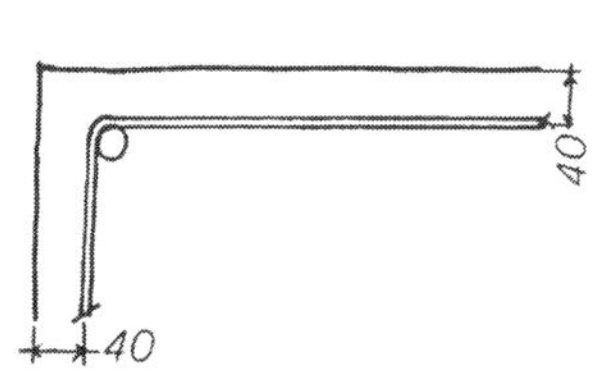

직접 흙에 저하는 벽기둥

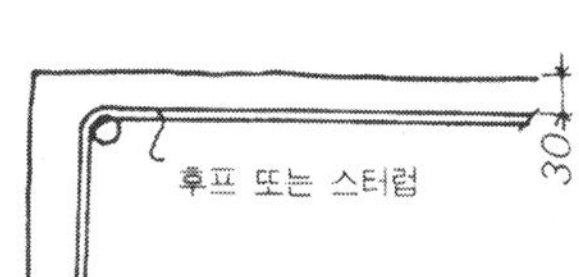

벽보, 벽기둥

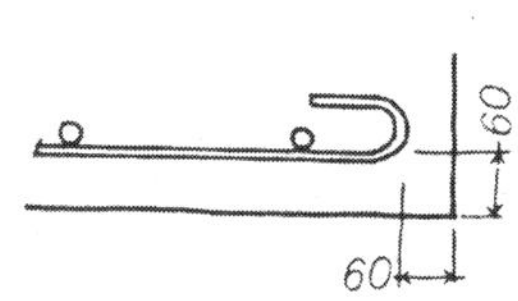

기초베이스

철근의 콘크리트 피복 두께

10-2 기초 부분의 배근 요령

벽식 구조의 기초로는 수평 기초가 많이 사용된다. 이 기초의 배근은 단면도에서와 같이 베이스근 위에 기초보를 올려놓은 형식의 배근이 많이 사용된다. 베이스근의 배근은 특히 모서리부의 배근이 중요하며, 그림처럼 경사로 베이스근을 배치함과 동시에, 이것에 교차하는 형태로 보강근을 넣는다.

기초보 부분은 주근, 복근, stirrup으로 구성한 것을 베이스근 위에 올려 놓지만, 주근, 복근은 아래 그림처럼 접촉부에서 수평으로 정착시킨다. 또한, 벽종근과의 접촉 상세를 그림 단면도에 표시했다.

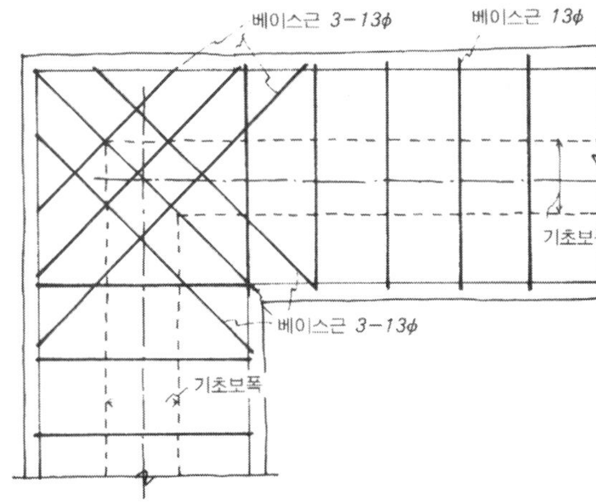

기초반 각부의 보강

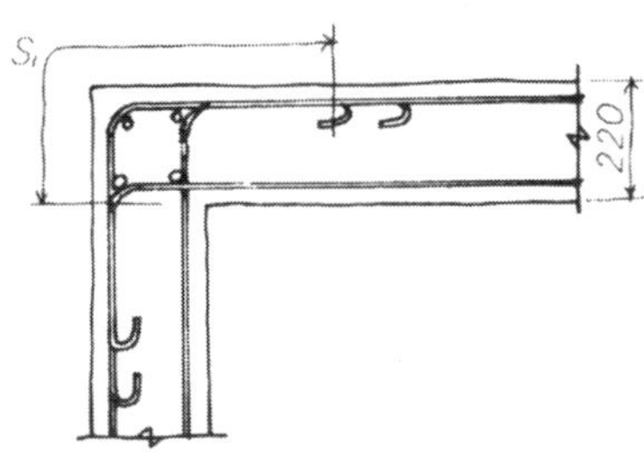

기초보 L자형 접합부의 배근

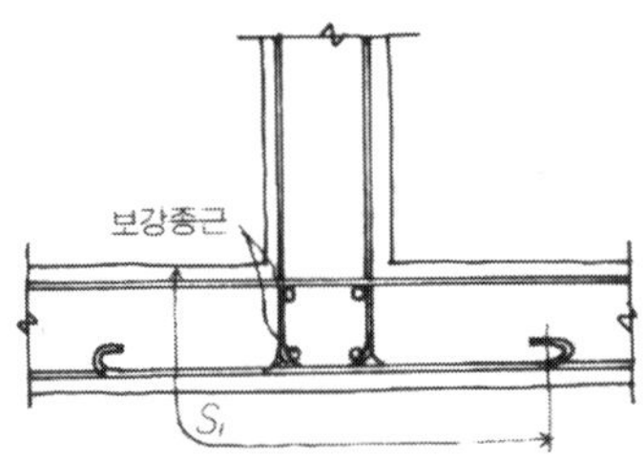

기초보 T자형 접합부의 배근

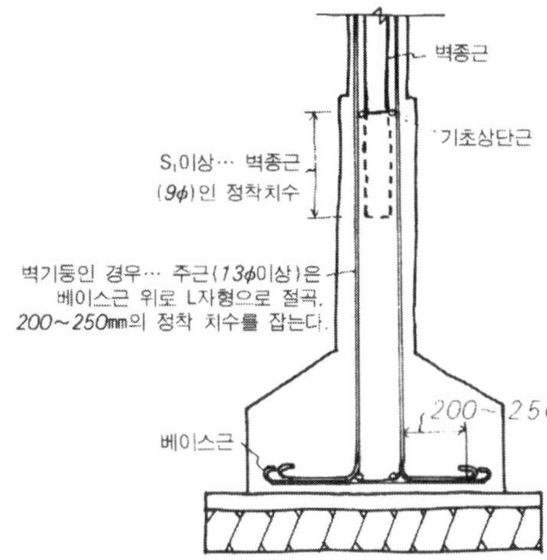

수평 기초 단면도

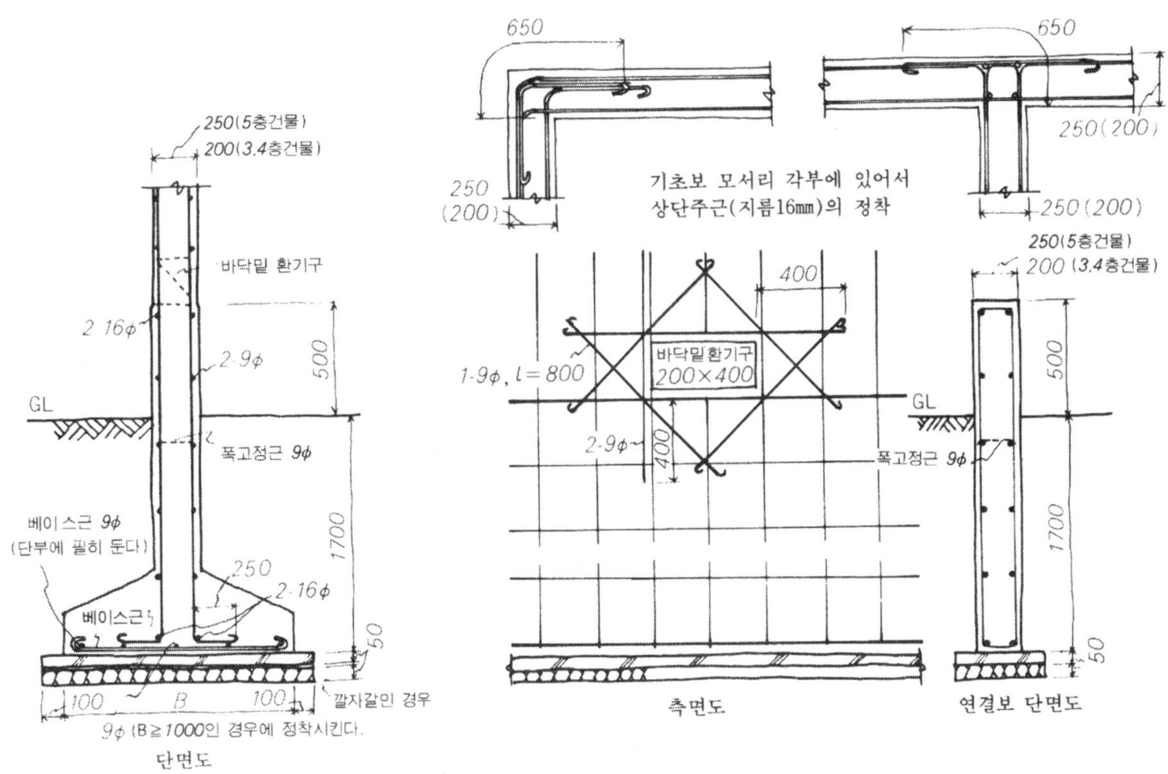

수평 기초 배근 상세도의 실례

10-3 벽의 배근 요령

앞에서 기술한 바와 같이 벽식 구조는 기둥, 보를 쓰지 않으며, 벽 상호 접촉부의 철근 마무리법에 주의를 기울여야 한다.

특히, 벽과 벽과의 L자형 접촉부나 T자형 접촉부에서 횡근의 이음 정착이나 벽과 슬래브와의 접촉부나 독립벽에의 배근 등이 중요한 포인트가 된다. 다음에 이를 각부의 배근 요점을 기술한다.

〔1〕 벽근의 배근 간격

그림에 나타낸 것처럼 단배근벽, 복배근벽은 종근, 횡근의 배근 간격(pitch) 모두 300㎜ 이하로 하나, Z자형 배근의 경우에는 표면 간격이 균등하게 되도록 주의한다.

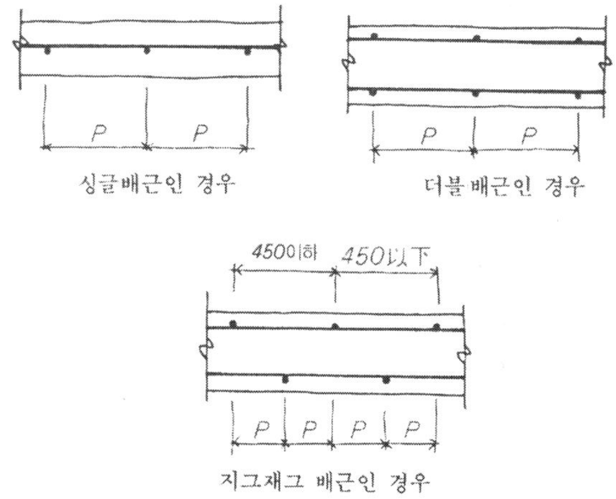

[註] 1. P=30㎜ 이하로 한다.
2. 도시의 간격은 종, 횡근 모두 똑같이 한다.
3. 지그재그 배근인 경우는 한쪽 간격은 450 이하로 하며, 균등하게 배근한다.

벽근의 백근간격

〔2〕 L자형 연결부의 배근

벽식 구조의 벽도 라멘 구조벽의 경우와 같이 내력벽과 간막이벽이 있고 다음 그림과 같이 싱글배근과 더블배근이 있다. 여기에서 기술하는 단벽은 벽식 구조인 경우 최상층의 벽배근이며, 모두가 싱글배근이 되므로, 이 경우의 배근 요령을 설명한다.

더블배근의 경우는 벽길이의 장단(벽기둥인 경우)에 따라 횡근의 배근 요령이 다르다.

그림 ①의 경우는 개구부에 접하는 짧은 벽길이의 예이며, 이 경우는 벽기둥을 라멘 구조의 기둥과 똑같이 횡근을 hoop 형식으로 마무리한다. 그러므로 다른 방향의 벽횡근은 모두 벽기둥 내에 그림과 같은 요령으로 정착시킨다.

그림 ②는 일반 예이며, 외측 횡근은 교대로 상대벽 내에 연장하여 잇고 마무리한다. 내측 횡근은 서로 상대벽의 벽심을 지나는 위치에 구부려 정착시킨다.

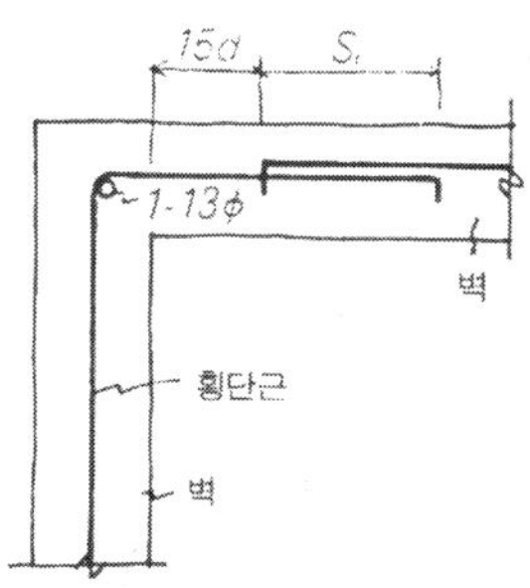

단 배근벽의 L자형 접합

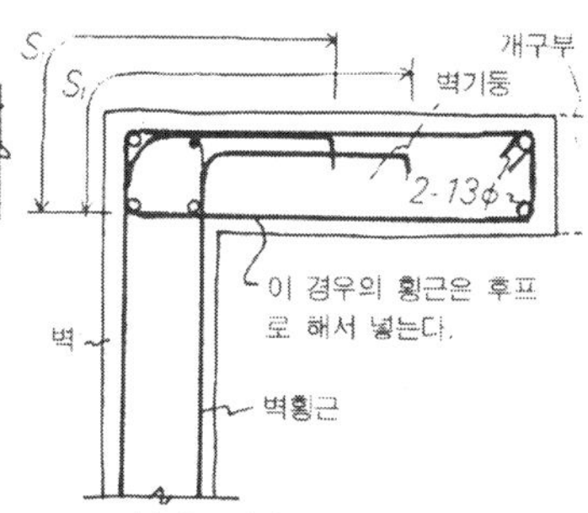

복배근벽의 L자형 접합①

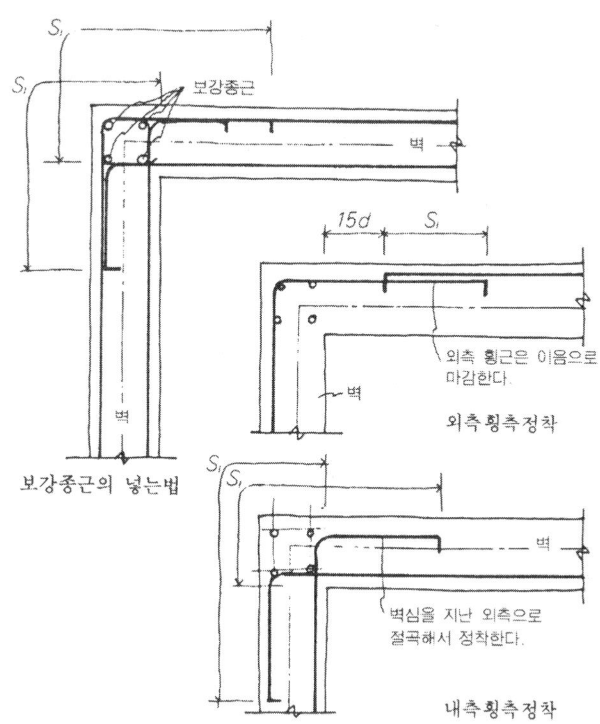

복배근벽의 L자형 접합②

〔3〕 T자형 접촉부의 배근

더블배근벽 상호의 T자형 접촉부의 배근 요령은 라멘 구조의 벽배근과 똑같이 보강종근을 넣어, 아래 그림처럼 좌우 교대로 구부려서 정착시킨다.

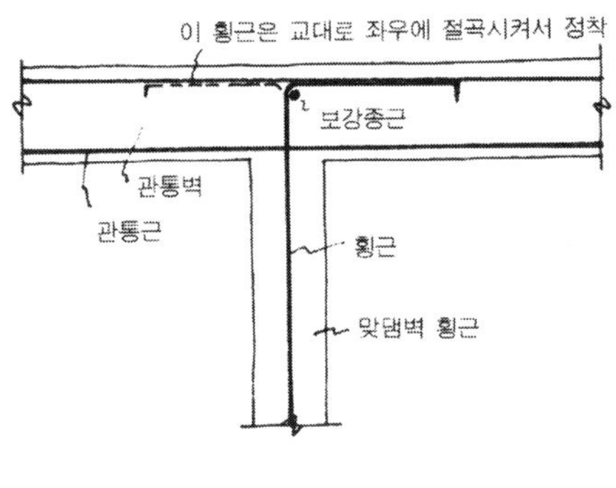

싱글근을 더블배근벽으로 아무리는 경우

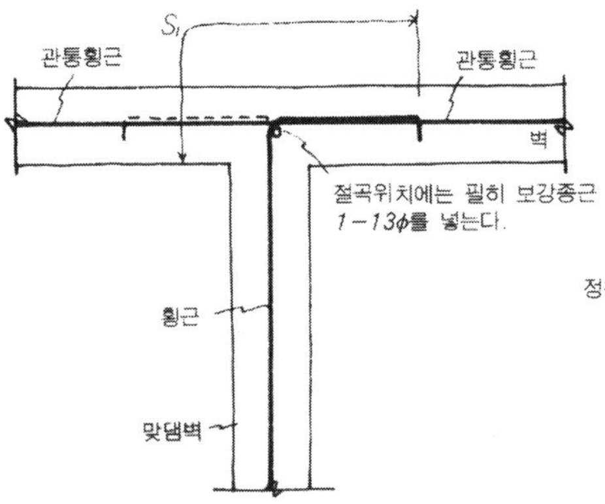

싱글근의 정착요령

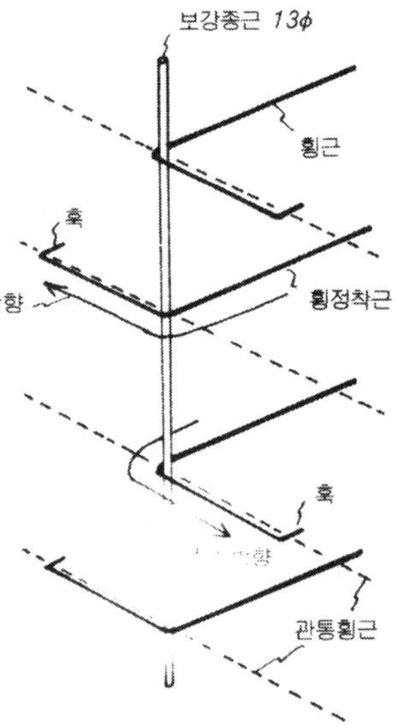

횡근의 정착요령

[註] 싱글배근벽의 경우에는 정착시키는 횡근을 그림과 같이 각단에 걸쳐서 좌우 교호로 구부려 정착시킬 것.

단배근벽의 T자형 접합

더블배근벽 상호의 T자형 접촉부 배근은 그림처럼 횡근의 맞닿는 교차부에는 보강 종근을 넣고, 맞닿은 벽의 횡근을 관통시켜 벽에 정착 마무리한다. 이 경우, 맞닿는 벽의 우측횡근은 그림과 같이 좌측으로 구부려서 정착(수평 앵커)하고, 좌측의 횡근은 우측으로 구부려서 정착한다. 또한, 모두 보강종근을 포괄하여 감싸듯이 휘어서 접합부의 강성을 높이도록 배근한다.

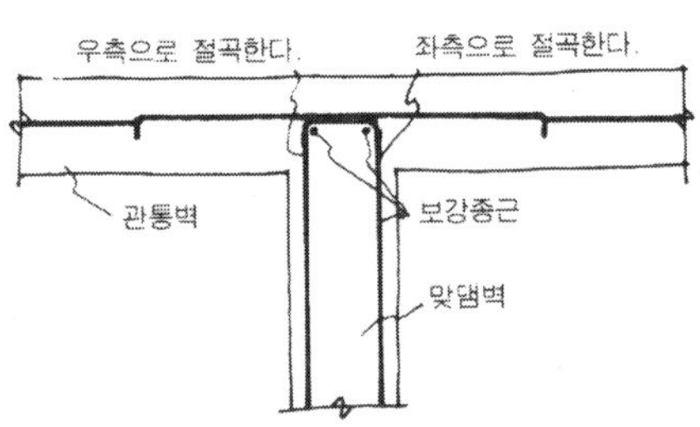

더불근을 싱글배근으로 아무림하는 경우

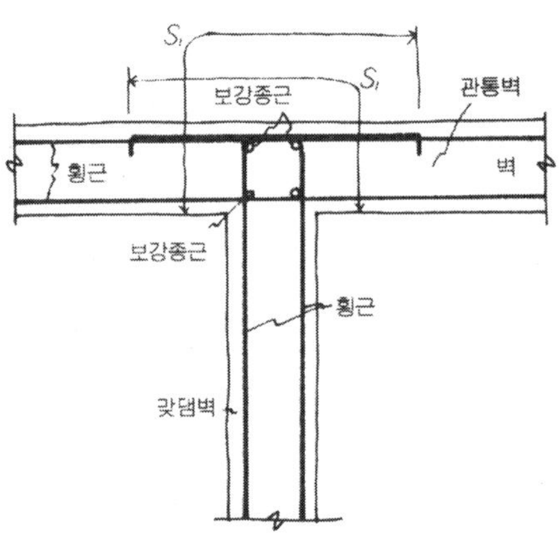

더블근의 정착요령

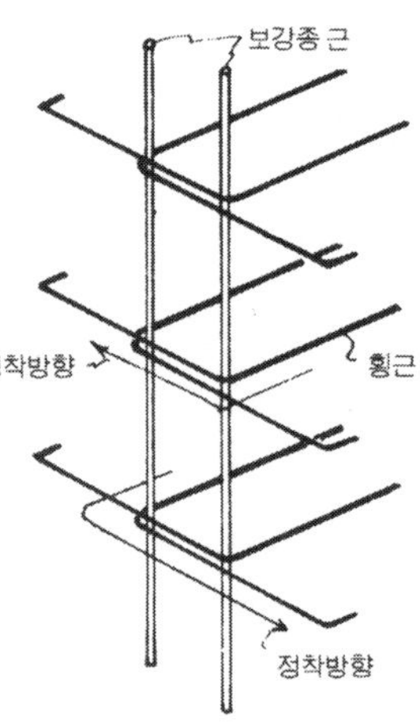

횡근의 정착요령

[註] 벽횡근의 교차 위치 및 휨위치에는 위치 변동이나 벽의 파괴 방지를 위하여 보강 종근을 넣는다.

복배근벽의 T자형 접합

〔4〕 벽기둥(독립벽)의 배근

벽식 구조에는 내력벽, 벽기둥의 최상층은 싱글배근으로 하나, 벽기둥의 경우에는 다늡에 보강 종근을 필히 넣어야 한다.

더블배근의 벽기둥은 횡근을 hoop 형식으로 하여 종근을 감싸듯이 배근한다.

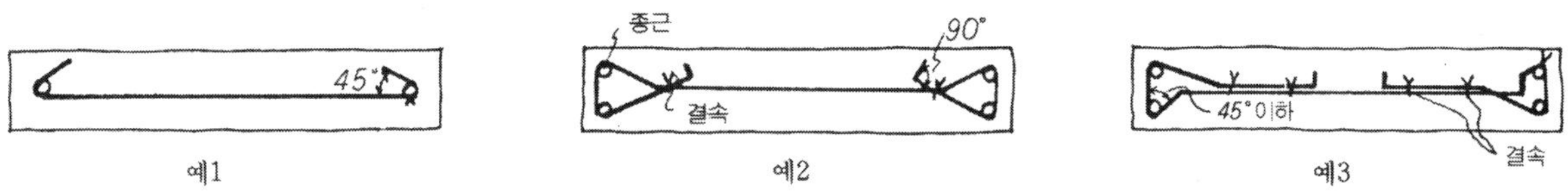

예1　　예2　　예3

[註] 어느 경우라도 횡근과 종근은 달군 철선을 사용하여 잘 결속시킨다.

횡단배근인 경우

· 그림은 횡근을 단근으로 하는 배근 요령이다. 예 1은 양단의 종근을 한 개로 하는 경우의 배근 예이나, 횡근의 말단은 그림과 같이 45°로 구부려서 가공하고, 달군 철선을 사용하여 종근에 단단하게 결속한다.

예 2, 3은 모두가 양단의 종근을 더블로 배치하고, 싱글의 횡근을 배치하는 예이나, 일반적으로 예 2의 수법이 많이 사용되고 있다. 예 3은 폭 고정을 횡근에 이어서 마무리한 것이라 생각하면 된다.

그림은 교대식 hoop상으로 된 횡근을 종근에 한단 건너기로 교대(Z자형)로 설치할 때의 예이다.

아래 그림은 종근과 횡근을 더블로 배근했을 경우의 예이다. 그림과 같은 넓적한 기둥과 똑같이 종근의 주위에 횡근을 hoop 모양으로 배근하고, hoop의 양단말은 모두 45°로 구부린 hook으로 하여 종근에 부착시킨다. hook 위치를 교대로 바꾸는 것은 기둥의 경우와 똑같다. 또한 독립벽에 긴벽이 접촉하는 경우에는 그림과 같이 긴벽의 횡근이 정착을 하게 되므로 주의해야 한다.

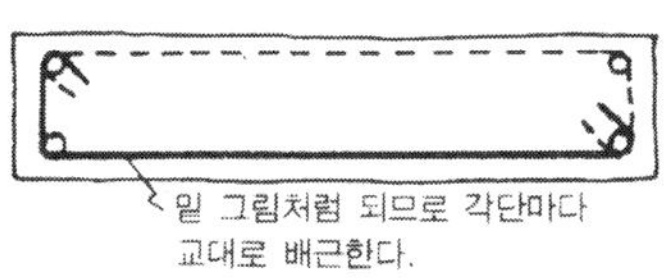

평면도

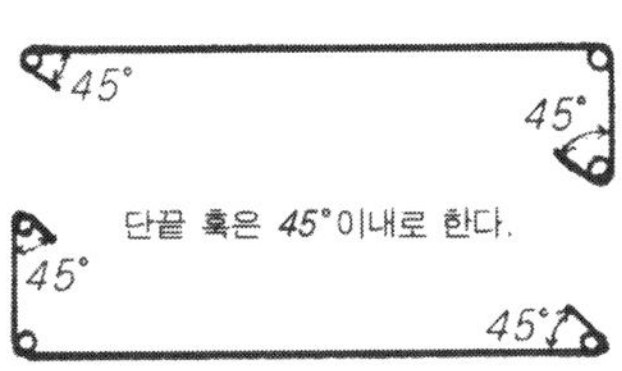

횡근의 가공.

[註] 가공도와 같이 교대식 후프 모양으로 가공한 횡근의 양끝은 45°로 휘어 혹을 설치하고, 그림과 같이 한단씩 교대 방향으로 배근한다.

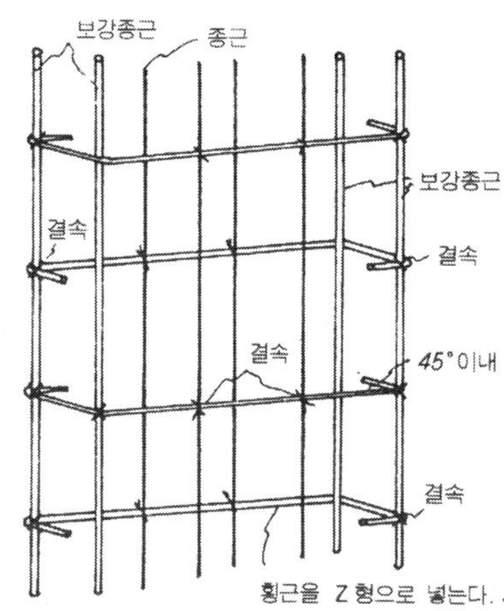

조립요령

횡근을 지그자그로 배근할 경우

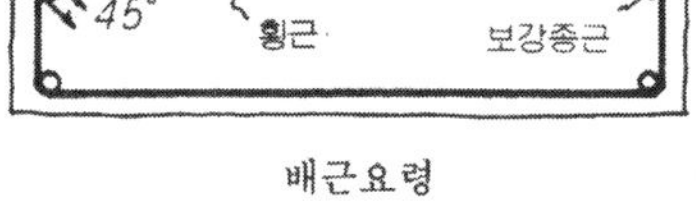

배근요령

횡근의 가공

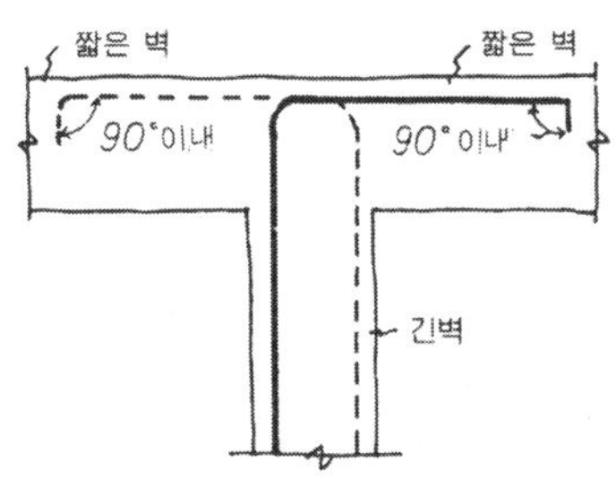

독립벽에 긴벽이 취합한 경우

종근, 횡근과 복배근의 경우

〔5〕 **내력벽의 배근상세 예**

그림은 벽식 구조 5층 건물의 내력벽에 관한 배근 상세 예이다.

1층에서 4층까지는 벽두께 180㎜의 더블배근벽으로 하고, 최상층만은 벽두께 150㎜의 싱글배근벽으로 한다.

여기에 게시한 것은 벽배근의 부분 평면상세도이며, 이미 기술한 우각부의 L자형 접촉부나 독립벽, T자형 접촉부의 배근 요령을 잘 이해하여 주길 바란다.

특히 각 층마다의 사용 철근 지름은 5층 건물의 경우에는 일반적인 것이므로 참고하면 좋다.

벽길이가 짧은 경우의 횡근 배근(hoop로 한다)이나 장벽과 단벽과의 접촉부 횡근의 정착 요령, 보강 종근의 정착 요령, 보강 종근의 넣은 방법 등은 모두 앞에서 설명한 배근 요령과 비교하면서 참고하면 좋다.

장벽의 벽근이 더블배근인 경우에는 그 벽단부는 횡근의 hook을 보강 종근에 걸쳐서, 이것에 폭고정근(hook의 여장 $6d$)을 부착하여 마무리한다.

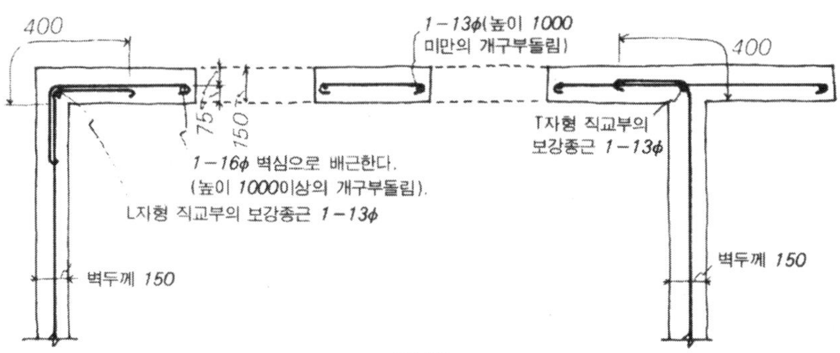

최상층

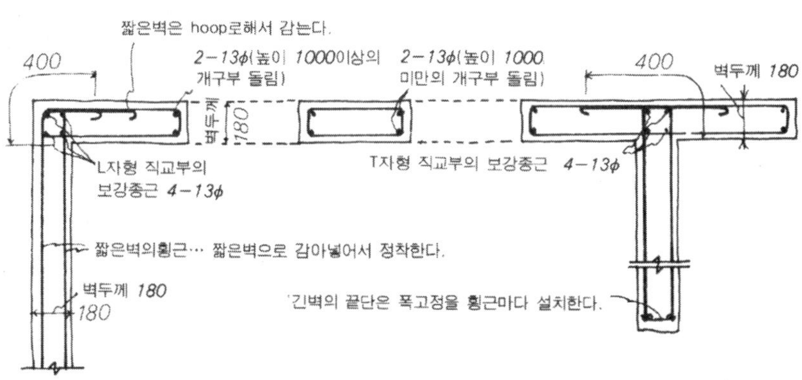

최상층에서부터 2개층

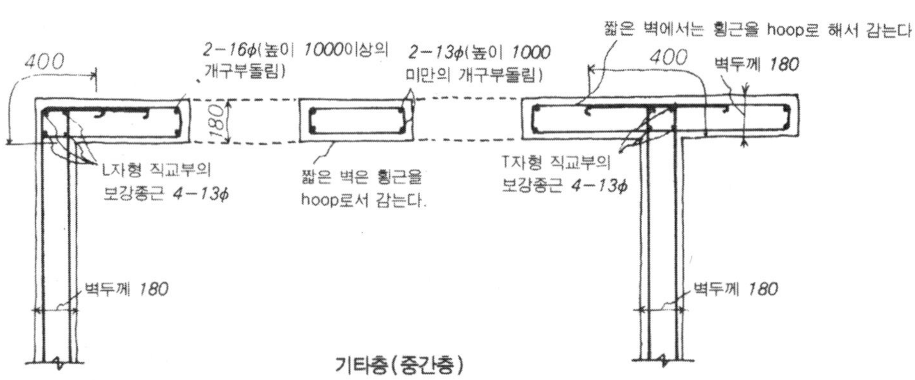

기타층(중간층)

10-4 벽 보 주근의 정착

벽 보 주근의 정착은 벽기둥 내에 아래 방향으로 구부려서 정착하는 것이 원칙이지만, 벽기둥의 폭이 커서 벽단부에서 충분한 정착 치수(S_1 이상)가 확보되는 경우나 최상층의 벽보 등은 수평 앵커로 할 수가 있다.

단, 수평 정착인 경우에는 벽기둥 폭이 크면, 보 주근이 벽기둥 내에서 중단이 되며, 슬래브근을 받치는 철근이 없어지므로 받침근의 필요성을 조사해야 한다.

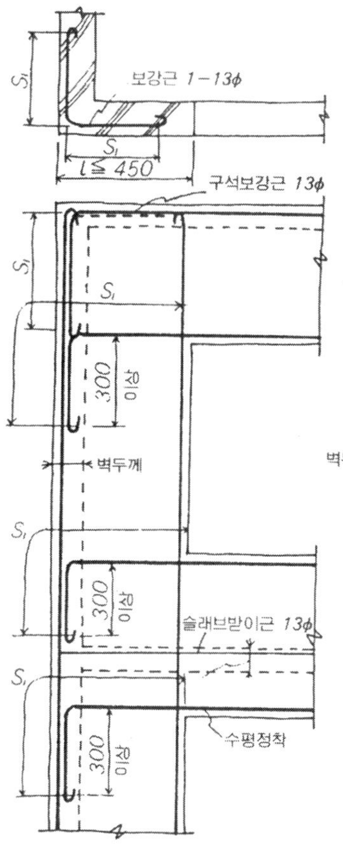

예 1 벽길이가 짧을 때의 벽 보근의 정착 요령

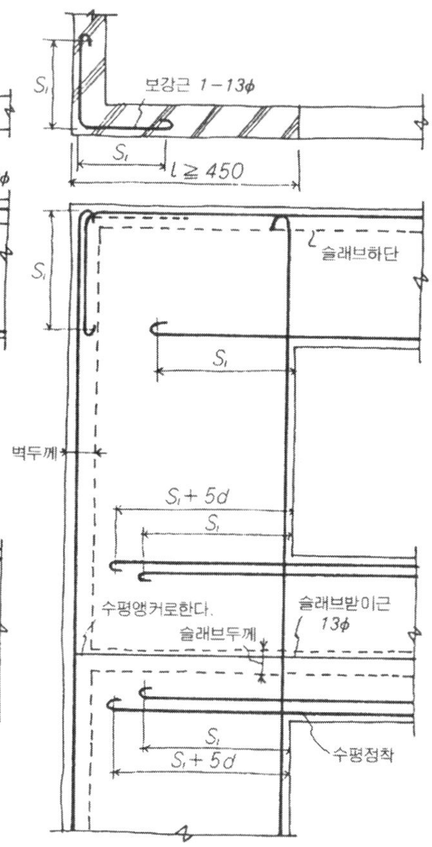

예 2 벽길이가 길 때의 벽 보근의 정착 요령

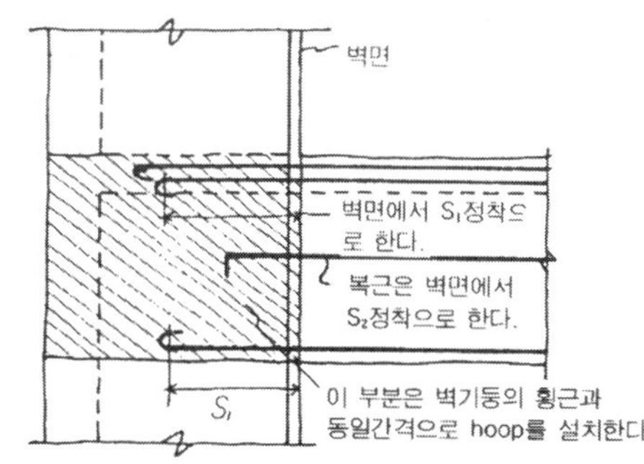

예 4 보 주근 접합부의 보강과 정착

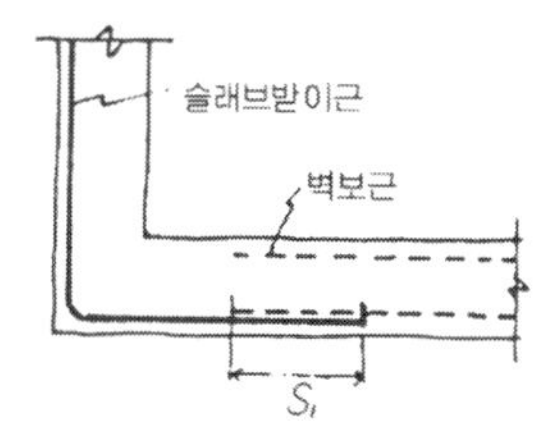

예 5 슬래브 받이근의 정착①

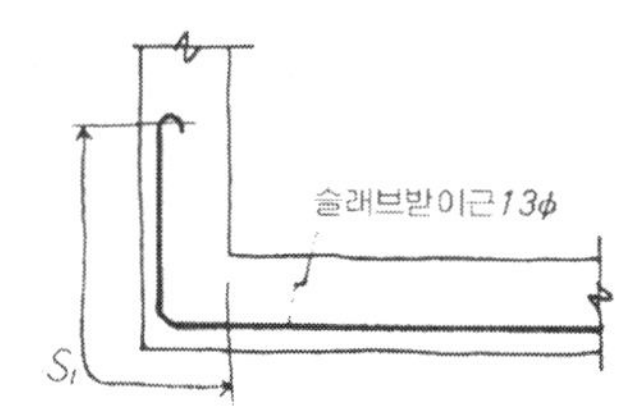

예 6 슬래브 받이근의 정착②

벽보의 L자형 접합부는 상호 벽보에 전단력이 일체로 작용되도록 하기 위하여 예 1, 2와 같이 보강근을 넣어야 한다.

예 3은 벽 보 주근의 개수가 많을 때의 정착 요령이다. 그림과 같이 상단근 2개는 관통시켜서 슬래브근을 받치게 한다.

예 4는 수평 정착으로 할 경우의 정착 요령을, 또 예 5, 6은 슬래브 받침근의 이음과 정착 요령을 나타낸 것이다.

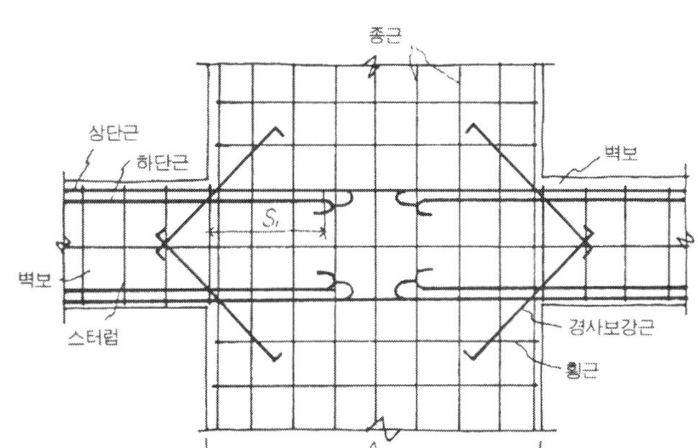

예 3 벽 보 주근의 개수가 많을 때의 정착 요령

10-5 벽보, 벽기둥의 배근 상세

배근의 요령은 다음과 같다.

① 벽보의 상단 주근은 직교벽내에 S_1의 정착으로 한다.

② 벽보의 상단 주근의 구부림 정착은 아래 그림과 같은 요령으로 한다.

③ 벽보의 하단 주근은 직교벽의 끝까지 앵커시키지만, 정착 치수 S_1의 길이로 하지 못할 경우, 직교벽내에 수직 앵커로 한다.

④ 벽보 단부에 stick근을 설치하는 때에는 stick근은 벽내에 S_1의 길이를 앵커로, 출은 개구부내 폭의 1/2까지로 한다.

⑤ 벽보의 stirrup은 9㎜ 근을 사용하며, 250㎜ 간격으로 배근하는 것을 표준으로 한다.

⑥ 벽근은 최상층에서 종근, 횡근 모두 9㎜의 싱글배근으로 하고, 기타 층은 종횡근 모두 9㎜의 더블배근으로 한다. 또한 pitch는 모두 250㎜ 간격으로 한다.

⑦ 개구부의 경사 보강은 최상층에서 13㎜의 싱글배근으로 하고, 기타 층은 13㎜의 더블배근으로 한다. 단, 개구 높이가 1m 이하인 경우에는 각 층 모두 13㎜의 싱글배근으로 해도 좋다.

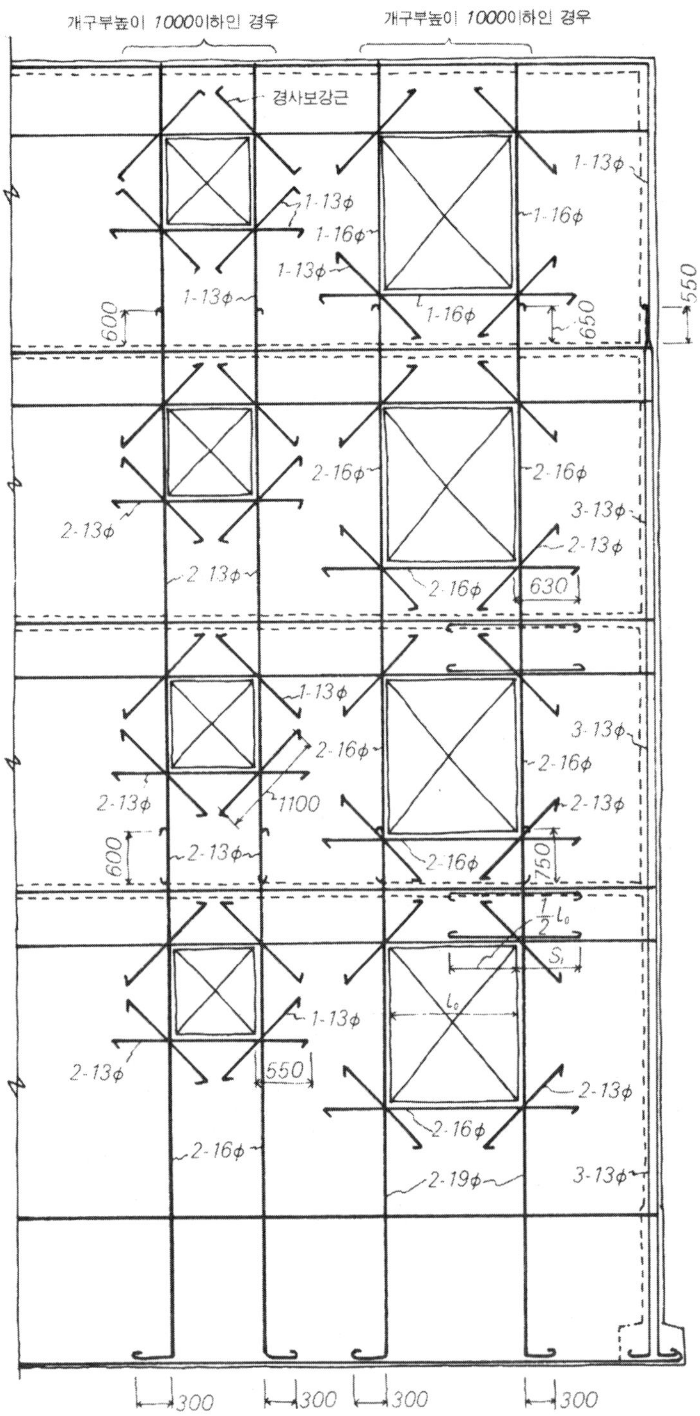

배근상세예

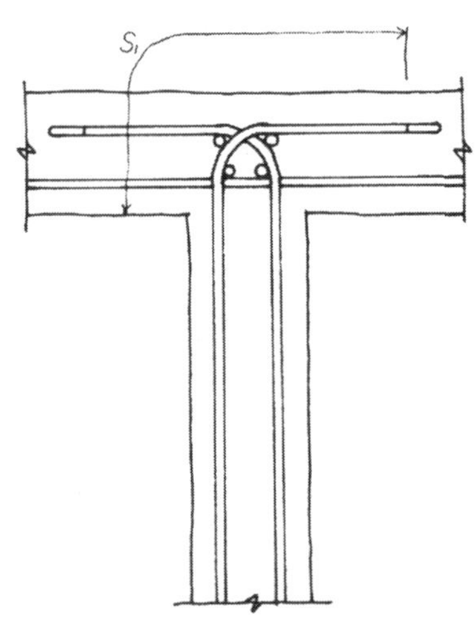

보 상단주근의 정착 요령

10-6 슬래브의 배근 요령

배근 요령은 기본적으로 라멘 구조의 슬래브 배근과 같지만, 벽식 구조의 슬래브근은 보에 대한 정착에는 두께가 없는 벽과의 연결이므로, 슬래브근의 배근 위치와 정착에 주의한다. 또한, 슬래브근과 벽종근과의 교차 위치에는 필히 슬래브 받침근(13㎜ 근)을 넣지만, 이 받침근도 단말은 벽에 정착(S_1)시키게 되므로, 벽두께나 벽의 정착 길이 등을 충분히 확보할 필요가 있다.

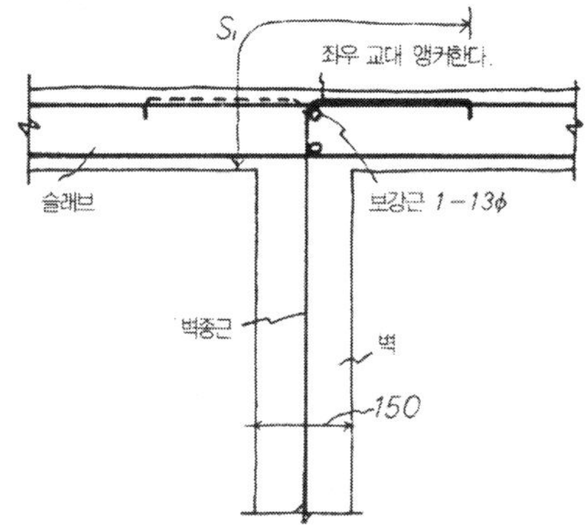

예1

최상층 슬래브와 벽과의 접합

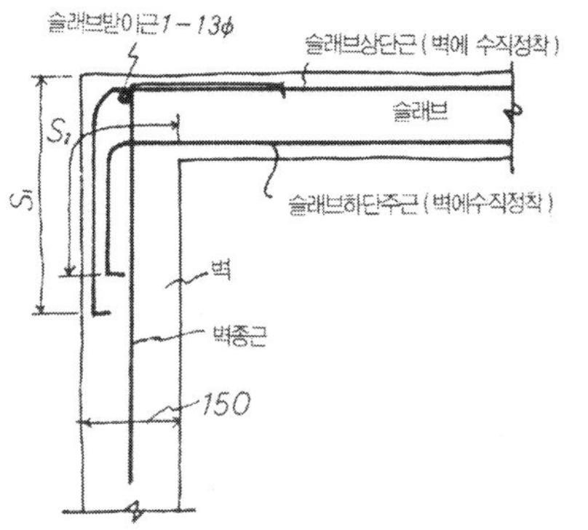

예2

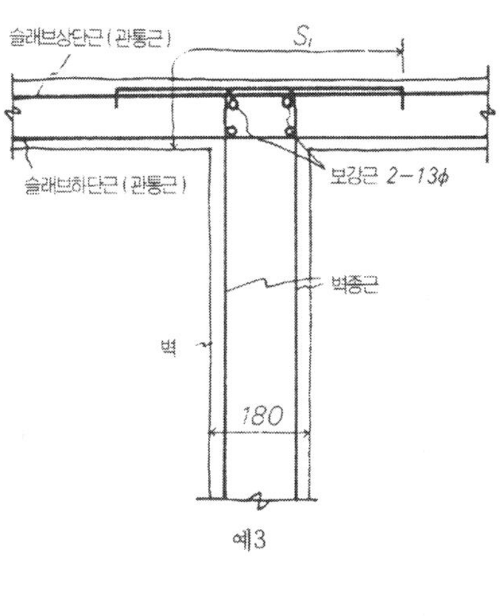

예3

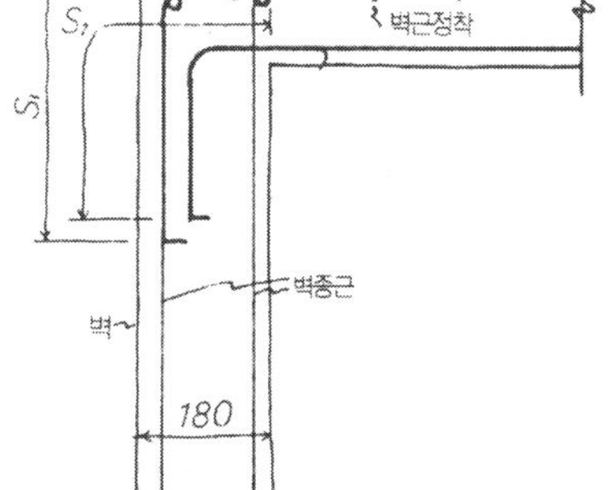

4

예 1～4는 최상층 슬래브와 벽과의 접합부에 대한 배근 요령이다. 예 1, 2는 단배근벽과 슬래브의 T자형, L자형 접촉부의 예이다.

T자형 접촉부의 배근은 벽종근을 슬래브 내에 정착시키지만, 이 경우 슬래브 받침근을 사이에 끼고, 좌우 교대로 구부려 정착한다. L자형 접촉부의 경우는 슬래브근을 벽 내에 수직으로 정착시키나, 끌어내리는 위치는 벽심을 지난 위치로 한다. 예 3, 4에 나타난 더블배근벽의 경우도 똑같다.

일반층의 경우는 예 5, 6과 같이 벽종근, 슬래브근도 관통으로 배근한다. 벽과의 접촉 위치를 정확히 하기 위하여 슬래브 받침근을 넣지만, 예 5와 같이 최상층을 단벽으로 하는 경우는 그림과 같이 좁게 하여 잇는다.

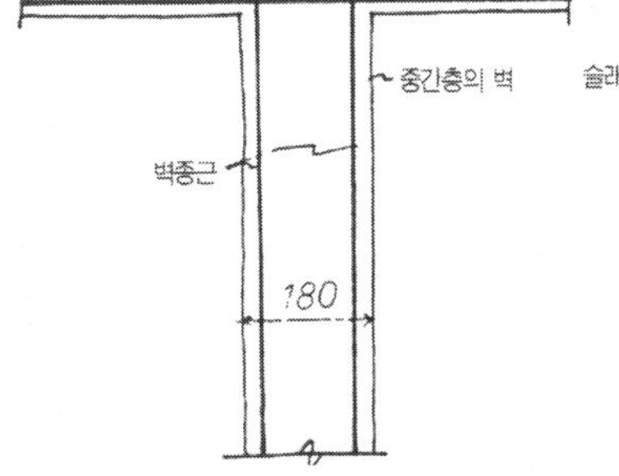

예5

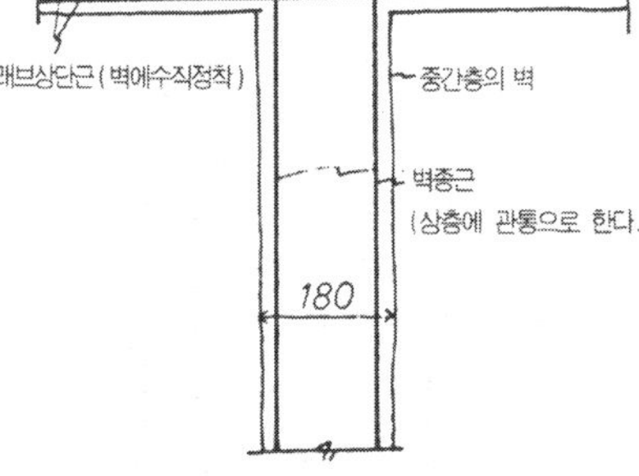

예6

일반층(중간층)의 슬래브와 벽과의 접합

10-7 배근상세도의 실 예(각부 단면도)

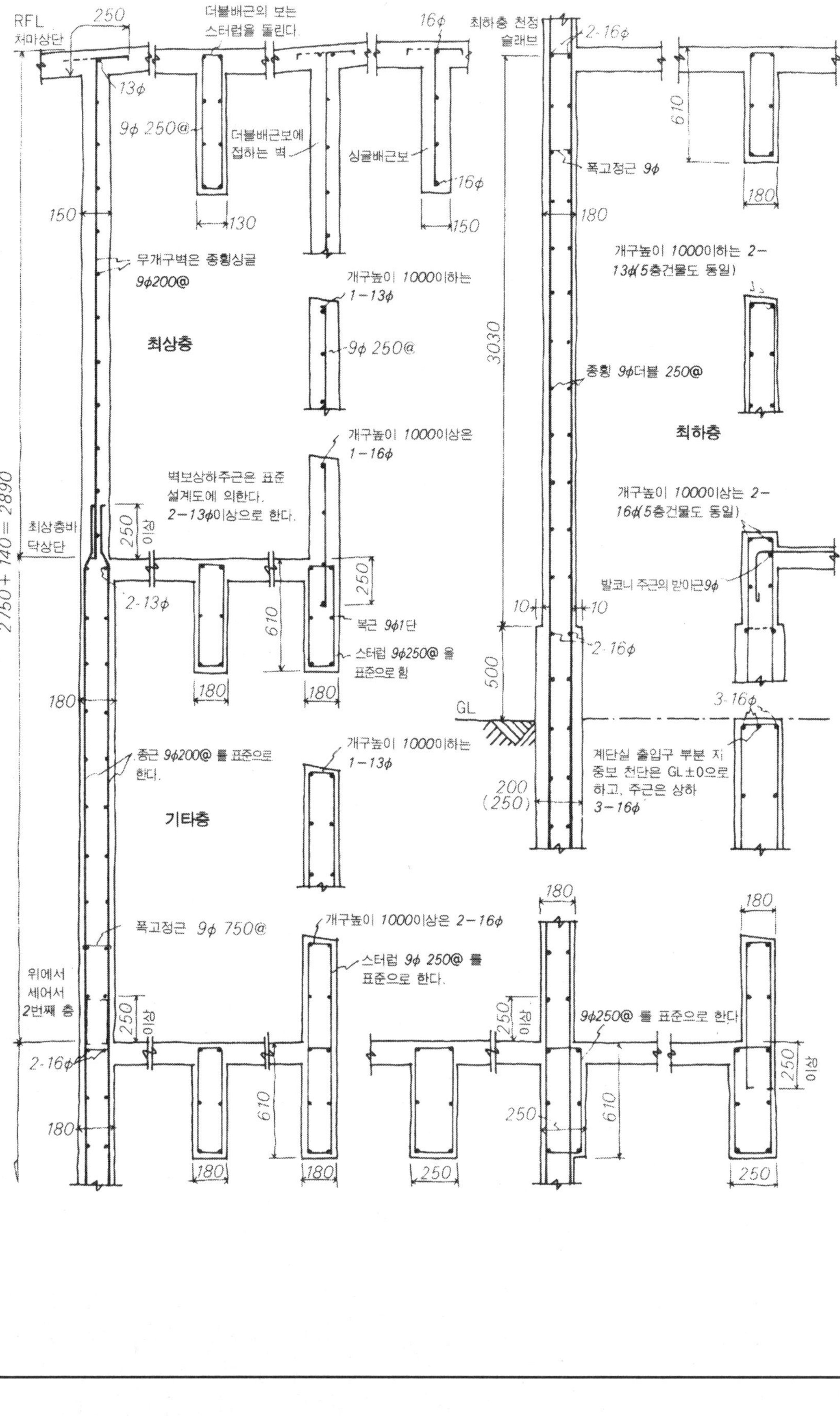

10-8 배근상세도의 실 예(평면도)

1, 2층 배근도

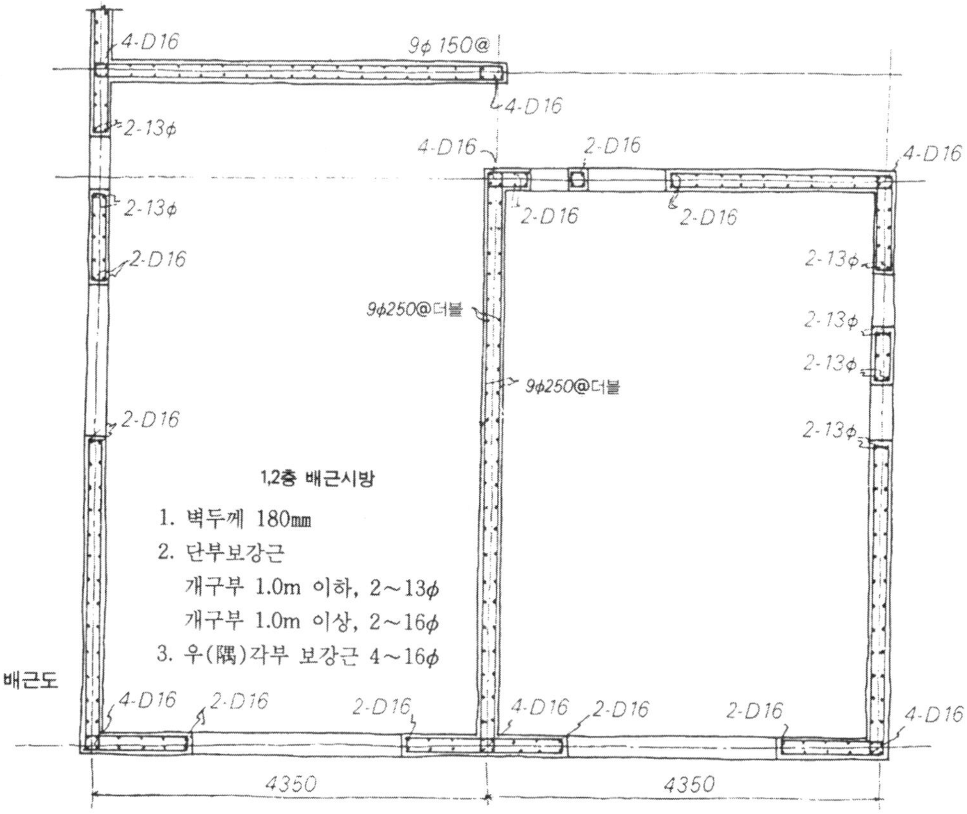

3층 배근도

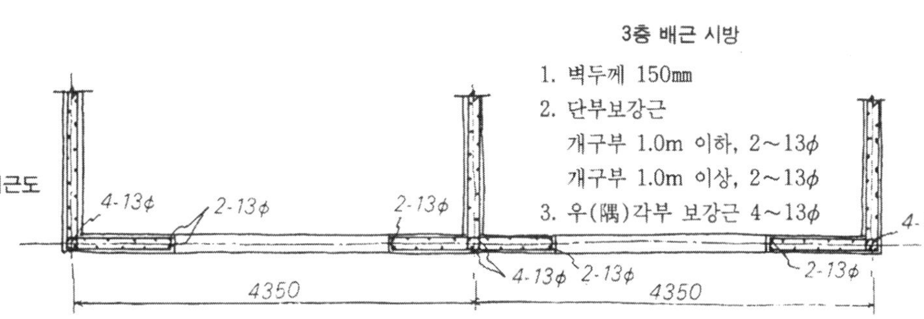

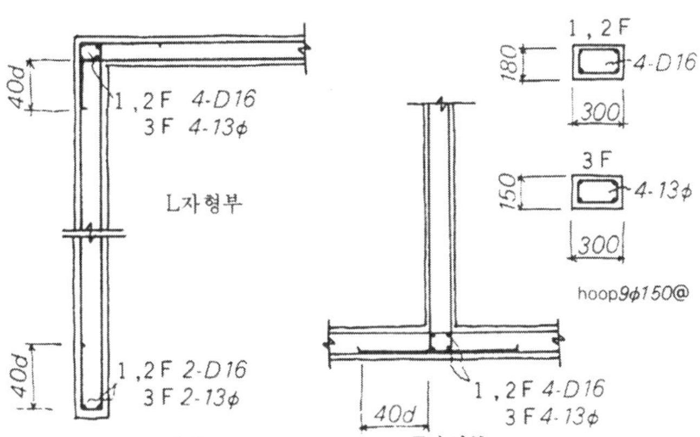

벽보 강근의 배근상세

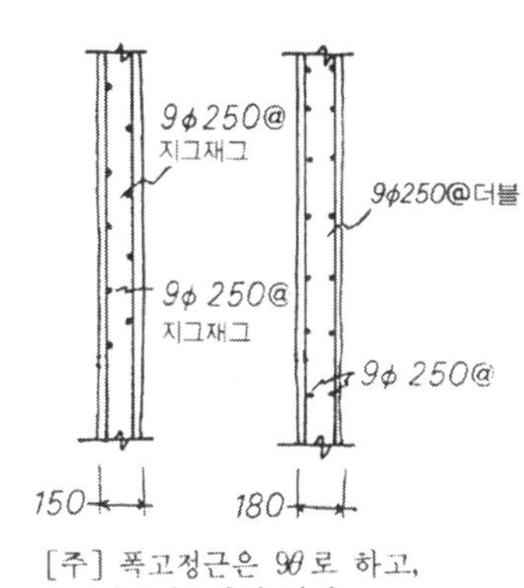

벽의 배근상세

10-9 배근상세도의 실 예(측면도)

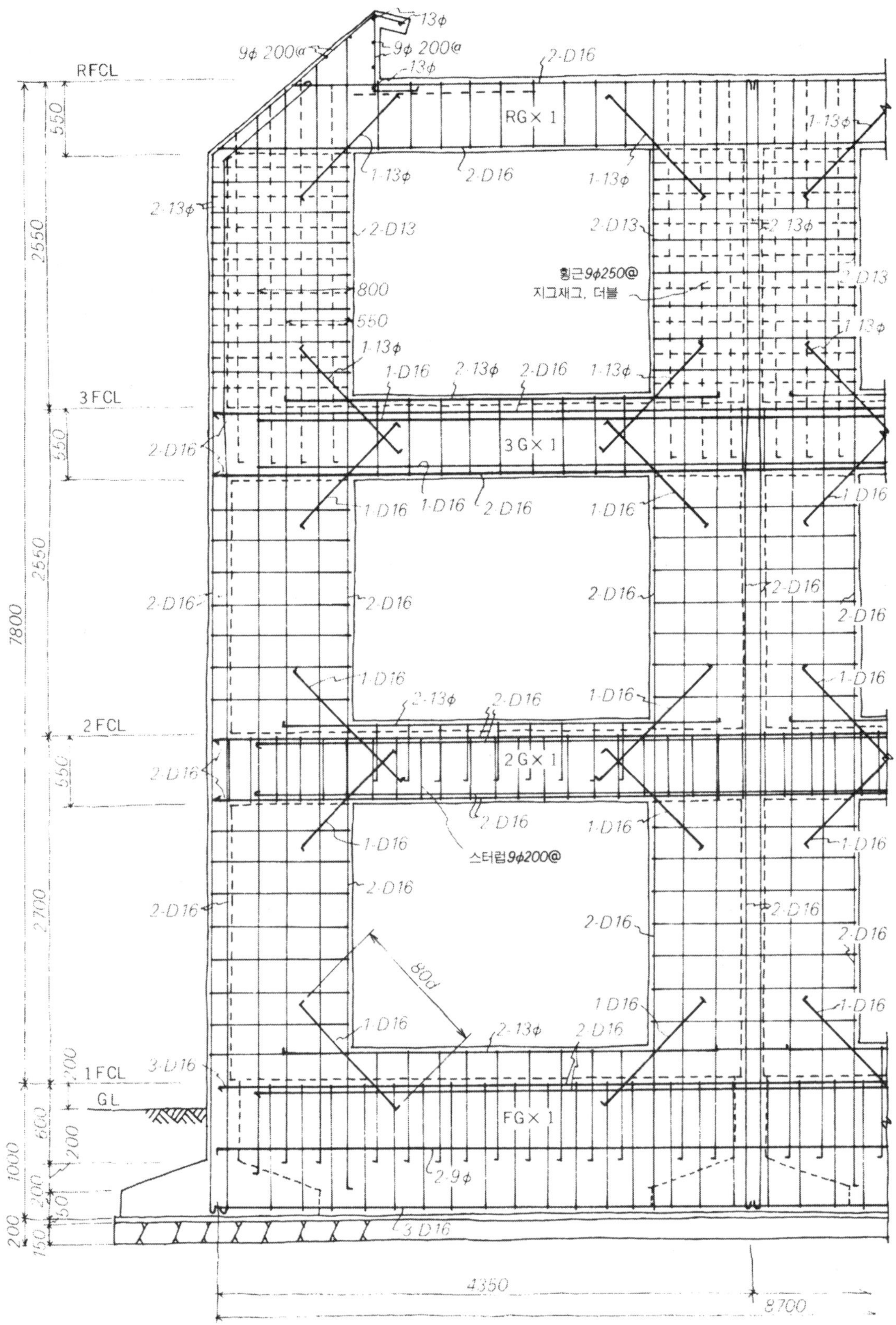

10-10 배근상세도의 실 예(슬래브 배근)

〔1〕 일반 바닥 슬래브의 배근

인접하는 2개의 슬래브 배근은 가능하면 끝에 이음을 만들어 관통시켜 배근하지만, 이음을 만들지 않을 경우에도 벽 내에 수직 앵커로 하지 않고, 인접하는 슬래브 내에 수평 앵커로 하여 마무리한다. 슬래브의 top근은 단변 방향의 1/4 길이+15d(여장)로 한다.

〔2〕 지붕 슬래브의 배근

지붕 슬래브의 두께는 아스팔트 노출 방수 공법의 경우는 120mm, 메시 공법의 경우는 130mm로 하고, 상단 피복 두께는 30mm로 한다. 지붕 슬래브의 상단 중앙에는 단변 방향 400mm, 장변 방향 600mm의 간격으로 9mm 근을 배치하고, bend근은 만들지 않는다. 단, $l_x/4$의 위치에는 13mm 근을 배치한다.

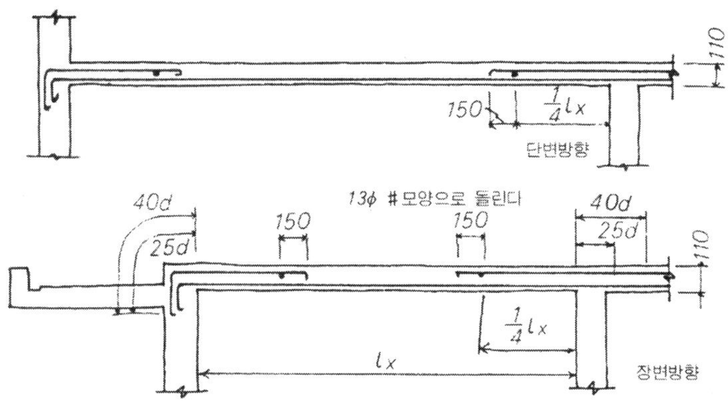

일반 바닥 슬래브의 배근

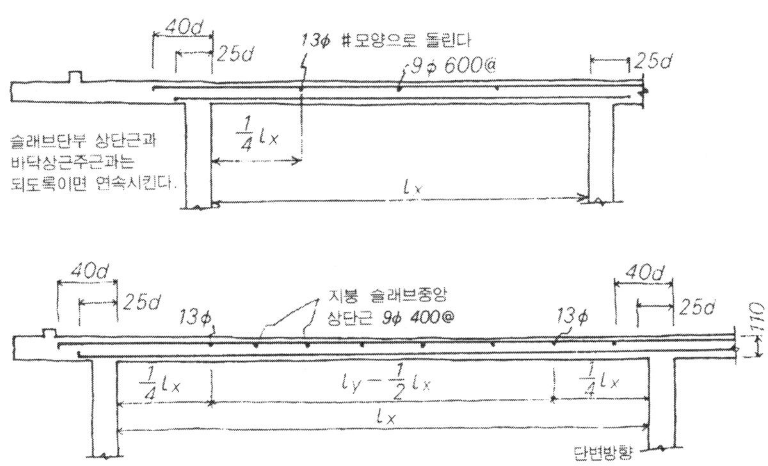

옥상 슬래브의 배근

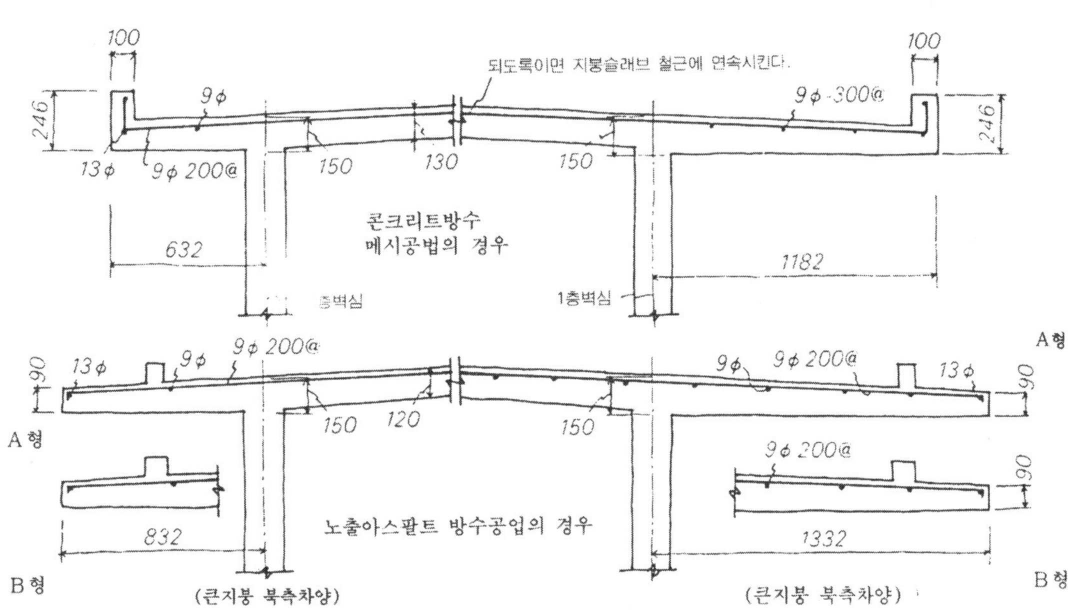

지붕차양의 배근①

10-11 배근상세도의 실 예(채양, 발코니의 배근

〔1〕 채양의 배근

지붕 슬래브를 연장시켜 채양을 만드는 경우는 가능하면 길게 배근한다. 창채양의 경우는 배근을 벽 내에 세워올려 정착한다.

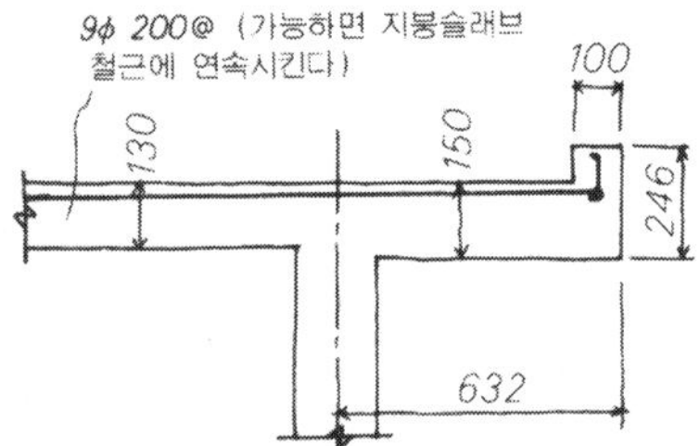

큰지붕박공측차양

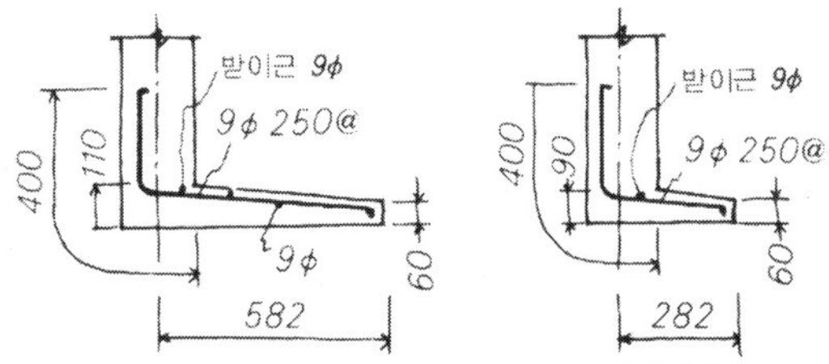

창차양(1) 창차양(2)

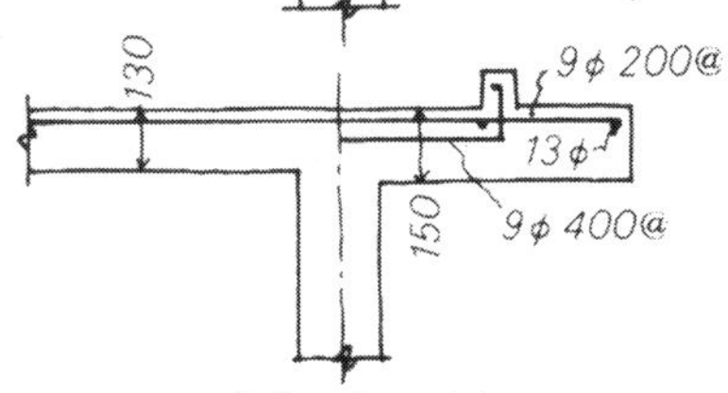

노출아스팔트 방수

지붕차양의 배근②

〔2〕 발코니의 배근

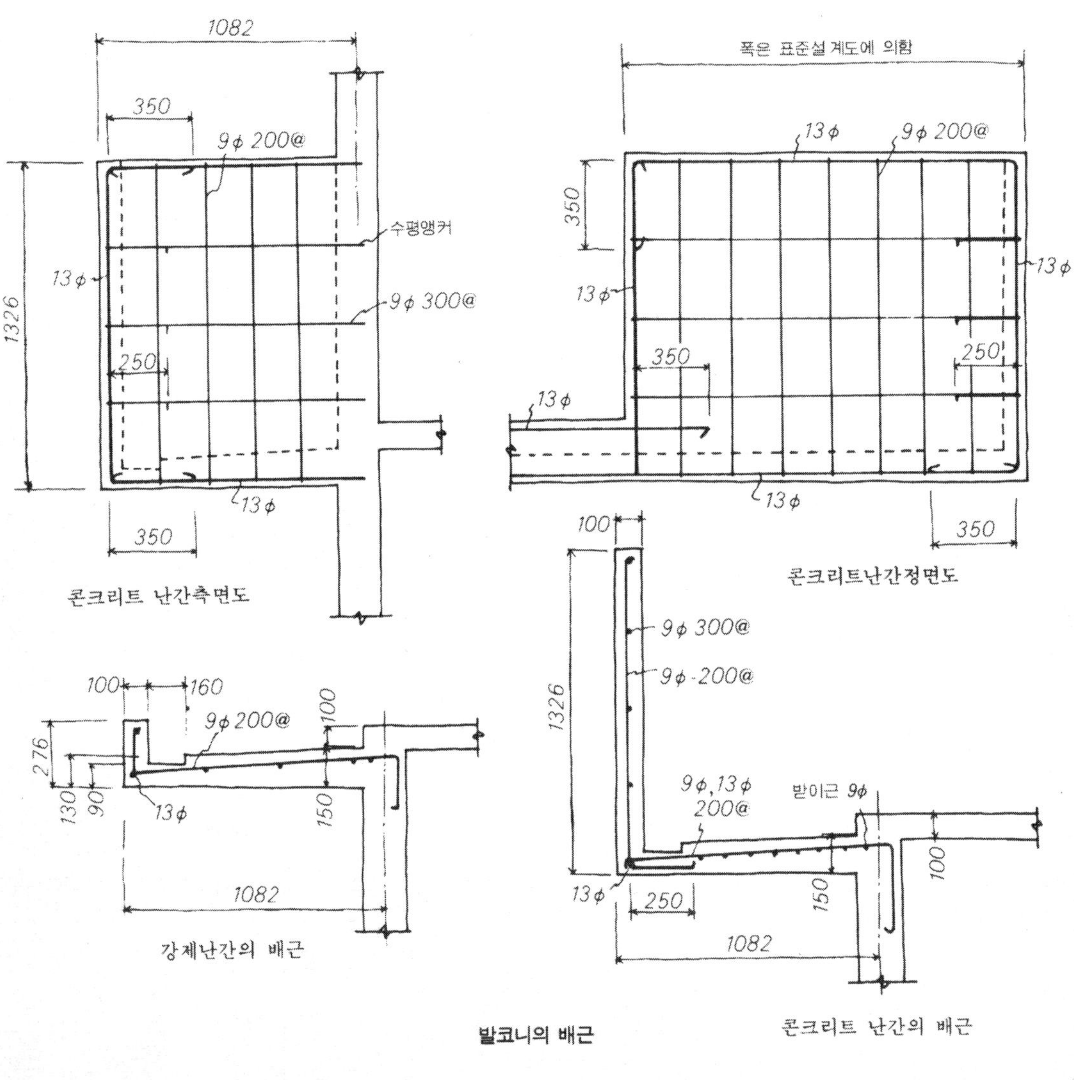

발코니의 배근

10-12 배근상세도의 실 예(계단의 배근)

[註] 계단실 벽의 개구우각부의 경사 보강근은 최상층에서 2층의 보까지 1~13ϕ, 기타는 1~16ϕ

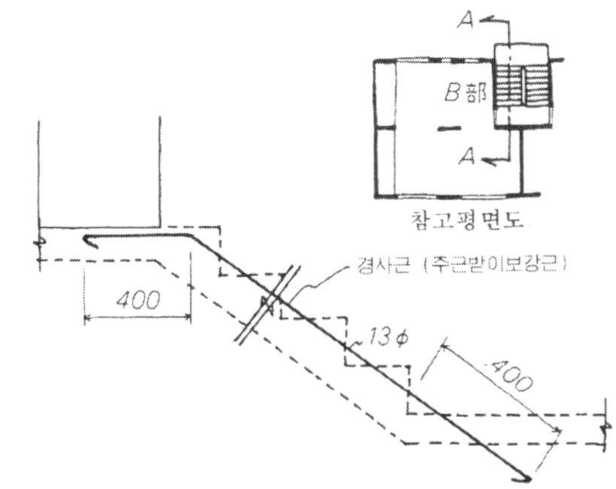

캔틸레버보식 계단의 주근받이 보강근의 정착요령

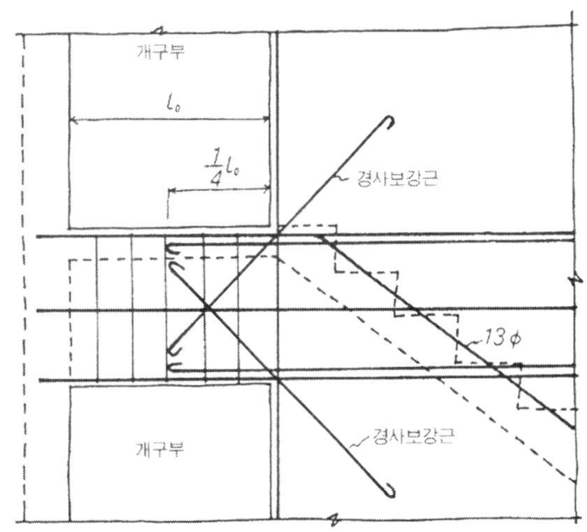

B부 상세도

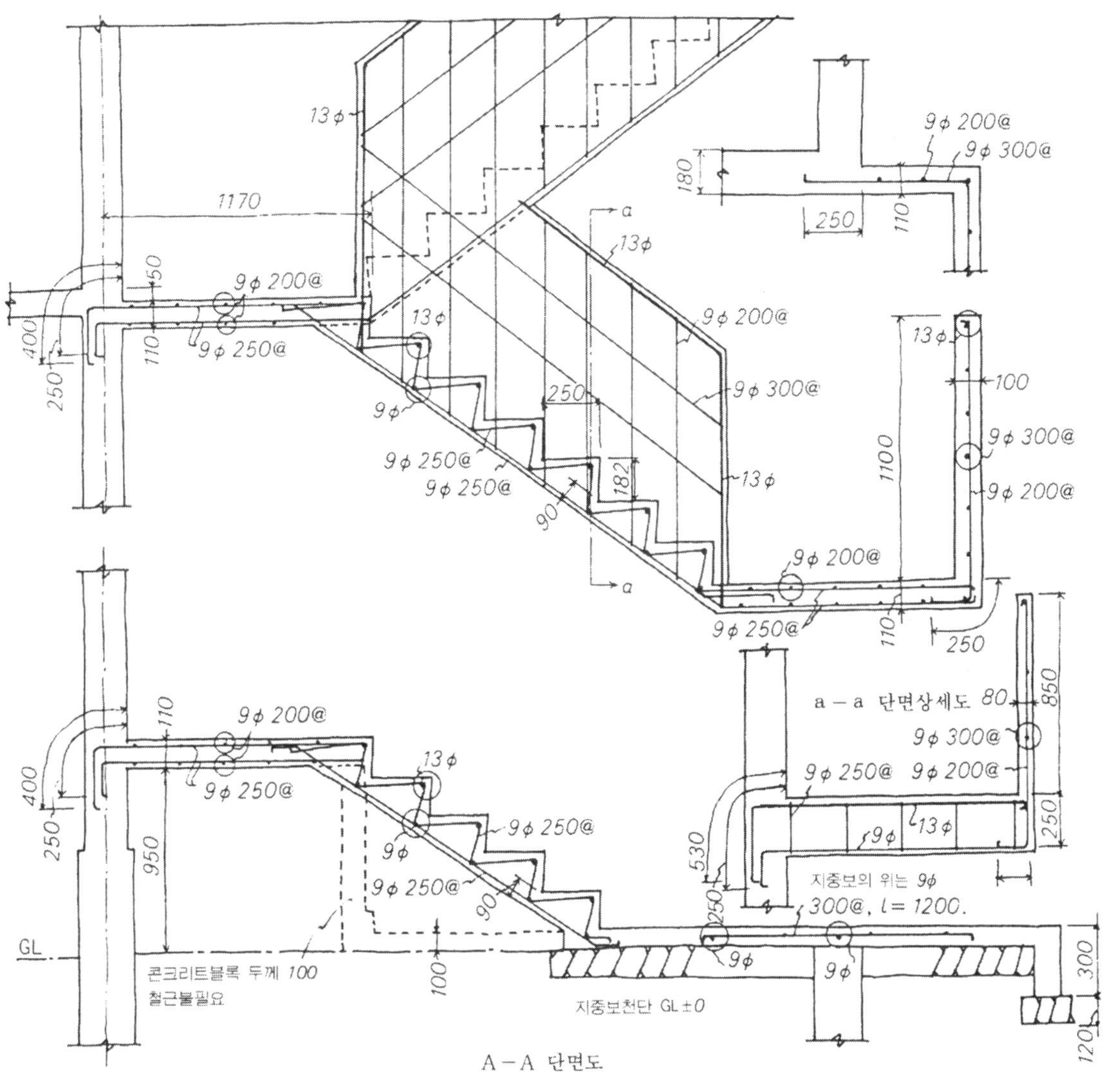

A－A 단면도

11-1 일반사항

보강 콘크리트 블록 구조는 콘크리트 블록을 쌓고, 그 요소에 철근을 넣어서 내력벽을 구성하는 것이고, 기초, 들보, 슬래브 등은 철근 콘크리트 구조로 하는 병용구법이다.

다음에 보강 콘크리트 블록 구조의 기본적인 배근 요령을 기술한다.

[1] 블록의 규격과 사용 철근

사용하는 블록은 속빈(공동) 콘크리트 블록의 규격품을 써야 한다. 규격은 형상, 무게, 강도, 흡수율 등이 정해져 있다.

형상으로는 그림에 나타난 기본 블록과 이형 블록 등이 있다.

일반적으로 지름 13㎜, 9㎜의 보통 철근이 쓰이나, 이형 철근 또는 지름 16㎜ 환강도 가끔 사용된다.

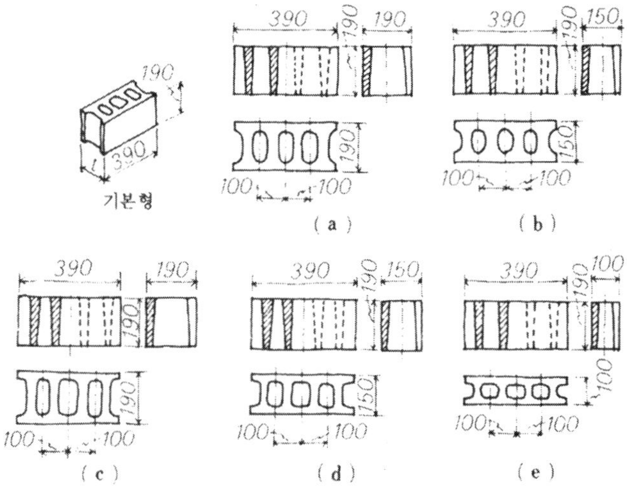

기본 블록의 형태

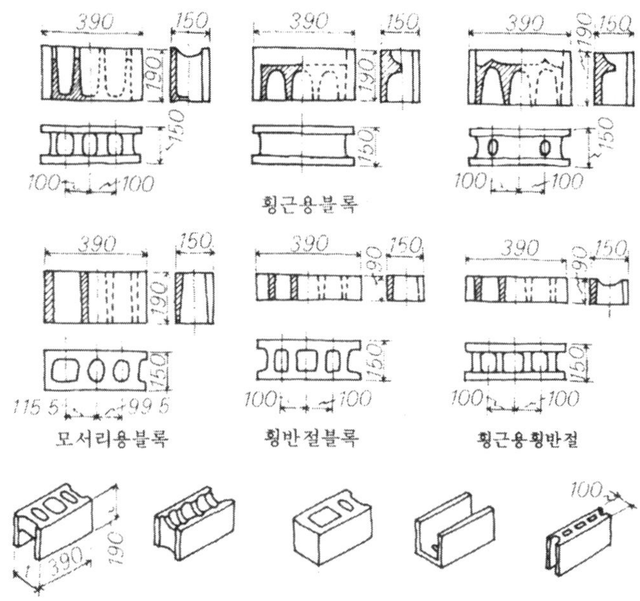

이형 블록의 형태

[2] 주근의 이음, 정착 길이와 피복 두께

구조 주요부의 철근 콘크리트의 피복 두께는 아래 표와 같다.

보강 콘크리트 블록 구조에서 주요부의 철근 이음, 정착 길이는, 아래 표와 같다. 철근 구부림의 규준은 철근 콘크리트 구조에 따른다. 또한, 횡근을 이을 경우의 이음 길이는 압접 이음을 빼고, 25d 이상(hook 붙임)의 겹이음으로 한다.

각부의 소요 덮개 두께

구조부종별	소요 덮개 두께
내 력 벽	20㎜
테두리보	30㎜
기 초	50㎜
기초의 밑면	60㎜

[註] 1. 내력벽 피복 두께는 블록 두께를 뺀 것으로 한다.
2. 기초 밑면의 덮개 두께는 버림 콘크리트 부분을 뺀 것으로 한다.

각부주근의 이음, 정착 길이

각 구 조 종 별		이음 및 정착의 소요 길이		
이 음	정 착	환강	이 형 철 근	
			훅 없음	훅 있음
내력벽이 맞대는 구석 이음, 개구부 주위의 주요부의 이음	주요부의 종근을 테두리보, 지붕 슬래브, 기초(또는 기초보)에 정착하는 경우, 개구부 상하의 횡근을 양쪽(좌우) 벽부에 정착하는 경우	40d	40d	30d
기타의 곳	기타의 부분	30d	30d	20d

[註] 지름이 다른 철근의 이음 길이는 가는 철근 지름으로 정한다.

11-2 기초, 지붕보의 배근 요령

〔1〕 기초의 크기

보강 콘크리트 블록조 건축인 경우, 기초 구조 형식은 그림에 나타낸 철근 콘크리트조의 줄기초로 한다. 기초의 크기는 기초폭 *B*, 지중보 폭 *b*, 기초춤 *D*와 함께 구조 계산에 의해 결정되지만, 기초춤의 크기는 그림에 나타난 층수에 의해 최소 한도의 크기가 정해져 있다.

〔2〕 기초의 배근

다음 그림에 일반 예를 나타낸 것같이 베이스근의 위에 조립된 지중보 철근을 배치하여 마무리 하지만, 기초춤이 높은 경우는 복근(지름 9㎜)을 넣어 폭고정근으로 요소를 고정시켜야 한다. 지중보 철근의 구성 요령은 라멘 구조의 보 56페이지를, 베이스근 구석부의 보강요령은 138페이지를 참조하기 바란다.

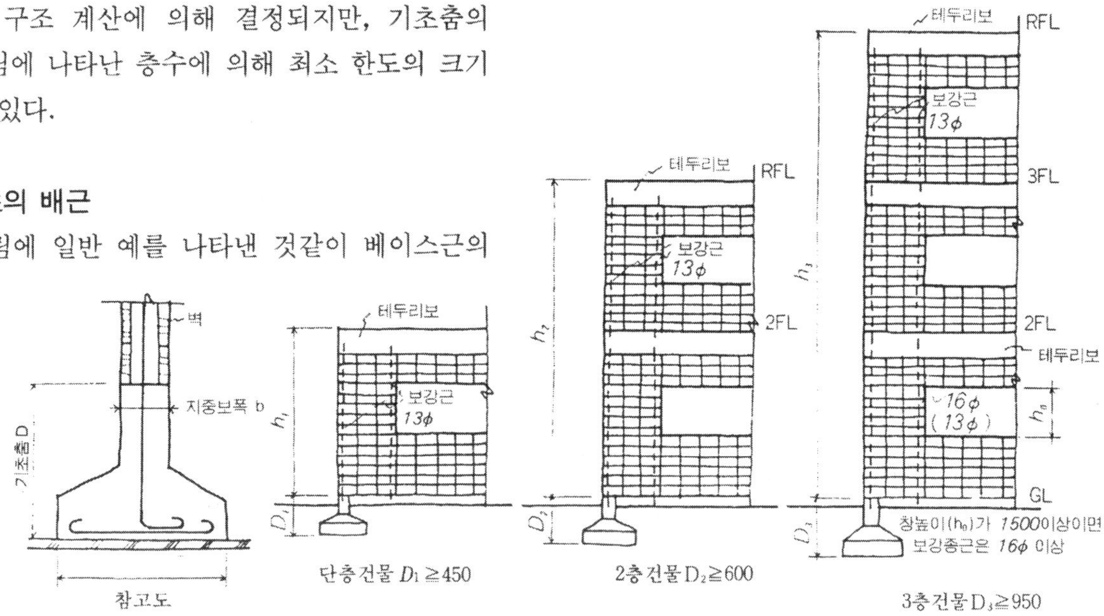

기초의 크기

[註] 동결깊이는, 지표하 300~400㎜ 이상의 지역도 있다. 지지반은 이 심도 이하로 설계하여, 기초 콘크리트 경화후는 자갈, 모래로 되매운다.

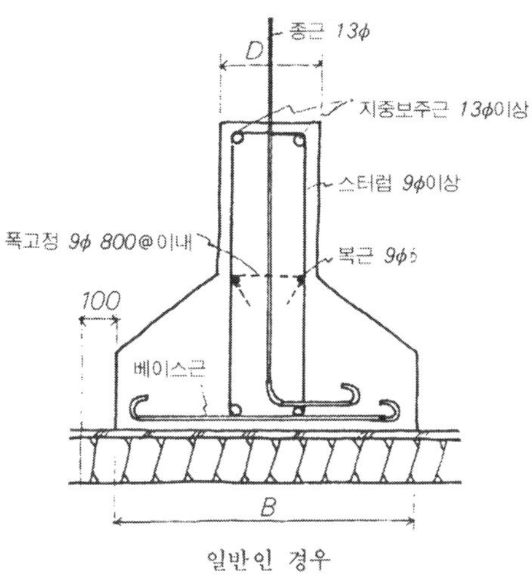

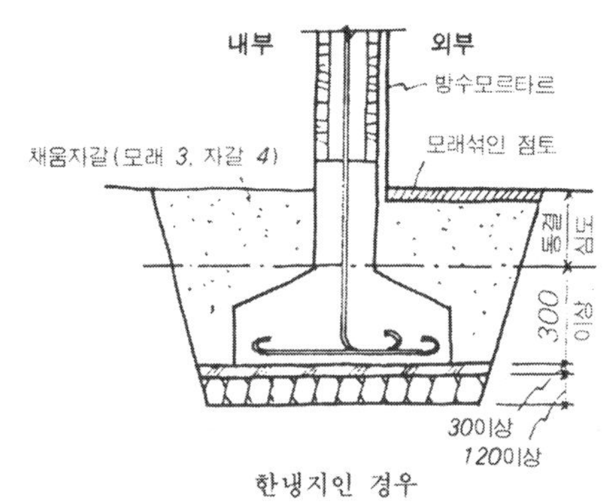

기초의 배근요령

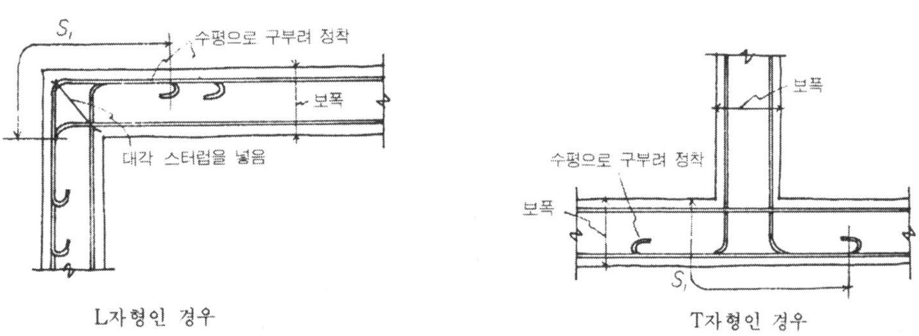

땅속(지중)보 취합부(맞댐부)의 주근정착요령

11-3 내력벽의 배근

〔1〕 내력벽의 사용 철근과 배근 간격

콘크리트 블록조의 내력벽 배근은 종근, 횡근과 함께 표에 나타난 요령으로 배근한다. 단, 벽단부, 구석부, 개구부 주위에는 반드시 13㎜ 종근을 쓴다. 개구부 돌림은 횡근도 13㎜ 근을 쓴다.

각 구조별에 의한 내력벽의 배근 간격

구조별위치 \ 배근종별	종근 지름	종근 간격	횡근 지름	횡근 간격
평 가	9	800 이하	9	800 이하 3/4l 이하
최 상 층	9	800 이하	9	800 이하 3/4l 이하
최상층에서 둘째 층	9	500 이하	9	600 이하 3/4l 이하
	13	800 이하	13	800 이하 3/4l 이하
이음 소요 길이	40d 이상		25d 이하	
[비고] l은 내력벽의 실제 길이를 말한다.				

〔2〕 종근의 배근과 정착(1)

사용 철근과 배근 간격은 표에 나타냈고, 콘크리트 블록의 규격 치수와 배근 간격의 관계는 그림과 같다.

종근 각부는 그림처럼 기초보에 정착(앞페이지 참조)시켜 상부는 테두리보에 $S_1(40d)$, 정착시키지만, 원칙으로는 콘크리트 블록의 빈 속에 이음을 두도록 한다. 이것은 이음의 hook이 장애가 되어 블록 빈 속에 콘크리트를 충진하는데 어려움이 있으므로 이형 철근을 쓰거나, 용접 이음으로 빈 속 지름이 120㎜ 이상외에는 이음을 할 필요가 없다.

L자형 취합부는, 구석에 해당하므로 종근은 13㎜ 근을 쓴다. 참고 그림과 같이 구석 내에 콘크리트 치기의 예도 있다.

T자형 취합부도 종근에 13㎜를 써서 그림에 나타난 위치의 블록벽을 뜯어내고, 콘크리트 치기 마무리를 하지만, 여기에 U자형 보강 횡근을 넣어야 한다.

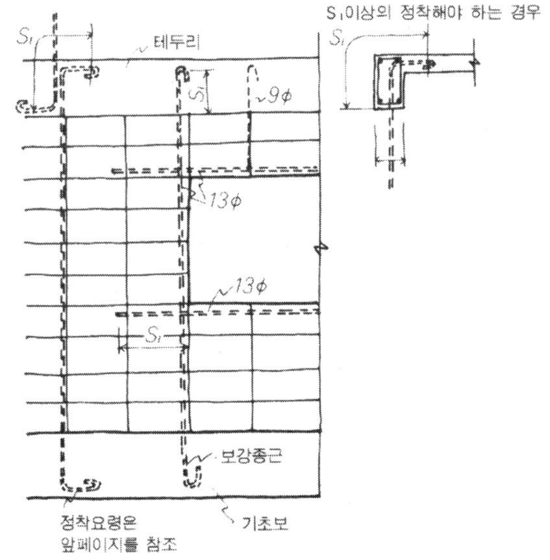

[註] 개구부 돌림의 보강 세로근은 개구부 높이가 1500 이상인 경우에는 16ϕ를 쓴다. 또 개구부 돌림의 보강 가로근은 그림에 나타난 대로 개구부끝에서 S_1의 정착 길이를 취한다.

보강근의 배근요령

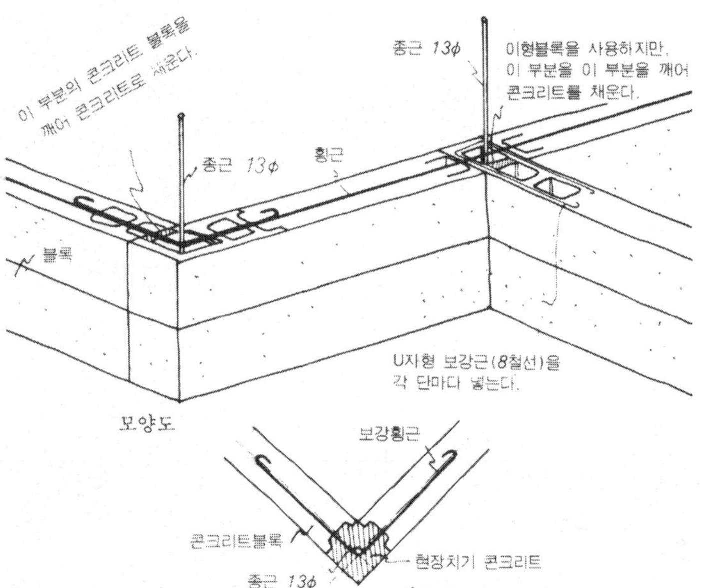

L자형, T자형취합부(맞댐부)의 마무리 방법

〔3〕 종근의 배근과 정착(2)

그림은 종근 위끝을 테두리보 속에 정착하는 경우의 예를 나타낸 것이다. 최상층 테두리보는 춤이 낮게 되는 수도 있어 보 속에 직선적으로 S_1 정착이 어렵게 된다. 이 경우는 그림처럼 구부려 정착시킨다.

상하층 종근의 이음도 테두리보 춤이 낮아져 S_1 이상의 이음 정착 치수를 못믿을 경우에는 그림의 표시대로 구부려 정착시킨다.

〔4〕 횡근의 배근 요령

사용 철근과 배근 간격은 앞페이지에 나타낸 것과 같다. 벽단부 및 구석부는 아래 그림의 요령으로 처리한다.

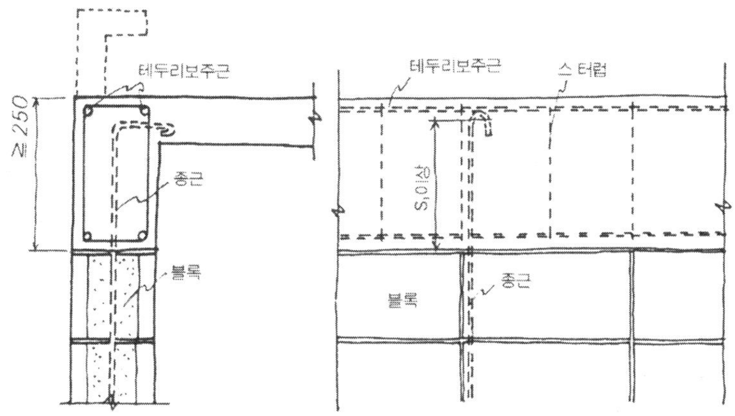

최상층의 종근 상부 정착요령(평가건물 포함)

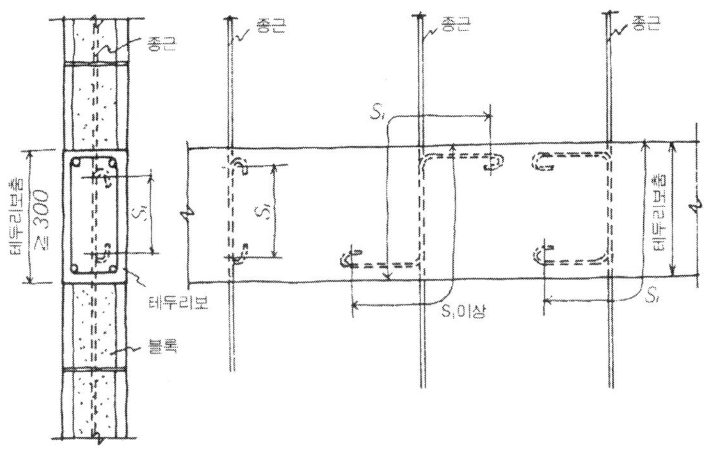

테두리보대에 소정의 이음 길이가 확보되는 경우

테두리보내에 소정의 이음길이가 확보되지 않는 경우

상하층 종근의 이음 정착

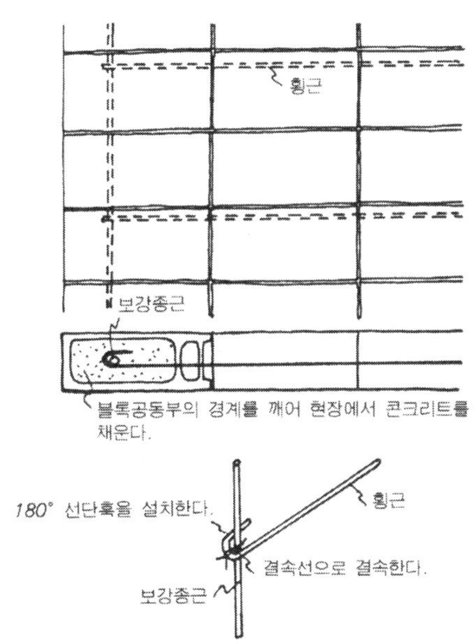

벽단부의 횡근의 아무림

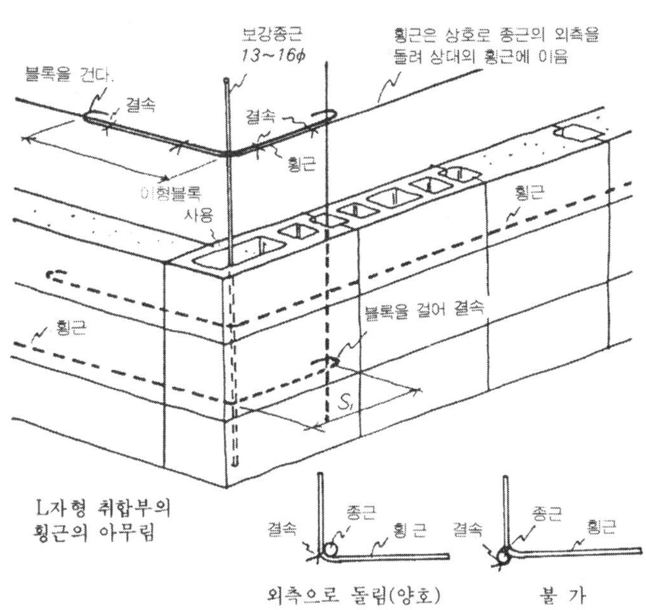

L자형 취합부의 횡근의 아무림

횡근의 배근요령

〔5〕 개구부 주위의 배근 요령

개구부 주위에는 그림과 같이 종방향, 인방 방향과 함께 이형 블록을 써서 그 빈 속 부분에 보강 종근을 넣은 뒤, 콘크리트를 쳐서 견고하게 한다. 보강 종근은 13㎜ 이상의 것을 쓴다. 횡근끝은 앞페이지의 벽단부 마무리의 요령으로 이 보강근에 묶는다. 조적조에서는 개구부 인방 부분의 마무리가 중요하나, 그림에서 보는 것처럼 13㎜ 이상의 보강 횡근을 넣고, 매단근(지름 9㎜, 블록줄눈마다 넣는다)으로 보강 횡근을 매달아서 인방부를 보강한다.

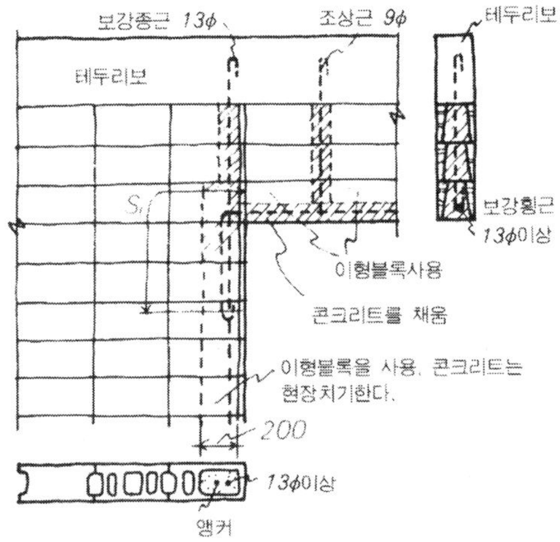

개구부 돌림의 배근요령

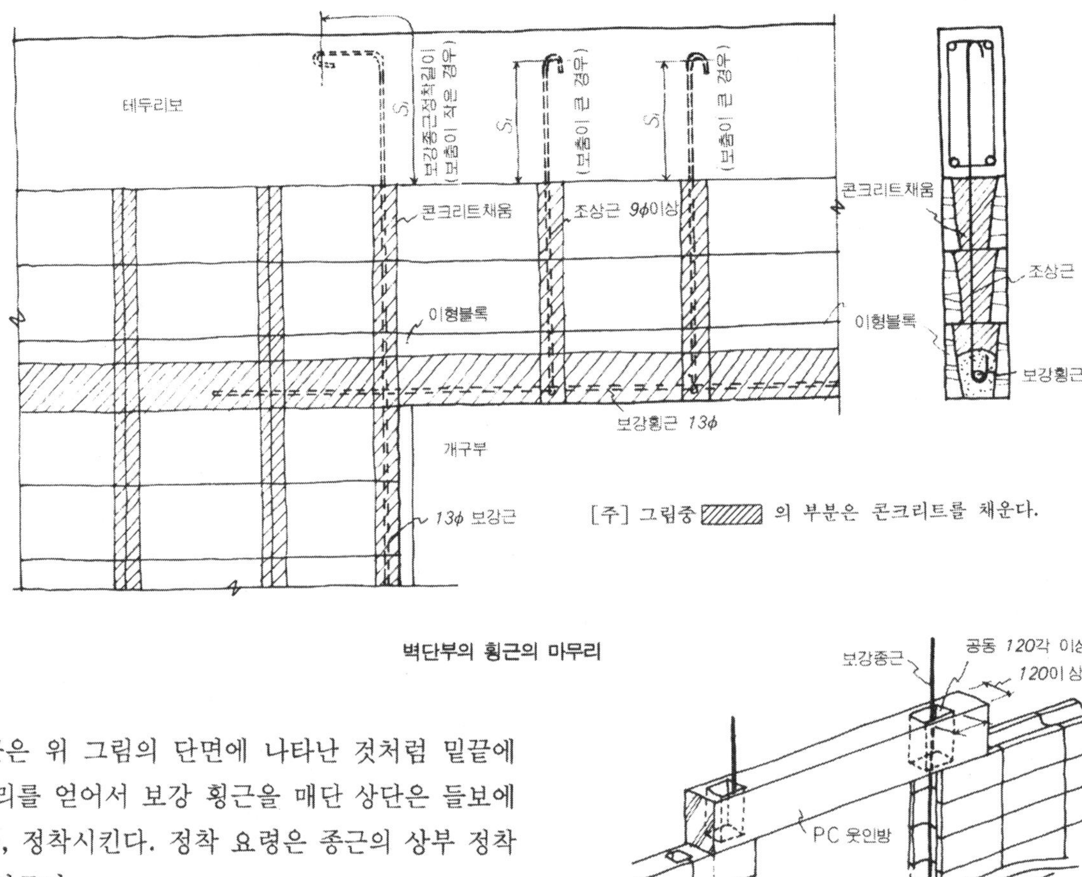

벽단부의 횡근의 마무리

매단근은 위 그림의 단면에 나타난 것처럼 밑끝에는 갈고리를 얻어서 보강 횡근을 매단 상단은 들보에 $S_1(40d)$, 정착시킨다. 정착 요령은 종근의 상부 정착 요령에 따른다.

그림은 기제 콘크리트 인방을 쓴 예이다. 이것은 프리스트레스트 콘크리트제의 것으로 개구부 폭이나 블록 치수 등의 규격에 맞추어 만든 것이며 규격품의 알루미늄 건재(새시, 도어 등)를 사용하면 편리하다.

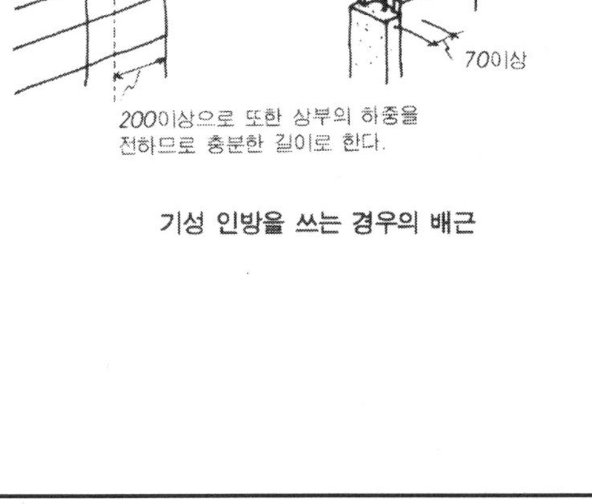

기성 인방을 쓰는 경우의 배근

11-4 테두리보의 배근

내력벽 꼭대기(각 층모두)에는 철근 콘크리트의 테두리보를 설치한다. 이 보의 유효폭은 200㎜ 이상, 내력벽의 수평력에 대한 지점간 거리의 1/20 이상으로 정해져 있다.

그림은 테두리보의 배근례를 나타낸 것이며, 싱글배근과 더블배근이 있다. 싱글배근의 경우는 벽종근을 대용하여 그 사이의 소정 간격에 맞추어 stirrup을 넣고, 겹배근의 경우는 stirrup을 넣지 말아야 한다. 그 간격은 300㎜ 이하, $2/3D$ 이하로 한다.

테두리보 주근의 끝쪽은 L자형 결합의 그림과 같이 y축 방향 주근은 수평 앵커로, x축 방향 주근은 수직 앵커로 하는 것이 올바른 배근이다. 구석쪽에는 되도록 수평 haunch를 얻어서 보강하고, 또한 그곳에는 대각 stirrup을 넣어야 한다.

밑그림은 T자형 결합부의 배근 상세를 나타낸 것이다. 주근은 그림에 표시된 것처럼 수평 앵커 또는 경사앵커로 되며, 주근의 휨위치에는 반드시 stirrup을 넣어야 한다.

벽종주근의 테두리보로의 정착은 155페이지를 참조한다.

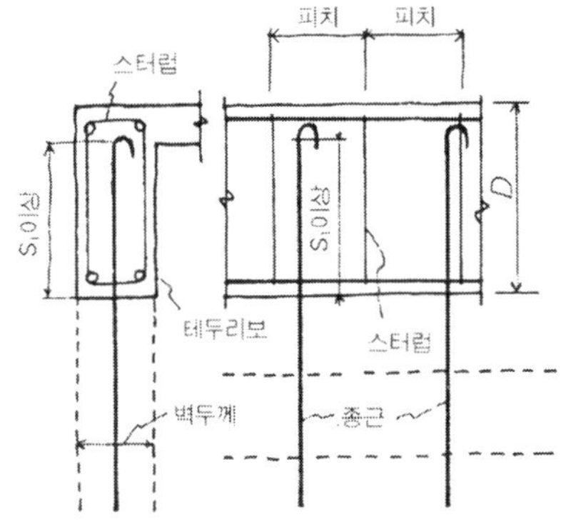

더블배근인 경우

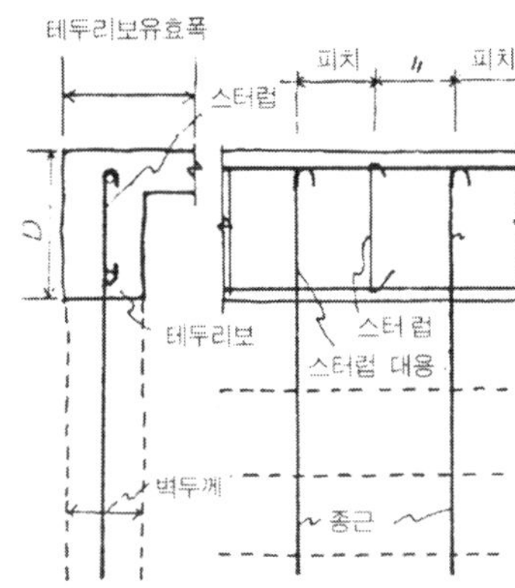

싱글배근인 경우

들보 stiruup의 배근

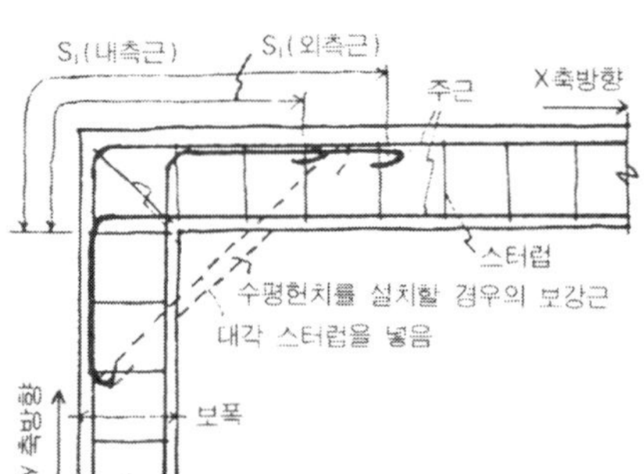

올바른 배근의 예

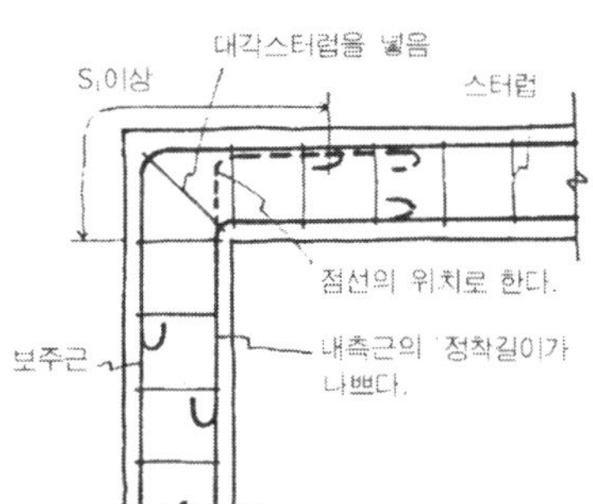

올바르지 못한 배근의 예

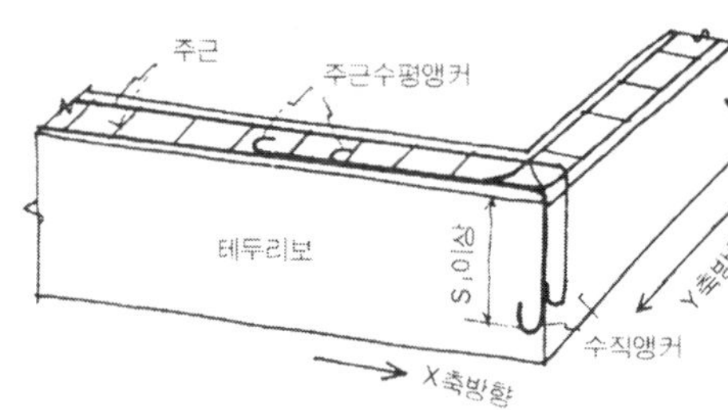

취합모양도

L자형 결합부의 배근 상세

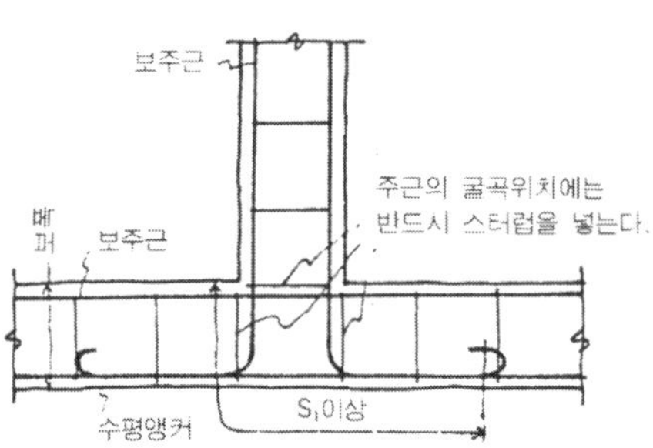

평면도

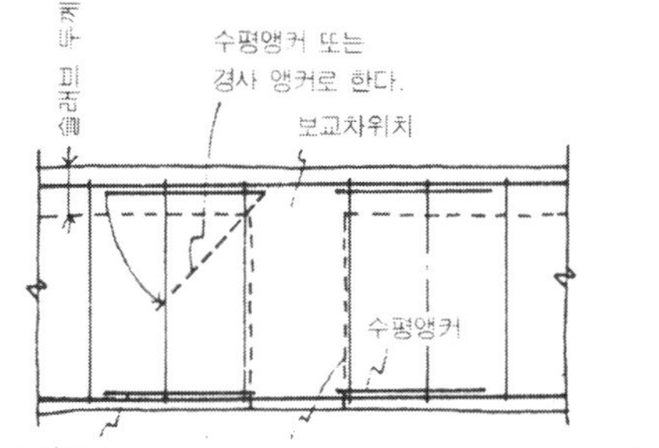

측면도

T자형 결합부의 배근 상세

12－1 콘크리트 시공의 요점

콘크리트의 종류와 품질

철근 콘크리트 구조의 구체를 구축하기 위한 콘크리트는 건축물 규모, 모양, 사용 목적, 구조 특성, 경제성 등의 설계 조건에 의해서 소정의 성능을 만족시키는 종류와 품질의 것을 선정해야만 한다.

콘크리트의 종류에는 오른쪽 표에 나타낸 것처럼 중량 콘크리트, 보통 콘크리트, 경량 콘크리트가 있으나, 제각기 다른 골재의 쓰임에 따라 분류된 것으로, 건축물의 안정성, 내구성이 달라진다. 일반적으로 보통 콘크리트가 많이 사용되고, 어느 것에나 사용되는 콘크리트의 종류는 시방서에 표시되어 있으므로 사용 골재는 좌표에 따라 선택하면 된다.

콘크리트의 품질에 있어서는, 아래 표처럼 고급, 상용, 간이의 3등급이 있고, 설계기준 강도(F_c) 및 참고란에 부가함으로써 구조물의 소요 강도에 따라 나누어 쓴다.

콘크리트의 성능은 재료로서의 품질뿐 아니라, 조합이나 시공의 양부에 의해서도 좌우되므로, 건축학회 규준에서는 표와 같이 적용하는 시방에도 등급을 정하여 재료에 관한 시방을 1급, 2급, 3급으로, 시공에 관한 시방을 갑종, 을종, 병종으로 나누어, 소요 성능의 콘크리트 구조물을 구축하기 위한 규준으로 하고 있다.

콘크리트 품질의 급(고급, 상용, 간이)은 설계 기준 강도(F_c)에 의해서 정해지나(표 참조), 이 품질의 급이 상급이면 당연히 시방급도 상급으로 한다. 즉, 원칙으로는 아래의 조합으로 한다.

고급－Ⅰ급－갑종
상용－Ⅱ급－을종
간이－Ⅲ급－병종

콘크리트의 설계기준강도

설계기준강도 F_c는 다음 표에 나타난 Ready

Ready Mixed Concrete 설계 기준 강도

보통 콘크리트(A종) (kg/㎠)		경량 콘크리트 (kg/㎠)	
135	240	135	225
180	270	150	270
210	300	180	300
225	400	210	－

콘크리트의 종류

콘크리트의 종류		사용하는 골재: 조 골 재	사용하는 골재: 세 골 재
중량 콘크리트		중 량 골 재	중량골재, 모래 또는 잡석
보통 콘크리트	자갈 콘크리트	자 갈	모래 또는 잡석
	잡석 콘크리트	잡 석(1)	모래 또는 (잡석)
경량 콘크리트	1 종	인공경량골재	모래 또는 (잡석)
	2 종	인공경량골재	인공경량골재또는여기에 모래또는 잡석을 가한 것
	3 종	천연경량골재 또는 경량골재(강도에 의한 구분 300 이상(2))	모래 또는 (잡석)
	4 종	천연경량골재 또는 경량골재(골재에 의한 구분 200(2))	모래 또는 (잡석)
	5 종	천연경량골재 또는 경량골재(골재에 의한 구분 200(2))	천연경량골재(강도에 의한 구분 200(1))

[註] 1. 콘크리트의 종류는 특기에 따른다.
2. 표 중(1)의 잡석에 고로 슬래그 골재를 사용할 때는 특기에 따른다.
3. 표 중(2)의 조골재는 규준(구조용 경량 콘크리트 골재)을 참조.
4. 흙 또는 물에 상시 직접 접하는 부분에는 경구조물의 경우를 제외하고, 경량 콘크리트 1종 및 2종 이외의 것을 쓰지 않는다.

콘크리트의 품질급에 의한 시방

콘크리트품질의 급	콘크리트의 설계기준강도 F_c(kg/㎠): 보통 콘크리트	경량 콘크리트: 1종 및 2종	3종	4종	5종	적용되는 시방의 급: 재료에 관한 시방	시공에 관한 시방	참 고 사용 대상이 되는 구조물의 예
고급	270 이상 240 225 210	240 이상 225 210	－	－	－	Ⅰ급	갑종	신뢰성이 높은 콘크리트를 필요로 하는 RC조, SRC조
상용	240 225 210 180 150	225 210 180 150	210 180 150	135 125	－	Ⅱ급	을종	보통의 RC조, SRC조 블록조의 기초, 테두리보, 슬래브, 기둥
간이	135	135	135	90	90	Ⅲ급	병종	목조 건물의 기초, 작은 문, 경구조물, 간단한 기계

Mixed Concrete 예에서도 알 수 있듯이, 보통 3으로 나눠 끝이 되는 15kg/㎠ 또는 30kg/㎠ 단위로 강도를 높인 값을 쓰는 것이 통례로 되어 있다.

최근에는 Ready Mixed Concrete를 거의 쓰고 있으므로, 공업규격에 정해진 설계기준강도를 나타내고 있다.

구조설계자는 보통 계산에서 구한 F_c값보다 큰 값을 채택하여 특기시방서, 구조도서에 정하고 있다고 하여도 시공에 있어서는 배합강도를 정하는 것이 중요하다.

콘크리트배합 강도를 정하는 방법

콘크리트 배합은 표에서와 같이 시멘트 강도에서 물·시멘트비를 정하여, 이 물·시멘트비로 소요의 Workability를 얻도록 하는 것이고, 실시에 있어서는 여러 조건을 더하여 보정하기 위해 밑단의 표에 나타난 계산식에 의하여 시공을 위한 조합강도를 확인해야 한다.

이 계산식은 콘크리트의 재령을 기준한 건축학회 규준에 규정한 것으로 콘크리트 품질에 의해서 계산식이 다르므로 주의를 요한다.

식 중 σ(콘크리트 강도의 표준 편차)는 표와 같은 요령으로 구한다. 이 값도 콘크리트의 품질 및 종류에 따라 다르다.

콘크리트 강도의 기온에 의한 보정치

시멘트강도(K)의 최대치

시멘트의 종류	K의 최대값 (kg/㎠)
조 강 포틀랜드 시멘트	400
보 통 포틀랜드 시멘트	370
중용열 포틀랜드 시멘트	350
고로 시멘트, 실리카 시멘트	350

콘크리트의 배합강도계산시

품질의 급(級)	조합강도계산식
콘크리트의 품질이 고급인 경우	$F \geqq Fc+T+1.64\sigma$ $F \geqq 0.8(Fc+T)+3\sigma$
콘크리트의 품질이 상용인 경우	$F \geqq Fc+T+\sigma$ $F \geqq 0.7(Fc+T)+3\sigma$

[註] 표중의 기호는, 아래와 같다.
1. F=콘크리트의 배합강도(kg/㎠)
2. Fc=콘크리트의 설계기준강도(kg/㎠)
3. σ=콘크리트강도의 표준편차(kg/㎠)→(아래표 참조)
4. T=처서 28일 후까지 기간의 예상 평균 기온에 의한 콘크리트 강도의 보정값

콘크리트강도의 표준편차(σ)값을 구하는 방법

콘크리트의 품질의 종류		표준편차(σ)의 값
품질이 고급인 경우	Ready Mixed Concrete의 경우	사용하는 콘크리트와 동일 재료의 슬럼프의 공장 측정값을 채용한다.
	현장 비빔 콘크리트의 경우	현장 측정하나, 공사 초기는 추정값(불분명할시 25kg/㎠)을 채용한다.
품질이 상용인 경우	Ready Mixed Concrete의 경우	고급품질때와 같이 공장측정값을 채용한다.
	현장 비빔 콘크리트의 경우	현장 측정하나, 공사 초기는 추정값(불분명할시 35kg/㎠)을 채용한다.

콘크리트강도의 기온에 의한 보정차 T의 표준값과 레디믹스트 콘크리트를 쓰는 경우의 지정 강도

시멘트의 종류	콘크리트의 치기에서 28일 후까지 기간의 예상 평균 기온의 범위(℃)			
조강 포틀랜드 시멘트	15 이상	7 이상 15 미만	4 이상 7 미만	2 이상 4 미만
보통 포틀랜드 시멘트, 고로 시멘트 A종 실리카 시멘트 A종, 플라이애시 시멘트 A종	15 이상	9 이상 15 미만	5 이상 9 미만	3 이상 5 미만
고로 시멘트 B종, 실리카 시멘트 B종 플라이애시 시멘트 B종	15 이상	10 이상 15 미만	7 이상 10 미만	5 이상 7 미만
콘크리트 강도의 기온에 의한 보정값 T(kg/㎠)	0	30	45	60
설계기준강도 Fc (kg/㎠)	레디믹스트 콘크리트를 쓰는 경우의 지정 강도 설계 기준 강도에 대해 위의 기온에 의한 보정값을 더해 상기의 강도 지정으로 한다. (kg/㎠)			
135	135	180	180	210
150	150	180	210	210
180	180	210	225	240
210	210	240	270	270
225	225	270	270	—(1)
240	240	270	—(1)	—(1)

[註] 1. 표중 (1)위첨자는 시험에 의하거나 신뢰되는 지표에 의해 정한다.
2. 위 표는 경량 콘크리트의 경우에 적용한다.

레디믹스트는 콘크리트를 쓰는 경우의 지정 강도 및 현장 비빔 콘크리트의 보정치 T의 표준값

시멘트 종류	보통 포틀랜드 시멘트 기 타(2)			조강 포틀랜드 시멘트		
타설일	1/2~2/3 12/16~12/31	2/4~3/7 11/16~12/15	3/8~4/9 10/14~11/15	1/1~2/24 11/29~11/31	2/25~4/9 10/14~11/28	4/10~10/13
예상평균기온(℃) Fc	3 이상 5 미만	5 이상 9 미만	9 이상 15 미만	4 이상 7 미만	7 이상 15 미만	15 이상
135	210	180	180	180	180	보정없음
150	210	210	180	210	180	
180	240	225	210	225	210	
210	270	270	240	270	240	
225	—(1)	270	270	270	270	
240	—(1)	—(1)	270	—(1)	270	
T	60	45	30	45	30	0

[註] 표중(1)은 시험에 의하거나 신뢰되는 자료에 의해 정한다. 표중 고로 시멘트 B종, 실리카 시멘트 B종, 후라이엣쉬 시멘트 B종을 제외한다.

레디 믹스드 콘크리트의 발주

발주에 있어서는 공장의 선정 및 다음 사항에 유의해야 한다.

① K.S 표시허가를 받고, Ready Mixed Concrete을 생산하고 있는 공장을 선정할 것.

② 가까운 곳에 소정 허가 공장이 없을 때는 소정 규정과 서로 비교하여 제품규격, 자재, 설비, 제조 공정, 제품의 품질, 관리 상황 등에 공인된 기술자가 있는가를 조사하여 소요 품질이 콘크리트 생산이 공인되는 공장을 선정할 것.

③ Ready Mixed Concrete는 시간 경과에 의하여 품질이 변화하므로, 가깝고 운반 조건이 좋은 공장을 선정할 것. 운반 시간은 위 표와 같이 정해져 있으나, 이것은 거리 문제뿐 아니라, 교통 실정이나, 공사의 보존 시간도 고려해야 한다.

④ 특별시방서에 지정된 공장이외의 공장을 선정하는 경우는 K.S 표시 허가를 받고 있는 공장이라도, 필히 공사 감리자의 승인을 받아서 정할 것.

콘크리트 공시체의 채취방법(1)

구조체에 처넣는 콘크리트의 강도 시험용 공시체의 취급에 있어서는, 소정의 정한 바에 의하여 다음의 요령에 의해서 품질검사 및 강도 시험을 실시한다.

① 콘크리트 공시체의 취급은 공사감리자의 책임하에 행한다.

② 콘크리트 공시체의 채취는 치는 공정 또는 150 ㎥에 있어 1회를 표준으로 한다.

레디믹스트 콘크리트의 운반시간한도

종 별	외기온(℃)	운반시간한도
갑 종	25℃ 미만인 경우	90분 이내
	25℃ 이상인 경우	60분 이내
을 종	25℃ 미만인 경우	120분 이내
	25℃ 이상인 경우	90분 이내

③ 1회에 채취하는 공시체는 치기 바로 앞의 콘크리트에서 간격을 두고 3개 채취하여 그 평균값의 강도로써 나타낸다.

④ 공시체 옆면에는 책임자의 검인이 있으면 좋다.

⑤ 시험에는 책임자가 입회하도록 한다.

⑥ 채취 방법은 다음 요령으로 한다.

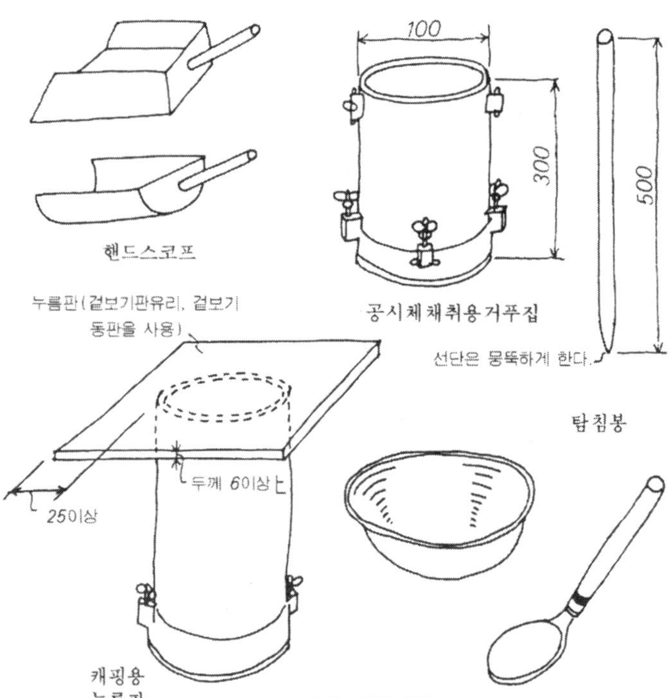

공시체채취용기구

콘크리트 공시체의 채취방법(2)

Ⓐ 공시체 채취를 위해서는 앞의 도시한 거푸집, 다짐봉, 손삽, 캐핑용 압판, 혼합 그릇, 혼합 주걱, 시멘트, 헝겊, 그리스, 마개, 온도계 등을 준비한다.

Ⓑ 콘크리트 공시체는 그림처럼 거푸집에 1/3씩 나누어 다짐봉으로 다짐하면서 채운다. 또한, 체운 일이 끝났으면 캐핑용 압판을 씌워서 수분 증발을 막는다.

Ⓒ 채취한 공시체는 진동이 없는 편평한 곳에 두고, 콘크리트가 경화할 때까지 보양한다.

Ⓓ 공시체를 채취한 다음 날, 시멘트 페이스트를 약간 묽게 1~2시간 전에 만들어 두고, 쓰기 전에 다시 개어 아래 그림대로 캐핑한다.

Ⓔ 아래 그림과 같은 요령으로 공시체의 거푸집을 떼내어 캐핑 평골도를 살펴본다.

Ⓕ 이상의 요령으로 채취한 공시체는 강도 시험일의 2~3일 전까지 물 속에서 보양한다.

Ⓖ 공시체는 파손되지 않도록 조심스럽게 운반한다.

콘크리트 공시체의 채취

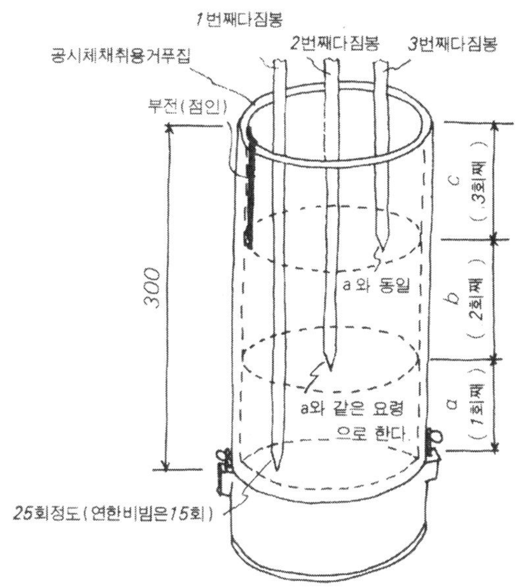

콘크리트 공시체의 제작법

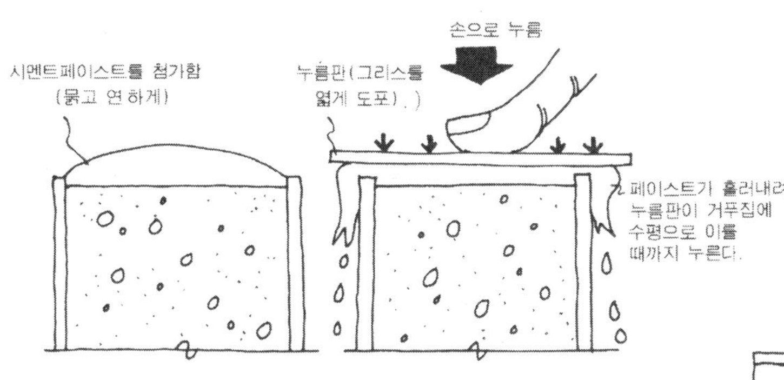

켓핑(Caping)의 요령

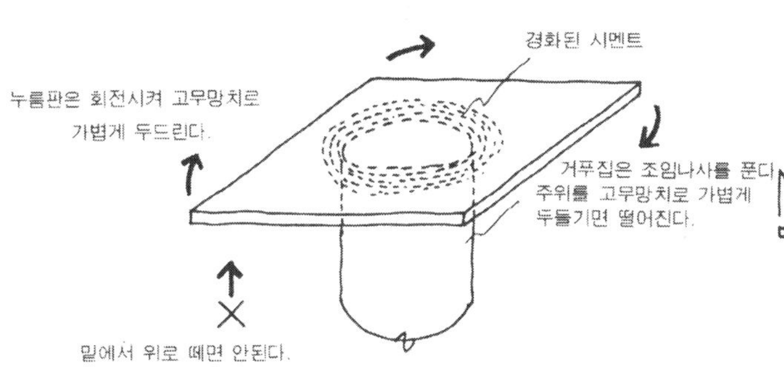

거푸집의 떼내기

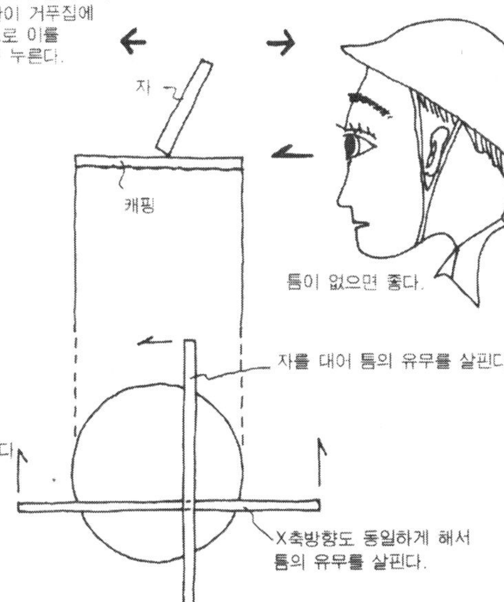

켓핑의 평골도의 검사

12-2 말뚝 시공의 요점

말뚝기초의 공법

공법으로는 여러 가지 종류가 있으나, 일반적으로 기성 말뚝의 타격 공법이 많이 사용되고 있다. 기성 말뚝의 사용 방법으로는, 말뚝앞 끝을 경질지반까지 닿게 하여 건축물의 하중을 견고히 받치는 지지 말뚝과, 경질 지반(지지층)이 깊은 경우에 쓰는 마찰 말뚝(특수한 경우 이외는 사용하지 않는 편이 좋다)이 있다.

지지 말뚝의 설계 시공에 있어서는, 다음 사항에 유의해야 한다.

① 경제상의 제약을 이유로 하여 마음대로 지지 말뚝을 마찰 말뚝으로 하거나, 장척 말뚝의 사용을 짧은 말뚝 2기로 이음해서는 안된다. 2기 이음의 경우는 말뚝 지지력은 20% 정도 감소된다고 한다. 또한, 눈으로 볼 수 없는 흙 속의 일이므로, 토층의 변화 등도 추정하여 보다 안전한 설계 시공을 한다.

② 같은 동의 말뚝 기초는 동일한 공법으로 하고, 이질의 형식(재료, 공법모두)는 병용해서 지지 말뚝과 마찰 말뚝을 혼용하는 것은 기초의 부동심하의 원인이 되므로 피해야 한다.

③ 시공때는 지정대로의 말뚝 박기를 해서 되는 것이 아니고, 반드시 최종 관입량을 측정하여 말뚝 내력을 확인해야 한다. 지지지반 상태가 불균일한 경우는 각 말뚝마다 이 측정을 해야 한다(특별시방서 또는 책임자의 지시에 따른다).

말뚝의 산출

건물의 전하중(연속기초의 경우) 또는 기둥밑의 하중(독립기초의 경우)을 기초의 지지반에 적합한 허용 말뚝 내력으로 나눠서 구한다.

즉, 개수=(기초 분담 하중)÷(말뚝 1개의 허용 내력)으로 하여 구한다.

기성 콘크리트 말뚝의 머리 손질 – 말뚝 박기를 끝내면, 말뚝 사이를 가꾸어 말뚝 머리를 펼쳐서 철근을 빼낸다.

말뚝 머리 가꾸기(말드기) – 빼낸 말뚝의 철근은 기초 내에 정착시킨다.

버림 콘크리트치기 – 말뚝 머리의 손질 작업을 끝냈으면 버림 콘크리트를 친다. 경화 후 콘크리트 윗면에 먹으로 표시하여 지중보의 배근에 들어간다.

말뚝 배치, 말뚝 간격

말뚝은 기둥밑 혹은 내력벽의 바로 밑에 배치하는 것을 원칙으로 한다. footing 밑에 여러개 말뚝을 배치하는 경우는 이 말뚝 무리의 도심이 기초 하중의 중심점에 일치하도록 배치한다. 그림은 연속 기초 및 독립 기초의 경우의 말뚝 배열을 나타낸 것으로, 배열 형식으로는 정열식과 2열식이 있다. 모래질 지반의 다짐 이외의 말뚝 박기는 되도록 여유있는 간격으로 하는 것을 원칙으로 하며, 기성 콘크리트 말뚝의 경우는 말뚝 중심 간의 거리와 말뚝 머리 지름의 2.5배 이상, 또는 750㎜ 이상 떨어지도록 정하고 있다. 보통 지지 말뚝의 간격은 하부 지반이 찰흙층으로 3.5d(d=말뚝 머리 지름), 모래층으로 2.5d로 하며, 마찰 말뚝의 경우는 찰흙층으로 3.5d, 모래층으로 3d로 하는 것이 적당하다.

footing 밑면의 크기

기초 푸팅 크기는 두께, 철근량과 함께 말뚝 개수나 말뚝 소요 내력에 따른 구조 계산의 결과에 의해서 정해지나, 동시에 아래 그림과 같이 말뚝 배치 등도 감안한다. 기초반, 기초보 등은 지진(수평력)에 저항하는 것뿐만 아니라, 긴 세월의 경과에 의해 압밀심하로 지표가 침하하는 것을 고려해야 한다.

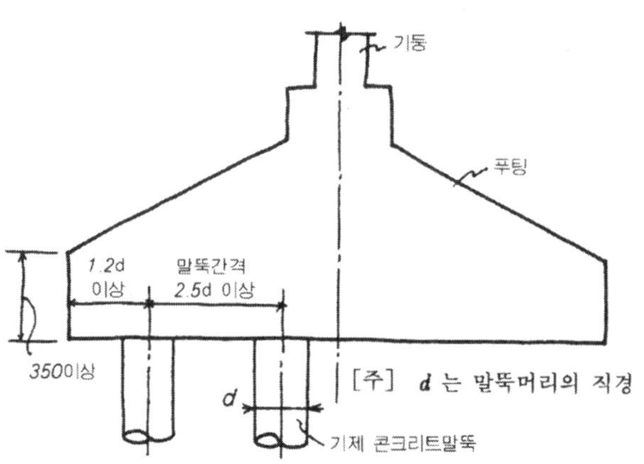

기초반 저면의 크기

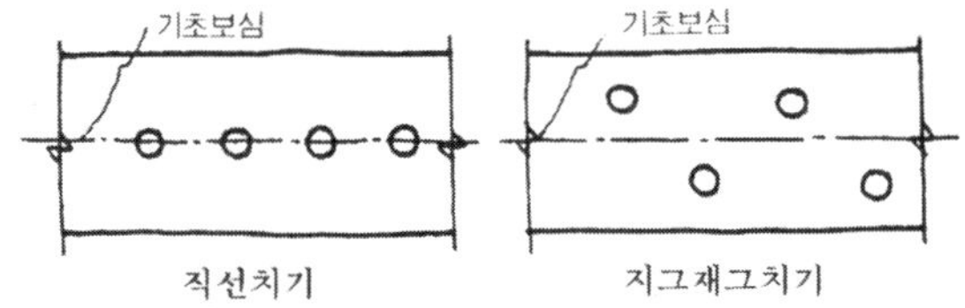

연속 기초의 경우, 말뚝 배치

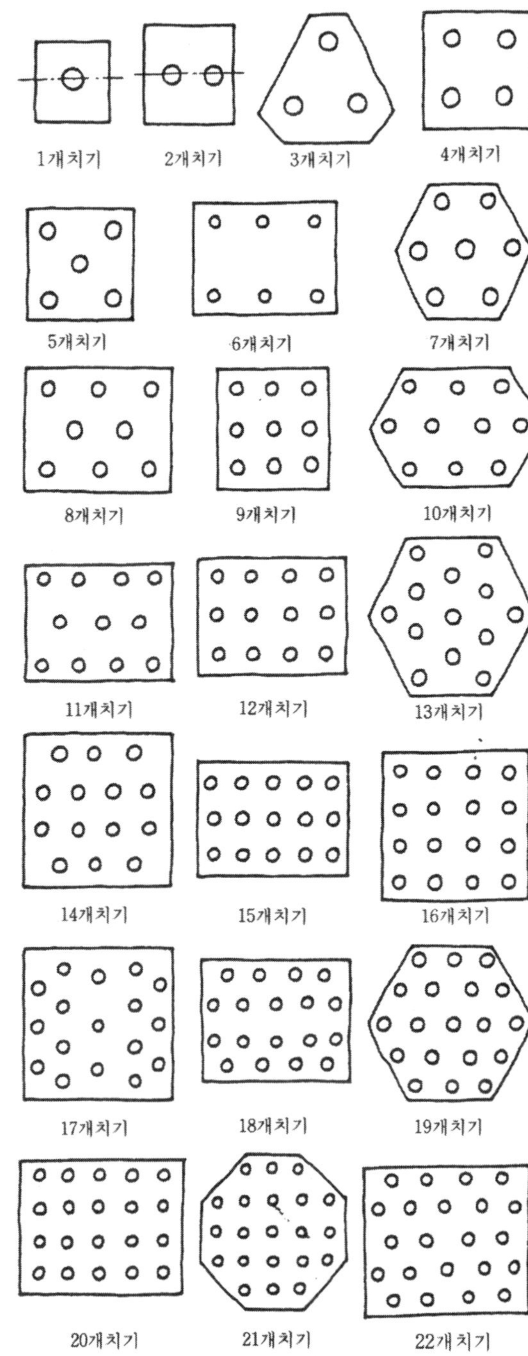

독립기초의 경우 말뚝 배치

말뚝 박기 공사의 소음

최근에는 건축 공사 때에 발생하는 소음, 진동도 공해로서 사회 문제시되어 있다. 더구나 기초 말뚝 박기 때에 발생하는 타격 소리는 아래표에 보인 대로 극심한 것이고, 시가지, 주거 지역에서는 생활 환경의 보호라고 하는 관점에서 허용이 안되는 것으로서 소음은 법에 의해 규제되어 있다.

건축 공사 소음은 공사 기간 중의 일시적인 것이기 때문에, 공장 소음 규제에 비하면 엄하지 않으나, 관할 관청에서 지정한 환경 보전 지구 내에서 특정 건축 작업(말뚝 박기, 리벳 박기 외에 공기 압축기를 쓰는 작업 등)을 함과 동시에, 각 자치 단체가 지시하는 지도 요강에 따라 이웃 주민에 피해가 가지 않도록 주의해야 한다.

말뚝 박기시 소음외에 진동 공해도 문제가 된다. 이것은 지반 양부에 따라 좌우되므로, 시공 전에 주변 건물 상황 및 지반 상태를 충분히 살펴보아야 한다.

말뚝 공사용 기기의 발생 소음

말뚝 공법의 종류	말뚝 박기 기계	파워 레벨 (dB)	발생 지점에서의 거리(m) 소음 레벨 5m	10m	50m
기제 콘크리트 말뚝	디젤 해머－5형	127	105	99	85
	디젤 해머－22형	105	83	77	63
현장 박기 콘크리트 말뚝 (페데스탈 말뚝)	스팀 해머－ (타격)	119	97	91	77
	스팀 해머－ (증기)	127	105	99	85
강말뚝(강관 말뚝)	드롭 해머－	122	100	94	80
	디젤 해머－22형	132	110	104	90
	디젤 해머－40형	135	113	107	93
	바이브로 해머	112	90	84	70
강말뚝(H형)	디젤 해머－22형	140	118	112	98
프랭키 파일	드롭 해머－	113	91	85	71
시트 파일	디젤 해머(타입)－12형	126	104	98	84
	바이브로 해머－(인발)	125	103	97	83
보 교각	베노트	115	93	87	73
	어스 드릴	110	83	82	68

현장 박기 콘크리트 말뚝의 시공 요령

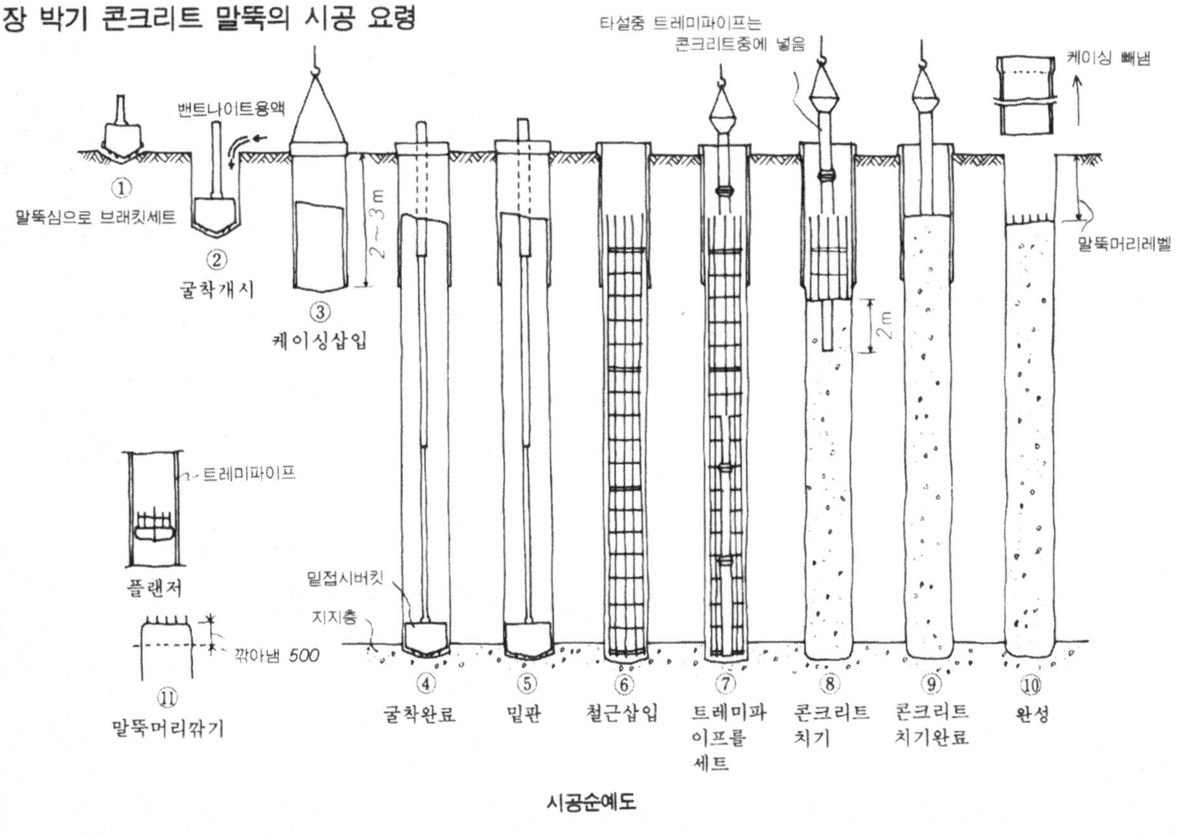

시공순예도

현장 박기 콘크리트 말뚝의 배근 예

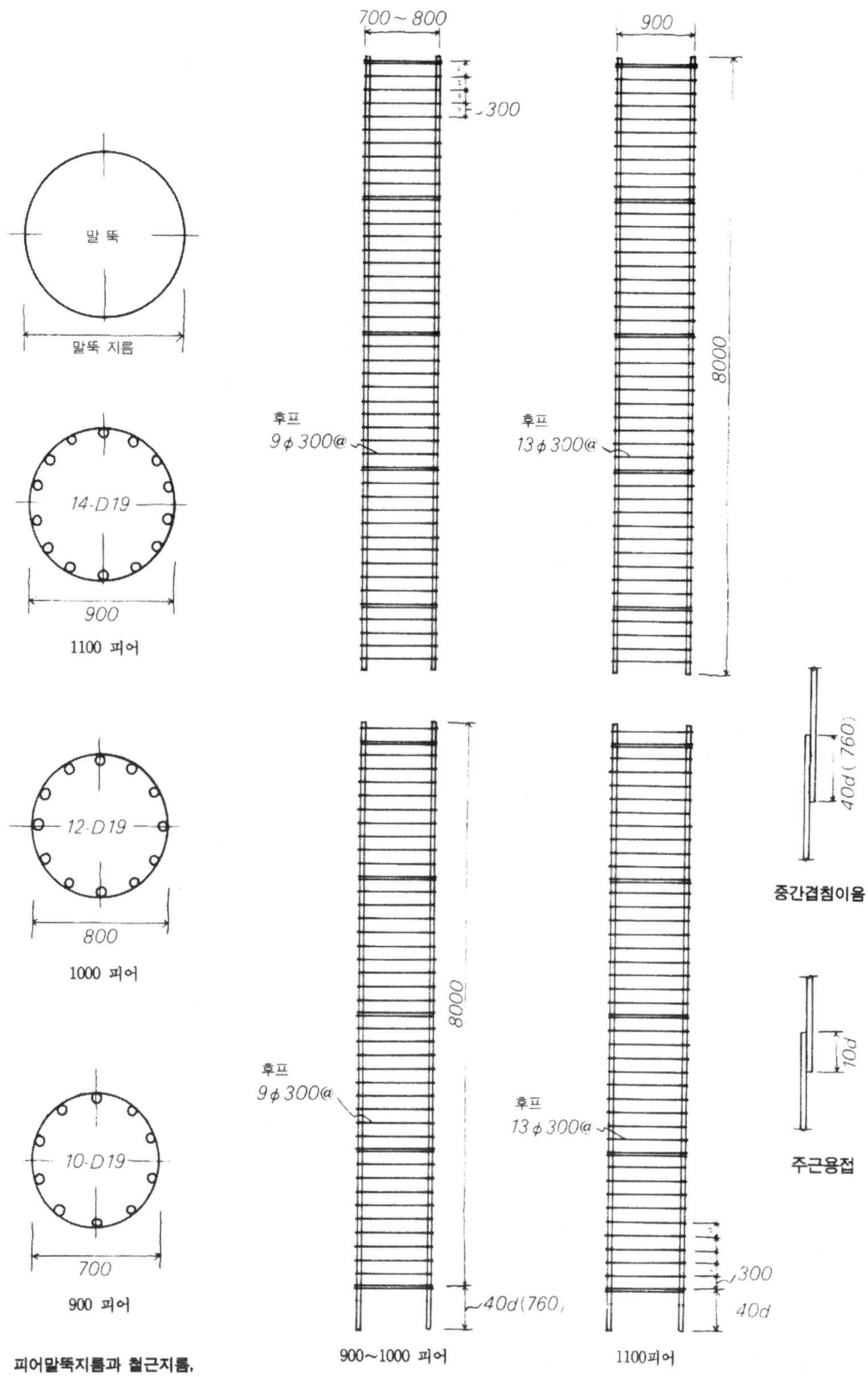

피어말뚝지름과 철근지름, 철근개수와의 관계(단면도)

배근예(측면도)

13.1 일반사항

철근 공사(reinforcement work)는 구조 설계도에 근거하여 올바른 가공·조립을 하여야 한다. 현장에서 조립 작업이 시작되면, 철근의 길이가 짧거나, 정착이 마무리 되지 않으며, 겹침 이음 길이가 짧다. 늑근(stirrup)의 치수가 합쳐지지 않던가, 축의 각도가 틀린다 등의 여러 문제가 반드시 나타난다. 최근은 대부분 공장 가공으로 가공기의 성능도 좋아서 가공 정밀도는 매우 높아졌지만, 모든 공장이 같은 상태라고는 할 수 없다. 가공된 철근이 현장에 반입되어 조립중에 잘못이 나타나면 즉시 현장에서 바르게 고쳐지지 않는다. 다만, 부득이 현장의 계속되는 공사로 그 곳을 고치는 것이 많다. 각 부재의 피복 두께 등은 어느 현장에서도 반드시 부족한 곳이 나타난다.

그러나 일반적으로 철근 공사 업자만의 책임이라고는 할 수 없다. 이는 구조 설계도가 불명확한 것, 틀린 것, 시공이 어려운 것 등에 기인하는 것도 많기 때문이다.

철근 공사는 일반적으로 철근 콘크리트조를 제외한 다른 구조는 배근의 어려운 면이 있다. 철골 철근 콘크리트조는 기둥·보 안의 철골이 장애가 되고, 벽식 철근 콘크리트조는 내력벽·벽 보 등의 주요 부재가 얇고, 보강 조적조(보강 블록조, 거푸집 블록조 등)는 블록의 웨브가 장애가 되고, 또 조적중의 배근은 하기 어려운 등의 구조 자체에 문제가 있는 것이다. 특히 이러한 것의 구조 설계자는 현장 시공면까지 상당히 깊이 파고 들어서 구조도를 작성함과 동시에, 철근 공사 업자도 항상 연구하고 노력하여야 한다.

양호한 철근 공사는 쉽게 올바른 시공을 할 수 있는 구조도와 틀림없는 철근 가공, 충실한 조립 작업이 서로 어울려 있는 것이다. 따라서 구조 설계자·공사 시공자·철근 공사 업자가 충분히 협의하여 협력했을 때 바른 시공이 된다고 하겠다.

〔1〕 구조 설계도·시방서의 검토

■ 요 지

철근 공사는 구조 설계도 및 시방서가 완전하지 않으면 철근 시공도·철근 가공도는 틀린 것이 되어 바른 가공이 되지 않는다.

① 구조 설계도에는 일반적으로 표준 배근이 나타나 있다. 관공청·각종 단체·기업·설계 사무소·공사 시공 회사에는 독자적인 시방서·표준 배근도를 갖고 있는 곳도 있어서, 다소 시방 내용·배근 방법이 다른 경우가 있다.

② 구조 설계도에는 일반도·시방서와 다른 사항, 도면의 틀림, 도면 부족(생략)에 의한 불명확한 경우가 있다.

③ 특기 시방은 각 공사마다 결정되며, 표준(공통) 시방을 보충하는 것으로 중요한 점이 나타나 있다.

■ 점검사항

1) 구조 설계도

① 도면의 부족, 틀림, 불명확한 개소 · 표준 배근의 유무, 건축 확인과의 엇갈림.

② 철근의 종류 · 정착 길이 · 겹침 이음 길이 · 구부림 형상 치수 · 피복 두께 · 가스 압접 이음 위치.

③ 편심 기초, 고저차가 있는 슬래브, 슬리브 등의 관통 구멍 주위의 보강, 증축 예정 개소의 기둥 · 보 · 기초 · 바닥 · 벽의 배근 등.

2) 각종 검사

입회 검사, 발췌 검사, 시험 방법(배근 검사, 철근 재료 검사, 가스 압접공 자격 검사, 가스 압접부의 발췌 검사 등)

3) 구조 상세

① 큰 보 · 기초 보 등의 늑근 · 부늑근의 배치.

② 기둥 · 보의 2단 배근의 위치.

③ 철근량이 많은 각 부재의 철근 간격.

④ 철골 철근 콘크리트조의 기둥 · 보의 웨브에 띠근 · 벽근의 관통 구멍의 수 · 위치 · 지름.

⑤ 철근의 종류가 섞여 있을 때의 종류 · 메이커 · 수량.

⑥ 보조근(복근 · 너비 고정근 · 받이근 등), 보강근(개구 보강 등)의 지름 · 배치.

⑦ 복층 철근은 조립도 · 원척도에 의해 검토.

⑧ 이음의 위치.

⑨ 보 · 슬래브의 톱 근의 여유 길이, 보 속의 달근의 여유 길이.

〔2〕 철근 시공도의 작성과 검토

■ 요　지

철근 시공도는 철근 공사 업자가 쓰는 것이 많다.

설계 도서 및 시공 계획도에 근거하여 작성하고, 설계측의 승낙을 받을 필요가 있다.

1) 시공도의 목적

① 철근의 종류 · 지름 · 길이 · 본수가 명확하게 되어 바른 적산이 된다.

② 이음의 위치(겹침 이음, 가스 압접 이음)가 정해진다.

③ 가공도가 작성된다.

2) 시공도의 내용

① 콘크리트 부재의 기호, 단면의 크기.

② 기둥·보의 안치수, 주심의 위치.

③ 철근의 종류, 지름, 개수.

④ 철근끼리의 작용 치수, 끝부분 치수, 절단 치수 및 여유 길이

⑤ 콘크리트면에서의 도피 치수(그림참조).

⑥ 철근의 정착 길이·형상, 이음의 위치·길이[가스 압접인 경우는 이음 1개소에 대해 지름의 $1d$ 정도의 수축값(shrinkage allowance)을 예상한다].

⑦ 기둥근의 좁힘의 구배·굽힘 위치, 푸팅 안의 정착 길이, 최하층 주각(column base)의 절곡 길이.

⑧ 늑근·띠근의 지름과 간격.

⑨ 늑근·띠근·부늑근·부띠근의 절곡 각도 또는 축의 길이, 그 전체 길이.

⑩ 보의 톱근·중간 달근의 여유 길이.

⑪ 슬래브근의 정착 길이·톱근의 여유 길이.

3) 시공도의 작성

시공도는 설계도·시방에 근거하여 2)의 내용에 따라 작성한다.「건축공사 표준시방서의 철근 콘크리트 공사 및 철근 콘크리트조 배근 지침」등을 참고로 한다.

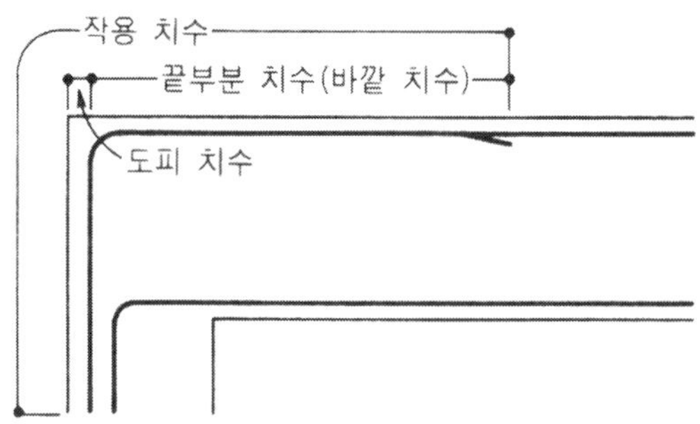

콘크리트면에서의 도피 치수

〔3〕 공사 업자와의 협의

▨ 확인사항

1) 철근 시공도를 철근 공사 업자(이하 업자라 한다)가 작성하는 경우

① 요점 및 특기 사항을 지시한다.

② 시공도를 점검한다.

③ 감독원의 승인을 얻는다(필요할 때).

2) 계약 내용의 검토와 기타

① 철근은 지급인가 업자의 것인가?

② 가스 압접 시공자는 원도급에서 준비하는가, 업자인가?
③ 철근 반입과 부리기, 재료 정리의 경비 부담은 원도급자인가, 업자인가?
④ 현장 가공의 철근 절단기 · 절곡기의 준비, 동력비의 부담은 어떻게 하는가?
⑤ 가공장과 현장과의 철근 운반에 대해서 수납은 좋은가?
⑥ 철근두는 방법을 결정하였는가?
⑦ 철골 기둥 · 보의 웨브 관통 구멍을 확인하기 위한 입회는 원도급에서 한다.
⑧ 위층으로 철근을 달아 올리기 위한 중기와 운전사의 경비는 원도급이 부담한다.
⑨ 양중의 묶음 작업은 업자가 하는 것으로, 자격자인가를 확인한다.
⑩ 현장 안에서의 철근 이동의 작은 운반비는 업자가 부담한다.
⑪ 스페이서 블록 등의 부담은 원도급인가, 업자인가?
⑫ 철근공의 숙사가 필요한 경우는 협의하였는가?
⑬ 공사 기간과 공정 계획을 협의하였는가?

철근 콘크리트조와 철골 철근 콘크리트조에서는 철근 가공의 순서가 다르며, 후자는 철골의 세우기를 따라서 조립이 가능하다.

⑭ 배근 검사의 예정일과 검사 입회자에 대해서 협의하였는가?
⑮ 가스 업자와의 협의

- 압접 시방서의 내용을 확인하였는가?
- 지름별의 압접 개수를 확인하였는가?
- 공기 및 공정 계획을 협의하였는가?
- 용접공의 명부를 제출하였는가?
- 압접 기구의 대수를 협의하였는가?
- 압접용 비계가 필요한가?
- 압접부의 발췌 시험 개소 및 발췌 시기에 대해서 협의하였는가?

〔4〕 철근의 발주와 수납

■ 요　지

일반적으로 철근은 원도급자가 일괄 발주하여 구입한다. 철근 공사 업자가 재료를 부담하는 경우도 있다.

■ 검사항목

시공도에 근거하여 철근의 종류, 규격품의 여부, 지름 · 길이 · 개수의 확인 등을 검사한다.

1) 철근의 발주

① 철근의 종류마다 지름·길이·개수를 발주
② 철근을 가공장에 반입하는 시기
③ 철근 반입 장소의 지정

2) 철근의 수납

① 철근의 종류별, 지름·길이별의 검수 방법
② 철근 두는 곳의 표시 방법, 가대의 설비
③ 철근의 재료 시험 기관의 장소, 시험 시기와 방법

13.2 철근 콘크리트조

철근 콘크리트조에 관한 철근 공사는 관련하는 각종 구조의 철근 공사의 기본으로 되는 것으로, 여기서는 일반의 철근 콘크리트조 건축물 중에서 특히 라멘 구조(rigid frame)를 대상으로 하고 있다.

이 공사의 지침으로서 「철근 콘크리트공사 표준시방서·동해설」 및 「철근 콘크리트조 배근지침」이 있으며, 여기서는 이것에 준하고, 최근의 공사 실태를 감안하여 정리하였으나, 여전히 많은 배근 공사에서의 문제가 존재하기 때문에 설계자·시공자는 앞으로도 개량, 연구가 필요하다.

〔1〕 공통 사항

▩ 검토사항

1) 철근의 품질·형상·치수·길이 등

철근 콘크리트조에 사용하는 철근에는 이형 철근·원강·용접 철망·철근 격자 등이 있다.
철근의 품질·형상·치수 등은 일부를 제외하고 KS에 규정되어 있다.
관련되는 규격은 다음과 같다.

철근 콘크리트용 봉강(KS D 3504)
철근 콘크리트용 재생 봉강(KS D 3527)
용접 철망(KS D 7017)
열간 압연 봉강 및 코일 봉강의 모양·치수 및 무게와 그 허용차(KS D 3051)
철선(KS D 3522)

규격품은 요구에 따라서 제조 메이커의 밀 시트에 의해 품질의 확인이 가능하다. 또 봉강

철근의 굵기에 의한 호칭 방법

호칭법	철근 지름
가는 지름	D16(16ϕ) 이하
중간 지름	D19(19ϕ)~D25(25ϕ)
굵은 지름	D29~D38
매우 굵은 지름	D41 이상

이형철근의 최외경

호칭명	최외경 (D)	호칭명	최외경 (D)
D10	11	D29	33
D13	14	D32	36
D16	18	D35	40
D19	21	D38	43
D22	25	D41	46
D25	28	D51	58

기둥 · 벽의 철근 피복 두께.
기둥은 띠근의 표면에서, 벽은 이 공사에서는 세로근의 표면에서 측정한다.

철근의 표준길이 (단위 : m)

3.5,	4.0,	4.5,	5.0,	5.5,	6.0,	6.5,	7.0,	(7.5),	8.0,	(8.5),	9.0,	10.0

철근에 대한 콘크리트의 피복 두께의 최소값

	구조 부분의 종별			최소값(cm)
흙에 접하지 않는 부분	바닥슬래브 · 지붕슬래브 · 내력벽 이외의 벽	마무리 있을 때		2
		마무리 없을 때		3
	기둥 · 보 · 내력벽	실내	마무리 있을 때	3
			마무리 없을 때	3
		실외	마무리 있을 때	3
			마무리 없을 때	4
	옹 벽			4
직접 흙에 접하는 부분	기둥 · 보 · 바닥슬래브 · 내력벽			4(5)
	기초 · 옹벽			5(7)

〔주〕 경량 콘크리트에 대한 피복 두께는 위 값을 적용한다. 다만, ( )내의 값은 경량 콘크리트 1종 및 2종에 적용한다. 또한 고로 시멘트 C종, 실리카 시멘트 C종 및 플라이 애시 시멘트 C종을 사용할 경우에는 배합, 부재의 조기에 따라 정하며 감독관의 승인을 받는다.

의 종류를 통일적으로 표시(KS D 3504 해설에서)하는 방향이다.

설계도에는 사용하는 철근의 종류 · 지름 등이 표시되며, 다음의 점에 유의하여야 한다.

① 공사 현장에 따라서는 상품을 섞어서 사용하는 것이 있으나, 일반적으로 지장은 없다. 단, 압접 이음 · 특수 이음 등은 사용전에 혼용의 가부를 검토할 필요가 있다.

② 철근의 호칭명은 이형 철근에서는 KS에 의해 D10 · D13…, 원형 철근에서는 9ϕ, 13ϕ로 부르고 있다.

③ 철근 지름을 도면 위에 마크로 표시하는 것도 있으며, 여러 제안이 있으나 현재는 통일되어 있지 않다.

④ 철근의 굵기에 의한 호칭법을 RC배근 지침에서는 위 표와 같이 제안하고 있다.

⑤ 이형 철근의 최외경은 공칭 직경보다 크기 때문에 배근상 철근이 복층으로 되는 장소에서는 최외경을 고려한 배근 방법이 중요하다. RC배근 지침에서는 이형 철근의 최외경을 앞페이지 표와 같이 나타내고 있다.

⑥ 철근의 길이는 KS D 3051에 표준 길이가 규정되어 있다. ( )의 길이는 규격품은 아니지만 시장품으로서 판매되고 있는 것이다.

2) 철근의 피복 두께 · 간격 · 순간격

a) 철근의 피복 두께

철근에 대한 콘크리트의 피복 두께는 건축물의 구조기준 등에 관한 규칙에 최소치가 규정되어 있다. 일반적으로 설계도에 나타내는 것은 건축공사 표준시방서의 규정에 의하는 경우가 많다.

앞페이지 표에 철근에 대한 콘크리트의 피복 두께의 최소값을 나타낸다.

철근의 피복 두께의 측정 방법은 다음에 의한다.

① 철근의 피복 두께는 철근 표면과 이것을 덮는 콘크리트 표면까지의 최단 거리를 말한다. 따라서 기둥이나 보에서는 띠근이나 늑근의 표면에서, 기초는 밑창 콘크리트의 상단에서 측정한다

② 콘크리트의 물끊기 및 이어붓기 줄눈에서는 줄눈 밑에서 측정한다.

③ 말뚝 기초의 베이스근의 피복 두께는 말뚝 머리에서 측정한다.

④ 보의 복근용 너비 고정근, 벽 · 슬래브 개구 보강을 위한 용심 철근의 피복 두께는 마감이 있는 경우 및 방청 처리 철근을 사용하는 경우에 20mm 이상, 마감이 없는 경우에는 30mm 이상이면 좋다.

b) 철근의 간격과 순간격

철근의 간격이란 인접하는 철근의 중심 간격을 말하며, 철근의 순간격이란 인접하는 철근

철근의 간격 · 순간격의 최소 치수

	그 림	간 격	순 간 격
이형 철근	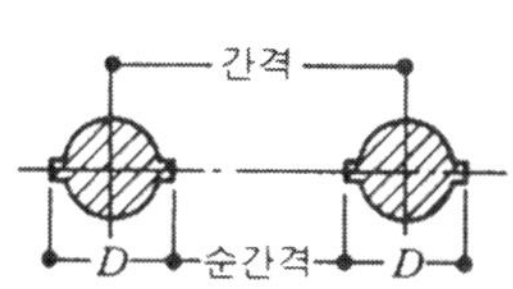	· 호칭명 수치의 1.5배 + 최고 외경 · 굵은 골재 최대 치수의 1.25배 + 최고 외경 · 25mm + 최대 외경 중에서 큰 쪽의 수치	· 호칭명 수치의 1.5배 · 굵은 골재 최대 치수의 1.25배 · 25mm 중에서 큰 쪽의 수치
원형 철근	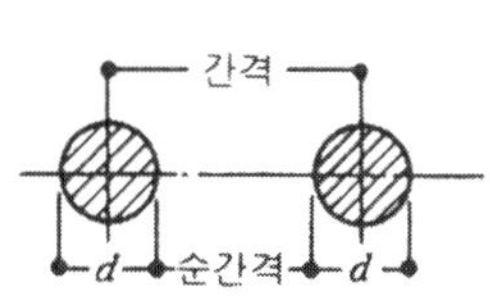	· 철근 지름의 2.5배 · 굵은 골재 최대 치수의 1.25배 + 철근 지름 · 25mm + 철근 지름 중에서 큰 쪽의 수치	· 철근 지름의 1.5배 · 굵은 골재 치수의 1.25배 · 25mm 중에서 큰 쪽의 수치

〔주〕 D : 철근의 최외경 d : 철근의 지름

말단부의 구부림 형상 · 치수

d : 철근의 공칭지름

철근의 구부림각도	그림	철근의 종류	철근의 구부림 안치수 (*D*)	철근의 여장	비고
180°	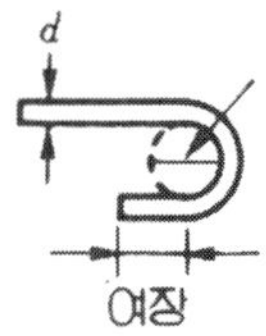	SBC 24 SBD 24	3*d* 이상	4*d* 이상	
		SBC 24 SBD 30 SSD 35	4*d* 이상		
135°	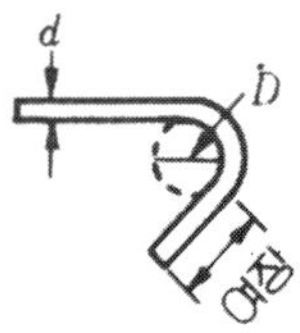	SBC 24 SBD 24	3*d* 이상	6*d* 이상	
		SBC 30 SBD 30 SBD 35	4*d* 이상		
90°	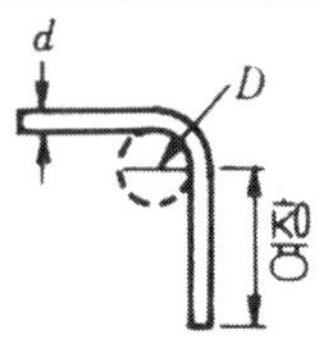	SBC 24 SBD 24	3*d* 이상	8*d* 이상	슬래브철근·벽철근의 말단부 또는 슬래브와 동시에 부어넣는 T형보 및 반 T형보에 사용하는 U형 스터럽의 타이(tie)에만 사용한다.
		SBC 30 SBD 30 SBD 35	4*d* 이상		

철근 중간부의 구부림 형상

d : 철근의 공칭지름

철근의 구부림각도	그림	철근의 사용개수에 따른 호칭	철근지름	철근의 종류	철근의 구부림 안치수(*D*)
90° 이하	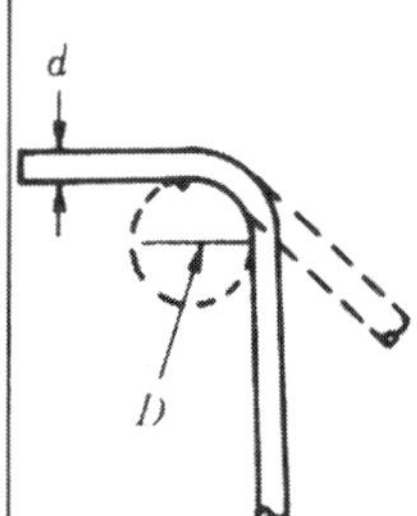	(1) 스터럽·띠철근·나선철근	각 종	SBC 24 SBD 24	3*d* 이상
				SBC 30 SBD 30 SBD 35	4*d* 이상
		(2) 슬래브 철근·벽철근	16mm 이하	SBC 24 SBD 24 SBC 30 SBD 30 SBD 35	5*d* 이상
			16mm 이상		(3)에 의함
		(3) (1)(2) 이외의 철근	원형철근은 28mm 이하, 이형철근은 D25 이하		6*d* 이상
			원형철근은 32mm 이하, 이형철근은 D29 이상 D41 이하		8*d* 이상

의 표면간의 최단 거리를 말한다. 철근 콘크리트조에서는 철근의 배치가 적당한 간격으로 있지 않으면 콘크리트 충전에 지장을 주고, 철근과 콘크리트 사이의 부착에 의한 응력의 전달이 되지 않으므로, 콘크리트가 철근을 충분히 피복하도록 철근 사이를 띄울 필요가 있다.

RC배근지침에서는 철근의 간격과 순간격을 앞페이지 표와 같이 나타내고 있으므로, 이 치수에 의해 시행하는 것이 좋다.

3) 철근의 가공 형상 및 가공·조립

철근 가공장에서의 시어 커터에 의한 철근의 절단

철근 가공장에서의 철근의 냉간 굽힘

a) 철근의 가공 형상

철근 단말의 구부림에 대해서는 건축물의 구조기준 등에 관한 규칙에 규정되어 있다. 일반적으로 설계도에 나타내는 것은 건축공사 표준시방서의 규정에 의하는 경우가 많다.

앞페이지 표에 철근 단말부의 구부림 형상과 치수, 철근 중간부의 구부림 형상과 치수를 나타낸 것이며, 이것으로 시행하면 좋다.

b) 철근의 가공

① 철근은 유해한 굽힘, 손상이 있는 것은 사용하지 않도록 한다.

② 코일상의 철근은 직선기에 걸어서 사용한다. 이 경우 철근에 손상을 주지 않도록 한다.

③ 철근은 철근 시공도에 근거하여 가공도에 의해서 소정의 치수로 절단한다. 철근의 절단은 일반적으로 시어 커터에 의하나, 가스 압접 이음·기계 이음 등의 경우는 전동 절단기 등으로 한다

④ 철근의 가공은 일반적으로 전문의 가공 공장에서 가공도에 의해 행하는 경우가 많으므로 현장에서 마무리 하지 않으면 큰 지장이 있다.

실제의 가공에는 허용차가 필요하며, 그 값을 나타낸 것이 표(건축공사 표준시방서에 의함)이다. 가공치수는 표의 [주] 그림에 나타낸 것처럼 모두 바깥쪽 치수이다.

⑤ 현장에서는 구부림의 형상이 불충분하고, 치수가 틀릴 수 있어 조립에 지장을 주는 것도 있으므로 충분히 주의한다.

가공 치수의 허용 오차

항	목		허용 오차(cm)
가공치수	스트럽·띠철근·나선철근		±0.5
	위 이외의 철근	원형철근 28mm 이하. 이형철근 D25 이하.	±1.5
		원형철근 32mm 이상. 이형철근 D29 이상 D41 이하.	±2
가공 후의 전길이			±2

〔주〕 가공치수($a \sim f$) 및 가공 후의 전길이 측정 방법의 예를 아래에 도시한다.

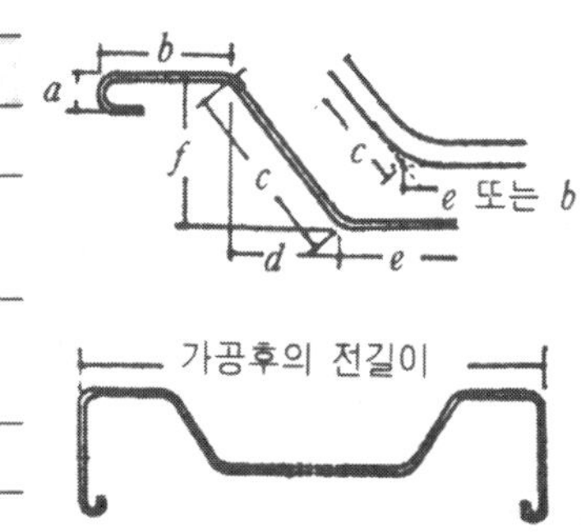

⑥ 철근의 굽힘 가공은 가공기(자동식도 있다)의 성능이 좋기 때문에 D 51까지 냉간 가공된다

⑦ 가공 후의 구부림 되돌리기를 하지 않는다.

c) 철근의 조립

철근은 설계도 및 시공도에 나타낸 배근으로 소정의 위치에 순서 바르게 조립한다. 조립에 있어서는 철근끼리를 0.8m(21#) 정도의 결속선으로 결속한다. 굵은 지름 이상의 철근 결속은 끊어지는 경우가 있으므로 결속선(binder)을 2~3개 묶어서 사용하거나 0.9mm를 사용한다. 결속 방법에는 여러 가지 방법이 있으므로 적절한 방식을 선택하도록 한다. 또, 철근의 위치를 확보하기 위해 바 서포트·스페이서를 소정의 간격으로 배치한다. 콘크리트 붓기 중이나 배근 후의 설비 공사에서 철근이 이동한다거나, 흐트러진다거나, 굽는다거나 하지 않도록 견고하게 조립하는 것이 중요하다.

4) 바 서포트 · 스페이서

일반적으로 바 서포트(bar support)는 수평의 철근 위치를 유지하고, 스페이서(spacer)는 측면의 거푸집에 대해서 철근의 피복 두께를 유지하기 위해 사용되고 있다.

바 서포트·스페이서의 종류 및 배치·간격은 설계도에 나타내는 것이 일반적이다. 종류는 콘크리트·모르타르·동·스테인레스·플라스틱제 등이 있으며, 조립된 철근을 안정하게 지지할 것, 콘크리트 붓기 중의 중량에 대해서 변형·파괴되지 않을 것, 부어넣는 콘크리트와 동등 이상의 내구성을 갖는 것이 필요하다.

아래표에 RC조 배근지침에 의한 바 서포트·스페이서 등의 종류 및 수량·배치의 표준을

바 서포트 · 스페이서 등의 종류 및 수량 · 배치의 표준

부 위	슬 래 브	보	기 둥
종 류	강제 · 콘크리트제	강제 · 콘크리트제	강제 · 콘크리트제
수량 또는 배치	상단근, 하단근 각각 1.3개/m^2 정도	간격은 1.5m 정도 단부는 1.5m 이내	상단은 제1단의 띠근의 위치 중단은 기둥의 중간 기둥 너비 1.0m까지 2개 1.0m 이상 3개
비 고		옆보 이외의 보는 위 또는 아래에도 설치, 옆보 측면에도 설치	
부 위	기 초	기 초 보	벽 · 지하 외벽
종 류	강제 · 콘크리트제	강제 · 콘크리트제	강제 · 콘크리트제
수량 또는 배치	면 적 $4m^2$ 정도 8개 $16m^2$ 정도 20개	간격은 1.5m 정도 단부는 1.5m 이내	상단은 제1단째의 벽근 중단은 상단에서 1.5m 아래 가로 간격은 1.5m 정도 단부는 1.5m 이내
비 고		위 또는 아래와 측면에 설치	

〔주〕 (1) 표의 수량 또는 배치는 5~6층 정도까지의 RC조를 대상으로 하고 있다.
(2) 보·기둥·기초보·벽 및 지하 외벽의 스페이서는 플라스틱제라도 좋다.

나타낸 것이며, 이것으로 실시하면 좋다.

5) 철근의 정착과 이음

a) 철근의 정착

맞춤에 있어서 부재 상호간의 일체화를 도모하기 위해 한쪽 부재의 철근을 다른쪽 부재 안에 연장해서 매입하는 것을 말한다.

철근의 정착은 건축물의 구조기준 등에 관한 규칙에 규정되어 있다. 일반적으로 설계도에 나타내는 것은 건축공사 표준시방서에 아래표와 같은 정착 길이를 나타내고 있으므로, 이것을 기준으로 하면 좋다.

철근의 정착 및 이음길이

d : 철근의 공칭지름

철근의 종류	콘크리트의 설계기준강도의 범위(kg/cm²)	갈구리	정착 길이 L			이음철근의 길이 L
			일반	하단 철근		
				작은보	바닥 및 지붕슬래브	
SBC 24	210 이상 270 이하	유	35d	25d	10d 또는 15cm 이상	35d
	210 미만	유	45d			45d
SBD 24	210 이상 270 이하	무	30d	25d	10d 또는 15cm 이상	35d
		유	20d	15d		25d
	210 미만	무	35d	25d		40d
		유	25d	15d		30d
SBD 30 SBD 35	210 이상 270 이하	무	35d	25d	10d 또는 15cm 이상	40d
		유	25d	15d		30d
	210 미만	무	40d	25d		40d
		유	30d	15d		35d

〔주〕 1. 끝단의 갈구리는 정착 및 겹침 이음 길이에 포함하지 않는다.
2. 지름이 다른 2철근의 겹침 이음 길이는 직경이 작은 철근의 지름에 의한다
3. 보 및 슬래브 철근의 정착은 표 중의 정착 길이 L에 관계없이 기둥 및 보의 중심을 지나서 구부리도록 한다

정착은 그림에 나타낸 방법이 일반적으로 사용되고 있다(각 부재의 표준 배근을 참조). 또 강판•너트 등의 특수한 정착 철물을 사용하는 경우는 공적으로 승인을 받을 필요가 있다.

b) 철근의 이음

일정한 길이의 철근을 공사 중에 연속된 철근으로 하기 위한 접합부이다. 일반 현장에서는 D 16 이하는 겹침 이음, D 19 이상은 가스 압접 이음이 사용된다. 폐쇄형의 띠근•늑근은 플레어 글루브 아크 용접, 굵은 지름 이상의 철근에서는 여러 가지의 특수 이음이 사용되고 있다(각 부재의 표준 배근을 참조).

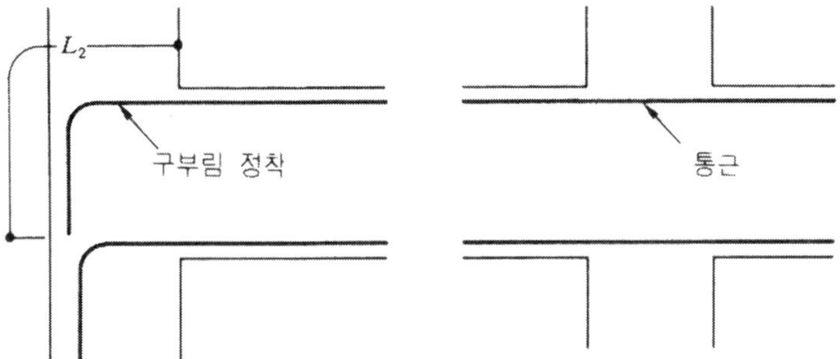

(a) 보의 경우

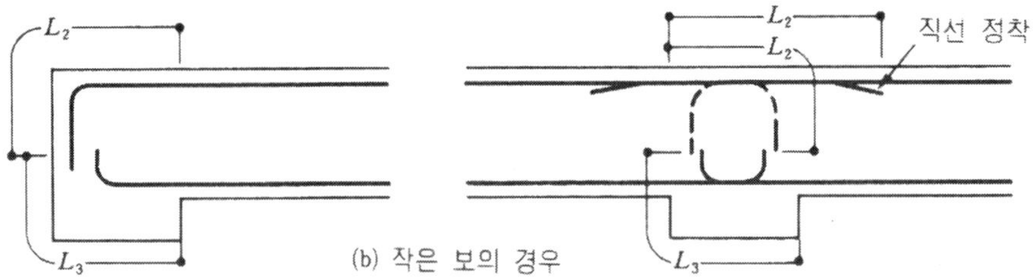

(b) 작은 보의 경우

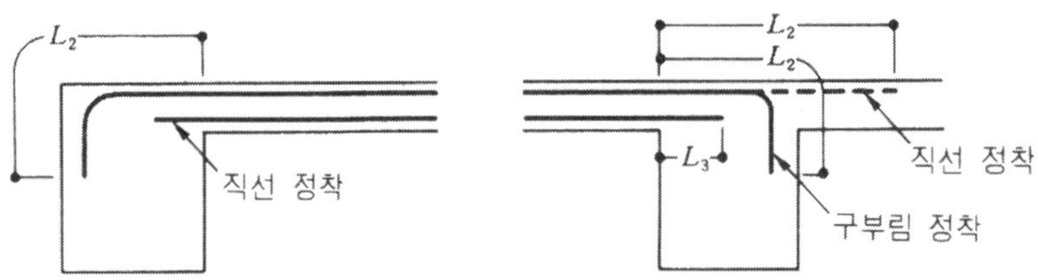

(c) 바닥 슬래브의 경우

철근의 정착

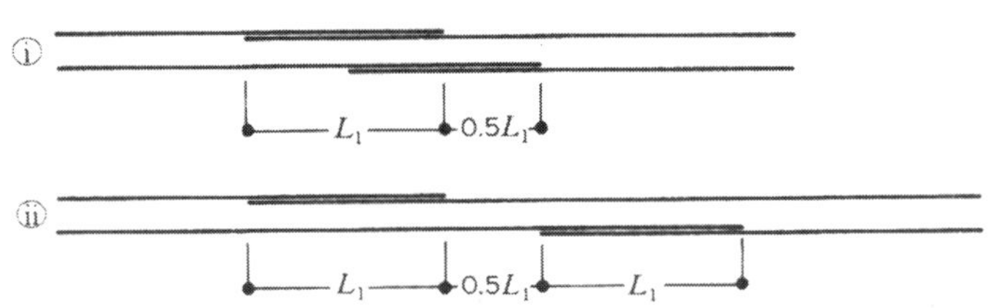

(a) 겹침 이음의 경우

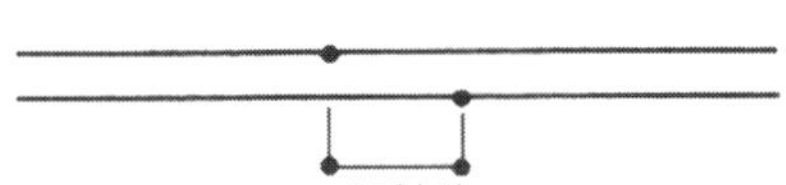

(b) 가스 압접 이음의 경우

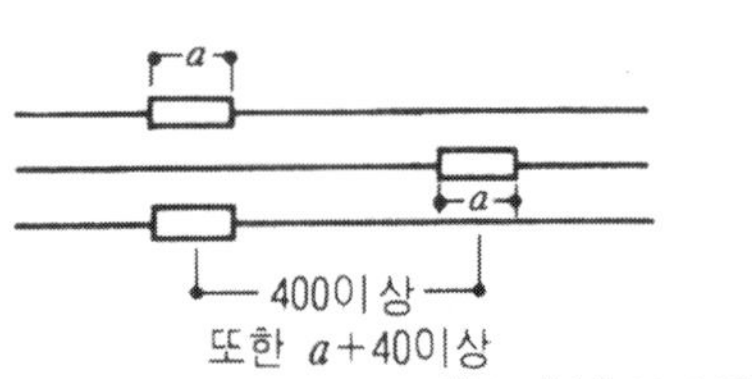

(c) 특수 이음의 경우

주근의 이음 위치를 겹치지 않게 하는 법

(1) 이음 위치에 대한 주의

① 원칙적으로 응력의 작은 곳, 또한 상시 압축 응력이 생기는 곳.

② 이음은 앞페이지 그림과 같이 1개소에 집중하지 않고 서로 어긋나도록 한다.

③ 기둥근 등을 가스 압접하기 위해 시공 기기를 사용하는 경우는 시공에 지장이 없도록 한다.

④ 이음 위치는 설계도에 나타내며, 명확하지 않은 경우나, 변경할 경우 시공자는 설계자와 협의하여 결정한다.

겹침 이음을 사용하는 경우는 다음의 점에 유의한다.

① 겹침 이음은 건축공사 표준시방서에 179쪽 표와 같이 나타나 있다.

② 겹침 이음의 길이의 측정법은 앞페이지 그림에 나타낸다.

③ 복부 철근(web reinforcement)의 이음 길이는 15cm 정도로 한다.

④ 굵기가 다른 철근을 겹쳐 이음하는 경우는 가는 쪽의 지름에 의한다.

⑤ 원칙적으로 D 29 이상의 이형 철근은 겹침 이음으로 하지 않는다.

⑥ 겹침 이음은 철근을 밀착시키는 것이 원칙이나, 틈이 있는 겹침 이음으로 하여도 좋다(뒤에 나오는 210페이지 그림 참조).

⑦ 철근의 겹침 방법은 수평·상하 겹침이 있으나, 피복 두께와 밀접한 관계가 있으므로 적절한 방법을 선택하도록 한다.

(2) 가스 압접 이음

가스 압접에 의한 철근 이음의 시공은 건축공사 표준시방서에 따라서 시공한다. 가스 압접 이음은 아주 굵은 지름의 D 51까지 압접 가능하다.

공사현장에서의 기둥근의 가스 압점 작업

보근의 가스 압접 이음과 가스 압접용 기구의 설치.가스 압접 이음위치는 서로 엇갈리도록 한다.

(3) 특수 이음

굵은 지름 이형 철근을 접합하기 위해 각종의 새로운 특수 이음 공법이 개발되어 있다.

특수 이음 공법

종 별	내 용
아크 용접	철근에 개선을 만들고 맞대기 아크 용접으로 용접한다. 경우에 따라서는 강제 슬리브를 보조로 대거나 또는 구리 뒷댐쇠를 사용한다. 또, 철근을 겹쳐 맞추거나 형강을 매개로 해서 필렛·플레어 글러브 용접으로 한다.
콜러 압접	강제 콜러(강관 등)를 접합부에 끼우고 유압 잭 등을 사용하여, 이것을 철근에 압착하거나 또는 다이스로 조여 이형 철근의 마디·리브에 파고 들어 소성 가공된 콜러의 전단 강도와 인장 강도에 의해 힘을 전달한다. 폭압에 의한 콜러를 압착하는 공법, 쐐기 박기에 의한 압착 공법이나 안쪽에 나사 내기한 콜러를 압착하여 나사 접합과 조합한 공법도 있다.
슬리브에 충전제 주입 또는 삽입	안쪽에 요철이 있는 슬리브를 접합부에 끼우고, 틈 사이에 고강도 모르타르 또는 수지를 주입하거나 삽입하여 충전재의 전단 강도와 슬리브의 인장 강도에 의해 힘을 전달한다.
나사형 이음	철근에 나사를 내고 커플러로 연결한다. 철근의 표면 돌기가 나사로 되면 커플러로 연결한다. 록 너트 등을 사용한다. 수지 주입으로 나사의 모양을 고정하는 것도 있다.
테르밋반응 이용의 접합	접합부를 무유약의 몰드로 덮고, 그 속에서 테르밋 반응을 일으켜 철근을 맞대기 용접하는 것, 또는 안쪽에 요철이 있는 강제 슬리브를 철근에 끼우고 그 속에 테르밋 반응에 의한 용융철을 주입하고 충전재의 전단 강도와 슬리브의 인장 강도에 의해 힘을 전달하는 것.

RC 배근지침에 나타낸 특수 이음 공법을 위표에 나타낸다.

특수 이음의 성능은 철근 이음 성능 판정 규준에 적합한 것만을 사용하여야 한다.

〔2〕 기 초

■ 요 지

1. 독립 기초

1) 직접 기초

기초 형상은 아래 그림에 나타낸 것처럼 평면적으로 정방형·장방형의 정형인 것이 표준이다. 실시에 있어서는 부지의 형상에 좌우되는 면이 많고, 부정형인 것도 설계되고 있다. 또 단면상의 편심이 있는 경우도 있으며, 이러한 기초는 일반적으로 배근이 복잡하게 되어서 조

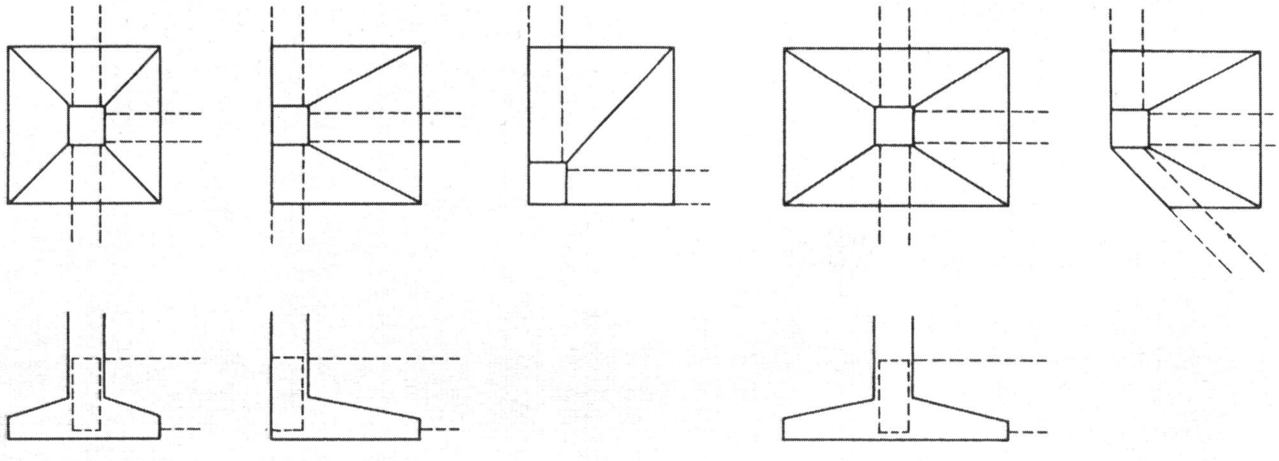

(a) 정방형 기초 (b) 편심 기초(1방향) (c) 편심 기초(2방향) (d) 장방형 기초 (e) 편심 편형 기초

직접 기초의 형상

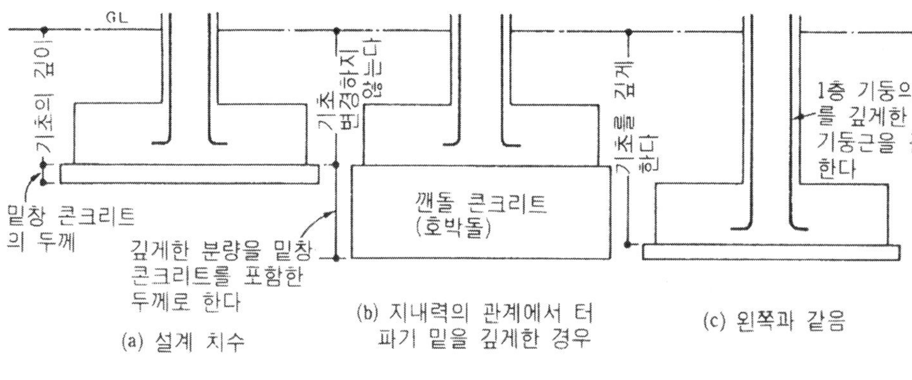

설계보다 기초를 깊게 하는 경우

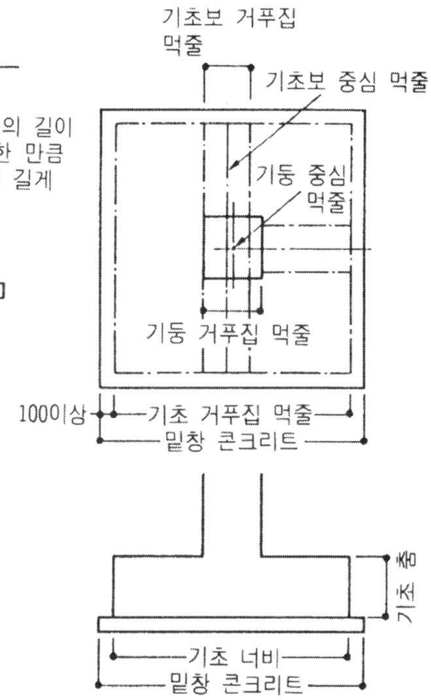

기초의 먹줄치기

립이 곤란하다.

기초는 기초근 이외에 기둥・기초 보의 철근이 집합하므로 각각의 배근에 유의한다. 또, 지내력의 관계상 기초를 깊게 변경하는 경우가 있으므로 기둥근의 길이를 틀리지 않도록 한다(위 왼쪽 그림 참조).

▨ 검사항목

① 밑창 콘크리트의 천단의 높이・평면의 평활도・너비, 기초・기초보・기둥의 심내기・거푸집 먹줄치기, 이토・쓰레기류의 유무(위 오른쪽 그림 참조).

② 베이스근・상부근의 지름・간격(개수)・위치・피복 두께・편심 기초의 경우 베이스근의 정착 방법・길이

표준 배근을 다음 페이지 윗 그림에 나타낸다.

▨ 주 의 점

① 베이스근・상부근의 피복 두께는 7cm 이상인가? 바 서포트는 베이스근의 하단근에 확실하게 들어가 있는가? 다른 용도의 철근과 잘못됨은 없는가?

② 간격은 맞는가? 철근은 결속되어 있는가? 결속선은 끊어지지 않는가?

③ 베이스근은 짧지 않는가? 길어서 밑창 콘크리트보다 초과하지 않는가?

④ 한쪽으로 치우치지 않는가?

⑤ 긴 베이스근은 짧은 베이스근의 하부에 배치되어 있는가?

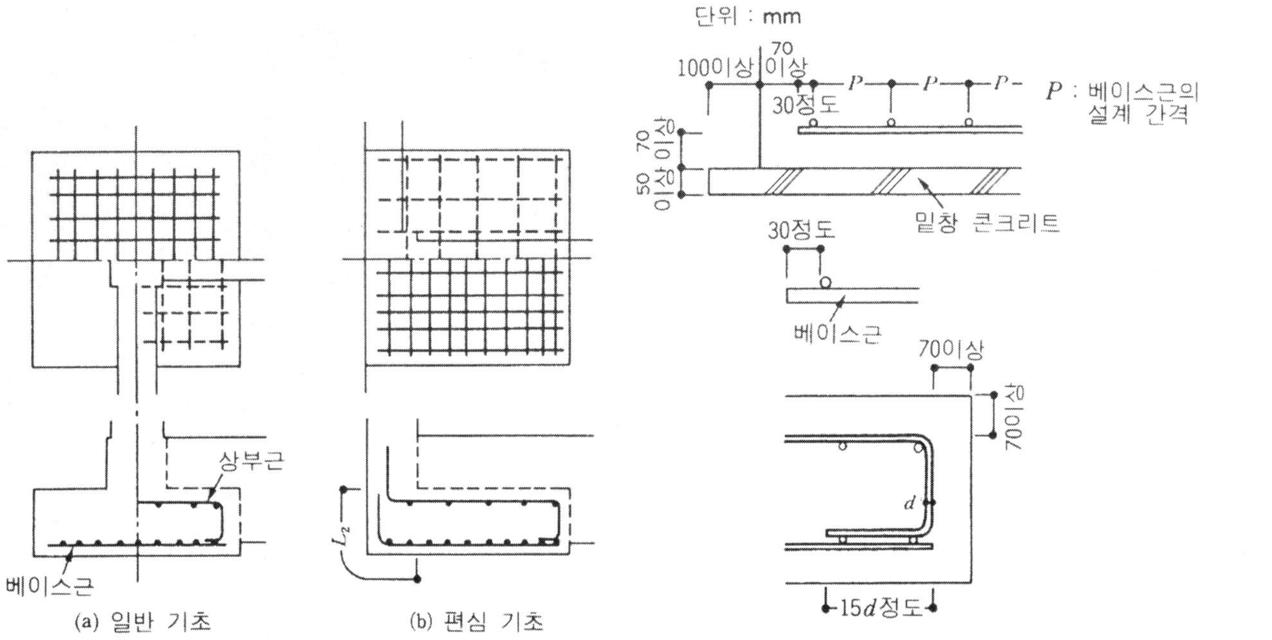

(a) 일반 기초　(b) 편심 기초

직접 기초의 표준 배근

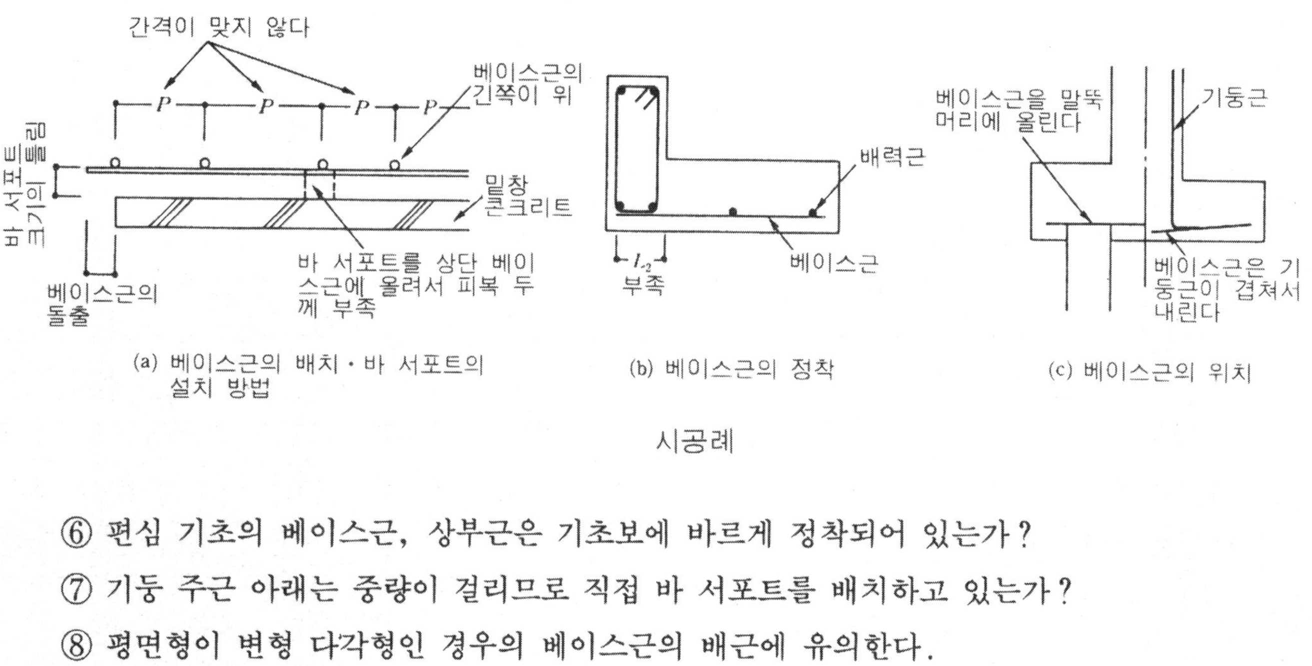

(a) 베이스근의 배치 · 바 서포트의 설치 방법　(b) 베이스근의 정착　(c) 베이스근의 위치

시공례

⑥ 편심 기초의 베이스근, 상부근은 기초보에 바르게 정착되어 있는가?

⑦ 기둥 주근 아래는 중량이 걸리므로 직접 바 서포트를 배치하고 있는가?

⑧ 평면형이 변형 다각형인 경우의 베이스근의 배근에 유의한다.

■ 요　지

2) 말뚝 기초

말뚝의 위치가 잘못되면 편심 응력이 작용하여 배근 상태가 변한다. 베이스근 · 상부근의 형상 · 배치에 유의한다.

■ 검사항목

① 말뚝의 위치를 측정한다. 엇갈림 너비

② 베이스근의 피복 두께, 기초 측면 및 말뚝 머리에서
③ 베이스근 단부 및 외주부의 아무림
④ 말뚝 머리의 기초까지의 매입 및 말뚝 머리의 보강근
⑤ 상부근 단부의 아무림

표준 배근을 아래 그림에 나타낸다.

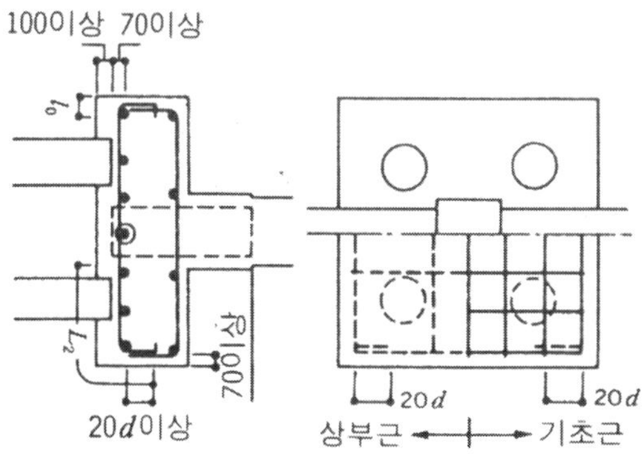

⊙표 철근은 구부려 올리지 않아도 좋다
$l_0 \geq 100$ 또한 $4d+70$이상

말뚝 기초의 표준 배근

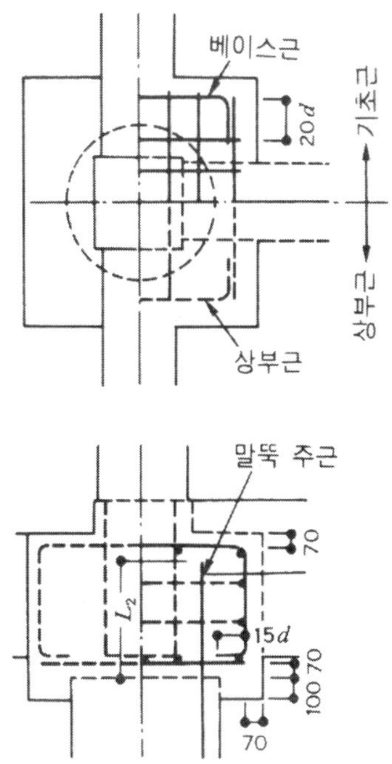

제자리 말뚝의 표준 배근

말뚝 기초 베이스근의 배근

말뚝 기초의 배근에서 말뚝 머리 보강근 · 말뚝 정착근 · 베이스근의 배치

말뚝 기초의 배근에서 베이스근의 피복 두께 부족

제자리 말뚝
주근의 세우기

제자리 말뚝 위의 기둥근의 조립

제자리 말뚝 베이스근의 배치
말뚝 주근이 휘어져 있다.

■ 요 지

3) 제자리 말뚝 기초

기둥근이 말뚝의 중심에 있어야 하며, 벗어나 있으면 구조상 결함이 생기게 된다. 베이스근 · 상단근의 형상 · 배치 및 기둥 주근의 정착에 유의한다.

■ 검사항목

① 말뚝의 위치가 바른가를 측정한다. 어긋난 너비가 큰 경우는 구조 계산에 의해 배근을 변경한다.

② 베이스근 · 상부근은 1), 2)에 준한다.

표준 배근을 앞페이지 그림에 나타낸다.

4) 독립 기초와 기초보 접합부

표준 배근을 다음 페이지 그림에 나타낸다.

■ 주 의 점

① 보근은 기둥 또는 연장하여 인접한 보안에 정착하여 있는가? 기초에 돌출하여 있지 않는가?

② 보근의 정착 길이, 들어간 길이, 피복 두께는 부족하지 않는가?

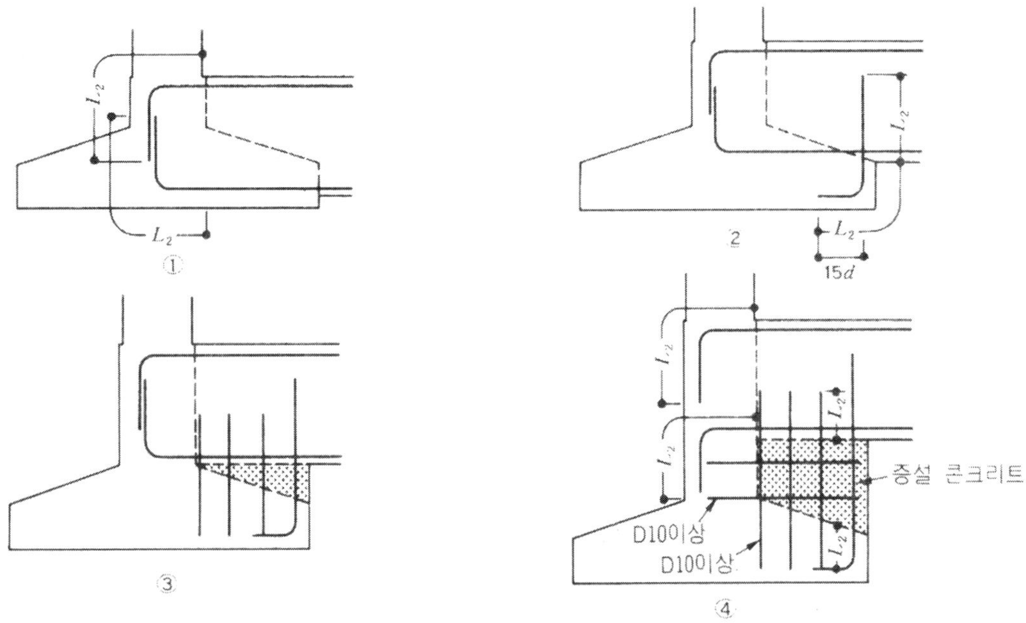

(a) 단부의 배근

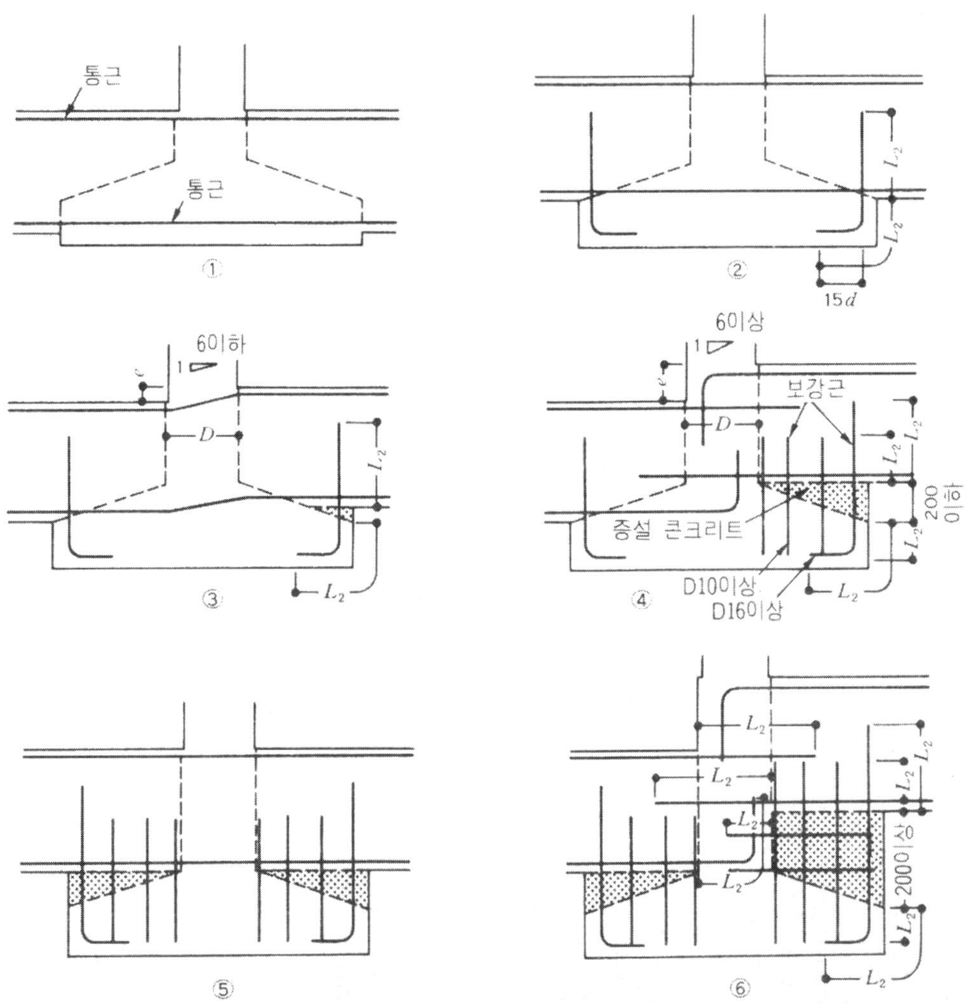

(b) 중간부의 배근

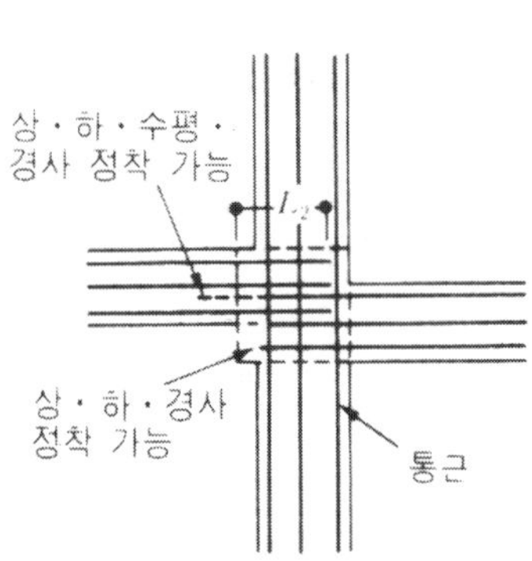

①좌우 보의 심이 어긋난 경우

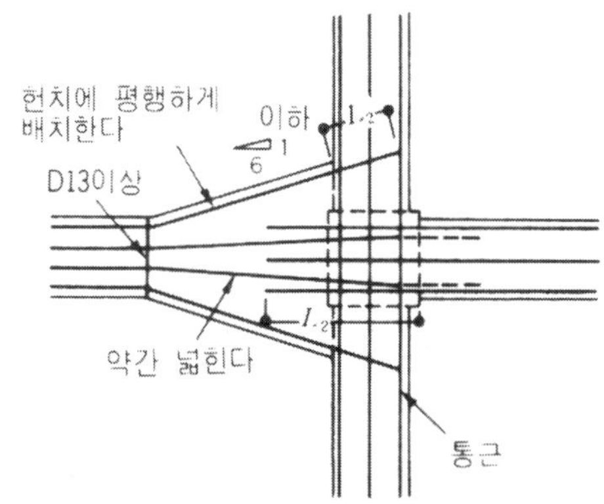

②단부에 수평 헌치가 있는 경우

(c) 평면의 배근

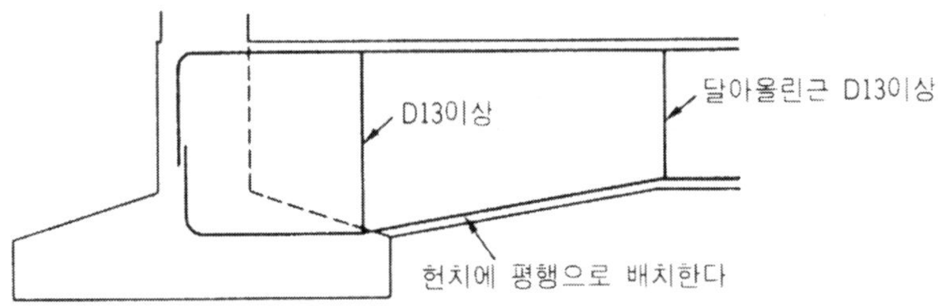

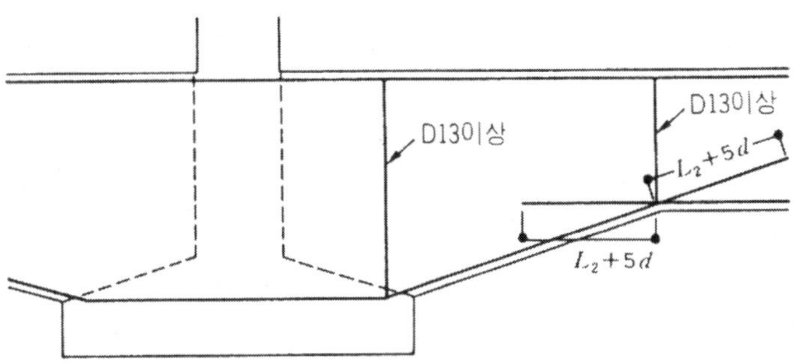

(d) 단부에 연직 헌치가 있는 경우

독립 기초와 기초보 접합부의 표준 배근

③ 보의 상단근은 정착 방향이 상향으로 되어 있지 않는가? 하단근이 하향인 경우 선단이 밑창 콘크리트에 따라서 있지 않는가?

④ 기둥의 좌우의 보근을 통근으로 한 경우 평탄한가, 급격(1/6 이상)하게 수평・연직에 구부림은 있지 않는가?

⑤ 단부에 수평 헌치가 있고, 일부 보근이 직교 기초보에 정착하는 경우 연직인가, 경사 배근으로 되어 있는가? 헌치(haunch)를 따라 주근의 위치는 바른가? 주근의 구부림부는 D 13 이상으로 늑근에 준해서 보강한다.

⑥ 단부에 연직 헌치가 있는 경우 헌치를 따라 하단 주근의 위치는 바른가? 헌치 양단의 주근의 구부림부 및 수평 주근과의 교차부에는 D 13 이상으로 늑근에 준해서 보강한다.

⑦ 증설 콘크리트부의 보강근의 배치・지름・간격・정착 길이는 바른가?

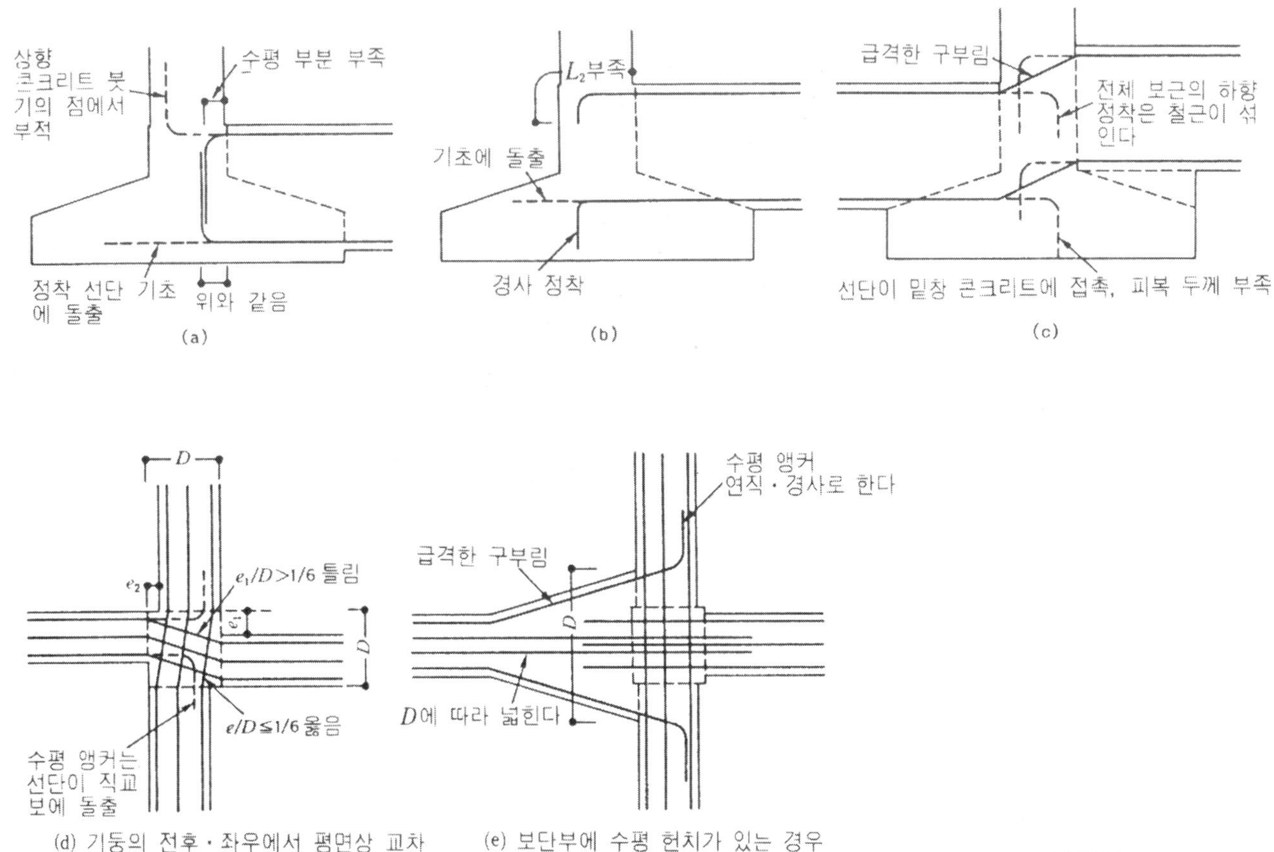

시공례

▩ 요 지

2. 연속 기초

연속 기초의 평면 형상은 아래 그림에 나타낸 것처럼 직각으로 교차하는 정형의 L형(모서

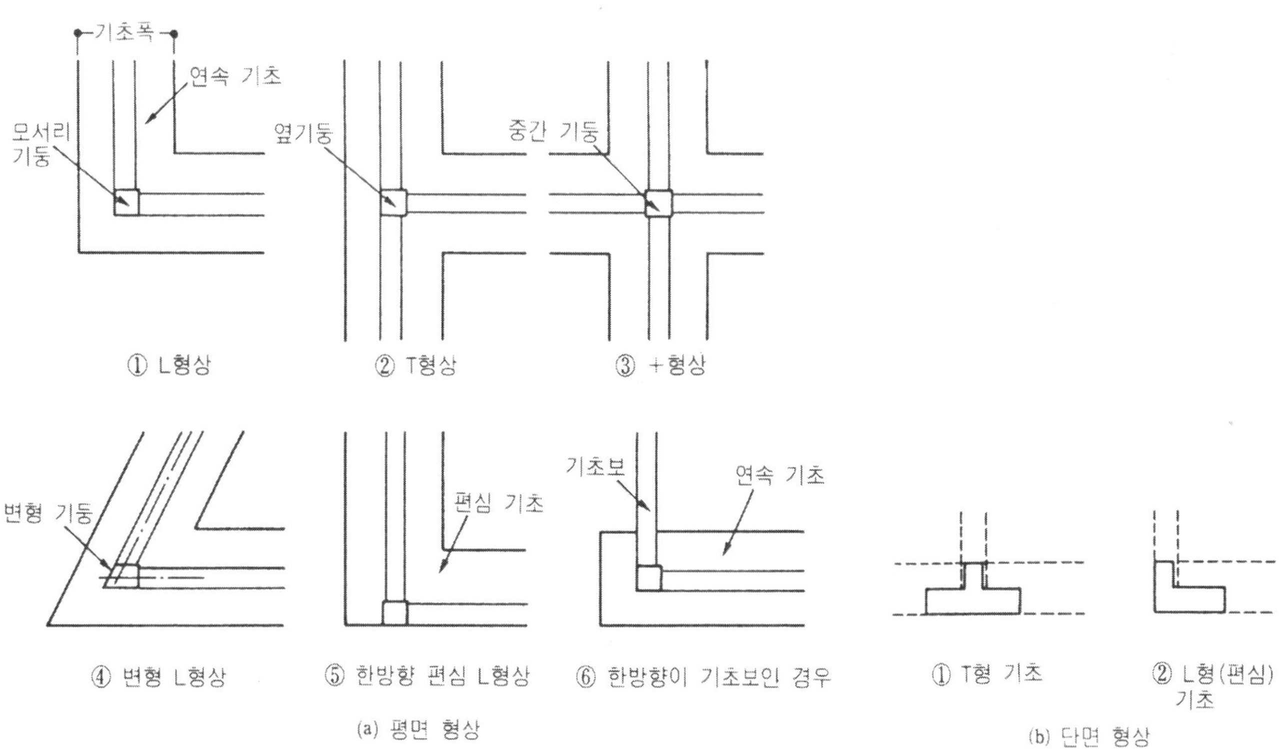

연속 기초의 평면 · 단면 형상

연속 기초의 배근

초보 접합부의 배근, 흙에 접하는 부분의 피복 두께에 유의한다.

검사항목

슬래브근의 종류, 지름, 간격, 피복 두께, 바 서포트의 위치·올리는 법, 겹침 이음의 위치·길이, 정착의 방법·길이

표준 배근을 아래 그림에 나타낸다.

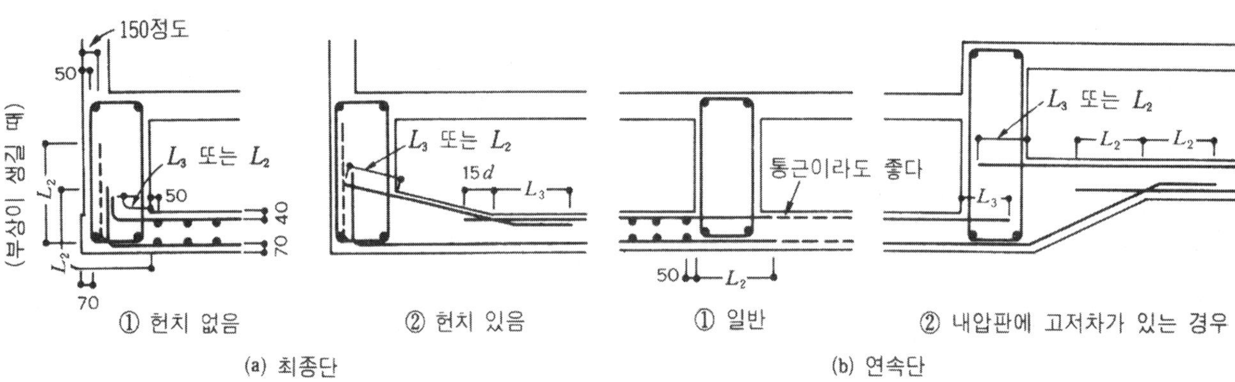

온통 기초의 표준 배근

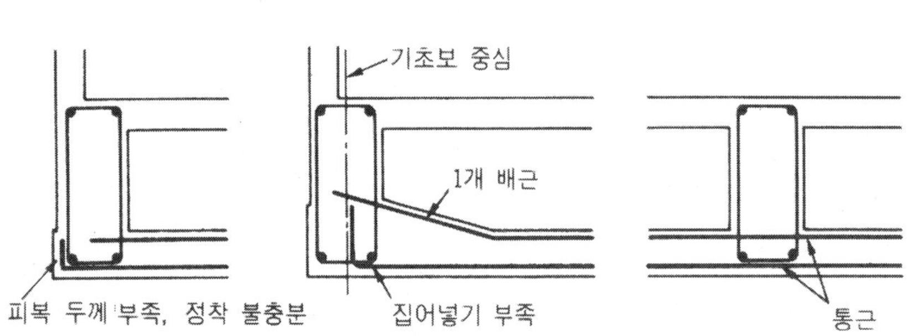

시공례

연속 기초의 배근

초보 접합부의 배근, 흙에 접하는 부분의 피복 두께에 유의한다.

검사항목

슬래브근의 종류, 지름, 간격, 피복 두께, 바 서포트의 위치·올리는 법, 겹침 이음의 위치·길이, 정착의 방법·길이

표준 배근을 아래 그림에 나타낸다.

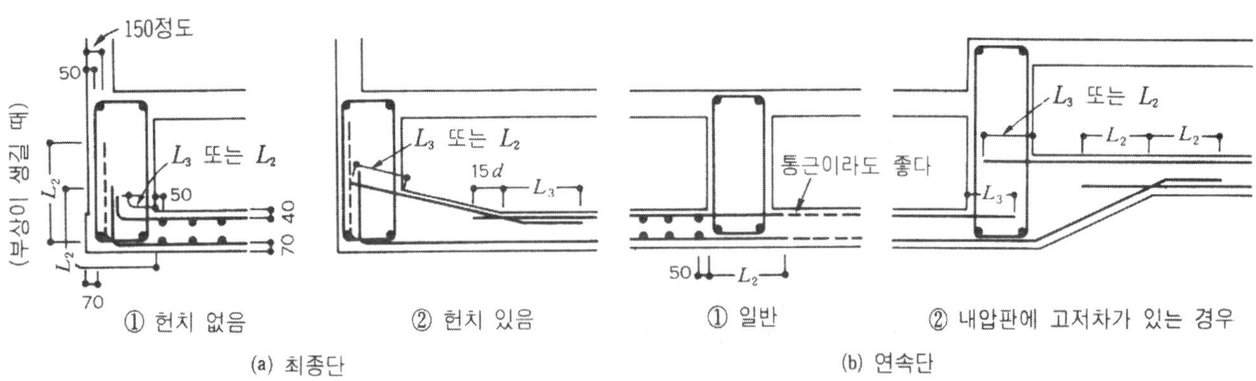

온통 기초의 표준 배근

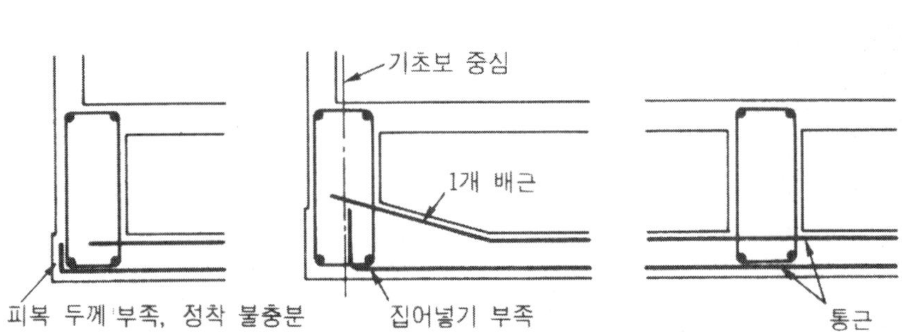

시공례

■ 주 의 점

① 내압 슬래브, 옆보의 흙에 접하는 부분의 피복 두께는 충분한가? 바 서포트는 바르게 올려져 있는가?

② 슬래브근의 간격은 흐트러짐이 없는가?

③ 슬래브근의 내림, 구부림은 없는가? 결속선은 끊어지지 않았는가?

④ 겹침 이음은 1개소에 집중하여 있지 않는가?

〔3〕 기초보

■ 요 지

기초보에는 지반력을 받는 보, 슬래브를 지지하는 보 등이 있다. 그리고 기둥과의 접합부에서는 앞에 기술한 기둥의 전후·좌우에서 위치·크기가 다른 것, 단부가 연직 헌치·수평 헌치인 것 등의 종류가 많고 배근이 각각 다른 점에 유의한다.

기둥과 기초보 접합부(L형부)의 배근. 보근은 양방향 모두 연직 정착.

기둥과 기초보 접합부(T형부)의 배근 직교 보근은 연직 정착, 기타는 통근.

기초보와 기초 작은보 접합부의 배근. 작은보근의 정착은 상·하 모두 경사 방향. 접합 개소의 기초보에 늑근이 없다.

기초보 복부근의 분할 개수

보 춤	복 근
$D<600$	필요 없음
$600 \leqq D<1050$	2-D 10(1단) 또는 2-D 13
$1050 \leqq D<1500$	4-D 10(2단) 또는 4-D 13
$1500 \leqq D<1950$	6-D 13(3단)
$1950 \leqq D<2400$	8-D 13(4단)

검사항목

① 주근의 종류, 지름, 개수(외단·중앙·내단), 위치, 간격, 정착 방법, 길이, 이음의 방법(가스 압접·겹침 이음의 경우는 길이 등)·위치, 중간 달근의 위치, 피복 두께 등.

② 늑근·부늑근의 배치, 지름, 간격, 형상 등.

표준 배근을 아래 그림과 다음 페이지 그림에 나타낸다.

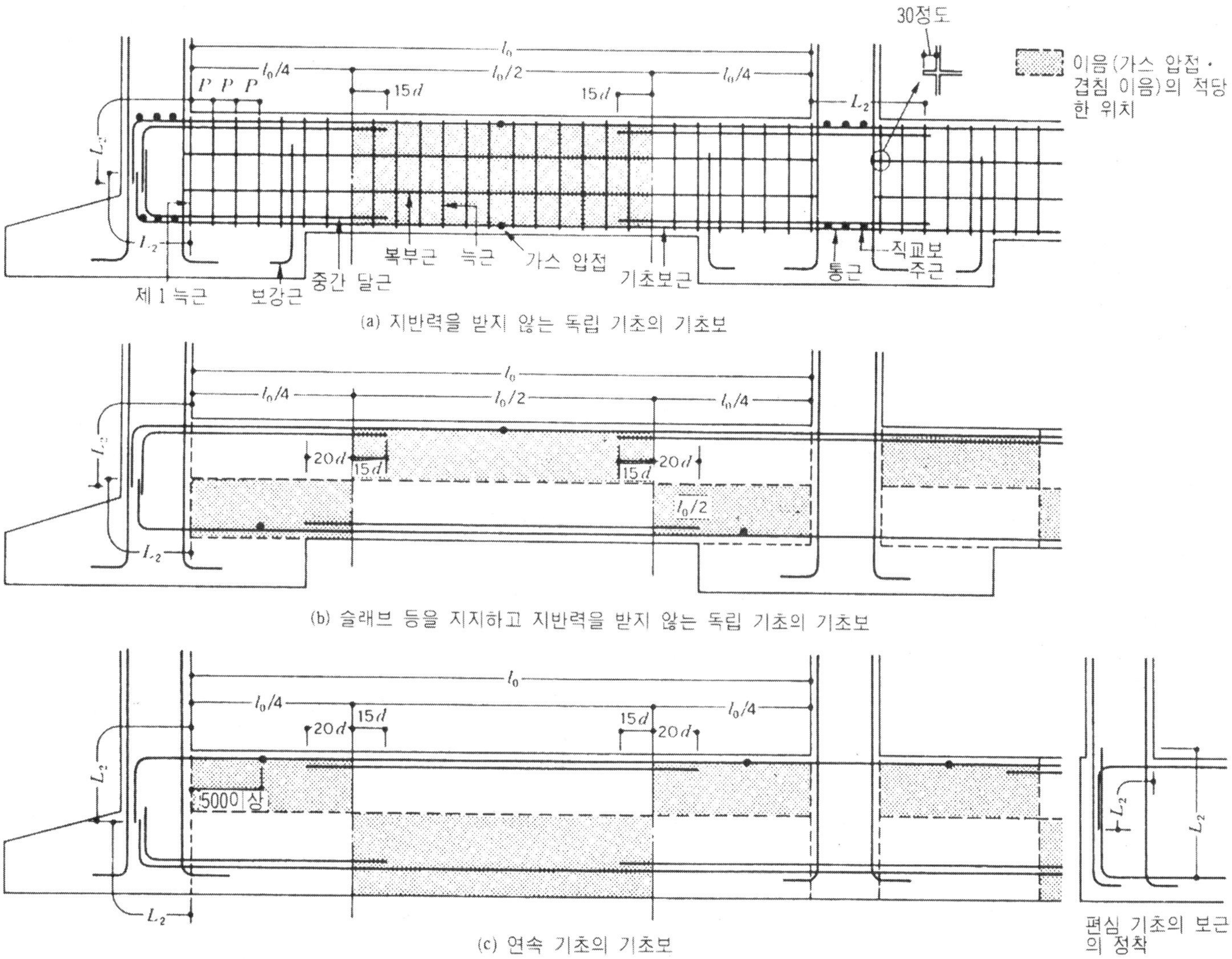

(a) 지반력을 받지 않는 독립 기초의 기초보

(b) 슬래브 등을 지지하고 지반력을 받지 않는 독립 기초의 기초보

(c) 연속 기초의 기초보

편심 기초의 보근의 정착

기초보 복부근의 분할 개수

주 의 점

a) 주근 등에 대해서

① 피복 두께가 5cm 이상, 연속 기초의 경우는 밑면에서 7cm 이상 확보되어 있는가?

② 중간 달근의 길이에 틀림은 없는가? 또 위치가 내려갔다거나 경사져 있지는 않는가?

③ 제1늑근은 기둥과의 접합부에 배치되어 있는가? 그외 늑근의 간격은 맞는가?

④ 같은 방향의 직교하는 보근의 위치는 상·하 주근의 상·하부의 같은 위치에 있는가?

⑤ 주근의 정착 길이·위치·방향은 맞는가?

기초보의 배근.
작은 보가 접합, 작은보근은 상·하근 모두 통근

기초보의 표준 배근

기초보의 배근. 설비 배관이 보를 관통하기 때문에 스파이럴근에 의한 주위의 보강, 늑근이 일부 흐트러져 있다(보 관통구멍보강에는 최근은 종래의 철근외에 각종의 철물이 사용되고 있다).

대형 기초보의 배근.
부늑근·복부근의 배치, 배근 검사의 예

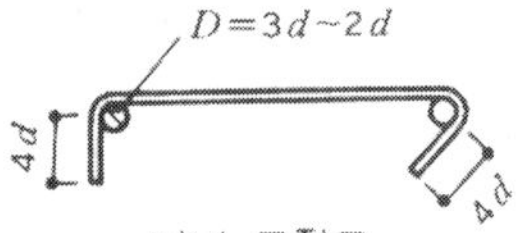

너비 고정근

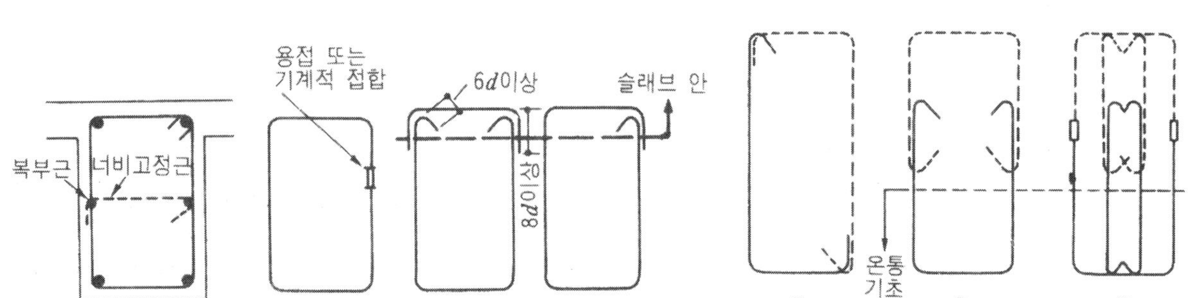

1) 보춤이 1.5m이하인 경우

2) 보춤이 1.5m를 초과하는 경우

(a) 늑근·부늑근의 일반 형상

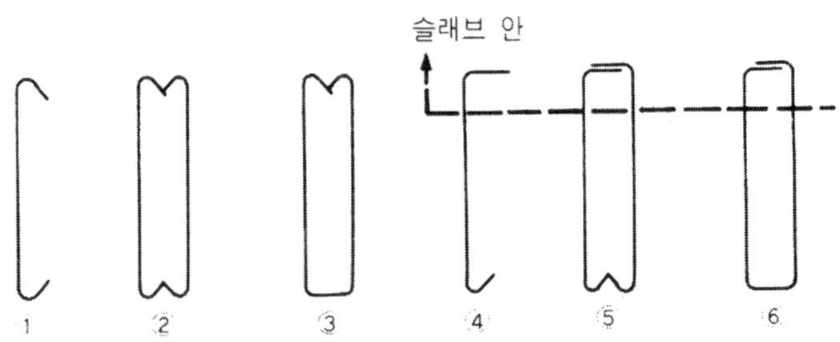

(b) 부늑근의 일반 형상

늑근 · 부늑근 · 복부근 · 너비 고정근의 표준 배치

b) 늑근 등에 대해서

① 가공 형상 · 치수는 맞는가?

② 주근의 위치와 합치되는가?

③ 주근에 걸려 있는가?

④ 늑근 상부가 마주보고 있지 않는가? 캡 타이가 떨어져 있지 않는가?

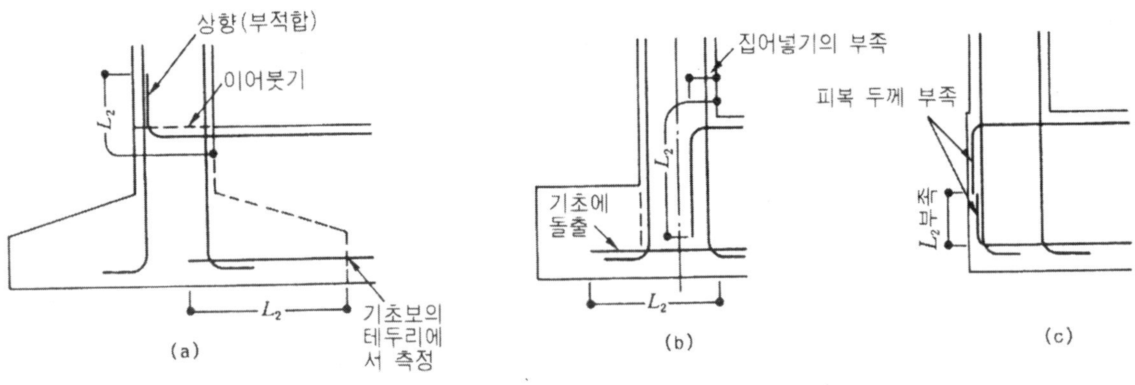

연속 기초 외단주와의 접합부의 시공례 : 주근 정착 위치 · 방향의 틀림

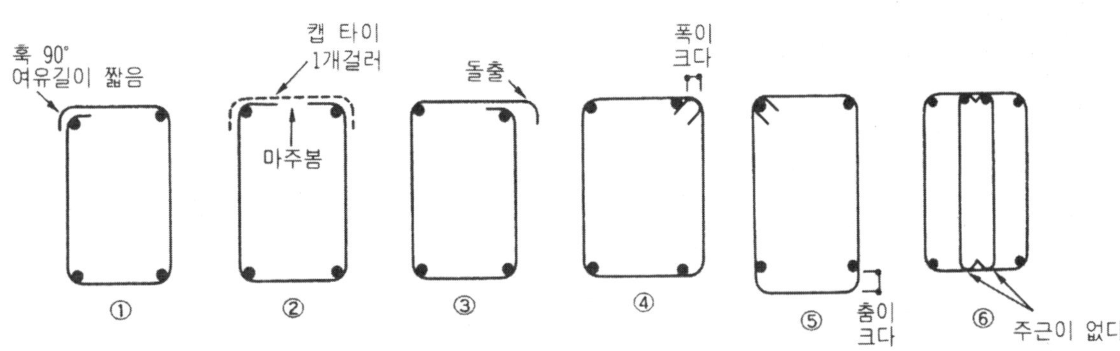

〔4〕 기 둥

■ 요 지

기둥의 평면 형상은 정방형·장방형·원형이 표준이며, 그밖에 다각형, 부정형인 것이 있다. 다시 상·하층에서 기둥의 형상·크기가 다른 경우가 많고, 여러 가지이므로 배근에는 충분히 유의한다.

■ 검사항목

① 기둥근의 종류, 지름·개수(주두·주각), 위치(간격 : 2단 배근 등), 배치(방향), 이음의 방법(기초보와 같다), 위치, 정착의 방법, 길이, 피복 두께 등.

② 띠근·부띠근·스파이럴근의 형상·지름·간격·간극·피복 두께 등.

아래표에 띠근 간격 등에 관한 규정을 나타내고, 다음페이지 표에 최상층의 보 최소 춤을 나타낸다. 또, 표준 배근을 각각 그림에 나타낸다.

띠근 간격 등에 관한 규정

		RC 규준		시 방 서 규 준		
띠 근		9ϕ 또는 D10	13ϕ 또는 D13 이상	지름 6mm 이상		
간격	기둥의 상하 $1.5D$ 구간	10cm 이하	20cm 이하	기둥의 상하 $2D'$ 구간	10cm 이하	가장 가는 주근 지름의 15배 이하
	$1.5D$ 이외의 구간 $(H-3D')$	15cm 이하	20cm 이하	$2D'$ 이외의 구간 $(H-4D')$	15cm 이하	
띠 근 비		0.2% 이상		0.2% 이상		
비 고		말단 135°훅, 용접 등의 폐쇄형의 구속 띠근		간격은 가장 가는 주근 지름의 15배 이하		

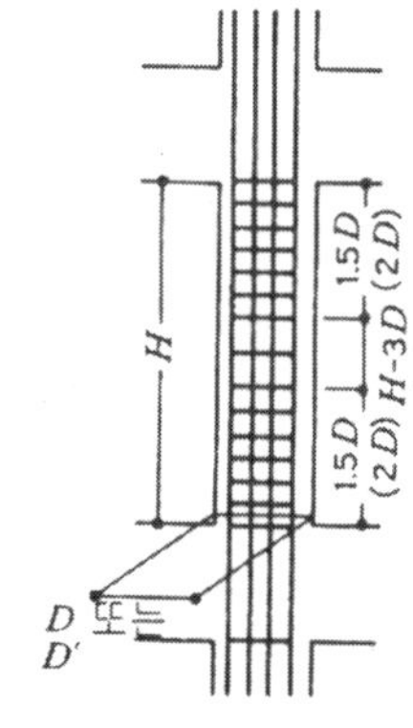

H : 안치수 높이(기둥의 상하단)
D : 기둥의 최대 지름
D' : 기둥의 작은 지름(시방서 규준)

기둥 중간부의 배근.
배근 검사의 예

주각의 배근.
부띠근의 위치, 배근 검사의 예

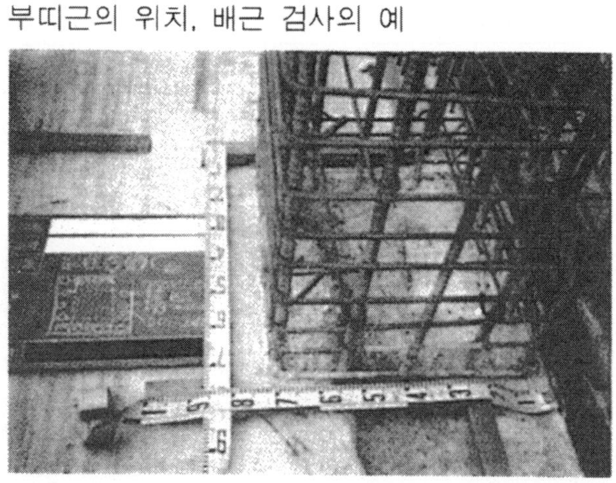

기둥근이 최상층 보에 직선 정착하기 위한 보 최소 춤(D)

(단위 : cm)

설계기준강도 F_c(kgf/cm²) / 철근의 종별·호칭명		$F_c=180$	$F_c=210$	$F_c=225$	$F_c=240$
$\sigma_t/4f_a$		28	24	23	22
SD 30A SD 36B	D16	48(44.6)	42(38.2)	40(36.6)	36(35.0)
	D19	57(53.5)	49(45.9)	47(44.0)	46(42.1)
	D22	66(62.2)	57(53.3)	55(51.1)	52(48.9)
	D25	75(71.2)	64(61.0)	62(58.5)	59(55.9)
	D29	84(80.1)	72(68.7)	69(65.8)	66(63.0)
$\sigma_t/4f_a$		33	28	26	26
SD 35	D16	56(52.5)	48(44.6)	45(41.4)	45(41.4)
	D19	67(63.1)	57(53.5)	53(49.7)	53(49.7)
	D22	77(73.3)	66(62.2)	61(57.8)	61(57.8)
	D25	87(83.9)	75(71.2)	70(66.1)	70(66.1)
	D29	98(94.4)	84(80.1)	78(74.4)	78(74.4)
	D32	108(105.0)	93(89.1)	86(82.7)	86(82.7)
	D35	119(115.2)	101(97.8)	94(90.8)	94(90.8)
$\sigma_t/4f_a$		–	32	30	29
SD 40	D16	–	54(50.9)	51(47.7)	(46.2)
	D19	–	65(61.2)	61(57.3)	59(55.4)
	D22	–	75(71.1)	70(66.6)	68(64.4)
	D25	–	85(81.3)	80(76.2)	77(73.7)
	D29	–	95(91.6)	89(85.8)	86(83.0)
	D32	–	105(101.8)	99(95.4)	96(92.3)
	D35	–	115(111.7)	108(104.7)	105(101.3)

〔주〕 RC 규준의 식을 사용하였다.

$l \geq nd = \frac{\sigma_t}{4f_a}d$에 있어서 σ_t는 단기 허용 응력도, f_a는 상단근의 단기 허용 부착 응력도의 1.5배의 값. ( )안은 l치수(보통 콘크리트에 대한 계산치)

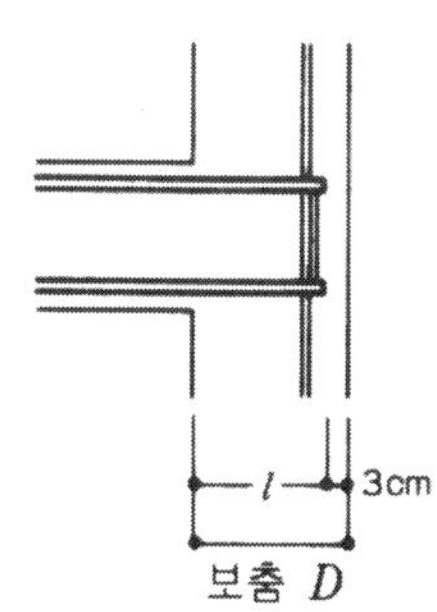

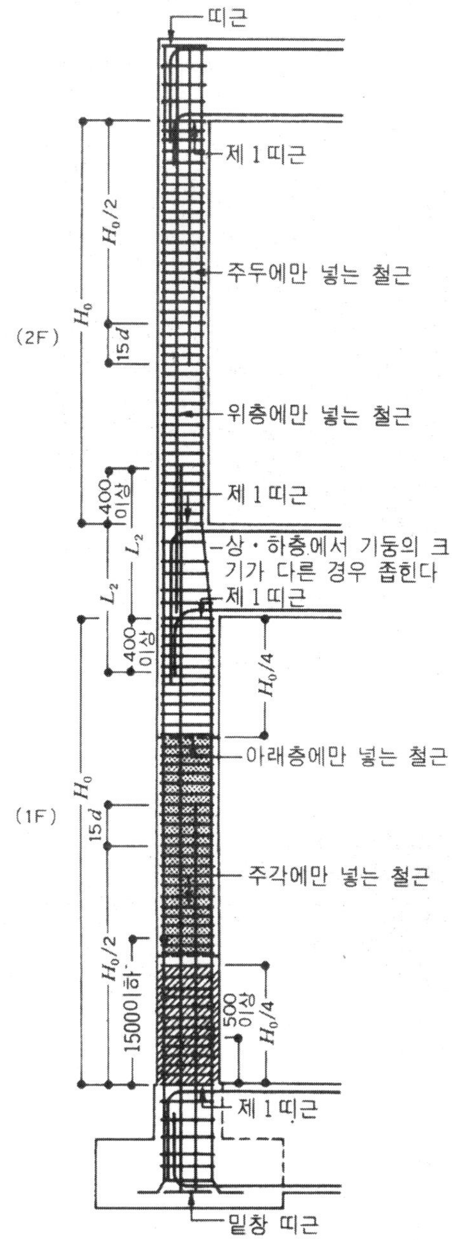

이음의 위치 각 층 같음

▨ 이음이 적당한 위치

▨ 이음을 설치하여도 좋은 위치

□ 이음이 부적당한 위치

기둥의 표준 배근

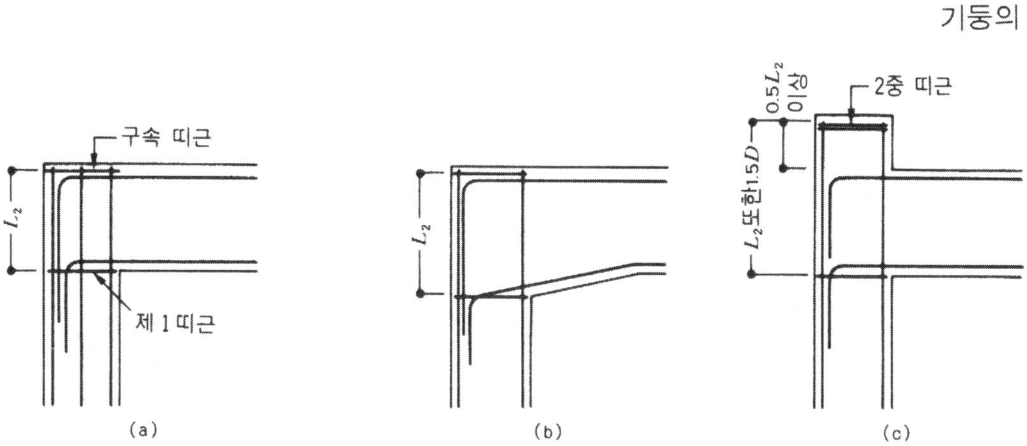

최상층 주두의 표준 배근

원주와 기초보 접합부(L형부)의 배근.
보근은 양방향 모두 연직 정착

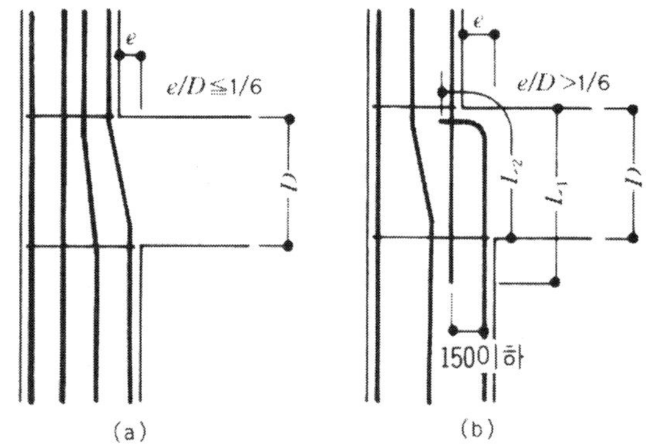

일반층 접합부의 표준 배근

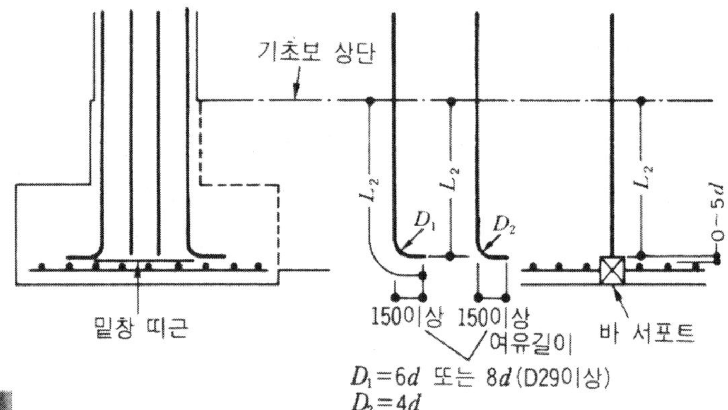

최하층 주각부의 표준 배근

주각(최하층)의 배근.
베이스근, 밑창 띠근, 기둥근, 띠근의 위치.
기둥근은 15d이상의 여유길이(벌림 버팀)를 취하고 있다.

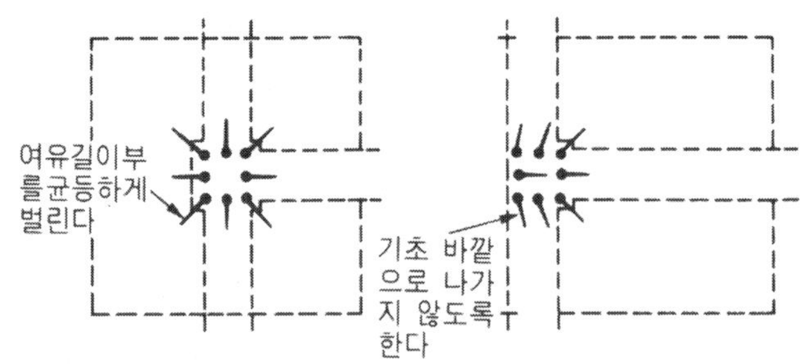

(a) 독립 정형 기초 (b) 독립 편심 기초

기둥근 다리부의 여유길이의 배치

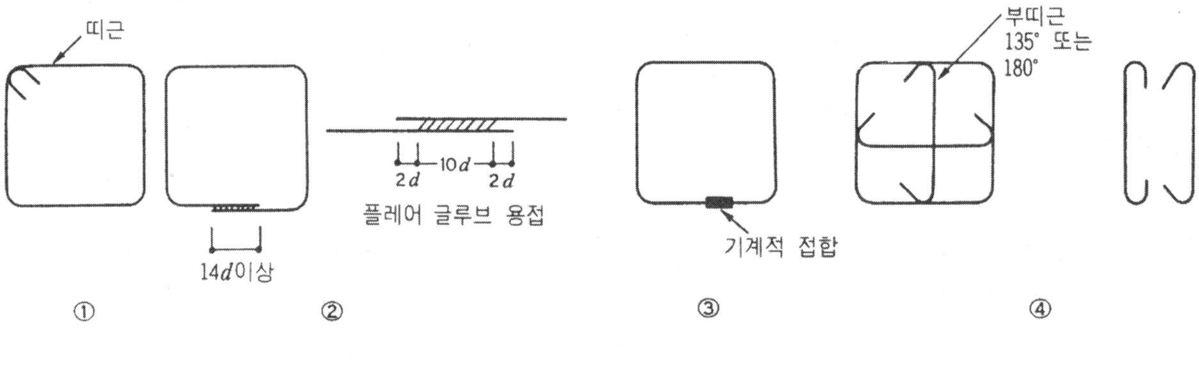

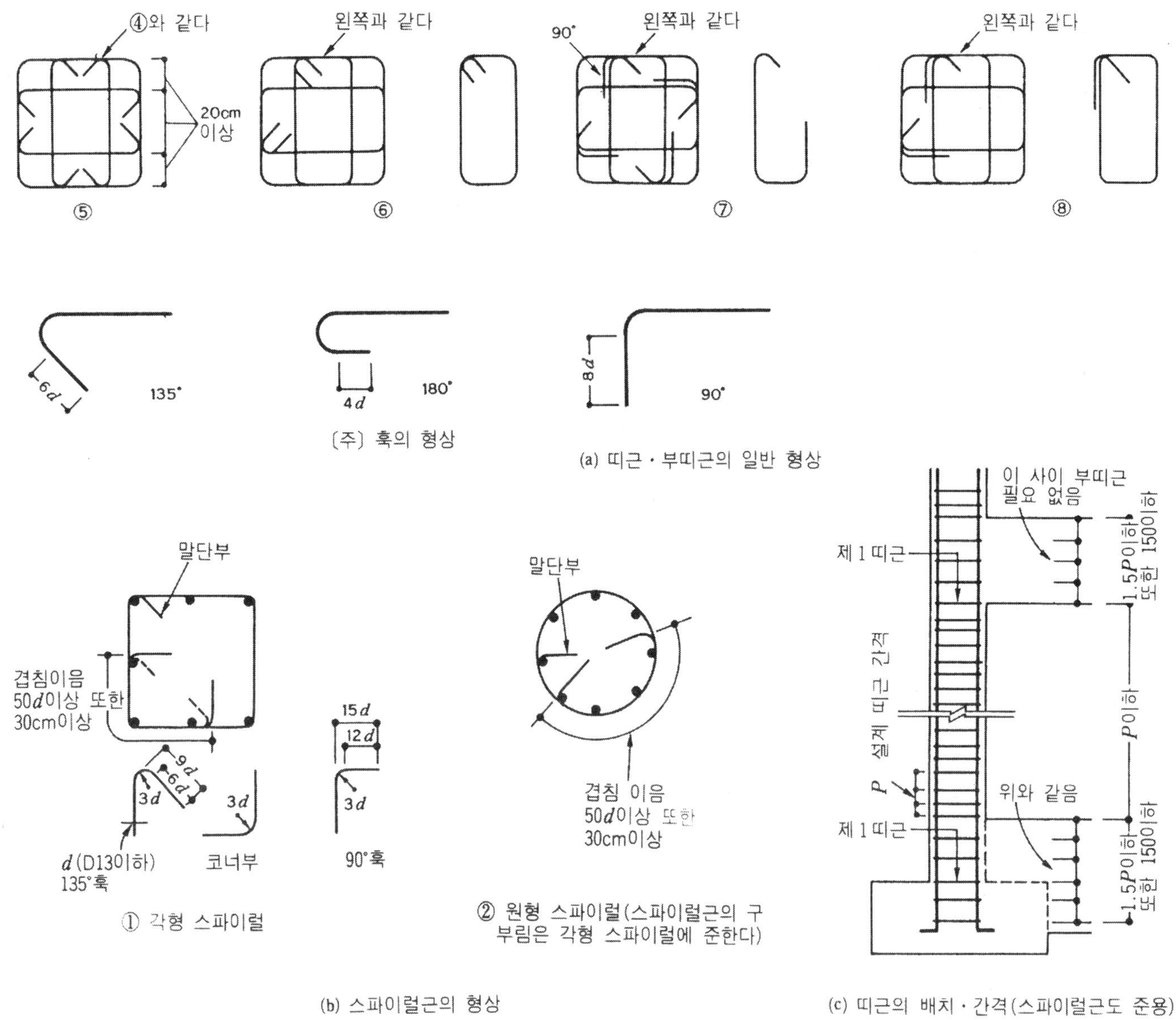

띠근・부띠근・스파이럴근의 표준 배근

■ 주 의 점

a) 기둥 주근에 대해서

① 기둥근의 위치는 맞는가, 철근 수정은 하지 않았는가, 철근의 간격・간극・피복 두께는 확보되어 있는가?

② 기둥근의 배치(방향)의 잘못은 없는가?

③ 최하층 주각의 피복 두께가 7cm 이상 확보되어 있는가?

④ 주각・주두, 특정 층에만 넣는 철근의 정착은 부족하지 않는가?

⑤ 보 접합부의 주근의 좁힘은 바르게 구부러져 있는가?

⑥ 기둥근의 겹침 이음, 또는 가스 압접 이음의 위치는 엇갈려 있는가?

⑦ 주두의 기둥근은 낮지 않는가?

⑧ 기둥근 다리부의 여유길이의 방향은 벌려져 있는가?

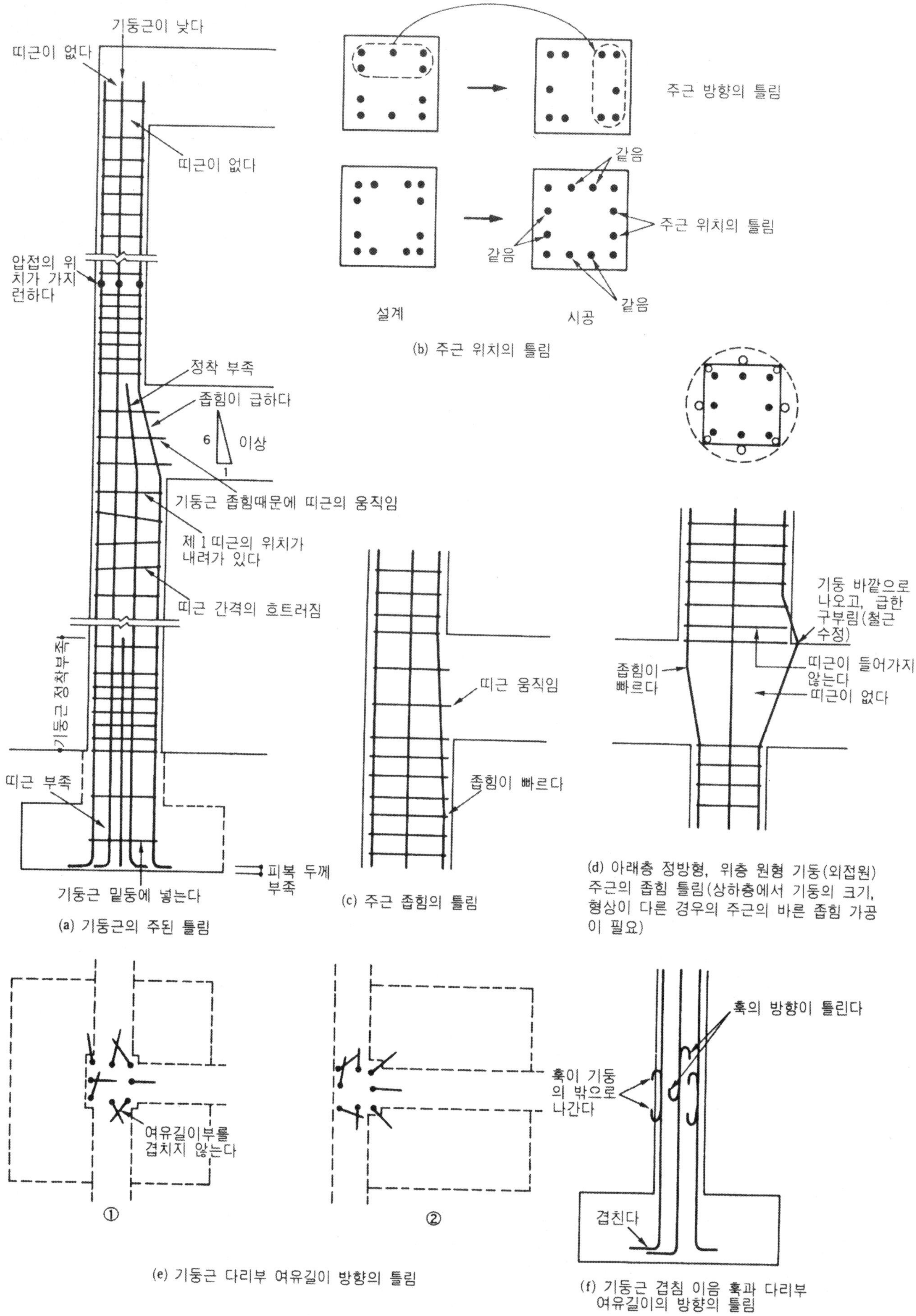
기둥근이 낮다
띠근이 없다
띠근이 없다
압접의 위치가 가지런하다
정착 부족
좁힘이 급하다
6
1
이상
기둥근 좁힘때문에 띠근의 움직임
제 1 띠근의 위치가 내려가 있다
띠근 간격의 흐트러짐
기둥근 정착부족
띠근 부족
피복 두께 부족
기둥근 밑둥에 넣는다
(a) 기둥근의 주된 틀림
주근 방향의 틀림
같음
주근 위치의 틀림
같음
같음
설계
시공
(b) 주근 위치의 틀림
띠근 움직임
좁힘이 빠르다
(c) 주근 좁힘의 틀림
기둥 바깥으로 나오고, 급한 구부림(철근 수정)
좁힘이 빠르다
띠근이 들어가지 않는다
띠근이 없다
(d) 아래층 정방형, 위층 원형 기둥(외접원) 주근의 좁힘 틀림(상하층에서 기둥의 크기, 형상이 다른 경우의 주근의 바른 좁힘 가공이 필요)
여유길이부를 겹치지 않는다
①
②
(e) 기둥근 다리부 여유길이 방향의 틀림
훅의 방향이 틀린다
훅이 기둥의 밖으로 나간다
겹친다
(f) 기둥근 겹침 이음 훅과 다리부 여유길이의 방향의 틀림

기둥근의 시공례

b) 띠근에 대해서

① 기초 내부의 기둥근에 띠근이 배치되어 있는가?

② 띠근의 간격은 흐트러져 있지 않는가?

③ 부띠근은 떨어져 있지 않는가?

④ 보와의 접합부에 띠근이 배치되어 있는가?

⑤ 제 1 띠근은 기초 상단 · 큰보 상하단 면의 위치에 들어가 있는가?

⑥ 주두에 구속 띠근은 배치되어 있는가?

⑦ 띠근은 바르게 가공되어 있는가? 주근과의 간격에 움직임은 없는가?

⑧ 설비 배관 · 박스 때문에 구부림이 있지 않는가?

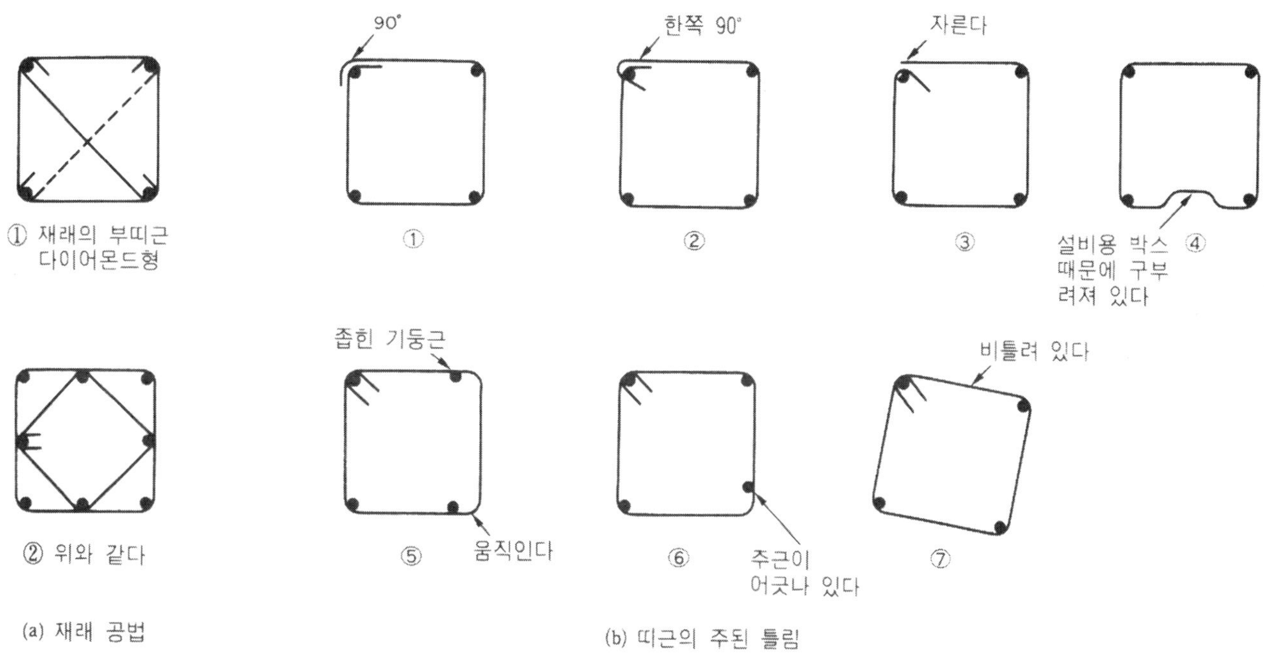

띠근의 시공례

〔5〕 보

요 지

보의 형상은 다음 페이지 그림에 나타낸 것처럼 단면이 T형 · L형 · I형의 것, 스팬(길이) 방향에서는 일반 · 헌치 있음 · 경사 · 변형 단면 등이 있고, 배근 방법도 각각 다르므로 충분히 유의한다.

검사항목

① 보근의 종류, 지름 · 개수(외단, 중앙, 내단), 위치(간격 · 중간 달근 등), 이음의 방법

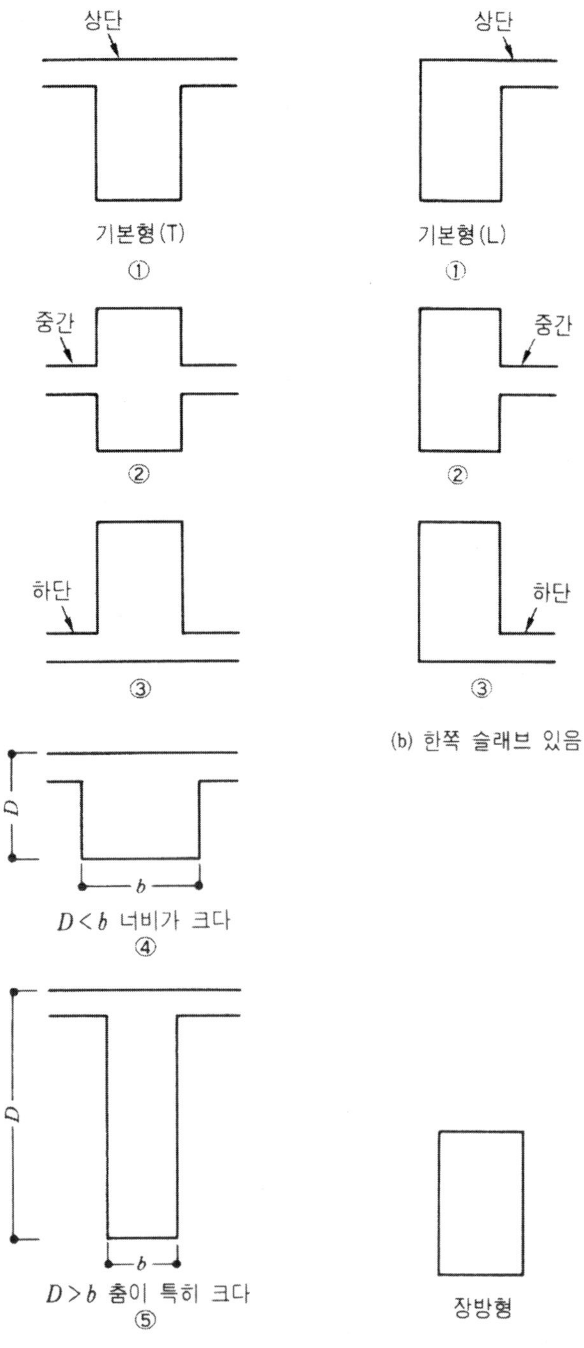

보의 단면 형상

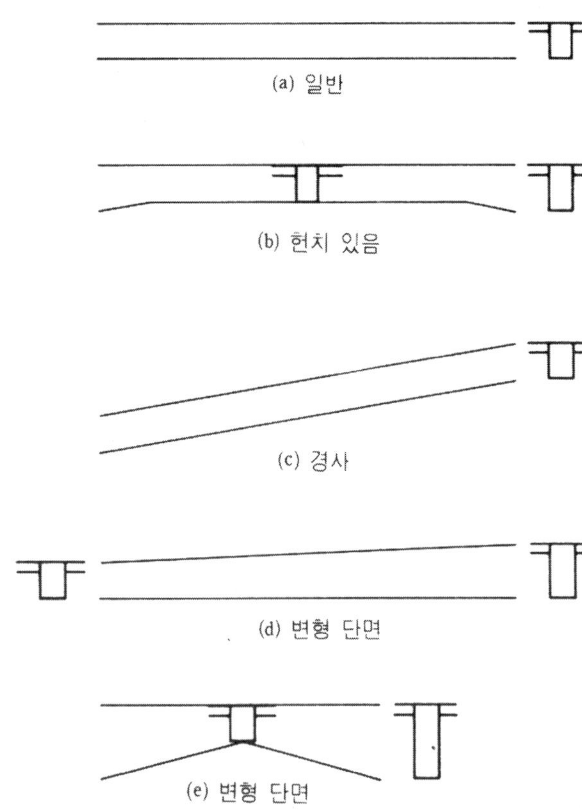

보의 길이 방향 형상

(가스 압접 · 겹침 이음의 경우는 길이 등), 위치, 정착 방법, 길이, 피복 두께 등.

② 늑근 · 부늑근의 배치 · 지름 · 간격 · 형상 등.

표준 배근을 각각 다음 페이지 그림에 나타낸다.

■ 주 의 점

a) 보 주근에 대해서

① 보근은 바르게 가공되어 있는가? 급격한 구부림 등은 없는가?

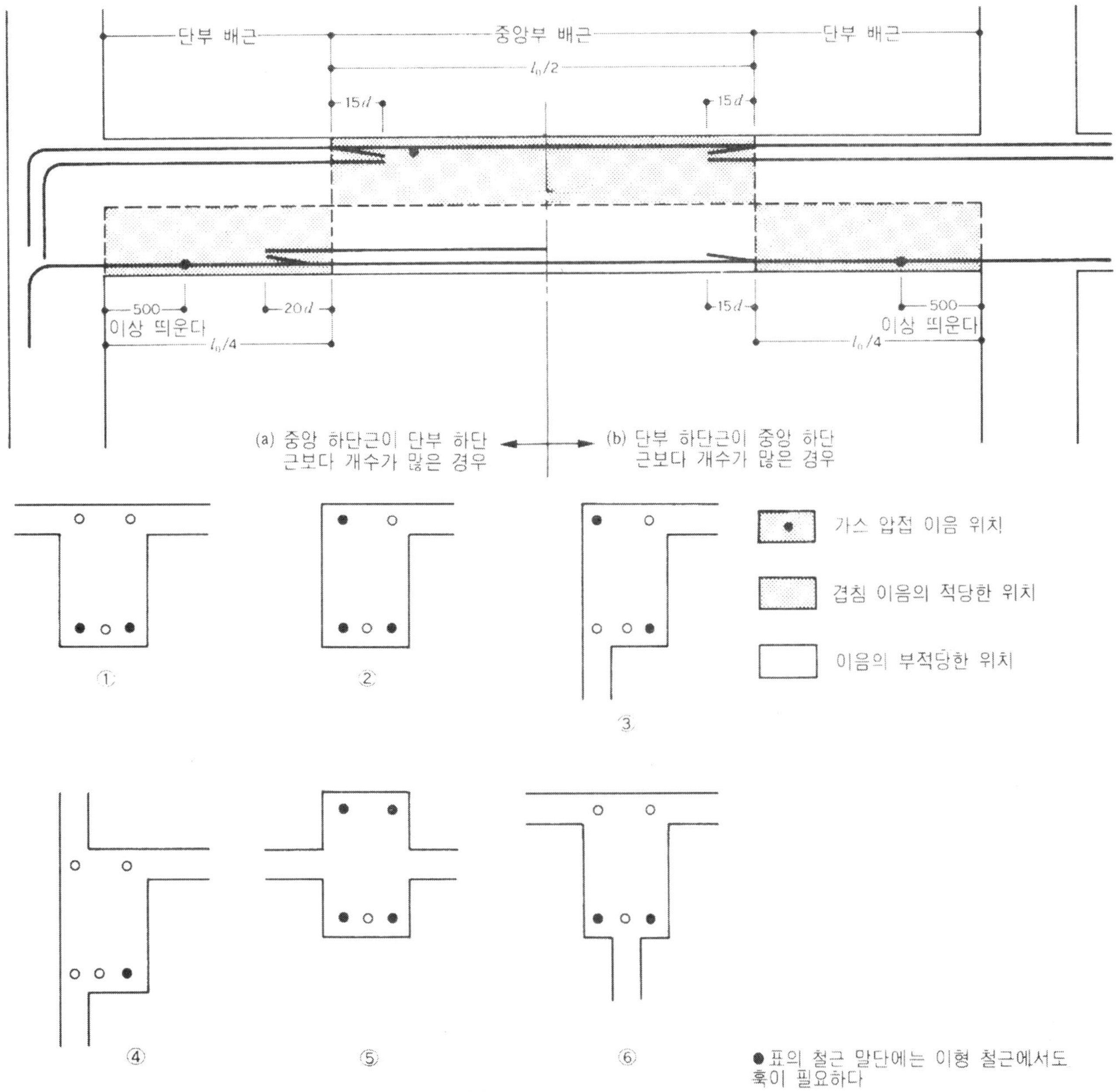

(c) 나온 모서리의 겹침 이음

보의 표준 배근(보근의 배치와 이음)

기둥과 보 및 보와 작은 보와의 접합부의 배근. 보근은 연직 정착, 작은보근은 보 상단근의 상단에서 연직 정착.

보와 작은 보 접합부(+형부)의 배근. 보근·작은보근 모두 통근, 보와 작은 보와의 접합부에 늑근이 없다.

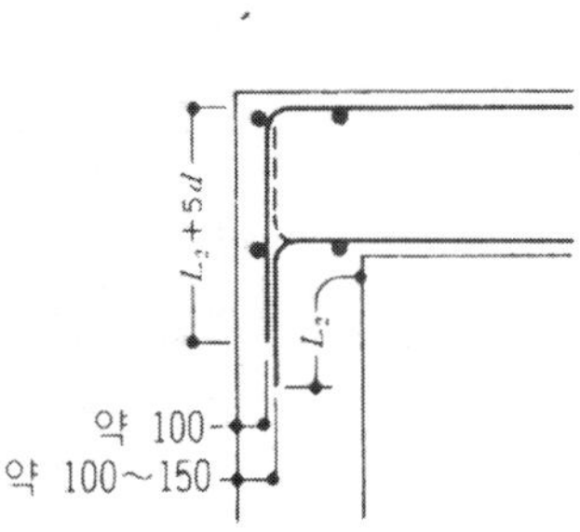

(a) 최상층의 보 단부

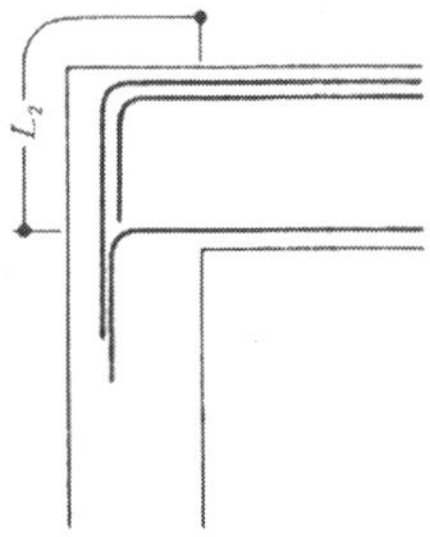

(b) 최상층 보단부의 2단 배근

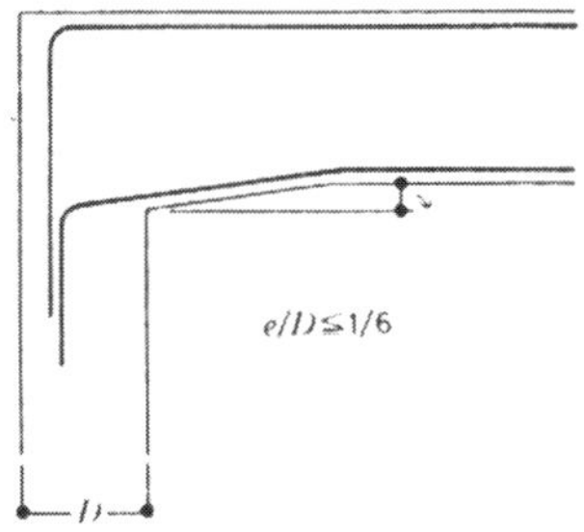

(c) 최상층 보단부의 완만한 경사의 헌치

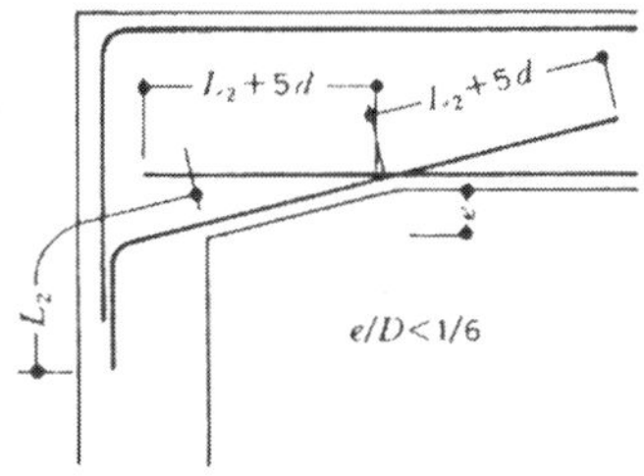

(d) 최상층 보단부의 급격한 경사의 헌치

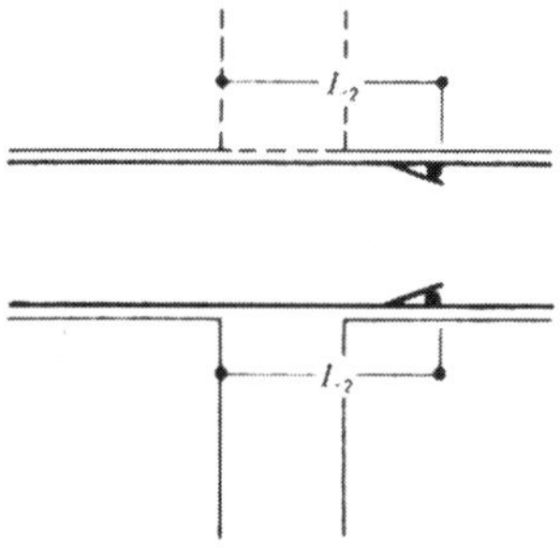

(e) 최상층 · 일반층의 연속단

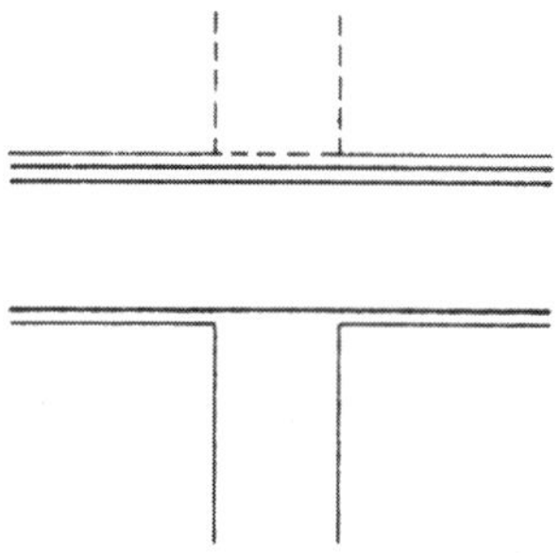
(f) 최상층 · 일반층 연속단의 2단 배근

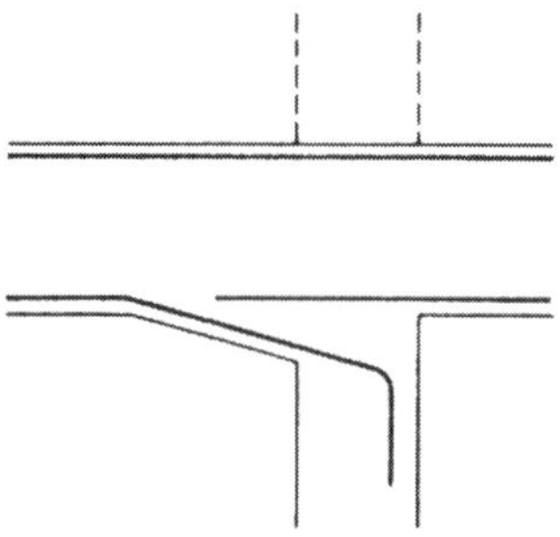
(g) 완만한 경사의 왼쪽 헌치

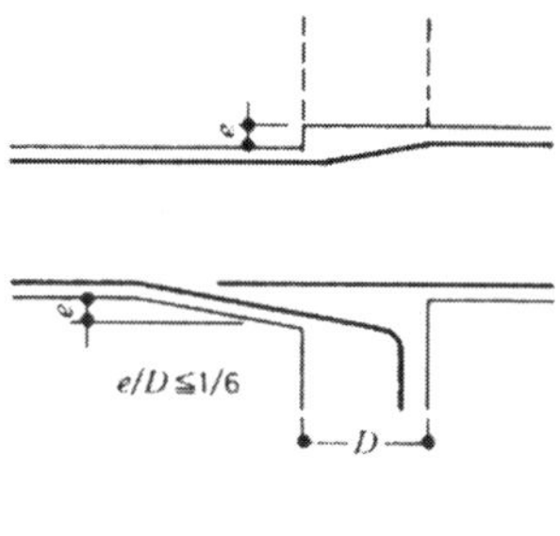

(h) 단 차이가 있는 보, 완만한 경사의 왼쪽 헌치

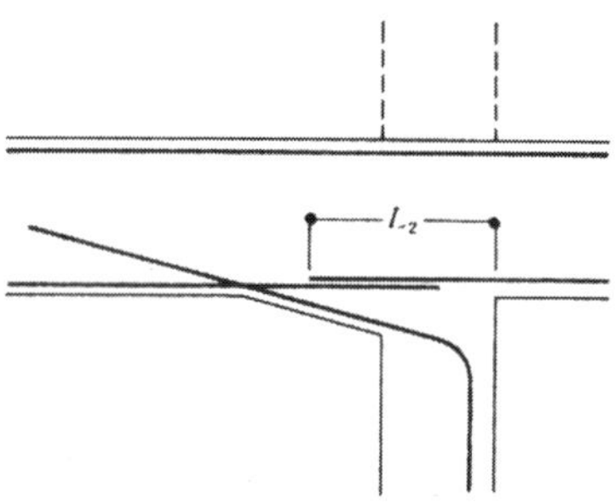

(i) 급격한 경사의 왼쪽 헌치

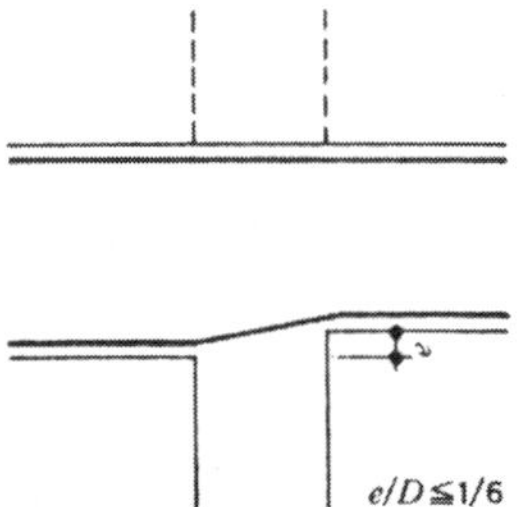

(j) 오른쪽 보가 약간 작음

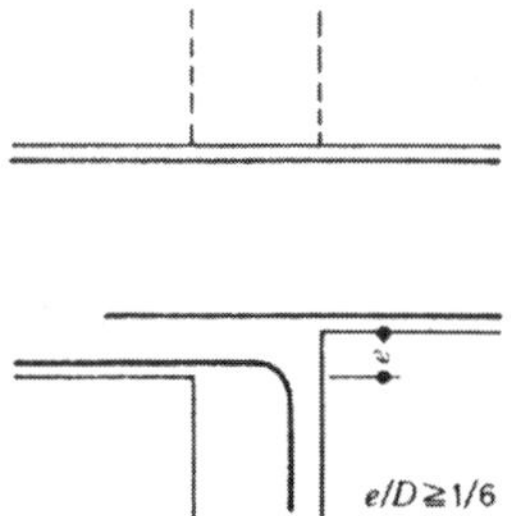

(k) 오른쪽 보가 작음

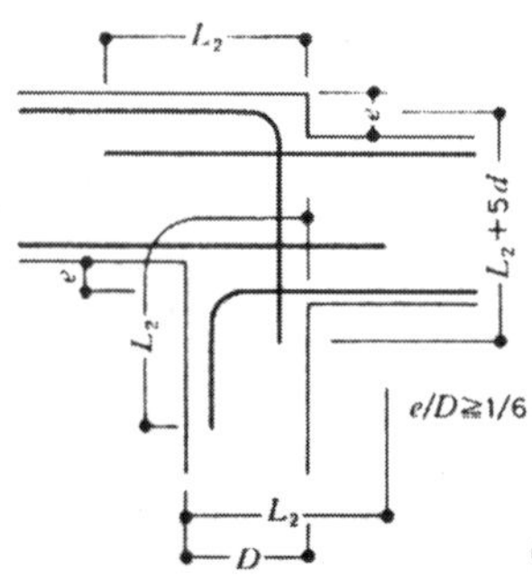

(l) 최상층에 단 차이가 있는 보

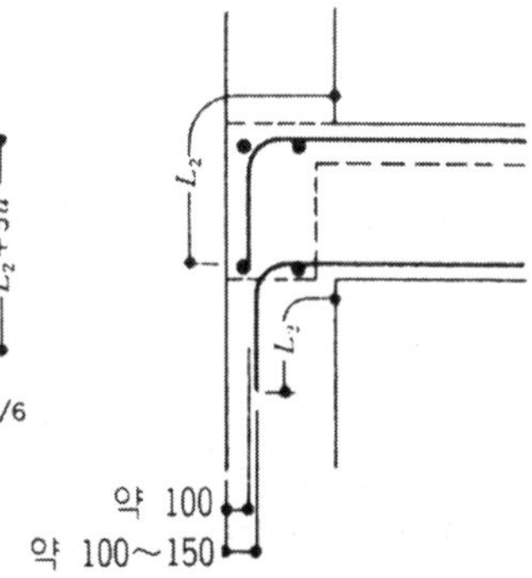

(m) 일반층의 보 단부

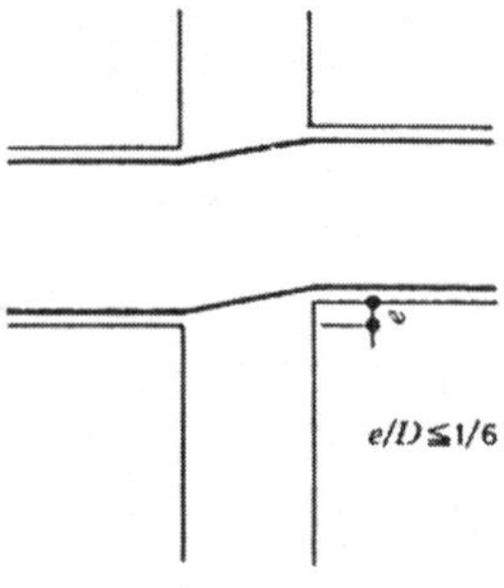

(n) 약간의 단차이가 있는 보

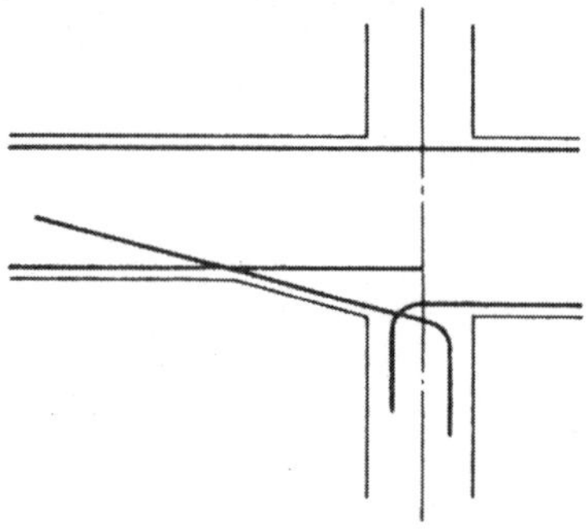
(o) 급한 경사의 왼쪽 헌치

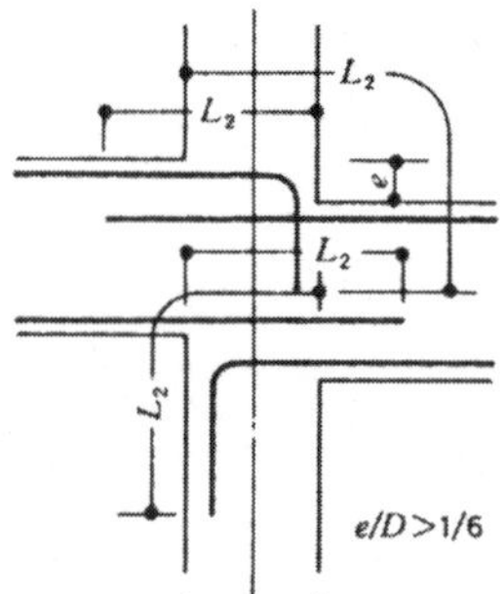

(p) 일반층에 단차이가 있는 보

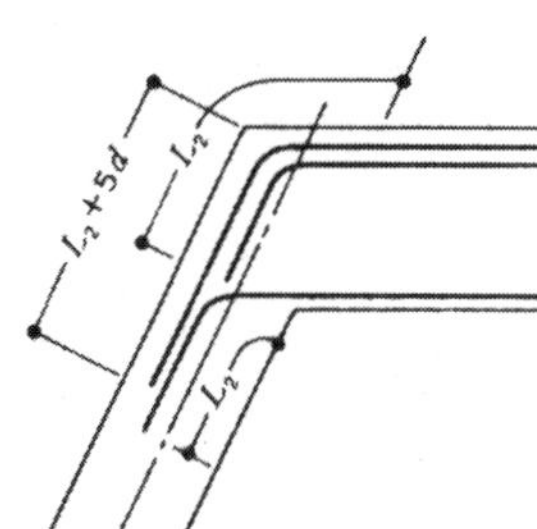

(q) 최상층 경사 기둥과의 접합부

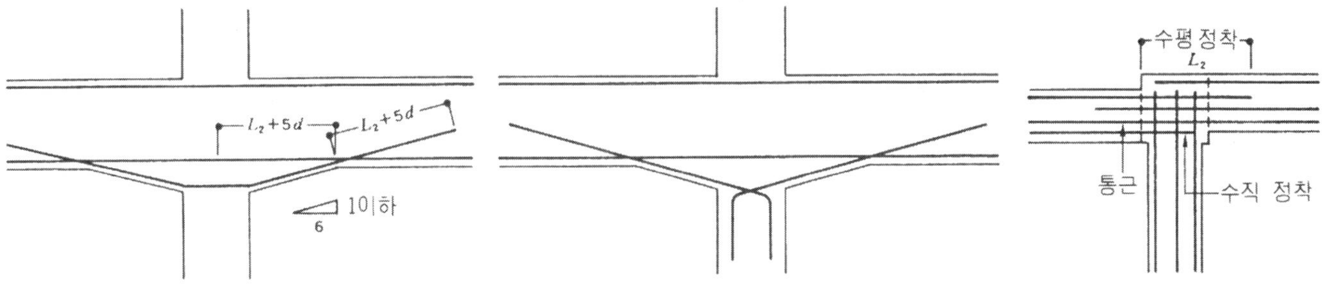

(r) 양단 헌치가 완만한 경사로 응력이 작은 경우

(s) 양단 헌치가 급한 경사로 응력이 큰 경우

(t) 보가 직선으로 통하지 않는 경우

보의 표준 배근(보근의 정착)

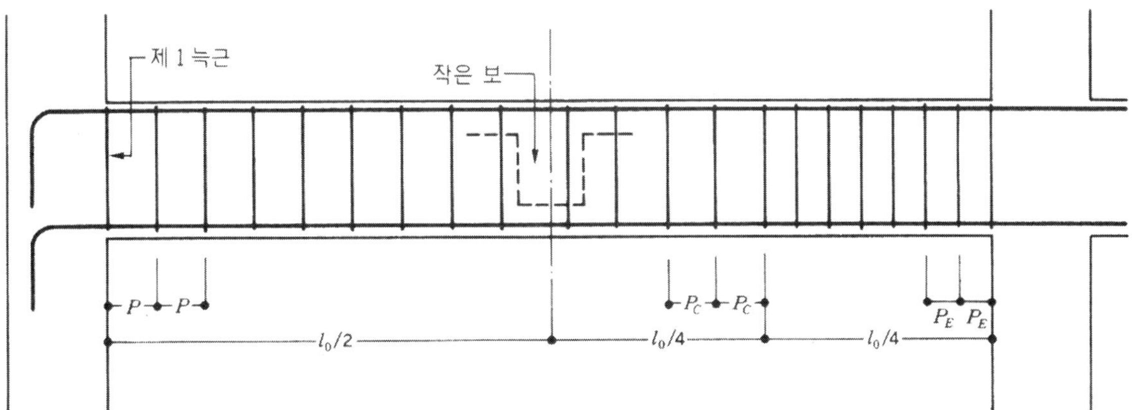

단부 · 중앙이 같은 배근의 경우　　단부 · 중앙에서 배근이 다른 경우

(a) 헌치가 없는 경우

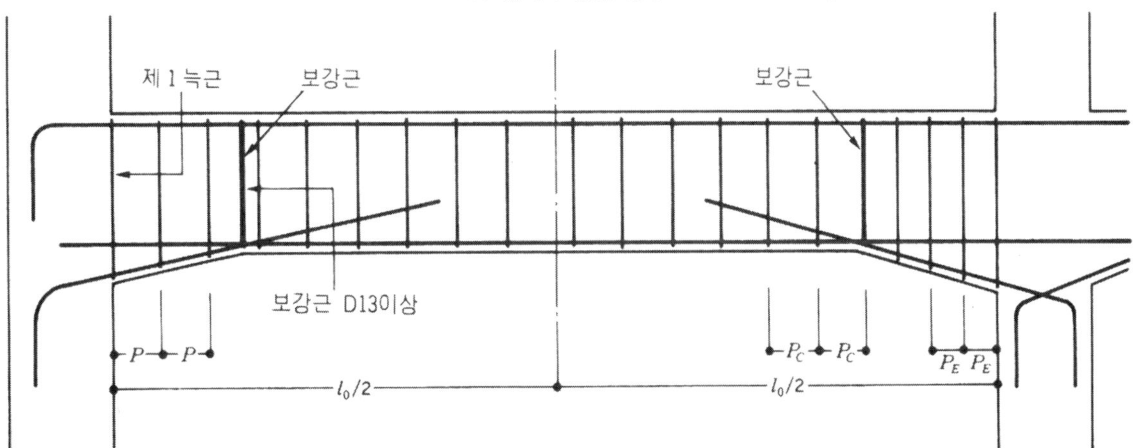

단부 · 중앙이 같은 배근의 경우　　단부 · 중앙의 배근이 다른 경우

(b) 헌치가 있는 경우

늑근의 표준 배근

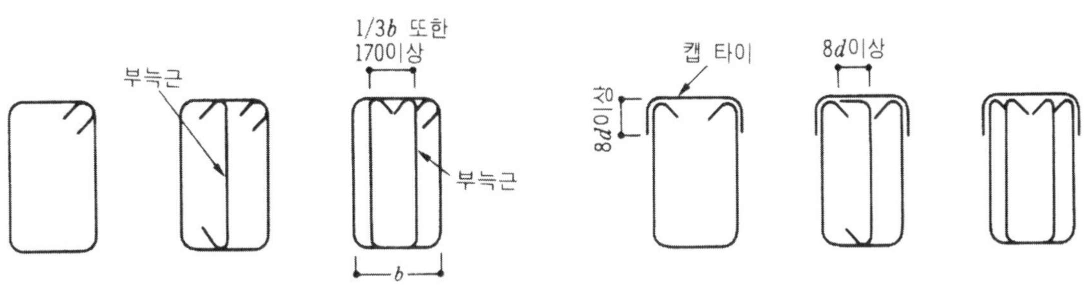

(a) 일반의 경우

(b) 보와 바닥 슬래브의 콘크리트를 동시에 붓는 경우

늑근의 형상

② 보근의 위치는 바른가? 중간 달근의 길이는 짧지 않는가? 중간 달근은 경사져 있다거나 내려가 있지는 않는가? 헌치를 따라서 경사근의 각도는 바른가?

③ 기둥에 대해 수평 집어 넣기는 충분한가? 정착 부분의 피복 두께는 확보되어 있는가, 기둥 안에 정착되어 있는가, 정착 방향은 연직인가, 경사져 있는가?

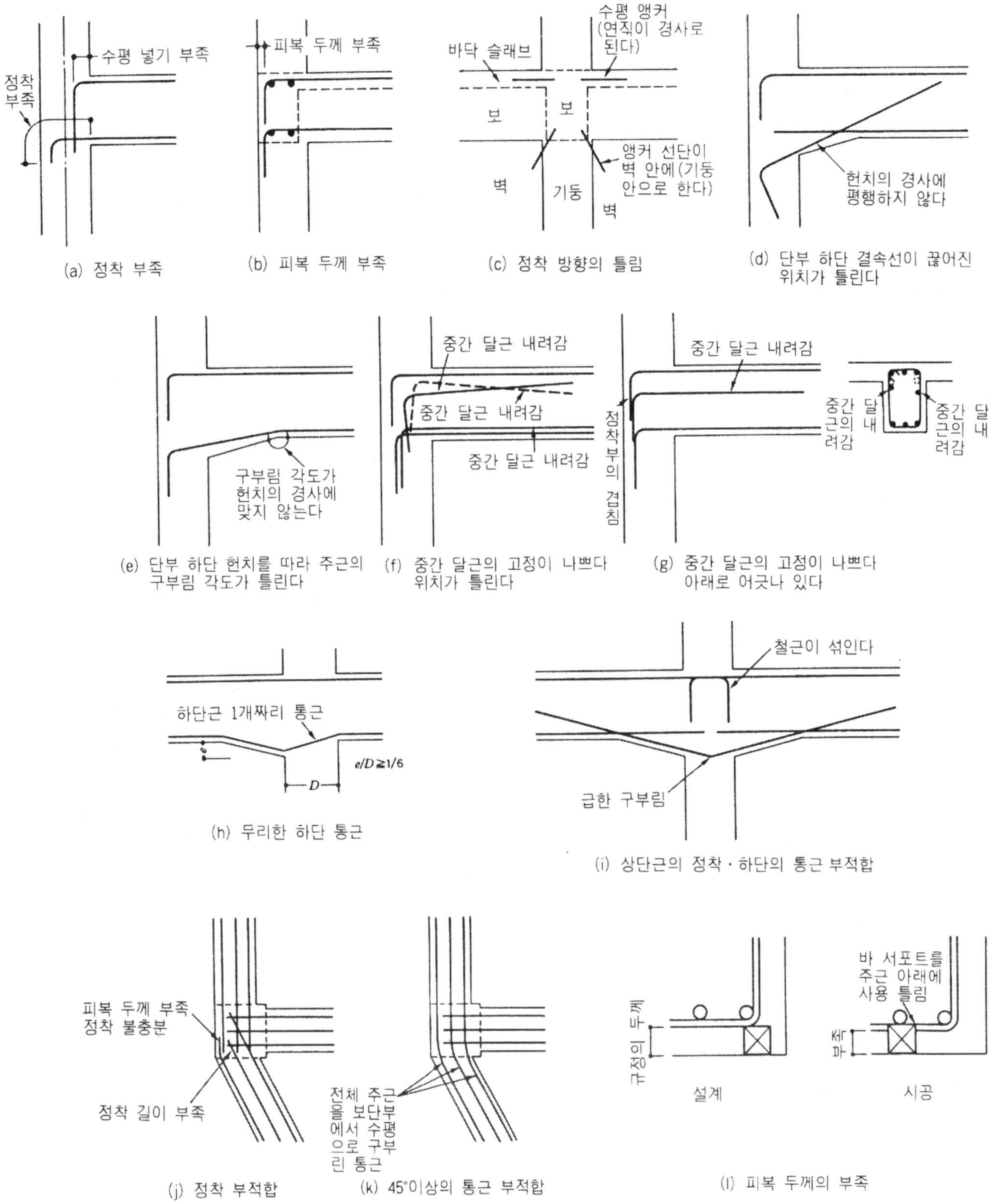

보근의 시공례

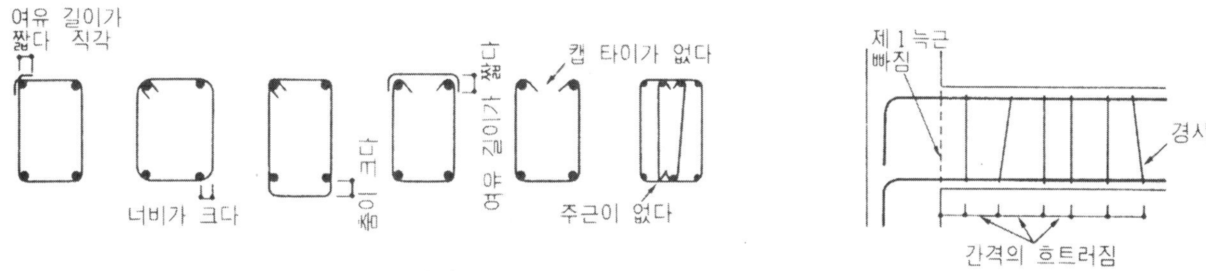

(a) 늑근 가공의 불비　　(b) 늑근 조립의 불비

늑근의 시공례

④ 기둥에 5개의 보가 접합하고 있는 개소의 보근의 배치·정착에 무리가 없는가?

⑤ 이음 위치는 응력상 지장이 없는가?

⑥ 돌출 모서리의 겹침 이음에 축은 있는가?

b) 보 늑근에 대해서

① 제 1늑근은 기둥과의 접합부에 들어가 있는가? 늑근의 간격에 흐트러짐은 없는가?

② 형상은 바르게 가공되어 있는가?

③ 부늑근은 떨어져 있지 않는가?

④ 작은 보와의 접합부에도 배치되어 있는가?

〔6〕 작은 보

▩ 검사항목

작은 보의 표준 배근을 위 그림과 아래 그림에 나타낸다.

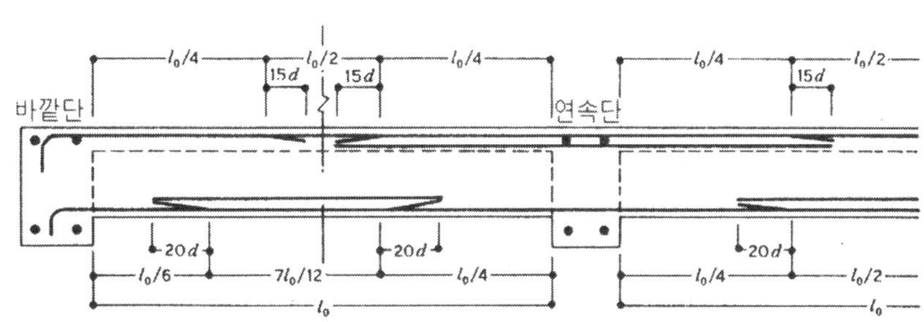

연속 작은보 단독 작은보는 연속 작은보의 바깥단과 같다

작은 보의 표준 배근

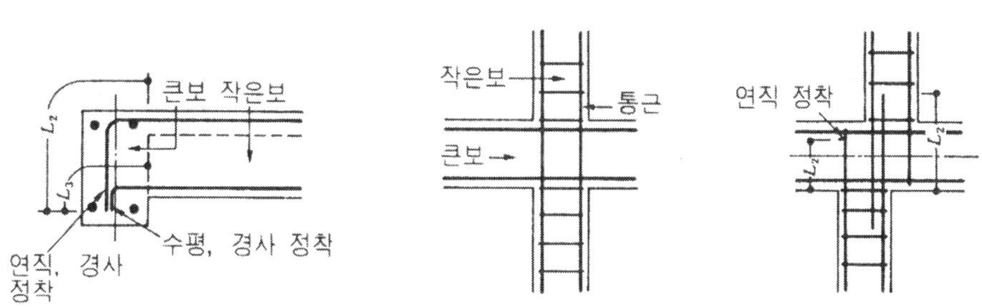

(a)　(b)　(c)

작은 보의 표준 배근(큰 보와의 접합부)

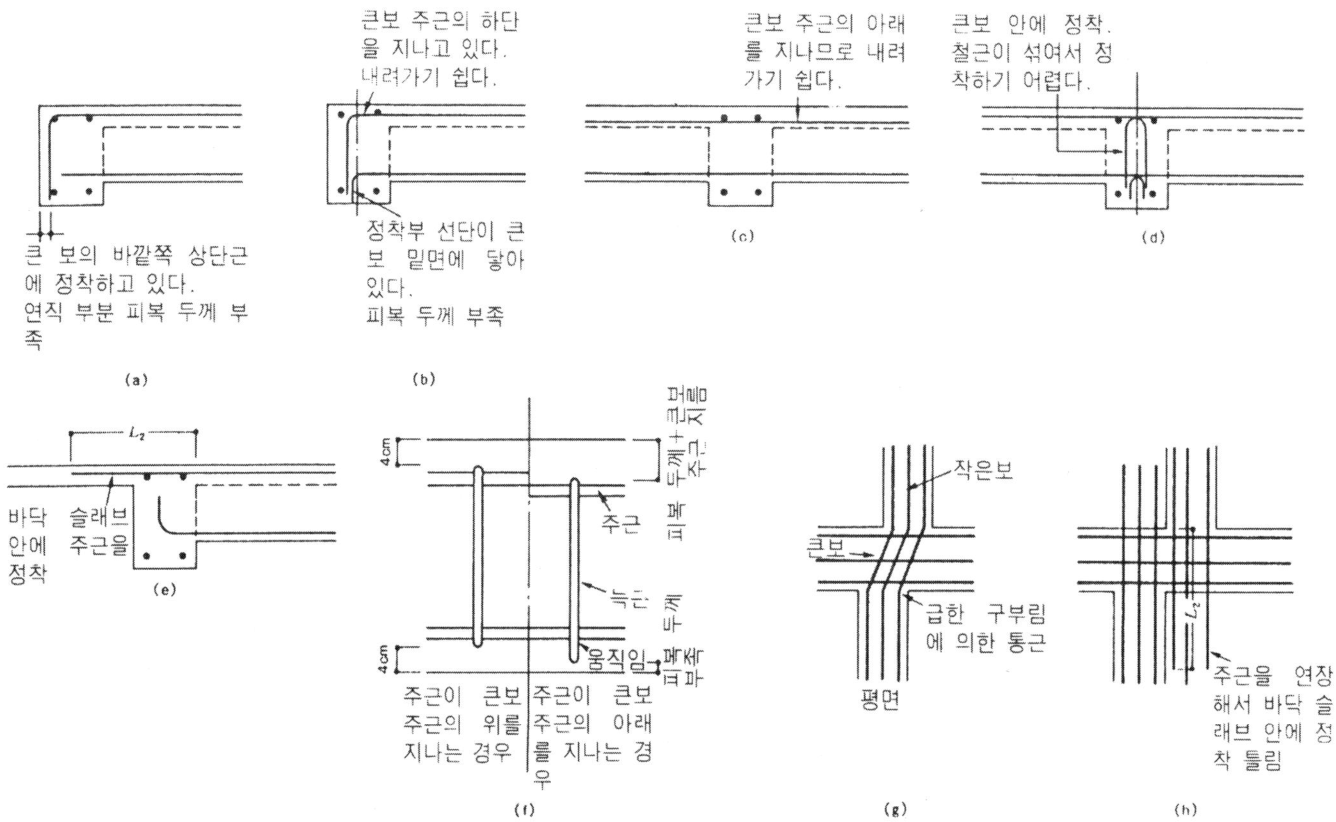

시공례

〔7〕 캔틸레버

▩ 검사항목

캔틸레버의 표준 배근을 아래 그림에 나타낸다.

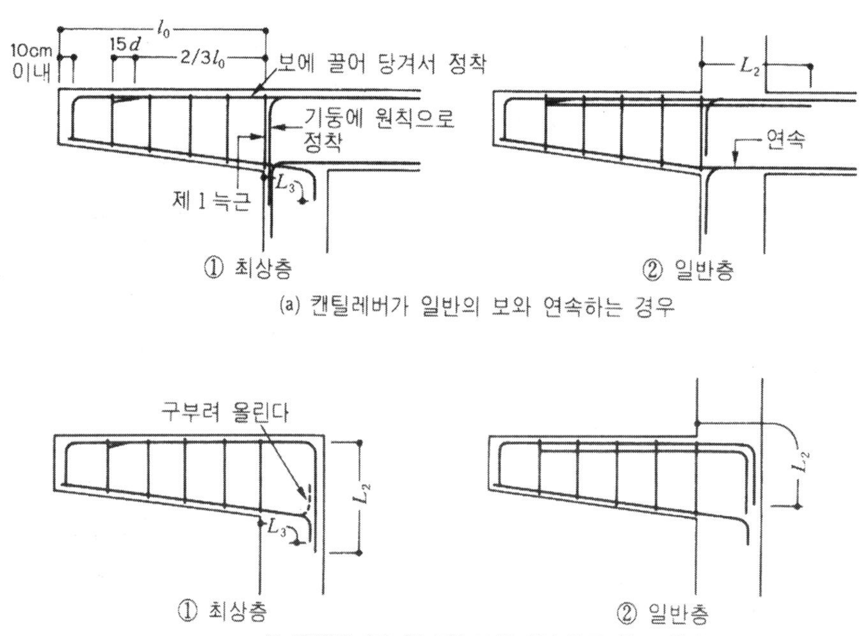

캔틸레버의 표준 배근

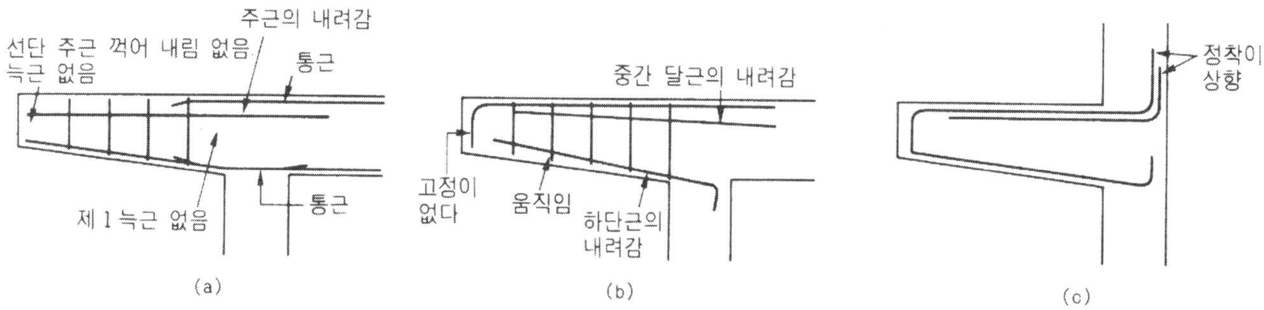

시공례

〔8〕 벽

▨ 요　　지

벽에는 내력벽(내진벽)과 비내력벽(비내진벽, 장막벽, 칸막이벽)이 있으며, 또 벽 내부에 크고 작은 개구가 있기 때문에 배근도 다르므로 유의하여야 한다.

▨ 검사항목

거푸집을 닫기 전에 배근 상태를 조사한다. 벽근의 종류, 지름, 간격, 피복 두께, 겹침 이음의 위치·길이, 정착의 방법·길이.

표준 배근을 각각 다음 페이지 그림에 나타낸다.

▨ 주 의 점

벽근은 시공에서 기둥근과는 달리 경시하는 경향이 있으며, 일반적으로 비내력벽 등은 조잡한 배근으로 하는 경향이 많다.

① 벽근에 사용하는 철근은 일반적으로 D16 이하에서 대부분 겹쳐 있기 때문에 기둥·보 안에서 잇고 있지는 않는가? 겹침 길이가 충분한가에 주의한다.

벽의 치올림근·기둥근의 배치.
표준적인 치올림근의 위·높이·간격

벽근의 배치. 배근 검사의 예.
가로·세로근의 지름·간격, 치올림근과 세로근의 위치·이음길이, 가로근의 기둥에의 정착,

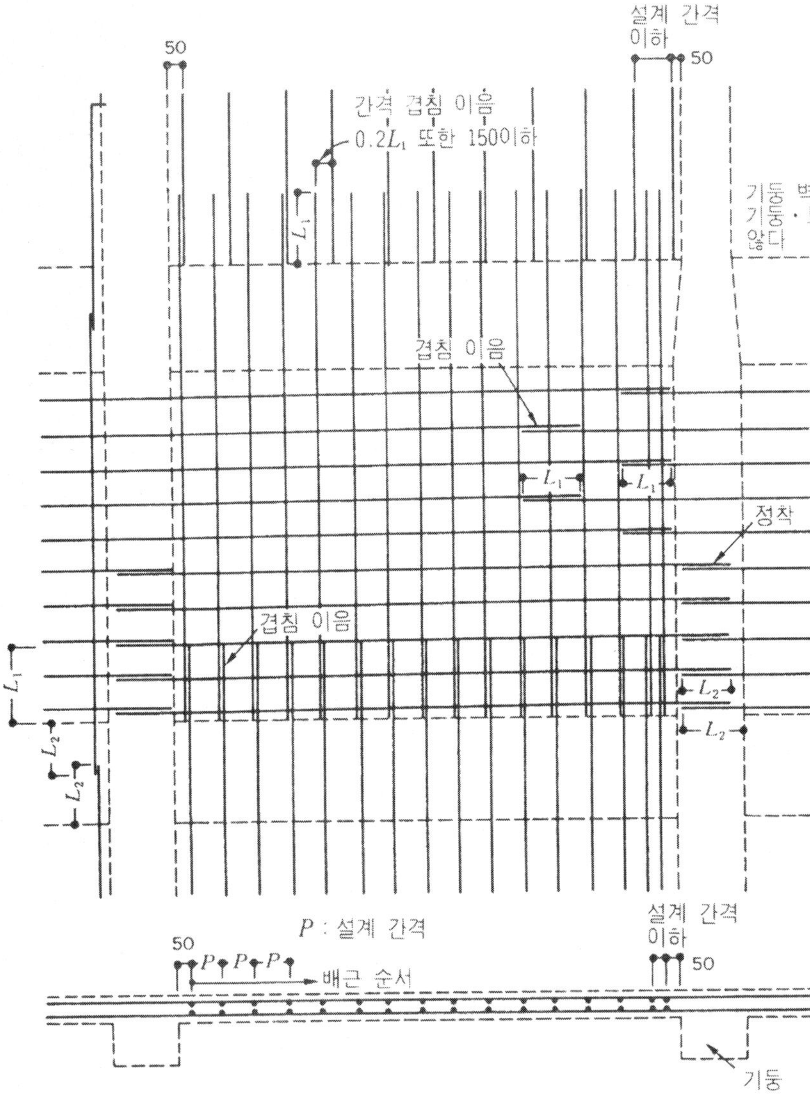

벽의 표준 배근(벽근 일반)

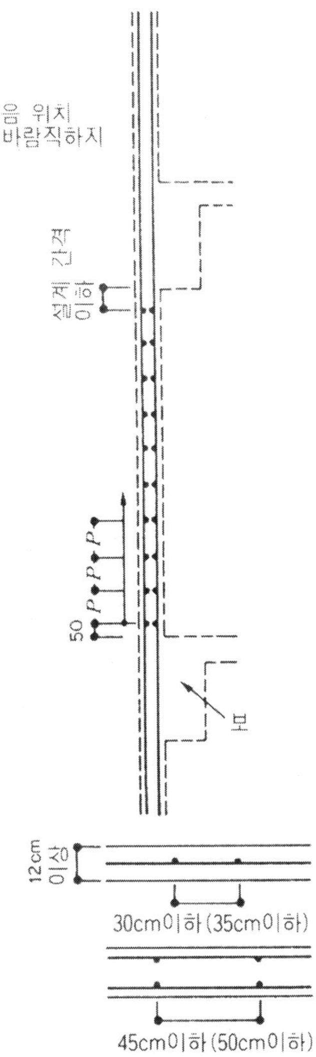

내력벽의 배근
( )안의 수치는 단층인 경우

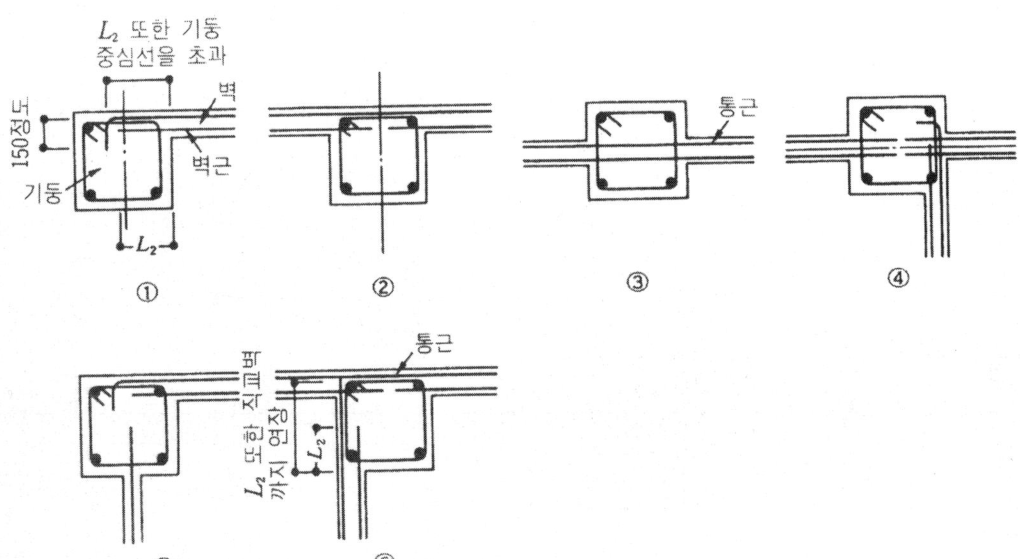

(a) 기둥에의 정착

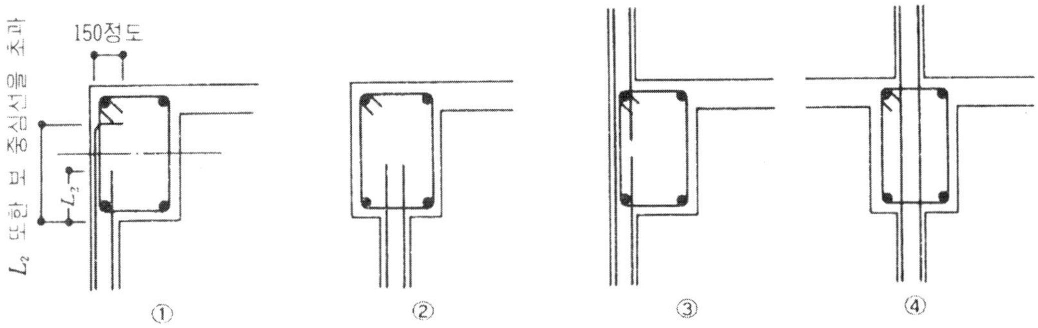

(b) 보에의 정착

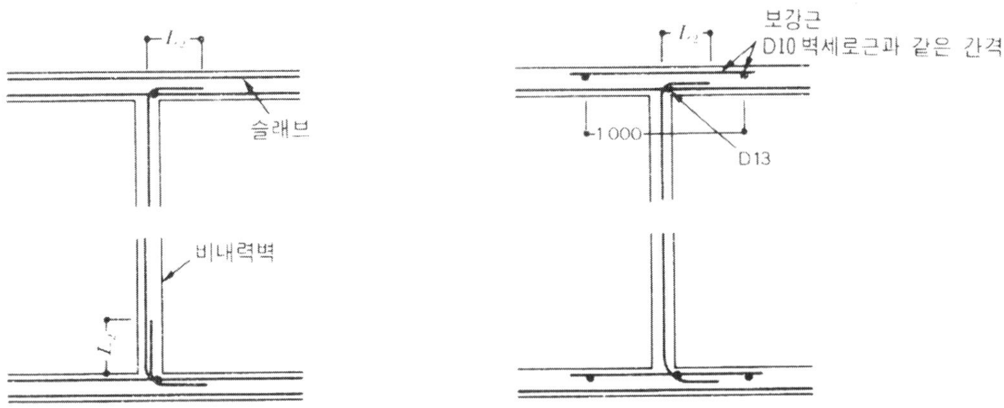

① 슬래브에 상단근이 있는 경우　　② 슬래브 위에 상단근이 없는 경우

(c) 슬래브에의 정착

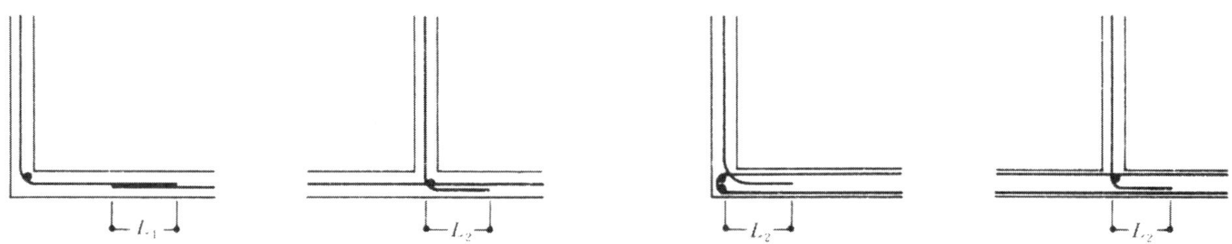

① 단배근의 경우　　② 복배근과 단배근의 경우(1)

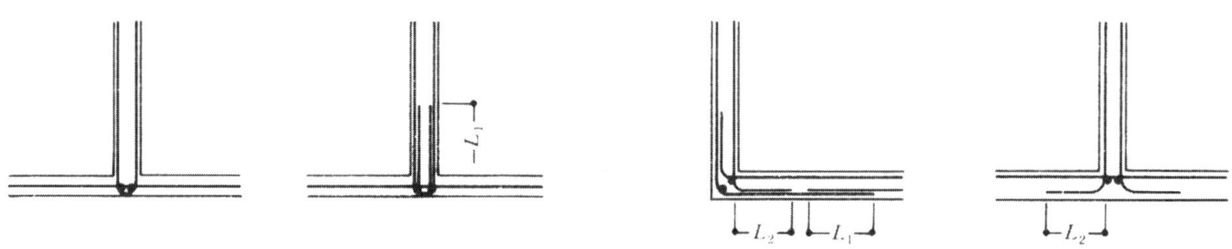

③ 복배근과 단배근의 경우(2)　　④ 복배근과 복배근의 경우

(d) 벽 교차부의 아무림

단배근　　복배근　　단배근　　복배근

① 내력벽　　② 일반벽

(e) 벽 단부의 아무림

벽의 표준 배근(벽근의 정착・아무림)

슬래브 위위 비내력벽 치올림근의 배치

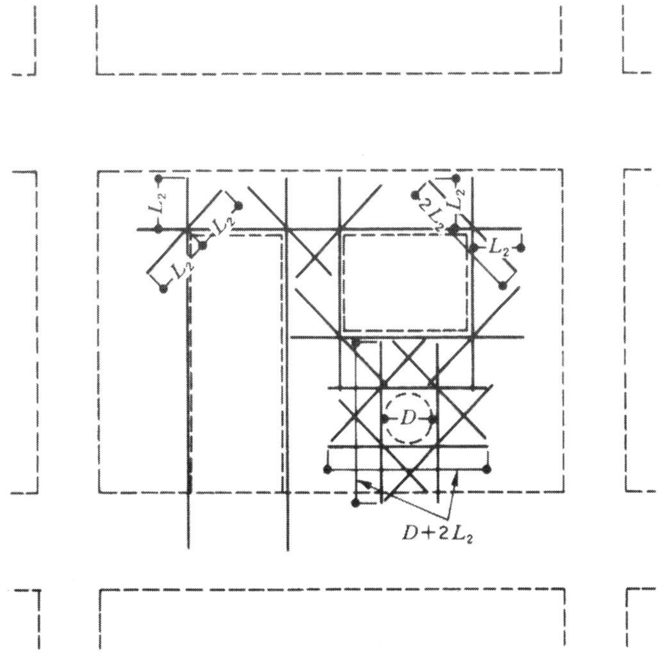

벽의 표준 배근(개구 보강)

② 치올림근의 위치는 바른가, 고치지는 않았는가? 정착 길이는 충분한가? 이음근을 하고 있지 않는가? 작업때문에 넘어짐은 없는가? 치올림근에는 아래층에서 위층으로 연장하는 철근과 그 층의 벽의 다리부에 세로근용의 짧은 철근을 사용하는 경우가 있다. 양쪽 모두 세로근의 위치가 어긋나는 것이 있어 일반적으로 고치기를 하고 있다. 상하층의 철근 지름 · 간격이 같으면 그 어긋난 너비를 $0.2L_1$ 또한 15cm 이하까지는 간격 겹침 이음이 인정되므로, 무리한 고치기를 할 필요는 없다. 치올림근을 콘크리트 붓기 직전, 직후에 이음근(짧은 철근)하는 경우가 있으나, 반드시 붓기 전에 바른 위치에 정착 · 치올림 부분의 길이(겹침 이음 부분의 길이 이상)를 충분히 취해 보근 등에 고정할 필요가 있다.

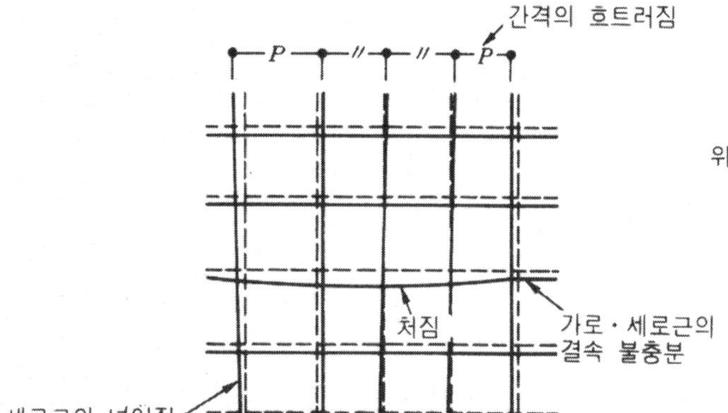

(a) 벽의 배근

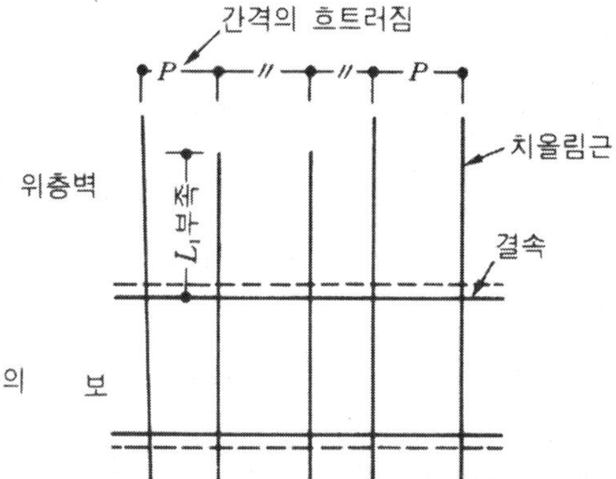

(b) 아래층에서의 치올림근

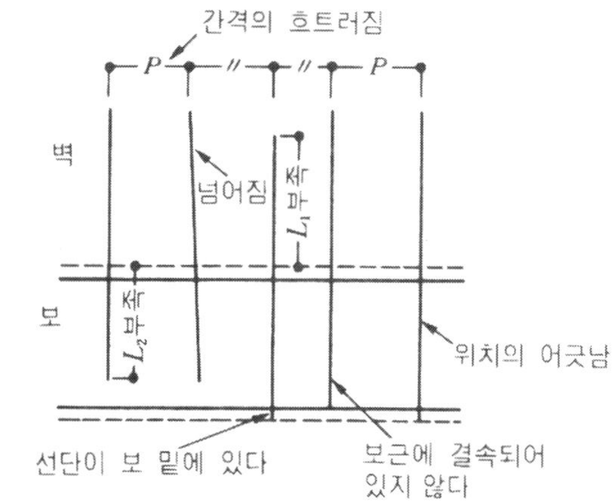

(c) 이음근

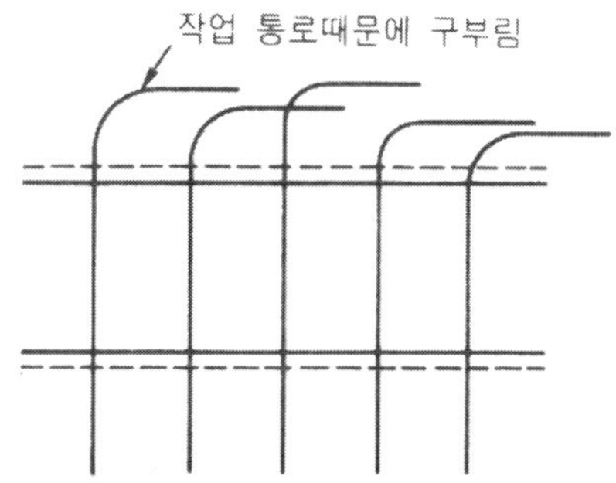

(d) 치올림근의 넘어짐

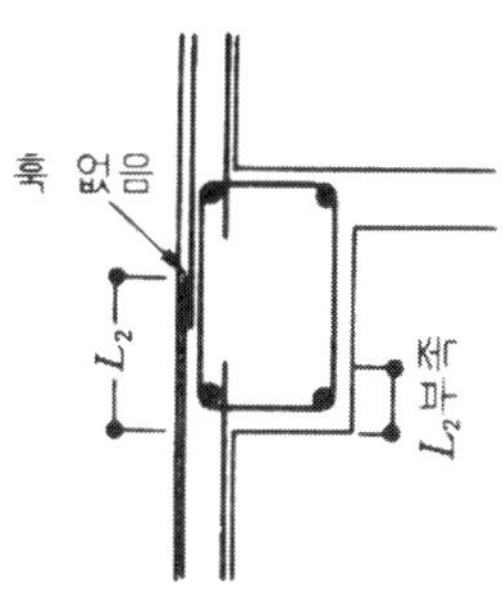

(e) 보에의 정착

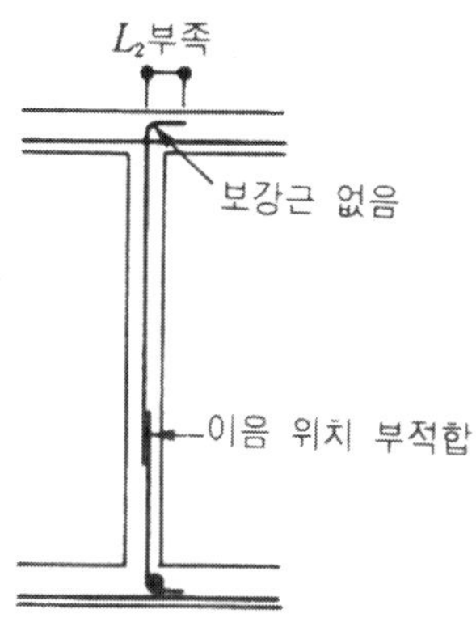

(f) 슬래브에의 정착

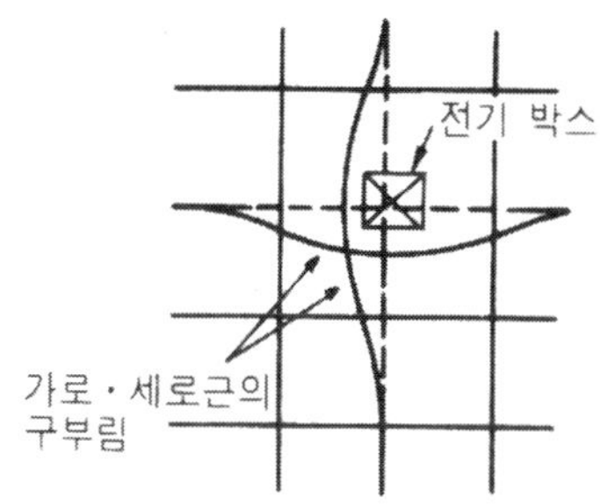

(g) 벽근의 장애

시공례

〔9〕 바닥 슬래브

■ 요　지

바닥 슬래브의 평면 형상은 정방형・장방형이 표준이나, 상당히 변형한 것도 있다. 단면적으로도 다음 그림에 나타낸 것처럼 보의 상단・하단・중간에 정착하는 것, 보 상부에 놓는 슬래브, 슬래브 내에 고저가 있는 것, 그리고 지지 조건도 4변・3변・2변 고정의 일반 슬래브와 1변 고정의 외지지 슬래브 등 여러 종류가 있으며, 배근도 각각 다르므로 가공 조립에는 충분히 유의하여야 한다.

특히 외지지 슬래브의 경우는 주근 위치의 잘못으로 낙하의 예가 있으므로 시공은 신중하게 할 필요가 있다.

■ 검사항목

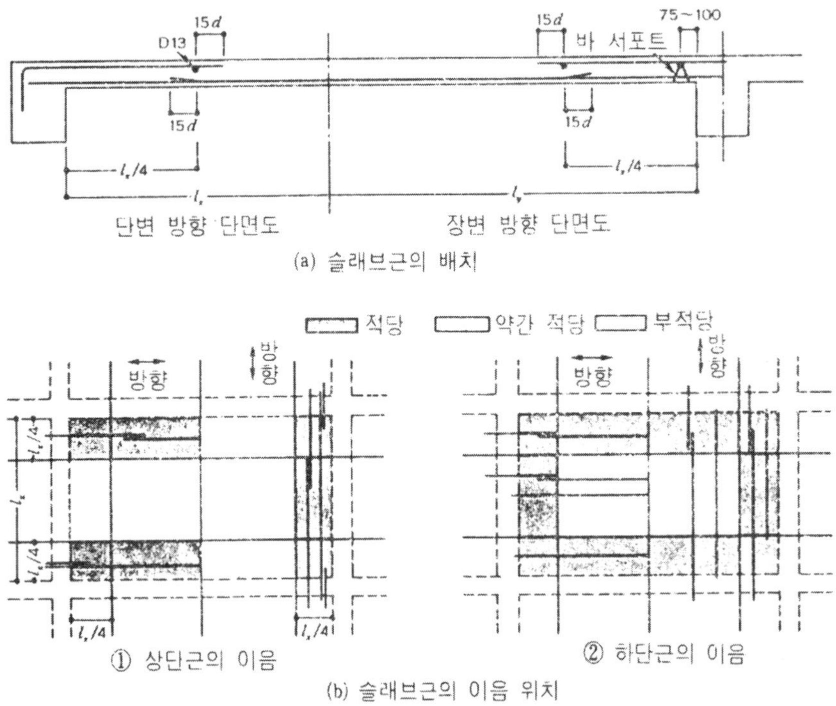

일반 슬래브의 표준 배근(배치 · 이음)

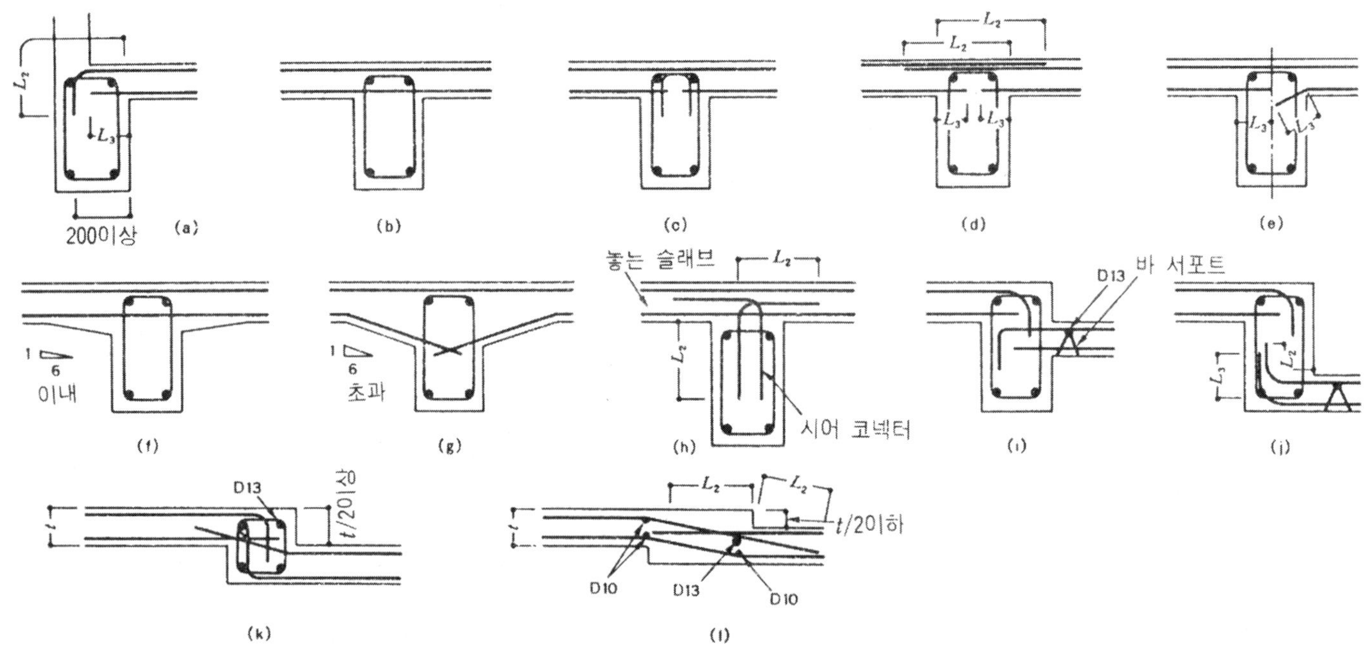

슬래브의 표준 배근(정착)

슬래브근의 종류, 지름, 간격, 피복 두께, 겹침 이음의 위치 · 길이, 정착의 방법 · 길이, 톱근의 길이 등.

표준 배근을 그림에 나타낸다.

■ 주 의 점

① 단변 방향의 주근은 단부에서는 배력근의 상단, 중앙부에서는 하단에 배치되어 있는가?

슬래브에 단차이가 있는 경우의 배근.
단차이 개소의 배근이 어렵다.

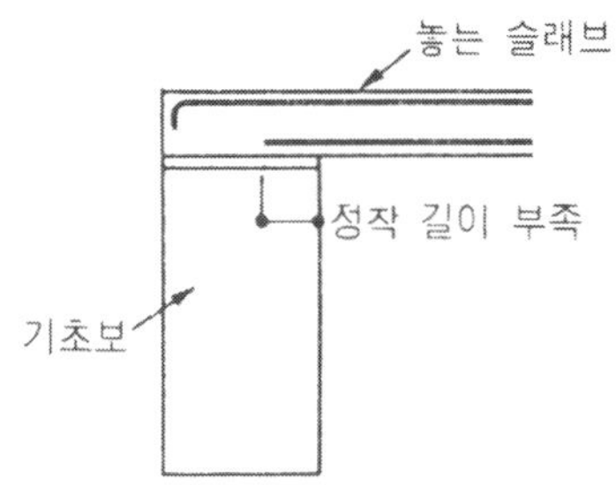

최하층 놓는 슬래브 외단부의 슬래브근의 정착. 하단근의 정착 길이가 짧다. 기초보와 놓는 슬래브 접합부는 이어붓기로 되므로 하단근의 정착 길이는 25d이상이 좋다.

최하층의 슬래브(슬래브 아래는 되메운 흙)에 단차이가 있는 경우. 배근이 가지런하지 않고 피복 두께가 일정하지 않다.

최하층 슬래브의 앵커근의 배치. 휘어져 있다.

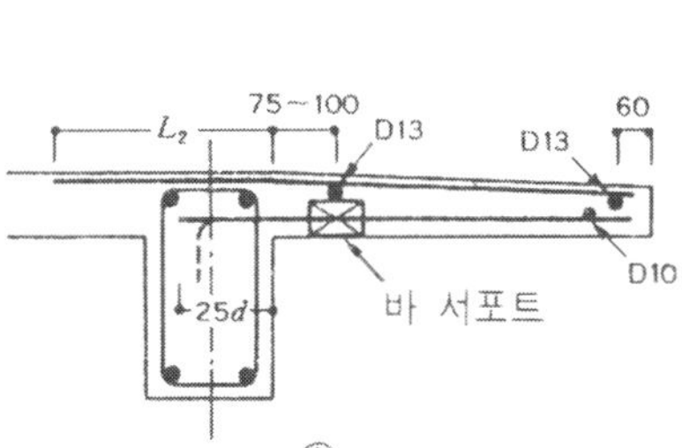

①

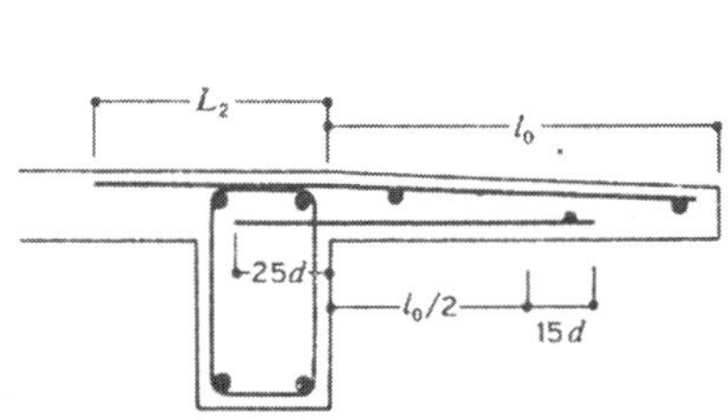

②

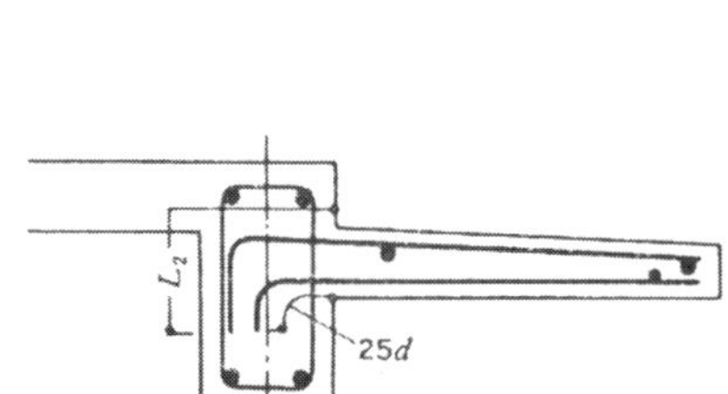

③

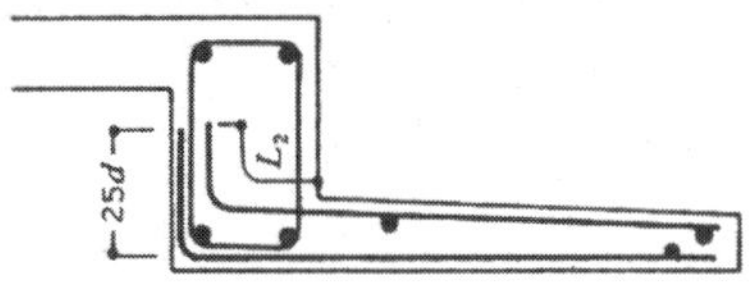

④

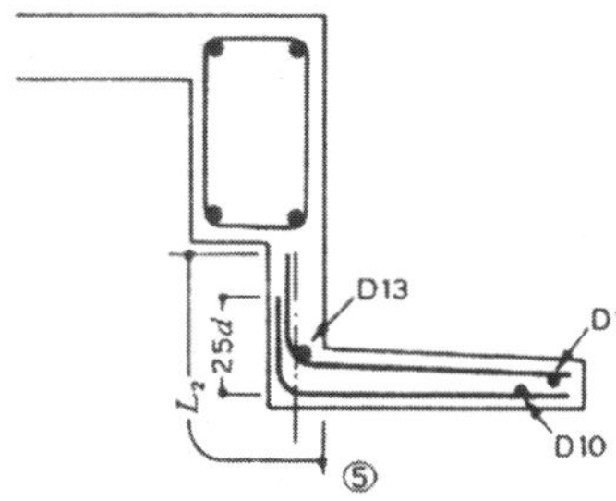

⑤

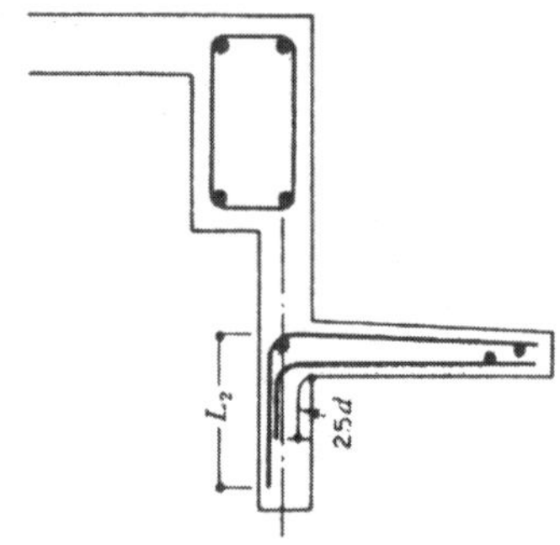

⑥

(a) 선단에 난간 등이 없는 것

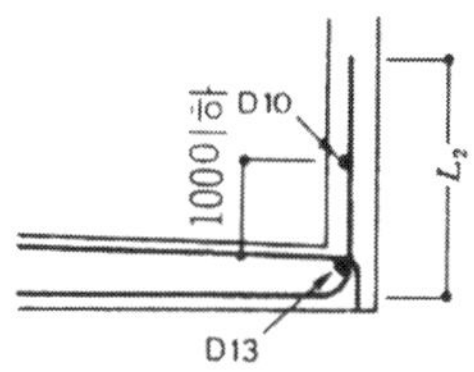

①

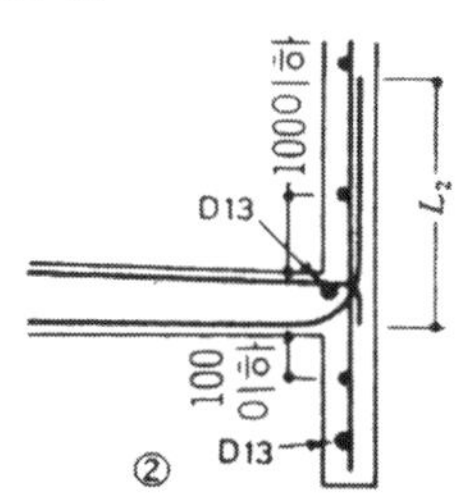

②

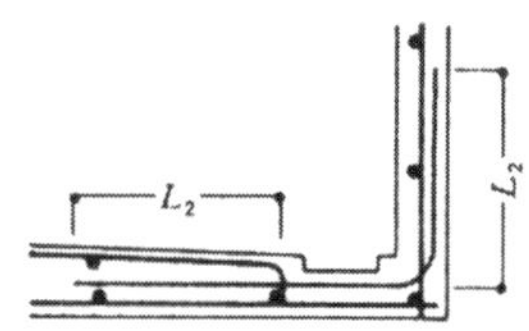

③

(b) 선단에 난간 등이 있는 것

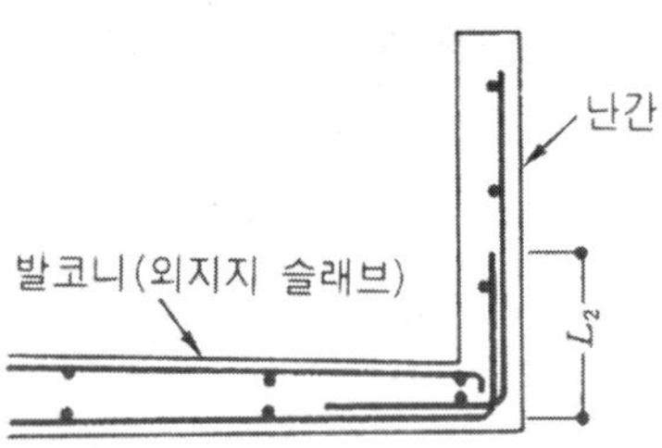

발코니(외지지 슬래브)와 난간의 배근

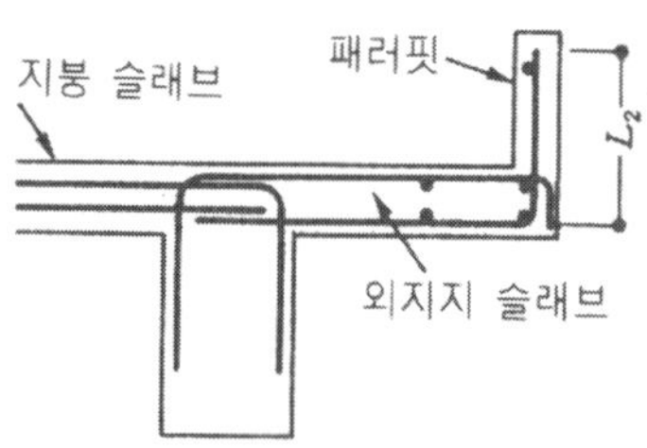

지붕 슬래브(외지지 슬래브)와 패러핏의 배근

② 톱근의 여유길이 15d는 있는가?

③ 보 내부에서는 상하근을 통근으로 하고 있는가? 정착시키고 있는가?

④ 겹침 이음의 위치·길이는 적정한가? (슬래브근은 벽근과 같이 대부분 겹침 이음으로 되어 있으므로 주위한다)

⑤ 바 서포트는 단변 방향의 상·하 주근에 끼워져 있는가? 적당한 수가 배치되어 있는가?

⑥ 배관, 전기 박스, 슬리브 등에 의해 슬래브근을 구부린다거나, 피복되지 않은 곳이 없는가?

⑦ 외지지 슬래브의 상단근의 높이는 바른가, 움직임이 없도록 고정되어 있는가, 보 또는

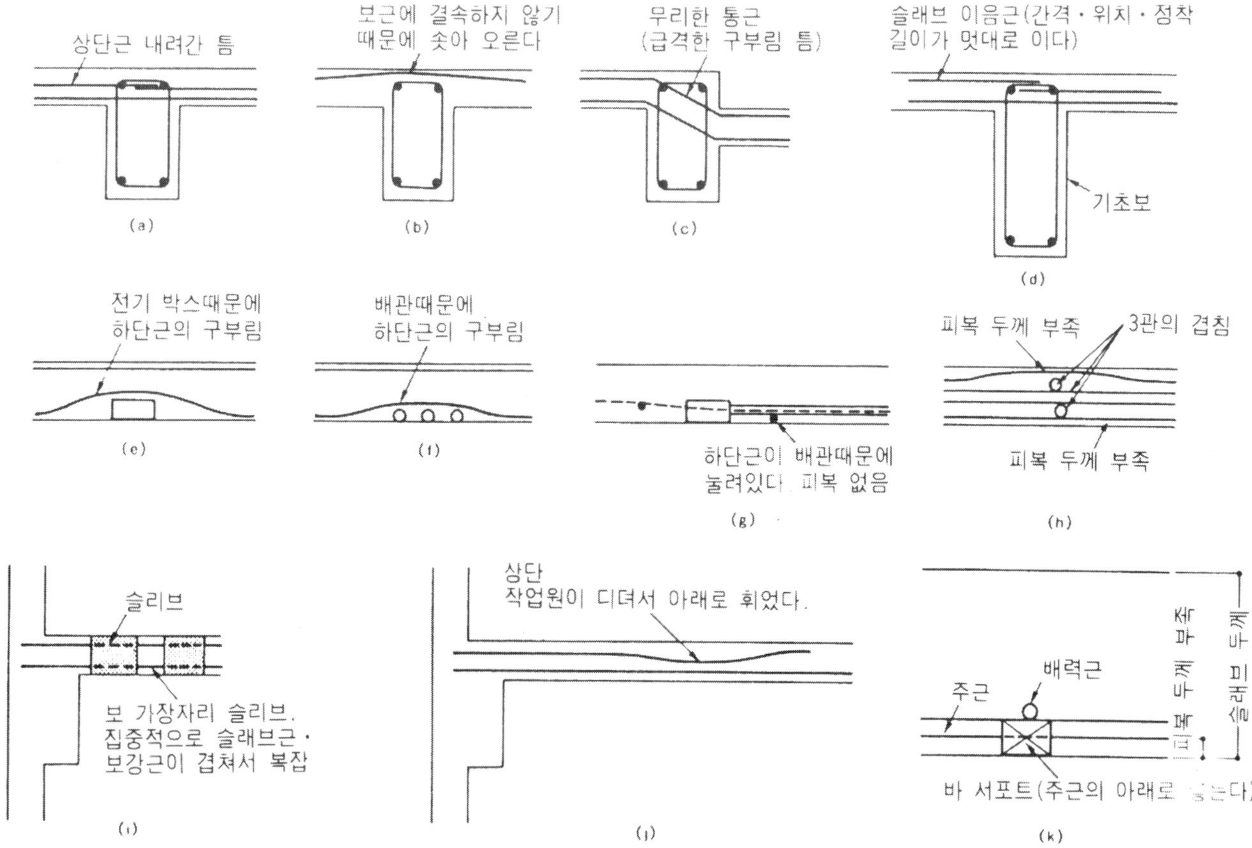

일반 슬래브의 시공례

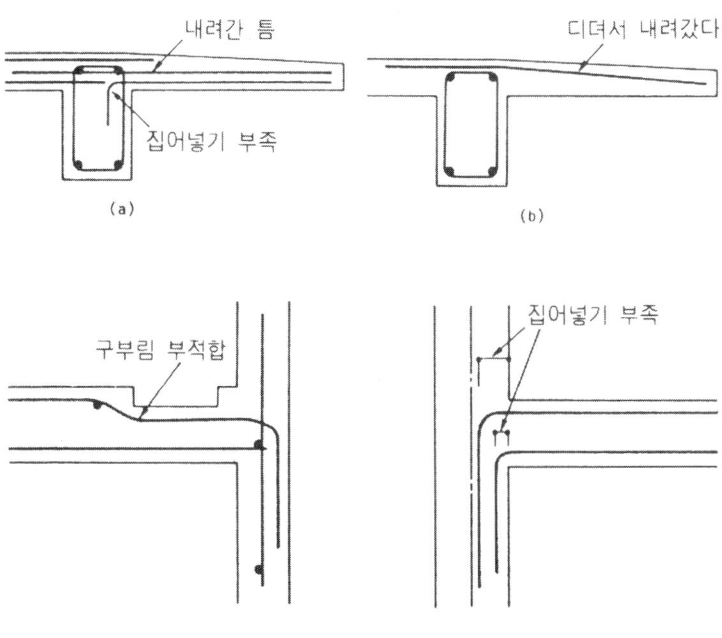

외지지 슬래브의 시공례

보 가장자리 슬래브에 슬리브가 집중하여 슬래브근 · 보강근이 많게 되어 슬리브와의 틈이 없다.

벽에 대한 정착은 충분한가, 선단의 난간, 패러핏에 슬래브 주근은 충분히 정착하고 있는가?

13.3 벽식 철근 콘크리트조

벽식 철근 콘크리트조는 내력벽・벽보・슬래브로 구성되는 현장 붓기의 일체식의 상자형 구조이다. 철근 콘크리트조와는 본질적으로는 변함이 없다.

이 구조는 각 부재가 얇기 때문에 배근 시공을 똑같이 결정하기 어려운 점이 있기 때문에, 여기서는 철근 가공・조립의 요점, 배근의 표준 및 시공례를 나타낸다.

배근상의 특징을 들면 부재 단면의 협소한 부분에 조립되므로, 구부림 형상이나 치수가 적정하지 않으면 소정의 피복 두께나 철근의 순간격・간격이 확보되지 않아서 부재에 발생하는 응력의 전달에 지장을 주어 강도상 큰 영향을 받는 결과가 된다. 또, 특히 벽보는 일반적으로 벽두께와 같은 두께가 많기 때문에, 보를 짜넣는 방법으로서 앞짜기 방법과 집어넣는 공법이 있으며, 전자는 겹침 이음을, 후자는 가스 압접 이음을 택하는 것이 좋고, 배근 순서・방법이 다르므로 주의하여야 한다.

이 절에서 나타내고 있지 않는 사항에 대해서는 13.1 일반사항, 13.2 철근 콘크리트조에 의한다. 또,지하층을 제외한 층수가 6 이상 11 이하이며, 또한 처마 높이가 34m 이하인 중고층 벽식 라멘 철근 콘크리트조의 배근에 대해서는 「중고층 벽식 라멘 철근 콘크리트조 설계 시공 지침・동해설」을 참조하기 바란다.

〔1〕 철근의 피복 두께

■ 요　지

철근에 대한 콘크리트의 최소 피복 두께는 벽구조 배근 지침으로 아래 표와 같이 나타나 있으므로, 이것에 의해 실시하면 좋다.

철근의 최소 피복 두께

구조 부분	최소 피복 두께(mm)
지붕 슬래브 바닥 슬래브 비내력벽** 외지지 슬래브	20*
내력벽・벽보	30*
흙에 접하는 내력벽・바닥 슬래브 줄기초의 치올림 부분 기초 연줄보	40
기　초	60(밑창 콘크리트 부분을 제외)

〔주〕 *내구성이 유효한 마감이 아닌 경우는 옥내・옥외에 관계없이 10mm 늘리는 것으로 한다.
**외지지 슬래브 선단은 30mm 이상

〔2〕 내력벽·벽보 등

요 지

벽식 철근 콘크리트조의 내력벽에는 일반의 세로·가로근(전단 보강근, D10 이상), 단부에 구부린 보강근(D13 이상), 교차부에 세로방향 보강근(D13 이상), 개구부의 수평 테두리에 가로 보강근(D13 이상), 벽과 바닥의 교차부에 보강근(D13 이상)을 배치한다.

세로방향 철근은 기초에 정착하고, 1층분을 통근으로 하여 위층 벽각부(壁脚部)까지 겹침 이음(일반적으로 구부림 보강근으로 D19 이상은 가스 압접이 사용된다)으로 한다. 전단 보강근에 대해서는 치올림근을 사용하여도 좋다.

횡근은 일반 내력벽의 경우는 단부 세로근에 180°훅으로 걸고, 직교벽이 있는 경우는 통근으로 직교벽 세로근에 겹침 이음으로 하거나 정착한다.

개구부 하부의 벽배근은 내력벽에 준해서 실시한다.

벽보에는 보근 및 세로·가로근을 배치한다. 보근·가로근은 내력벽에 정착한다. 단, 가로근은 내력벽 가로근과 겹침 이음으로 하는 경우가 있다.

각 부재는 얇기 때문에 배근이 어렵고, 조잡하게 되지 않도록 할 필요가 있다.

검토항목

① 세로 방향 철근의 지름·위치·고치기의 유무·간격, 기초 또는 벽보에 대한 정착 길이·방법, 이음의 방법·위치·길이, 피복 두께.

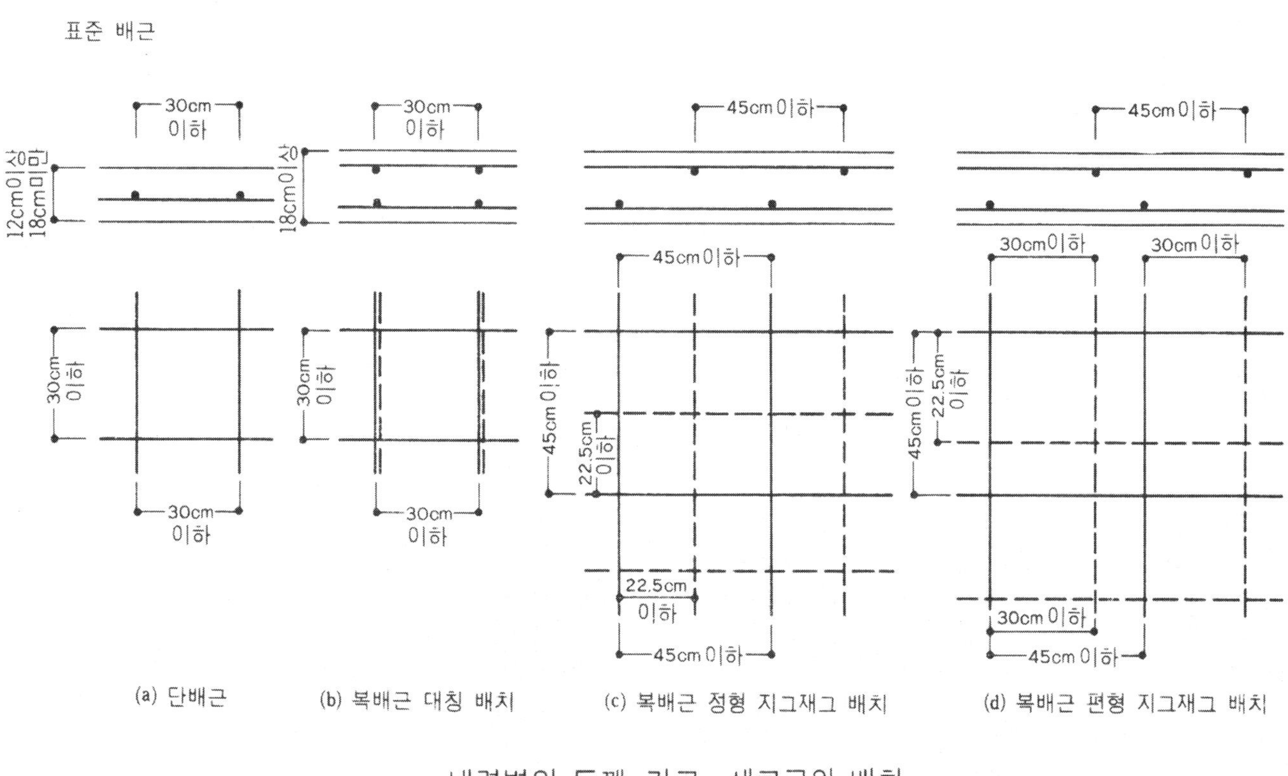

내력벽의 두께, 가로·세로근의 배치

가로근 · 세로근(복배근 대상 배치)

내력벽과 지붕 슬래브 교차부의 배근

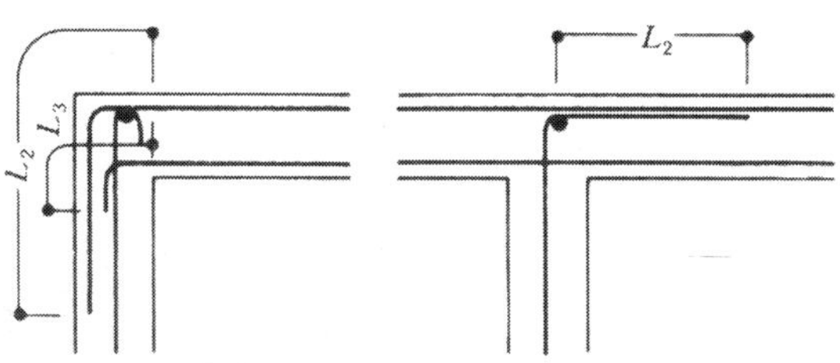

①내력벽(단배근)과 지붕 슬래브의 접합부

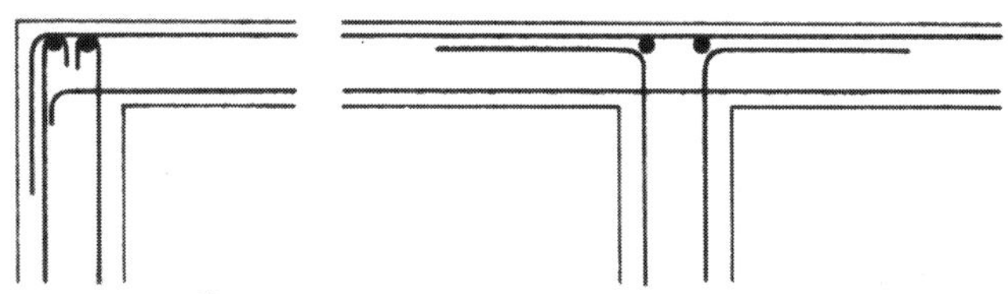

④내력벽(복배근)과 지붕 슬래브의 접합부

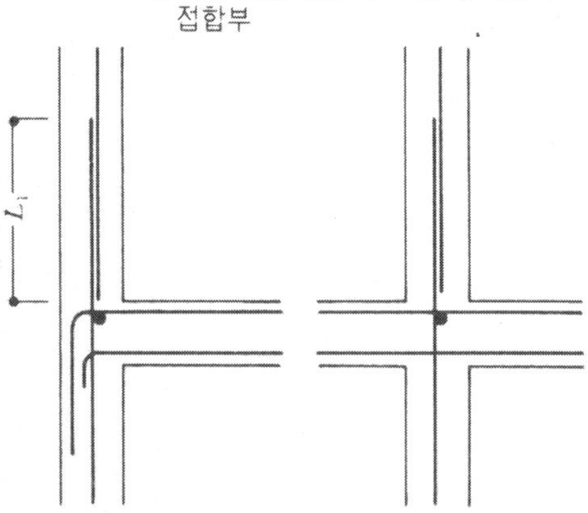

②내력벽(단배근)과 바닥 슬래브의 접합부

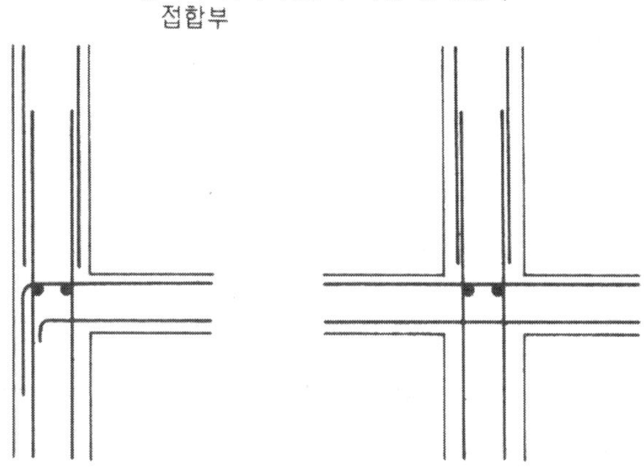

⑤내력벽(상 · 하층 모두 복배근)과 바닥 슬래브의 배근

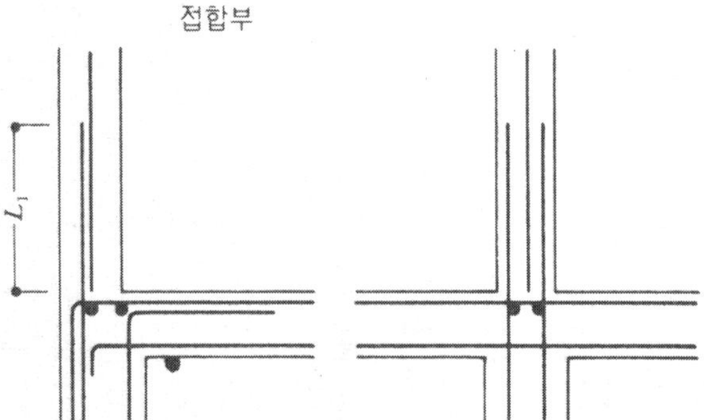

③내력벽(위층 단배근 · 아래층 복배근)과 바닥 슬래브의 접합부

(a) 내력벽과 슬래브 접합부

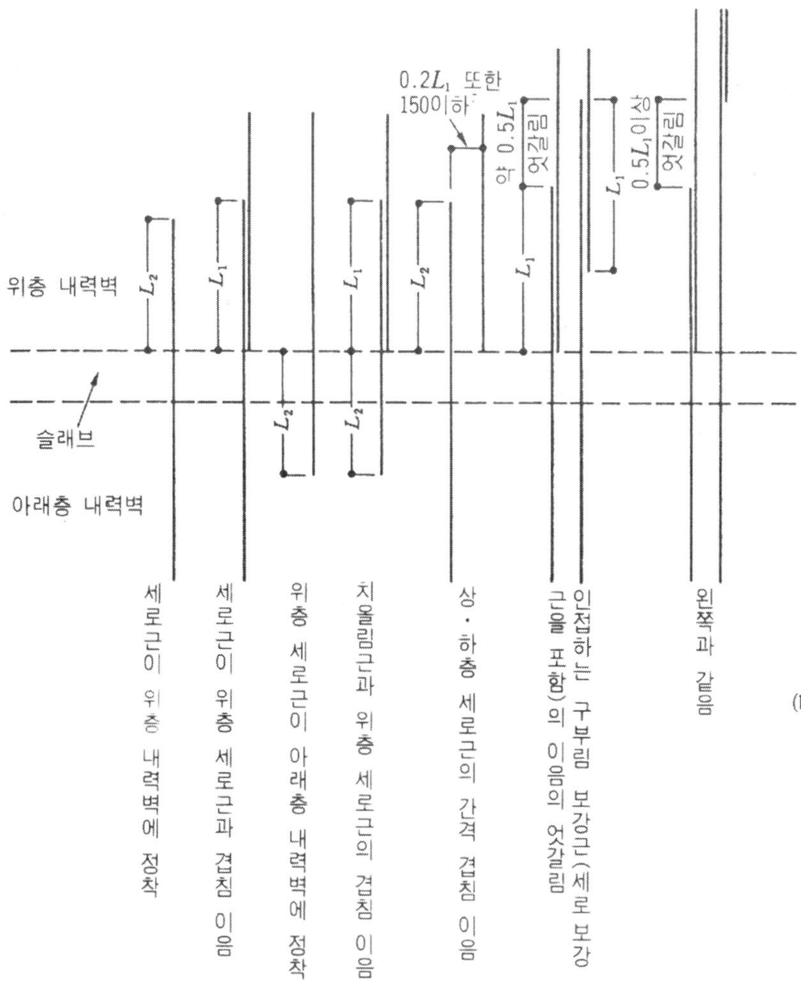

(b) 상·하층 내력벽과 슬래브 접합부

내력벼과 슬래브 접합부 및 상·하층 내력벽과 슬래브 접합부의 배근

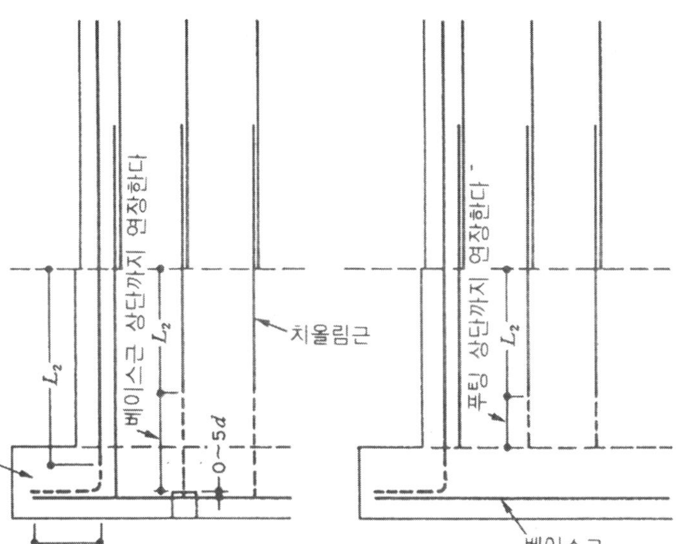

(a) 기초 1회 붓기의 경우

(b) 기초 2회 붓기(푸팅과 치올림 부분을 나눈다)의 경우

내력벽과 기초 접합부의 배근

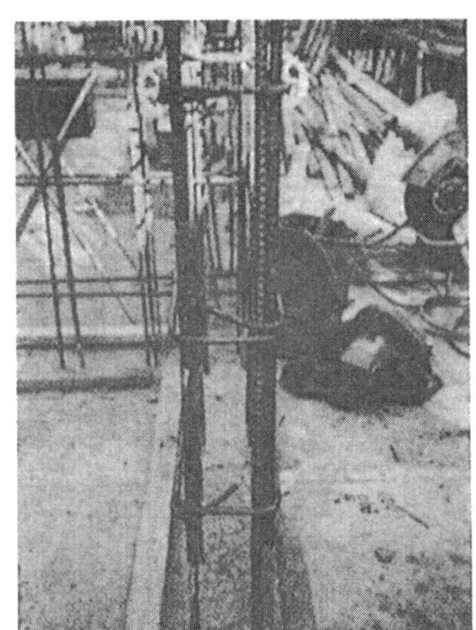

내력벽 단부 구부림 보강근

② 가로 방향 철근의 지름·위치·간격, 이음의 방법·위치·길이, 정착의 길이·방법, 피복 두께.

내력벽·벽보 등의 표준 배근을 그림에 나타낸다.

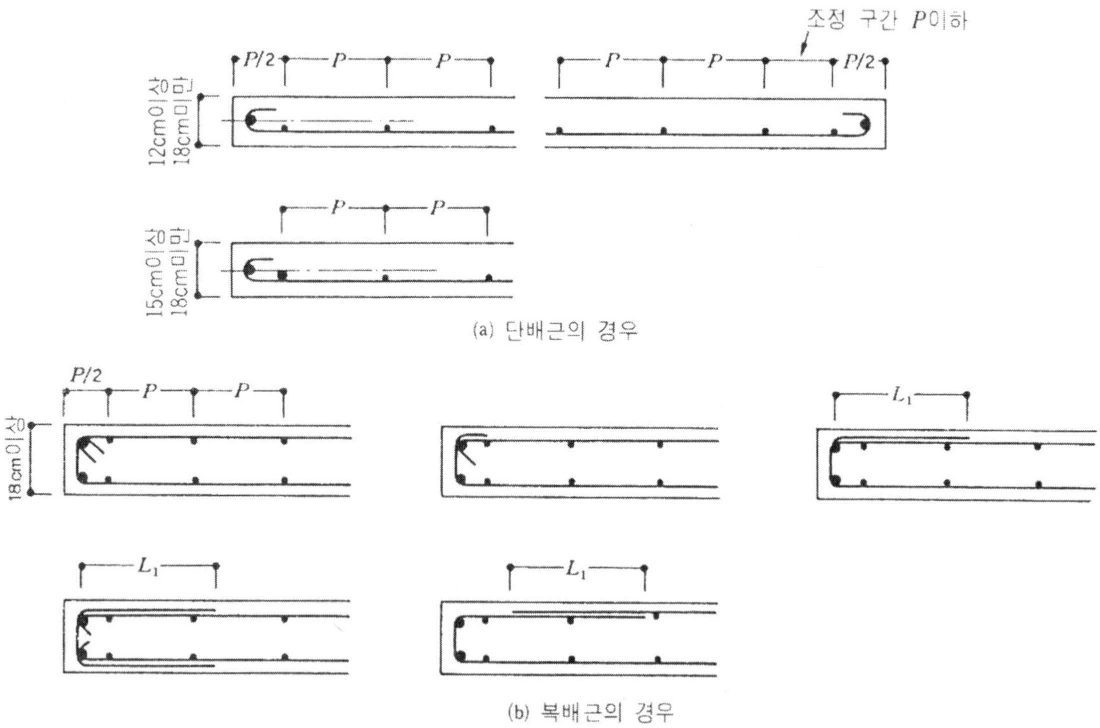

일반 내력벽의 배근

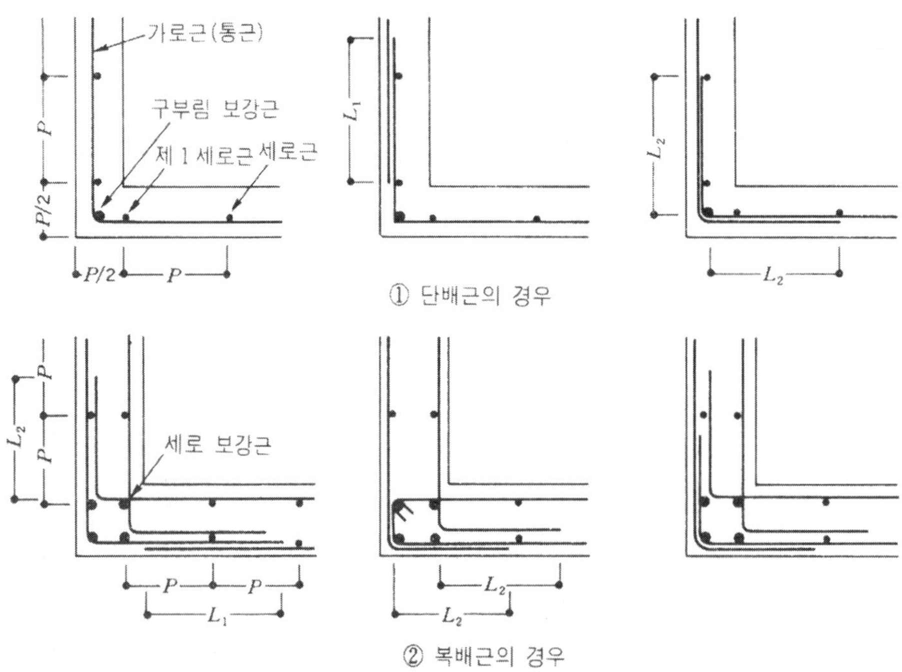

(a) L형부

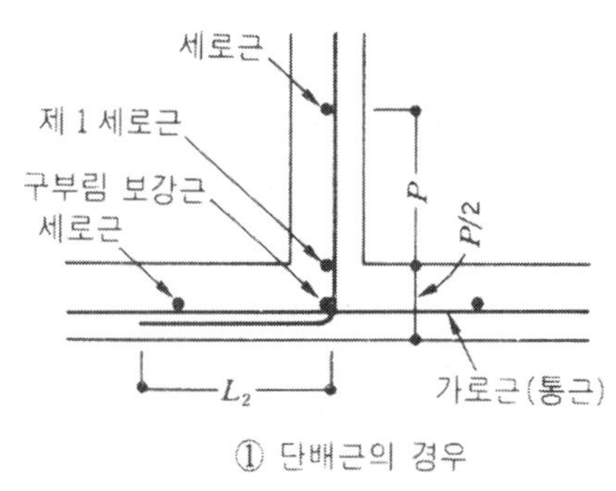

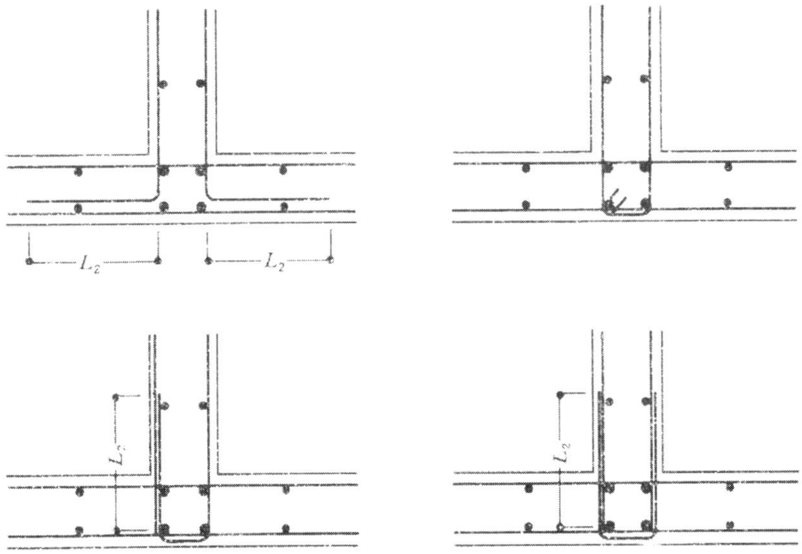

② 복배근의 경우

(b) T형부

내력벽 L형 교차부의 배근

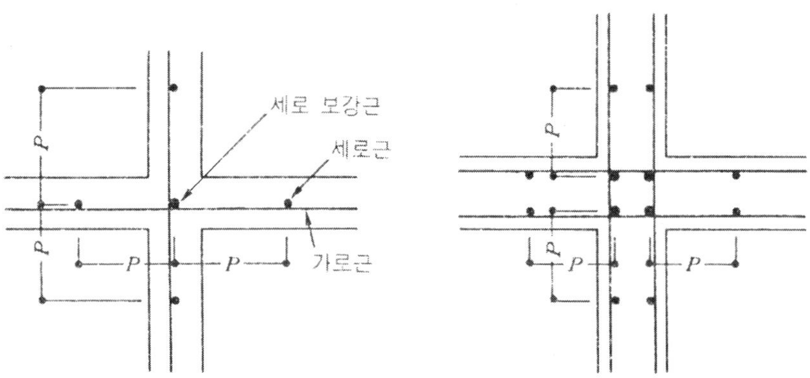

① 단배근의 경우

② 복배근의 경우

(c) +형부

내력벽이 교차하는 경우의 배근

내력벽 T형 교차부의 배근

내력벽 +형 교차부의 배근

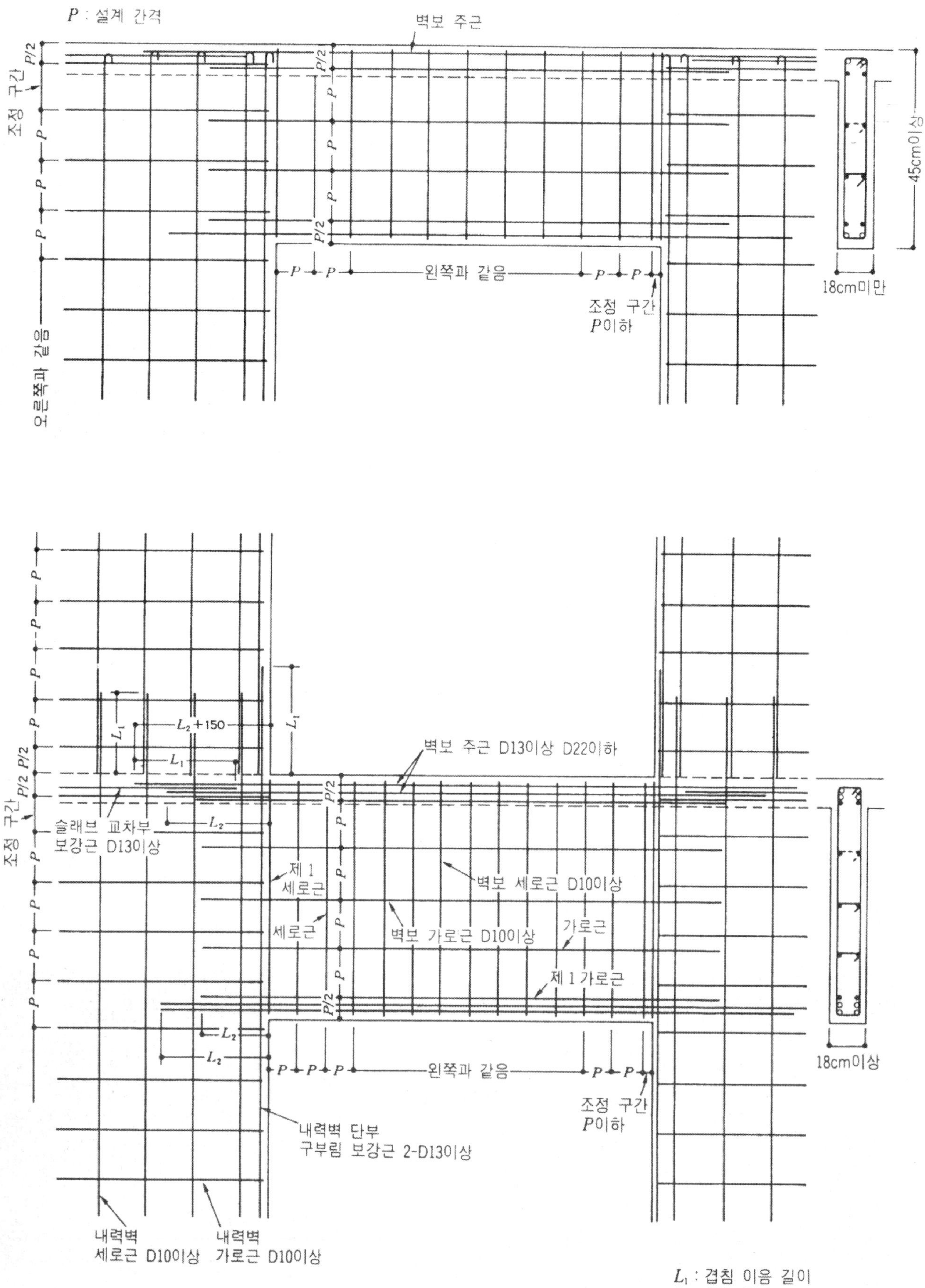

(a) 내력벽에 벽보 가로근을 정착한 경우

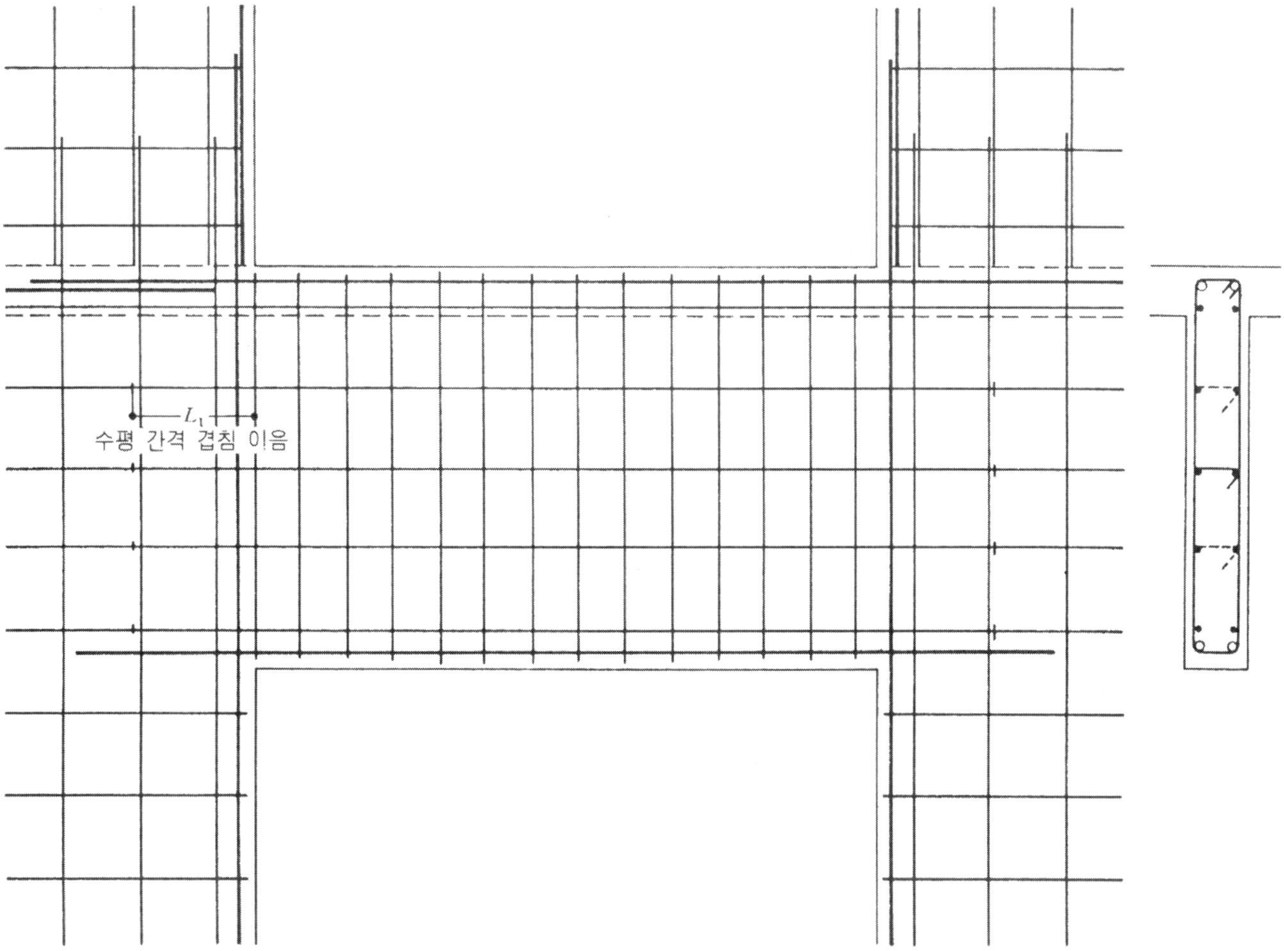

(b) 내력벽에 벽보 가로근을 간격 겹침 이음으로 한 경우

내력벽과 벽보 접합부의 배근

벽보의 배근

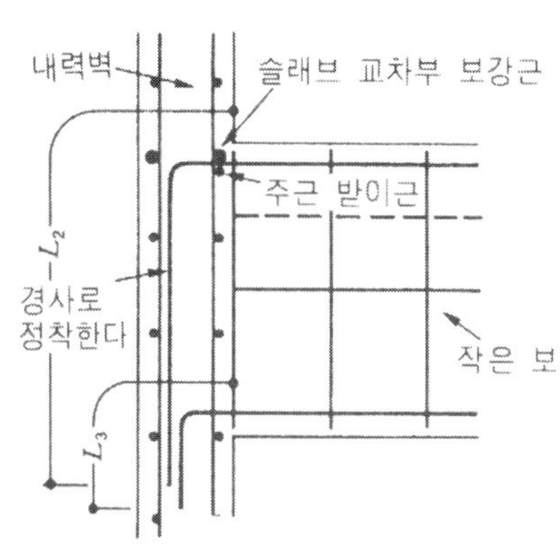

내력벽과 작은 보의 배근

▨ 주 의 점

① 가로근의 일반 내력벽 단부・내력벽 교차부의 배근은 바른가?

② 내력벽 단부・교차부의 구부림 보강근・보강근의 이음(겹침, 가스 압접 모두) 위치는 엇갈려 있는가?

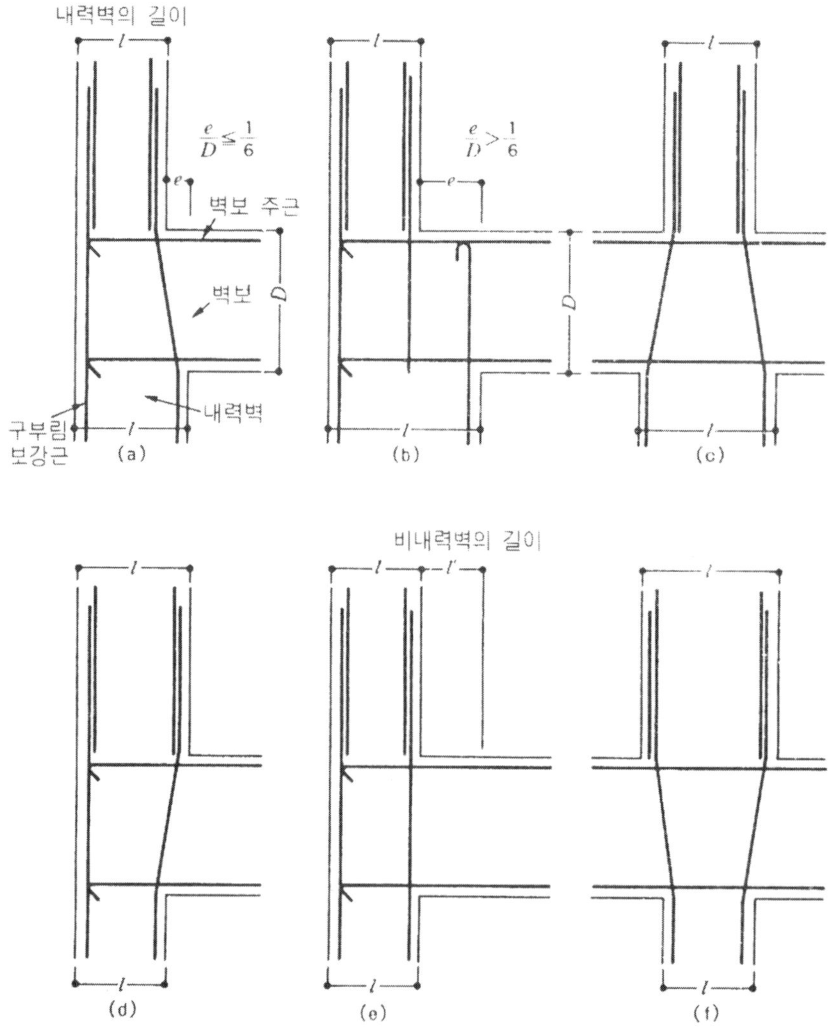

상 · 하층 내력벽 및 구부림 보강근의 배치

비내력벽의 세로근

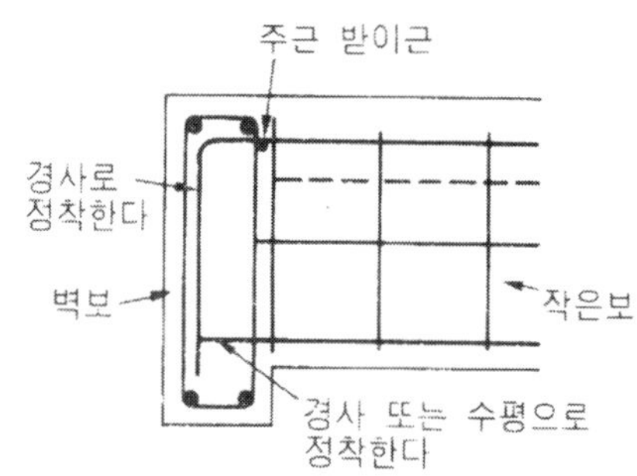

벽보와 작은보의 배근

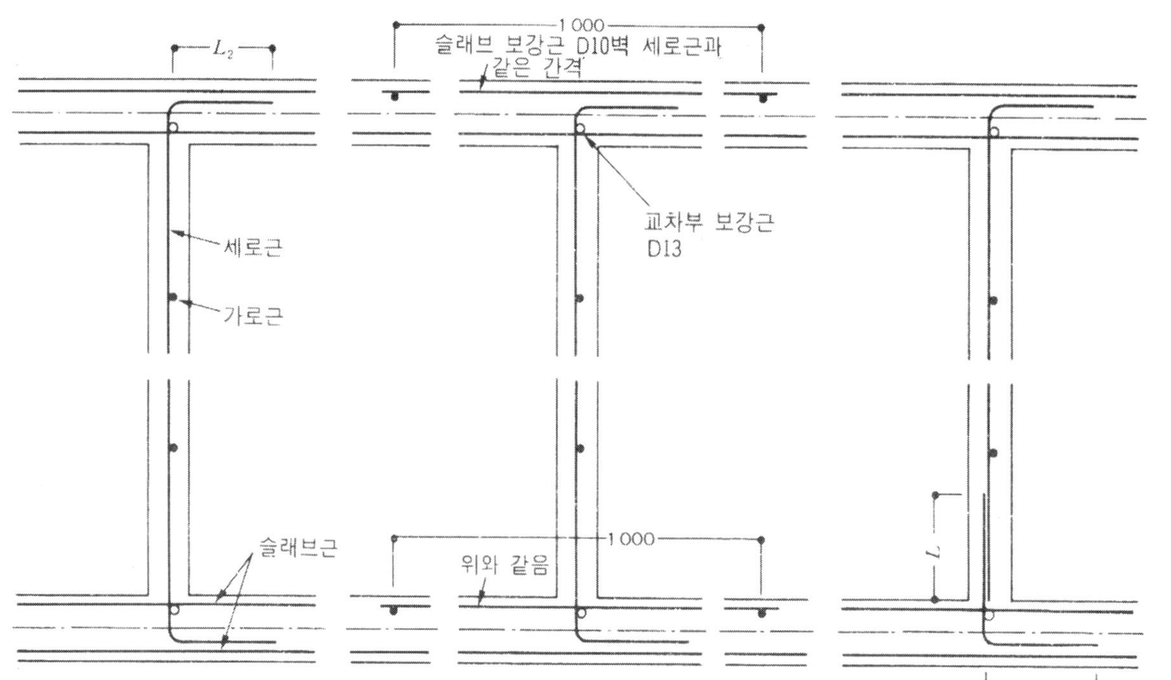

(a) 슬래브에 상단근이 있는 경우 (b) 슬래브에 상단근이 없는 경우 (c) 세로근을 하부에서 이음하는 경우

비내력벽이 슬래브에 정착하는 경우의 배근

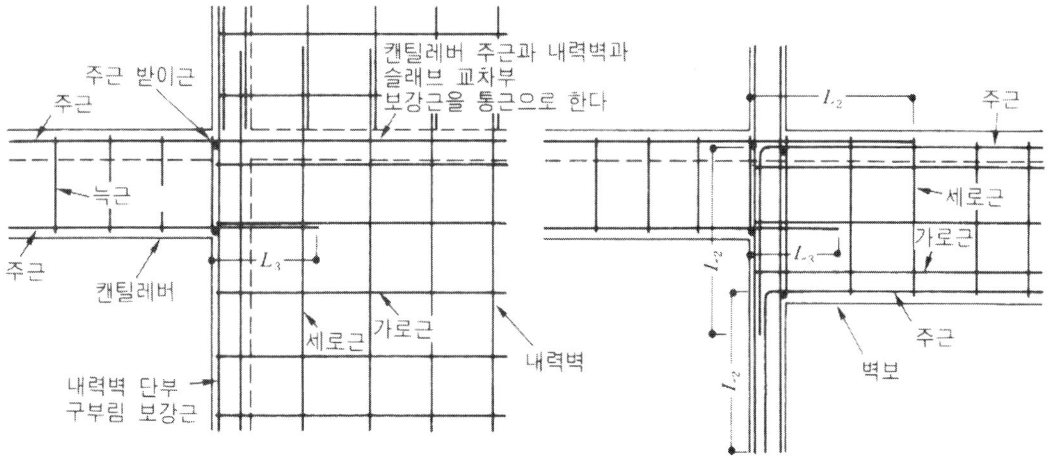

① 내력벽과 연속하는 경우 ② 벽보와 연속하는 경우

(a) 내력벽·벽보와 연속하는 캔틸레버 접합부의 배근

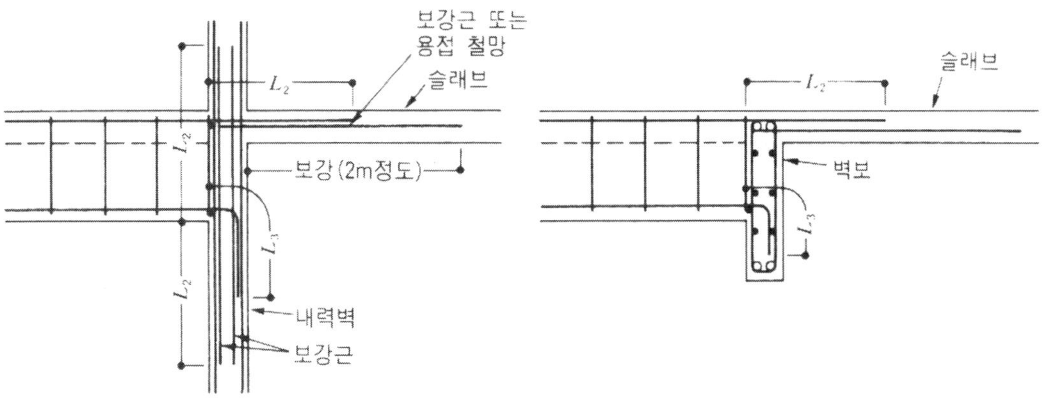

① 내력벽과 직교하는 경우 ② 벽보와 직교하는 경우

(b) 내력벽·벽보와 직교하는 캔틸레버 접합부의 배근

내력벽·벽보와 접합하는 캔킬레버의 배근

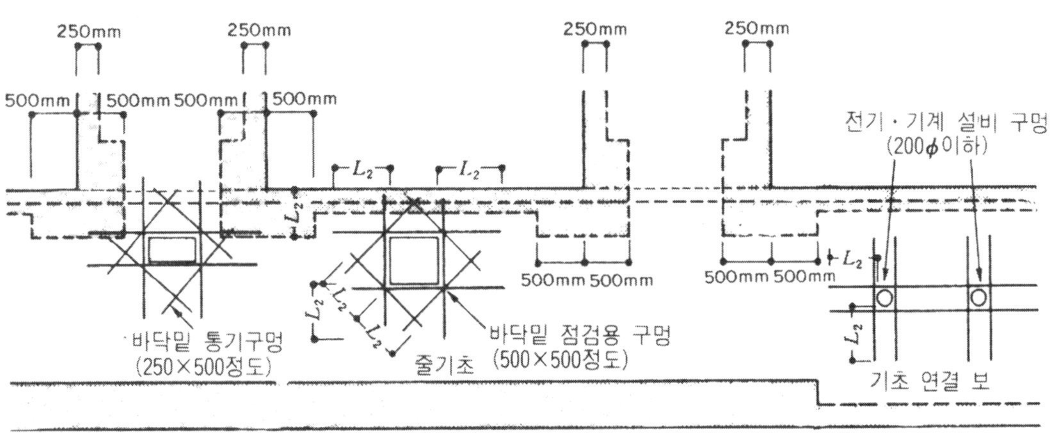

(a) 줄기초

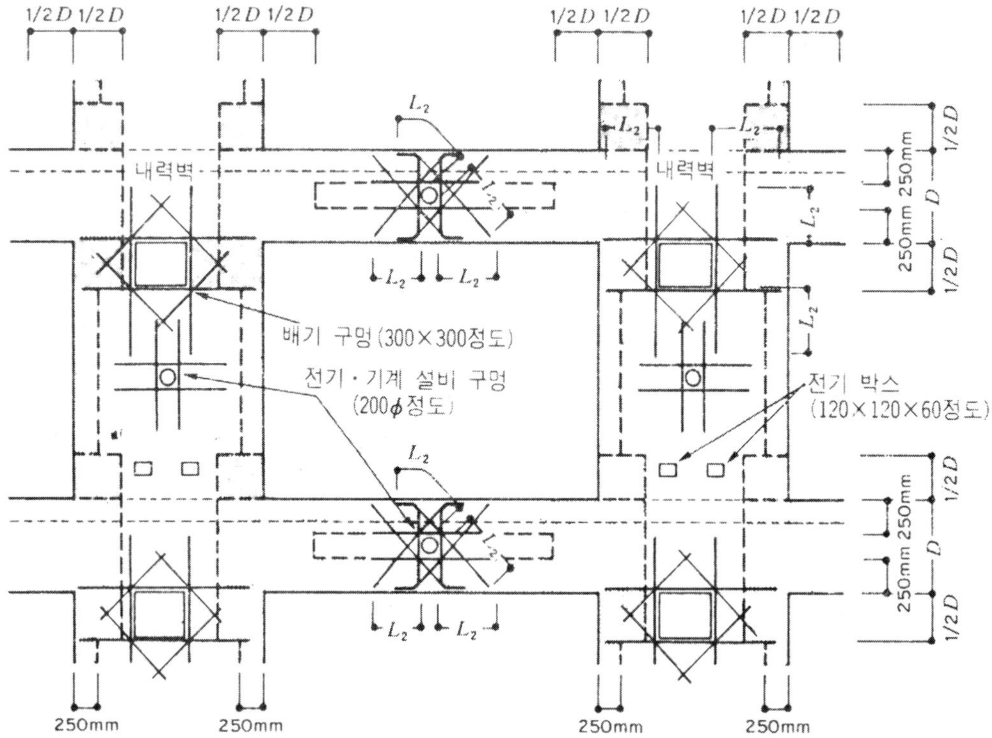

(b) 내력벽 · 벽보

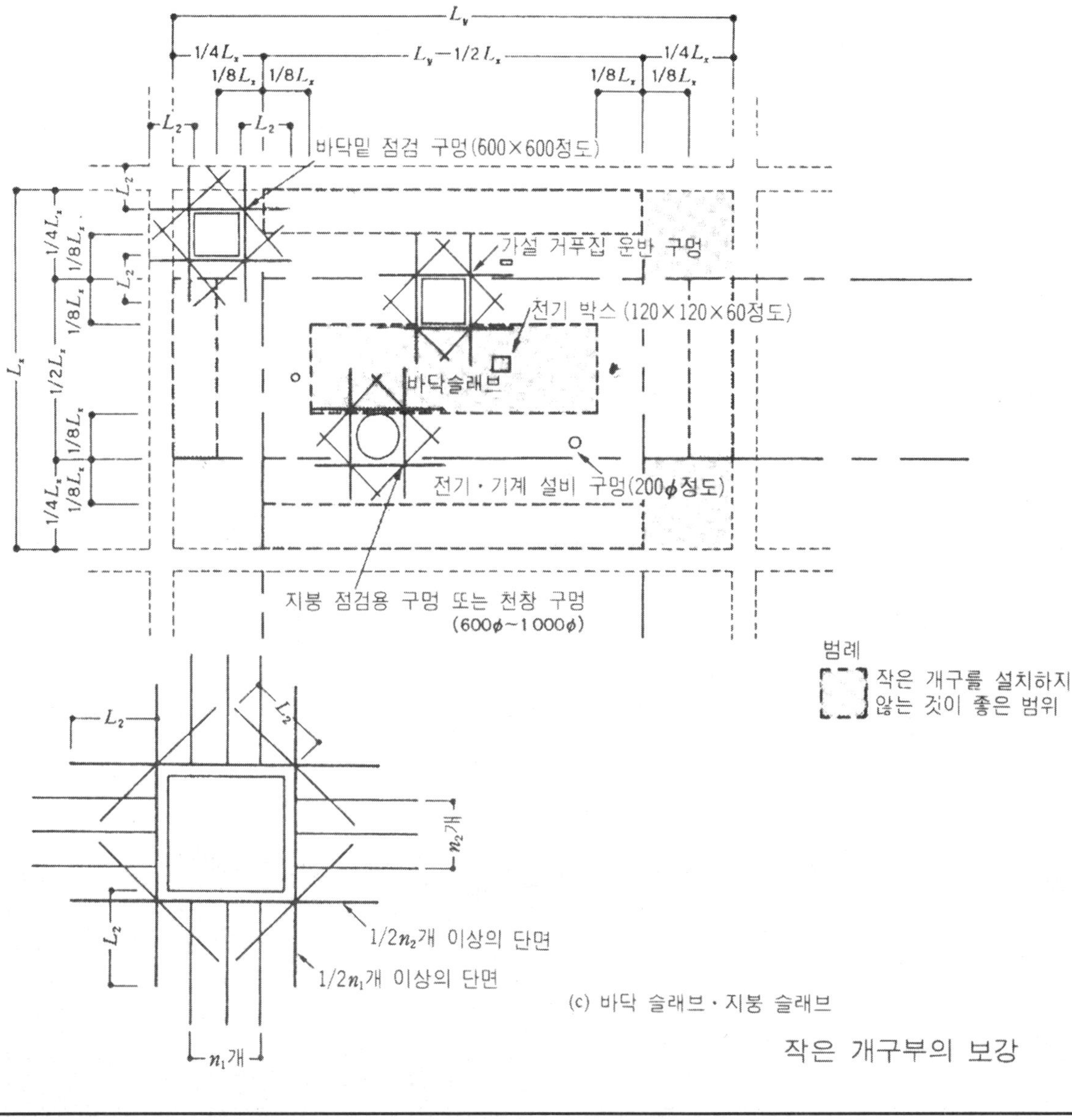

(c) 바닥 슬래브 · 지붕 슬래브

작은 개구부의 보강

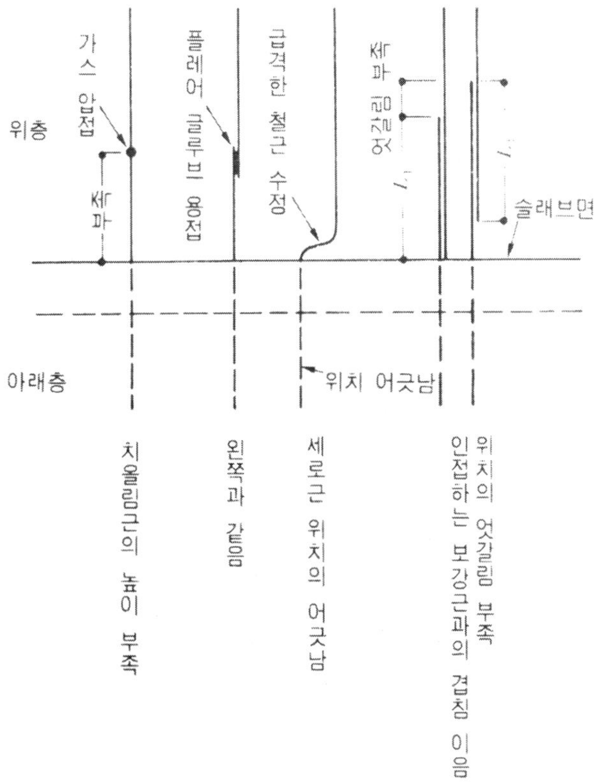

(a) 세로 방향 철근의 이음

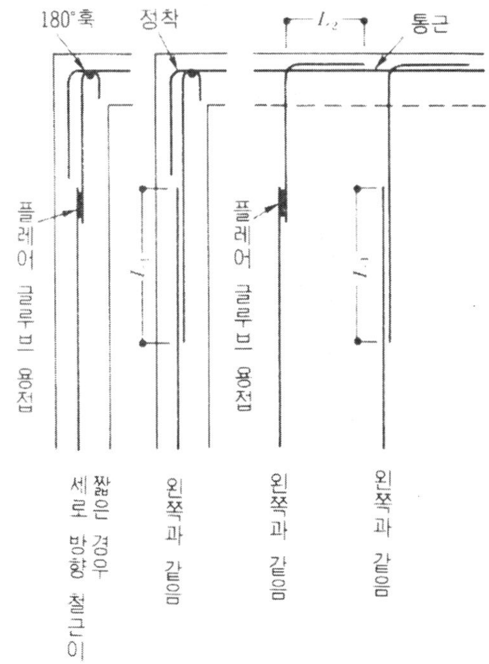

① 외쪽 슬래브의 경우 ② 양쪽 슬래브의 경우

(b) 세로 방향 철근 상단의 정착

푸팅 콘크리트 붓기 후의 T형부의 기초보의 배근.
구부림 보강근·세로근 모두 푸팅안에서 치올리고 있으나, 세로 보강근이 없다.

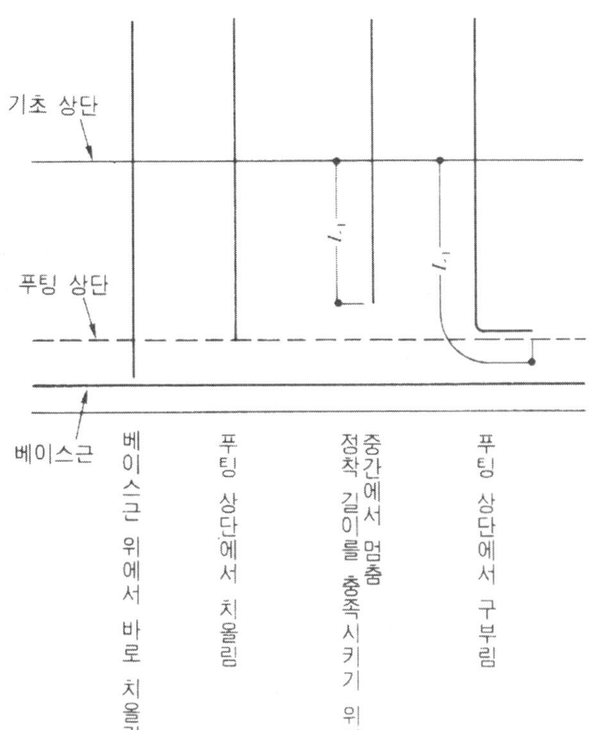

(c) 세로 방향 철근 하단의 정착(기초에)

세로 방향 철근의 정착·이음

기초보가 경사 교차한 개소의 배근. 주근이 들어가 있어 철근의 조립이 곤란하며 틈이 없다.

구 부 림 보강근의 위치가 어긋나 면의 방향으로 철근 수정이 되어 있다.

구부림 보강근의 위치가 크게 어긋나 면내 방향으로 급격한 철근 수정이 되어 있다. 가로·세로근 단부는 자르며, 개구부의 모서리부의 경사근의 위치는 내려가 틈이 있다.

아래층에서의 치올림근이 짧아서 플레어 글루브 용접하고 있으나 불충분하다.

T형벽 내벽의 가로근은 세로근의 쪽에, 외벽의 가로근은 세로근의 안·밖에 각 배치되어 있다.

개구부 하부의 세로근은 각 상단부에 훅이 없다.

③ 세로·가로근의 간격은 바른가?

④ 세로 방향 철근의 철근 수정은 되어 있지 않는가?

⑤ 지그재그 배근에서 내력벽 단부 가로근의 정착은 바른가?

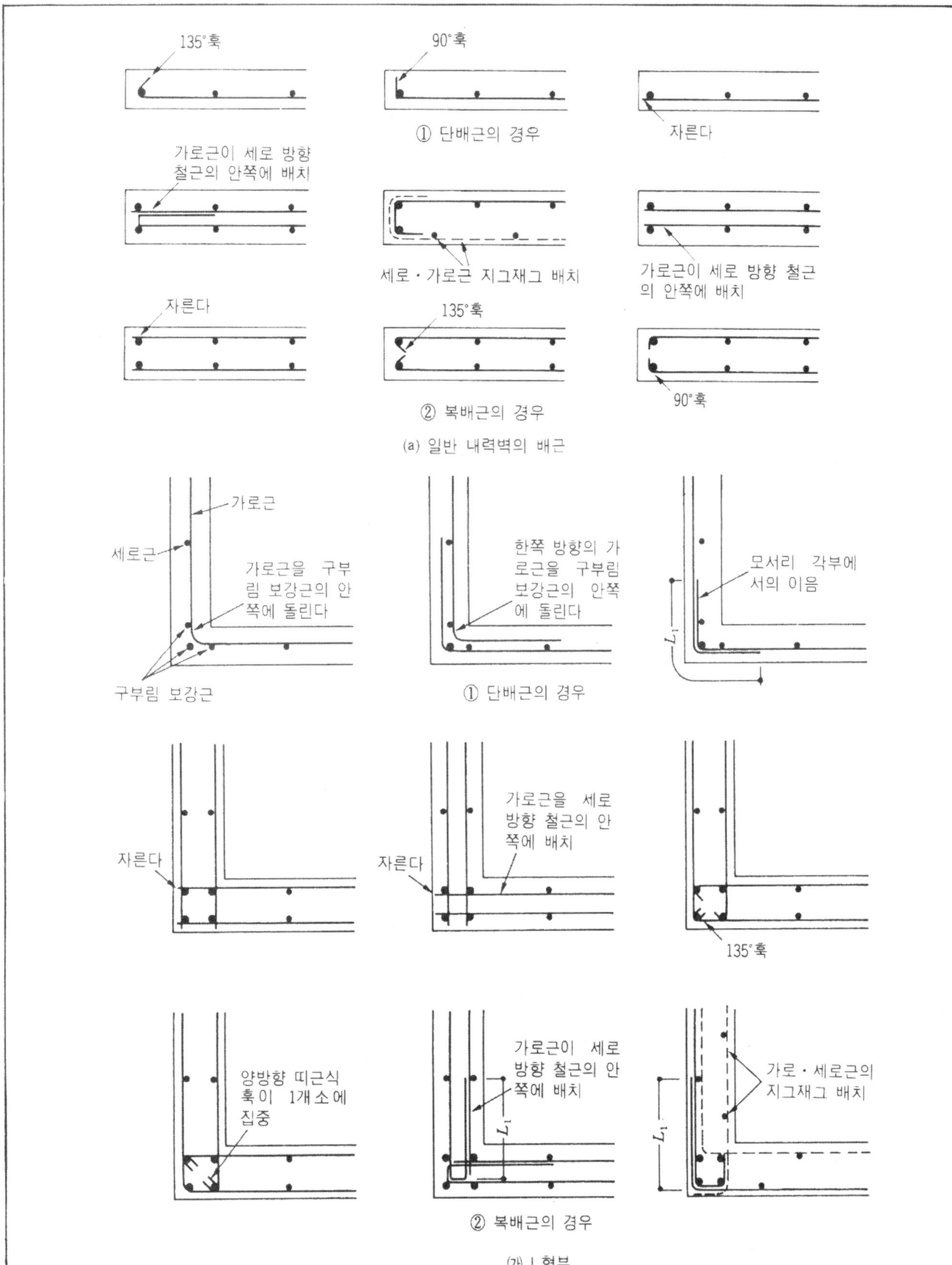

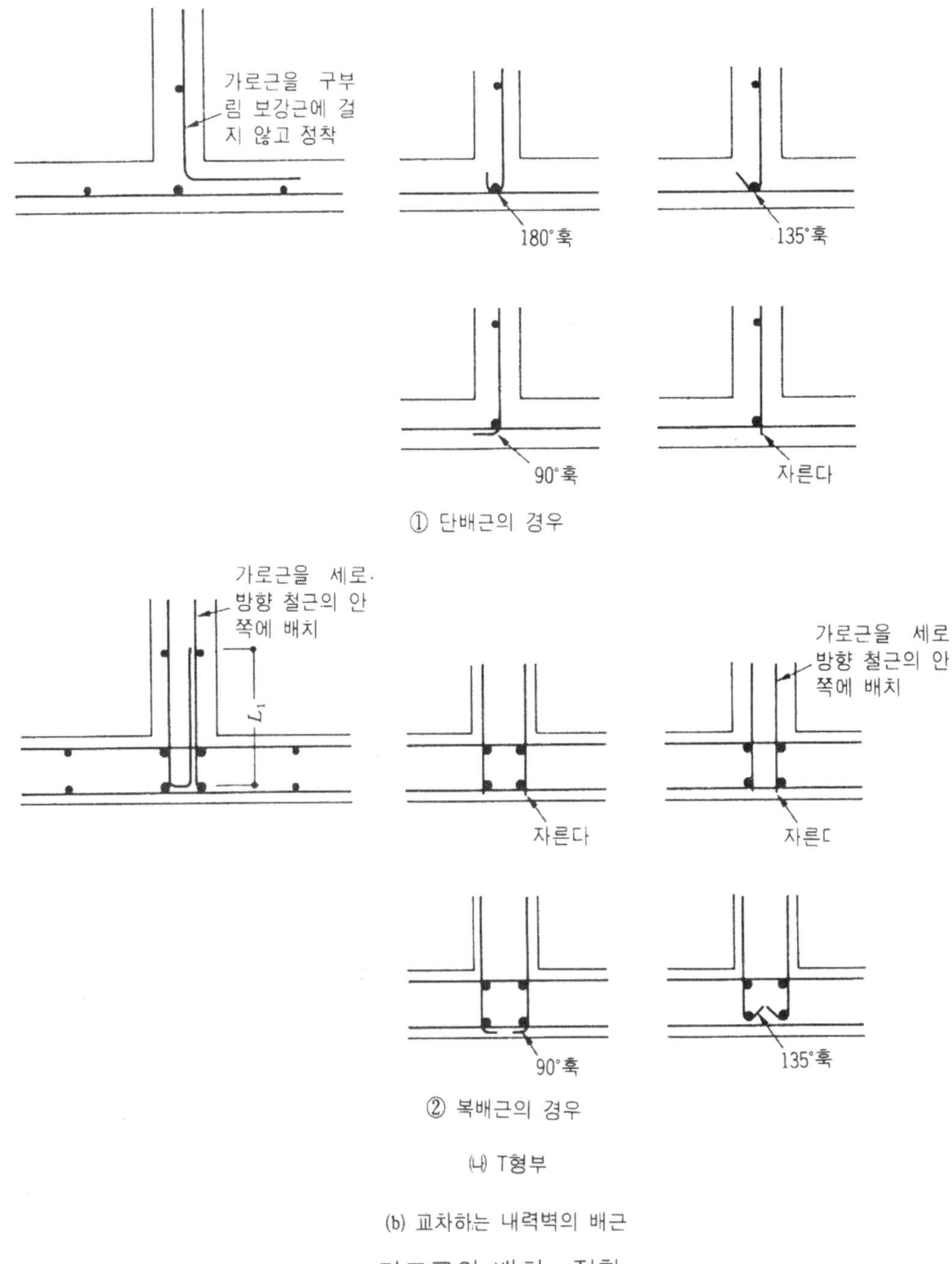

가로근의 배치 · 정착

개구부 하부의 새로근은 상단부 훅이 가로 보강근에서 상부로 튀어나와 있다.

⑥ 벽보 세로근은 늑근 방식으로 되어 있는가?

⑦ 벽근(벽보를 포함)의 피복 두께 · 위치를 확보하기 위해 스페이서 · 너비 고정근은 충분히 사용되어 있는가?

⑧ 벽근이 배관 등으로 구부러진다거나 피복 두께가 부족하지 않는가?

가로근은 세로 방향철근의 안쪽에 배치 되어 있다.치올림근은 세로 방향 철근의 위치와 잘 맞으나 이음이 같은 개소에집중하고 있다.

가로근은 세로 방향철근의 안쪽에 배치되고, 단부는 잘려져 있다. 제1세로근의 간격이 넓다.

가로근은 한쪽의 단부를 잘라서 서로 마주보고 배치되어 있다.

구부림 보강근의 가스압접은 형상이 좋지 않다. 가로근은 단부가 자려서 튀어나가 있다.

T형부 내력벽 하부의 배근. 가로근은 직교벽에 닫힌 방향으로 정착, 교차부 보강근의 이음은 같은 개소에 집중하고 있으며, 치올림근은 같다.

개구부 하부의 세로근이 내력벽 좌측과 우측에 반대로 배치되어 있기 때문에 피복 두께가 일정하지 않다.

내력벽 단부의 치올림 구부림 보강근을 섞어서 위치의 흐트러짐이 생긴다.

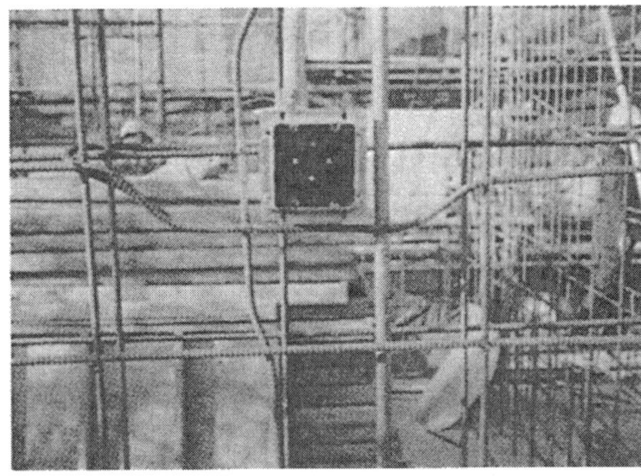

전기 박스때문에 가로·세로근이 구부러져 있다.

설비용 배관이 1개소에 집중하여서 세로·가로근의 간격이 흐트러지고 피복 두께도 부족하다.

전기 박스·배관때문에 가로근은 안쪽에 구부러지고 간격도 흐트러져 있다.

13.4 철골 철근 콘크리트조

철골 철근 콘크리트조(이하 SRC조라 한다)는 철골과 철근 콘크리트의 누가 강도에 의해 외력에 저항하는 구조이다. 따라서 SRC조는 RC조의 성능을 보유하기 때문에 배근 시공은 RC조와 같다. 그러나 SRC조는 기둥·보 안에 철골 및 철근을 배치하기 때문에 철근의 바른 조립이 매우 어렵다는 점이 있다.

SRC조의 각 부재 및 부재 접합부의 배근상의 주요한 부분은 다음과 같다.

① 기둥과 보의 단면

② 기둥과 보의 접합부

③ 기둥・보와 벽의 접합부

④ 보와 작은 보(일반적으로 RC)의 접합부

⑤ 보와 바닥 슬래브의 접합부

⑥ 기둥과 기초의 접합부

이상 개소의 철골과 철근의 아무림이 시공하기 쉽도록 설계도・시공도에 나타내어야만 한다.

SRC조의 배근은 일반적으로 ①철골을 피해서 배치한다, ②철골을 관통한다, ③철골에 접합한다 등의 방법이 취해지고 있으며, RC조와 완전히 같은 배근법으로는 시공되지 않는 경우가 많다. 특히 기둥과 보의 접합부의 배근, 늑근・띠근의 배치, 철근의 피복 두께・간극, 철근과 철골과의 간극 등에 주의하여야 한다.

또, 구조 설계상에서 기둥・보 재의 단면 치수, 철골의 단면 형상・크기・위치, 주근의 개수・지름・위치 등에 따라 시공성이 큰 영향을 받으므로, 시공을 충분히 유의한 단면으로 하는 것이 중요하다.

이 절에서 나타내지 않는 사항에 대해서는 13.1 일반사항, 13.2 철근 콘크리트조에 의한다.

〔1〕 기둥・보의 단면

▨ 검토사항

SRC조의 기둥・보의 단면은 구조 설계에 의해 정해지며, 배근의 시공성에서는

① 철골 단면을 작게 한다.

② 철골 단면이 크므로 주근 개수를 적게 한다.

중 어떤 것을 사용하는 것이 좋다.

기둥・보 단면의 일반례를 다음 그림에 나타낸다.

▨ 주 의 점

기둥・보의 배근상의 유의점은 다음과 같다.

① 철골의 피복 두께는 15cm 정도 필요하다.

② 철근은 원칙적으로 철골과 접촉하지 않는다. 단, 철근과 직교하는 철골의 두께 방향의 면이 접촉하는 것은 지장이 없다.

③ 철근과 철골면의 간격은 2.5cm 이상 또한 굵은 골재 최대 치수의 1.25배 이상으로 한다.

④ 기둥근은 철골보에 닿지 않도록 배치한다. 보의 플랜지를 관통한다거나 플랜지에 용접한다거나 하지 않도록 한다.

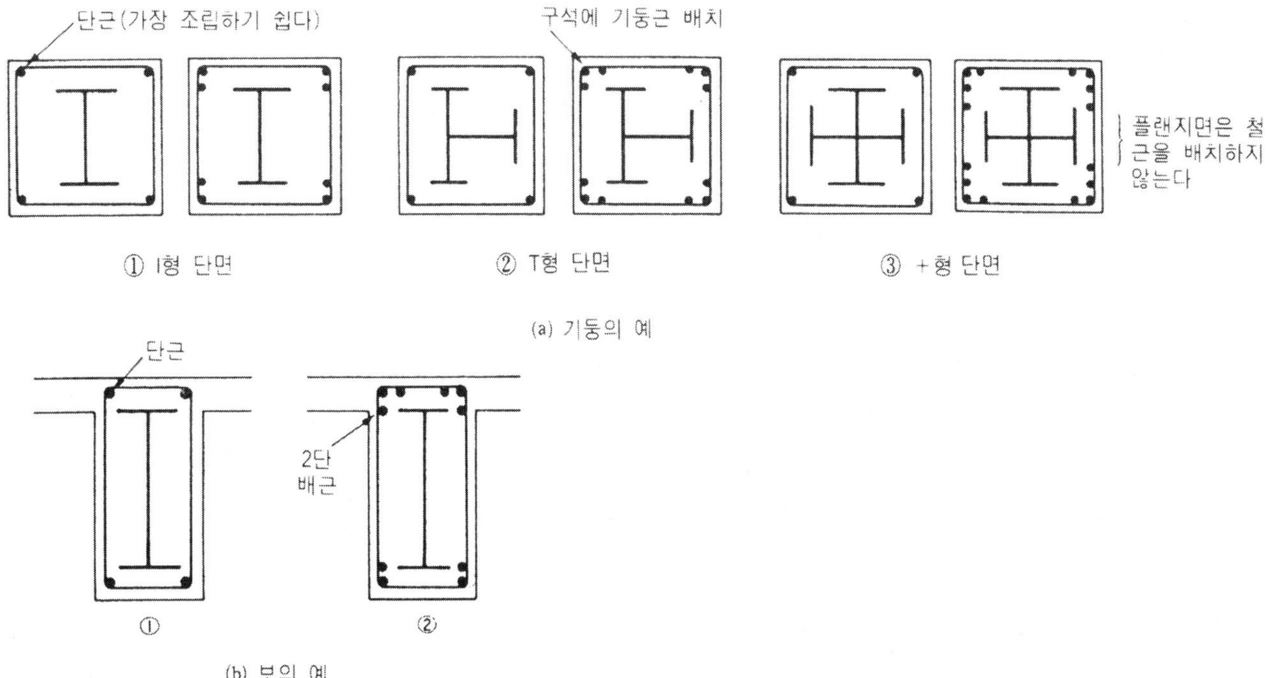

기둥・보 단면의 일반례

⑤ 보근은 철골보의 위・아래에 배치하지 않는다. 철골 기둥의 웨브를 관통하여 통배근으로 해도 좋다.

⑥ 주근은 기둥・보의 구석부에 각각 단근 배치로 하는 것이 좋다. 보근으로 2개 필요한 경우는 너비 방향을 피해서 2단 배근으로 한다.

〔2〕 기둥・보의 접합부

▨ 검토사항

SRC조에서는 기둥과 보의 접합부의 배근이 가장 곤란하다. 일반적으로 다음과 같은 방법이 실시된다.

① 보근은 기둥의 철골 웨브를 관통해서 통근으로 하거나, 하향으로 정착한다.

② 보 하단근은 철골 웨브 바로 앞에서 정착한다.

③ 보 하단근의 정착을 상향으로 한다.

보근의 정착의 일반 례를 다음 페이지 그림에 나타낸다.

〔3〕 늑근・띠근

▨ 검토사항

늑근・띠근의 형상은 RC조와 같으나, 철골과의 관계에서 조립이 곤란하기 때문에 철골의

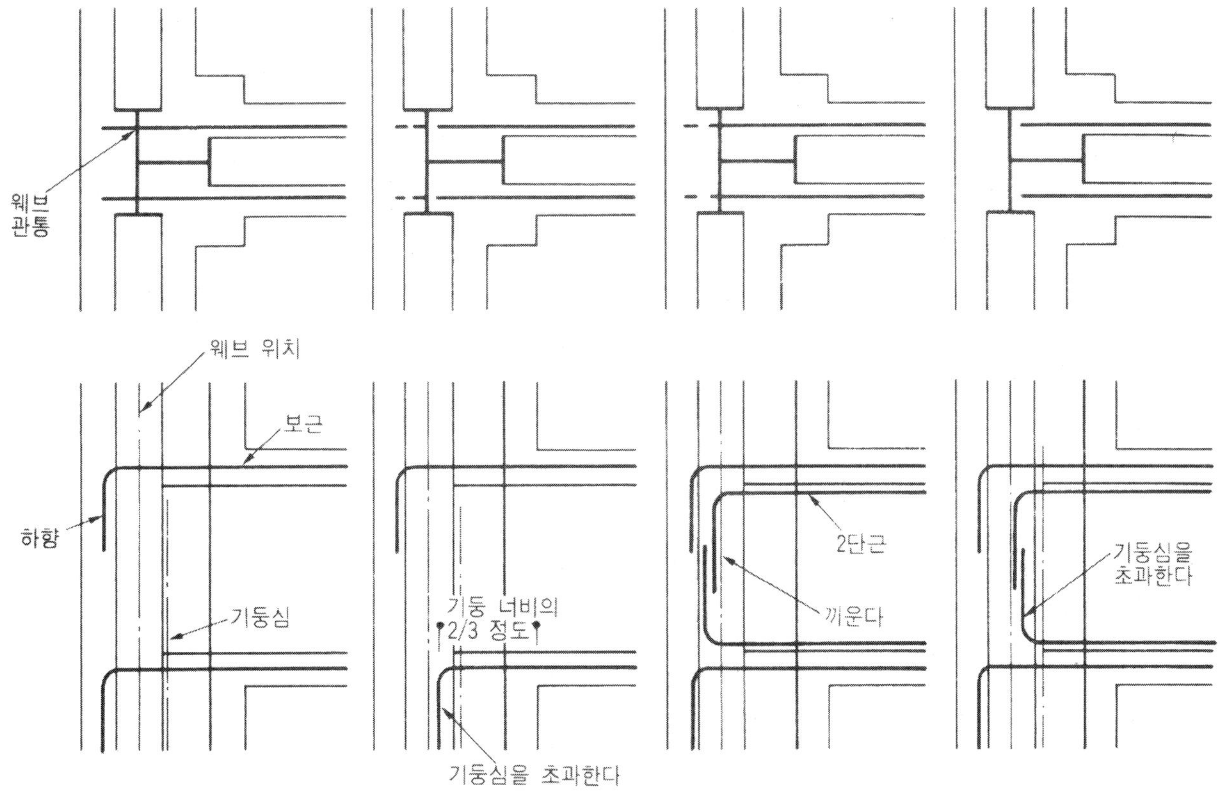

(a) 웨브를 관통해서 정착 (b) 하단근은 웨브 바로 앞에서 정착 (c) 상하 2단근을 웨브 관통후 끼워서 정착 (d) 상하 2단근을 웨브 바로 앞에서 끼워서 정착

주) 그밖에 정착 철물을 사용하는 등의 각종 공법이 사용되고 있다.

보근의 정착

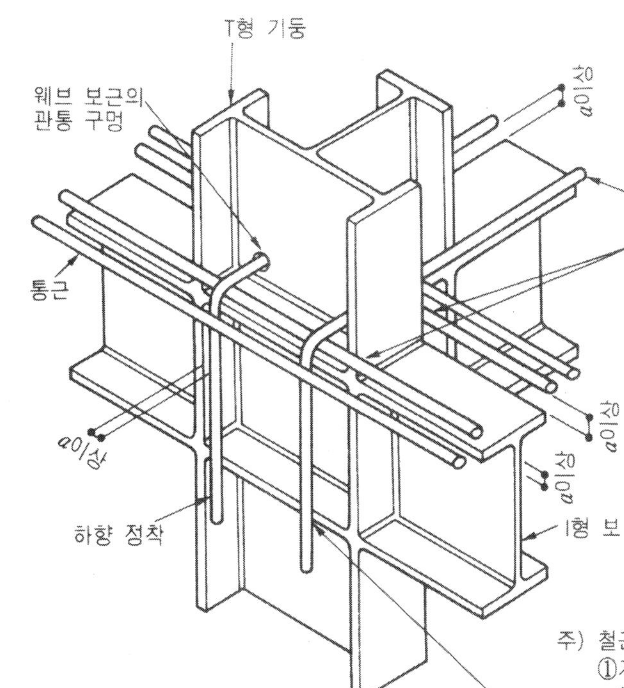

a : 25mm이상 또한 굵은 골재 최대 치수의 1.25배 이상

주) 철근 관통 구멍
①기둥·보의 철골 플랜지에 철근 관통 구멍을 설치하지 않는다.
②기둥·보 접합부에 설치하는 관통 구멍의 지름은 철근 최대 외경+10mm 정도로 하고, 주근 1개당 1개로 한다.
③ 관통 구멍의 위치가 엇갈린 경우는 구멍 메우기로 보강한다.

보근의 정착(철골과 철근의 간격, 관통 구멍)

T형상보 교차부(주각부)의 기둥 · 보 · 띠근의 조립

T형상보 교차부(주두부)의 보근 · 늑근 · 복부근의 조립

T형상보 교차부의 주근 · 보근 · 띠근의 조립

L형상보 교차부의 보근의 조립

기둥 · 보 접합부의 배근 완료, 띠근은 용접되어 있다.

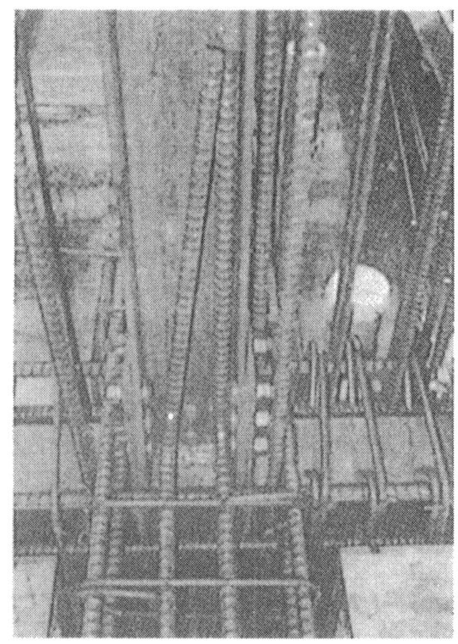

안쪽의 보 상 · 하근이 철골 기둥의 웨브에 닿기 바로전에 앵커되어 있다.

철골 기둥 웨브의 보근 관통 구멍의 위치가 어긋난 구멍 고치기, 전에 구멍을 메우고 있다.

기둥근이 철골에 닿기 때문에 경사지게 배근하고 있다.

기둥근 다리부의 피복이 없다.

피복 두께는 15cm 정도가 필요하다. 또, 기둥·보 접합부의 띠근은 시공이 매우 곤란하다. 일반적인 예를 아래 그림에 나타낸다.

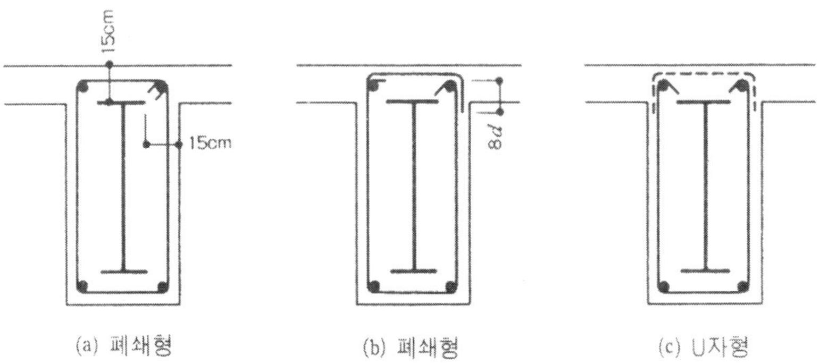

주) 그밖에 용접형, 특수 이음 등이 사용되고 있다.

늑근의 형상

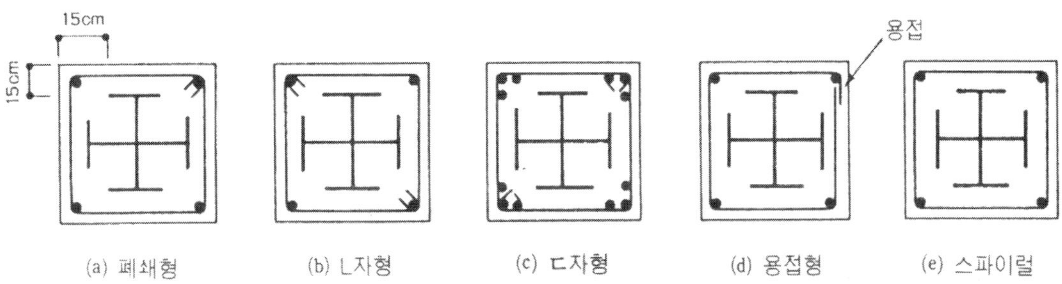

주) 그밖에 90°훅형, 분할 후프 등이 있으나, 바람직한 방법은 아니다.

띠근의 형상

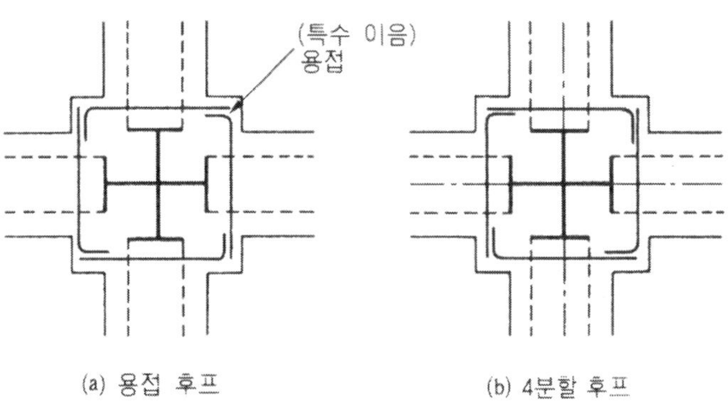

주) 그밖에 띠근의 웨브 용접, 철판의 웨브 용접 등이 있으나, 연구가 필요하다.

보·기둥 접합부의 띠근

〔4〕 기둥·보와 벽의 접합부

▨ 검토사항

벽근의 기둥·보에 대한 정착은 RC조와 같으나, 철골과의 관계에서 벽의 위치에 따라 배

U자형 늑근의 예

보 아래면의 늑근의 배치

늑근은 폐쇄형으로 되어 있다.

보 · 기둥 접합부의 띠근은 용접되어 있다.

띠근은 폐쇄형으로 되어 있다.

근 방법이 다소 다르므로, 설계에서 정착부의 아무림을 검토하여 배근하기 쉽도록 해 두어야 한다.

벽근은 일반적으로 ①콘크리트 단면에 정착하는 경우, ②철골에 접합하는 경우, ③병용의

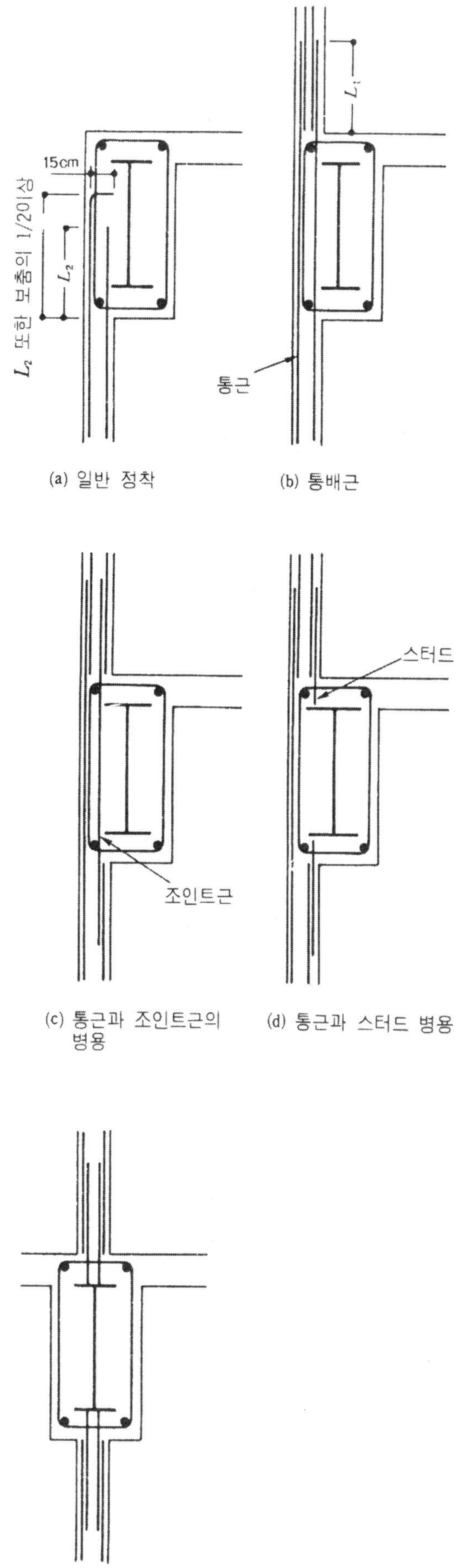

(a) 일반 정착
(b) 통배근
(c) 통근과 조인트근의 병용
(d) 통근과 스터드 병용
(e) 스터드 사용

벽근의 보에의 정착

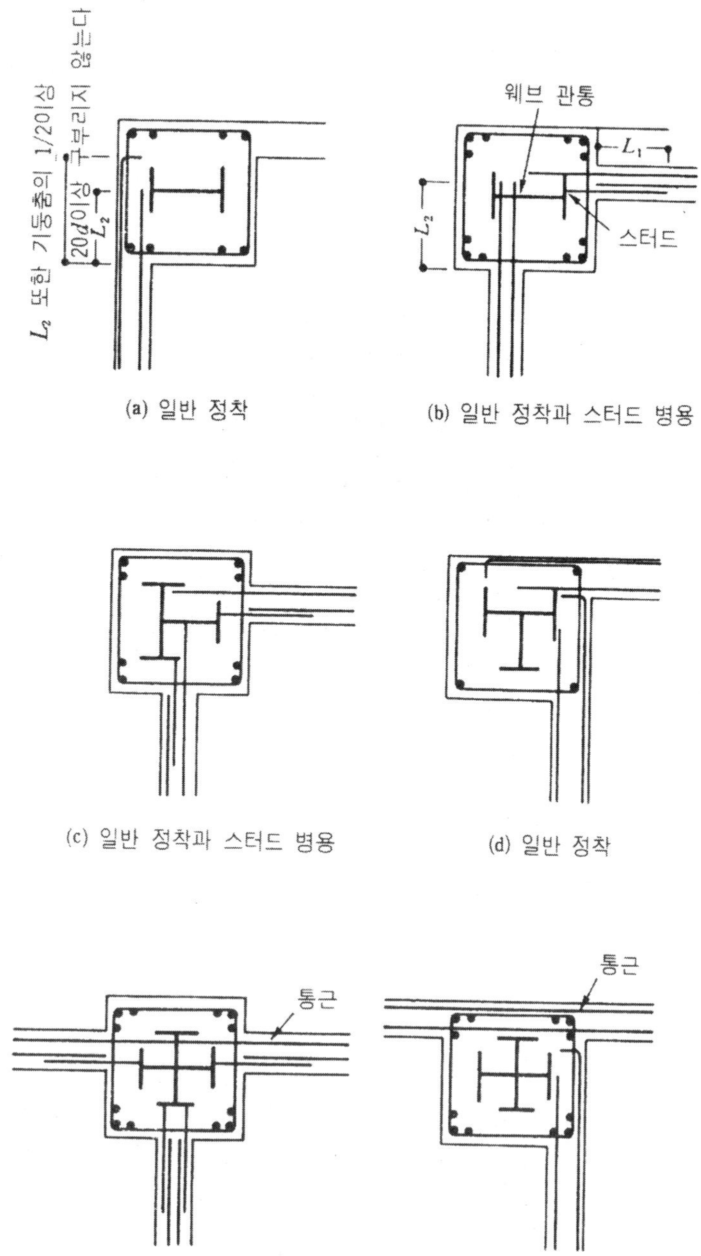

(a) 일반 정착
(b) 일반 정착과 스터드 병용
(c) 일반 정착과 스터드 병용
(d) 일반 정착
(e) 통근과 스터드 병용
(f) 통근과 일반 정착

벽근의 기둥에의 정착

벽 세로근 통배근

벽 치올림 세로근이 철근 수정이 되어 있다.

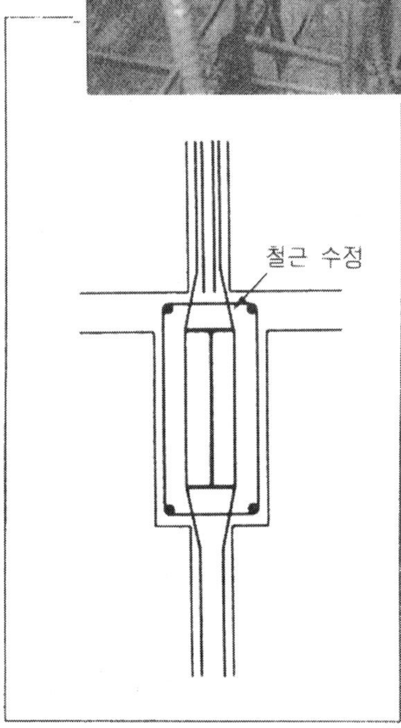

벽 가로근 통배근

벽 세로근이 철골보 아래의 플랜지 바로 앞에서 90°로 구부러져 정착하고 있다.

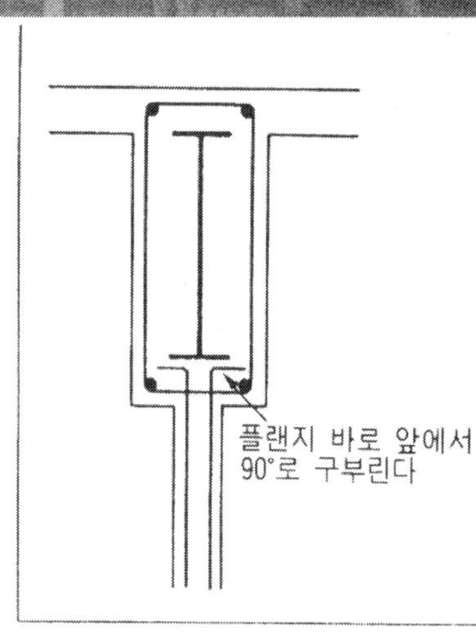

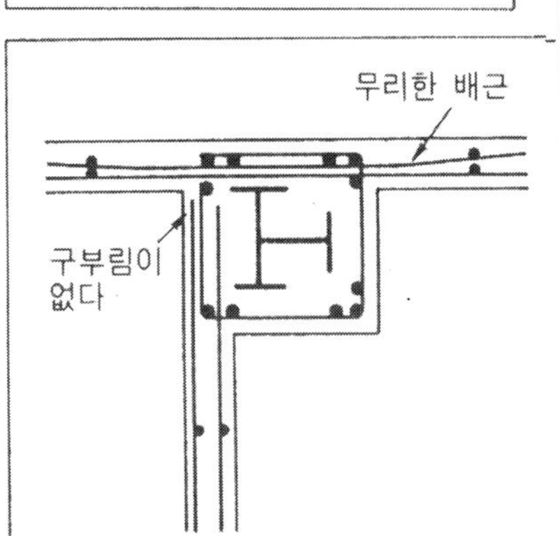

벽 가로근은 피복 콘크리트안에 배치되어 있으나, 말단이 코어 안에 정착해 있지 않다.
직교벽의 통근은 무리하게 코어 안에 배근되어 있다.

경우가 있다.

정착에 관한 유의점은 다음과 같다.

① 원칙으로 구부림이 없도록 한다.

② 콘크리트 코어 안의 경우는 정착 길이를 L_2로 한다.

③ 피복 콘크리트 안의 경우는 L_2 또한 보춤의 1/2 이상 정착시키고, 말단을 15cm 정도 코어 안에 매입한다.

④ 통근을 사용하는 것이 좋다.

⑤ 조인트근을 사용하는 것이 좋다.

⑥ 기둥 안의 경우는 $20d$ 이상은 구부리지 않고 직선 그대로 한다.

⑦ 가로근은 기둥의 철골 웨브에 관통 구멍을 설치하여 통근으로 할 수 있다.

⑧ 조인트 피스(겹침 이음 길이 이상의 철근을 용접한 플레이트)를 사용할 수 있다.

일반적인 예를 239페이지 그림에 나타낸다.

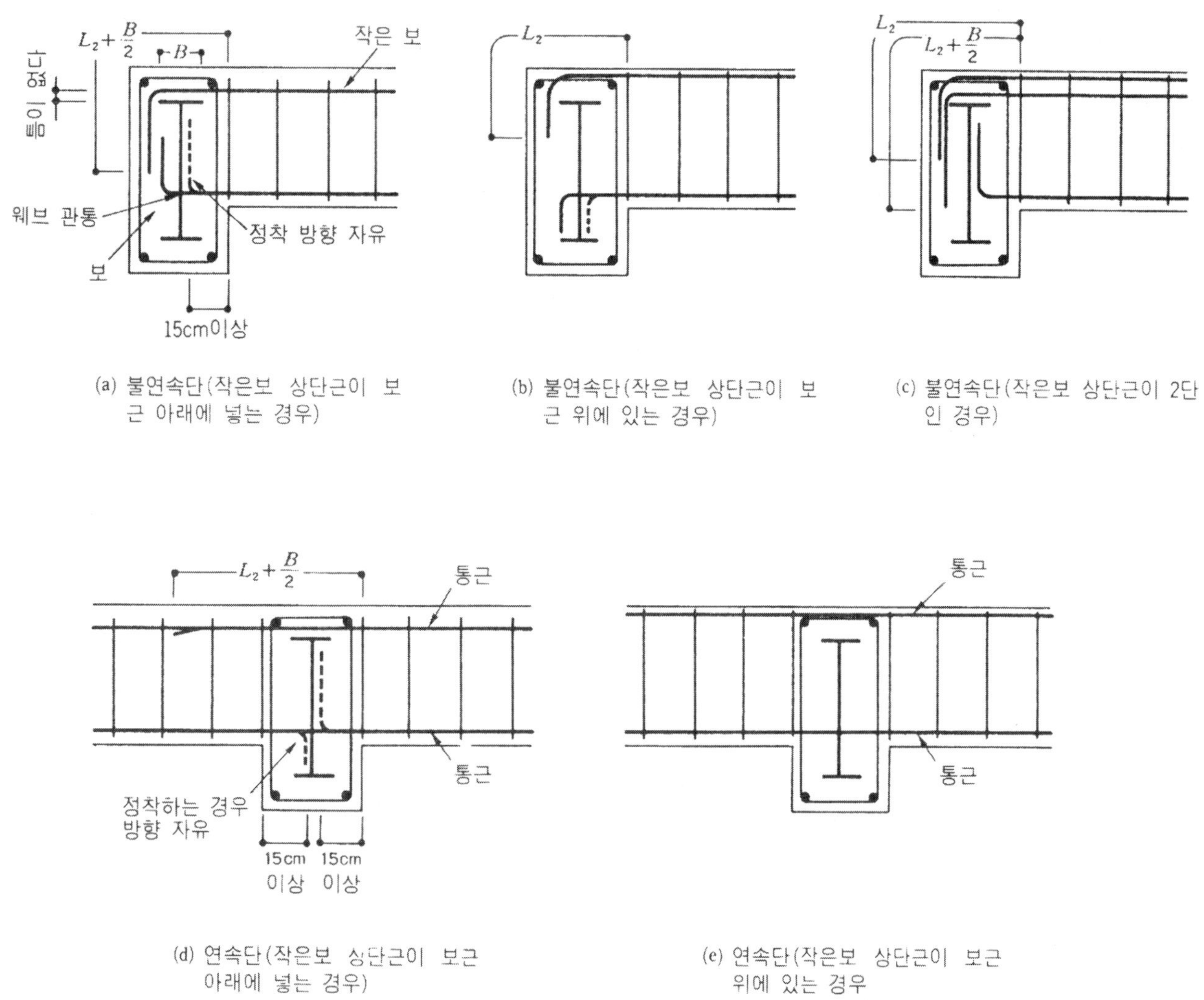

(a) 불연속단(작은보 상단근이 보근 아래에 넣는 경우)

(b) 불연속단(작은보 상단근이 보근 위에 있는 경우)

(c) 불연속단(작은보 상단근이 2단인 경우)

(d) 연속단(작은보 상단근이 보근 아래에 넣는 경우)

(e) 연속단(작은보 상단근이 보근 위에 있는 경우

보 · 작은 보의 접합부의 일반례

작은보 상단근은 보근의 위를 통근으로 하고 있다.

좌우의 작은 보의 위치가 다소 어긋나서 일부 겹쳐 있다.

작은 보 상단근이 2단 배근으로, 상단은 보근 위에서, 통근 · 하단근은 철골 플랜지아래를 통근으로 하고 있다.

작은보 근은 보근의 위에서 통근으로 하고, 하단근은 철골 웨브를 통근으로 하고 있다.
슬래브근의 정착

〔5〕 보와 작은 보의 접합부

검토사항

작은보 근의 정착은 보근과의 상하 관계에 의해 정해지므로 주의한다.

정착에 관한 유의점은 다음과 같다.

① 작은보 근이 보의 철골 플랜지에 접촉한다거나, 틈이 없는 경우는 일반적으로 정착 길이에 철골 플랜지 너비의 1/2을 더하는 것을 고려한다.

② 하단근은 보의 철골 웨브에 관통 구멍을 설치하고 통배근으로 할 수 있다. 또, 15cm 이상 집어 넣으면 웨브의 바로 앞에서 정착할 수 있다. 정착 방향은 자유로 한다.

③ 작은보 근의 조립을 안정시키기 위해 하단근은 되도록 보의 철골 웨브에 관통 구멍을 설치하여 배근하는 것이 좋다.

보와 작은 보의 접합부의 일반 례를 앞페이지 그림에 나타낸다.

〔6〕 보와 슬래브의 접합부

■ 검토사항

슬래브의 정착은 원칙적으로 RC조와 같다. 일반적으로 설계에서는 그다지 고려되지 않으나, 슬래브에 고저차(보를 사이에 둔 좌우의 슬래브에 대해서)가 있는 경우는 시공상 검토하여 배근하기 쉬운 방법을 선택할 필요가 있다.

정착에 관한 유의점은 다음과 같다.

① 하단근은 정착부가 철골 플랜지 윗면에 접촉해도 좋다.

② 상·하근 모두 통배근으로 하는 경우는 철골 윗면의 플랜지와의 틈이 없어도 좋으나, 통배근이 아닌 경우는 정착 길이는 $L_2+B/2$ 이상 취하도록 고려한다. 하단근은 플랜지 윗면에 정착하지 않도록 한다.

③ 정착부에 철골 웨브가 있는 경우, 상단근은 관통 구멍을 두어 배근하고 정착한다. 하단근은 $10d$ 이상의 집어 넣기를 하여 바로 앞에서 앵커로 할 수 있다.

보와 바닥 슬래브의 접합부의 일반 례를 아래 그림에 나타낸다.

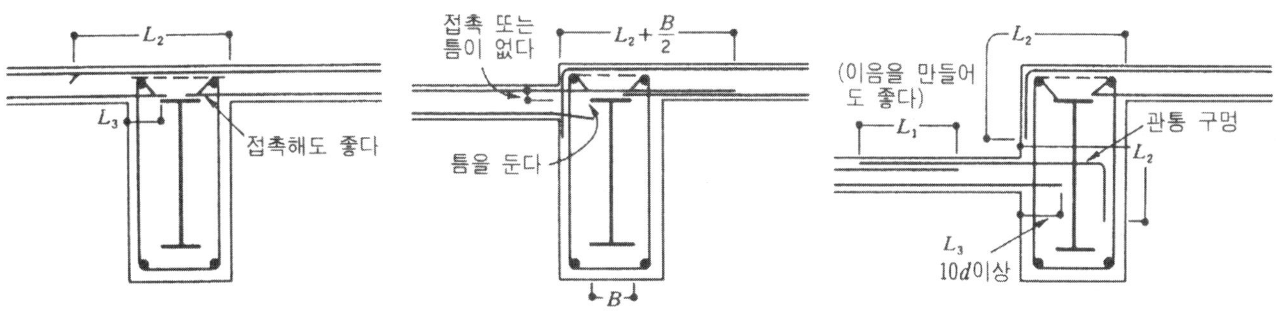

(a) 일반의 슬래브 (b) 슬래브에 고저차가 있는 경우 (c) 슬래브에 큰 고저차가 있는 경우

슬래브근의 정착

하단근의 보 바로 앞의 앵커

〔7〕 보와 관통 구멍 보강

▨ 검토사항

설비 배관 관통을 위한 유공보(perforate beam)의 보강은 대부분 전단에 대한 보강이다.

철근에 의한 보강은 RC보와 같은 형상의 것으로도 좋다. 최근에는 기성품의 철물이 사용되고 있으며, 종래의 철근의 보강 방법과 함께 이용되고 있다.

보의 관통 구멍 보강의 예(1)

보의 관통 구멍 보강의 예(2)

〔8〕 기둥과 기초의 접합부

▨ 검토사항

철골 주각부(column base)의 기둥근은 철골 기둥의 세우기 때문에 일반적으로 구부러져 있으며, 원래대로 되돌린다는 것은 거의 불가능하다. 최근에는 주각의 철근을 구부리지 않고 시공하는 것이 연구되어, 각종 공법이 개발되고 있다.

철골 주각 주위의 기둥근의 배치.
기둥근은 연직으로 양호하다.

13.5 보강 콘크리트 블록조

보강 콘크리트 블록조(이하 보강 블록조라 한다)는 줄기초, 내력벽, 테두리보, 슬래브로 되어 있는 벽구조이다. 줄기초, 테두리보, 슬래브는 현장 붓기 철근 콘크리트조이며, 내력벽은 공동 콘크리트 블록(이하 블록이라 한다)을 조적하여 공동부에 철근을 배치하고, 모르타르 또는 콘크리트를 부어넣어서 구성되는 보강 블록조이다.

이 구조의 배근상의 특징을 들면

① 블록을 조적하여 내력벽이 구성되기 때문에 블록의 치수에 의해 철근의 위치·간격이 결정된다.

② 철근을 배치하는 블록의 공동부는 작기 때문에 배근이 곤란하여 피복 두께로 확보하기 어려운 면이 있다.

본 절에서 나타내지 않는 사항에 대해서는 13.1 일반사항, 13.2 철근 콘크리트조에 의한다.

〔1〕 철근의 피복 두께 및 정착과 겹침 이음

1) 철근의 피복 두께

철근에 대한 콘크리트의 피복 두께는 일반적으로 설계도에 나타내고 있으며, 벽구조 배근지침에는 아래 표와 같이 철근의 최소 피복 두께가 나타나 있으므로, 이것에 따라 실시하면 좋다.

철근의 최소 피복 두께

부 위	피복 두께(mm)
슬래브	20*
내력벽	20(블록 부분의 두께를 제외)
테두리보	30*
줄기초 치올림 및 기초 연결보	40*
기초(푸팅)	60(밑창 콘크리트 부분을 제외)

〔주〕 *내구성에서 유효한 마감이 아닌 경우는 옥내·옥외에 관계없이 10mm 늘린다.
외지지 슬래브의 선단의 피복은 30mm로 한다.

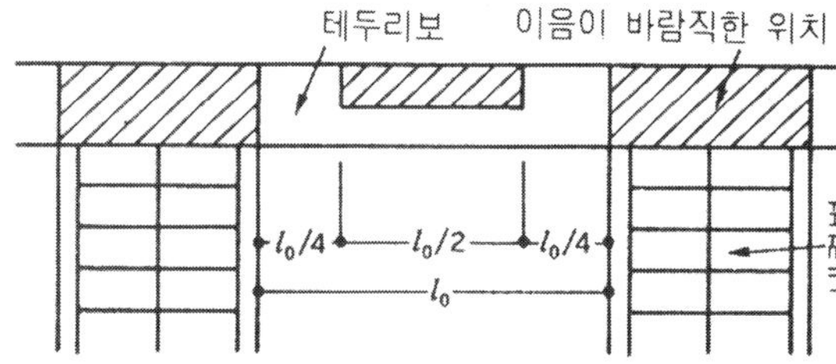

테두리보 주근의 이음 위치

2) 철근의 정착과 겹침 이음

내력벽, 줄기초, 테두리보(wall girder) 등에 대한 철근의 정착 및 겹침 이음의 길이는 일반적으로 설계도에 나타나 있으며, 벽구조 배근지침으로 각각 다음 페이지 표에 있으므로, 이것에 의해 실시하면 좋다. 테두리보 주근의 이음 위치를 위 그림에 나타낸다. 또, 줄기초 및 기초 연결보의 경우는 12.2 철근 콘크리트의 기초에 의한다.

내력벽의 철근의 정착 및 겹침 이음 길이

<table>
<tr><th rowspan="3">종 류</th><th rowspan="3">구 조 부 분</th><th colspan="2">정착 및 겹침 이음의 길이</th></tr>
<tr><th colspan="2">이 형 철 근</th></tr>
<tr><th>훅 없 음</th><th>훅 있 음</th></tr>
<tr><td>정 착
L_2</td><td>(1) 세로근을 상하의 RC부분에 정착
(2) 가로근을 벽 안에 정착
(3) 개구부 상하의 가로근을 벽 안에 정착</td><td>$40d$</td><td>$30d$</td></tr>
<tr><td>이 음
L_1</td><td>가로근을 벽 안에서 잇는 경우</td><td>$45d$</td><td>$35d$</td></tr>
</table>

〔비고〕 d : 이형 철근의 호칭명

줄기초 · 테두리보 등에 대한 철근의 정착 · 겹침 이음의 길이

<table>
<tr><th colspan="3" rowspan="3">종 류</th><th rowspan="3">콘크리트의
설계기준강도
(kgf/cm²)</th><th colspan="2">정착 및 겹침 이음 길이*</th></tr>
<tr><th colspan="2">이 형 철 근</th></tr>
<tr><th>훅 없 음</th><th>훅 있 음</th></tr>
<tr><td colspan="3" rowspan="2">이 음 L_1</td><td>180</td><td>$45d$</td><td>$35d$</td></tr>
<tr><td>210, 225, 240</td><td>$40d$</td><td>$30d$</td></tr>
<tr><td rowspan="4">정
착</td><td rowspan="2">L_2</td><td rowspan="2">일반</td><td>180</td><td>$40d$</td><td>$30d$</td></tr>
<tr><td>210, 225, 240</td><td>$35d$</td><td>$25d$</td></tr>
<tr><td rowspan="2">L_3</td><td>작은 보</td><td rowspan="2">180
210, 225, 240</td><td>$25d$</td><td>$15d$</td></tr>
<tr><td>바닥 · 지붕 슬래브</td><td colspan="2">$10d$ 또한 150mm</td></tr>
</table>

〔주〕 *지름이 다른 철근의 겹침 이음의 길이는 가는 쪽의 d를 사용한다.

〔2〕 기 초

▨ 요 지

기초는 줄기초가 일반적이며, 3층 건축물인 경우는 온통 기초, 저층인 경우 기초 연결보(내력벽을 지지하지 않는 지내력을 받지 않는 보)를 설치하는 것이 있다. 말뚝 박기 기초는 연약 지반인 경우에 사용되고 있다. 배근은 줄기초 단부 · 교차부 및 줄기초와 기초 연결보 교차부의 주근(상 · 하)의 아무림에 유의하고, 특히 벽 세로근의 기초에 대한 바른 정착이 중요하다. 베이스근, 온통 기초, 말뚝 기초의 배근은 12.2 철근 콘크리트조의 기초에 준해서 실시한다.

▨ 검사항목

① 기초보 주근의 정착의 방향 · 측정 방법 · 길이, 이음의 위치 · 겹침 길이
② 늑근 · 복근 · 너비 고정근의 지름, 간격, 배치
③ 베이스근 · 배력근의 지름, 간격, 배치, 겹침 이음 길이
④ 벽 세로근의 지름, 간격, 배치, 정착 방법 · 길이 · 고정 방법

기초의 표준 배근을 다음 페이지에 나타낸다.

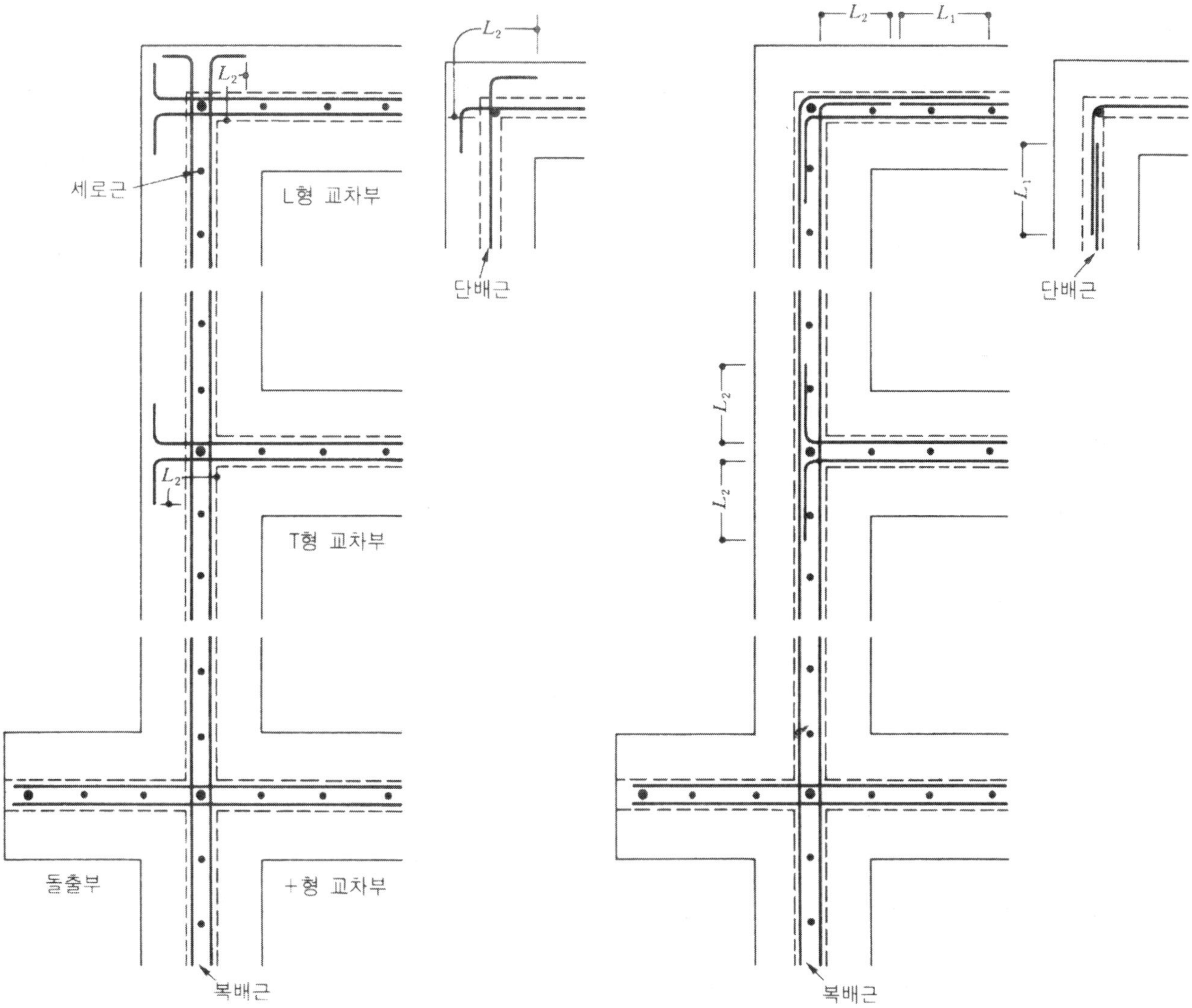

(a) 하단근 (b) 상단근

줄기초의 배근

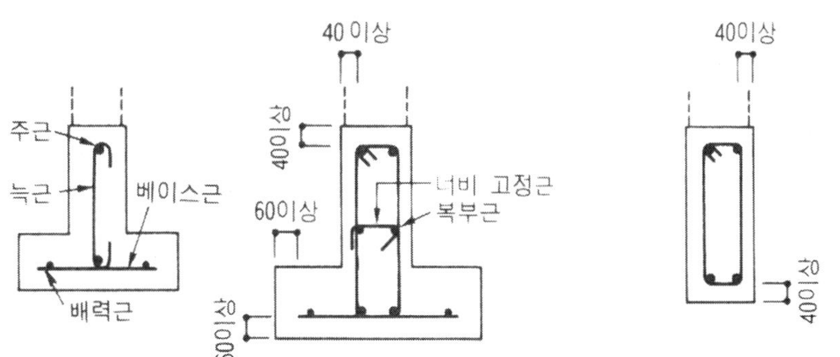

(a) 줄기초 (b) 기초 연결보

줄기초 · 기초 연결보의 단면

▨ 주 의 점

① 주근은 교차부에서 이음을 만들고 있지 않는가, 정착부의 수평 집어넣기는 충분한가, L

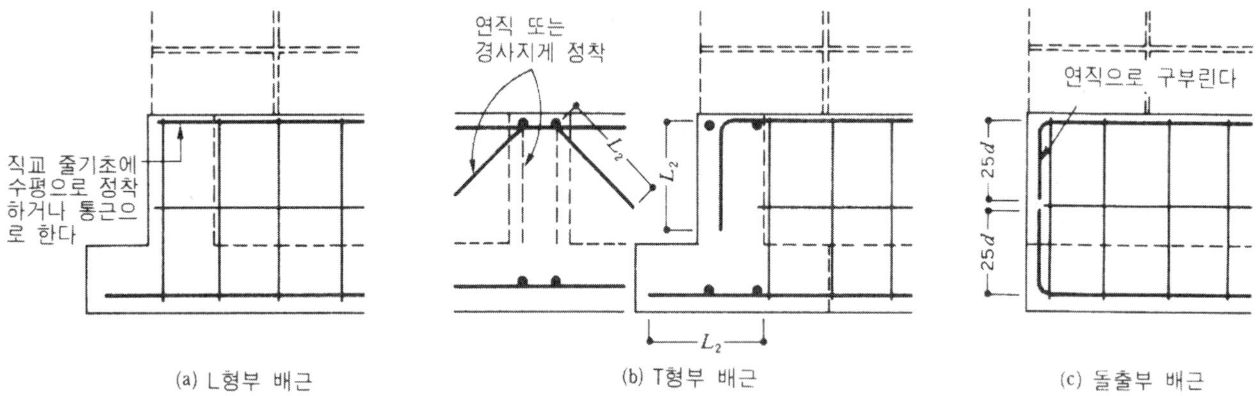

줄기초 교차부 · 돌출부 배근

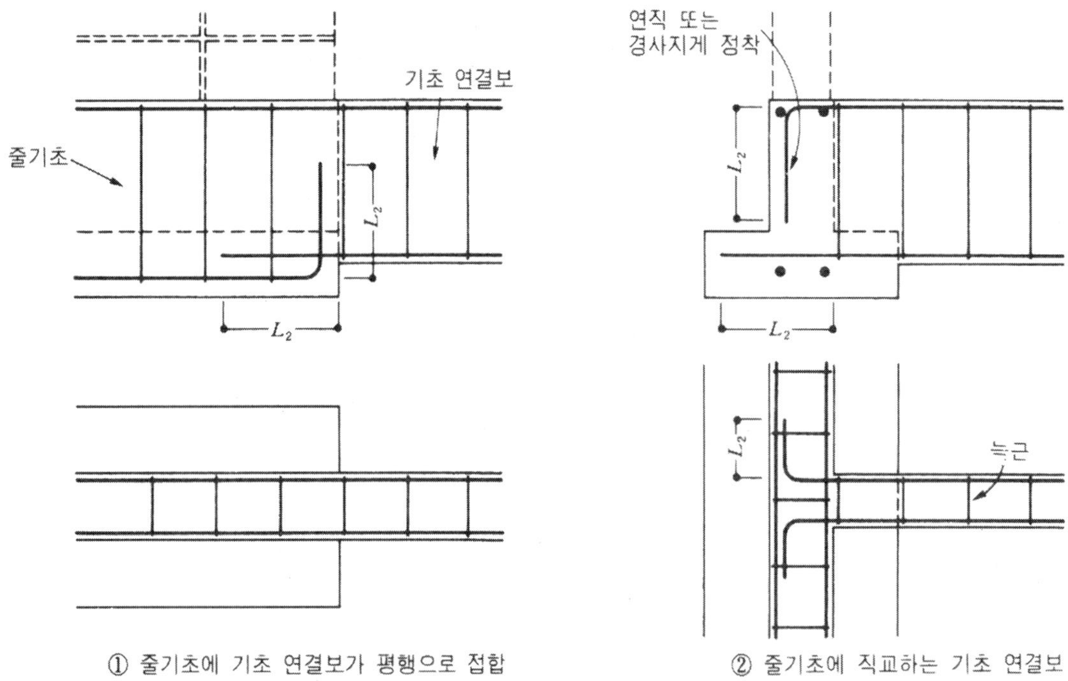

줄기초와 기초 연결보 접합부의 배근

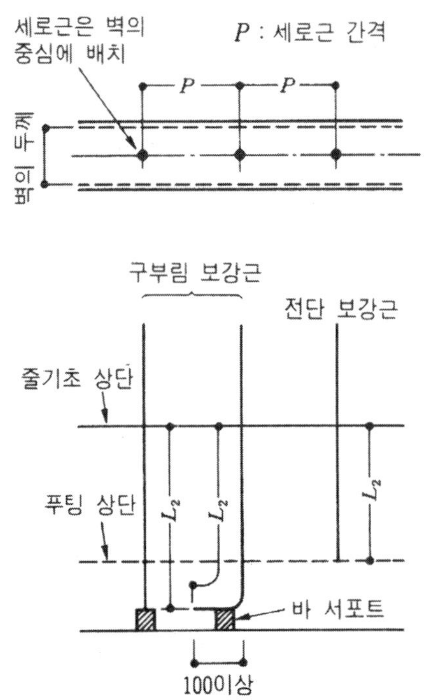

벽의 세로근

기초 상단 세로근의 바른 배치

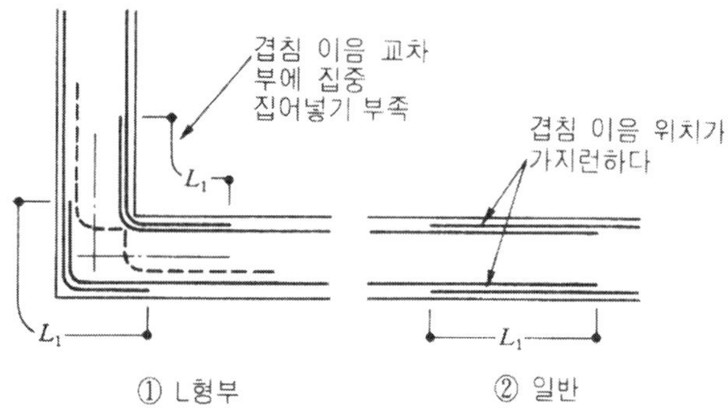

이음의 위치

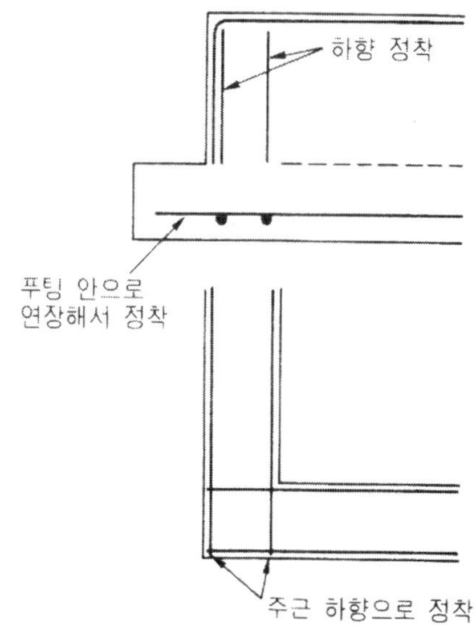

정착의 방향

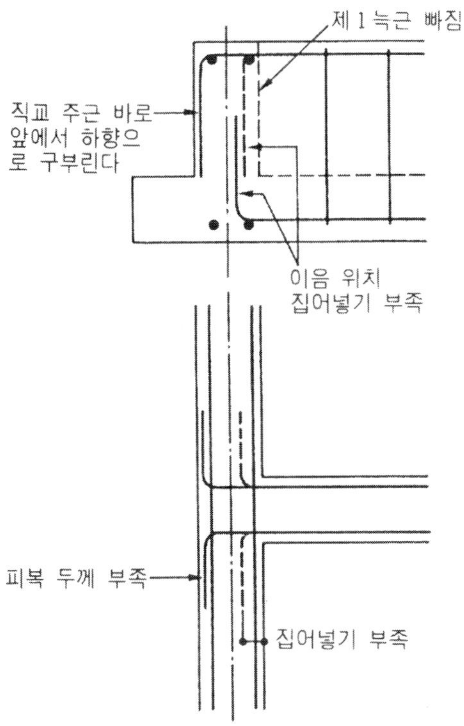

정착을 취하는 방법

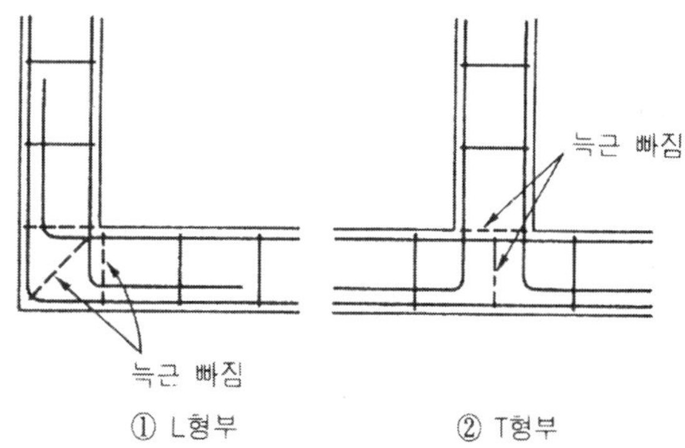

늑근의 배치

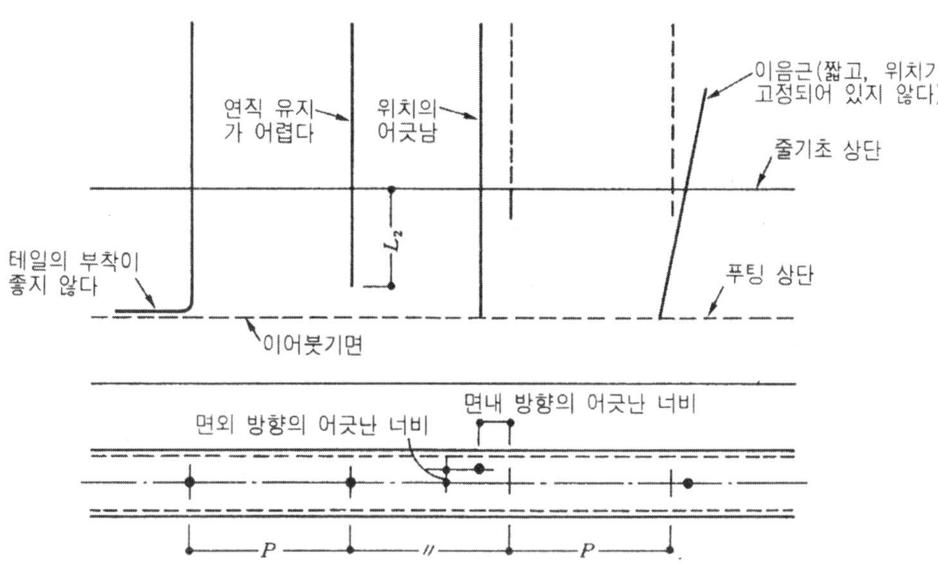

벽 세로근의 기초에의 정착

형 교차부에서 양방향 모두 하향으로 정착하고 있지 않는가?

② 늑근의 간격은 흐트러져 있지 않는가, 교차부에서 빠지지는 않았는가?

③ 중간 달근은 내려가 있지 않는가, 주근 · 중간 달근의 이음 위치는 엇갈려 있는가?

〔3〕 내력벽

▨ 요 지

보강 블록조의 내력벽에는 일반적인 가로 · 세로근, 단부 · 교차부의 세로근, 개구부 상 · 하 테두리의 가로근이 배치된다.

세로근은 기초 또는 테두리보에 정착하고, 1층분을 통근으로 치올려 위층의 테두리보(테두리보가 없는 경우는 슬래브)에 정착한다. 겹침 이음은 금지하고 있다.

가로근은 일반 내력벽인 경우는 단부 세로근에 180°훅으로 건다. 직교벽이 있는 경우는 통근으로 하여 직교벽 가로근에 겹침 이음으로 하거나 정착한다.

▨ 검사항목

① 세로근의 지름 · 위치 · 간격 · 철근 수정의 유무, 기초 · 테두리보에 대한 정착 길이, 방법, 이음의 유무, 피복 두께

② 가로근의 지름 · 위치, 겹침 이음의 길이 · 정착, 개구부 상 · 하 테두리의 가로근의 정착 길이 · 방법, 피복 두께

내력벽의 표준 배근을 각각 다음 페이지 그림에 나타낸다.

▨ 주 의 점

① 세로근은 기초 · 테두리보의 배근과 동시에 실시하며, 벽체의 조적 전에 다시 한번 점검한다. 지름 · 간격의 틀림, 위치의 어긋남, 철근 수정은 없는가? 특히 위치의 어긋남에

T형부 세로근의 바른 배치

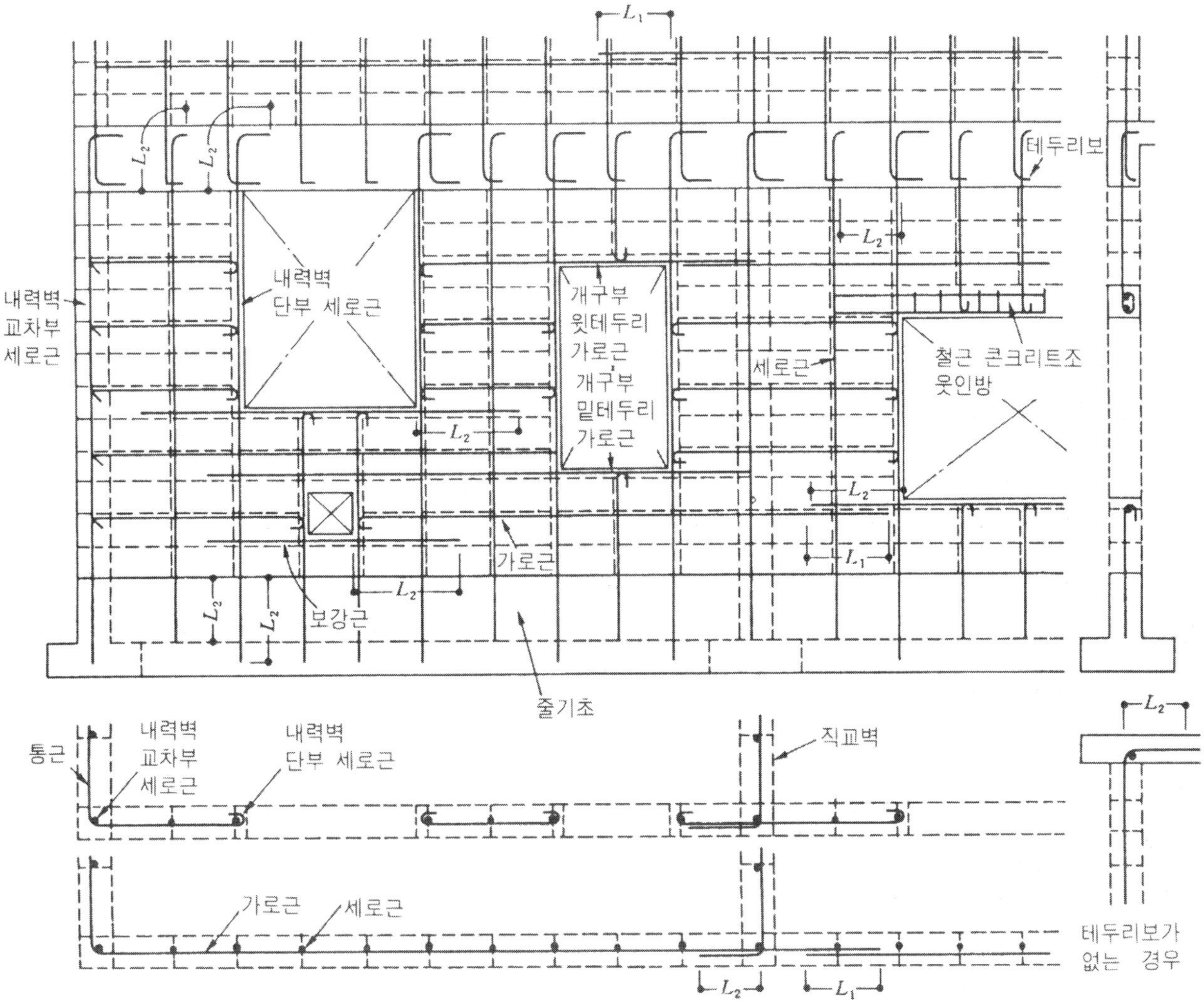

내력벽의 배근례

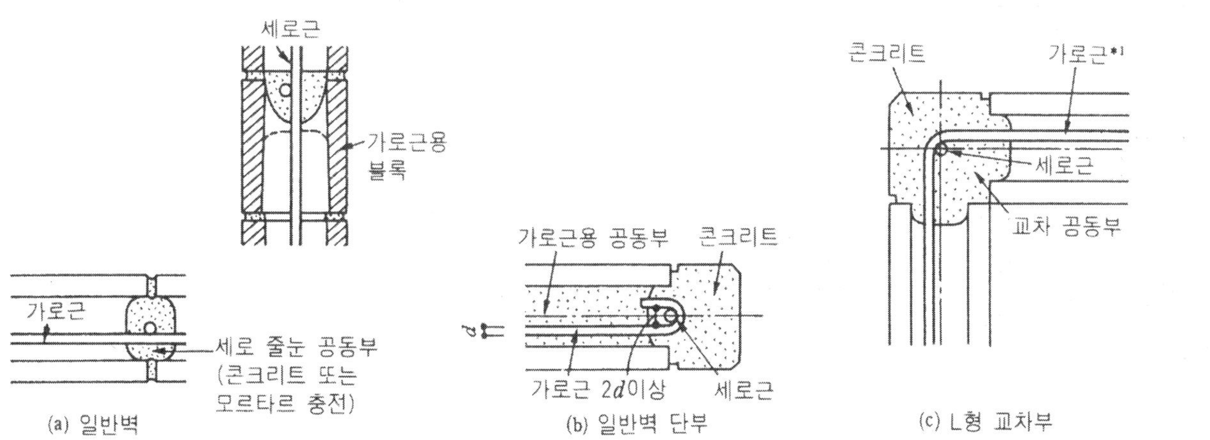

(a) 일반벽　(b) 일반벽 단부　(c) L형 교차부

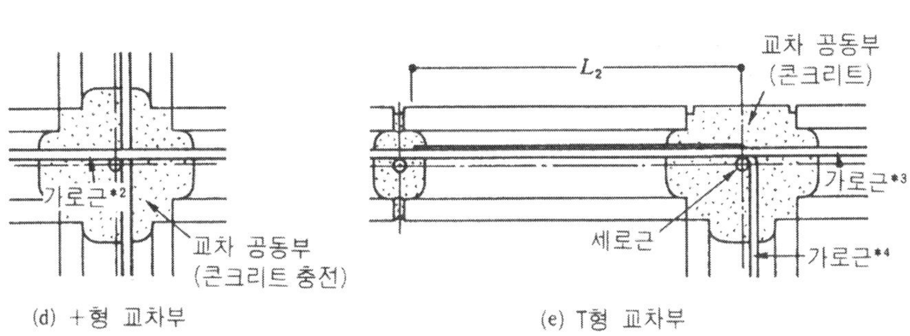

(d) ＋형 교차부　(e) T형 교차부

(주) ＊1 세로근의 바깥쪽으로 돌려서 직교벽에 정착한다.
＊2 통배근으로 한다
＊3 정착부에서는 이음을 만들지 않는다
＊4 세로근의 바깥쪽으로 돌려서 직교벽에 정착한다

내력벽 단부・교차부 등의 배근례

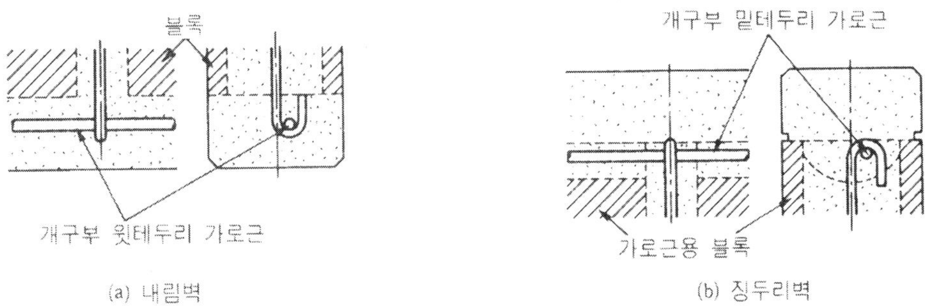

징두리벽 · 내림벽 단부의 배근례

대해서는 표준도에 나타낸 것처럼 수정한다.

② 가로근은 조적중 가로근의 위치마다 점검한다. 내력벽 단부 세로근에 걸려 있는가, 또는 직교벽에 통근으로서 직교벽 가로근에 겹침 이음으로 하는가, 정착되어 있는가? 정착 · 겹침 이음의 길이는 충분한가?

③ 세로 · 가로근을 삽입하는 공동부에는 바 서포트 · 스페이서를 사용하며, 피복 두께를 확보하고 있는가?

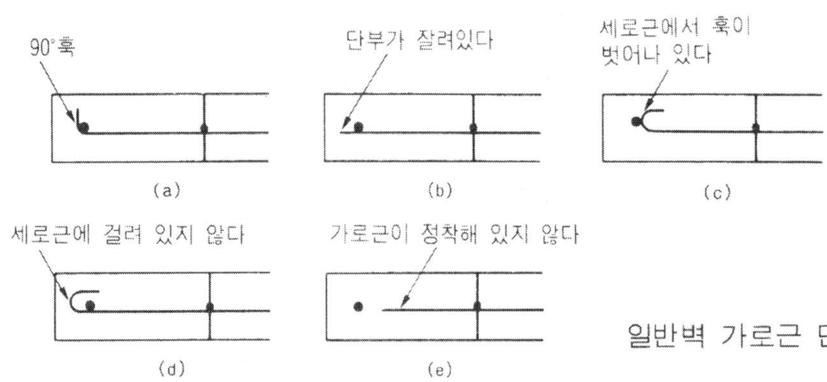

일반벽 가로근 단부의 아무림

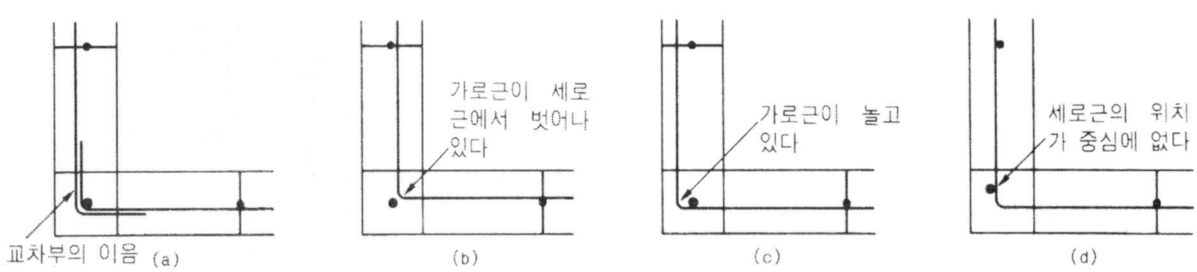

L형 교차부의 배근

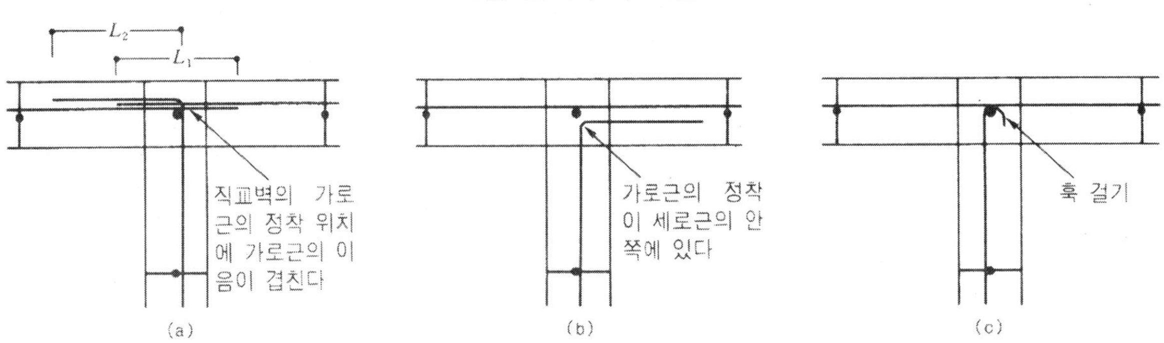

T형 교차부의 배근

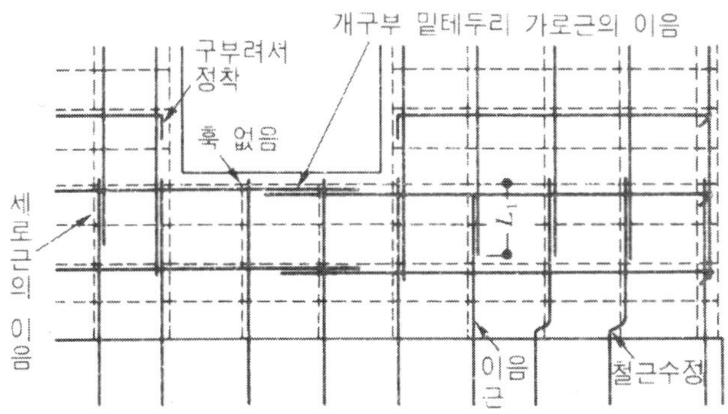

벽체의 배근

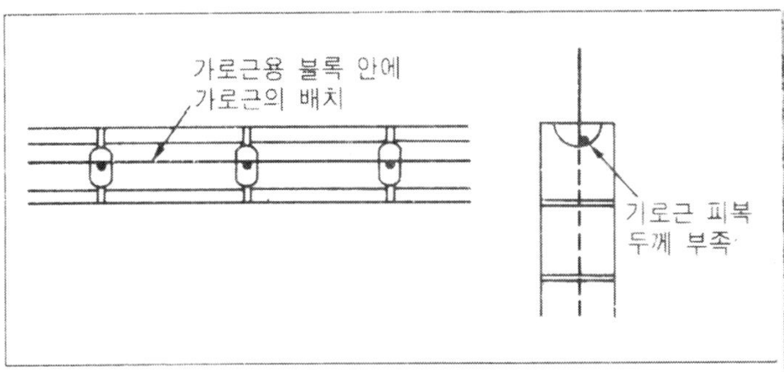

가로근용 블록 안의 가로근의 배치. 피복 두께가 부족하다.

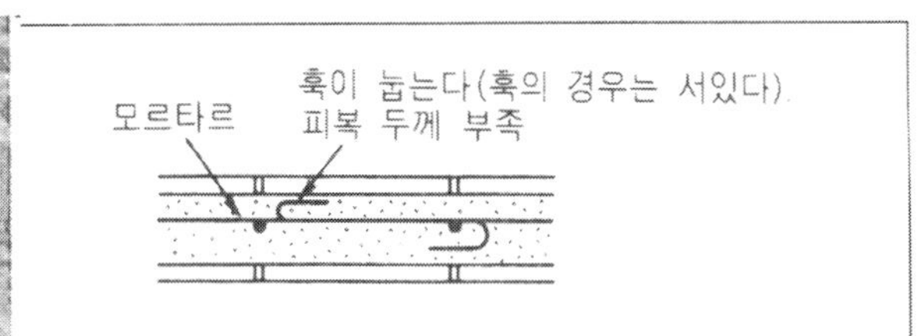

훅이 누워서 피복 두께가 부족하다. 훅의 경우는 서있는 것이 바르다.

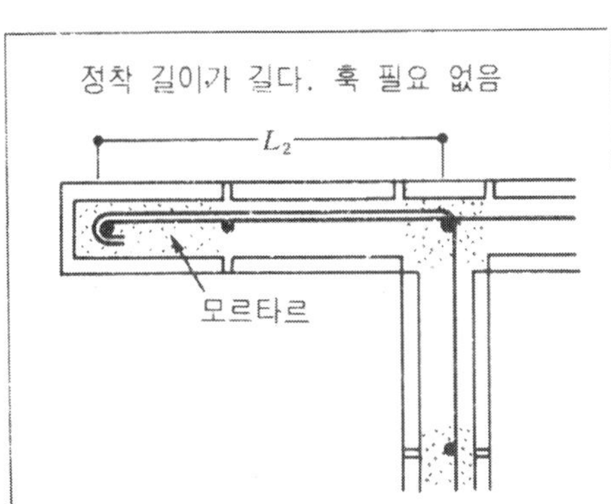

정착이 길다. 훅은 필요 없다.

〔4〕 테두리보

▨ 요 지

테두리보(wall girder)는 철근 콘크리트조의 큰 보에 해당한다. 테두리보에는 철근 콘크리트조 슬래브 있는 것과 없는 것이 있으며, 슬래브가 없는 경우의 단면 형상은 I형 · L형 · T형의 3종류가 있다. 슬래브 있는 테두리보의 배근은 기초(하단 주근을 제외)의 배근과 같다. I형 · L형 · T형 테두리보의 배근은 슬래브 있는 테두리보에 준하나, 특히 평면 교차부(L형 · T형 · +형부)의 배근에 유의하여야 한다.

▨ 검사항목

① 보 주근의 지름 · 개수, 정착의 위치 · 방향 · 길이, 이음의 위치 · 길이

단배근 테두리보

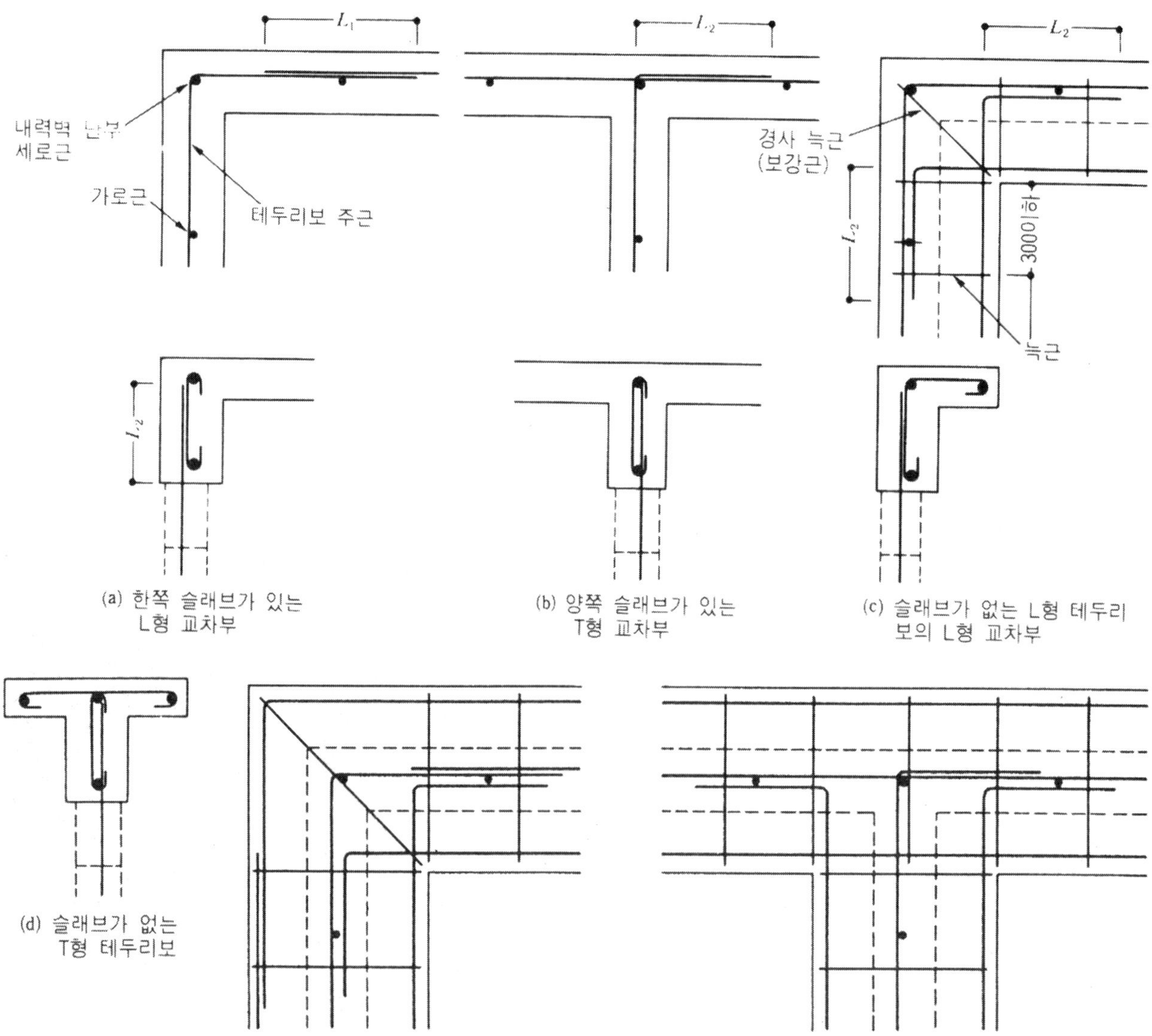

(a) 한쪽 슬래브가 있는 L형 교차부

(b) 양쪽 슬래브가 있는 T형 교차부

(c) 슬래브가 없는 L형 테두리보의 L형 교차부

(d) 슬래브가 없는 T형 테두리보

L형 교차부

T형 교차부

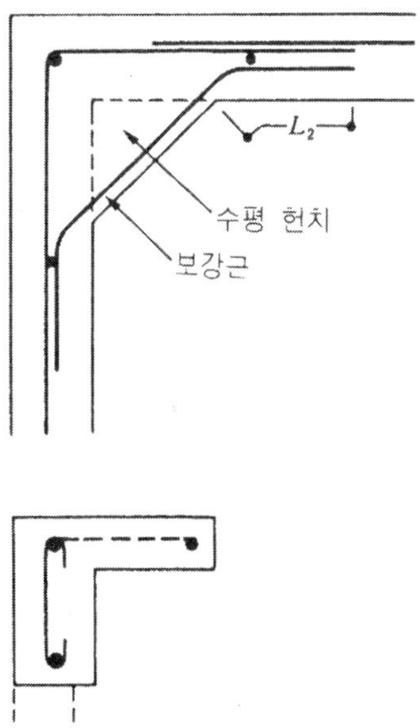

(e) L형 교차부 한쪽 헌치 있음

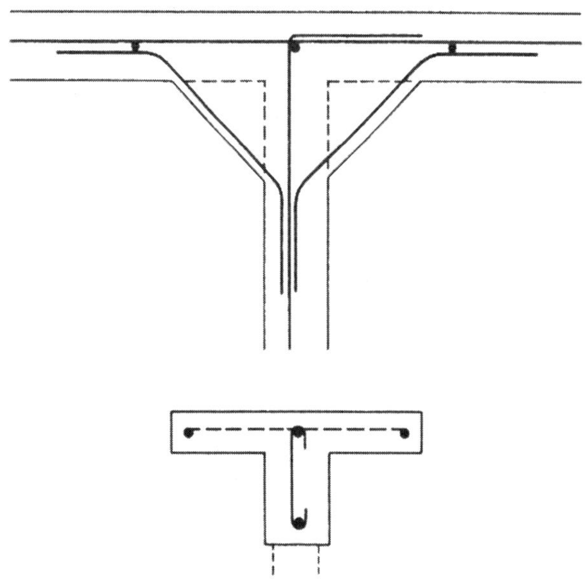

(f) T형 교차부 양쪽 헌치 있음

복배근 테두리보

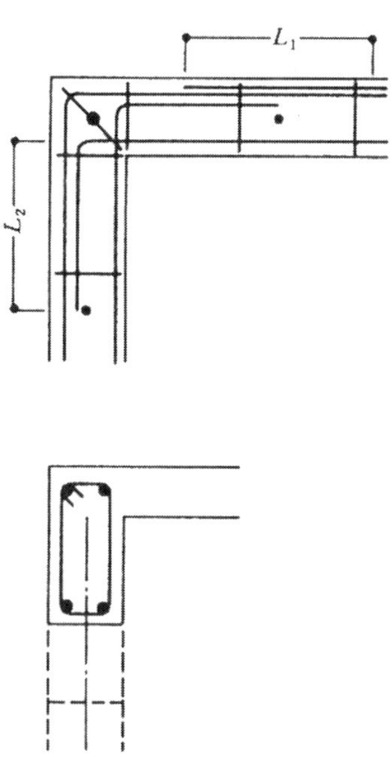

(a) 한쪽 슬래브 있는 L형 교차부

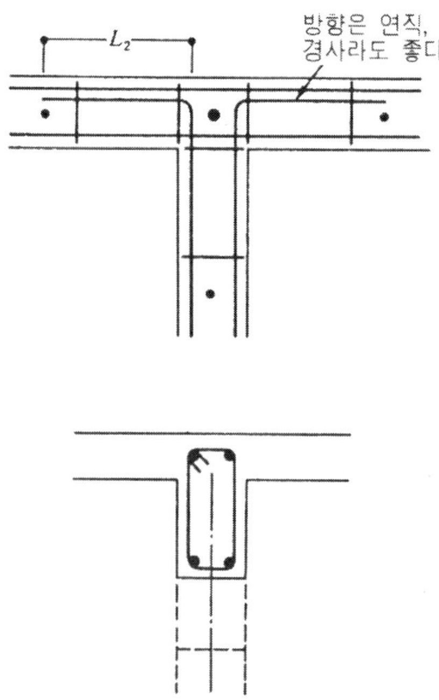

(b) 양쪽 슬래브 있는 T형 교차부

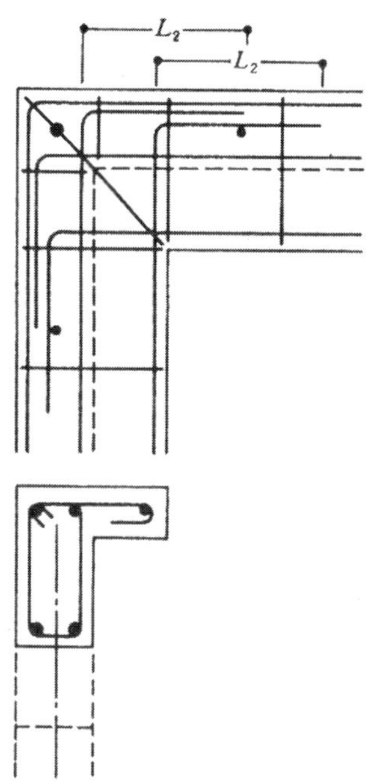

(c) L형 테두리보 L형 교차부

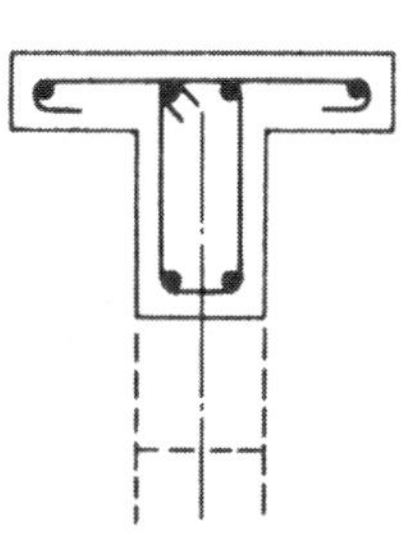

(d) 복배근 테두리보

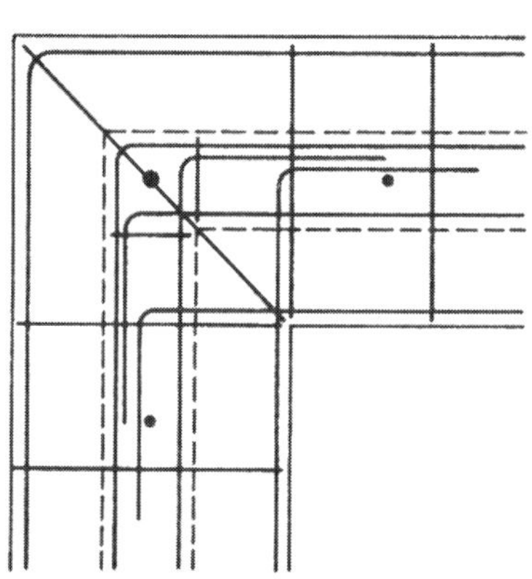

T형 테두리보 L형 교차부

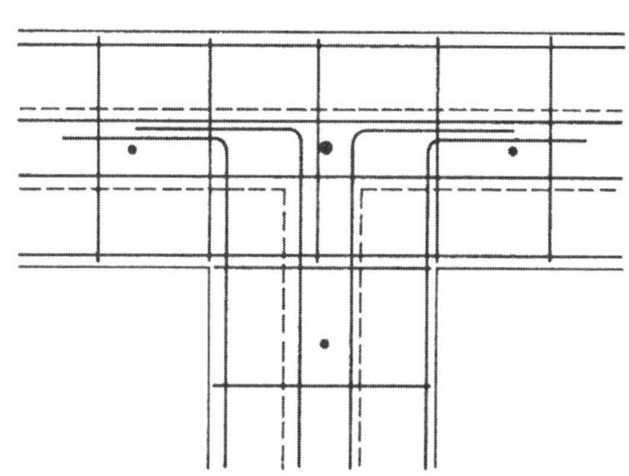

T형 테두리보 T형 교차부

② 늑근의 배치 · 지름 · 간격, 피복 두께

③ 상 · 하층 세로근의 배치 · 지름 · 간격 · 정착 길이

테두리보의 표준 배근을 각각 그림에 나타낸다.

■ 주 의 점

① 테두리보 교차부에서 주근은 이어져 있지 않는가, 정착의 위치 · 방향 · 길이의 틀림은

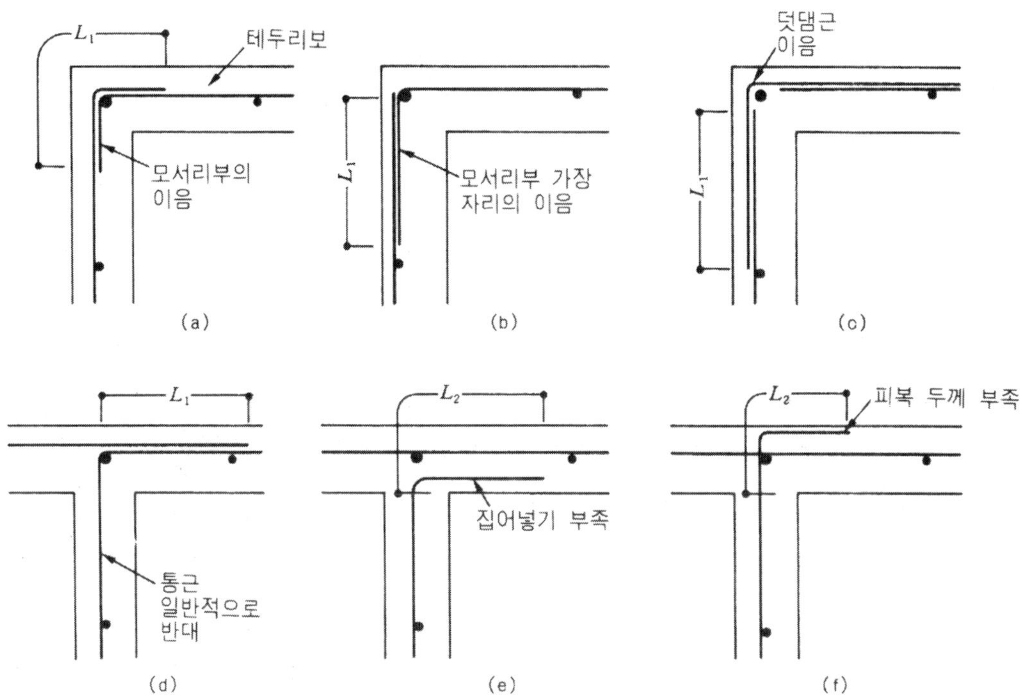

단배근 테두리보 L형 · T형 교차부의 주근의 이음 · 정착

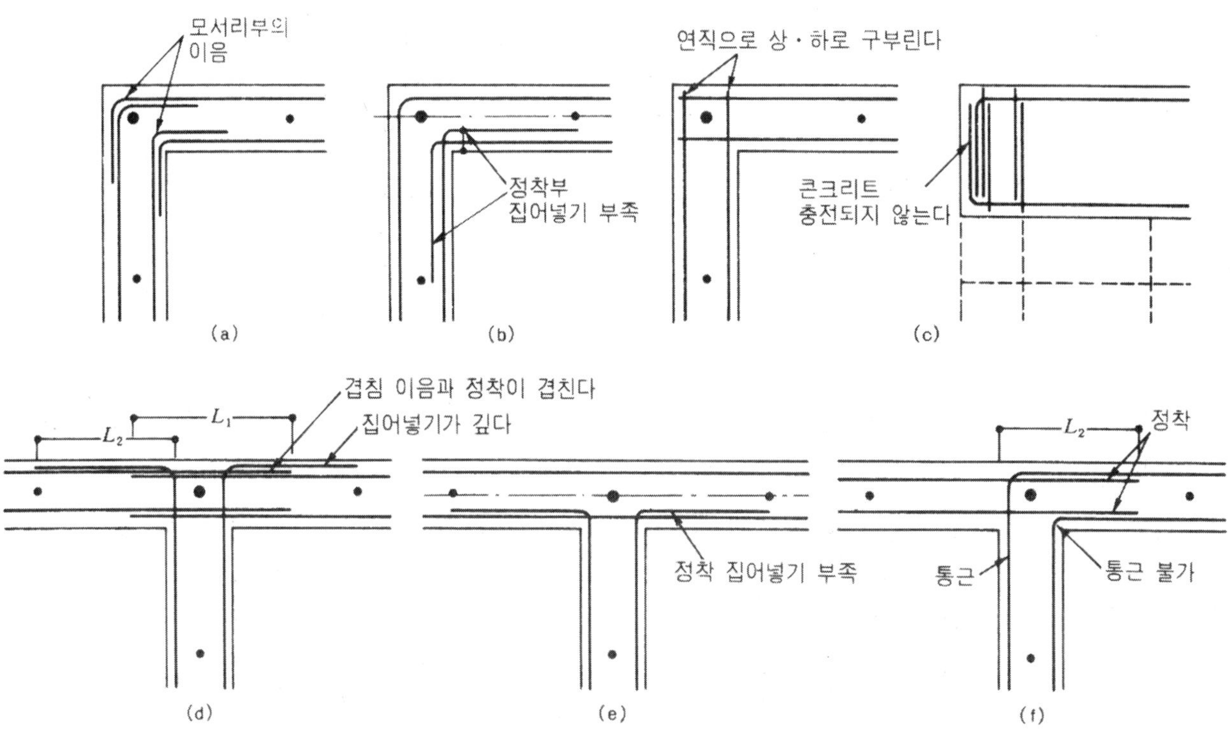

복배근 테두리보 L형 · T형 교차부의 주근의 이음 · 정착

없는가?

② 늑근의 배치가 흐트러져 있지 않는가, 테두리보 교차부에 보강근은 넣었는가, 피복 두께는 충분한가?

13.6 거푸집 콘크리트 블록조

거푸집 콘크리트 블록조(이하 거푸집 블록조라 한다)는 제1종 거푸집 블록조와 제2종 거푸집 블록조로 나눈다. 여기서는 제2종 거푸집 블록조에 대해서 기술한다. 제1종 거푸집 블록조는 기초, 내력벽, 벽보, 슬래브로 된 벽구조이다. 기초, 벽보, 슬래브는 현장 붓기 철근 콘크리트조이며, 내력벽은 거푸집 블록을 조적하여 중공부에 철근을 배치하고, 콘크리트를 부어넣어 구성되는 거푸집 블록조이다.

이 구조의 배근상의 특징을 들면 다음과 같다.

① 내력벽은 사용하는 거푸집 블록의 형상・치수에 의해 철근의 위치・간격이 결정된다.

② 철근을 배치하는 거푸집 블록의 중공부는 너비가 비교적 좁고 또한 웨브가 있기 때문에 단배근으로는 쉽지만, 내력벽 교차부 등의 배근이 어렵다.

이 절에서 나타내지 않는 사항에 대해서는 13.1 일반사항, 13.5 보강 콘크리트 블록조에 의한다.

〔1〕 철근의 정착과 겹침 이음 및 피복 두께

■ 요　점

내력벽의 정착과 겹침 이음의 길이 및 철근에 대한 콘크리트의 최소 피복 두께는 벽구조 배근지침에 각각 다음 페이지 표에 나타나 있으며, 이것에 따라 실시하면 좋다.

〔2〕 내력벽

■ 요　지

거푸집 블록조의 내력벽에는 일반적인 세로・가로근, 단부・교차부의 세로근, 개구부 상・하 테두리의 가로근이 배치된다.

일반 세로근은 기초 또는 벽보에 정착하며 1층분을 통근으로서 치올림하여 위층의 벽보 안에 정착하거나(벽보가 없는 경우는 슬래브) 위층 내력벽 안에서 겹침 이음으로 한다. 단부・

내력벽의 철근의 정착 및 겹침 이음의 길이

종 류	구 조 부 분	콘크리트 설계기준강도 (kgf/cm²)	정착 및 겹침 길이 이형철근 훅 없음	정착 및 겹침 길이 이형철근 훅 있음
정착 L_2	(1) 세로근을 상하의 RC보 부분에 정착 (2) 가로근을 벽 안에 정착 (3) 개구부 상하의 가로근을 정착	210 이상 240 이하	35d	25d
		180 이상 210 미만	40d	30d
정착 L_3	상기 이외의 것	—	25d	15d
정착 L_1	내력벽의 세로근 및 가로근을 이을 경우	210 이상 240 이하	40d	30d
		180 이상 210 미만	45d	35d

〔비고〕 d : 이형 철근의 호칭명(mm)

철근의 최소 피복 두께

구 조 부 분	피 복 두 께 (mm)
슬래브	20*
내력벽	20(블록 부분의 두께를 제외)
보벽	30*(거푸집 블록을 사용하는 경우는 블록 부분의 두께를 제외한 20으로 한다)
줄기초 치올림 부분 및 기초 연결보	40
기초	60(밑창 콘크리트는 넣지 않는다)

*내구성에서 유효한 마감이 아닌 경우는 옥내·옥외에 관계 없이 10mm 늘린다.
외지지 슬래브의 선단의 피복은 30mm로 한다.

교차부의 세로근은 상·하부를 기초 또는 벽보에 정착한다. 겹침 이음은 금지하고 있다.

일반 내력벽의 가로근은 단부 세로근에 180°훅으로 걸고, 직교벽이 있는 경우는 통근으로서 직교벽 가로근에 겹침 이음으로 하거나 정착한다.

징두리벽, 내림벽의 배근은 내력벽에 준해서 실시한다.

어느 것이나 단배근으로 하며, 단면이 협소하기 때문에 특히 내력벽의 교차 개소의 배근에 유의한다.

검사항목

① 세로근의 지름·위치·철근 수정의 유무·간격, 기초 또는 벽보에 대한 정착 길이·방법·피복 두께. 그밖에 일반 세로근의 경우 벽 안에서의 겹침 이음의 위치·길이.

② 가로근의 지름·위치·간격, 겹침 이음의 위치·길이, 정착의 길이·방법, 개구부 상·하 테두리의 가로근의 정착 길이·방법, 피복 두께.

내력벽의 표준 배근을 각각 다음 페이지 그림에 나타낸다.

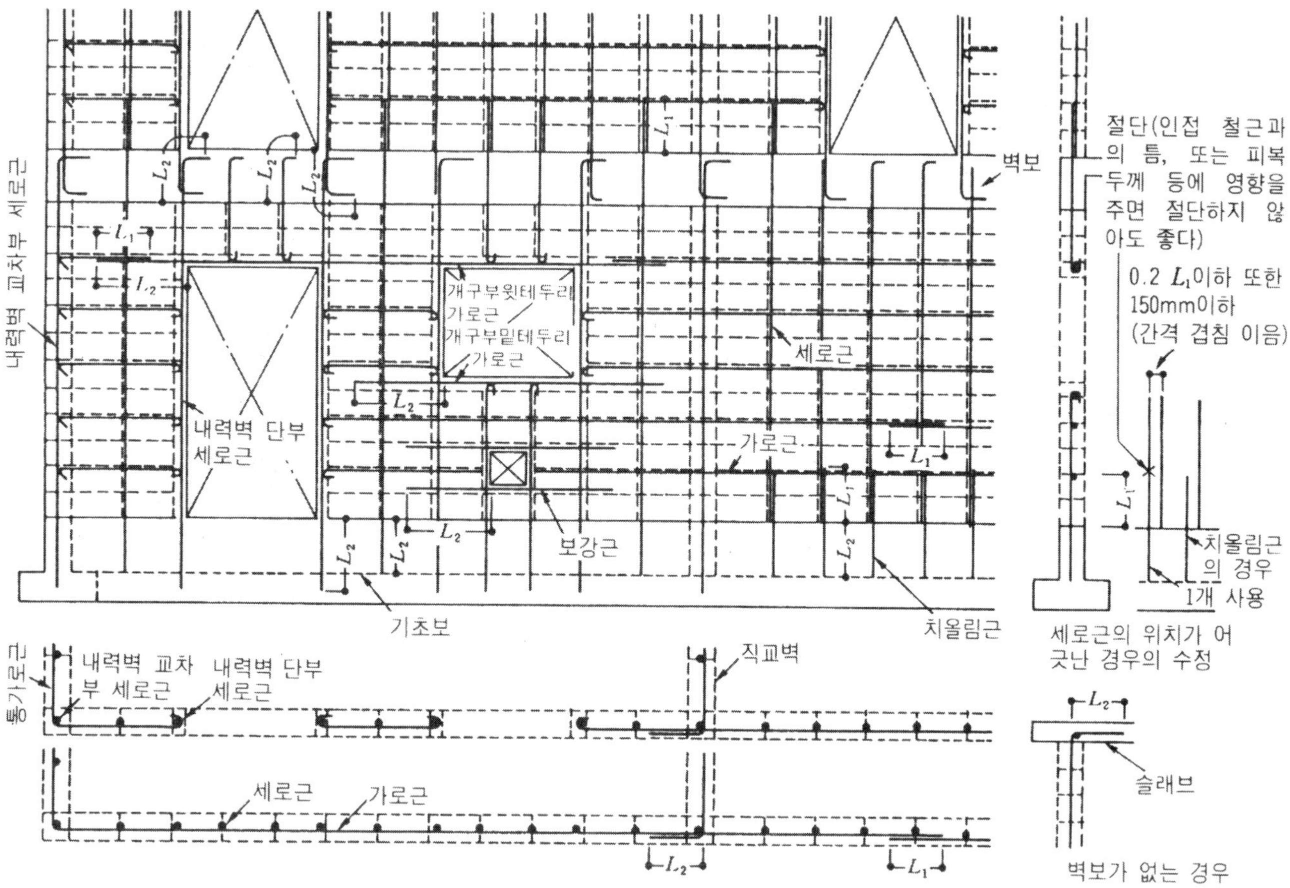

내력벽의 배근례

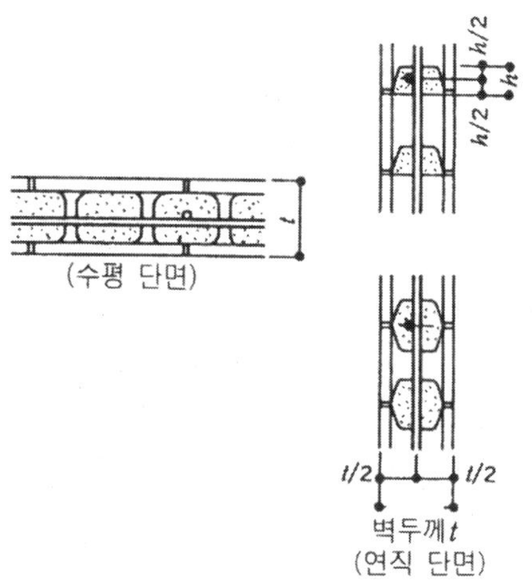

가로・세로근의 배치

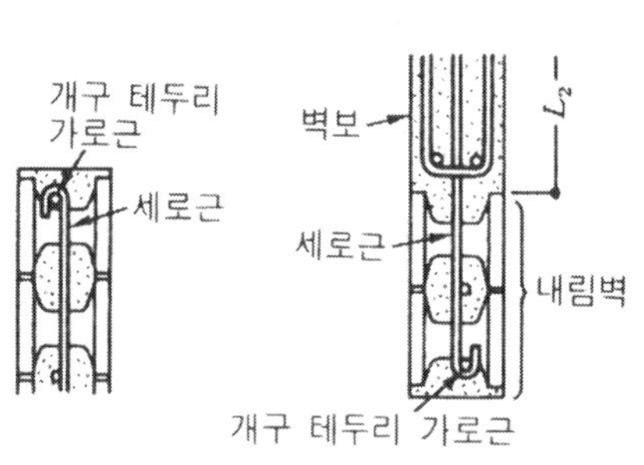

징두리벽・내림벽의 배근례

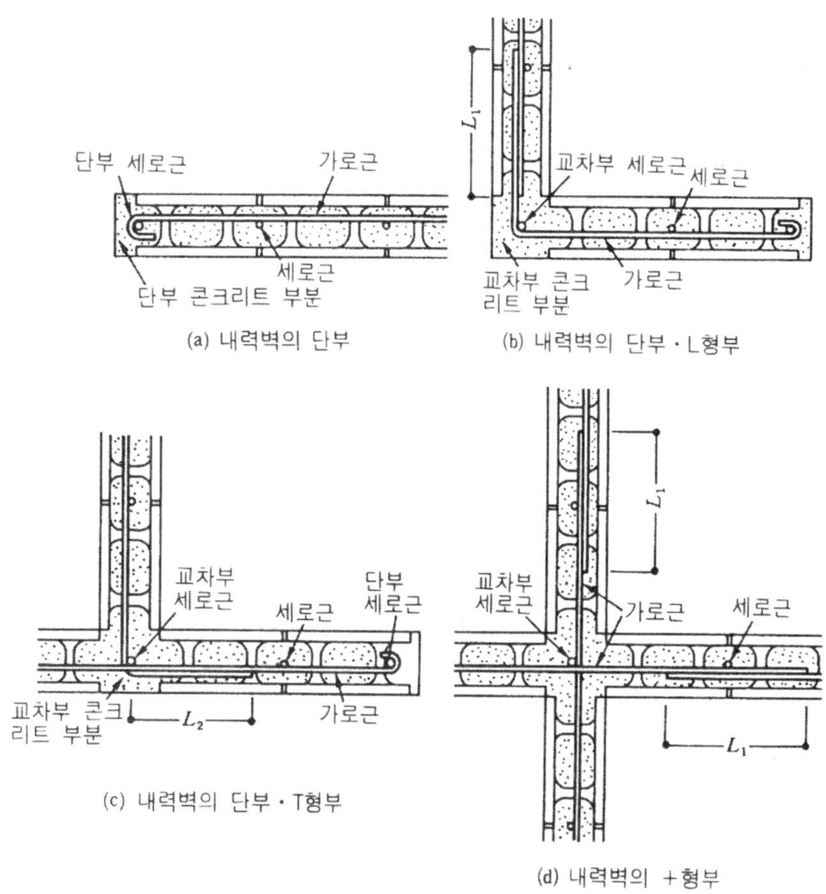

내력벽 단부・교차부 등의 배근례

내력벽 교차부 세로근의 바른 배치

내력벽 교차부 가로근의 바른 배치

▨ 주 의 점

① 세로근은 기초·보근의 배근과 동시에 실시하며, 벽체의 조적 전에 다시 한번 점검한다.

· 지름·간격의 틀림, 위치의 어긋남(세로근은 세로 줄눈의 위치 또한 벽두께의 중심선 위

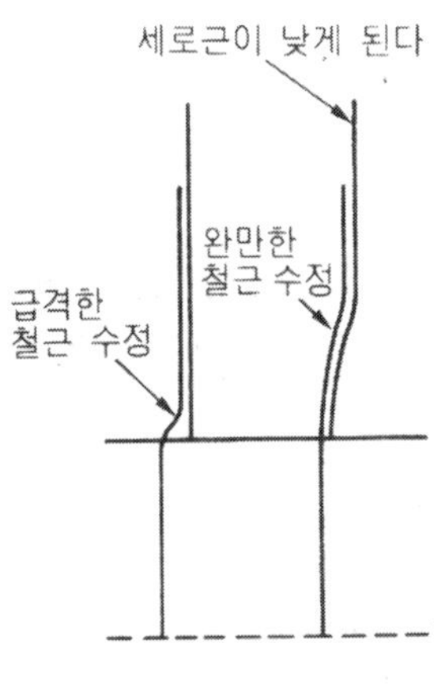

치올림근의 위치의 어긋남에 의한 철근 수정 후의 겹침 이음

내력벽의 단부 세로근을 겹쳐 잇고 있다. 세로근이 구부러져 있다.

세로근이 똑바로 서있지 않다(철근 비계가 없다). 작업용 통로로서 밑부분에서 구부러져 있다.

에 있는가?), 철근 수정은 없는가? (배근 례에 수정의 예를 나타낸다)

- 내력벽 단부 · 교차부의 세로근은 겹침 이음으로 되어 있지 않는가?
- 치올림근의 길이는 정착 · 이음 길이가 충분한가, 또 연직으로 고정되어 있는가?
- 세로근에 설비용 배관을 설치하고 있지 않는가, 작업 때문에 넘어져 있지는 않는가?

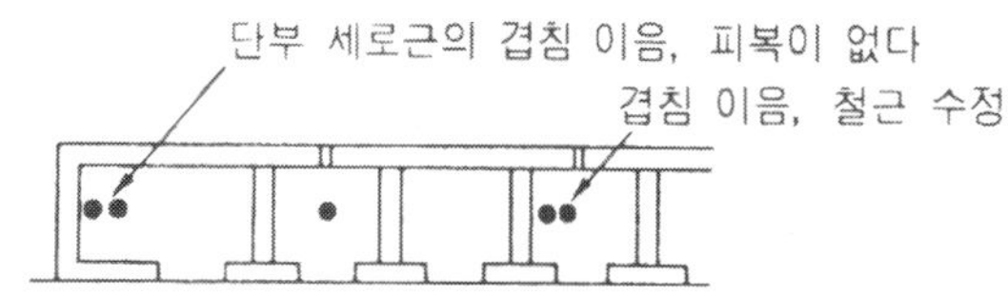

단부 세로근의 겹침 이음. 오른쪽 세로근은 웨브에 닿기 때문에 철근 수정을 하고 있다.

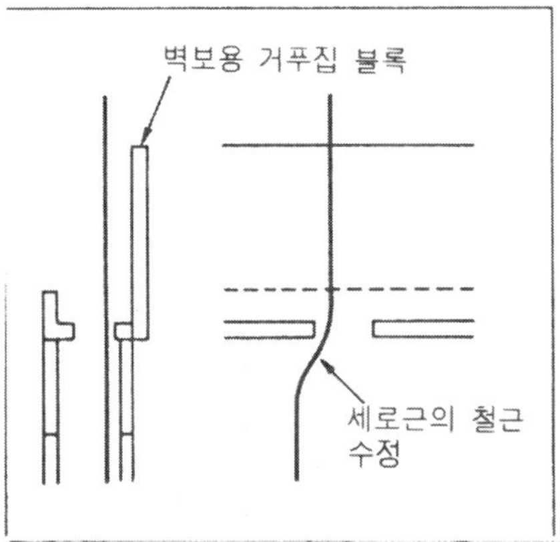

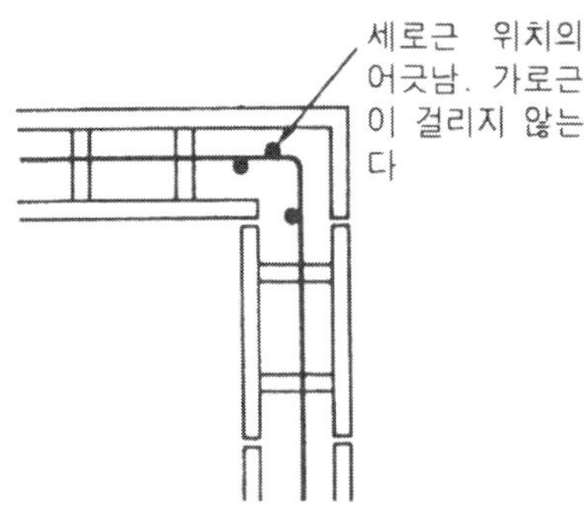

L형부 세로근 위치가 어긋나 있다.

세로근이 벽보용 거푸집 블록의 밑판에 닿아 철근. 수정을 하고 있다.

세로근이 벽보용 거푸집 블록의 밑판에 닿아 철근 수정을 하고 있다.

세로근 꼭대기가 낮다.

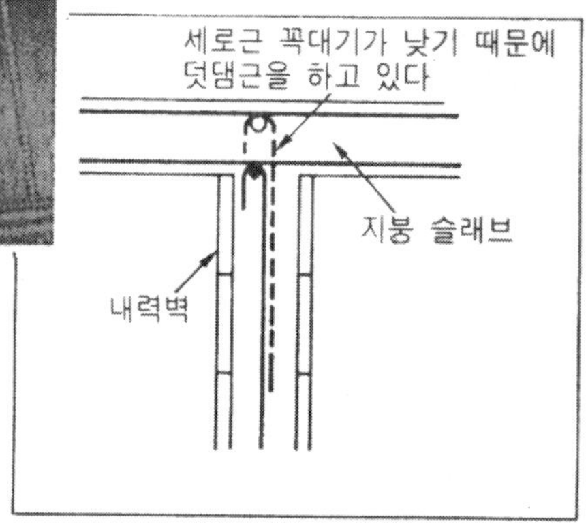

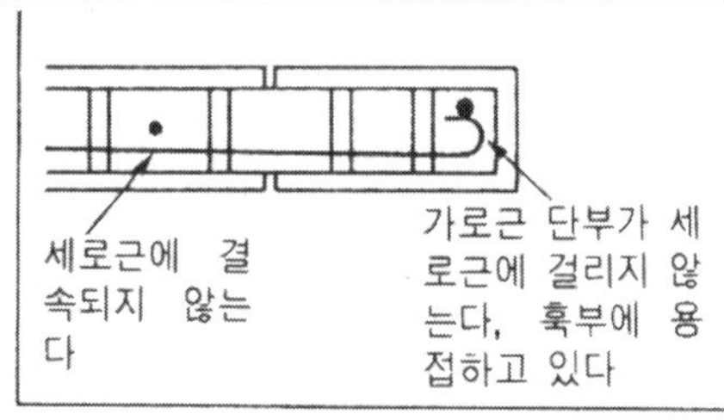

가로근 단부의 걸림 불량

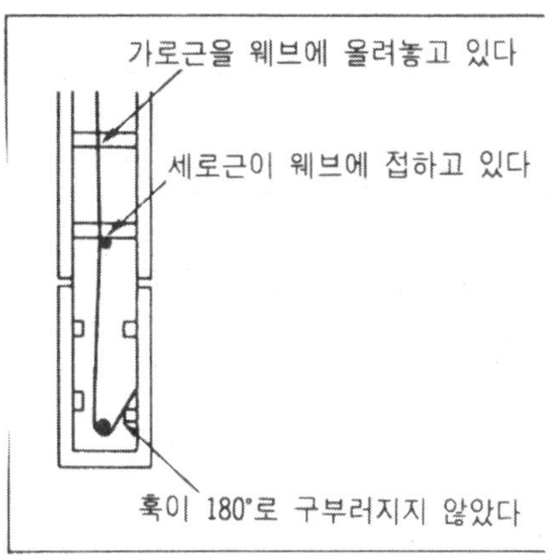

배근 불량

가로근 단부의 걸림 불량

징두리벽 세로근의 개구부 밑테두리
가로근에의 걸림이 불량

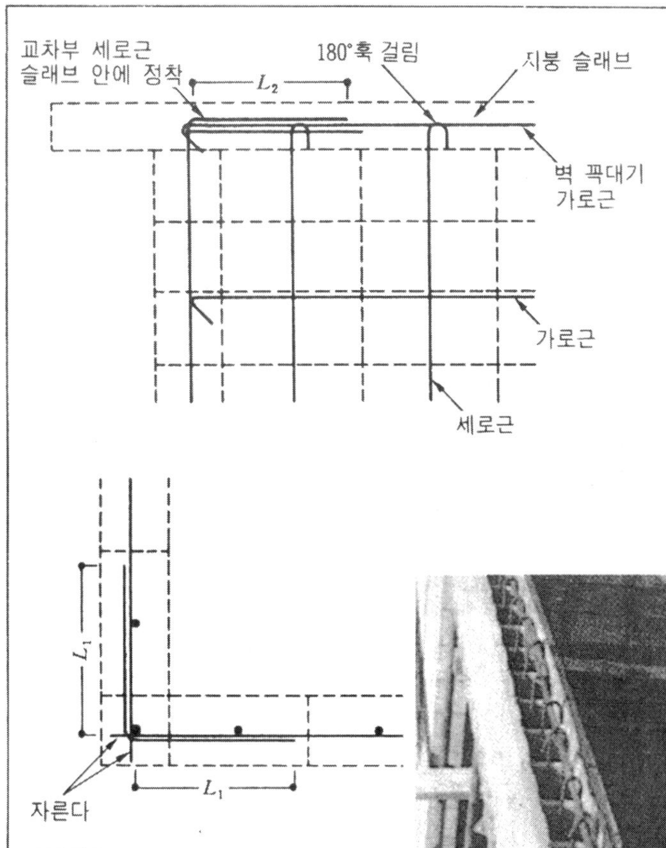

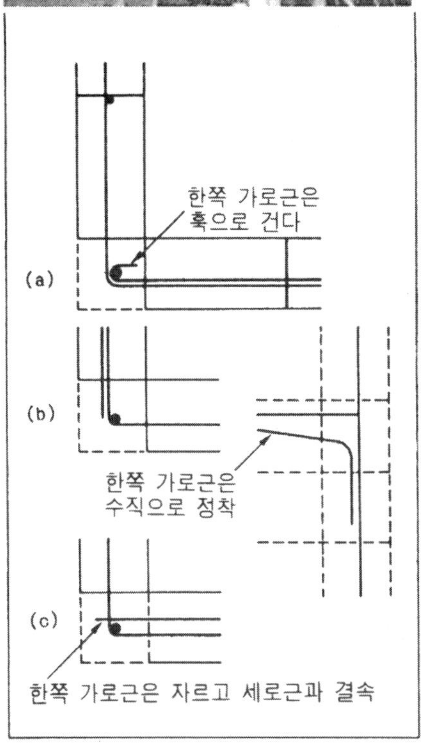

내력벽 L형부 가로근의 배치 불량

내력벽 L형부에서 겹침 이음

② 가로근은 조적중 가로근의 위치마다 점검한다.

- 내력벽 단부 세로근에 확실하게 걸려 있는가, 교차부 세로근의 바깥쪽을 돌아서 직교벽을 통근으로 하고 있는가, 또는 정착하고 있는가?
- 가로근은 웨브의 상단에 놓여 있지 않는가?
- 개구부 상·하 테두리의 가로근은 겹침 이음으로 되어 있지 않는가?

③ 세로·가로근을 삽입하는 중공부에는 바 서포트, 스페이서를 사용하며, 피복 두께를 확보하고 있는가?

세로근에 세로관을 덧붙이고 있다.

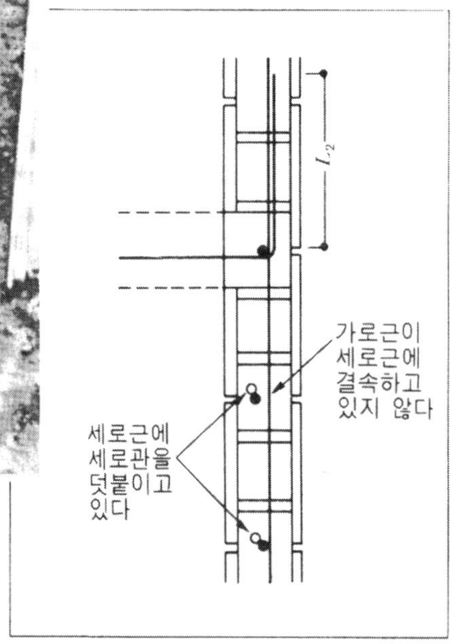

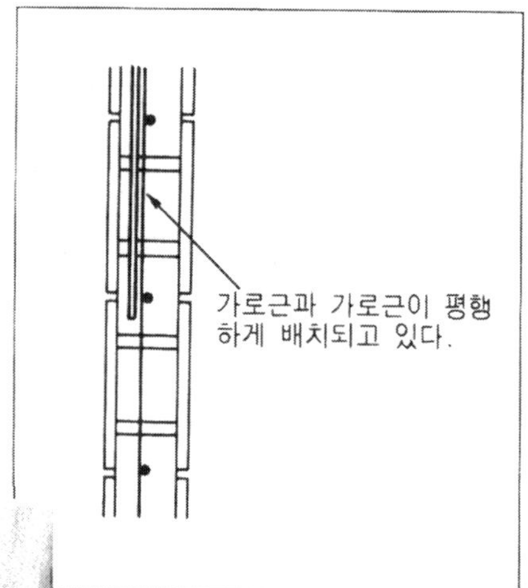

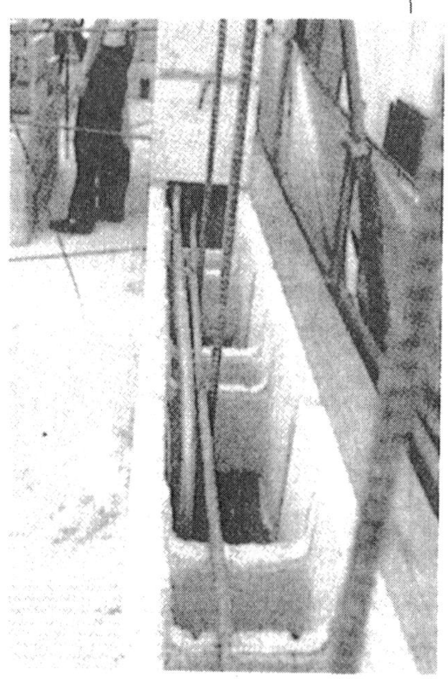

가로근에 가로관이 접하고 있다.

13.7 콘크리트 블록 장막벽 구조

콘크리트 블록 장막벽 구조(이하 장막벽이라 한다)는 공동 콘크리트 블록(이하 공동 블록이라 한다)을 조적하고, 공동부에 철근을 배치하여 콘크리트로 채운 구조이다.

장막벽(curtain wall)은 일반적으로 주체 구조가 철근 콘크리트조 • 철골조 • 철골 철근 콘크리트조·보강 콘크리트 블록조·거푸집 콘크리트 블록조의 내외벽에 사용되며, 일반 장막벽(주체 구조에 상하 또는 좌우의 2변 이상으로 지지되고 있는 벽)과 작은벽 장막벽(주체 구조에 1변으로 고정되어 있는 벽)으로 분류된다.

이 구조의 배근상의 특징을 들면 다음과 같다.

① 시공법에는 먼저쌓기 공법과 나중쌓기 공법이 있으며, 배근 방법이 다르다. 먼저쌓기 공법은 철골조를 제외한 주체 구조에 보강근을 비교적 쉽게 정착할 수 있다. 나중쌓기 공법은 미리 주체 구조에 주근·배력근 등의 정착용 철근을 정착해 두어야 하며, 시공에 어려움이 있다. 그러나 일반적으로 나중쌓기 공법이 널리 채용되고 있다.

② 주체 구조에 대한 긴결에는 보강근을 주체 구조에 정착하거나, 강재 등을 사용하여 장막벽을 주체 구조에 긴결하는 방법 등이 있으며, 설계의도에 따라 다르다.

③ 용접 이음, 용접 정착을 사용하는 경우가 많다.

이 절에서 나타내지 않는 사항에 대해서는 13.1 일반사항, 13.5 보강 콘크리트 블록조에 의한다.

〔1〕 철근의 정착과 겹침 이음 및 피복 두께

▨ 요 지

장막벽에 철근의 정착 및 겹침 이음의 길이는 벽구조 배근지침으로 아래 표와 같이 나타나 있으며, 이것에 따라 시행하면 좋다.

벽체의 블록 공동부 안에서의 철근의 피복 두께는 블록의 셸 부분을 제외한 2cm 이상으로 한다. 단, 옥내의 칸막이 벽에서 콩자갈 콘크리트 또는 모르타르로 채우는 경우는 1cm 이상으로 하여도 좋다.

철근의 정착 및 겹침 이음의 길이

종류	구조 부분			정착, 이음 길이 이형철근 혹 없음	정착, 이음 길이 이형철근 혹 있음	비고
정착	벽체안	개구부 주위 등의 보강근을 벽체 안에서 정착하는 경우, 배력근을 벽체 직교부에서 정착하는 경우 L_2		$40d$	$30d$	d : 이형 철근에서 호칭명으로 사용한 수치(mm) F_c : 주체 구조의 콘크리트 설계 기준 강도
정착	주체구조	주근 개구부 주위 등의 보강근을 주체 구조의 콘크리트 속에 정착하는 경우 L_2	$F_c<210$ kgf/cm²	$35d$	$25d$	
정착	주체구조	주근 개구부 주위 등의 보강근을 주체 구조의 콘크리트 속에 정착하는 경우 L_2	$F_c>210$ kgf/cm²	$40d$	$30d$	
정착	주체구조	배력근을 정착하는 경우 L_3		$25d$	$15d$	
이음		배력근을 벽체 안에서 잇는 경우 L_1		$45d$	$35d$	

〔2〕 장막벽

■ 요 지

장막벽에는 주근 · 배력근 외에 개구부 주위 · 돌출 단부의 보강근(이하 보강근이라 한다)이 배치된다.

주근은 기초 · 보(테두리보 · 벽보를 포함) · 기둥 · 슬래브에 정착하고, 겹침 이음을 만들지 않는다. 보강근과 직교하는 주근 · 배력근은 180°훅을 만들고, 그 보강근에 건다.

직교하는 벽이 있는 경우의 배력근은 그 벽에 정착하거나 통근으로서 직교벽 가로근에 겹침 이음으로 한다.

개구부 세로 보강근은 기초 또는 보에 정착하고, 가로 보강근은 벽체 안에서 정착한다. 어느 것이나 겹침 이음을 만들지 않는다.

철골조의 경우 장막벽의 주근 · 배력근 · 보강근의 정착은 철골에 용접하거나 콘크리트 슬래브 등에 정착한다.

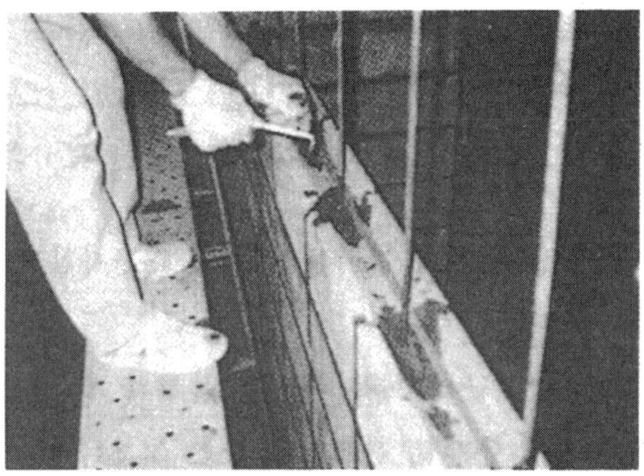

가로근용 블록 안의 배력근의 주근에 대한 결속

■ 검사항목

① 주근 · 배력근의 지름 · 위치 · 철근 수정의 유무 · 간격, 정착 · 이음의 방법 · 길이

② 보강근의 지름 · 위치, 정착 · 이음의 방법 · 길이

장막벽의 표준 배근을 다음 페이지 그림에 각각 나타낸다.

■ 주 의 점

① 정착용 철근은 구체의 콘크리트 붓기 전에, 철골의 경우는 조적 전에, 장막벽 안에서의 주근 · 보강근의 용접, 배력근의 겹침 이음 등은 조적 중에 점검한다.

② 구체의 콘크리트 안에 주근 · 배력근 · 보강근을 정착하는 경우(철근 콘크리트조, 철골 철근 콘크리트조, 보강 블록조, 거푸집 블록조) 정착용 철근의 지름 · 위치 · 간격 · 정착

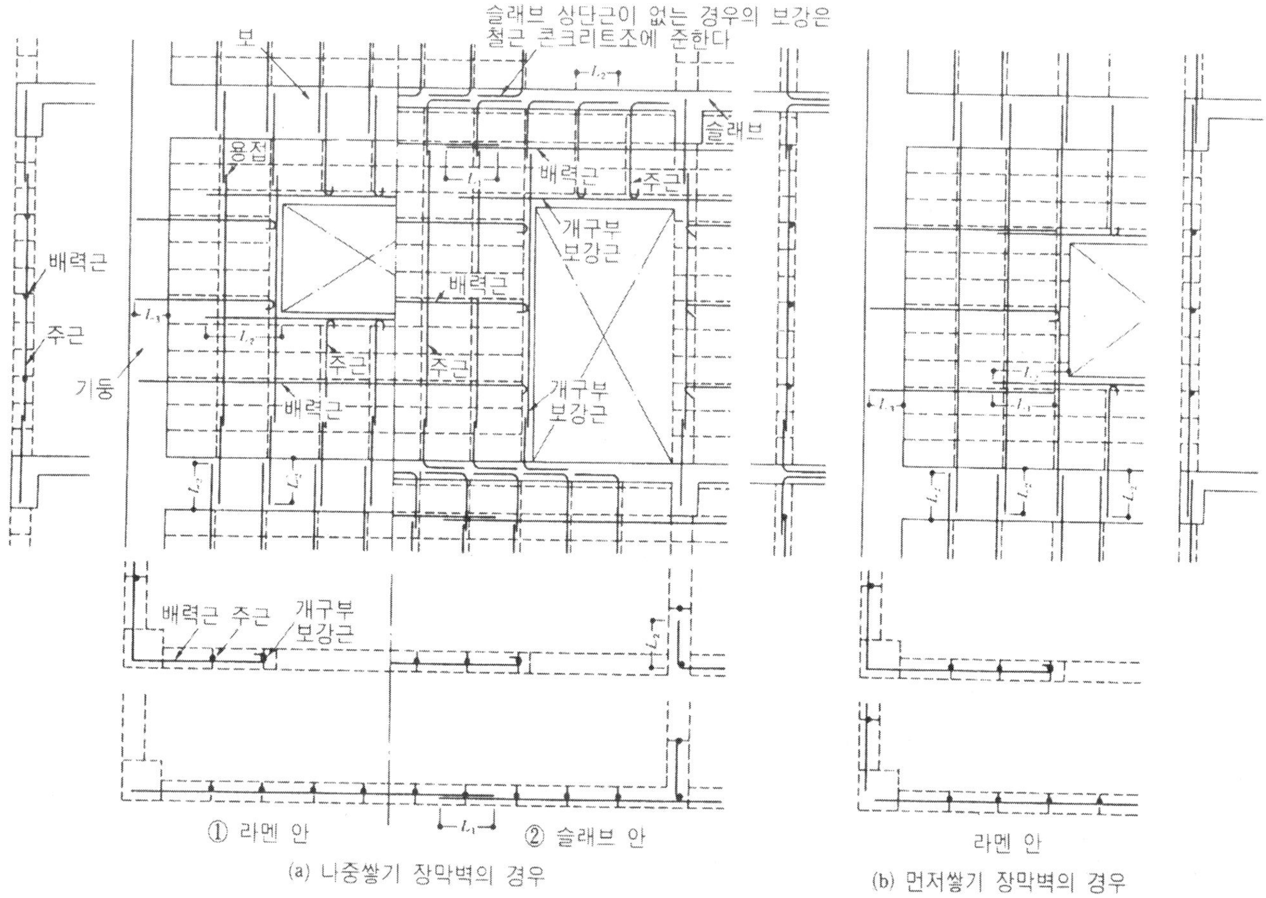

(a) 나중쌓기 장막벽의 경우

(b) 먼저쌓기 장막벽의 경우

철근 콘크리트조 안의 배근례

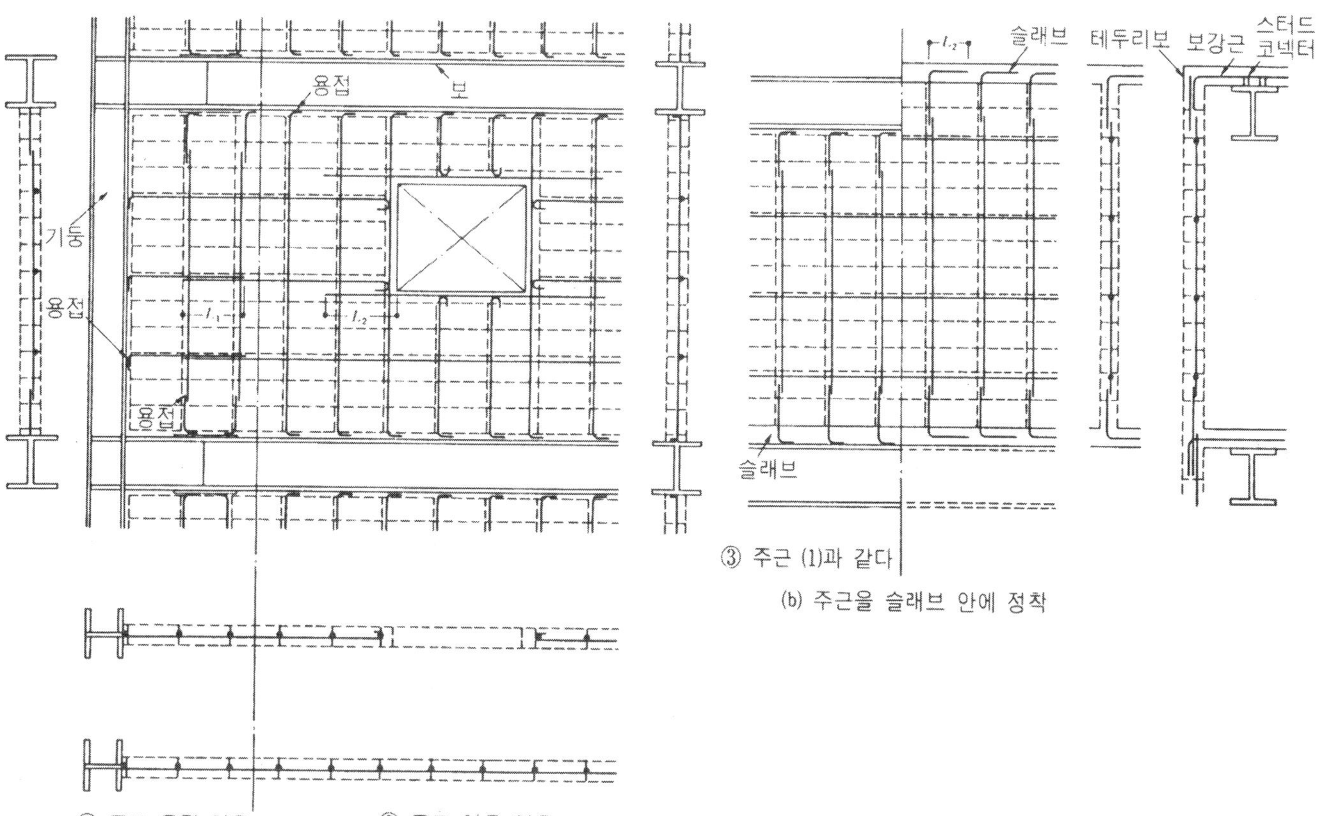

(a) 주근을 보에 직접 고정

(b) 주근을 슬래브 안에 정착

철골조 안의 배근례

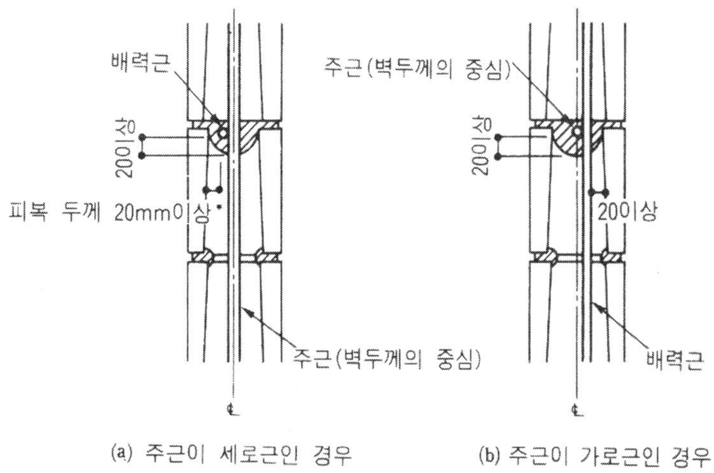

*단, 옥내의 칸막이벽에서 공자갈 콘크리트 또는 모르타르로 충전하는 경우는 10mm이상

벽 가로 · 세로근의 배근

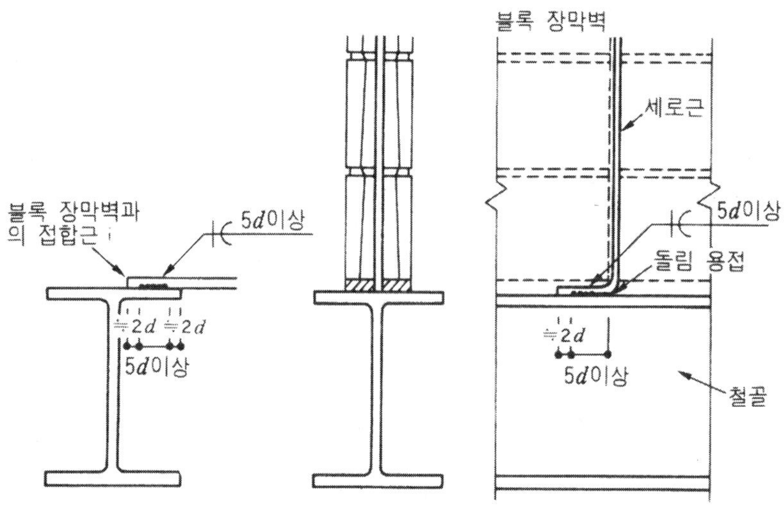

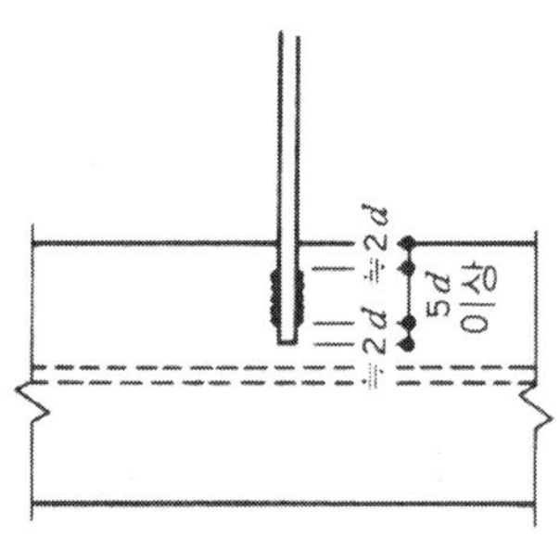

d : 이형 철근의 호칭명의 수치(mm)

철근과 철골의 용접 접합례

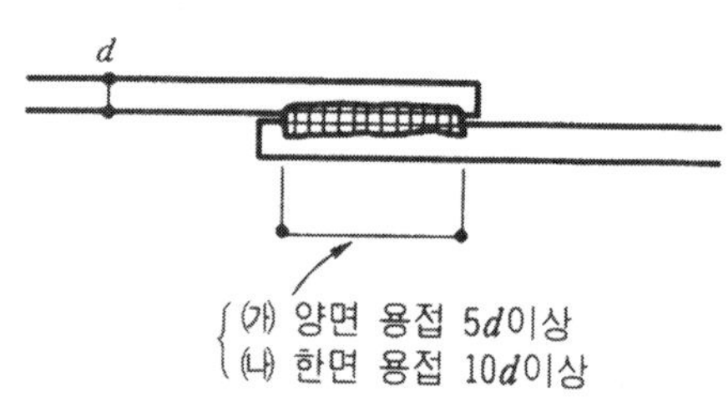

철근의 겹침 플레어 글루브 용접

주근의 바른 배치

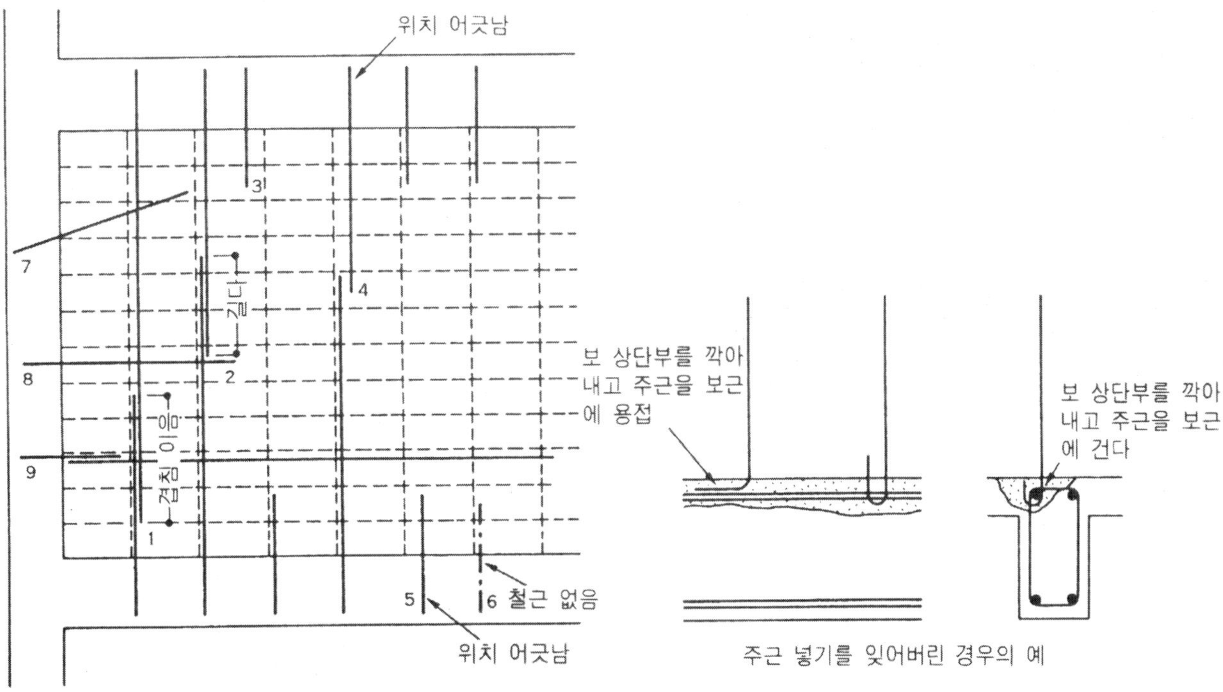

1. 겹침 이음을 하고 있다.
2. 용접 이음 겹침이 너무 길다.
3. 상단 정착용 철근의 위치가 엇갈려 배근을 할 수 없다.
4. 상단 주근의 위치가 엇갈려 용접을 할 수 없다.
5. 하단 정착용 철근의 위치가 엇갈려 배근을 할 수 없다.
6. 하단 정착용 철근이 없다.
7. 정착용 철근이 구부러져 있다.
8. 정착용 철근의 위치가 어긋나 있다.
9. 정착용 철근의 길이가 짧다.

현장의 배근의 예

길이 · 벽안의 길이에 틀림은 없는가, 철근 수정은 하고 있지 않는가? 개구부 보강근 · 돌출 단부 보강근에 직교하는 주근 · 배력근은 걸려 있는가?

③ 철골에 주근 · 배력근 · 보강근을 용접해서 정착하는 경우(철골조) 용접 접합은 유자격자가 하고 있는가, 모재를 손상시키지 않았는가, 돌림 용접을 하고 있는가? 철근의 간격은 바른가, 정착용 철근의 상하 · 좌우 양단의 위치는 수평 · 연직인가?

주근의 용접 길이가 부족, 겹침은 길게 한다. 또 간격도 흐트러져 있다.

정착용 주근, 배력근의 배치. 정착용 주근이 벽 가장자리에서 1개 빠져 있다.

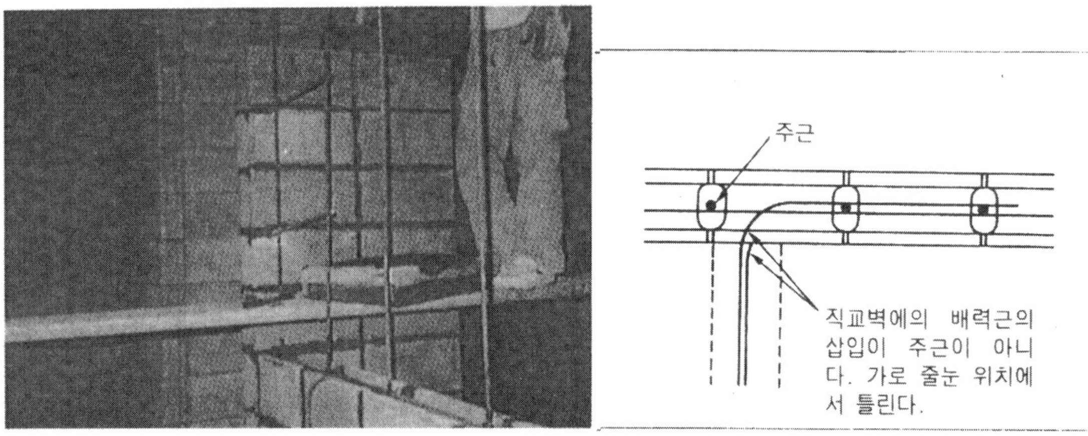

직교벽에 배력근의 정착. 직교벽에 있어서 배력근이 주근이 아니다.
가로 줄눈 위치에서 삽입되어 있다.

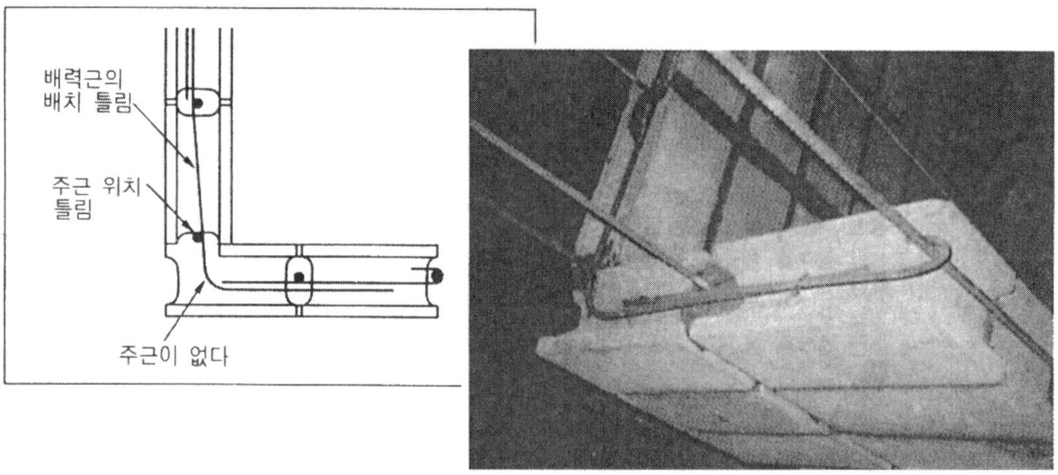

L형 교차부의 주근 · 배력근의 배치
주근의 위치 · 배력근의 배치가 잘못 되었다.

주근 · 배력근의 위치
훅의 바로 앞에서 위치가 틀린 주근이 보인다. 배력근도 피복 두께가 되지 않는다.

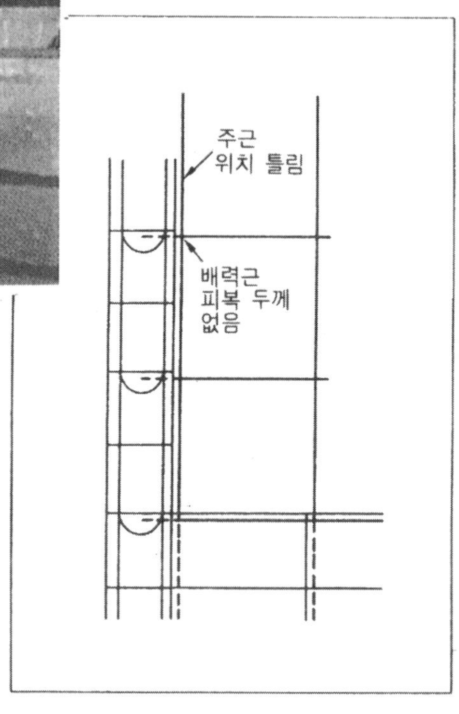

철근배근상세도집

초판 4쇄 2023년 12월 20일

건축정보센터 편
발행인: 김기현
발행처: 시공문화사(**Spacetime**)
출판등록: 1993년 3월 12일
주소: 서울시 서대문구 독립문공원길 13 (03733) 극동프라자 5층
전화: 02) 3147-1212
팩스: 02) 3147-2626

http://www.spacetime.co.kr
mail: spacetime@korea.com

편집: Design Battery
인쇄: (주)예림인쇄사
제본: (주)서정바인텍
용지: (주)대림지업사

ISBN: 978-89-5592-383-4

정가: 20,000원